普通高等教育"十一五"国家级规划教材

传感器技术

主　编　陈建元
参　编　（以姓氏笔画为序）
刘　璟　李武森　吴　涓
况迎辉　崔建伟
主　审　贾伯年　黄维一

机械工业出版社

本书为普通高等教育“十一五”国家级规划教材，可作为仪器仪表专业以及其他相关专业本科生的选修课教材。传感器技术的内容很多，本书优先选择理论上有代表性、有使用背景、有实用化前景的传感器内容进行分析和列举。考虑到启发学生对知识比较、联想与发散思维的教学要求，在内容安排上进行了大类合并。各章末思考题加入了一些发展性问题，不一定有精确解答，只求拓宽读者思维。强调共性，鼓励比较思考是本教材的主要特点。

为方便教师教学，本书配有电子教案，欢迎选用本书作教材的老师登录 www.cmpedu.com 下载或发邮件索取，索取邮箱：wxd2677@163.com。

图书在版编目（CIP）数据

传感器技术/陈建元主编．—北京：机械工业出版社，2008.8（2015.1 重印）

普通高等教育“十一五”国家级规划教材

ISBN 978-7-111-24778-4

Ⅰ.传…　Ⅱ.陈…　Ⅲ.传感器-高等学校-教材　Ⅳ.TP212

中国版本图书馆 CIP 数据核字（2008）第 118775 号

机械工业出版社（北京市百万庄大街 22 号　邮政编码 100037）

责任编辑：王小东　版式设计：霍永明　责任校对：申春香

封面设计：王伟光　责任印制：乔　宇

保定市中画美凯印刷有限公司印刷

2015 年 1 月第 1 版第 3 次印刷

184mm×260mm · 23 印张 · 569 千字

标准书号：ISBN 978-7-111-24778-4

定价：39.00 元

前　言

传感技术在现代化事业中的重要性已被人们所认识。传感器技术是实现传感的关键。随着“信息时代”的到来，国内外已将传感器技术列为优先发展的科技领域之一。国内高校许多专业都开设了相应课程，传感器方面的教材陆续问世。这些著作，在原理性与实用性、传统性与新型性，以及广度与深度上各有侧重。随着高、新技术的发展，为专业面的拓宽和适应传感器开发、应用的需要，更希望有两者兼顾的教材。为此，作者从教学实践要求出发撰写了本书。

针对近年来传感器新技术飞速发展的现状以及教学思想的发展，本书通过精选内容，归类编排的方法增强传感器教学的系统性，这就有利于读者对传感器的现状和发展有一个完整的概念。鉴于传感器种类繁多，涉及的学科广泛，不可能也没有必要对各种具体传感器逐一剖析。本书在编写中力求突出共性基础，对各类传感器则注重机理分析与应用介绍，并择要编入设计内容。

本书的编排采用按原理大分类的方法。把近代发展的传感技术分散到几个分类中，并把几个共性技术在概论后，分散到几个分类中详讲。这样编排的目的是为了增强学生发散思维的能力。在原理分类讲述之后安排了具有交叉内容的应用性篇幅（第7章过程参数检测中的常用传感器技术），以求提高学生的归纳类比能力。考虑到有些教学安排，在传感器课程之后未设综合应用课程，本书在最后一章增强了信息处理内容。具体思路如下：

经典的结构型传感器：电阻、电容、电感传感器合为一章。当今新发展的硅微传感器与结构相关，也合于此章。在这一章中还主要强调了差动信号检测的概念。

压电传感器、表面声波传感器与超声波传感器合为一章，有利于讲解机电转换的概念。在这一章中强调了传感器的动态特性问题。在调理电路中讨论了高阻抗信号源所带来的问题。本章还提出了传感器中普遍存在的“横向干扰”问题。

人类对光的认识自古至今不断深化。我们把可见光、红外光、激光和光纤传感器合并为光电传感器一章讨论，以求突出共性问题，便于比较。这一章讨论了信噪比问题以及弱信号检测问题。

在光电传感器之后，单独开设了磁敏传感器一章，希望加深学生非接触检测的思想。光和磁更多地涉及到近代物理学概念，也涉及到固态传感器诸多内容。

数字式传感器中强调“栅”空间划分的共性思想。电路细分的共性也是调理电路中要强调的内容。

为了使读者进一步了解传感器的应用背景，本书开设了过程检测问题的讨论。也补讲了温度传感器和力平衡传感器内容。

最后两章：化学与生物传感器、智能传感器，简介了近代传感技术的两个大方向。许多其他近代传感技术问题已经分散到其他章节中。

全书共9章，可作为高等学校检测技术、仪器仪表及自动控制等专业的教材。也可作为跨专业选修课教材。除概论外，传感器各篇均具有一定的独立性。可供有关专业本科生、大专生和研究生选用。同时，也可作为有关工程技术人员的参考书。

本书由东南大学陈建元主编。参加编写的有东南大学陈建元（第1、3、4、8章）、崔建伟（第2章）、南京理工大学李武森（第5章）、东南大学刘璟（第6章）、况迎辉（第7章）、吴涓（第9章）。全书由陈建元负责统稿，并由东南大学贾伯年和黄维一教授主审。

本教材引用了许多文献与教材资料，在此向相关作者一并致谢。

传感器技术涉及的学科众多，而编者学识有限，书中错误与缺点在所难免，恳请广大读者批评指正。

编　者

目　录

第1章 概　论

1.1 传感器的概念与发展

1.1.1 传感器基本概念

传感器（Transducer/Sensor）的定义是：能感受规定的被测量并按一定的规律转换成可用输出信号的器件或装置，通常由敏感元件和转换元件组成。其中，敏感元件（Sensing Element）是指传感器中能直接感受或响应被测量的部分；转换元件（Transducer Element）是指传感器中能将敏感元件感受或响应的被测量转换成适于传输或测量的电信号以及其他某种可用信号的部分。传感器狭义地定义为：能把外界非电信息转换成电信号输出的器件。可以预料，当人类跨入光子时代，光信息成为更便于快速、高效地处理与传输的可用信号时，传感器的概念将随之发展成为：能把外界信息转换成光信号输出的器件。

传感器的作用就是感知与测量。在人类文明史的历次产业革命中，感受、处理外部信息的传感技术一直扮演着一个重要的角色。在18世纪产业革命以前，传感技术由人的感官实现：人观天象而仕农耕，察火色以冶铜铁。从18世纪产业革命以来，特别是在20世纪信息革命中，传感技术越来越多地由人造感官，即工程传感器来实现。目前，工程传感器应用如此广泛，以至可以说任何机械、电气系统都离不开它。现代工业、现代科学探索、特别是现代军事都要依靠传感器技术。一个大国如果没有自身传感技术的不断进步，必将处处被动。

现代技术的发展，创造了多种多样的工程传感器。工程传感器可以轻而易举地测量人体所无法感知的量，如紫外线、红外线、超声波、磁场等。从这个意义上讲，工程传感器超过人的感官能力。有些量虽然人的感官和工程传感器都能检测，但工程传感器测量得更快、更精确。例如虽然人眼和光传感器都能检测可见光，进行物体识别与测距，但是人眼的视觉残留约为0.1s，而光晶体管的响应时间可短到纳秒以下；人眼的角分辨率为1′，而光栅测距的精确度可达1″；激光定位的精度在3×10^4km范围内可达10cm以下；工程传感器可以把人所不能看到的物体通过数据处理变为视觉图像。CT技术就是一个例子，它把人体的内部形貌用断层图像显示出来，其他的例子还有遥感技术。

但是，目前工程传感器在以下几方面还远比不上人类的感官：多维信息感知、多方面功能信息的感知功能、对信息变化的微分功能、信息的选择功能、学习功能、对信息的联想功能、对模糊量的处理能力以及处理全局和局部关系的能力。这正是今后传感器智能化的一些发展方向。随着信息科学与微电子技术，特别是微型计算机与通信技术的迅猛发展，近期传感器的发展走上了与微处理器和微型计算机相结合的必由之路，智能（化）传感器的概念应运而生。

传感器技术，则是涉及传感（检测）原理、传感器件设计、传感器开发和应用的综合技术，因此传感器技术涉及多学科交叉研究。

1.1.2 传感器的构成与分类

传感器一般由敏感元件、转换元件、调理电路组成。

敏感元件是指能直接感受或响应被测量的部件，是构成传感器的核心。

转换元件是指传感器中能将敏感元件感受或响应的被测量转换成可用的输出信号的部件，通常这种输出信号以电量的形式出现。

调理电路是把传感元件输出的电信号转换成便于处理、控制、记录和显示的有用电信号所涉及的有关电路。图1-1为传感器组成框图。

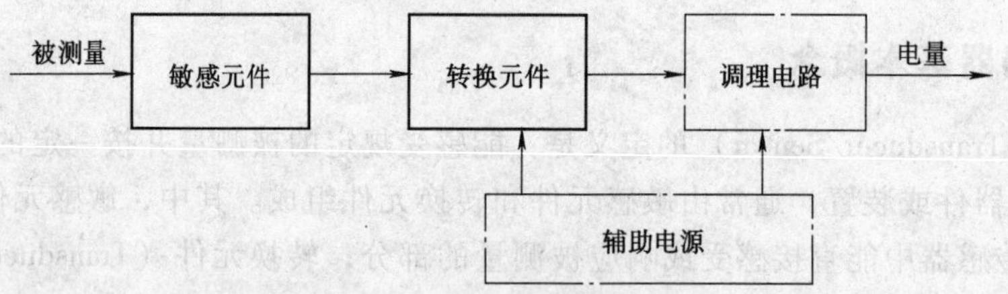

图1-1 传感器组成框图

传感器主要按其工作原理和被测量来分类。传感器按其工作原理，一般可分为物理型、化学型和生物型三大类；按被测量——输入信号分类，一般可以分为温度、压力、流量、物位、加速度、速度、位移、转速、力矩、湿度、粘度、浓度等传感器。传感器按其工作原理分类便于学习研究，把握本质与共性；按被测量来分类，能很方便地表示传感器的功能，便于选用。本书的编排主要是按其工作原理分类，最后安排一章参数检测内容，从被测量角度讨论传感器原理应用。

物理型传感器又可分为结构型传感器和物性型传感器。物性型传感器是利用某些功能材料本身所具有的内在特性及效应感受被测量，并转换成电信号的传感器。在物性型传感器中，敏感元件与转换元件合为一体，一次完成“被测非电量→有用电量”的直接转换。结构型传感器是以结构为基础，利用某些物理规律来感受被测量，并将其转换成电信号的传感器。这里需要加入转换元件，实现“被测非电量→有用非电量→有用电量”的间接转换。

按照敏感元件输出能量的来源又可以把传感器分成如下三类：

(1) *自源型* 为仅含有转换元件的最简单、最基本的传感器构成型式。此型式的特点是：不需外能源；其转换元件具有从被测对象直接吸取能量，并转换成电量的电效应；输出能量较弱，如热电偶、压电器件等。

(2) *带激励源型* 它是转换元件外加辅助能源的构成型式。这里的辅助能源起激励作用，它可以是电源，也可以是磁源。如某些磁电式和霍尔等电磁感应式传感器即属此型。特点是：不需要变换（测量）电路即可有较大的电量输出。

(3) *外源型* 由利用被测量实现阻抗变化的转换元件构成，它必须通过外电源经过测量电路在转换元件上加入电压或电流，才能获得电量输出。这些电路又称“信号调理与转换电路”。常用的如电桥、放大器、振荡器、阻抗变换器和脉冲调宽电路等。

对于自源型和带激励源型传感器，由于其转换元件起着能量转换的作用，故谓“能量转换型传感器”，外源型又称能量控制型。

能量转换型传感器中用到的物理效应有：压电效应、磁致伸缩效应、热释电效应、光电动势效应、光电放射效应、热电效应、光子滞后效应、热磁效应、热电磁效应、电离效应等。

能量控制型传感器中用到的物理效应有：应变电阻效应、磁阻效应、热阻效应、光电阻效应、霍尔效应、约瑟夫逊效应以及阻抗（电阻、电容、电感）几何尺寸的控制等。

对传感器的基本要求如下：

1）足够的容量——传感器的工作范围或量程足够大；具有一定过载能力。

2）灵敏度高，精度适当——即要求其输出信号与被测输入信号成确定关系（通常为线性），且比值要大；传感器的静态响应与动态响应的准确度能满足要求。

3）响应速度快，工作稳定，可靠性好。

4）适用性和适应性强——体积小，重量轻，动作能量小，对被测对象的状态影响小；内部噪声小而又不易受外界干扰的影响；其输出力求采用通用或标准形式，以便与系统对接。

5）使用经济——成本低，寿命长，且便于使用、维修和校准。

传感器的分类见表1-1。

表1-1 传感器的分类

分类法	型式	说明
按构成基本效应分	物理型、化学型、生物型	分别以转换中的物理效应、化学效应等命名
按构成原理分	结构型	以其转换元件结构参数特性变化实现信号转换
	物性型	以其转换元件物理特性变化实现信号转换
按能量关系分	能量转换型	传感器输出量直接由被测量能量转换而得
	能量控制型	传感器输出量能量由外源供给，但受被测输入量控制
按作用原理分	应变式、电容式、压电式、热电式等	以传感器对信号转换的作用原理命名
按输入量分	位移、压力、温度、流速等	以被测量命名（即按用途分类法）
按输出量分	模拟式	输出量为模拟信号
	数字式	输出量为数字信号

1.1.3 传感器技术的发展趋势

1. 传感器的集成化和微型化

所谓集成化，就是在同一芯片上，将众多同类型的单个传感器件集成为一维、二维阵列型传感器，或将传感器件与调理、补偿等处理电路集成一体化。前一种集成化使传感器在可见光图像传感器、电容指纹传感器中已经实现，并正在向更高密度发展。目前，在红外成像信号检测领域，世界各国都热衷于二维混合红外焦平面阵列（Infrared Focal-Plane Arrays，IRFPAs），结构如图1-2所示。后一种集成化传感器将处理电路集成一体化，极大地方便了使用。目前市场上已有多种中、低精度的产品，但高精度集成化传感器仍有待研发。

2. 传感器的数字化与智能化

为了使传感器与计算机直接相连接，发展数字化传感器是很重要的。数字技术是信息技术的基础，数字化又是智能化的前提，智能式传感器离不开传感器的数字化。

所谓智能化传感器（Smart Sensors）是以专用微处理器控制的、具有双向通信功能的传感器系统。它不仅具有信号检测、转换和处理功能，同时还具有存储、记忆、自补偿、自诊断等多种功能。按构成模式，智能式传感器有分立模块式和集成一体式之分。

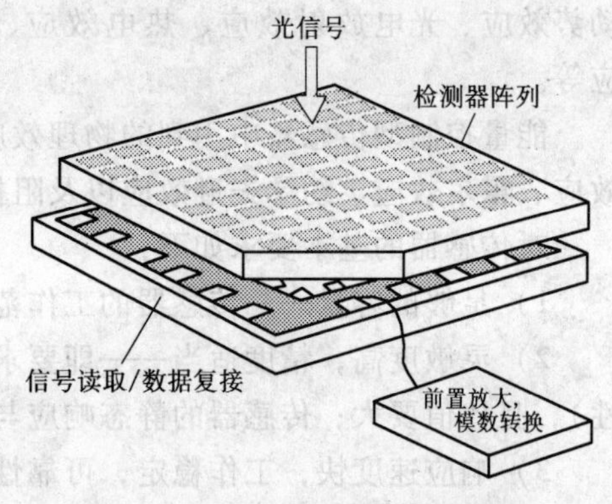

图 1-2 二维混合红外焦平面阵列

预计未来的10年，传感器智能化将首先发展成由硅微传感器、微处理器、微执行器和接口电路等多片模块组成的闭环传感器系统。如果通过集成技术进一步将上述多片相关模块全部制作在一个芯片上形成单片集成，就可形成更高级的智能传感器了。

还有两点要特别指出：

第一，固态功能材料（如半导体、电介质、超导体等）的进一步开发，以及集成技术、微机械加工技术的不断完善，为传感器的集成化、微型化和智能化开辟了广阔的前景。如今，传感器的发展有一股强劲的势头，这就是正在摆脱传统的结构设计与生产，而转向优先选用硅材料，以微机械加工技术为基础，以仿真程序为工具的微结构设计，来研制各种敏感机理的集成化、阵列化、智能化的硅微传感器。这一现代传感器技术国外称之为“专用集成微型传感器技术”（Application Specific Integrated Microtransducer，ASIM）。这种硅微传感器一旦付诸实用，将对众多高科技领域——特别是航空航天、遥感遥测、环境保护、生物医学和工业自动化领域有着重大的影响。

第二，微传感器网络正在研究。随着通信技术、嵌入式计算技术和传感器技术的飞速发展和日益成熟，具有感知能力、计算能力和通信能力的微型传感器开始在世界范围内出现。由这些微型传感器构成的传感器网络引起了人们的极大关注。这种传感器网络综合了传感器技术、嵌入式计算技术、分布式信息处理技术和通信技术，能够协作地实时监测、感知和采集网络分布区域内的各种环境或监测对象的信息，并对这些信息进行处理，获得详尽而准确的信息，传送到需要这些信息的用户。传感器网络是信息感知和采集的一场革命。传感器网络作为一个全新的研究领域，在基础理论和工程技术两个层面向科技工作者提出了大量的挑战性研究课题。

3. 开发新型传感器

鉴于传感器的工作机理是基于各种效应和定律，由此启发人们进一步探索具有新效应的敏感功能材料，并以此研制出具有新原理的新型物性型传感器件，这是发展高性能、多功能、低成本和小型化传感器的重要途径。其中利用量子力学诸效应研制的高灵敏阈传感器，用来检测极微弱信号，是传感器技术发展的新趋势之一。例如：利用核磁共振吸收效应的磁敏传感器，可将检测限扩展到地磁强度的 10^{-2}；利用约瑟夫逊效应的热噪声温度传感器，可测量 10^{-6}K 的超低温；由于光子滞后效应的利用，出现了响应速度极快的红外传感器，等。

利用化学效应和生物效应开发的可供实用的生物传感器正在引起关注。生物传感器对信息的高选择性和灵敏度吸引众多科学人员从多方面开展研究。

传感器今后的研发工作主要在开展基础研究、扩大传感器的功能与应用范围两个大方面。

1.2 传感器技术基础

1.2.1 传感器的特性与指标

1. 传感器的静态特性

静态特性表示传感器在被测输入量各个值处于稳定状态时的输入-输出关系，研究静态特性主要考虑其非线性、滞后、重复、灵敏度、分辨力等方面。

（1）线性度　线性度又称非线性误差，是表征传感器输入-输出校准曲线与所选定的拟合直线（作为工作直线）之间的吻合（或偏离）程度的指标。通常用相对误差来表示线性度或非线性误差，即

$$e_L = \pm \frac{\Delta L_{max}}{y_{F.S.}} \times 100\% \tag{1-1}$$

式中，ΔL_{max}为输出平均值与拟合直线间的最大偏差；$y_{F.S.}$为理论满量程输出值。

传感器的输出-输入关系或多或少地存在非线性问题，在不考虑迟滞、蠕变、不稳定性等因素的情况下，其静特性可用下列多项式代数方程表示：

$$y = a_0 + a_1x + a_2x^2 + a_3x^3 + \cdots + a_nx^n \tag{1-2}$$

式中，y为输出量；x为输入量；a_0为零点输出；a_1为理论灵敏度；a_2、a_3、…、a_n分别为非线性项系数。

各项系数不同，决定了特性曲线的具体形式。静态特性曲线可实际测试获得，在非线性误差不太大的情况下，总是采用直线拟合的方法来线性化。显然，选定的拟合直线不同，计算所得的线性度数值也就不同。选择拟合直线应保证获得尽量小的非线性误差，并考虑使用与计算方便。下面介绍几种目前常用的拟合方法：

1）理论直线法：以传感器的理论特性线作为拟合直线，它与实际测试值无关。优点是简单、方便，但通常ΔL_{max}很大。

2）端点线法：以传感器校准曲线两端点间的连线作为拟合直线。其方程式为

$$y = b + kx \tag{1-3}$$

式中，b和k分别为截距和斜率。这种方法也很简便，但通常ΔL_{max}也很大。

3）最佳直线法：这种方法以“最佳直线”作为拟合直线，该直线能保证传感器正反行程校准曲线对它的正、负偏差相等并且最小，由此所得的线性度称为“独立线性度”。显然，这种方法的拟合精度最高。通常情况下，“最佳直线”只能用图解法或通过计算机解算来获得。

4）最小二乘法：这种方法按最小二乘原理求取拟合直线，该直线能保证传感器校准数据的残差平方和最小。最小二乘法的拟合精度很高，但校准曲线相对拟合直线的最大偏差绝对值并不一定最小，最大正、负偏差的绝对值也不一定相等。

几种不同的拟合方法如图1-3所示。

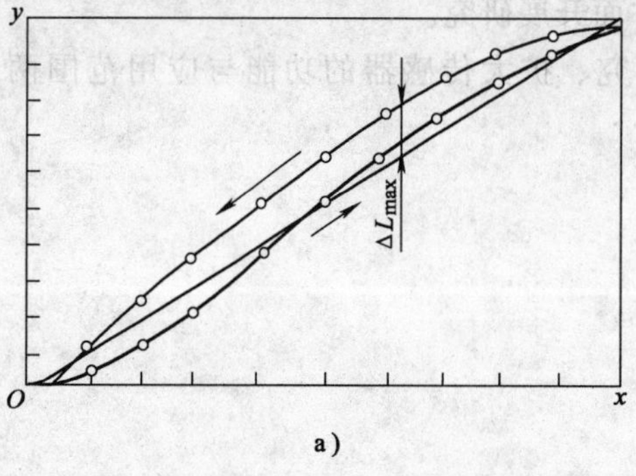

a)

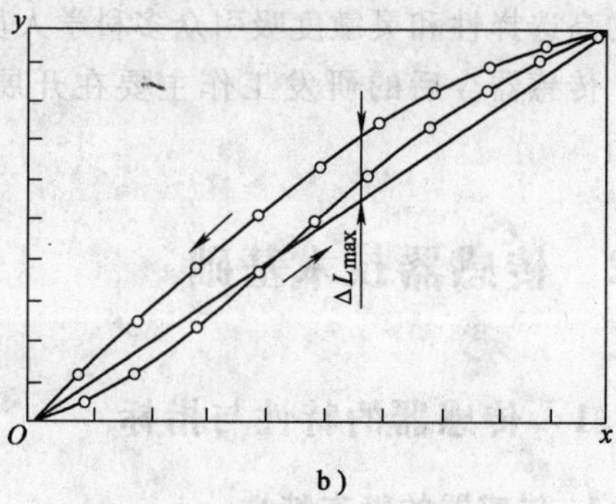

b)

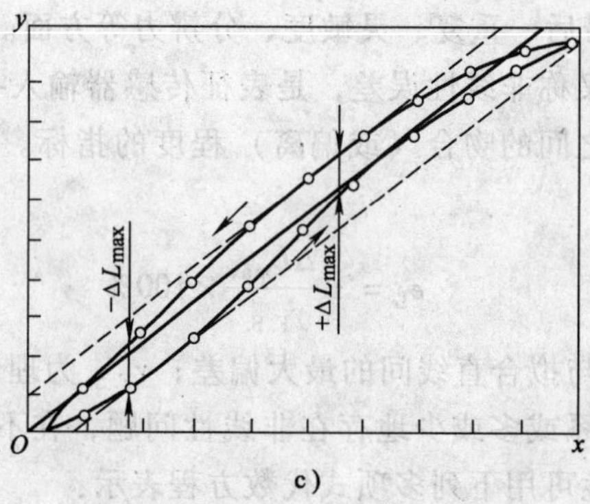

c)

图 1-3　几种不同的拟合方法

a）理论直线法　b）端点线法　c）最佳直线法

（2）回差（滞后）　回差（Hysteresis）是反映传感器在正（输入量增大）反（输入量减小）行程过程中输出-输入曲线的不重合程度的指标。通常用正反行程输出的最大差值 ΔH_{max} 计算，并以相对值表示（如图 1-4 所示）。

$$e_H = \frac{\Delta H_{max}}{y_{F.S.}} \times 100\% \tag{1-4}$$

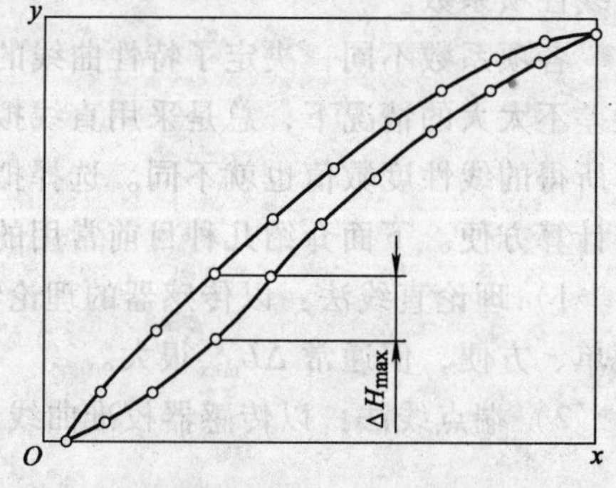

图 1-4　回差（滞后）特性

（3）重复性　重复性（Repeatability）是衡量传感器在同一工作条件下，输入量按同一方向作全量程连续多次变动时，所得特性曲线间一致程度的指标。各条特性曲线越靠近，重复性越好。

重复性误差反映的是校准数据的离散程度，属随机误差，因此应根据标准偏差计算，即

$$e_R = \pm \frac{a\sigma_{max}}{y_{F.S.}} \times 100\% \tag{1-5}$$

式中，σ_{max} 为各校准点正行程与反行程输出值的标准偏差中的最大值；a 为置信系数，通常取 2 或 3。$a=2$ 时，置信概率为 95.4%；$a=3$ 时，置信概率为 99.73%。

标准偏差按贝塞尔公式法计算：

$$\sigma = \sqrt{\frac{\sum_{i=1}^{n}(y_i - \overline{y}_i)^2}{n-1}} \tag{1-6}$$

式中，y_i为某校准点之输出值；$\overline{y}_i$为输出值的算术平均值；n为测量次数。

按上述方法计算所得重复性误差不仅反映了某一传感器输出的一致程度，而且还代表了在一定置信概率下的随机误差极限值。

(4) *灵敏度* 灵敏度（Sensitivity）是传感器输出量增量与被测输入量增量之比，线性传感器的灵敏度就是拟合直线的斜率，即 $K = \Delta y / \Delta x$，非线性传感器的灵敏度不是常数，应以 dy/dx 表示。

实用上由于外源传感器的输出量与供给传感器的电源电压有关，其灵敏度的表达往往需要包含电源电压的因素。例如某位移传感器，当电源电压为1V时，每1mm位移变化引起输出电压变化100mV，其灵敏度可表示为100mV/(mm·V)。

(5) *分辨力* 分辨力（Resolution）是传感器在规定测量范围内所能检测出的被测输入量的最小变化量。有时用该值相对满量程输入值之百分数表示，则称为分辨率。

(6) *阈值* 阈值（Threshold）是能使传感器输出端产生可测变化量的最小被测输入量值，即零位附近的分辨力。有的传感器在零位附近有严重的非线性，形成所谓“死区”，则将死区的大小作为阈值；更多情况下阈值主要取决于传感器的噪声大小，因而有的传感器只给出噪声电平。

(7) *稳定性* 稳定性（Stability）又称长期稳定性，即传感器在相当长时间内仍保持其性能的能力。稳定性一般以室温条件下经过一规定的时间间隔后，传感器的输出与起始标定时的输出之间的差异来表示，有时也用标定的有效期来表示。

(8) *漂移* 漂移（Drift）指在一定时间间隔内，传感器输出量存在着与被测输入量无关的、不需要的变化。漂移包括零点漂移与灵敏度漂移。

零点漂移或灵敏度漂移又可分为时间漂移（时漂）和温度漂移（温漂）。时漂是指在规定条件下，零点或灵敏度随时间的缓慢变化；温漂为周围温度变化引起的零点或灵敏度漂移。

(9) *静态误差（精度）*（Precision） 这是评价传感器静态性能的综合性指标，指传感器在满量程内任一点输出值相对其理论值的可能偏离（逼近）程度。它表示采用该传感器进行静态测量时所得数值的不确定度。静态误差的计算是将非线性误差、回差、重复性误差按几何法综合，即

$$e_S = \pm\sqrt{e_L^2 + e_H^2 + e_R^2} \tag{1-7}$$

若仍用相对误差表示静态误差，则有

$$e_S = \pm\frac{(2\sim3)\sigma}{y_{F.S.}} \times 100\% \tag{1-8}$$

2. 传感器的动态特性

动态特性是反映传感器随时间变化的输入量的响应特性。用传感器测试动态量时，希望它的输出量随时间变化的关系与输入量随时间变化的关系尽可能一致，但实际并不尽然，因此需要研究它的动态特性——分析其动态误差。它包括两部分：①输出量达到稳定状态以后与理想输出量之间的差别；②当输入量发生跃变时，输出量由一个稳态到另一个稳态之间的

过渡状态中的误差，由于实际测试时输入量是千变万化的，且往往事先并不知道，故工程上通常采用输入“标准”信号函数的方法进行分析，并据此确立若干评定动态特性的指标。常用的“标准”信号函数是正弦函数与阶跃函数。本节将分析传感器对正弦输入的响应（频率响应）和阶跃输入的响应（阶跃响应）特性及性能指标。

在不考虑各种静态误差的条件下，可以用常系数线性微分方程描述单输入 x、单输出 y 传感器的动态特性，以下为其动态数学模型：

$$a_n\frac{d^ny}{dt^n}+a_{n-1}\frac{d^{n-1}y}{dt^{n-1}}+\cdots+a_1\frac{dy}{dt}+a_0y=b_m\frac{a^mx}{dt^m}+b_{m-1}\frac{a^{m-1}x}{dt^{m-1}}+\cdots+b_1\frac{dx}{dt}+b_0x \tag{1-9}$$

设 $x(t)$、$y(t)$ 的初始条件为零，对上式两边逐项进行拉普拉斯变换，可得

$$a_ns^nY(s)+a_{n-1}s^{n-1}Y(s)+\cdots+a_1sY(s)+a_0Y(s)=b_ms^mX(s)+ b_{m-1}s^{m-1}X(s)+\cdots+b_1sX(s)+b_0X(s) \tag{1-10}$$

由此得传递函数

$$H(s)=\frac{Y(s)}{X(s)}=\frac{b_ms^m+b_{m-1}s^{m-1}+\cdots+b_1s+b_0}{a_ns^n+a_{n-1}s^{n-1}+\cdots+a_1s+a_0} \tag{1-11}$$

传递函数是拉普拉斯变换算子 s 的有理分式，所有系数都是实数，这是由传感器的结构参数决定的。分子的阶次 m 不能大于分母的阶次 n，这是由物理条件决定的。分母的阶次用来代表传感器的特征：

$n=0$ 时，称为零阶；

$n=1$ 时，称一阶；

$n=2$ 时，为二阶；

n 更大时，为高阶。

分析方法完全借鉴于电路分析课程或控制原理课程中的相应内容，只不过输入量为非电量。

（1）传感器的频率响应特性　将各种频率不同而幅值相等的正弦信号输入传感器，其输出信号的幅值、相位与频率之间的关系称为频率响应特性。

设输入幅值为 x、角频率为 ω 的正弦量

$$x=X\sin\omega t$$

则获得的输出量为

$$y=Y\sin(\omega t+\varphi)$$

式中，Y、φ 分别为输出量的幅值和初相角。

在传递函数式(1-11) 中令 $s=j\omega$，代入得

$$\frac{Y(j\omega)}{X(j\omega)}=\frac{b_m(j\omega)^m+b_{m-1}(j\omega)^{m-1}+\cdots+b_1(j\omega)+b_0}{a_n(j\omega)^n+a_{n-1}(j\omega)^{n-1}+\cdots+a_1(j\omega)+a_0} \tag{1-12}$$

式(1-12) 将传感器的动态响应从时域转换到频域，表示输出信号与输入信号之间的关系随着信号频率而变化的特性，故称之为传感器的频率响应特性，简称频率特性或频响特性。其物理意义是：当正弦信号作用于传感器时，在稳定状态下的输出量与输入量之复数比。在形式上它相当于将传递函数式(1-11) 中之 s 置换成（$j\omega$）而得，因而又称为频率传递函数，其指数形式为

$$\frac{Y(\mathrm{j}\omega)}{X(\mathrm{j}\omega)}=\frac{Y\mathrm{e}^{\mathrm{j}(\omega t+\varphi)}}{X\mathrm{e}^{\mathrm{j}\omega t}}=\frac{Y}{X}\mathrm{e}^{\mathrm{j}\varphi} \tag{1-13}$$

由此可得频率特性的模

$$A(\omega)=\left|\frac{Y(\mathrm{j}\omega)}{X(\mathrm{j}\omega)}\right|=\frac{Y}{X} \tag{1-14}$$

称为传感器的动态灵敏度（或称增益）。$A(\omega)$ 表示输出输入的幅值比随 ω 而变，故又称为幅频特性。以 $\mathrm{Re}\left[\frac{Y(\mathrm{j}\omega)}{X(\mathrm{j}\omega)}\right]$ 和 $\mathrm{Im}\left[\frac{Y(\mathrm{j}\omega)}{X(\mathrm{j}\omega)}\right]$ 分别表示 $A(\omega)$ 的实部和虚部，得到频率特性的相位角

$$\varphi(\omega)=\arctan\left\{\frac{\mathrm{Im}\left[\frac{Y(\mathrm{j}\omega)}{X(\mathrm{j}\omega)}\right]}{\mathrm{Re}\left[\frac{Y(\mathrm{j}\omega)}{X(\mathrm{j}\omega)}\right]}\right\} \tag{1-15}$$

称之为相频特性。对传感器而言，通常为负值，即输出滞后于输入。

（2）传感器的阶跃响应特性　当给静止的传感器输入一个单位阶跃信号

$$u(t)=\begin{cases}0 & t<0\\1 & t>0\end{cases} \tag{1-16}$$

时，其输出信号称为阶跃响应，可参见图1-5。

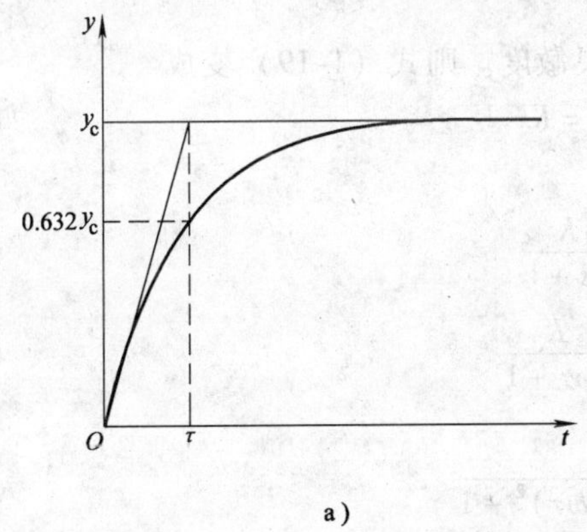

a)

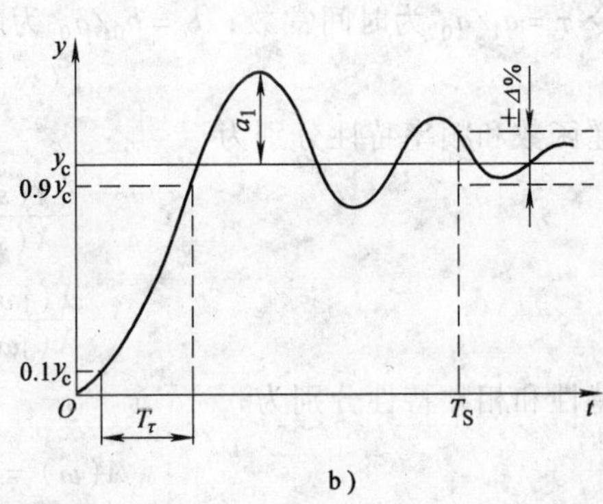

b)

图1-5　阶跃响应曲线

a）一阶系统　b）二阶系统

衡量阶跃响应的指标有：

1）时间常数 τ：传感器输出值上升到稳态值 y_c 的63.2%所需的时间。

2）上升时间 T_r：传感器输出值由稳态值的10%上升到90%所需的时间，但有时也规定其他百分数。

3）响应时间 T_s：输出值达到允许误差范围2%所经历的时间，或明确为“百分之二响应时间”。

4）超调量 a_1：响应曲线第一次超过稳态值之峰高，即 $a_1=y_{max}-y_c$，或用相对值 $a=[(y_{max}-y_c)/y_c]\times100\%$ 表示。

5）衰减率 φ：指相邻两个波峰（或波谷）高度下降的百分数：$\varphi=[(a_n-a_{n+2})/a_n]\times100\%$。

6）稳态误差 e_{ss}：系无限长时间后传感器的稳态输出值与目标值之间偏差 ζ_{ss} 的相对值：$e_{ss}=(\zeta_{ss}/y_c)\times 100\%$。

（3）传感器典型环节的动态响应　常见的传感器通常可以看成是零阶、一阶或二阶环节，或者是由上述环节组合而成的系统。下面将着重介绍零阶、一阶、二阶环节的动态响应特性

1）零阶环节：零阶环节的微分方程和传递函数分别为

$$y=\frac{b_0}{a_0}x=Kx \tag{1-17}$$

$$\frac{Y(s)}{X(s)}=\frac{b_0}{a_0}=K \tag{1-18}$$

式中，K 为静态灵敏度。

可见零阶环节的输入量无论随时间怎么变化，输出量的幅值总与输入量成确定的比例关系，在时间上也无滞后。它是一种与频率无关的环节，故又称比例环节或无惯性环节。

在实际应用中，许多高阶系统在变化缓慢、频率不高的情况下，都可以近似看作零阶环节。

2）一阶环节：一阶环节的微分方程为

$$a_1\frac{\mathrm{d}y}{\mathrm{d}t}+a_0y=b_0x \tag{1-19}$$

令 $\tau=a_1/a_0$ 为时间常数；$K=b_0/a_0$ 为静态灵敏度。则式（1-19）变成

$$(\tau s+1)y=Kx \tag{1-20}$$

其传递函数和频率特性分别为

$$\frac{Y(s)}{X(s)}=\frac{K}{\tau s+1} \tag{1-21}$$

$$\frac{Y(\mathrm{j}\omega)}{X(\mathrm{j}\omega)}=\frac{K}{\mathrm{j}\omega\tau+1} \tag{1-22}$$

幅频特性和相频特性分别为

$$A(\omega)=K/\sqrt{(\omega\tau)^2+1} \tag{1-23}$$

$$\varphi(\omega)=\arctan(-\omega\tau) \tag{1-24}$$

$A(\omega)$ 与 $\varphi(\omega)$ 如图 1-6 所示，图中坐标为对数坐标。

动态相对误差：

$$\gamma=\frac{KA-KA(1-\mathrm{e}^{-t/\tau})}{KA}=\mathrm{e}^{-t/\tau} \tag{1-25}$$

一阶环节输入阶跃信号后，在 $t>5\tau$ 之后采样，其动态误差可以忽略，可认为输出已接近稳态。反过来，若已知允许的相对误差值 γ 计算出稳定时间：

$$t_\omega=\tau\ln\gamma \tag{1-26}$$

τ 为一阶环节的时间常数，τ 越小阶跃响应越迅速，频率响应的上截止频率越高。τ 的大小表示惯性的大小，故一阶环节又称为惯性环节。

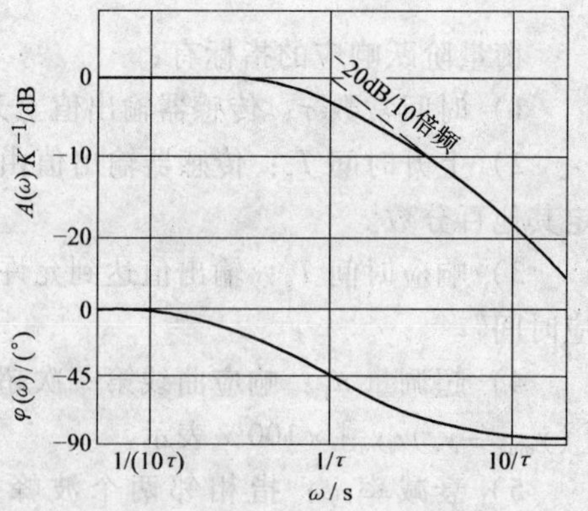

图 1-6　一阶传感器对数幅频图

3）二阶环节：二阶环节的微分方程为

$$a_2\frac{\mathrm{d}^2y}{\mathrm{d}t^2}+a_1\frac{\mathrm{d}y}{\mathrm{d}t}+a_0y=b_0x \tag{1-27}$$

令 $K=b_0/a_0$为静态灵敏；$\tau=\sqrt{a_2/a_0}$为时间常数；$\omega_n=1/\tau=\sqrt{a_0/a_2}$为固有频率；$\xi=a_1/(2\sqrt{a_0a_2})$ 为阻尼比。

式(1-27) 可写成

$$\left(\frac{1}{\omega_n^2}s^2+\frac{2\xi}{\omega_n}s+1\right)y=Kx \tag{1-28}$$

其传递函数和频率响应分别为

$$H(s)=\frac{Y(s)}{X(s)}=\frac{K}{\frac{s^2}{\omega_n^2}+\frac{2\xi}{\omega_n}s+1} \tag{1-29}$$

幅频特性和相频特性分别为

$$A(\omega)=\frac{K}{\sqrt{[1-(\omega/\omega_n)^2]^2+(2\xi\omega/\omega_n)^2}} \tag{1-30}$$

$$\varphi(\omega)=-\arctan\frac{2\xi\omega/\omega_n}{1-(\omega/\omega_n)^2} \tag{1-31}$$

二阶环节的幅频特性与相频特性如图1-7所示。由图可见，当 $\omega/\omega_n\leqslant1$ 时，$A(\omega)\approx K$，$\varphi(\omega)/\omega\approx0$，近似于零阶环节。在无阻尼固有频率附近（$\omega/\omega_n=1$），系统发生谐振。为了避免这种情况，可增大 ξ 值，当 $\xi>0.707$ 时，谐振就不会发生了。当 $\xi=0.7$ 时，幅频特性的平坦段最宽，而且相频特性接近于一条斜直线。

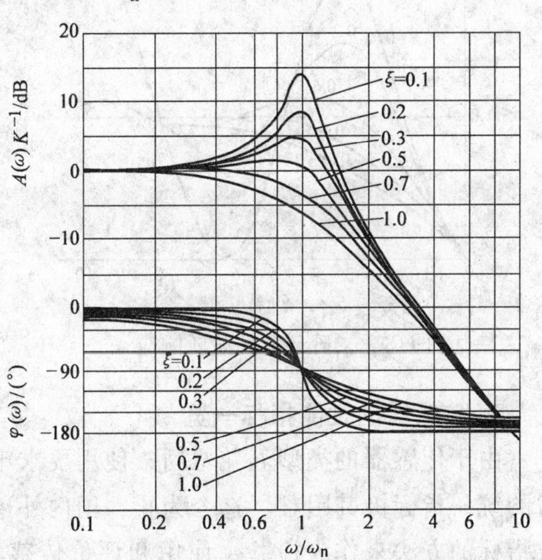

图1-7 二阶环节的幅频特性与相频特性

若对二阶环节输入一阶跃信号，式(1-28)就变成

$$\left(\frac{1}{\omega_n^2}s^2+\frac{2\xi}{\omega_n}s+1\right)y=KA \tag{1-32}$$

特征方程及其两根分别为

$$\frac{1}{\omega_n^2}s^2+\frac{2\xi}{\omega_n}s+1=0 \tag{1-33}$$

$$\begin{cases}r_1=(-\xi+\sqrt{\xi^2-1})\omega_n\\r_2=(-\xi-\sqrt{\xi^2-1})\omega_n\end{cases} \tag{1-34}$$

当 $\xi>1$（过阻尼）时

$$y=KA\left[1-\frac{(\xi+\sqrt{\xi^2-1})}{2\sqrt{\xi^2-1}}\mathrm{e}^{(-\xi+\sqrt{\xi^2-1})\omega_nt}+\frac{(\xi-\sqrt{\xi^2-1})}{2\sqrt{\xi^2-1}}\mathrm{e}^{(-\xi-\sqrt{\xi^2-1})\omega_nt}\right] \tag{1-35}$$

当 $\xi=1$（临界阻尼）时 $$y=KA[1-\sin(\omega_n+\varphi)] \tag{1-36}$$

$$y = KA[1 - (1 + \omega_n t)e^{-\omega_n t}] \tag{1-37}$$

当 $\xi<1$（欠阻尼）时

$$y = KA\left[1 - \frac{e^{-\xi\omega_n t}}{\sqrt{1-\xi^2}}\sin(\sqrt{1-\xi^2}\omega_n t + \varphi)\right] \tag{1-38}$$

式中，$\varphi = \arcsin\sqrt{1-\xi^2}$为衰减振荡相位差。

将上述三种情况绘成曲线，可得图 1-8 所示二阶环节的阶跃响应曲线簇。由图可知，固有频率 ω_n 越高，则响应曲线上升越快，即响应速度越高；反之 ω_n 越小，则响应速度越低。而阻尼比 ξ 越大，则过冲现象减弱越快。$\xi>1$ 时完全没有过冲，也不产生振荡；$\xi<1$ 时，将产生衰减振荡。为使接近稳态值的时间缩短，设计时常取 $\xi=0.6\sim0.8$。

当 $\xi=0$ 时，式(1-38) 变成 $y = KA([1-\sin(\omega_n t+\varphi)])$，形成等幅振荡，这时振荡频率就是二阶环节的振动角频率 ω_n，称为“固有频率”。

图 1-9 所示由弹簧(k)、阻尼(c) 和质量(m) 组成的机械系统是二阶环节在传感器中的应用实例。在外力 F 作用下，其运动微分方程为

$$m\frac{d^2y}{dt^2} + c\frac{dy}{dt} + ky = F \tag{1-39}$$

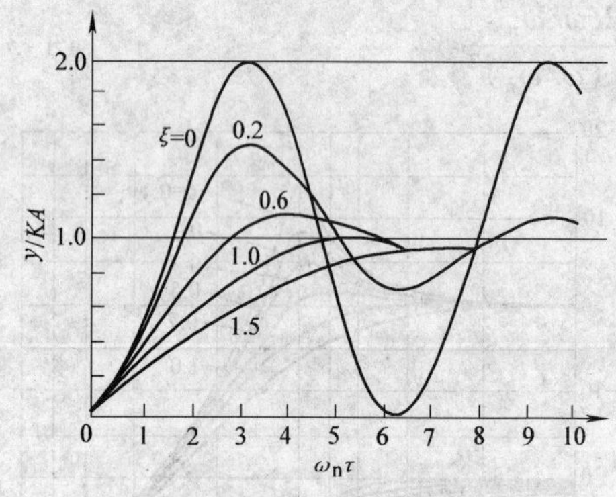

图 1-8 二阶环节的阶跃响应

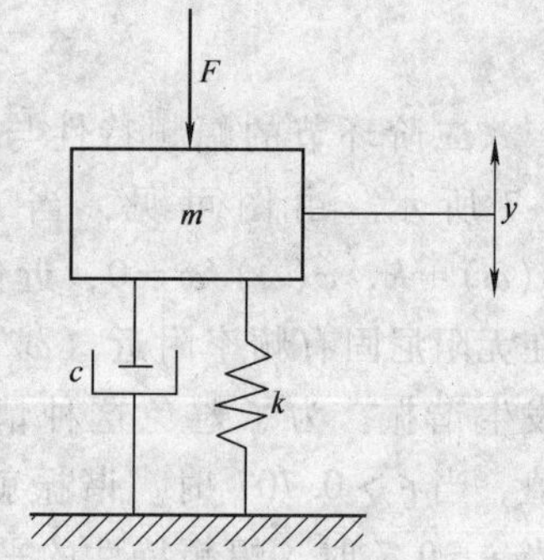

图 1-9 二阶环节实例

3. 传感器的性能指标一览

由于传感器的类型五花八门，使用要求千差万别，要列出可用来全面衡量传感器质量优劣的统一指标极其困难。迄今为止，国内外还是采用罗列若干基本参数和比较重要的环境参数指标的方法来作为检验、使用和评价传感器的依据。表 1-2 列出了传感器的一些常用指标，可供读者参考。

1.2.2 传感器设计中的共性技术

1. 差动技术

在使用中，通常要求传感器输出-输入关系成线性，但实际难于做到。如果输入量变化范围不大，而且非线性项的方次不高时，在对多项式进行分析后，找到了一种切实可行的减小非线性的方法——差动技术。这种技术也已广泛用于消除或减小由于结构原因引起的共模误差（如温度误差）方面。其原理如下：

设有一传感器，其输出为

$$y_1 = a_0 + a_1 x + a_2 x^2 + a_3 x^3 + a_4 x^4 + \cdots$$

表 1-2 传感器的常用指标

基本参数指标	环境参数指标	可靠性指标	其他指标
1. 量程指标： 量程范围、过载能力等 2. 灵敏度指标： 灵敏度、满量程输出、分辨力、输入输出阻抗等 3. 精度方面的指标： 精度(误差)、重复性、线性、回差、灵敏度误差、阈值、稳定性、漂移、静态总误差等 4. 动态性能指标： 固有频率、阻尼系数、频响范围、频率特性、时间常数、上升时间、响应时间、过冲量、衰减率、稳定误差、临界速度、临界频率等	1. 温度指标： 工作温度范围、温度误差、温度漂移、灵敏度温度系数、热滞后等 2. 抗冲振指标： 各向冲振容许频率、振幅值、加速度、冲振引起的误差等 3. 其他环境参数： 抗干扰、抗介质腐蚀、抗电磁场干扰能力等	工作寿命、平均无故障时间、保险期、疲劳性能、绝缘电阻、耐压、反抗飞弧性能等	1. 使用方面： 供电方式(直流、交流、频率、波形等)、电压幅度与稳定度、功耗、各项分布参数等 2. 结构方面： 外形尺寸、重量、外壳、材质、结构特点等 3. 安装连接方面： 安装方式、馈线、电缆等

用另一相同的传感器，但使其输入量符号相反（例如位移传感器使之反向移动），则它的输出为

$$y_2 = a_0 - a_1 x + a_2 x^2 - a_3 x^3 + a_4 x^4 - \cdots$$

使二者输出相减，即

$$\Delta y = y_1 - y_2 = 2(a_1 x + a_3 x^3 + \cdots) \tag{1-40}$$

于是，总输出消除了零位输出和偶次非线性项，得到了对称于原点的相当宽的近似线性范围，减小了非线性，而且使灵敏度提高了一倍，抵消了共模误差。在传感器中，外界被检测量的满量程往往只引起单个敏感元件的少量变化，为了取出这种少量变化，去除不变部分，需要在敏感部分采取差动技术，如各种测量桥路（不平衡电桥）。

差动技术已在电阻应变式、电感式、电容式等传感器中得到广泛应用。在干涉光学传感器技术中光路光程差、谐振传感器中频率差等方法技术也源于差动技术。本书在相关章节将重点介绍该技术。

2. 零示法、微差法与闭环技术

设计或应用传感器时，零示法、微差法与闭环技术可用以消除或削弱系统误差。

零示法可消除指示仪表不准而造成的误差。采用这种方法时，被测量对指示仪表的作用与已知的标准量对它的作用相互平衡，使指示仪表示零，这时被测量就等于已知的标准量。机械天平是零示法的例子。零示法在传感器技术中应用的实例是平衡电桥。

微差法是在零示法的基础上发展起来的。由于零示法要求标准量与被测量完全相等，因而要求标准量连续可变，这往往不易做到。人们发现如果标准量与被测量的差别减小到一定程度，那么由于它们相互抵消的作用就能使指示仪表的误差影响大大削弱，这就是微差法的原理。

几何量测量中广泛采用的测微仪检测工件尺寸的方法，就是微差法测量的实例。用该法测量时，标准量可由量块或标准工件提供，测量精度大大提高。

当要求测试系统具有大的动态范围，高的灵敏度、分辨力与精度，以及优良的稳定性、

重复性和可靠性时，开环测试系统往往不能满足要求，于是出现了在零示法基础上发展而成的闭环式传感器系统。现多采用具有深度负反馈的力平衡方式，这里被测力与反馈力对于高灵敏检测元件相平衡（有微量差）。微量差被检测放大，放大器输出的电量产生反馈力，输出电量与测量力有一个良好的线性关系。闭环式传感器在过程参数检测传感器技术中被广泛采用，在微机械电容加速度传感器中常使用静电力平衡的方法。

跟踪技术也属于闭环技术思想。除对平衡点的跟踪外，还可以跟踪某些特定值点（往往是极值点）以及综合指标参数，产生反馈作用的量有一维或多维。跟踪技术有着广泛的应用，如恒星跟踪、雷达多目标跟踪、导航惯性平台的跟踪等。

3. 平均技术

常用的平均技术有误差平均效应和数据平均处理。误差平均效应的原理是，利用 n 个传感器单元同时感受被测量，而其输出是这些单元输出的总和。假如将每一个单元可能带来的误差均看作随机误差，根据误差理论，总的误差将减小为

$$\Delta = \pm \delta_n / \sqrt{n} \tag{1-41}$$

例如 $n=10$ 时，误差减小为 31.6%；$n=500$ 时，误差减小为 4.5%。

误差平均效应在容栅、光栅、感应同步器、编码器等栅状传感器中都取得明显的效果。在其他一些传感器中，误差平均效应对某些工艺性缺陷造成的误差同样起到弥补作用。

按照同样的道理，如果我们将相同条件下的测量重复 n 次或进行 n 次采样，然后进行数据平均处理，随机误差也将减小为 $1/\sqrt{n}$。因此，凡被测对象允许进行多次重复测量（或采样），都可采用上述方法减小随机误差。

对于周期信号，可以在周期相关时刻对信号采样累加就构成了相敏检波、同步积分等传感器信号调理电路。对于目标（被测量）相对静止，传感器空间移动的系统，可以对传感器信息延时累加，由此构成谓之“合成孔径”信息处理方法。

4. 分段与细分技术

对于大尺寸、高精度的几何测量问题，需要采取分段测量的方案。首先确定被测量在哪个分段区间，然后在该段内进行局部细分。这项技术要求在工艺经济的条件下，尽量密地把标尺等分成若干段，这种分段的边界精度（或小范围平均精度）达到了总体最终精度要求。测量过程从零位开始，记录下所经段数，然后在段内用模拟方法细分。常用两只传感器完成段计数、模拟细分和分辨运动方向的功能，两只传感器之间的距离减去分段整倍数后相差1/4 分段，即运动测量时两只传感器分别发出正弦和余弦信号。段内用模拟方法细分一般只有 1/10 ~ 1/100 精度。

在激光干涉测长、感应同步器、光栅、磁栅、容栅等传感器技术上采用了分段与细分技术，用 CCD 光敏阵列测量光点位置也属于这项共性技术。这项技术也可以认为是微差法的特殊应用。这项技术中，往往使用多只敏感元件，覆盖多个分段，用空间平均方法提高测量精度。

当测量两点之间的位移时，可以用某匀速移动的物质（或能量）到达两点的时差来度量。这种匀速移动的物质（或能量）可以是物体，或声场、电磁波、旋转磁场等。技术上用时间分段，即用周期性脉冲计数的方法测量时间。超声、雷达、激光等脉冲测距都是这种

共性技术的应用。当这种匀速移动的物质（或能量）被调制（幅度、相位或编码等）时还可以实现周期计数间的进一步的细分测量。

5. 补偿与校正

有时传感器或测试系统的系统误差的变化规律过于复杂，采取了一定的技术措施后仍难满足要求，或虽可满足要求，但因价格昂贵或技术过分复杂而无现实意义。这时，可以找出误差的方向和数值，采用修正的方法（包括修正曲线或公式）加以补偿或校正。例如，传感器存在非线性，可以先测出其特性曲线，然后加以校正；又如存在温度误差，可在不同温度进行多次测量，找出温度对测量值影响的规律，然后在实际测量时进行补偿。上述方法在传感器或测试系统中已被采用。

补偿与校正，可以利用电子技术通过电路（硬件）来解决，也可以采用微型计算机（通常采用单片微机）通过软件来实现。在测量电路中设置一个或多个基准信号元，通过测量信号与基准信号的切换比较，可以达到自（动）校正的目的。

6. 解耦技术

在测量中往往有多个关心的被测量，这些被测量同时作用在多个或多种传感器上，或一个组合传感器上，并对传感器的输出产生交互影响。从传感器的输出量中解算出各自独立的被测量的技术称之解耦技术，解耦可以用模拟加减方法，但更多地是用软件计算方法来实现。

与以上所谈解耦技术接近的技术是所谓的盲源分离技术，就是研究在未知系统的传递函数、源信号的混合系数及其概率分布的情况下，从混合信号中分离出独立源信号的技术。通常是利用一定数目的传感器对几个源同时进行测量，每个传感器所测量的都是这几个声源的混合信号，但是并不知道它们的混合矩阵。在这种情况下，希望能够把每个声源的信号单独拿出来进行分析，这种情况在实际当中经常遇到。由于系统的传递矩阵未知，信号源也是未知的，问题是多解的，所以一般方法无能为力，这时盲源分离技术就应运而生了。所有的盲源分离算法都依赖于一个基本假设，即传感观测信号数必须大于或等于系统中的独立源数。在解决振动混响问题时会遇到这项技术。

本书在多维力的测量传感器技术中涉及到了静态的线性解耦问题。

7. 图示化技术

这里图示化技术指传感信息图形化表示。传感器是“能感受规定的被测量并按一定规律转换成可用输出信号的器件或装置”。“可用”与表现形式有关，不能仅限于一维，有时多维形式更容易被人理解，找出共性与规律。

用可见光图像传感器把被测物反射能力的空间分布转换成一维时间序列电信号，然后经显示器转换成二维平面分布光强信号，人眼就可以找出被测物边界、颜色、灰度等多方面特征信息。医用B型超声传感器把人体内部组织对超声波的反射、透射能力的空间分布转换成一维时间序列电信号，然后经显示器转换成二维平面分布光强信号，人眼就可以找出被测物边界、密度等多方面特征信息。X光CT技术是通过运算，解耦出物体内部各细分单元对于X射线的透射能力，然后图示表现。我们还可以举出众多例子，如表达速度、温度、磁场、重力等的空间分布的传感技术。物体被测量的空间分布形式与物质的空间分布形式紧密相关，人眼和脑就能理解这些图像，这是上述各种传感的基础。

把传感器信息通过运算转换成另一种形式，然后图示化表现，是另一种图示化技术。傅里叶变换、小波变换等都是运算方法，某些变换的图形表示可能更利于人们来理解或计算机识别。

对于噪声中的微弱信息的探测，人们发现二维空间相关规律的能力强于一维空间，更强于一维时间。例如，相邻点测温有1℃的波动，但在遥感中一个地区大面积升高0.1℃就可以判断为异常。从通过小波变换后的微波反射图像中可以发现电子干扰所掩盖的运动物体的蛛丝马迹，以及地下核试验所引起的电离层异常。

本书所涉及的磁敏、光电、超声等传感器技术都可以用于某种分布的测量。

第2章　阻抗式结构型传感器

阻抗式结构型传感器依靠敏感结构的变形、运动，将被测量转变成测试电路的阻抗，主要有电阻应变式传感器、电容式传感器、电感式传感器。这类传感器的共同特点还有：①同时存在两种转换器件，其一是将被测量转换成变形、位移、运动等机械量的敏感元件，如：弹性元件、各种运动机构等，敏感元件的形式决定了传感器的结构；其二是将机械量转换成电阻、电容、电感等电量的转换元件，转换元件决定了传感器的测试原理。②这类传感器是无源性器件，必须有外接电源才能有电信号输出。因此，传感器的精度和灵敏度还与供电电压有关。

2.1　阻抗式结构型传感器的敏感元件

阻抗式结构型传感器的敏感结构可分为弹性变形和运动机构两类。弹性变形式敏感结构的原理是：利用被测量伴随的力作用，将被测量转变成弹性体的微量弹性变形，或由被测对象直接牵引引起敏感元件的变形或位移。运动机构主要作用是运动变换或放大，如将直线运动变换成旋转运动，常用的机构主要是齿轮机构、杠杆和连杆机构，可参考机械设计的有关书籍。本章主要介绍弹性敏感元件。

2.1.1　弹性敏感元件的主要性能

弹性敏感元件的主要性能有弹性特性、灵敏度、刚度、谐振频率、品质因数、安全系数等。

1. 弹性特性

弹性特性指元件的输入-输出特性，一般指力-变形位移（挠度）特性。可用下式表示：

$$F=f(\varepsilon)\text{或}\varepsilon=f^{-1}(F) \tag{2-1}$$

式中，F 为施加于敏感元件的力或力矩；ε 为变形量或位移。

2. 灵敏度与刚度

灵敏度 S 由下式表示：

$$S=\varepsilon/F \tag{2-2}$$

敏感元件的刚度是灵敏度的倒数。理想传感器要求有较高的灵敏度，同时传感器的位移与被测量对象的运动误差无关，即有足够的刚性。但是，很多情形下，传感器的位移也是被测对象的运动误差。因此，设计传感器时应当综合考虑。

3. 谐振频率

弹性敏感元件的固有频率决定其动态特性，一般来说，固有频率越高，动态特性越好。弹性元件是一个质量连续分布的系统，可以有无穷多个谐振点，一般最关心最低的那个谐振频率，称为基频。敏感元件的谐振频率可由计算获得，但必须由实验校正。可用下式估计：

$$\omega_n = \sqrt{\frac{k}{m_e}} \text{或} f_n = \frac{1}{2\pi}\sqrt{\frac{k}{m_e}} \tag{2-3}$$

式中，m_e为元件的等效振动质量；k为元件的弹簧常数。

4. 弹性滞后和后效

弹性滞后是指弹性敏感元件在弹性变形范围内，加、卸载的正反行程变形不重合的现象，一般用最大变形滞后与最大变形的百分比表示。加在弹性敏感元件上的载荷发生变化后，其变形并不能立即随载荷变化，加载（或卸载）后经过一段时间应变才增加（或减小）到一定数值的现象称为弹性后效，在动态测试时，易造成测试误差。

5. 安全系数

安全系数反映敏感元件的承载能力，用下式表示：

$$n = \frac{\sigma_\rho}{\sigma_{max}} = \frac{\text{弹性极限}}{\text{最大工作应力}} \text{或} n = \frac{[\sigma]}{\sigma_{max}} \tag{2-4}$$

式中，σ表示材料单位面积的受力，即应力，$\sigma = F/A$，单位为 Pa，F为受力或载荷，A为承载面积；$[\sigma]$表示材料的许用应力。安全系数越大，敏感元件的过载能力越强，但可能体积越大，越笨重，同时灵敏度降低。一般以 1.5～5 为宜。

除上述特性外，还有材料的蠕变、温度特性等。

2.1.2 常用弹性元件的结构和性能

常用弹性元件主要有环形结构、梁、膜片式结构、波纹管和波登管、谐振结构，它们的性能取决于元件的结构和材料的力学特性。

1. 基本拉压

材料受力变形的最基本形式是拉压变形，由下式计算：

$$\varepsilon = \frac{\sigma}{E} \tag{2-5}$$

式中，ε为应变，即单位长度的变形，$\varepsilon = \Delta l/l$，因此它是一个无量纲的量，习惯上将10^{-6}称为一个微应变；Δl是受力后发生的变形，l为受载变形长度；E为材料的弹性模量，单位为 Pa，它是一个仅与材料有关的参数。一般材料受力方向称为纵向，受力发生纵向变形的同时，横向也会发生变形，用ε_x或ε_y表示，则有下述关系：$\varepsilon_x = \mu\varepsilon_y$，$\mu$称为泊松比，泊松比是材料的基本力学参数，一般钢材可取$\mu = 0.25$，其他材料可从有关手册查得。

等截面杆件、等壁厚圆筒可视为基本拉伸结构。设计时应满足：$\sigma < [\sigma]$。

2. 弹性梁

变形以弯曲为主的结构称为弹性梁。按支承形式可分为悬臂梁、简支梁等；按承载特性可分有等截面梁、等强度梁等。只有一端支承的梁称为悬臂梁结构，如图 2-1 所示。图中，b为悬臂梁截面宽度，l为力的作用点距固定端的长度，h为梁的厚度，x为测试点的位置。

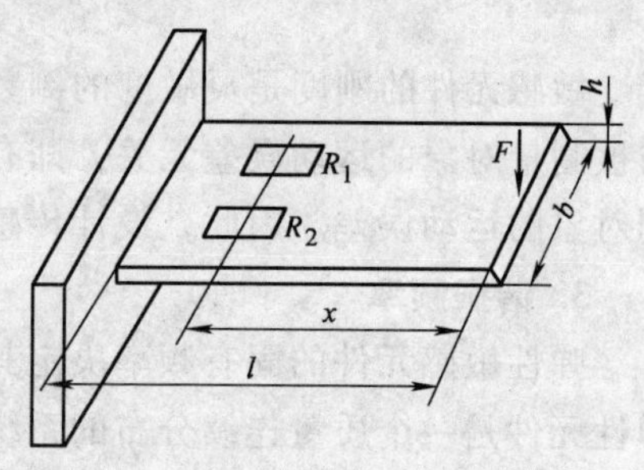

图 2-1 悬臂梁

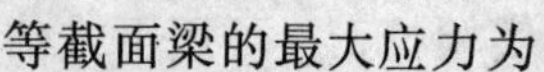
等截面梁的最大应力为

$$\sigma_{\max}=\frac{6Fl}{bh^2}\leqslant[\sigma] \tag{2-6}$$

测试点的应力为
$$\sigma=\frac{6Fx}{bh^2} \tag{2-7}$$

自由端最大挠度 $\omega_{\max}$ 为
$$\omega_{\max}=\frac{4Fl^3}{Ebh^3} \tag{2-8}$$

固有频率为
$$f_{\mathrm{n}}=\frac{0.162h}{l^2}\sqrt{\frac{E}{\rho}} \tag{2-9}$$

式中，ρ 为材料的密度。可见，材料的弹性模量、密度均会影响梁的固有频率。

等截面梁测试点的应力和应变均与位置 l_0 有关，使用时不够方便，为此可设计如图 2-2 所示的等强度梁。图中，b_0、b 分别为悬臂梁根部及自由端力作用处的宽度，令 b_x 为测试点处的宽度，使

$$b_x=\frac{6Fx}{h^2[\sigma]} \tag{2-10}$$

则梁各处的应力相等，应变也相等。因此，使用时可以不考虑测试点的位置。

自由端最大挠度 $\omega_{\max}$ 为
$$\omega_{\max}=\frac{6Fl^3}{Ebh^3} \tag{2-11}$$

梁的固有频率为
$$f_{\mathrm{n}}=\frac{0.136h}{l^2}\sqrt{\frac{E}{\rho}} \tag{2-12}$$

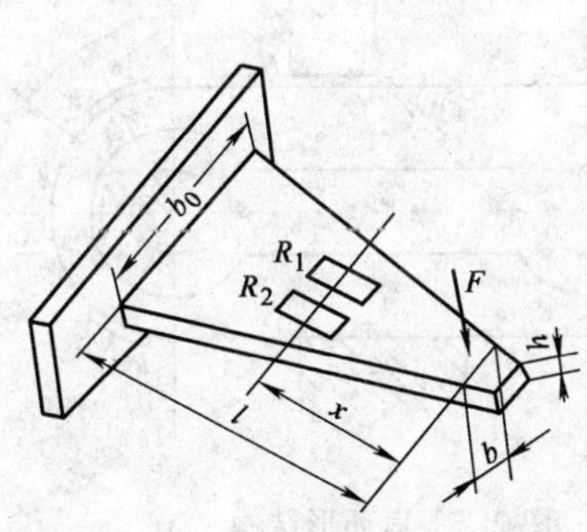

图 2-2 等强度梁

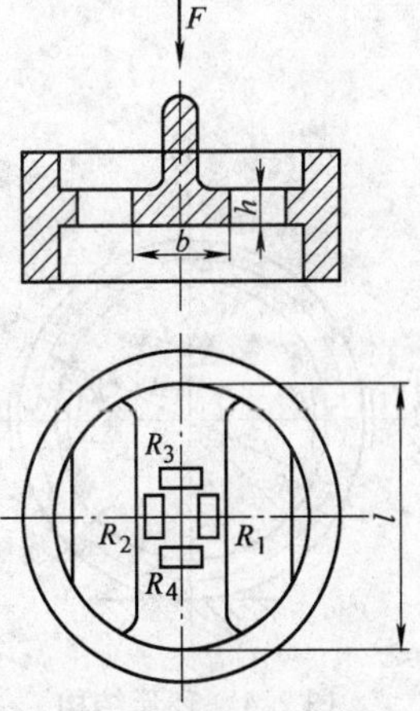

图 2-3 两端固定梁

有时，要求传感器有较高的刚性和承载能力，此时多采用两端固定梁，如图 2-3 所示。两端固定梁是一种静不定系统，常用梁的中点位置作为测试点，称为中断面。中断面的应力为

$$\sigma=\frac{3Fl}{4bh^2} \tag{2-13}$$

应变为
$$\varepsilon=\frac{3Fl}{4bh^2E} \tag{2-14}$$

最大挠度也发生在中断面，为

$$\omega_{\max}=\frac{El^3}{192EJ} \tag{2-15}$$

自振频率为

$$f_0=\frac{22.37}{2\pi l^2}\sqrt{\frac{EJ}{A\rho}} \tag{2-16}$$

式中，J 为截面惯性矩，是一个与截面形状有关的参数，单位为 m^4，矩形截面 $J=bh^2/12$，其他截面形状可参考有关手册。

上述的梁只能用于测试单向力或变形的场合，为了测试多向力，常采用十字梁结构，如机器人腕力传感器。

3. 环形结构

称重式传感器中常用到如图 2-4 所示的圆环形结构。受力 F 的作用，A、B 两处的应力为

$$\sigma=\frac{54Fd}{100bh^2} \tag{2-17}$$

应变为

$$\varepsilon=\frac{54Fd}{100bh^2E} \tag{2-18}$$

自振频率为

$$f_0=\frac{10.72}{2\pi d^2}\sqrt{\frac{EJ}{A\rho}} \tag{2-19}$$

图 2-5 所示的扁环形结构也常用于测量力传感器，它的弯矩是

$$M_{\varphi}=\frac{FR}{2}\left(\frac{2}{\pi}-\sin\varphi\right)-\frac{HR}{2}\cos\varphi \tag{2-20}$$

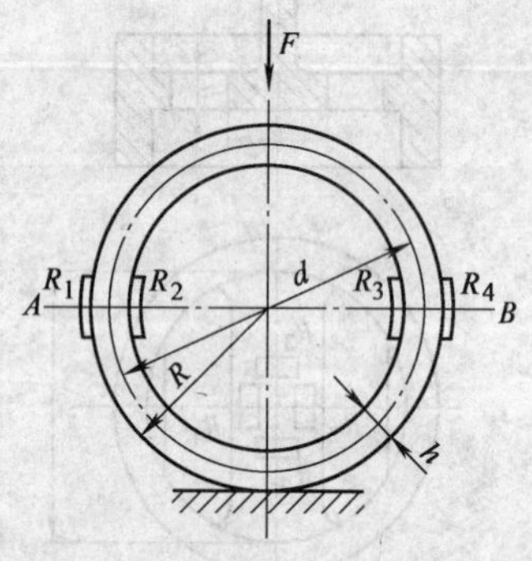

图 2-4　环形结构

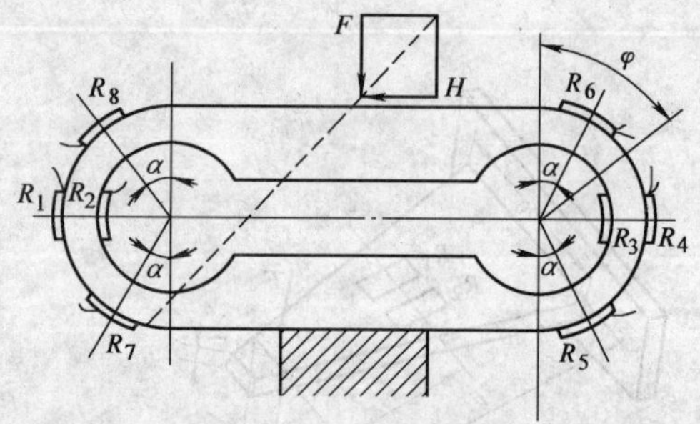

图 2-5　扁环形结构

这种结构的特点是：图中 $\varphi=90°$处的弯矩与水平力 H 无关，可用来测量法线方向的力 F，而 $\varphi=40°$处的弯矩与法向力 F 无关，可用来测量水平方向的力 H。扁环的应力和应变可采用圆环计算方法。

4. 膜片式结构

膜片式结构可用于测量与微小位移有关的量。虽然膜片的结构非常简单，但应力分布却比较复杂。按膜的形状可分为平膜片、带硬中心的膜片和波纹膜等；按受力方式可分为集中力载荷和均布力载荷；按应力的性质可分为厚膜和薄膜。膜受载后变形，中心的挠度 ω_0 最大。设膜厚为 h，如果 $\omega_0/h<1/3$，则可按厚膜计算，厚膜的变形以弯曲为主，膜的拉压处于次要地位；如果 $\omega_0/h>5$，则按薄膜计算，认为薄膜是柔软的，无弯曲刚度和弯曲应力，

膜的变形以拉压为主。以下给出薄膜结构的例子。

（1）平膜　平膜适合于测量受均布载荷的情形，圆形平膜的结构如图 2-6 所示，在均布载荷 p（单位：Pa）的作用下，膜的径向应力为

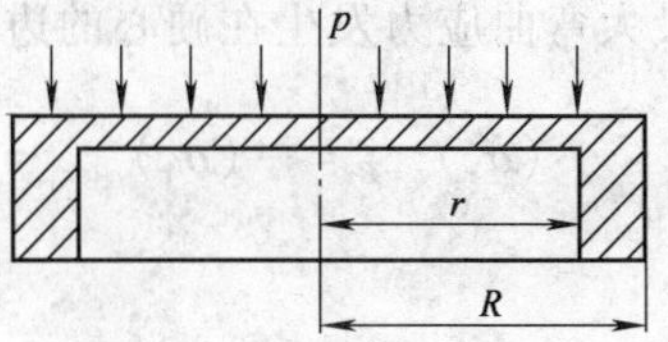

$$\sigma_{\mathrm{r}}=\frac{3p}{8h^2}\left[R^2(1+\mu)-r^2(3+\mu)\right] \tag{2-21}$$

图 2-6　平薄膜受均布载荷

切向应力为

$$\sigma_{\mathrm{t}}=\frac{3p}{8h^2}\left[R^2(1+\mu)-r^2(1+3\mu)\right] \tag{2-22}$$

小变形条件下，径向应变为

$$\varepsilon_{\mathrm{r}}=\frac{1}{E}(\sigma-\mu\sigma_{\mathrm{t}})=\frac{3p(1-\mu^2)}{8Eh^2}(R^2-3r^2) \tag{2-23}$$

切向应变为

$$\varepsilon_{\mathrm{t}}=\frac{1}{E}(\sigma_{\mathrm{t}}-\mu\sigma_{\mathrm{r}})=\frac{3p(1-\mu^2)}{8Eh^2}(R^2-r^2) \tag{2-24}$$

在膜中心 $r=0$ 处，膜的切向应力和径向应力相等，切向应变和径向应变也相等，而且达到正的最大值，为

$$\sigma_{\mathrm{r0}}=\sigma_{\mathrm{t0}}=\frac{3pR^2}{8h^2}(1-\mu^2)\quad \varepsilon_{\mathrm{r0}}=\varepsilon_{\mathrm{t0}}=\frac{3pR^2}{8Eh^2}(1-\mu^2) \tag{2-25}$$

在膜片边缘 $r=R$ 处，膜的切向应力和径向应力、径向应变都达到负的最大值，而切向应变为零

$$\sigma_{\mathrm{ra}}=-\frac{3pR}{4h^2}\quad \sigma_{\mathrm{ta}}=-\frac{3pR^2}{4h^2}\mu\quad \sigma_{\mathrm{ru}}=-\frac{3pR^2}{4h^2}(1-\mu^2)\ \varepsilon_{\mathrm{ta}}=0 \tag{2-26}$$

可见，径向应力和应变有一拐点，拐点在 $r=0.573R$ 处，此时 $\varepsilon_{\mathrm{r}}=0$，$\sigma_{\mathrm{r}}=0$，使用单轴应变计时应避开这个点。平膜片的挠度为

$$\omega=\frac{3p(1-\mu^2)}{16Eh^3}(R^2-r^2)^2 \tag{2-27}$$

可见，中心 $r=0$ 处挠度最大，为

$$\omega_0=\omega_{\max}=\frac{3p(1-\mu^2)R^4}{16Eh^3} \tag{2-28}$$

平膜片的最小自振频率为

$$f_0=\frac{10.17h}{2\pi R^2}\sqrt{\frac{E}{12(1-\mu^2)\rho}} \tag{2-29}$$

（2）带有硬中心的膜片　在传感器中，带有硬中心的膜片也被广泛的应用，其特征是膜的中心很厚，可以认为是刚体。常利用硬中心将均布压力转换为集中力，在小位移下有较高的应力，因而有更高的灵敏度。有硬中心的膜片结构如图 2-7 所示。硬中心的挠度仍然最大为

$$\omega_{\max}=\frac{3(1-\mu^2)}{16}\frac{pR^4}{Eh^3}\left[1-\frac{r_0^4}{R^4}+4\frac{r_0^2}{R^2}\ln\frac{r_0}{R}\right] \tag{2-30}$$

最大弯曲应力发生在硬心的边缘和膜片的边缘为

$$(\sigma_r)_{r=R} = -(\sigma_r)_{r=r_0} = \frac{3pR^2}{4h^2}\left(1-\frac{r_0^2}{R^2}\right) \tag{2-31}$$

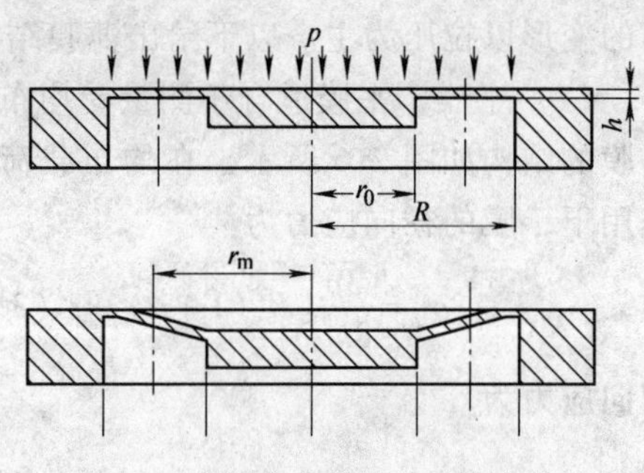

图 2-7　有硬中心的膜片受均布载荷

5. 弹性谐振元件

弹性谐振元件能将被测量转变成频率信号，常用的谐振元件有振动弦、振动梁、振动膜和振动筒。

1）两端固定弦的振动频率可用下式计算：

$$f_n = \frac{n}{2l}\sqrt{\frac{\sigma}{\rho}} = \frac{n}{2l}\sqrt{\frac{T}{m}} \tag{2-32}$$

式中，n 为谐波阶次，基频时取 1；l 为弦长；T 为张力；m 为弦的单位长度质量；σ 为应力；ρ 为弦材料密度。

2）两端固定矩形截面振动梁的固有频率按下式计算：

$$f_n = \frac{\alpha_n^2 h}{2\pi l^2}\sqrt{\frac{E}{12\rho}}\sqrt{1 \pm \gamma_n \frac{Nl^2}{Ebh^3}} \tag{2-33}$$

式中，α_n 为模态系数，对基模取 4.73；$\gamma_n = \gamma_1 = 0.295$；$N$ 为轴向力。

6. 其他结构

传感器还常采用波纹管和波登管作敏感元件。波纹管是具有规则形状的圆形薄壳，在轴向力、径向力或扭矩的作用下能产生相应的位移，按波纹成形方法可分为无缝波纹管和有缝波纹管。无缝波纹管采用液压成形，已经有完整的规格系列；有缝波纹管采用膜片冲压成形，再沿周边焊接的工艺制造，其性能优越，在精密仪器中应用广泛。图 2-8 为两种波纹管。

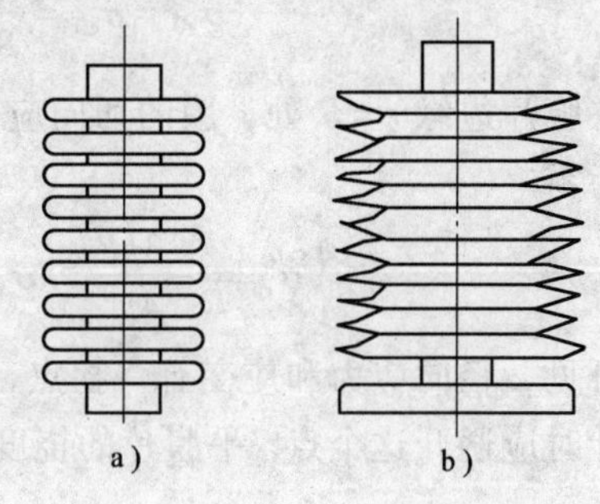

图 2-8　波纹管

a）圆形截面　b）蝶形截面

波登管的截面一般采用椭圆形或扁形管状，由于非圆形截面在内腔压力作用下膨胀，导致波登管形状发生变化，从而引起自由端的位移。几种常见的波登管如图 2-9 所示。

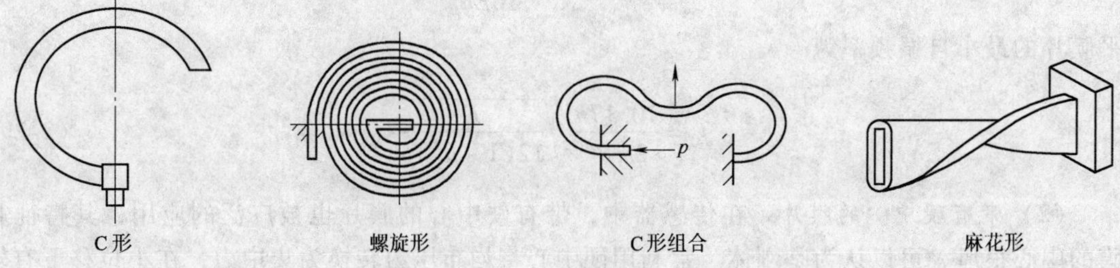

图 2-9　波登管

2.1.3　弹性敏感元件的材料

对弹性元件材料的性能有以下要求：①强度高，弹性极限高；②有较高的冲击韧性和疲劳极限；③弹性模量的温度系数小而稳定；④热处理后有均匀稳定的组织，且各向同性；⑤热膨胀系数小；⑥具有良好的工艺性，如机械加工性能和热处理性能；⑦较好的耐腐蚀性；⑧弹性滞后小。一种材料很难满足上述所有的条件，选用时要根据传感器的工作和使用条件综合考虑。

常用的弹性合金可分为两大类：高弹性合金和恒弹性合金。

高弹性合金主要是铜基合金，如黄铜、磷青铜、钛青铜、铍青铜等。铁基合金由于耐高温、耐腐蚀性好，有逐渐取代铜基合金的趋势。代表性的材料如：不锈钢 17-4PH（$CCr17Ni_4Al$）、蒙太尔合金。高弹合金的弹性模量随温度变化较大，目前普遍采用恒弹合金制作弹性元件。恒弹合金的特点是弹性模量的温度稳定性较好，一般小于 10^{-5}/℃，如：Ni42CrTiAl，我国代号为 3J53。更理想的高温恒弹合金是铌基合金，它的特点是：无磁性，磁导率在 10^{-6}数量级；恒弹性，700℃时的弹性温度系数在 10^{-6}/℃，弹性模量低，为1.1×10^{10}Pa，有利于提高传感器的灵敏度；强度高；耐腐蚀性好。

石英和硅是现代高精度传感器的理想弹性材料，它们的密度约为不锈钢的 1/3，滞后 1/100，线膨胀系数约为其 1/30，为微机械传感器的首选材料。

此外，有时也用铝合金作为弹性元件的材料。

2.2　电阻应变式传感器

电阻应变式传感器的工作原理基于四个基本的转换环节：力(F)→应变(ε)→电阻变化(ΔR)→电压输出(ΔV)。其中，力→应变由敏感元件完成，这一转换依赖于传感器的结构；应变→电阻变化由电阻应变式转换元件完成，即金属应变效应；电阻变化→电压输出则由测试电路完成，三个转换过程构成一个完整的电阻应变式传感器。1856 年，英国物理学家 W. Tomson 首先发现了金属材料的应变效应。1937 年，美国科学家 E. Simmons 和 A. Ruge 制成了世界上第一片纸基丝绕电阻应变计。1940 年，研制发明了第一代电阻应变式传感器。经过几十年努力，应变式传感器的设计技术和工艺技术日趋完善，测量精度和使用可靠性日趋提高。至今，它已几乎应用到了所有称量领域和各种测力领域。

2.2.1　电阻应变计的基本原理与结构

1. 导电材料的电阻应变效应

一根金属导线受拉伸长时电阻增大，受压缩短时电阻减小。这个规律称为金属材料的电阻应变效应。设有一段长为 l，截面积为 A，电阻率为 ρ 的导体（如金属丝），它具有的电阻为

$$R=\rho\frac{l}{A} \tag{2-34}$$

当它受到轴向力 F 而被拉伸（或压缩）时，其 l、A 和 ρ 均发生变化，如图 2-10 所示。因而导体的电阻随之发生变化。通过对式(2-34) 两边取对数后再作微分，即可求得其电阻相对变化

$$\frac{\Delta R}{R}=\frac{\Delta l}{l}-\frac{\Delta A}{A}+\frac{\Delta\rho}{\rho}$$

式中，$(\Delta l/l)=\varepsilon$ 为材料的轴向线应变，常用单位 $\mu\varepsilon$（$1\mu\varepsilon=1\times10^{-6}$mm/mm）；而 $(\mathrm{d}A/A)=2(\mathrm{d}r/r)=-2\mu\varepsilon$。其中 r 为导体的半径，受拉时 r 缩小；μ 为导体材料的泊松比。通常，$0<\mu<0.5$。

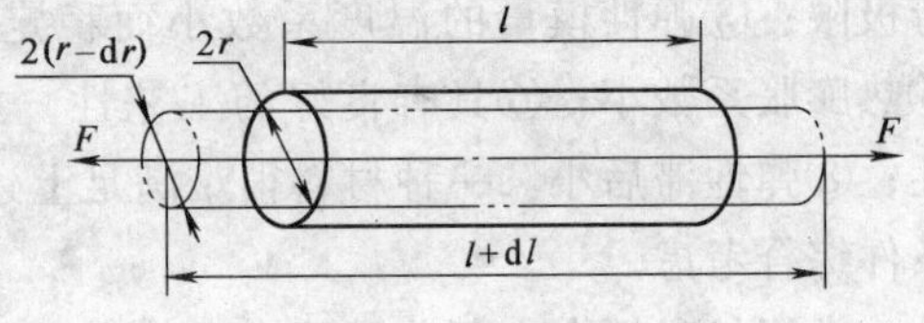

图 2-10 导体拉伸后的参数变化

代入上式可得

$$\frac{\Delta R}{R}=(1+2\mu)\varepsilon+\frac{\Delta\rho}{\rho} \tag{2-35}$$

由机械应力引起的电阻率变化称为压阻效应。压阻效应来源于金属晶格间距变化。纵向延伸引起间距增大，使电子迁移率降低，因而导致电阻率增大。布里奇曼（P. W. Bridgman）证明，金属材料的电阻率相对变化与其体积相对变化之间有如下关系：

$$\frac{\mathrm{d}\rho}{\rho}=C\frac{\mathrm{d}V}{V} \tag{2-36}$$

式中，C 为布里奇曼常数，由材料和加工方式决定，因此

$$(\mathrm{d}V/V)=(\mathrm{d}l/l)+\mathrm{d}A/A=(1-2\mu)\varepsilon \tag{2-37}$$

代入式(2-35)，并考虑到实际上 $\Delta R\ll R$，故可得

$$\frac{\Delta R}{R}=[(1+2\mu)+C(1-2\mu)]\varepsilon=K_{\mathrm{m}}\varepsilon$$

式中，$K_{\mathrm{m}}=(1+2\mu)+C(1-2\mu)$ 为金属丝材的应变灵敏系数（简称灵敏系数）。

上式表明：金属材料的电阻相对变化与其线应变成正比。这就是金属材料的电阻应变效应。

2. 电阻应变计的类型

应变计按材料可分为金属应变计和半导体应变计两大类。常用金属材料有：铜镍合金（$Cu_{55}Ni_{45}$）、康铜合金（$Cu_{57}Ni_{43}$）、卡马合金（Ni75Cr20FexAly）、镍铬合金（Ni80Cr20）、恒弹性合金（Ni36Cr8Fe55.5Mo0.5）、贵金属（铂 Pt、铂合金等）。康铜合金是最常用的应变计材料。卡马合金是长时期（数月、数年）进行静态测试的优选材料，疲劳寿命和使用温度范围优于康铜。恒弹性合金的电阻温度系数大但疲劳寿命长，适于动态测量。半导体应变计的材料有硅和锗，可制成 P 型或 N 型。金属应变计的灵敏度系数在 3 左右，半导体应变计有很高的灵敏度，为 30～170。

常见的电阻应变式传感器是带有封装结构的敏感元件，称为应变片，如图 2-11 所示，按材料和形状可分为丝式、箔式和半导体式三种。丝式应变计常用直径为 0.025mm 的金属丝材绕成，这种应变计工艺最简单；箔式应变计的厚度在 0.005～0.01mm 之间，用光刻、腐蚀工艺制成，它有横向效应小、散热性好、疲劳强度高等特点；半导体式采用半导体材料制成，它的灵敏度比金属丝材料要高得多。

敏感栅的作用是实现应变-电阻转换。图中 l 表示栅长，b 表示栅宽，一般在 2～5mm 之间。其电阻值一般为 100Ω。通常用粘结剂将它固结在纸质或胶质的基底上。基底的作用是保持敏感栅固定的形状、尺寸和位置，应变计工作时，基底起着把试件的应变准确地传递给敏感栅的作用。基底很薄，一般为 0.02～0.04mm。引线与测试电路连接，通常取直径约 0.1～0.15mm 的低阻镀锡铜线，并用钎焊与敏感栅端连接。盖层是纸质或胶质的保护层，

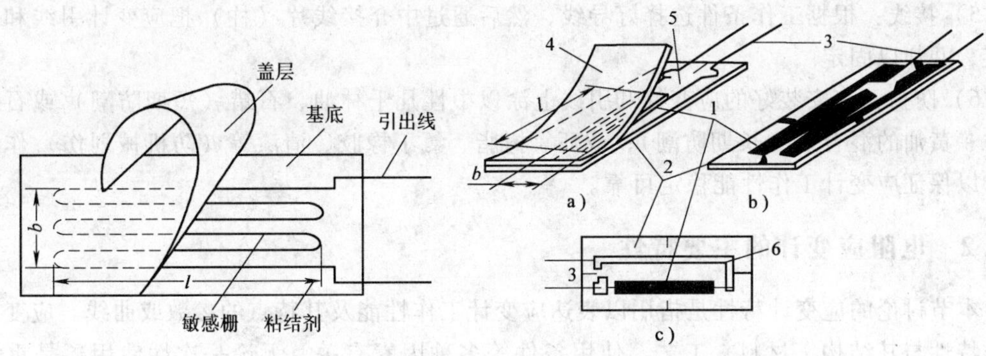

图 2-11　典型应变计的结构与组成
a）丝式　b）箔式　c）半导体
1—敏感栅　2—基底　3—引线　4—盖层　5—粘结剂　6—电极

起着防潮、防蚀、防损等作用。

图 2-11 为单向金属应变计，只能测量一个方向的应变。还有将两个互相垂直的应变计制在一个基底上的应变计，可以测量平面应力，也可以将两者之一作温度补偿用；还有将电阻应变丝材按圆周布置，这类应变计称为应变花，也用于测量平面应力和应变。

3. 应变计的使用

非粘贴式应变计采用机械的方法将金属丝材固定在传感器的结构中，这种传感器灵敏度很高，但要求有合理的预紧、张力调节措施，结构复杂，已经较少使用。粘贴式应变计要用粘结剂将应变片粘贴到试件上或传感器的弹性敏感结构上，粘贴质量对传感器性能的影响很大。对粘结剂和粘贴工艺均有一定要求。

粘结剂的主要功能是要在切向准确传递试件的应变。一般要求具备：①与试件表面有很高的粘结强度，一般抗剪强度应大于 9.8MPa；②蠕变、滞后小，温度和力学性能参数要尽量与试件相匹配；③抗腐蚀，涂刷性好，固化工艺简单；④电绝缘性能、耐老化与耐温耐湿性能均良好。常温时可用各种树脂粘结剂，如环氧树脂、酚醛树脂等；高温时可用磷酸盐类粘结剂，可耐 700℃高温。一般情况下，粘贴与制作应变计的粘结剂是可以通用的。但是，粘贴应变计时受到现场加温、加压条件的限制。通常在室温工作的应变计多采用常温、指压固化条件的粘结剂；非金属基应变计若用在高温工作时，可将其先粘贴在金属基底上，然后再焊接在试件上。

粘贴工艺要经过准备、涂胶、贴片、复查、接线和防护等工序，各工序的一般要求如下：

1）准备：①试件——在粘贴部位的表面，用砂布在与轴向成 45°的方向交叉打磨至 Ra 为 6.3μm 清洗净打磨面→划线，确定贴片坐标线→均匀涂一薄层粘结剂作底；②应变计——外表和阻值检查→刻划轴向标记→清洗。

2）涂胶：在准备好的试件表面和应变计基底上均匀涂一薄层粘结剂。

3）贴片：将涂好胶的应变计与试件，按坐标线对准贴上→用手指顺轴向滚压，去除气泡和多余胶液→按固化条件固化处理。

4）复查：①贴片偏差应在许可范围内；②阻值变化应在测量仪器预调平范围内；③引线和试件间的绝缘电阻应大于 200MΩ。

5）接线：根据工作条件选择好导线，然后通过中介接线片（柱）把应变计引线和导线焊接，并加以固定。

6）防护：在安装好的应变计和引线上涂以中性凡士林油、石蜡（短期防潮）或石蜡+松香+黄油的混合剂（长期防潮）；或环氧树脂、氯丁橡胶、清漆等（防机械划伤）作防护用，以保证应变计工作性能稳定可靠。

2.2.2 电阻应变计的主要特性

本节讨论的应变计特性是指用以表达应变计工作性能及其特点的参数或曲线。应变计的工作特性与其结构、材料、工艺、使用条件等多种因素有关，无论一次性使用还是重复使用，应变计的实际工作特性指标，均应符合国家标准规定，应从批量生产中按比例抽样实测而得。

1. 静态特性

静态特性是指应变计感受试件不随时间变化或变化缓慢的应变时的输出特性。表征应变计静态特性的主要指标有灵敏系数（灵敏度指标）、机械滞后（滞后指标）、蠕变（稳定性指标）、应变极限（测量范围）等。

（1）*灵敏系数（K）* 当具有初始电阻值 R 的应变计粘贴于试件表面时，试件受力引起的表面应变，将传递给应变计的敏感栅，使其产生电阻相对变化 $\Delta R/R$。实验证明，在一定的应变范围内，有下列关系：

$$\frac{\Delta R}{R}=K\varepsilon_x \tag{2-38}$$

式中，ε_x 为应变计轴向应变；K 为应变计的灵敏系数。

必须指出，应变计的灵敏系数 K 并不等于其敏感栅整长应变丝的灵敏系数 K_m。一般情况下，$K<K_m$。这是因为，在单向应力作用产生双向应变的情况下，K 除受到敏感栅结构形状、成形工艺、粘结剂和基底性能的影响外，尤其受到栅端圆弧部分横向效应的影响。应变计的灵敏系数直接关系到应变测量的精度。因此 K 值通常采用从批量生产中每批抽样，在规定条件下通过实测确定——即应变计的标定；故 K 又称标定灵敏系数。上述规定条件是：①试件材料取泊松比 $\mu_0=0.285$ 的钢；②试件单向受力；③应变计轴向与主应力方向一致。

（2）*机械滞后（Z_j）* 实用中，由于敏感栅基底和粘结剂材料性能，或使用中的过载、过热，会使应变计产生残余变形，导致应变计多次测量时输出特性曲线不重合。这种不重合性用机械滞后（Z_j）来衡量。它是指粘贴在试件上的应变计，在恒温条件下增（加载）、减（卸载）试件应变的过程中，对应同一机械应变所指示应变量（输出）之差值，如图 2-12 所示。通常在室温条件下，要求机械滞后 $Z_j<3\sim10\mu\varepsilon$。实测中，可在测试前通过多次重复预加、卸载，来减小机械滞后产生的误差。

（3）*蠕变（θ）和零漂（P_0）* 粘贴在试件上的应变计，在恒温恒载条件下，应变量随时间单向变化的特性称为蠕变。如图 2-13 中 θ 所示。

当试件初始空载时，应变计示值仍会随时间变化而变化的现象称为零漂，如图 2-13 中的 P_0 所示。蠕变反映了应变计长时间工作的稳定性，通常要求 $\theta<3\sim15\mu s$。引起蠕变的主要原因是：制作应变计时内部产生的内应力和工作中出现的切应力，使丝栅、基底，尤其是

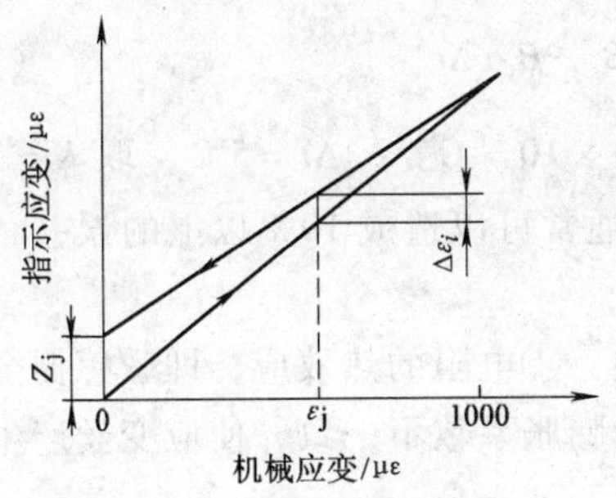

图 2-12　应变计的机械滞后特性

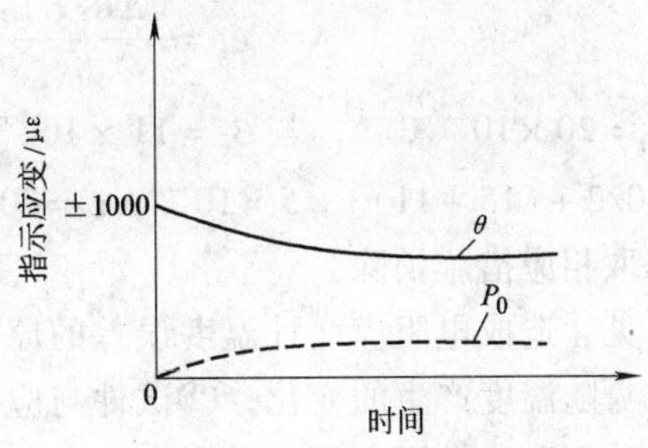

图 2-13　应变计的蠕变和零漂特性

胶层之间产生的“滑移”所致。选用弹性模量较大的粘结剂和基底材料，适当减薄胶层和基底，并使之充分固化，有利于蠕变性能的改善。

(4) 应变极限（$\varepsilon_{\lim}$）　应当知道，应变计的线性（灵敏系数为常数）特性，只有在一定的应变限度范围内才能保持。当试件的真实应变超过某一极限值时，应变计的输出特性将出现非线性。在恒温条件下，使非线性误差达到 10% 时的真实应变值称为应变极限 $\varepsilon_{\lim}$，如图 2-14 所示。应变极限是衡量应变计测量范围和过载能力的指标，通常要求 $\varepsilon_{\lim} \geqslant 8000\mu\varepsilon$。

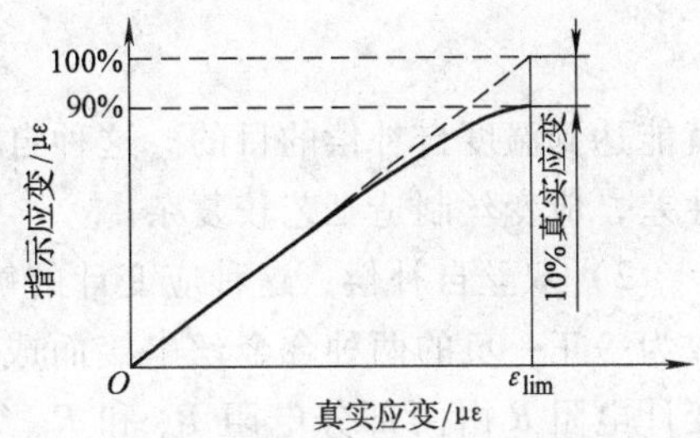

图 2-14　应变计的极限应变特性

2. 动态特性

实验表明，机械应变以声波的形式在材料中传播。当它依次通过一定厚度的基底、胶层（两者都很薄，可忽略不计）和敏感栅时就会有时间的滞后。应变计对正弦应变波的响应是在其栅长范围内所感受应变量的平均值。因此，响应波的幅值将低于真实应变波，从而产生误差。应变计的这种响应滞后在动态（高频）应变测量时会产生较大误差。

实际衡量应变计动态工作性能的另一个重要指标是疲劳寿命。它是指粘贴在试件上的应变计，在恒幅交变应力作用下，连续工作直至疲劳损坏时的循环次数，用 N 表示。它与应变计的取材、工艺和引线焊接、粘贴质量等因素有关，一般要求 $N = 10^5 \sim 10^7$ 次。

2.2.3　电阻应变计的温度效应及其补偿

1. 温度效应及其热输出

理想电阻应变片的电阻值仅由被测应变值决定。实际应变片的电阻值还受温度影响，称为应变片的温度误差。

设工作温度变化为 Δt℃，则由此引起粘贴在试件上的应变计电阻的相对变化为

$$\left(\frac{\Delta R}{R}\right) = \alpha_t \Delta t + K(\beta_s - \beta_t)\Delta t \tag{2-39}$$

式中，α_t 为敏感栅材料的电阻温度系数；K 为应变计的灵敏系数；β_s、β_t 分别为试件和敏感栅材料的线膨胀系数。

式(2-39) 即应变计的温度效应，相对的热输出为

$$\varepsilon_t = \frac{(\Delta R/R)_T}{K} = \frac{1}{K}\alpha_t \Delta t + (\beta_s - \beta_t)\Delta t \tag{2-40}$$

一般 $\alpha_t = 20 \times 10^{-6} C^{-1}$，若 $\beta_s = 11 \times 10^{-6} C^{-1}$，$\beta_t = 15 \times 10^{-6} C^{-1}$，$\Delta t = 5℃$，取 $K = 2$，则 $\varepsilon_t = [20/2 + (15-11)] \times 5 \times 10^{-6} \mu\varepsilon = 70\mu\varepsilon$。热输出通常可以造成10%以上的误差，因此必须采取相应措施消除。

可见，造成电阻应变计温度误差的原因可分为两类：①电阻的热效应，即敏感栅金属丝电阻自身随温度产生的变化；②试件与应变丝的材料线膨胀系数不一致，使应变丝产生附加变形，从而造成电阻变化。

2. 热输出补偿方法

可以采用以下措施补偿热输出：

（1） 自补偿法 自补偿通过精心选配敏感栅材料与结构参数来实现热输出补偿。

1） 单丝自补偿：通过改变敏感栅的合金成分及热处理规范来调整 α_t、β_t，使之能与试件材料的 β_s 相匹配，故使应变丝材料满足

$$\alpha_t = -K(\beta_s - \beta_t) \tag{2-41}$$

就能达到温度自补偿的目的。这种自补偿应变计的最大优点是结构简单，使用方便，但通用性差，应变丝制造工艺较复杂。

2） 双丝自补偿：这种应变计的敏感栅是由电阻温度系数为一正一负的两种合金丝串接而成，如图2-15所示。应变计电阻 R 由两部分电阻 R_a 和 R_b 组成，即 $R = R_a + R_b$。当工作温度变化时，若 R_a 栅产生正的热输出 ε_{at} 与 R_b 栅产生负的热输出 ε_{bt} 大小相等或相近，就可达到自补偿的目的。这种方法要通过试验确定。这种应变计的特点与单丝自补偿应变计相似，但只能在选定的试件上使用。

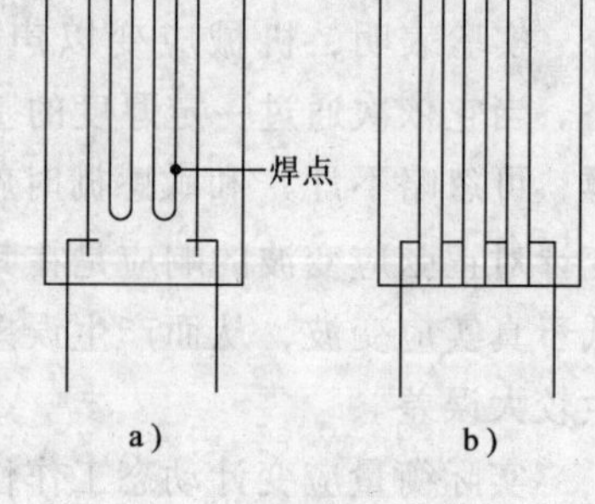

图2-15 双丝自补偿应变计
a) 丝绕式 b) 短接式

（2） 电路补偿法 电路补偿法是利用电桥的和差原理来达到补偿的目的，与自补偿法相比更易于实现。

1） 双丝半桥式：这种应变计的结构如图2-16所示。敏感栅由同符号电阻温度系数的两种合金丝串接而成。组成测量电桥时，R_1 和 R_2 分别接入电桥的相邻两臂上：工作栅 R_1 接入电桥工作臂，补偿臂接入 R_2 和不敏感温度的补偿电阻 R_B。另两臂照例接入平衡电阻 R_3 和 R_4。R_B 应满足

$$R_B \approx R_2\left(\frac{\varepsilon_{2t}}{\varepsilon_{1t}} - 1\right) \tag{2-42}$$

式中，ε_{1t}、ε_{2t} 分别为工作栅和补偿栅的热输出。

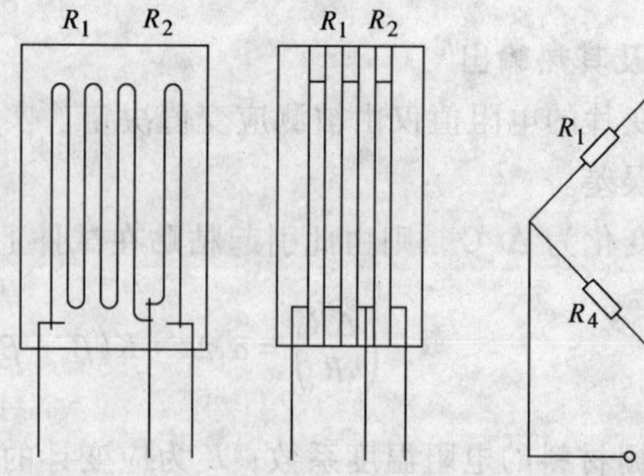

图2-16 双丝半桥式热补偿应变计

当温度变化时，电桥工作臂和补偿臂的热输出相等或相近，达到了热补偿目的。这种热补偿

法的最大优点是通过调整 R_B 值，不仅可使热补偿达到最佳状态，而且还适用于不同线膨胀系数的试件。缺点是对 R_B 的精度要求高，使应变计输出灵敏度降低。

2）补偿块法：这种方法是用两个参数相同的应变计 R_1、R_2，R_1 贴在试件上，接入电桥作工作臂，R_2 贴在与试件同材料、同环境温度，但不参与机械应变的补偿块上，接入电桥相邻臂作补偿臂。R_3、R_4 同样为平衡电阻，如图2-17所示。这样，补偿臂产生与工作臂相同的热输出，起了补偿作用。这种方法简便，但补偿块的设置有时受到现场环境条件的限制。此外，还有热敏元件补偿法、差动补偿等。

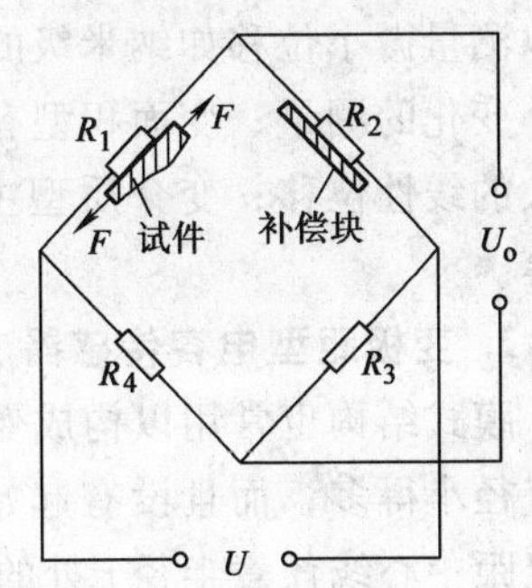

图2-17 补偿块半桥热补偿应变计

2.3 电容式传感器

早在1920～1925年期间，R. Whiddington及其合作者就利用电容传感器成功地测量了大气压下的 9.3×10^{-4} Pa的压力变化、10^{-8} cm数量级的机械位移、1/16000℃的温度变化、10^{-10}N的重量，但是将实验室的结果应用到工业上有很多具体困难，因此电容式传感器在几十年内发展缓慢。随着对电容式传感器检测原理和结构研究的深入及新材料、新工艺、新电路的开发，其中一些缺点逐渐得到了克服，应用也越来越广泛。目前电容式传感器已在位移、压力、厚度、物位、湿度、振动、转速、流量的测量等方面得到了广泛的应用。电容式传感器的精度和稳定性也日益提高，精度高达0.01%的电容式传感器国外已有商品供应；还有一种量程为250mm的电容式位移传感器，精度可达5μm。电容式传感器作为一种频响宽、应用广、非接触测量的传感器，是很有发展前途的。

电容式传感器是将被测非电量的变化转换为电容量变化的一种传感器。结构简单、分辨力高、可非接触测量，并能在高温、辐射和强烈振动等恶劣条件下工作，这是它的独特优点。随着集成电路技术和计算机技术的发展，它扬长避短，成为一种很有发展前途的传感器。

2.3.1 电容式传感器的原理与结构

1. 电容式传感器的原理

如图2-18所示，由绝缘介质分开的两个平行金属板组成的平板电容器，当忽略边缘效应影响时，其电容量与真空介电常数 ε_0（8.854×10^{-12}F/m）、极板间介质的相对介电常数 ε_r、极板的有效面积 A 以及两极板间的距离 δ 有关：

$$C = \frac{\varepsilon_0 \varepsilon_r A}{\delta} \tag{2-43}$$

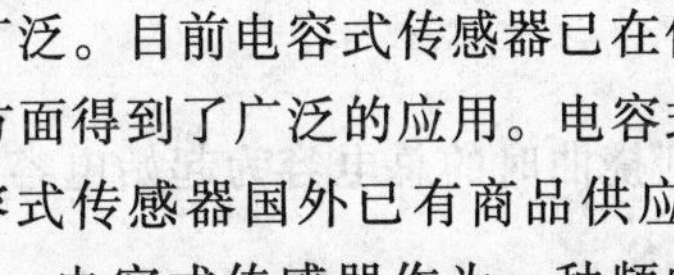

定极板
ε_r
d
A
动极板

图2-18 平板电容传感器

若被测量的变化使式中 δ、A、ε_r 三个参量中任意一个发生变化时，都会引起电容量的变化，再通过测量电路就可转换为电量输出。因此，电容式传感器可分为变极距型、变面积型和变介质型三种类型。其中，变极距型具有很高的灵敏度，用以测量微小位移如纳米级的位移，或者把力、加速度、位移及转速等力学量转换成极距的微小变化的测量；变面积型有较大的量程，可测出从角秒级至几十度的的角度，也用以测量较大的线性位移；变介质型主要用以测量液体物位、材料厚度、空气湿度以及接近觉和触觉等。

2. 变极距型电容传感器

膜式结构也常用以构成变极距型电容传感器，如图 2-19 所示。这种传感器的膜片厚度比直径小得多，而且没有起始径向应力，只考虑挠曲力。假定距中心线任意半径 r 处的挠度为 y，则有

$$y=\frac{3}{16}p\,\frac{1-\mu^2}{E\delta^3}(R^2-r^2)^2 \tag{2-44}$$

式中，p 为流体压力；R 为膜片半径；δ 为膜片厚度；E 为弹性模量；μ 为泊松比。

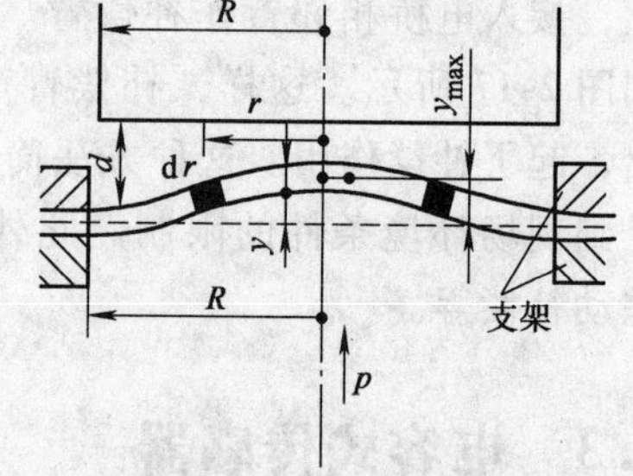

图 2-19　膜片结构电容传感器

挠曲的紧固膜片，其电容量为无数小窄环平板电容器电容之和。球面上，宽为 dr，长为 $2\pi r$ 的窄环与固定片所构成的局部电容为

$$\mathrm{d}C=\frac{\varepsilon_0 2\pi r\mathrm{d}r}{d-y} \tag{2-45}$$

式中，d 为电容极板起始间距。在 $y/d\ll1$ 时，根据泰勒级数展开式，可近似取为

$$\frac{1}{d-y}\approx\frac{1}{d}\left(1+\frac{y}{d}\right) \tag{2-46}$$

则挠曲时的总电容为起始电容加上增量电容，即

$$C+\Delta C=\int_0^R \mathrm{d}C=\frac{2\pi\varepsilon_0}{d}\int_0^R\left(1+\frac{y}{d}\right)r\mathrm{d}r$$

最后可得电容相对变化为

$$\frac{\Delta C}{C}=\frac{(1-\mu^2)R^4}{16Ed\delta^3}p \tag{2-47}$$

硅（或蓝宝石）电容压力传感器由压力敏感电容、转换电路组成。压力敏感电容的结构如下：在厚的基底材料（如玻璃）上镀制一层金属薄膜，作为电容器的一个极板（固定极板），另一极板（活动极板）处于硅片的薄膜上。压力使薄膜硅片弯曲，电容活动极板弯曲，改变电容量。结构如图 2-20 所示。其中 C_x 为受压力作用时的敏感电容，C_0 为不受外力时的参考电容。

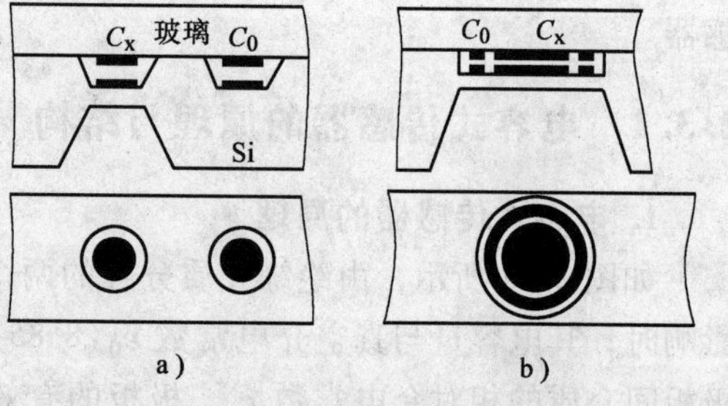

图 2-20　电容压力传感器的两种结构
a）双圆形膜结构　b）环形膜结构

3. 变面积型电容传感器

两平行极板相对运动引起两极板有效覆盖面积 A 改变，构成变面积型电容传感器。与变极距型相比，变面积型电容传感器灵敏度较低。圆筒形电容器如图 2-21 所示，这种传感器的电容为

$$C = 2\pi\varepsilon_r\varepsilon_0 l/(\ln R - \ln r) \tag{2-48}$$

式中，l为圆筒长度；R为外筒内半径；r为内筒外半径。非电量引起l的变化转换成电容量的变化，可用于测量与线性位移有关的量。

角位移测量用的差动式结构如图2-22所示。图中：A、B为同一平（柱）面而形状和尺寸均相同且互相绝缘的定极板。动极板C平行于A、B，并在自身平（柱）面内绕O点摆动。从而改变极板间覆盖的有效面积，传感器电容随之改变。

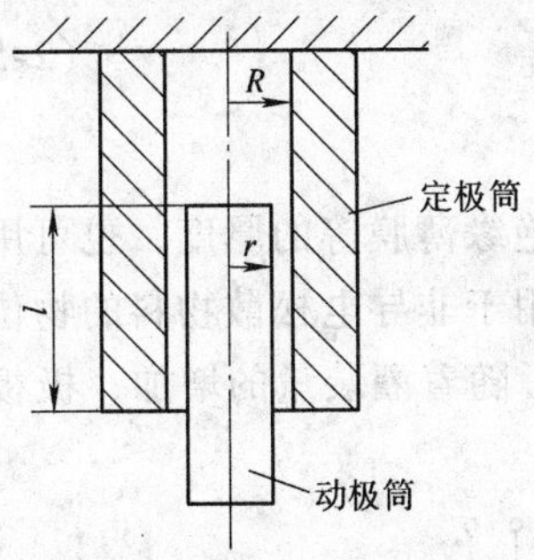

图2-21　圆筒电容传感器

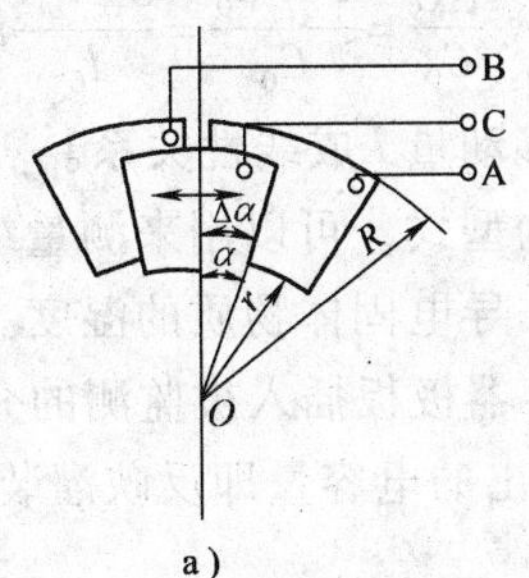

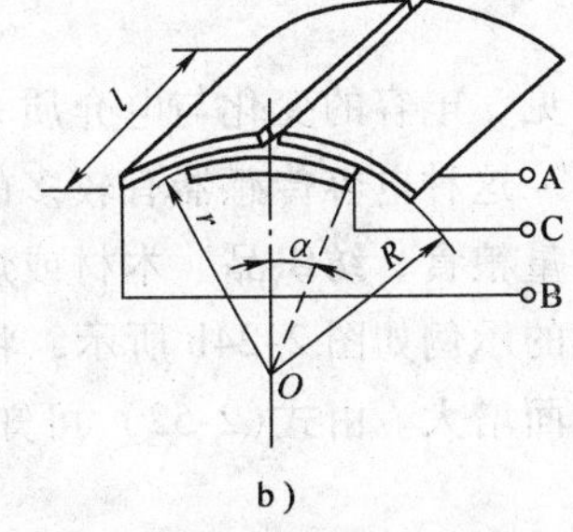

图2-22　变面积型差动式结构

a）扇形平板结构　b）柱面板结构

C的初始位置必须保证与A、B的初始电容值相同。对图2-22a有：

$$C_{AC_0} = C_{BC_0} = \frac{\varepsilon_0\varepsilon_r(R^2 - r^2)\alpha}{\delta_0} \tag{2-49}$$

对图2-22b有

$$C_{AC_0} = C_{BC_0} = \frac{\varepsilon_0\varepsilon_r lr\alpha}{R - r} \tag{2-50}$$

上两式中α为初始位置时一组极板相互覆盖有效面积所包的角度（或所对的圆心角），δ_0为极距，ε_r为极板间物质的相对介电常数，都是固定值。图中，动极板C随角位移（$\Delta\alpha$）输入而摆动时两组电容值一增一减，可形成差动输出。

4. 变介质型电容传感器

一种电容式湿敏传感器的结构如图2-23所示。薄膜型陶瓷湿敏传感器采用平行板制成平板电容，上下两层是金属电极，中间是感湿薄膜。电极为多孔结构，厚度只有几百埃，可以保证水汽自由进出。中间感湿膜常用的材料是多孔金属氧化物材料，如三氧化二铝（Al_2O_3）、五氧化二钽（Ta_2O_5），多孔材料的孔径、孔的分布都会影响到器件的感湿性能。这种结构的湿敏元件兼有电容、电阻随湿度变化两种感湿性能。一方面，平行板间的电容值由金属氧化物和水的介电常数共同决定，另一方面，气孔吸附水分子使透气孔表面电阻减小。但湿敏电容比湿敏电阻的灵敏度高得多，所以表现出湿敏电容特性。

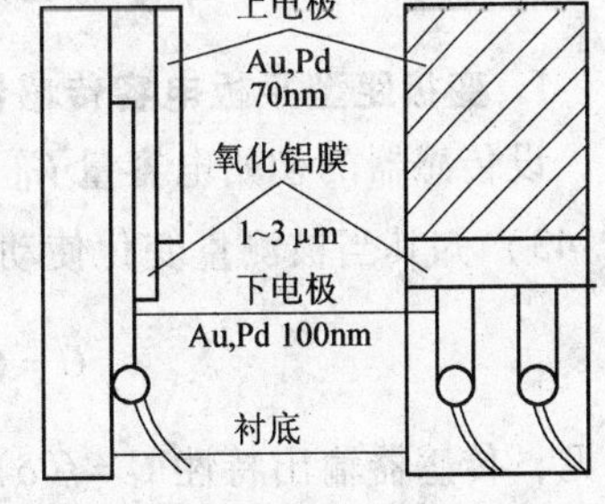

图2-23　薄膜型陶瓷湿敏传感器

薄膜型湿敏传感器响应很快，但高温环境下宜采用钽电容式湿敏传感器。

测量液体物位的电容传感器如图2-24a所示。两平行极板固定不动，极距为δ_0，相对介电常数为ε_{r2}的电介质以不同深度插入电容器中，从而改变两种介质的极板覆盖面积。传感

器的总电容量 C 为两个电容 C_1 和 C_2 的并联结果

$$C = C_1 + C_2 = \frac{\varepsilon_0 b_0}{\delta_0}[\varepsilon_{r1}(l_0 - l) + \varepsilon_{r2} l] \tag{2-51}$$

式中，l_0、b_0 分别为极板长度和宽度；l 为第二种电介质进入极间的长度。

若电介质 1 为空气（$\varepsilon_{r1}=1$），当 $l=0$ 时传感器的初始电容 $C_0=\varepsilon_0\varepsilon_r l_0 b_0/\delta_0$；当介质 2 进入极间 l 后引起电容的相对变化为

$$\frac{\Delta C}{C_0} = \frac{C - C_0}{C_0} = \frac{\varepsilon_{r2} - 1}{l_0} l \tag{2-52}$$

可见，电容的变化与电介质 2 的移动量 l 成线性关系。

这种电容传感器有较多的结构型式，可以用来测量纸张、绝缘薄膜等的厚度，也可用来测量粮食、纺织品、木材或煤等非导电固体物质的湿度。一个用于非导电松散物料的物位测量的示例如图 2-24b 所示，将电容器极板插入被监测的介质中，随着灌装量的增加，极板覆盖面增大。由式(2-52) 可知，测出的电容量即反映灌装高度 l。

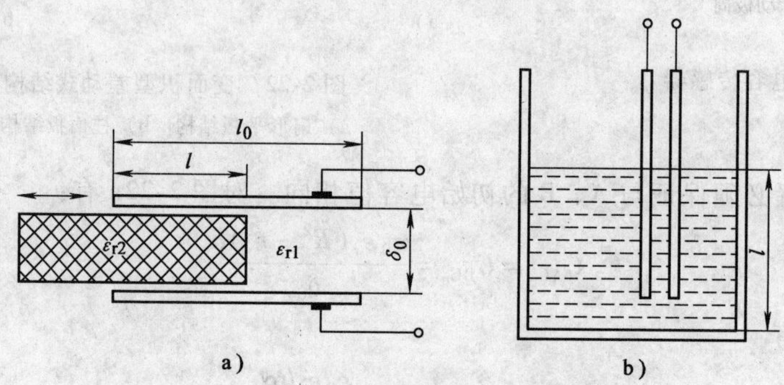

图 2-24 变介质型电容传感器

a）电介质插入式 b）非导电松散材料物位的电容测量

2.3.2 应用中存在的问题及其改进措施

1. 变极距型平板电容传感器的非线性问题

设传感器的初始电容量 C_0 为 $C_0=\varepsilon_0\varepsilon_r A/\delta_0$，并且 ε_r 和 A 为常数，初始极距为 δ_0，由式(2-43) 知其当被测量变化使动极板向上移动，使 δ_0 减小 $\Delta\delta_0$ 时，电容量增大 ΔC，则有

$$C = C_0 + \Delta C = \frac{\varepsilon_0 \varepsilon_r A}{\delta_0 - \Delta\delta_0} = C_0 \frac{1}{(1 - \Delta\delta/\delta_0)} \tag{2-53}$$

可见，传感器输出特性 $C=f(\delta)$ 是非线性的。电容相对变化量为

$$\frac{\Delta C}{C_0} = \frac{\Delta\delta}{\delta_0}\left(1 - \frac{\Delta\delta}{\delta_0}\right)^{-1} \tag{2-54}$$

如果满足条件 $(\Delta\delta/\delta_0)\ll 1$，式(2-54) 可按级数展开

$$\frac{\Delta C}{C_0} = \frac{\Delta\delta}{\delta_0}\left[1 + \frac{\Delta\delta}{\delta_0} + \left(\frac{\Delta\delta}{\delta_0}\right)^2 + \left(\frac{\Delta\delta}{\delta_0}\right)^3 + L\right] \tag{2-55}$$

略去高次（非线性）项，可得近似的线性关系和灵敏度 S 分别为

$$\frac{\Delta C}{C_0} \approx \frac{\Delta\delta}{\delta_0} \tag{2-56}$$

和
$$S=\frac{\Delta C}{\delta_0}=\frac{C_0}{\delta_0}=\frac{\varepsilon_0\varepsilon_r A}{\delta_0^2} \tag{2-57}$$

如果考虑式(2-55) 中的线性项及二次项，则
$$\frac{\Delta C}{C_0}=\frac{\Delta\delta}{\delta_0}\left(1+\frac{\Delta\delta}{\delta_0}\right) \tag{2-58}$$

式(2-56) 的特性如图 2-25 中的直线 1，而式(2-58) 的特性如曲线 2。因此，以式(2-56) 作为传感器的特性使用时，其相对非线性误差 e_f 为
$$e_f=\frac{|(\Delta\delta/\delta_0)^2|}{|\Delta\delta/\delta_0|}\times 100\% = |(\Delta\delta/\delta_0)|\times 100\% \tag{2-59}$$

由上讨论可知：

1）变极距型电容传感器只有在 $|\Delta\delta/\delta_0|$ 很小（测量范围）时，才有近似的线性输出。

2）灵敏度 S 与初始极距 δ_0 的平方成反比，故可用减少 δ_0 的办法来提高灵敏度。例如在电容式压力传感器中，常取 $\delta_0=0.1\sim0.2$mm，C_0 在 20～100pF 之间。由于变极距型的分辨力极高，可测小至 0.01pm 的线位移，故在微位移检测中应用最广。但是，δ_0 的减小会导致非线性误差增大；δ_0 过小还可能引起电容器击穿或短路。为此，极板间可采用高介电常数的材料（云母、塑料膜等）作介质，如图 2-26 所示。

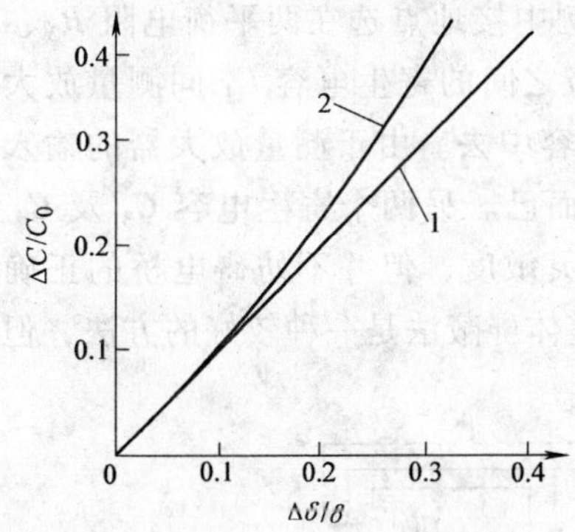

图 2-25　变极距型传感器的非线性

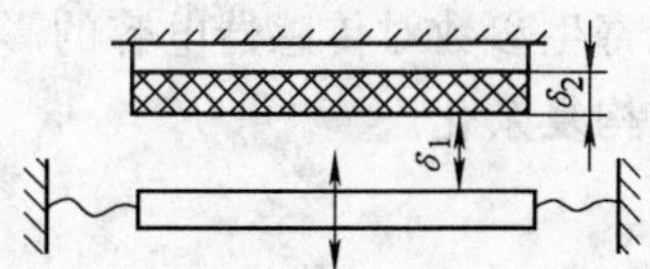

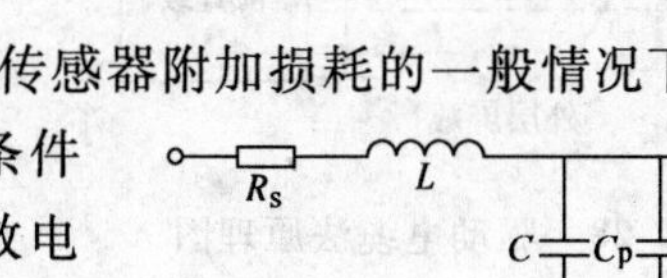

图 2-26　具有固体介质的变极距型电容传感器

2. 分布参数

上述特性分析都假定传感器是纯电容，这在可忽略传感器附加损耗的一般情况下也是可行的。若考虑电容传感器在高温、高湿及高频激励的条件下工作而不可忽视其附加损耗和电效应影响时，其等效电路如图 2-27 所示。

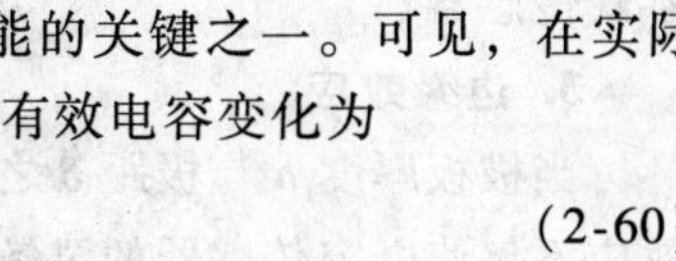

图 2-27　电容传感器的等效电路

图中 C 为传感器电容，R_p 为低频损耗并联电阻，它包含极板间漏电和介质损耗；R_s 为高频、高温、高频激励工作时的串联损耗电组，它包含导线、极板间和金属支座等损耗电阻；L 为电容器及引线电感；C_p 为寄生电容，克服其影响，是提高电容传感器实用性能的关键之一。可见，在实际应用中，特别在高频激励时，尤需考虑 L 的存在，会使传感器有效电容变化为
$$C_e=\frac{C}{1-\omega^2 LC} \tag{2-60}$$

从而引起传感器有效灵敏度的改变

$$S_e = \frac{C}{(1-\omega^2 LC)^2} \tag{2-61}$$

在这种情况下，每当改变激励频率或者更换传输电缆时都必须对测量系统重新进行标定。

电容式传感器由于受结构与尺寸的限制，其电容量都很小（几皮法到几十皮法），属于小功率、高阻抗器件，因此极易受外界干扰，尤其是受大于它几倍、几十倍的、且具有随机性的电缆寄生电容的干扰，它与传感器电容相并联，严重影响传感器的输出特性，甚至会被没有用的信号淹没而不能使用。消灭寄生电容影响，是电容式传感器使用的关键。下面介绍几种常用方法。

（1）*驱动电缆法* 它实际上是一种等电位屏蔽法。如图 2-28 所示，在电容传感器与测量电路的前置级之间采用双层屏蔽电缆，并接入增益为 1 的驱动放大器。这种接线法使内屏蔽与芯线等电位，消除了芯线对内屏蔽的容性漏电，克服了寄生电容的影响；而内外层屏蔽之间的电容变成了驱动放大器的负载。因此驱动放大器是一个输入阻抗很高、具有容性负载、放大倍数为 1 的同相放大器。该方法的难处是，要在很宽的频带上严格实现放大倍数等于 1，且输出与输入的相移为零。为此有人提出，用运算放大器驱动法取代上述方法。

（2）*整体屏蔽法* 以差动电容传感器 C_{x1}、C_{x2} 配用电桥测量电路为例，如图 2-29 所示：U 为电源电压，K 为不平衡电桥的指示放大器。所谓整体屏蔽是将整个电桥（包括电源、电缆等）统一屏蔽起来。其关键在于正确选取接地点。本例中接地点选在两平衡电阻 R_3、R_4 桥臂中间，与整体屏蔽共地。这样传感器公用极板与屏蔽之间的寄生电容 C_1 同测量放大器的输入阻抗相并联，从而可将 C_1 归算到放大器的输入电容中去。由于测量放大器的输入阻抗极大，C_1 的并联也是不希望的，但它只是影响灵敏度而已。另两个寄生电容 C_3 及 C_4 是并在桥臂 R_3 及 R_4 上，这会影响电桥的初始平衡及总体灵敏度，但并不妨碍电桥的正确工作。因此寄生参数对传感器电容的影响基本上被消除。整体屏蔽法是一种较好的方法，但将使总体结构复杂化。

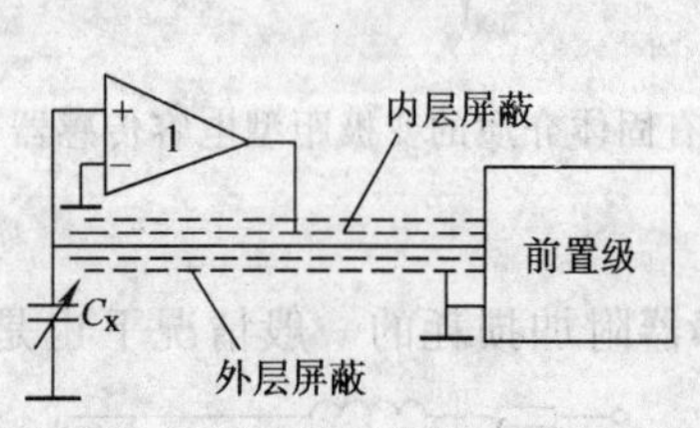

图 2-28 驱动电缆法原理图

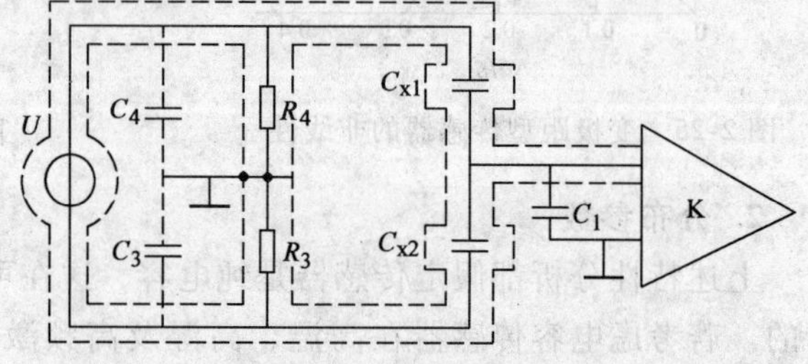

图 2-29 整体屏蔽法原理图

（3）*采用组合式与集成技术* 一种方法是将测量电路的前置级或全部测量电路装在紧靠传感器处，缩短电缆；另一种方法是采用大规模集成电路，将全部测量电路组合在传感器壳体内；更进一步就是利用集成工艺，将传感器与调理等电路集成于同一芯片，构成集成电容式传感器。

3. 边缘效应

当极板厚度 h 与极距 δ 之比相对较大时，电容器极板的边缘处将不再是均匀电场，边缘效应不仅使电容传感器的灵敏度降低，还产生非线性。为了消除边缘效应的影响，可以采用带有保护环的结构，如图 2-30 所示。保护环与定极板同心、电气上绝缘且彼此间隙越小越好，同时始终保持等电位，以保证中间工作区得到均匀的场强分布，从而克服边缘效应的影响。为减小极板厚度，往往不用整块金属板做极板，而是在石英或陶瓷等非金属材料表面上蒸涂一薄层金属作为极板。

图2-31所示为一带保护环的微位移电容传感器，可用来测量偏心、不平行度、振动振幅等。只要被测对象在所用频率下是导电的，气隙中介质的介电常数不随时间、温度和机械应力而变化，均可获得较高的测量精度。设计上如作些改变，还能作介电材料的测厚传感器。

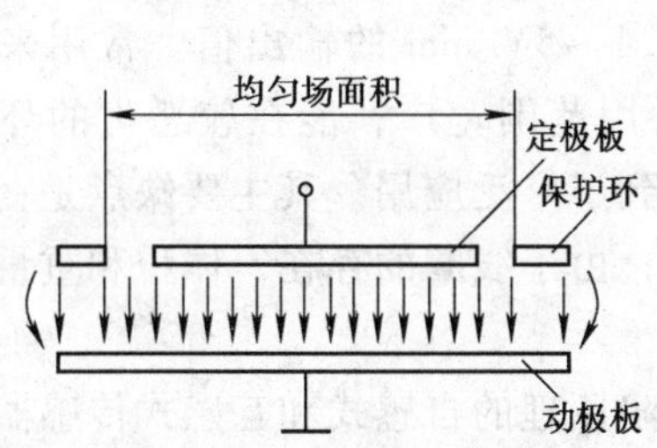

图2-30　带有保护环的电容传感器的原理结构

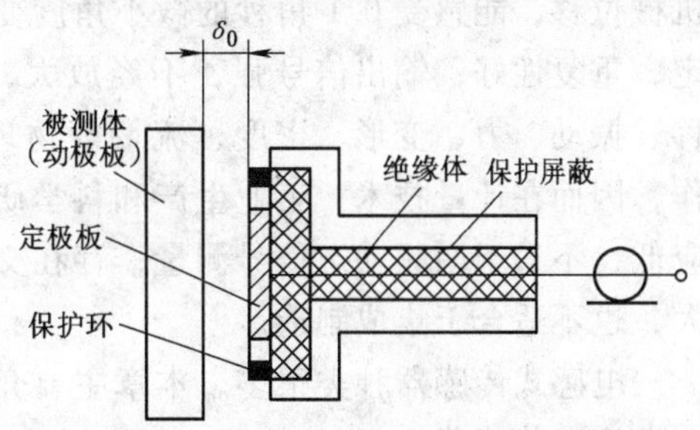

图2-31　带保护环的电容传感器

4. 静电引力

电容器两极板间存在电场，因此极板上也作用着静电引力F，并且

$$F=-\varepsilon_0 AU^2/(2\delta^2) \tag{2-62}$$

若直径为30mm，极距为$\delta=0.15$mm，两极板间电位差$U=30$V时，可求得$F=0.13$mN，因此当动极板的推动力很小时需考虑因静电引力造成的测量误差。

5. 温度影响

环境温度的变化可能改变传感器的结构参数或介质的介电常数，从而改变电容传感器的输出相对于被测输入量的单值函数关系，产生温度干扰误差。

(1) 温度对结构尺寸的影响　电容传感器由于极板间隙很小，灵敏度很高，因而对结构尺寸的变化特别敏感。当传感器各零件材料线胀系数不匹配时，温度变化将导致极间间隙较大的相对变化，产生很大的温度误差。

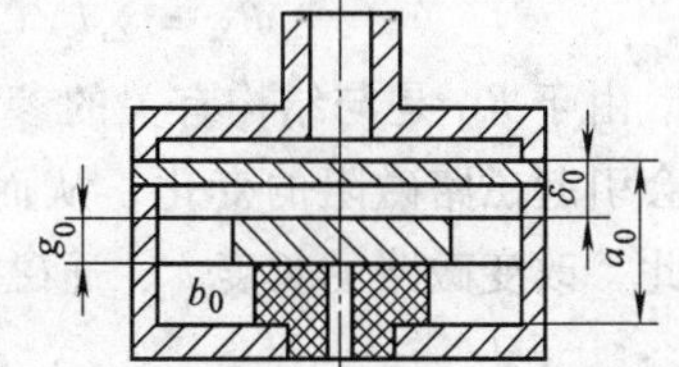

图2-32　电容式传感器的温度误差

现以图2-32所示变极距型为例，设定极板厚度为g_0，绝缘件厚度b_0，动极板至绝缘底部的壳体长为a_0，各零件材料的线胀系数分别为β_a、β_b、β_g。当温度由t_0变化Δt后，极板间隙将由$\delta_0=a_0-b_0-g_0$变成δ_t，由此引起的温度误差

$$e_t=\frac{\delta_0-\delta_t}{\delta_t}=-\frac{(a_0\beta_a-b_0\beta_b-g_0\beta_g)\Delta t}{\delta_0+(a_0\beta_a-b_0\beta_b-g_0\beta_g)\Delta t} \tag{2-63}$$

由此可见，消除温度误差的条件为：$a_0\beta_a-b_0\beta_b-g_0\beta_g=0$，或写成

$$b_0(\beta_a-\beta_b)+g_0(\beta_a-\beta_g)+\delta_0\beta_a=0 \tag{2-64}$$

在设计电容式传感器时，适当选择材料及有关结构参数，可以满足温度误差补偿要求。

(2) 温度对介质的影响　温度对介电常数的影响随介质不同而异，空气及云母的介电常数温度系数近似为零，而某些液体介质，如硅油、蓖麻油、煤油等，其介电常数的温度系数较大。例如煤油的介电常数的温度系数可达 0.07%/℃；若环境温度变化 ±50℃，则将带来 7% 的温度误差，故采用此类介质时必须注意温度变化造成的误差。

2.4 电感式传感器

电感式传感器的主要特点是：结构简单、可靠、寿命长、灵敏度高，可分辨 0.1μm 的机械位移，能感受 0.1 角秒的微小角度变化；精度高，线性度可达 0.05% ~0.1%；性能稳定，重复性好；输出信号强，不经放大，也可具有 0.1 ~5V/mm 的输出值。常用来检测位移、振动、力、变形、密度、流量等物理量。由于适用范围宽广，能在较恶劣的环境中工作，因而在计量技术、工业生产和科学研究领域中得到了广泛应用。其主要缺点是：频率响应低，不适于调频动态信号测量；存在交流零位误差；由于线圈的存在，体积和重量都比较大，也不适合于集成制造。

电感式传感器种类很多，本章主要介绍基于变磁阻原理的自感式和互感式传感器，以及电涡流式传感器。

2.4.1 电感式传感器的原理

如图 2-33 所示：定义 $R_M = l/(\mu A)$ 为均匀铁心的闭合磁路中的磁阻。式中 l 为磁路长度，μ 为磁路的磁导率，A 为铁心面积。

磁通量 Φ 与线圈参数有如下关系：

$$\Phi R_M = WI \tag{2-65}$$

式中，W 为线圈的匝数；I 为线圈的电流；WI 称为磁通势。对于不均匀磁路，如存在铁心（固定铁心）、衔铁（活动铁心）和气隙（或其他介质）的磁路中，则总磁阻可分段叠加计算如下：

$$R_M = \sum l_i/(\mu_i A_i) \tag{2-66}$$

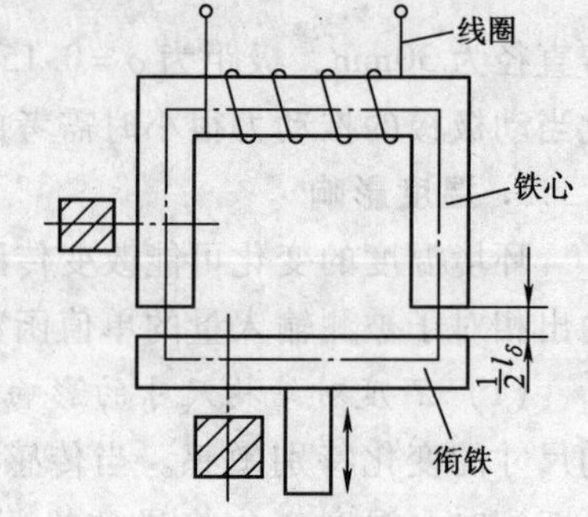

图 2-33 变磁阻式传感器原理

由于 R_M 是与结构有关的参量，改变传感器的结构参数会引起磁路磁阻的变化，从而引起磁路磁通量的变化，因此，改变磁路的长度 l_i、通磁面积 A 均可改变磁阻大小，从而改变磁通量 Φ 的大小

$$\Phi = WI/R_M \tag{2-67}$$

磁通量 Φ 是磁与电之间的桥梁，根据法拉第定理，磁通量与感应电动势的关系 $e = \mathrm{d}\Phi/\mathrm{d}t$，可见，磁路结构参数的变化最终要引起测量电路中的感生电动势的变化，这是变磁阻式传感器的基本原理。由式(2-67) 知，磁通量 Φ 实质上描述了线圈的电磁感应特性（线圈的匝数及铁心的导磁性质）和线圈中电流的大小，其中线圈的特性决定了传感器的特性，而电流表明了传感器的输出信号大小与所加的电源有关。根据传感器中线圈间的耦合关系将变磁阻式传感器分为自感式传感器、互感式传感器（差动变压器）和电涡流式传感器。

2.4.2 自感式传感器的原理与结构

自感式传感器实质上是一个带气隙的铁心线圈。按磁路几何参数变化形式的不同，可分为变气隙式、变面积式与螺管式三种；按磁路的结构型式又有 Π 形、E 形或罐形等；按组成方式分，有单一式与差动式两种。

1. 变气隙式自感传感器

变气隙式自感传感器的结构原理如图 2-33 所示。由于变气隙式传感器的气隙通常较小，可以认为气隙磁场是均匀的，若忽略磁路铁损，则图 2-33 传感器的磁路总磁阻为

$$R_M = \frac{l_1}{\mu_1 A_1} + \frac{l_2}{\mu_2 A_2} + \frac{l_\delta}{\mu_0 A} \tag{2-68}$$

式中，l_1、l_2 分别为铁心和衔铁的磁路长度(m)；A_1、A_2 分别为铁心和衔铁的截面积(m^2)；μ_0、μ_1、μ_2 分别为真空、铁心和衔铁的磁导率(H/m)；A、l_δ 分别为气隙磁通截面积(m^2)和气隙总长(m)。

若忽略漏磁等因素，则线圈的电感可表示为

$$L = W^2 \Bigg/ \left(\frac{l_1}{\mu_1 A_1} + \frac{l_2}{\mu_2 A_2} + \frac{l_\delta}{\mu_0 A}\right) \tag{2-69}$$

由式(2-69) 可知，当铁心、衔铁的材料和结构与线圈匝数确定后，若保持 A 不变，则 L 即为 l_δ 的单值函数，这就是变气隙式传感器的工作原理。

为了精确分析传感器的特性，引入等效磁导率 μ_e 的概念，则式(2-69) 变为

$$R_M = l/(\mu_0 \mu_e A) \tag{2-70}$$

同时，由式(2-68) 得

$$R_M = \frac{1}{\mu_0 A}\left(\frac{l - l_\delta}{\mu_r} + l_\delta\right) = \frac{1}{\mu_0 A}\frac{l + l_\delta(\mu_r - 1)}{\mu_r} \tag{2-71}$$

式中，μ_r 为铁心和衔铁的相对磁导率，铁心的材料通常能使 $\mu_r \gg 1$，如纯铁 $\mu_r = 10000 \sim 200000$，所以

$$\mu_e = \frac{\mu_r}{1 + \mu_r l_\delta / l} = \frac{l}{l_\delta + l/\mu_r} \tag{2-72}$$

代入式(2-69)，可得带气隙铁心线圈的电感为

$$L = \frac{W^2 \mu_0 \mu_e A}{l} = K \frac{1}{l_\delta + l/\mu_r} \tag{2-73}$$

式中，$K = \mu_0 W^2 A$，为一常数。

对式(2-73) 进行微分可得传感器的灵敏度为

$$K_\delta = \frac{dL}{dl_\delta} = -L\frac{1}{l_\delta + l/\mu_r} \tag{2-74}$$

由上式可知，变气隙式传感器的输出特性是非线性的，式中负号表示灵敏度随气隙增加而减小，欲增大灵敏度，应减小 l_δ，但受到工艺和结构的限制。为保证一定的测量范围与线性度，对变气隙式传感器，常取 $l_\delta = 0.2 \sim 1$mm，变化区间 $\Delta l_\delta = (1/10 \sim 1/20) l_\delta$。

2. 变面积式自感传感器

若图 2-33 所示传感器的气隙长度 l_δ 保持不变，令磁通截面积随被测非电量而变（衔铁水平方向移动），即构成变面积式自感传感器。此时式(2-73) 为

$$L = \frac{W^2 \mu_0}{l_\delta + l/\mu_r} A = K'A \tag{2-75}$$

式中，$K' = \mu_0 W^2/(l_\delta + l/\mu_r)$，为一常数。

$$K_s = \frac{dL}{dA} = K' \tag{2-76}$$

可见，变面积式传感器在忽略气隙磁通边缘效应的条件下，输出特性呈线性，因此可望得到较大的线性范围。与变气隙式相比较，其灵敏度较低。欲提高灵敏度，需减小 l_δ，但同样受到工艺和结构的限制。l_δ 值的选取与变气隙式相同。

3. 螺管式自感传感器

图 2-34 所示为螺管式自感传感器结构原理图。它由平均半径为 r 的螺管线圈、衔铁和磁性套筒等组成。随着衔铁插入深度的不同将引起线圈磁路中磁阻变化，从而使线圈的电感发生变化。

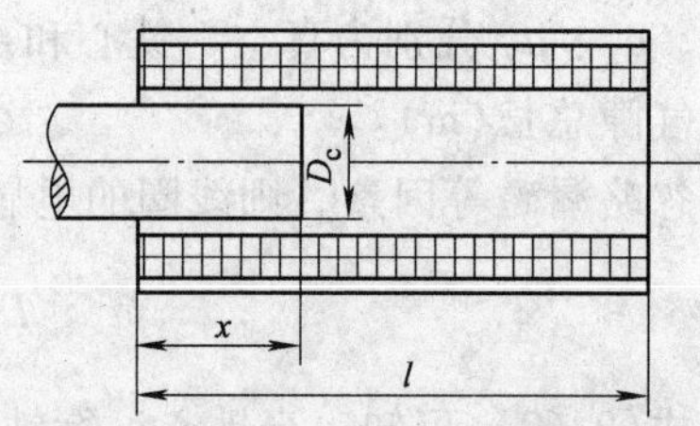

图 2-34　螺管式自感传感器结构原理

根据磁路结构，磁通主要由两部分组成：沿轴向贯穿整个线圈后闭合的主磁通 Φ_m 和经衔铁侧面气隙闭合的侧磁通 Φ_s（漏磁通）。因气隙较大，故磁性材料的磁阻可忽略不计。

实际中应用的螺管线圈通常是多层线圈，线圈中心处的磁场取决于线圈的长度 l 和总匝数 W，对于空心线圈可以用毕奥-沙伐定理积分推算。通过一定的近似，假设线圈中磁场均匀分布，其磁感应强度大小等于理想螺管的磁感应强度，而且在端面处磁感应强度突变为零。由此可得磁通 Φ 及线圈电感

$$\Phi = B_0 A = \frac{\mu_0 WIA}{l}$$

$$L_0 = \frac{W\Phi}{I} = \frac{\mu_0 A W^2}{l} = \frac{W^2}{l/(\mu_0 A)} \tag{2-77}$$

螺管线圈的等效空气磁阻为 $l/(\mu_0 A)$。

当铁心进入线圈后，铁心中的极化作用使被覆盖的那部分线圈局部电感增大，其电感增量为

$$\Delta L = \frac{(\mu_r - 1)\mu_0 W_x^2 A_c}{x} \tag{2-78}$$

式中，x 为铁心深入线圈的长度；A_c 为铁心截面积，$A_c = \pi r^2$；W_x 为动铁心覆盖部分的匝数，$W_x = W\dfrac{x}{l}$。

电感增量可表示为

$$\Delta L = \frac{(\mu_r - 1)\mu_0 A_c}{x}\left(W\frac{x}{l}\right)^2 = \frac{(\mu_r - 1)\mu_0 A_c W^2}{l^2}x \tag{2-79}$$

即电感的增量正比于深入长度 x。这个结论是做了一定近似的结果。

螺管式自感传感器从磁通分布看，只要满足主磁通不变与线圈绕组排列均匀的条件，可望得到较大的线性范围。

2.4.3 互感式传感器的原理与结构

互感式传感器（差动变压器）是一种线圈互感随衔铁位移变化的磁阻式传感器，其原

理类似于变压器。不同的是：前者为开磁路，后者为闭合磁路；前者一、二次侧间的互感随衔铁移动而变，且两个二次绕组按差动方式工作，因此又称为差动变压器，后者一、二次侧间的互感为常数。它与自感式传感器是一对孪生姐妹，因此两者统称为电感式传感器。本节在叙述差动变压器工作原理的基础上，将着重介绍它与自感式传感器的不同。

在忽略绕组寄生电容与铁心损耗的情况下，差动变压器的等效电路如图2-35所示。

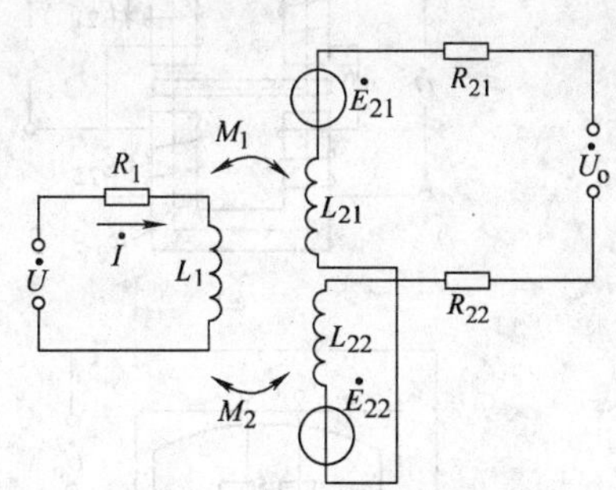

图2-35 差动变压器的等效电路

图中：$\dot{U}$、$\dot{I}$ 为一次侧绕组激励电压与电流（频率为 ω）；

L_1、R_1 为一次侧绕组电感与电阻；

M_1、M_2 分别为一次与二次绕组1、2间的互感；

L_{21}、L_{22}和 R_{21}、R_{22}分别为两个二次线圈的电感和电阻。

根据变压器原理，传感器开路输出电压为两二次绕组感应电动势之差：

$$\dot{U}_0 = \dot{E}_{21} - \dot{E}_{22} = -\mathrm{j}\omega(M_1 - M_2)\dot{I} \tag{2-80}$$

当衔铁在中间位置时，若两二次绕组参数与磁路尺寸相等，则 $M_1 = M_2 = M$，$U_o = 0$。

当衔铁偏离中间位置时，$M_1 \neq M_2$，由于差动工作，有 $M_1 = M + \Delta M_1$，$M_2 = M - \Delta M_2$。在一定范围内，$\Delta M_1 = \Delta M_2 = \Delta M$，差值（$M_1 - M_2$）与衔铁位移成比例。于是，在负载开路情况下，输出电压及其有效值分别为

$$\dot{U}_o = -\mathrm{j}\omega(M_1 - M_2)\dot{I} = -\mathrm{j}\omega\frac{2U}{R_1 + \mathrm{j}\omega L_1}\Delta M \tag{2-81}$$

$$U_o = \frac{2\omega\Delta MU}{\sqrt{R_1^2 + (\omega L_1)^2}} = 2E_{so}\frac{\Delta M}{M} \tag{2-82}$$

式中，E_{so}为衔铁在中间位置时，单个二次绕组的感应电动势

$$E_{so} = \omega MU \Big/ \sqrt{R_1^2 + (\omega L_1)^2}$$

输出阻抗

$$Z = R_{21} + R_{22} + \mathrm{j}\omega L_{21} + \mathrm{j}\omega L_{22} \tag{2-83}$$

差动变压器也有变气隙式、变面积式与螺管式三种类型，如图2-36所示，其中：图a～c为变气隙式，特点是灵敏度较高，但测量范围小，一般用于测量几pm到几百pm的位移；图d、e为变面积式，除图示E形与四极形外，还常做成8极、16极形，一般可分辨零点几角秒以下的微小角位移，线性范围达±10°；图f为螺管式，可测量几纳米到1m的位移，但灵敏度稍低。

由式（2-80）可知，差动变压器的输出特性与一次绕组对两个二次绕组的互感之差有关。结构型式不同，互感的计算方法也不同。下面以图2-37a所示Π形差动变压器为例来推导输出特性。

设Π形铁心的截面 A 是均匀的，初始气隙为 δ_0；两个一次绕组顺向串接，匝数均为 W_1；两个二次绕组反向串接，匝数各为 W_2；电源电压为 U，并忽略铁损、漏感；负载阻抗为无穷大。

当衔铁上移 $\Delta\delta$ 时，上气隙变为 $\delta_1 = \delta_0 - \Delta\delta$，下气隙为 $\delta_2 = \delta_0 + \Delta\delta$，因而上磁路磁阻减

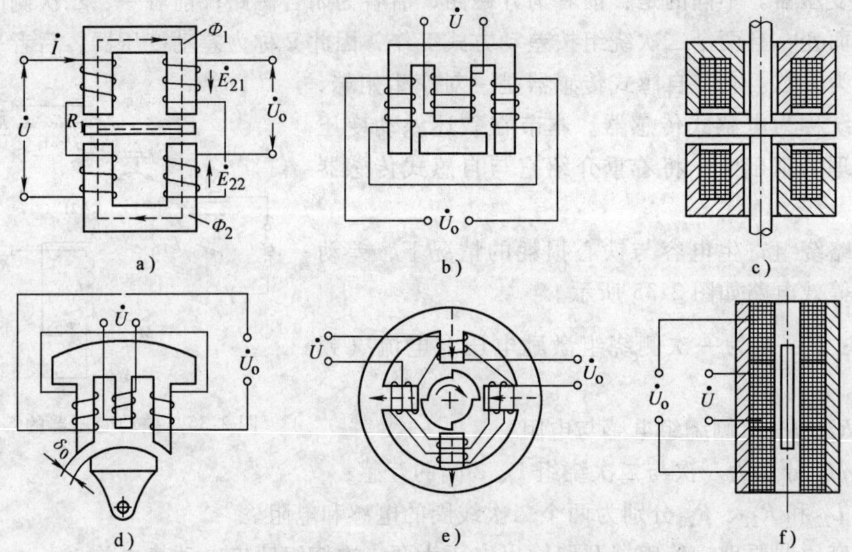

图 2-36 各种差动变压器结构示意图

a)、b)、c) 气隙式 d)、e) 变面积式 f) 螺管式

小，下磁路磁阻增加。此时 $\phi_1 > \phi_2$，$E_{21} > E_{22}$，输出电压 $\dot{u}_0 = \dot{E}_{21} - \dot{E}_{22} = -j\omega \dot{I}(M_1 - M_2)$。

两个一、二次级间的互感为

$$\left.\begin{aligned} M_1 &= \frac{\Psi_1}{\dot{I}} = \frac{W_2 \dot{\Phi}_{1m}}{\dot{I}\sqrt{2}} \\ M_2 &= \frac{\Psi_2}{\dot{I}} = \frac{W_2 \dot{\Phi}_{2m}}{\dot{I}\sqrt{2}} \end{aligned}\right\} \tag{2-84}$$

式中，Ψ_1、Ψ_2 分别为上、下铁心二次绕组的磁链；$\dot{\Phi}_{1m}$、$\dot{\Phi}_{2m}$ 分别为上、下铁心中由激励电流 I 产生的幅值磁通。

因此可得

$$\dot{U}_o = \frac{-j\omega W_2}{\sqrt{2}}(\dot{\Phi}_{1m} - \dot{\Phi}_{2m}) \tag{2-85}$$

在忽略铁心磁阻与漏磁通的情况下

$$\left.\begin{aligned} \dot{\Phi}_{1m} &= \sqrt{2}\dot{I}\,W_1/R_{m1} \\ \dot{\Phi}_{2m} &= \sqrt{2}\dot{I}\,W_2/R_{m2} \end{aligned}\right\} \tag{2-86}$$

式中，R_{m1} 为上铁心磁路中总的气隙磁阻，$R_{m1} = 2\delta_1/(\mu_0 A)$；$R_{m2}$ 为下铁心磁路中总的气隙磁阻，$R_{m2} = 2\delta_2/(\mu_0 A)$。

而 $$\dot{I} = \frac{\dot{U}}{Z_{11} + Z_{12}} = \frac{\dot{U}}{R_{11} + j\omega L_{11} + R_{12} + j\omega L_{12}} \tag{2-87}$$

式中，R_{11}、L_{11}、Z_{11} 分别为上一次绕组的电阻、电感和复阻抗，$L_{11} = W_1^2/R_{m1}$；R_{12}、L_{12}、Z_{12} 分别为下一次绕组的电阻、电感和复阻抗，$L_{12} = W_1^2/R_{m2}$。

所以
$$\dot{I}=\frac{\dot{U}}{R_{11}+R_{12}+\mathrm{j}\omega W_1^2\frac{\mu_0 A}{2}\left(\frac{2\delta_0}{\delta_0^2-\Delta\delta^2}\right)}\tag{2-88}$$

将上列各式代入式（2-85）得
$$\dot{U}_o=-\mathrm{j}\omega W_1W_2\mu_0A\left(\frac{\delta_0}{\delta_0^2-\Delta\delta^2}\right)\frac{\dot{U}}{R_{11}+R_{12}+\mathrm{j}\omega W_1^2\mu_0A\left(\frac{\delta_0}{\delta_0^2-\Delta\delta^2}\right)}\tag{2-89}$$

该式分母中存在 $\Delta\delta^2$ 项，这是造成非线性的因素。

如果忽略 $\Delta\delta^2$ 项，并设 $R_{11}=R_{12}=R_1$，$L_0=W_1^2/[2\delta_0/(\mu_0A)]$，上式可改写并整理为
$$\dot{U}_o=-\dot{U}\frac{W_2}{W_1}\frac{\mathrm{j}\frac{1}{Q}+1}{\frac{1}{Q^2}+1}\frac{\Delta\delta}{\delta_0}\tag{2-90}$$

式中，Q 为品质因数，$Q=\omega L_0/R_1$。

由上式可知，输出电压包含两个分量：与电源电压口同相的基波分量与正交分量。输出电压 U_o 与电源电压存在相位差，解调测量电路需要考虑移相电路。两分量均与气隙的相对变化 $\Delta\delta/\delta_0$ 有关。Q 值提高，正交分量减小。因此希望差动变压器具有高 Q 值。当 $Q\gg1$ 时，则有
$$\dot{U}_o=-\dot{U}\frac{W_2}{W_1}\frac{\Delta\delta}{\delta_0}\tag{2-91}$$

上式表明，输出电压 U_o 与衔铁位移 $\Delta\delta$ 成比例。式中负号表明 $\Delta\delta$ 向上为正时，输出电压 U_o 与电源电压 U 反相；$\Delta\delta$ 向下为负时，两者同相。

由式（2-91）可得 Π 形差动变压器的灵敏度表达式
$$K=\frac{U_o}{\Delta\delta}=\frac{U}{\delta_0}\frac{W_2}{W_1}\tag{2-92}$$

可见传感器的灵敏度随电源电压 U 和匝数比 W_2/W_1 的增大而提高，随初始气隙增大而降低。增加二次匝数 W_2 与增大激励电压 U 将提高灵敏度。但 W_2 过大，会使传感器体积变大，且使零位电压增大；U 过大，易造成发热而影响稳定性，还可能出现磁饱和，因此常取 0.5～8V，并使功率限制在 1V·A 以下。

当激励频率过低时，$\omega L_1\ll R_1$，式（2-81）变成
$$\dot{U}_o=-\mathrm{j}\omega\frac{2\Delta M}{R_1}\dot{U}\tag{2-93}$$

这时，差动变压器的灵敏度随频率 ω 而增加。当 ω 增加使 $\omega L_1\gg R_1$ 时，式（2-81）变为
$$\dot{U}_o=-\frac{2\Delta M}{L_1}\dot{U}\tag{2-94}$$

此时，灵敏度与频率无关，为一常数。当 ω 继续增加超过某一数值时（该值视铁心材料而异），由于导线集肤效应和铁损等影响而使灵敏度下降（如图 2-37 所示）。通常应按所用铁心材料，选取合适的较高激励频率，以保持灵敏度不变。这样，既可放宽对激励源频率的稳定度要求，又可在一定激励电压条件下减少磁通或匝数，从而减小尺寸。

变面积式（如微动同步器）与螺管式差动变压器的输出特性分析与变间隙式类似。

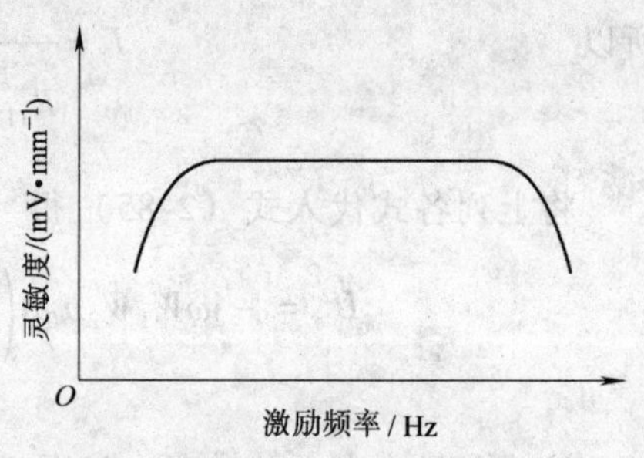

图 2-37 激励频率与灵敏度的关系

2.4.4 自感式和互感式传感器的误差

1. 输出特性的非线性

变气隙自感式传感器输出与气隙宽度成反比，原理上存在非线性误差，即使变面积型电感传感器，由于气隙边缘磁场不均匀等原因，实际上也存在非线性误差。此外，测量电路也往往存在非线性。为了减小非线性，常用的方法是限制测量范围。例如变气隙式常取（1/5 ~ 1/10）气隙长度，螺管式取（1/3 ~ 1/10）线圈长度。

对于螺管式自感式传感器，增加线圈的长度有利于扩大线性范围或提高线性度。在工艺上应注意导磁体和线圈骨架的加工精度、导磁体材料与线圈绕制的均匀性，对于差动式则应保证其对称性。

采用差动结构，可以抵消误差的偶次项，十分有利于减小传感器的非线性误差。

2. 零位误差

对于差动自感式传感器，当衔铁位于中间位置时，电桥输出理论上应为零，但实际上总存在零位不平衡电压输出（零位电压），造成零位误差，如图 2-38 所示。过高的零位残余电压会使放大器提前饱和，若传感器输出作为伺服系统的控制信号，零位电压还会使伺服电动机发热，甚至产生误动作。

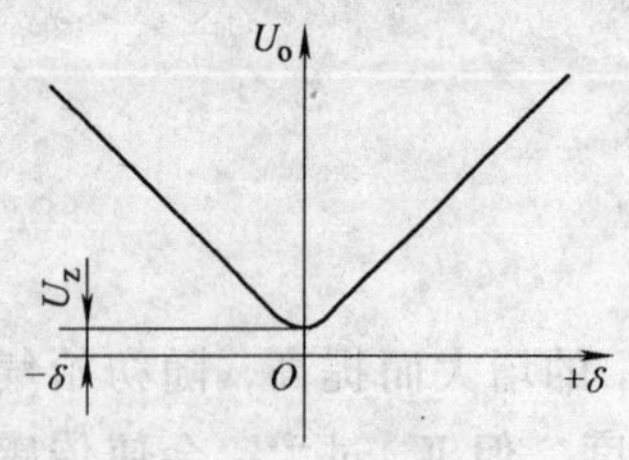

图 2-38 零位误差

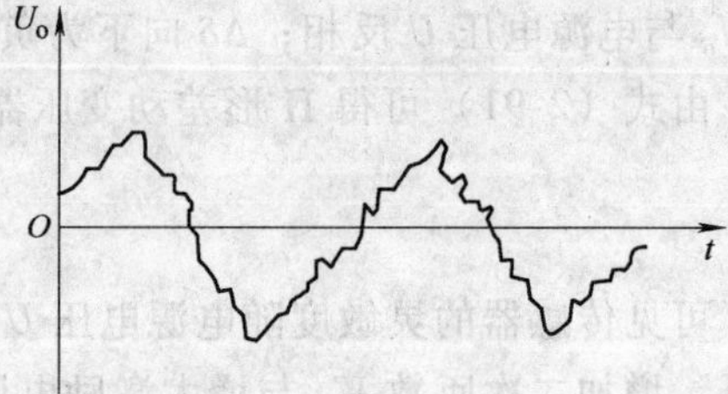

图 2-39 零位误差的波形

产生零位残余误差的原因十分复杂，但从示波器上可看到，零位残余误差含有基波和高次谐波，如图 2-39 所示。一般来讲，产生零位残余误差的主要原因有：传感器线圈的电气参数、结构尺寸不可能完全一致，这是产生基波的主要原因；电感线圈不是理想电感，存在铁损，导致磁化曲线非线性；线圈中还存在寄生电容，在线圈的外壳、铁心间存在分布电容，这是产生高次谐波的原因。此外，电感式传感器是无源性器件，其输出与电源电压成正比，因此，电源电压中的高次谐波也会叠加到传感器输出中。

可见，设计制造变磁阻式传感器时，应尽量使传感器两线圈的电气参数和几何尺寸对称，使电桥臂的电气参数一致。为此，衔铁、骨架等零件应保证足够的加工精度，两线圈绕向要一致，必要时可选配线圈。应合理选择磁性材料与激励电流，使传感器工作在磁化曲线的线性区，尤其对小型传感器和铁心截面特别小处应防止出现磁饱和。磁性材料除要求选用磁滞小的锰钢片、铁镍软磁合金与纯铁等材料外（视激励电流频率而定），还应保证其均匀性与零件的加工精度，并通过适当的处理以消除应力，使性能均匀、稳定。减少激励电流的谐波成分与利用外壳进行电磁屏蔽也能有效地减小高次谐波。除了设计制造外，实用中还常在测量电路中增设调整环节，使桥臂的电气参数一致，达到消除零位残余电压的目的。

3. 温度误差

环境温度的变化会引起自感传感器的零点温度漂移、灵敏度温度漂移以及线性度和相位的变化，造成温度误差。

环境温度对自感式传感器的影响主要通过：①材料的线膨胀系数引起零件尺寸的变化；②材料的电阻率温度系数引起线圈铜阻的变化；③磁性材料磁导刚度系数，线圈绝缘材料的介质温度系数和线圈几何尺寸变化引起线圈电感量及寄生电容的改变等造成。上述因素对单电感传感器影响较大，特别对小气隙式与螺管式影响更大，而第②项对低频激励的传感器影响较大。

4. 互感式传感器的温度误差

自感式传感器的误差分析均适用于差动变压器，所不同的是差动变压器多了一个一次绕组。当温度变化时，一次绕组的参数对铜阻的变化影响较大。设温度变化 Δt（℃），一次绕组铜阻 R_1 增加 ΔR_1，铜线电阻温度系数为 +0.4%/℃，由此引起的二次侧输出电压的相对变化为

$$\frac{\Delta U_o}{U_o}=\frac{\Delta R_1/R_1}{1+\omega L_1/R_1}=-\frac{0.004}{1+\omega L_1/R_1}\Delta t \tag{2-95}$$

由上式可知，低频激励时绕组的品质因数低，温度误差大，为此应提高一次绕组的品质因数。

为减小温度误差，还可采取稳定激励电流的方法，如图2-40所示。在一次侧串入一高阻值降压电阻 R，或同时串入热敏电阻 R_T 进行补偿。适当选择 R_T，可使温度变化时一次侧总电阻近似不变，从而使激励电流保持恒定。零位补偿电路有许多种，最简单的补偿方法是在输出端接一可调电位器，如图2-41所示。改变电位器滑动触点的位置，可使两只二次绕组的输出电压的大小和相位发生改变，从而使零位电压为最小值。这种方法对零位电压中基波正交分量有显著的补偿效果，但无法补偿谐波分量。如果在输出端再并联一只电容器 C，就可以有效地补偿零位电压的高次谐波分量。

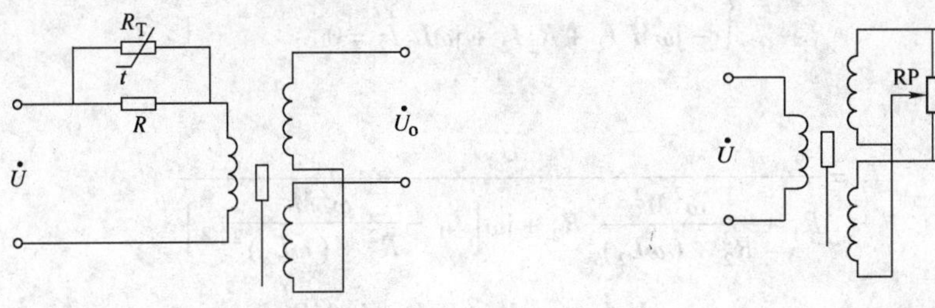

图2-40 温度补偿电路　　　图2-41 差动变压器零位补偿

2.4.5 电涡流式传感器

电涡流式传感器是20世纪70年代以来得到迅速发展的一种传感器，它利用电涡流效应进行工作。由于结构简单，灵敏度高，频响范围宽，不受油污等介质的影响，并能进行非接

触测量，适用范围广，它一问世就受到各国的重视。目前，这种传感器已广泛用来测量位移、振动、厚度、转速、温度、硬度等参数，以及用于无损探伤领域。

本节着重介绍电涡流式传感器的基本型式——位移传感器，并简要介绍其典型应用。

1. 电涡流式传感器的工作原理

如图 2-42 所示，有一通以交变电流$\dot{I}_1$的传感器线圈。由于电流$\dot{I}_1$的存在，线圈周围就产生一个交变磁场 H_1。若被测导体置于该磁场范围内，导体内便产生电涡流$\dot{I}_2$。$\dot{I}_2$也将产生一个新磁场 H_2，H_2 与 H_1 方向相反，力图削弱原磁场 H_1，从而导致线圈的电感量、阻抗和品质因数发生变化。这些参数变化与导体的几何形状、电导率、磁导率、线圈的几何参数、电流的频率以及线圈到被测导体间的距离有关。如果控制上述参数中一个参数改变，余者皆不变，就能构成测量该参数的传感器。

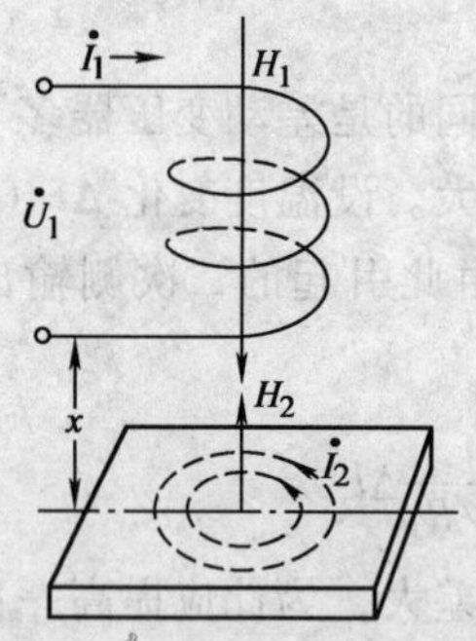

图 2-42　电涡流传感器原理

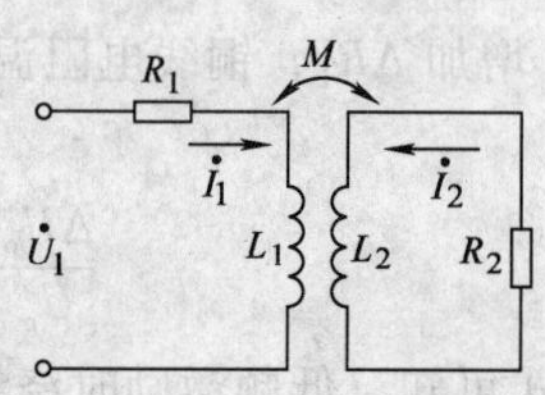

图 2-43　等效电路

为分析方便，我们将被测导体上形成的电涡流等效为一个短路环中的电流。这样，线圈与被测导体便等效为相互耦合的两个线圈，如图 2-43 所示。设线圈的电阻为 R_1，电感为 L_1，阻抗为 $Z_1 = R_1 + j\omega L_1$；短路环的电阻为 R_2，电感为 L_2；线圈与短路环之间的互感系统为 M。M 随它们之间的距离 x 减小而增大。加在线圈两端的激励电压为$\dot{U}_1$。根据基尔霍夫定律，可列出电压平衡方程组

$$\begin{cases} R_1 \dot{I}_1 + j\omega L_1 \dot{I}_1 - j\omega M \dot{I}_2 = \dot{U}_1 \\ - j\omega M \dot{I}_1 + R_2 \dot{I}_2 + j\omega L_2 \dot{I}_2 = 0 \end{cases}$$

解之得

$$\dot{I}_1 = \frac{\dot{U}_1}{R_1 + \dfrac{\omega^2 M^2}{R_2^2 + (\omega L_2)^2} R_2 + j\omega\left[L_1 - \dfrac{\omega^2 M^2}{R_2^2 + (\omega L_2)^2} L_2 \right]}$$

$$\dot{I}_2 = j\omega \frac{M \dot{I}_1}{R_2 + j\omega L_2} = \frac{M\omega^2 L_2 \dot{I}_1 + j\omega M R_2}{R_2^2 + (\omega L_2)^2} \tag{2-96}$$

由此可求得线圈受金属导体涡流影响后的等效阻抗为

$$Z = R_1 + R_2 \frac{\omega^2 M^2}{R_2^2 + (\omega L_2)^2} + j\omega\left[L_1 - L_2 \frac{\omega^2 M^2}{R_2^2 + (\omega L_2)^2} \right] \tag{2-97}$$

线圈的等效电感为

$$L = \left[L_1 - L_2 \frac{\omega^2 M^2}{R_2^2 + (\omega L_2)^2} \right] \tag{2-98}$$

由式（2-97）可见，由于涡流的影响，线圈阻抗的实数部分增大，虚数部分减小，因此线圈的品质因数 Q 下降。阻抗由 Z_1 变为 Z，常称其变化部分为“反射阻抗”。由式（2-97）可得

$$Q = Q_0 \left(1 - \frac{L_2}{L_1} \frac{\omega^2 M^2}{Z_2^2} \right) \Big/ \left(1 + \frac{R_2}{R_1} \frac{\omega^2 M^2}{Z_2^2} \right) \tag{2-99}$$

式中，$Q_0 = \omega L_1 / R_1$ 为无涡流影响时线圈的 Q 值；$Z_2 = (R_2^2 + W^2 L_2^2)^{0.5}$ 为短路环的阻抗。

Q 值的下降是由于涡流损耗所引起的，并与金属材料的导电性和距离 x 直接有关。当金属导体是磁性材料时，影响 Q 值的还有磁滞损耗与磁性材料对等效电感的作用。在这种情况下，线圈与磁性材料所构成磁路的等效磁导率 μ_e 的变化将影响 L。当距离 x 减小时，由于 μ_e 增大而使式（2-98）中之 L_1 变大。

由式（2-97）、式（2-98）及式（2-99）可知，线圈——金属导体系统的阻抗、电感和品质因数都是该系统互感系数平方的函数。而互感系数又是距离 x 的非线性函数，因此当构成电涡流式位移传感器时，$Z = f_1(x)$、$L = f_2(x)$、$Q = f_3(x)$ 都是非线性函数。但在一定范围内，可以将这些函数近似地用一线性函数来表示，于是在该范围内通过测量 Z 上或 Q 的变化就可以线性地获得位移的变化。

2. 电涡流式传感器的结构和类型

（1）*反射式*　反射式包括变间隙式、变面积式和螺管式。变间隙式是电涡流式传感器中最常用的一种结构型式。它的结构很简单，由一个扁平线圈固定在框架上构成。线圈用高强度漆包铜线或银线绕制（高温使用时可采用钛钨合金线），用粘结剂粘在框架端部或绕制在框架槽内，后者如图 2-44 所示。

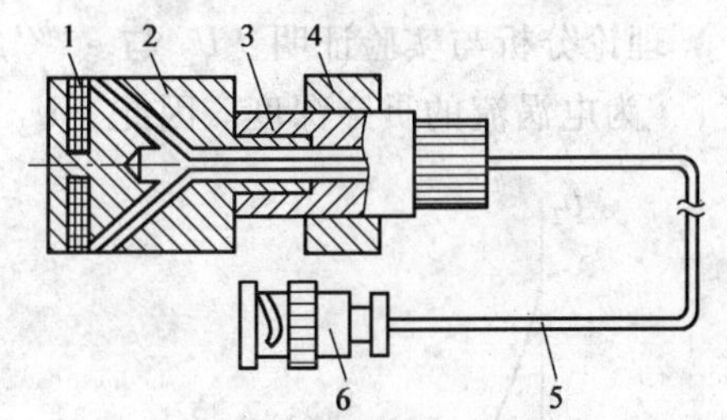

图 2-44　电涡流式传感器的结构
1—线圈　2—框架　3—衬套
4—支座　5—电缆　6—接头

线圈框架应采用损耗小、电性能好、热膨胀系数小的材料，常用高频陶瓷、聚酚亚胺、环氧玻璃纤维、氮化硼和聚四氟乙烯等。由于激励频率较高，所以对所用电缆与插头也要充分重视。

分析表明，这种传感器线圈外径大时，线圈的磁场轴向分布范围大，但磁感应强度的变化梯度小，线圈外径小时则相反。即线圈外径大，线性范围就大，但灵敏度低；反之，线圈外径小，灵敏度高，但线性范围小。分析还表明：线圈内径和厚度的变化影响较小，仅在线圈与导体接近时灵敏度稍有变化。

需要指出的是，由于电涡流传感器是利用线圈与被测导体之间的电磁耦合进行工作的，因而被测导体作为“实际传感器”的一部分，其材料的物理性质、尺寸与形状都与传感器特性密切相关。因此有必要对被测体进行讨论。

首先，被测导体的电导率、磁导率对传感器的灵敏度有影响。一般说，被测体的电导率越高，灵敏度也越高。磁导率则相反，当被测物为磁性体时，灵敏度较非磁性体低。而且被测体若有剩磁，将影响测量结果，因此应予消磁。若被测体表面有镀层，镀层的性质和厚度不均匀也将影响测量精度。当测量转动或移动的被测体时，这种不均匀将形成干扰信号。尤

其当激励频率较高，电涡流的贯穿深度减小时，这种不均匀干扰影响更加突出。

被测体的大小和形状也与灵敏度密切相关。从分析知，若被测体为平面，在涡流环的直径为线圈直径的 1.8 倍处，电涡流密度已衰减为最大值的 5%。为充分利用电涡流效应，被测体环的直径不应小于线圈直径的 1.8 倍。当被测体环的直径为线圈直径的一半时，灵敏度将减小一半；更小时，灵敏度下降更严重。当被测体为圆柱体时，只有其直径为线圈直径的 3.5 倍以上，才不影响测量结果；两者相等时，灵敏度降低为 70% 左右。

同样，对被测体厚度也有一定要求。一般厚度大于 0.2mm 则不影响测量结果（视激励频率而定），铜铝等材料更可减薄为 70μm。

(2) 透射式　这种类型与前述反射式主要不同在于它采用低频激励，贯穿深度大，适用于测量金属材料的厚度。图 2-45 为其工作原理示意。

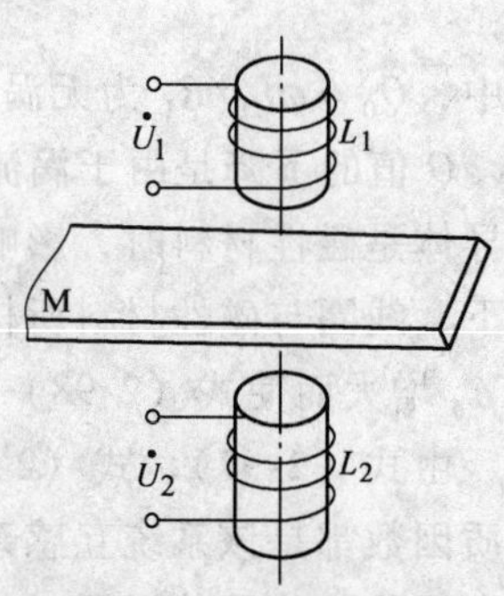

图 2-45　透射式涡流传感器工作原理

传感器由发射线圈 L_1 和接收线圈 L_2 组成，它们分别位于被测金属板材 M 的两侧。当低频激励电压 $\dot{U}_1$ 加到 L_1 的两端时，将在 L_2 的两端产生感应电压 $\dot{U}_2$。若两线圈之间无金属导体，L_1 的磁场就能直接贯穿 L_2，这时 $\dot{U}_2$ 最大。当有金属板后，其产生的涡流削弱了 L_1 的磁场，造成 $\dot{U}_2$ 下降。金属板越厚，涡流损耗越大，$\dot{U}_2$ 就越小。因此可利用 $\dot{U}_2$ 的大小来反映金属板的厚度。

理论分析与实验证明：U_2 与 $e^{-h/t}$ 成正比，其中 e 为自然对数的底，h 为被测金属板厚度，t 为电涡流的贯穿深度。因此，U_2 与 h 的关系如图 2-46 所示。

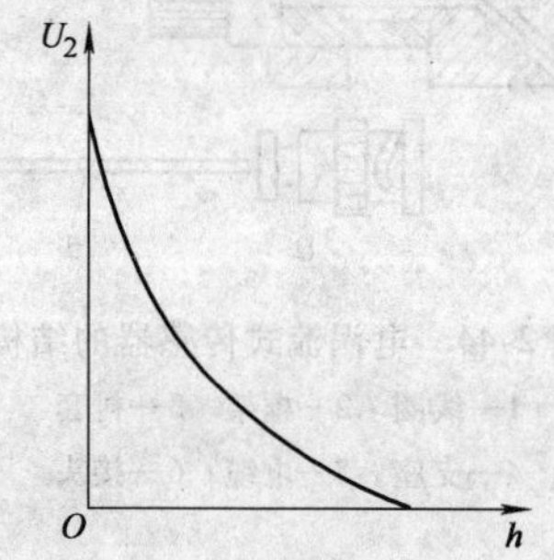

图 2-46　线圈电压与被测金属板厚度的关系

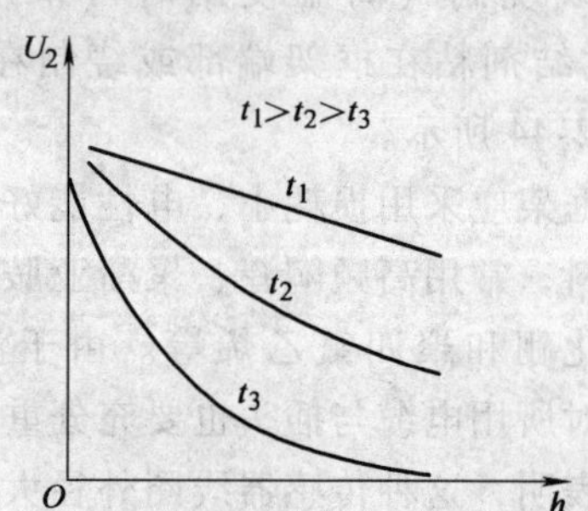

图 2-47　贯穿深度 t、感应电压 U_2、金属板厚度的关系

由于 t 与 $(\rho/f)^{0.5}$ 成正比（其中 ρ 为被测材料的电阻率，f 为激励频率），当被测材料已定，ρ 为定值，此时若采用不同的激励频率时贯穿深度 t 就不同，导致 U_2-h 曲线发生变化，如图 2-47 所示。由图可见，f 较低时（即 t 较大），线性较好。因此 f 应选择较低的频率（通常为 1kHz 左右）。同时 h 较小时，t_3 曲线（f 较高）的斜率较大，因此测薄板时应选较高的频率，测厚板时则选较低的频率。

对不同的被测材料，由于 ρ 不同，当 f 一定时，贯穿深度 t 也不同。由此将造成 $U_2=f(h)$ 曲线形状的变化。为保证测量不同材料时的线性度和灵敏度一致，可采用改变激励频率 f 的方法，例如测量紫铜时采用 500Hz，测量黄铜和铝时采用 2kHz。

此外，温度的变化会引起材料电阻率的变化，故应使材料温度恒定。

2.5 调理电路

2.5.1 电桥式测量电路

1. 电桥的分类

阻抗式传感器将被测量的变化转换成电阻、电容或电感等电量的变化，但电量变化一般都很微小，不仅难以精确测量，也不便于直接处理。因此，必须采用转换电路，把这些电量的变化转换成电压或电流变化。通常由测量电桥作为前端电路。

典型的电桥如图2-48所示：四个臂 Z_1、Z_2、Z_3、Z_4 按顺时针方向排列，AC为电源端，BD为输出端。AB、BC、CD及DA都称为电桥的一个臂。当一个臂、两个臂乃至四个臂接入传感器时，就相应谓之单臂工作、双臂工作和全臂工作电桥。测量电桥按如下方法分类：

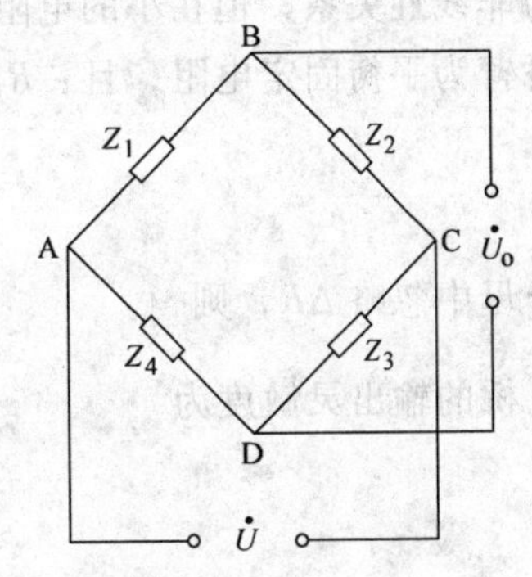

图2-48 电桥结构

1）按电源分，有直流电桥和交流电桥。

直流电桥桥臂只能接入电阻性元件（应变计）。它主要用于电桥输出可直接显示（如接磁电式指示器或光线示波器振子）而无需中间放大的场合，如半导体应变计。

交流电桥桥臂可以是 R、L、C。主要用于输出需放大的场合，如金属应变计等。

2）按工作方式分，有平衡桥式电路（零位测量法）和不平衡桥式电路（偏差测量法）。

平衡桥式电路带有手调或自调整桥臂平衡的伺服反馈机构。仪表指示测量值时，电桥处于平衡状态。常用于高精度、长时间静态应变测量，如双桥式静态应变仪。

不平衡桥式电路的输出，是与桥臂应变量成一定函数关系的不平衡电量，然后放大、显示。仪表指示测量值时，电桥处于不平衡状态，它响应快，便于处理，常用于动态应变测量。

3）按桥臂关系分，有：①对输出端对称（第一种对称）电桥（$Z_1=Z_2$，$Z_3=Z_4$）；②对电源端对称（第二种对称）电桥（$Z_1=Z_4$，$Z_2=Z_3$）；③半等臂（$Z_1=Z_2$，$Z_3=Z_4$）和全等臂电桥（$Z_1=Z_2=Z_3=Z_4$）。

4）按负载输出电压或电流的不同要求，电桥还可分电压输出桥和功率输出桥。

测量电桥的输出为

$$U_o=U\left(\frac{Z_3}{Z_3+Z_4}-\frac{Z_2}{Z_1+Z_2}\right)\quad 或\quad U_o=U\frac{Z_1Z_3-Z_2Z_4}{(Z_3+Z_4)(Z_1+Z_2)} \tag{2-100}$$

可见，电桥的平衡条件为：$Z_1Z_3=Z_2Z_4$，此时，$U_o=0$。

当各桥臂阻抗变化时，其输出为

$$U_o=U\frac{(Z_1+\Delta Z_1)(Z_3+\Delta Z_3)-(Z_2+\Delta Z_2)(Z_4+\Delta Z_4)}{(Z_3+\Delta Z_3+Z_4+\Delta Z_4)(Z_1+\Delta Z_1+Z_2+\Delta Z_2)} \tag{2-101}$$

近年来，由于低漂移集成运算放大器的发展，直流电桥得到了广泛应用，因此，本节先分析直流电桥，其结果可推广到交流电桥。

2. 直流电压电桥的输出

直流电桥只能接入电阻，适用于电阻应变式传感器，因此图 2-48 中 $Z=R$，当桥路负载电阻 R_L 很大时，I_o 可以忽略，此时输出的电压灵敏度最高。平衡条件为

$$R_1R_3=R_2R_4 \tag{2-102}$$

各臂应变计电阻变化分别为 ΔR_1、ΔR_2、ΔR_3、ΔR_4。输出电压 U_o 为

$$U_o=U\frac{(R_1+\Delta R_1)(R_3+\Delta R_3)-(R_2+\Delta R_2)(R_4+\Delta R_4)}{(R_3+\Delta R_3+R_4+\Delta R_4)(R_1+\Delta R_1+R_2+\Delta R_2)} \tag{2-103}$$

由于在分母中含有电阻变化量，输出电压变化 ΔU_o 与电阻变化 ΔR_1、ΔR_2、ΔR_3、ΔR_4 为非线性关系，但在小的电阻变化时可近似为线性。如果只有一个桥臂 R_1 为传感器，其他桥臂为平衡固定电阻，且：$R_1=R_2=R_3=R_4=R$，则上式为

$$U_o=U\frac{(R+\Delta R)-R}{2(2R+\Delta R)} \tag{2-104}$$

分母中忽略 ΔR，则

$$U_o'=\frac{U}{4}\frac{\Delta R}{R} \tag{2-105}$$

电桥的输出灵敏度为

$$S_u=\left(\Delta U_o\bigg/\frac{\Delta R_1}{R_1}\right)=\frac{U}{4} \tag{2-106}$$

由此引起的相对误差为

$$e_r=\frac{U_o'-U_o}{U_o'}\times 100\%=\frac{K\varepsilon}{2+K\varepsilon}\times 100\% \tag{2-107}$$

若已知金属应变计 $K=2.5$，允许测试的最大应变 $\varepsilon=5000\mu\varepsilon$，接成全等臂单臂工作电桥（$\Delta R_1\neq 0$；$\Delta R_2=\Delta R_3=\Delta R_4=0$）。代入式（2-107）得最大非线性误差

$$e_r=\left|\frac{K\varepsilon}{2+K\varepsilon}\right|=\frac{2.5\times 0.005}{2+2.5\times 0.005}=0.6\%$$

一般金属应变计的 $K=1.8\sim4.8$，因此 $e_r=0.45\%\sim1.2\%$。

若采用半导体应变计，设 $K=120$，其他条件同上，则

$$e_r=\left|\frac{K\varepsilon}{2+K\varepsilon}\right|=\frac{120\times 0.005}{2+120\times 0.005}=23\%$$

由此可见：

1）采用金属应变计，在一般应变范围内，非线性误差 $e_r<1\%$。故在此允许的非线性范围内，金属应变计电桥的电压输出特性可由式（2-105）表示成线性关系。

2）采用半导体应变计时，由于非线性误差随 K 而大增，必须采取补偿措施。

3. 电桥的非线性误差及其补偿

从上述分析可以看出，电桥的输出特性实际上都与应变呈非线性关系。当测量精度要求较高或传感器的灵敏度较高时，这种非线性误差必须适当补偿。

（1）*恒流源补偿法* 应变计电桥非线性误差的成因，主要由于应变电阻 ΔR_i 的变化引起工作臂电流的变化所致。采用恒流源，可望减小非线性误差。如图 2-49 所示，恒流源供电，单臂工作时电桥的供电电压为

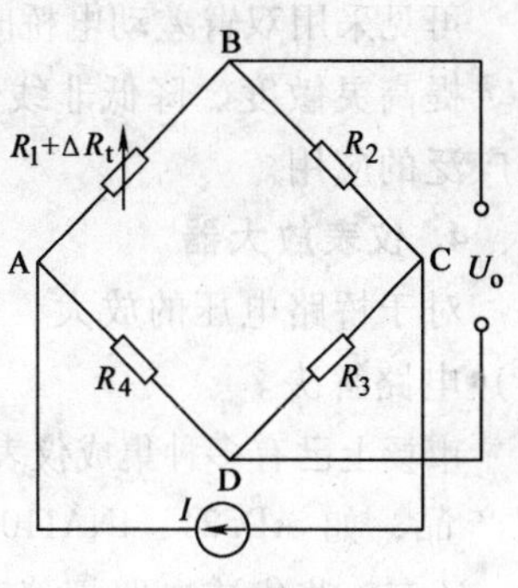

图 2-49　恒流源电桥

$$U = I(R_1 + \Delta R + R_2 /\!/ R_3 + R_4) = I\frac{(R_1 + \Delta R + R_2)(R_3 + R_4)}{R_1 + \Delta R + R_2 + R_3 + R_4} \tag{2-108}$$

设电桥为全等臂，电桥的输出为

$$U'_o = I\frac{(R_1 + \Delta R)R_3 - R_2R_4}{R_1 + \Delta R + R_2 + R_3 + R_4} = I\frac{R\Delta R}{4R + \Delta R} \tag{2-109}$$

上式分母中 ΔR 是引起非线性的因素，若略去，则可得线性输出

$$U_o = \frac{I}{4}\Delta R \tag{2-110}$$

由上两式可得恒流源电桥非线性误差为

$$e_r = \left|\frac{U_o - U'_o}{U_o}\right| \times 100\% = \frac{\Delta R}{4R + \Delta R} = \frac{K\varepsilon_1}{4 + K\varepsilon_1} \times 100\% \tag{2-111}$$

与前述例子做一个对比，采用恒流源供电后，金属应变丝的非线性误差为 0.3%，半导体应变丝的非线性误差为 13%，可见：在同样条件下前者的非线性误差明显减小了。

(2) *差动电桥补偿法*　差动电桥法就是利用上述电桥输出特性中呈现的相对臂与相邻臂之“和”、“差”特征，通过应变计的合理布置与接桥来达到补偿目的的。

如图 2-50 所示，使接入电桥的相对臂应变计受拉（$\Delta R_1/R_1$，$\Delta R_3/R_3$），相邻臂应变计受压（$-\Delta R_2/R_2$，$-\Delta R_4/R_4$），仍以全等臂电桥为例，代入上式(2-103) 得

$$U_o = U\frac{(R_1 + \Delta R_1)(R_3 + \Delta R_3) - (R_2 - \Delta R_2)(R_4 - \Delta R_4)}{(R_3 + \Delta R_3 + R_4 - \Delta R_4)(R_1 + \Delta R_1 + R_2 - \Delta R_2)} = U\frac{\Delta R}{R} = UK\varepsilon \tag{2-112}$$

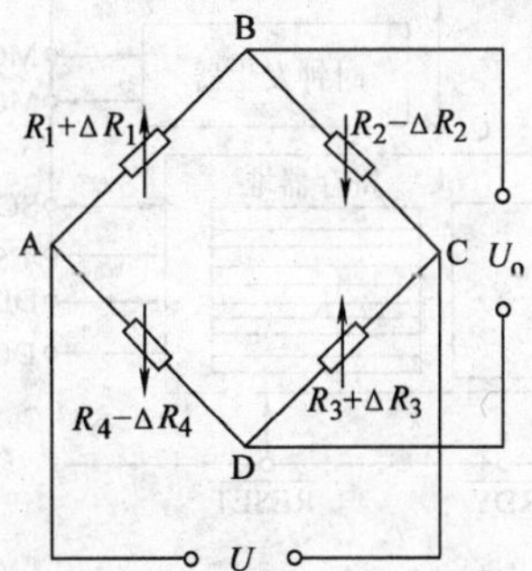

图 2-50　四臂差动电桥

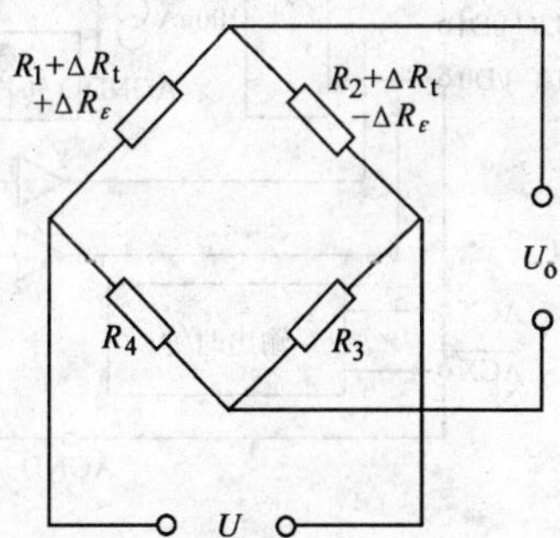

图 2-51　双臂差动电桥

可见，四臂差动工作，不仅消除了非线性误差，而且输出为单臂工作时的 4 倍。此外，差动电桥还能有效地消除或补偿温度引起的误差。由图 2-48 及式(2-101) 可知，若电桥中某一桥臂阻抗发生变化，将导致电桥不衡，产生温度误差。采用差动电桥，使相邻两臂的传感器有相同的温度特性，则能达到消除温度误差的效果。如图 2-51 如示的双臂差动电桥，电桥相邻两臂的 R_1 及 R_2 受温度影响，导致电阻值发生变化 ΔR_t，同时，应变引起的电阻变化分别为 $+\Delta R_\varepsilon$ 和 $-\Delta R_\varepsilon$，则电桥的输出为

$$U_o = U\frac{(R_1 + \Delta R_t + \Delta R_\varepsilon)R_3 - (R_2 + \Delta R_t - \Delta R_\varepsilon)R_4}{(R_3 + R_4)(R_1 + \Delta R_t + R_\varepsilon + R_2 + \Delta R_t - R_\varepsilon)} = \frac{U}{2}\frac{\Delta R_\varepsilon}{R} = \frac{U}{2}K\varepsilon \tag{2-113}$$

可见采用双臂差动电桥时，消除了温度的影响和非线性误差，还使电桥的输出提高1倍。

提高灵敏度、降低非线性误差、有效地补偿温度误差是差动技术的特点，在电桥测量中有广泛的应用。

4. 仪表放大器

对于桥路电压的放大，一般采用图2-52所示仪表放大器（或称仪器放大器、数据放大器）电路解决。

市场上已有多种集成仪表放大器芯片产品，如AD524、INA110、PGA203等。还有一些集成电路把仪表放大器、后续低通放大器、零位补偿、增益调整、模数变换等功能集成在一起，所以又称模拟输入前端，如AD7730、AD7731等。图2-53为AD7730的内部结构框图，分辨率为1/230000，温度漂移5nV/℃。

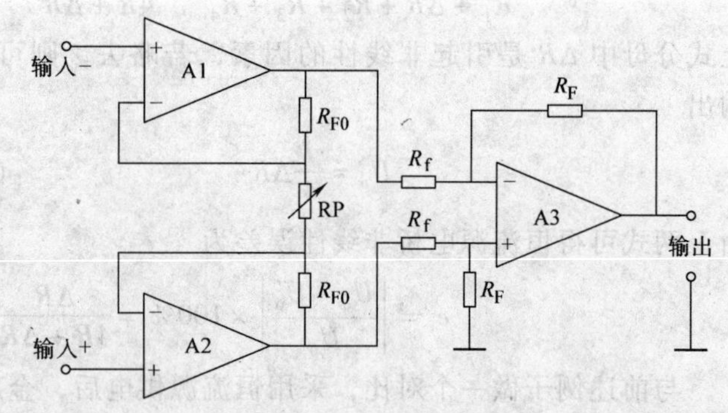

图2-52 仪表放大器

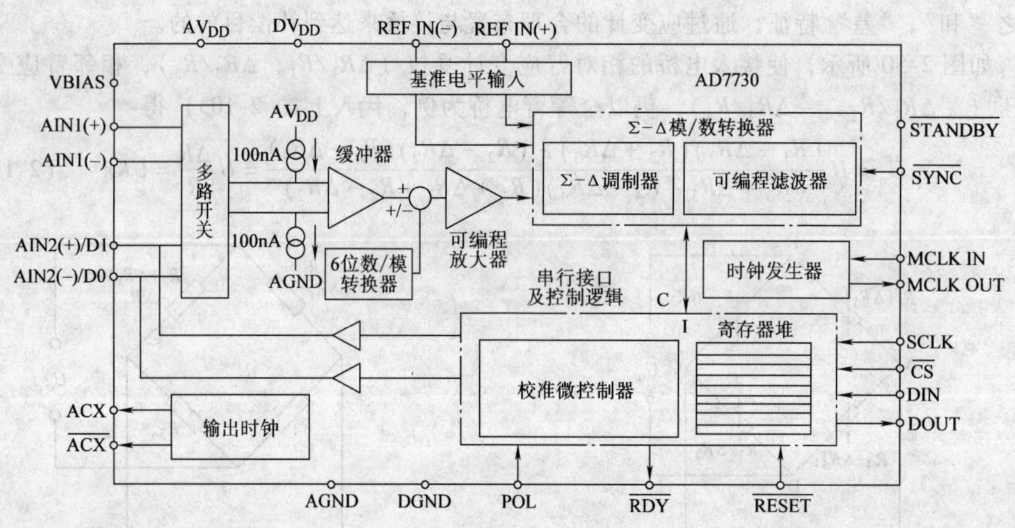

图2-53 AD7730的内部结构框图

5. 交流电桥

(1) 紧耦合电感臂电桥（Blumlein电桥） 图2-54所示为用于电容传感器测量的紧耦合电感臂电桥。其结构特点是两个电感桥臂互为紧耦合。电桥输出电压的一般表达式为

$$\dot{U}_o=\frac{\Delta Z}{Z}\frac{\left[1+\frac{Z_{12}(1-K)}{Z}\right]\Big/\left[1+\frac{Z_{12}(1+K)}{Z}\right]}{1+\frac{1}{2}\left[\frac{Z_{12}(1-K)}{Z}+\frac{Z}{Z_{12}(1-K)}\right]+\frac{Z+Z_{12}(1-K)}{Z_L}}\dot{U} \tag{2-114}$$

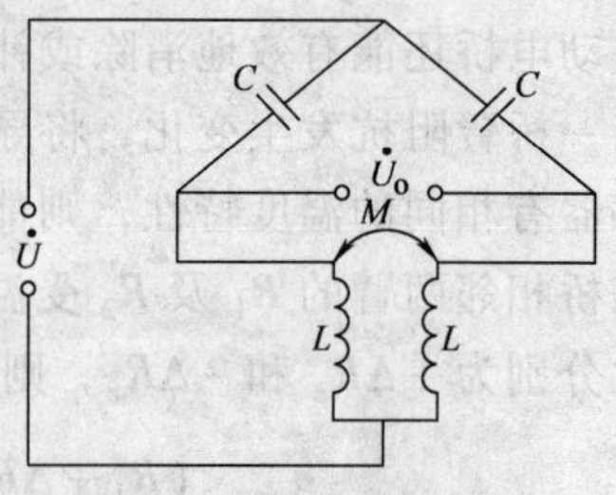

图2-54 紧耦合电感臂电桥图

当电桥带高阻抗负载（$Z_L=\infty$）时，将 $Z=1/(j\omega C)$，$\Delta Z=\Delta C/(j\omega C^2)$，$\Delta Z/Z=\Delta C/C$，$Z_{12}=j\omega L$，耦合系数 $K=-1$ 代入上式得

$$\dot{U}_o=\frac{\Delta C}{C}\dot{U}\frac{4\omega^2LC}{2\omega^2LC-1} \tag{2-115}$$

电桥灵敏度为

$$S=4\omega^2LC/(2\omega^2LC-1) \tag{2-116}$$

输出特性曲线如图 2-55 所示。谐振点在 $\omega^2LC=1/2$ 即 $\omega L=1/(2\omega C)$ 处。在谐振点左侧 $\omega^2LC\ll1$ 时，灵敏度与 ω^2LC 成正比；在谐振点右侧 $\omega^2LC\gg1$ 时，灵敏度趋向于2，呈水平特性。为了有高的稳定性，应使 ω^2LC 增大；当 ω^2LC 的值大于 2 时，电源频率或电感的变化将不会引起灵敏度变化。式(2-115)中的电感 L 为一桥臂无耦合时的“有效电感”。如果考虑电缆电容 C'的旁路影响，此时的电感 L'应为

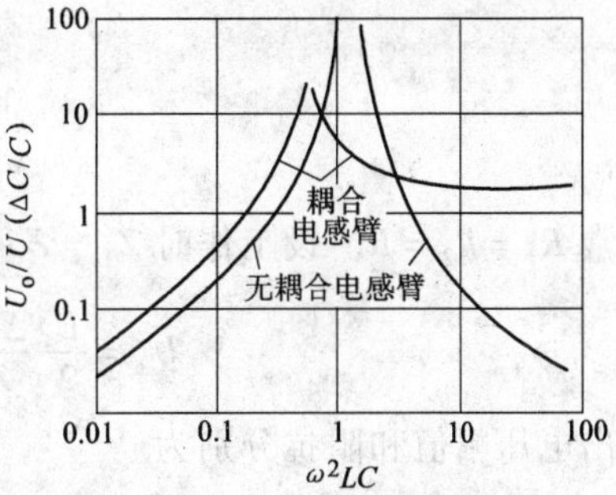

$$L'=\frac{L}{1-\omega^2LC'} \tag{2-117}$$

图 2-55　用紧耦合和不耦合电感做桥臂时的灵敏度

在传感器的电容值较小和电源频率较低时，不能满足 $\omega^2LC\gg1$ 的条件。由上式可见，电缆电容 C'大，稳定性高。因而可以用一大的固定电容与电感桥臂相并联，以牺牲灵敏度来换取高稳定性。

为便于比较，给出无耦合时（即 $K=0$，桥臂电感为固定值）的桥路输出电压为

$$\dot{U}_o=\frac{\Delta C}{C}\dot{U}\frac{-2\omega^2LC}{(\omega^2LC-1)^2} \tag{2-118}$$

其特性曲线如图 2-55 所示。对于小的 ω^2LC 值，紧耦合的灵敏度是无耦合的二倍；对于高的 ω^2LC 值，无耦合时不存在灵敏度与频率（或电感）变化无关的区域，因而稳定性很差。

紧耦合电感电桥抗干扰性好、稳定性高，目前已广泛用于电容式传感器中，同时它也很适合较高载波频率的电感式和电阻式传感器使用。

(2) 电容传感器测量电桥　如图 2-56 所示，C_1、C_2 为传感器的两个差动电容。电桥的空载输出电压为

$$\dot{U}_o=\frac{\dot{U}}{2}\frac{C_1-C_2}{C_1+C_2} \tag{2-119}$$

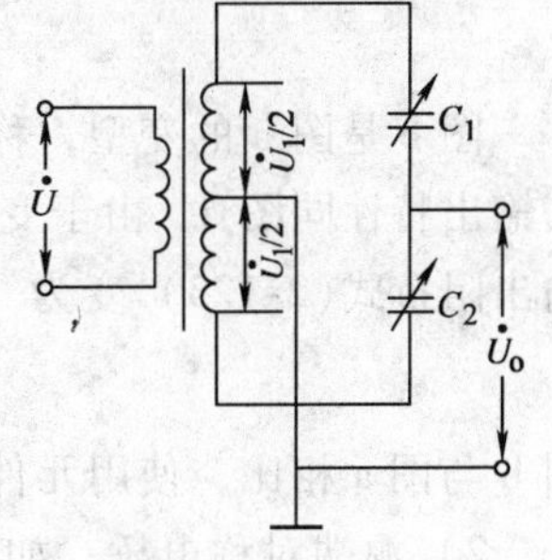

图 2-56　变压器电桥

对变极距型电容传感器：$C_1=\varepsilon_0A/(\delta_0-\Delta\delta)$，$C_2=\varepsilon_0A/(\delta_0+\Delta\delta)$，代入上式得

$$\dot{U}_o=\frac{\dot{U}}{2}\frac{\Delta\delta}{\delta_0} \tag{2-120}$$

可见，对变极距型差动电容传感器的变压器电桥，在负载阻抗极大时，其输出特性呈线性。

(3) 电感传感器测量电桥　自感式传感器常用的交流电桥有以下几种。

1) 输出端对称电桥：图 2-57a 为输出端对称电桥的一般形式。图中 Z_1、Z_2 为传感器两线圈阻抗，$Z_1=r_1+j\omega L_1$，$Z_2=r_2+j\omega L_2$，$r_{10}=r_{20}=r_0$，$L_{10}=L_{20}=L_0$，R_1、R_2 为外接电阻，

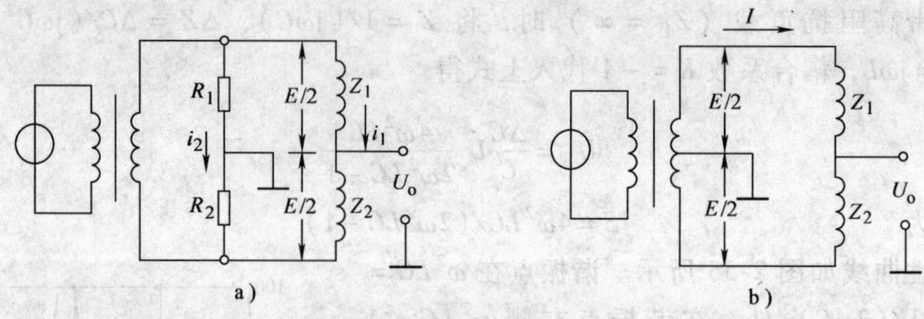

图 2-57 输出端对称电桥

a）一般形式 b）变压器电桥

通常 $R_1=R_2=R$。设工作时 $Z_1=Z+\Delta Z$，$Z_2=Z-\Delta Z$，电源电动势为 E，于是

$$\dot{U}_o=\frac{\dot{E}}{2}\frac{\Delta Z}{Z}=\frac{\dot{E}}{2}\frac{\Delta r+j\omega\Delta L}{r_0+j\omega L_0}\approx\frac{\dot{E}}{2}\frac{\omega\Delta L}{r_0+j\omega L_0}\tag{2-121}$$

输出电压幅值和阻抗分别为

$$U_o=\frac{\sqrt{\omega^2\Delta L^2+\Delta r^2}}{2\sqrt{r_0^2+(\omega L_0)^2}}E\approx\frac{\omega\Delta L}{2\sqrt{r_0^2+(\omega L_0)^2}}E\tag{2-122}$$

$$Z=\sqrt{(R+r_0)^2+(\omega L_0)^2}/2\tag{2-123}$$

式(2-121) 经变换和整理后可写成

$$\dot{U}_o=\frac{\dot{E}}{2}\left[\frac{1}{1+Q^2}\frac{\Delta r}{r_0}+\frac{Q^2}{1+Q^2}\frac{\Delta L}{L}+j\frac{Q}{1+Q^2}\left(\frac{\Delta L}{L_0}-\frac{\Delta r}{r_0}\right)\right]\tag{2-124}$$

式中，Q 为电感线圈的品质因数，$Q=L_0\omega/r_0$。

由式(2-124) 可见，电桥输出电压 U_o 包含着与电源 E 同相和正交的两个分量。而在实际使用时，希望只存在同相分量。通常由于 $\Delta L/L_0\neq\Delta r/r_0$，因此要求线圈有较高的 Q 值，这时

$$\dot{U}_o=\frac{\dot{E}}{2}\frac{\Delta L}{L}\tag{2-125}$$

图 b 是图 a 的变型，称为变压器电桥。它以变压器两个二次侧作为电桥平衡臂。显然，其输出特性同图 a。由于变压器二次侧的阻抗通常远小于电感线圈的阻抗，常可忽略，于是输出阻抗式(2-123) 变为

$$Z=\sqrt{r_0^2+L_0^2\omega^2}/2\tag{2-126}$$

图 b 与图 a 相比，使用元件少，输出阻抗小，电桥开路时电路呈线性，因此应用较广。

2）源端对称电桥：如图 2-58 所示，电桥得输出电压为

$$\dot{U}_o=\dot{E}R\left(\frac{1}{Z_1+R}-\frac{1}{Z_2+R}\right)=\dot{E}R\frac{Z_2-Z_1}{(Z_1+R)(Z_2+R)}$$

设工作时，则有

$$\dot{U}_o=\dot{E}R\frac{2\Delta Z}{(Z+R)^2-\Delta Z^2}\approx\dot{E}R\frac{2(\Delta r+j\omega\Delta L)}{(R+r_0+j\omega L_0)^2}\tag{2-127}$$

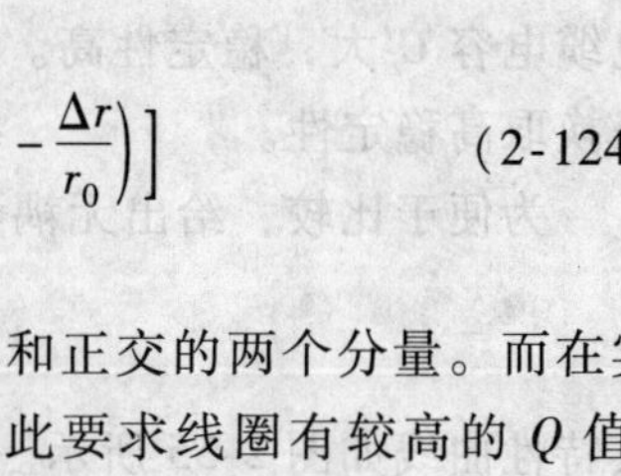

图 2-58 电源端对称电桥

这种电桥由于变压器二次侧接地，可避免静电感应干扰，

但由于开路时电桥本身存在非线性，故只适用于示值范围较小的测量。

除上述电桥外，自感式传感器还可采用紧耦合电感臂电桥作测量电路。这种电桥零点十分稳定，并可工作于高频状态。

(4) *电容式和电感式传感器的辨向电路*　电感式和电容式传感器采用交流电桥作测量电路，电桥输出电压的极性不能反映衔铁或动极板的运动方向，需要专门的差分电路来辨向。

如图 2-59 所示的相敏检波电路可用来辨向，它实际是由二极管组成的整流电路。以电感式传感器为例，若衔铁上移，Z_1 增大，Z_2 减小。假设 A 点电位高于 B 点，二极管 VD_1、VD_4 导通，VD_2、VD_3 截止，在 A—E—C—B 支路中 C 点电位由于 Z_1 增大而降低，在 A—F—D—B 支路中，D 点电位由于 Z_2 减小而增高，因此 D 点电位高于 C 点；假设 B 点电位高于 A 点，二极管 VD_2、VD_3 导通，VD_1、VD_4 截止，在 B—C—F—A 支路中，C 点电位由于 Z_2 减小而降低，在 B—D—E—A 支路中，D 点电位由于 Z_1 增大而增高，因此 D 点电位高于 C 点。因此，根据输出电压的极性可以分辨衔铁的运动方向。

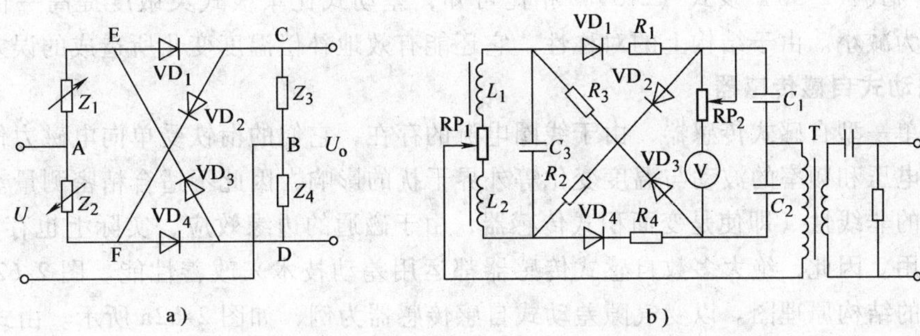

a)　b)

图 2-59　相敏检波电路

a）带相敏检波的交流电桥　b）实用电路

2.5.2　阻抗式传感器的差动结构

结构型传感器依靠其灵活的结构可以实现各种各样的功能，差动技术由于能实现温度影响补偿、有效地减小非线性误差并提高传感器的灵敏度，因此在结构型传感器中应用较为普遍。

1. 电阻应变式传感器的差动结构

图 2-60 为典型的应变式传感器差动结构。梁的上下表面各贴一个应变片 R_1、R_2，梁受力矩 M 的作用发生弯曲变形，上表面受拉，R_1 的电阻变大，下表面受压，R_2 的电阻变小。一般 R_1、R_2 为规格相同的应变片，则：$\Delta R_1 - \Delta R_2 = 2\Delta R$，因此，灵敏度比只有一个应变片 R_1 时提高一倍。通常 R_1、R_2 接入图 2-51 所示的电桥，构成差动电桥。

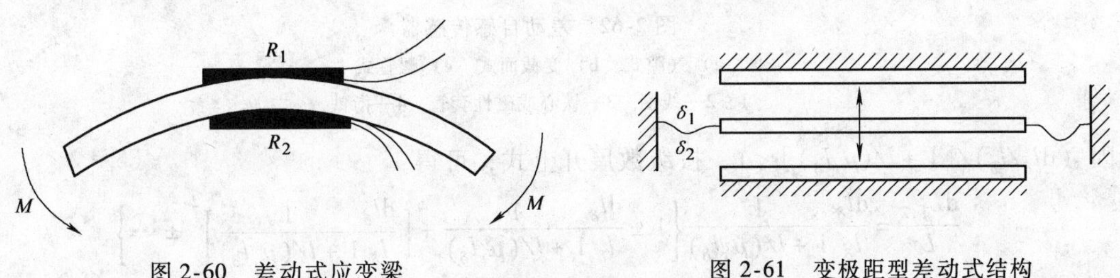

图 2-60　差动式应变梁　　图 2-61　变极距型差动式结构

2. 电容式传感器的差动结构

图 2-61 所示为差动电容式传感器结构。动极板置于两定极板之间。初始位置时，$\delta_1 = \delta_2 = \delta_0$，两边初始电容相等。当动极板向上有位移 $\Delta\delta$ 时，两边极距为 $\delta_1 = \delta_0 - \Delta\delta$，$\delta_2 = \delta_0 + \Delta\delta$；两组电容一增一减。电容总的相对变化量为

$$\frac{\Delta C}{C_0} = \frac{\Delta C - \Delta C_2}{C_0} = 2\frac{\Delta\delta}{\delta_0}\left[1 + \left(\frac{\Delta\delta}{\delta_0}\right)^2 + \left(\frac{\Delta\delta}{\delta_0}\right)^4 + \cdots\right] \tag{2-128}$$

略去高次项，可得近似的线性关系

$$\frac{\Delta C}{C_0} = 2\frac{\Delta\delta}{\delta_0} \tag{2-129}$$

相对非线性误差 e_f' 为

$$e_f' = \frac{|2(\Delta\delta/\delta_0)^3|}{|2(\Delta\delta/\delta_0)|} \times 100\% = (\Delta\delta/\delta_0)^2 \times 100\% \tag{2-130}$$

上式与式（2-56）及式（2-59）相比可知，差动式比单极式灵敏度提高一倍，且非线性误差大为减小。由于结构上的对称性，它还能有效地补偿温度变化所造成的误差。

3. 差动式自感传感器

对于单一型自感式传感器，由于线圈电流的存在，它们的衔铁受单向电磁力作用，而且易受电源电压和频率的波动与温度变化等外界干扰的影响，因此不适合精密测量。在不少场合，它们的非线性（即使是变面积式传感器，由于磁通的边缘效应，实际上也存在非线性）限制了使用。因此，绝大多数自感式传感器都运用差动技术来改善性能。图 2-62 为差动自感传感器的结构原理图。以变气隙差动式自感传感器为例，如图 2-62a 所示。由式（2-73），当衔铁上移 $\mathrm{d}l_\delta$（上气隙减小，下气隙增大）时，上线圈 L 的电感相对变化为

$$\frac{\mathrm{d}L_1}{L} = \frac{\mathrm{d}l_\delta}{l_\delta}\frac{1}{1 + l/(\mu_r l_\delta)}\frac{1}{1 - \dfrac{\mathrm{d}l_\delta/l_\delta}{1 + l/(\mu_r l_\delta)}} \tag{2-131}$$

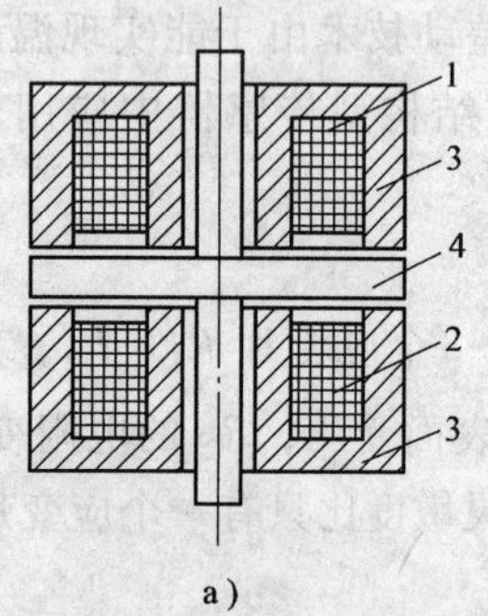

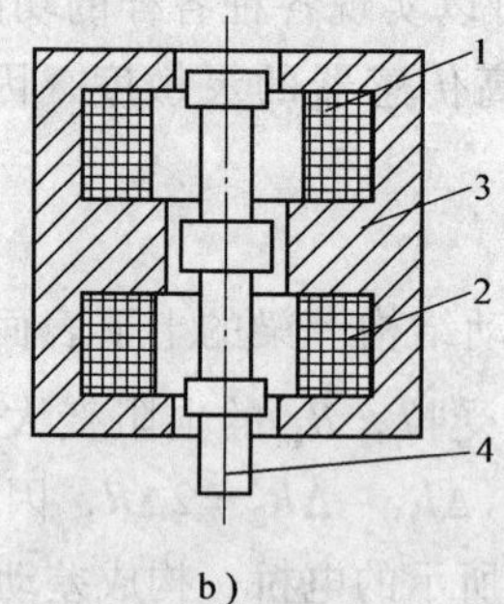

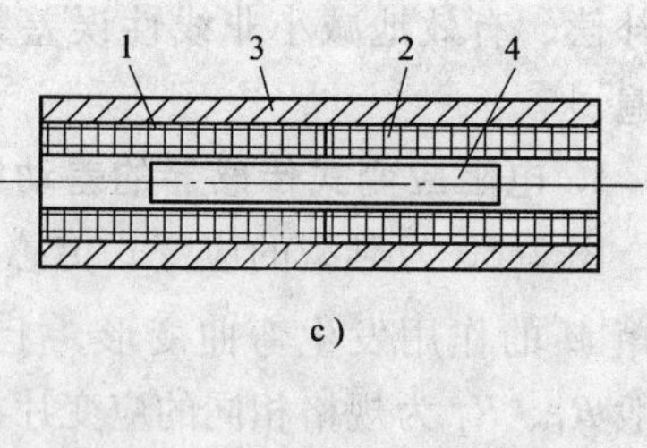

图 2-62 差动自感传感器

a）气隙式 b）变截面式 c）螺管式

1、2—线圈 3—铁心或磁性套管 4—衔铁

因 $(\mathrm{d}l_\delta/l_\delta)/[1 + l/(\mu_r l_\delta)] < 1$，按级数展开上式，可得

$$\frac{\mathrm{d}L_{1,2}}{L} = \frac{\mathrm{d}l_\delta}{l_\delta}\frac{1}{1 + l/(\mu_r l_\delta)}\left\{1 \pm \frac{\mathrm{d}l_\delta}{l_\delta}\frac{1}{1 + l/(\mu_r l_\delta)} + \left[\frac{\mathrm{d}l_\delta}{l_\delta}\frac{1}{1 + l/(\mu_r l_\delta)}\right]^2 \pm \cdots\right\}$$

式中，{ } 内取“+”为上线圈 1 的 dL_1/L 表达式；取“-”为下线圈 2 的 dL_2/L 表达式。

当两线圈差动连接时

$$\frac{dL_1+dL_2}{L}=2\frac{dl_\delta}{l_\delta}\frac{1}{1+l/(\mu_r l_\delta)}\left\{1+\left[\frac{dl_\delta}{l_\delta}\frac{1}{1+l/(\mu_r l_\delta)}\right]^2\pm\cdots\right\} \tag{2-132}$$

可见 $dl_\delta l_\delta/[1+l/(\mu_r l_\delta)]$ 的偶次非线性项被消除，传感器的非线性得到改善。

如果忽略三次以上的非线性项，由式（2-132）可得传感器的灵敏度为

$$K_\delta=\frac{dL}{dl_\delta}=\frac{dL_1+dL_2}{dl_\delta}=2L\frac{1}{l_\delta+l/\mu_r} \tag{2-133}$$

比较式（2-74）与式（2-133），可见灵敏度提高一倍。

采用差动式结构，除了可以改善非线性、提高灵敏度外，对电源电压与频率的波动及温度变化等外界影响也有补偿作用，从而提高了传感器的稳定性。这一结论对其他变磁阻式传感器同样适用。

2.5.3　电流电压积分差动电路

1. 积分电路

电容式传感器常用积分电路来测量，图 2-63 所示为由运算放大器构成的简单积分电路，其原理为：由于运算放大器输入端虚短及下拉电阻 R_1 的作用使

$$i_i=\frac{u_i}{R},i_C=-C\frac{du_o}{dt},i_i=i_C$$

如果 u_i 为固定电压，则

$$u_o=-\frac{1}{RC}\int u_i dt=-\frac{u_i}{RC}t \tag{2-134}$$

即：测量电路的输出电压与电容 C 成反比，与积分（电容充电）时间成正比。常用这种电路构成数字式测量电路，将输出 u_o 作为比较器的一个输出，当 u_i 接入时，电路开始计时，当 u_o 达到某一电平时，比较器翻转，作为计数中止信号中止计时。此时，电容 C 为

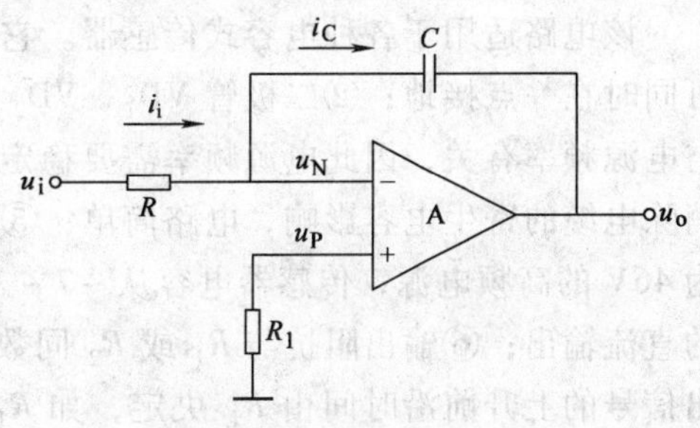

图 2-63　积分运算电路

$$C=-\frac{1}{Ru_o}\int u_i dt=-\frac{u_i}{Ru_o}t \tag{2-135}$$

由式（2-135）可以看出，电容 C 的大小与积分时间成正比。常将 u_o 作为比较器的输入控制计时器，构成数字式测量电路。根据各电容充放电的原理，可以设计各种差动式测量电路。

2. 双 T 二极管交流电桥

如图 2-64 所示：$\dot{U}$ 是高频电源，提供幅值为 U 的对称方波（正弦波也适用）；VD_1、VD_2 为特性完全相同的两个二极管，$R_1=R_2=R$；C_1、C_2 为传感器的两个差动电容。电路的原理如图 2-65 所示：在电源的正半周，VD_1 导通，VD_2 截止，结果 C_1 充电，C_2 放电，R_L 的电流为

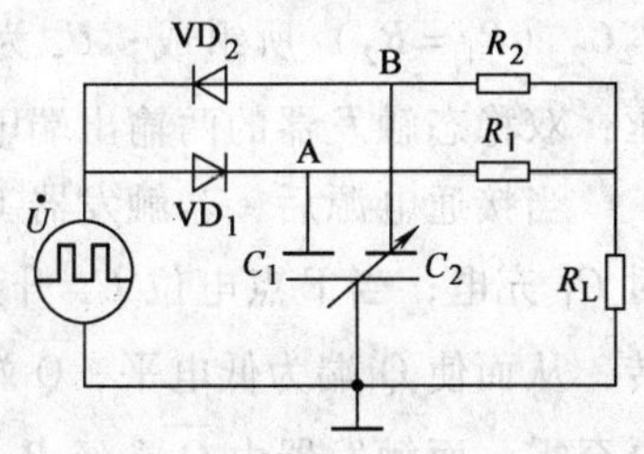

图 2-64　双 T 二极管交流电桥

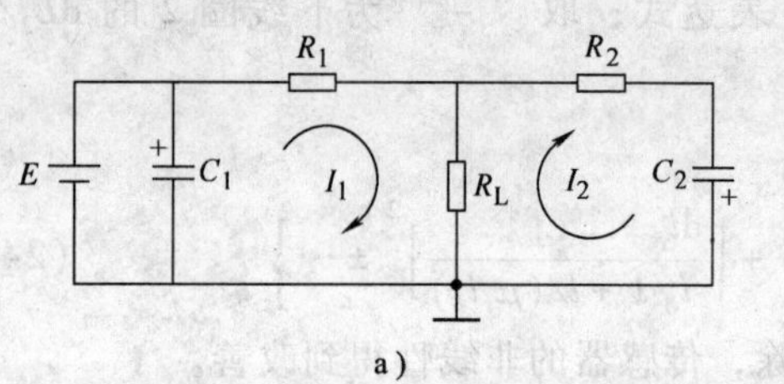

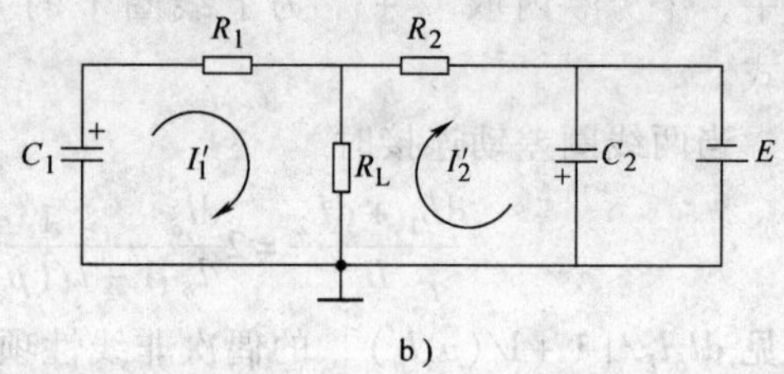

图 2-65 双 T 形二极管测量原理图

a) 电源正半周时 b) 电源负半周时

I_1、I_2 之和；在电源的负半周，VD_2 导通，VD_1 截止，结果 C_2 充电，C_1 放电，R_L 的电流为 I_1'、I_2'之和。当传感器没有位移输入时，$C_1=C_2$，R_L 在一个周期内流过的平均电流为零，无电压输出。当 C_1 或 C_2 变化时，R_L 上产生的平均电流将不再为零，当因而有信号输出。其输出电压的平均值为

$$U_o = I_1R_L - \frac{1}{T}\left\{\int_0^T [I_1(t) - I_2(t)]\mathrm{d}t\right\}R_L \approx \frac{R(R+2R_L)}{R+R_L}R_L U_L f(C_1 - C_2) \tag{2-136}$$

式中，f 为电源频率。

当 R_L 已知时，上式中 $K=R(R+2R_L)R_L/(R+R_L)$ 为常数，则

$$\overline{U_L} \approx KUf(C_1 - C_2) \tag{2-137}$$

该电路适用于各种电容式传感器。它的应用特点和要求：①电源、传感器电容、负载均可同时在一点接地；②二极管 VD_1、VD_2 工作于高电平下，因而非线性失真小；③其灵敏度与电源频率有关，因此电源频率需要稳定；④将 VD_1、VD_2、R_1、R_2 安装在 C_1、C_2 附近能消除电缆的寄生电容影响，电路简单；⑤输出电压较高。当使用频率为 1.3MHz、有效电压为 46V 的高频电源，传感器电容从 -7 ~ +7pF 变化时，在 1MΩ 的负载上可产生 -5 ~ +5V 的直流输出；⑥输出阻抗与 R_1 或 R_2 同数量级，为 1 ~ 100kΩ，与电容 C_1 和 C_2 无关；⑦输出信号的上升前沿时间由 R_L 决定，如 $R_L=1\mathrm{k}\Omega$，则上升时间为 20μs，因此可用于动态测量；⑧传感器的频率响应取决于振荡器的频率，$f=1.3\mathrm{MHz}$ 时频率响应可达 50kHz。

3. 脉冲调宽电路

图 2-66 为一种差动脉冲宽度调制电路。图中 C_1 和 C_2 为传感器的两个差动电容。电路由两个电压比较器 IC_1 和 IC_2，一个双稳态触发器 FF 和两个充放电回路 R_1C_1 和 R_2C_2（$R_1=R_2$）所组成；U_r 为参考直流电压；双稳态触发器的两输出端电平由两比较器控制。

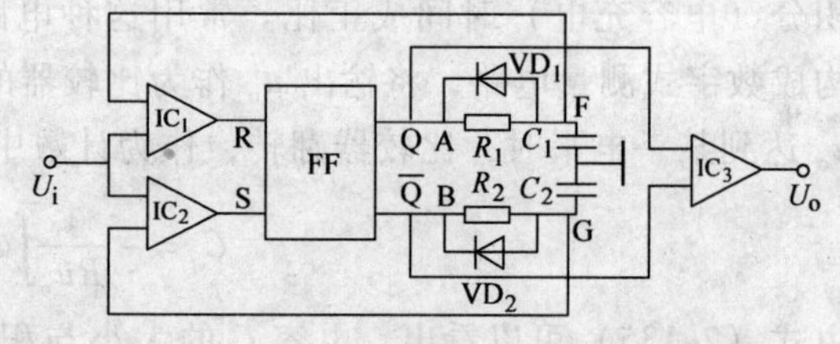

图 2-66 差动脉冲调宽电路

当接通电源后，若触发器 Q 端为高电平（U_1），$\overline{Q}$ 端为低电平（0），则触发器通过 R_1 对 C_1 充电；当 F 点电位 U_F 升到与参考电压 U_r 相等时，比较器 IC_1 产生一脉冲使触发器翻转，从而使 Q 端为低电平，$\overline{Q}$ 端为高电平（U_1）。此时，由电容 C_1 通过二极管 VD_1 迅速放电至零，而触发器由 $\overline{Q}$ 端经 R_2 向 C_2 充电；当 G 点电位 U_G 与参考电压 U_r 相等时，比较器 IC_2 输出一脉冲使触发器翻转，从而循环上述过程。

可以看出，电路充放电的时间，即触发器输出方波脉冲的宽度受电容 C_1、C_2 调制。

当 $C_1 = C_2$ 时，各点的电压波形如图 2-67a 所示，Q 和 $\overline{Q}$ 两端电平的脉冲宽度相等，两端间的平均电压为零。当 $C_1 > C_2$ 时，各点的电压波形如图 2-67b 所示，Q、$\overline{Q}$ 两端间的平均电压（经一低通滤波器）为

$$U_o = \frac{T_1 - T_2}{T_1 + T_2}U_1 = \frac{C_1 - C_2}{C_1 + C_2}U_1 \tag{2-138}$$

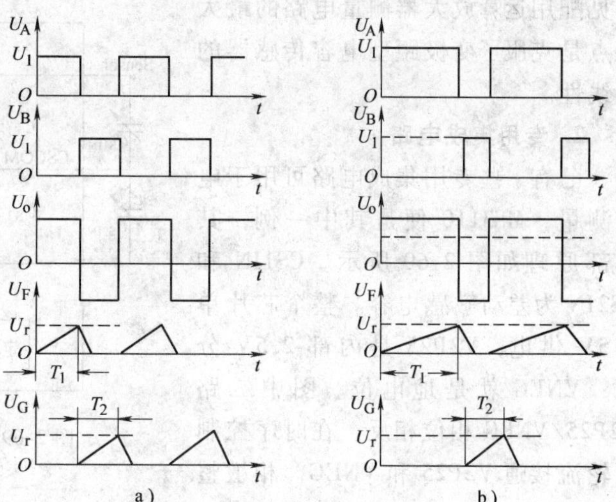

图 2-67　各点电压波形图

a）当 $C_1 = C_2$ 时　b）当 $C_1 > C_2$ 时

式中，T_1 和 T_2 分别为 Q 端和 $\overline{Q}$ 端输出方波脉冲的宽度，亦即 C_1 和 C_2 的充电时间。

当该电路用于差动式变极距型电容传感器时，式（2-138）有

$$U_o = \frac{\Delta\delta}{\delta_0}U_1 \tag{2-139}$$

用于差动式变面积型电容传感器时有

$$U_o = \frac{\Delta A}{A}U_1 \tag{2-140}$$

这种电路不需要载频和附加解调电路，无波形和相移失真；输出信号只需要通过低通滤波器引出；直流信号的极性取决于 C_1 和 C_2；对变极距和变面积的电容传感器均可获得线性的输出。这种脉宽调制电路也便于与传感器做在一起，减小了传输误差和干扰。还可以用 2524 系统或 555 定时器设计脉宽调制测量电路。

2.5.4　直接放大

1. 运算放大器直接放大

图 2-68 为运算放大器直接放大电原理图。C_x 为传感器电容，它跨接在高增益运算放大器的输入端和输出端之间。放大器的输入阻抗很高（$Z_i \to \infty$），因此可视作理想运算成大器。其输出为与 C_x 成反比的电压 U_o，即

$$U_o = -U_i\frac{C_0}{C_x} \tag{2-141}$$

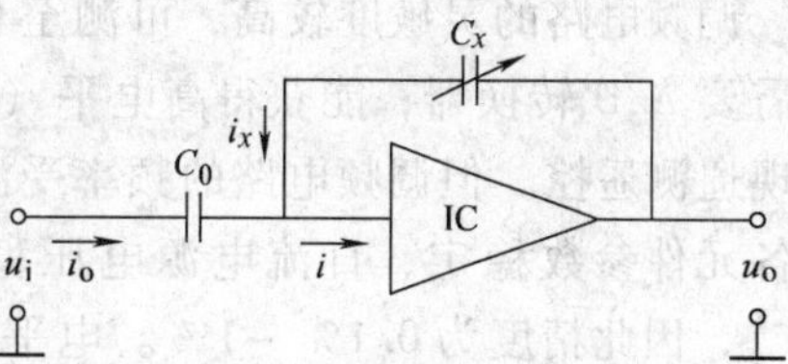

图 2-68　运算放大器直接放大

式中，U_i 为信号源电压；C_0 为固定电容。要求它们都很稳定。

对变极距型电容传感器（$C_x = \varepsilon_0\varepsilon_r A/\delta$）这种电路的输出为

$$U_o = U_i\frac{C_0}{\varepsilon_0\varepsilon_1 A}\delta \tag{2-142}$$

可见配用运算放大器测量电路的最大特点是克服了变极距型电容传感器的非线性。

2. 专用集成电路

已有一些专用集成电路可用于电容测量，MS3110 便是其中一例，其内部原理如图 2-69 所示。CS1IN 和 CS2IN 为差动敏感电容。整个芯片单 -5V 供电，V2P25 是内部 2.5V 分压，VNEG 就是地电位。图中二路 V2P25/VNEG 相位相反，在时序控制下轮流接通 V2P25 和 VNEG。相敏整流部分未标出，包含在图中低通滤波器部分中。该电路的增益（Gain）、带宽（BW）、输出直流偏置（Offset）都可程控。该电路对敏感电容的分辨率为 4.0μF/Hz。

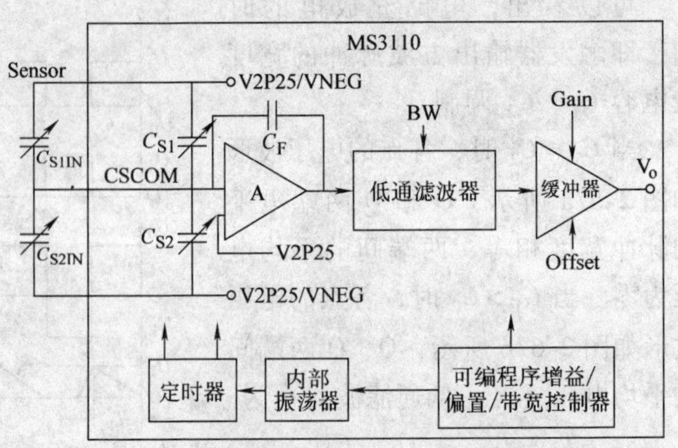

图 2-69 MS3110 电容通用读出集成电路

直接放大电路不像电桥一样可以设置调零措施，但随着嵌入式系统的应用，可以在软件中进行调零，还可以根据情况在软件中设置测量的灵敏度。

3. 频率式测量电路

阻抗式电路还常采用频率式测量电路。将电容式传感器或电感式传感器接入高频振荡器的 LC 谐振回路中，当被测量变化使传感器的电容或电感改变时，振荡器的振荡频率 $f=1/(2\pi\sqrt{LC})$ 随之改变。测定频率或经鉴频器将频率变化转换成电压幅值的变化，就可测得被测量的变化。一种电路如图 2-70 所示。

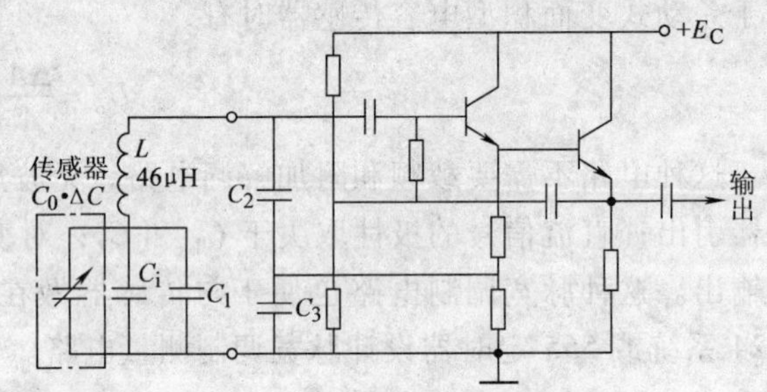

图 2-70 调频电路原理图

图中 C_1 为固定电容，C_i 为寄生电容。设 $C=C_1+C_i+C_0\pm\Delta C$，$C_2=C_3\gg C$，则

$$f=\frac{1}{2\pi\sqrt{LC}}=\frac{1}{2\pi\sqrt{L(C_1+C_i+C_0\pm\Delta C)}} \tag{2-143}$$

调频电路的灵敏度较高，可测至 0.01μm 级位移变化量；频率输出易于得到数字输出而不需要 A/D 转换器；能获得高电平（伏特级）直流信号，抗干扰能力强，可以发送、接受，实现遥测遥控。但调频电路的频率受温度和电缆的寄生电容影响较大，需采取稳频措施，要求各元件参数稳定、直流电源电压稳定，电路较复杂，频率稳定度也不可能很高，约为 10^{-8}，因此精度为 0.1% ~1%。电平电路输出非线性较大，需用线性化电路进行补偿。

2.6 微机械传感器

传统的机电系统以毫米作为基本单位，加工可以达到 0.01 ~0.001mm 数量级。20 世纪后半叶，随着集成电路技术的成熟发展，科学家就开始利用集成电路工艺，在硅片上制造出传感器和执行器，机电系统发展到以纳米（1×10^{-6}mm）为基本单位，庞大的机电系统有可能变得十分小巧。20世纪70年代初，这种固态的传感器和执行器就孕育了微系统或微机电系统的基本思想。80年代末，微机械压力传感器等技术的成熟并市场化，加州大学伯克利分校和MIT的研究小组利用半导体制造技术，研制成功了直径约100μm的静电微电机，标志着微机电技术已经发展成了一门独立的新兴学科。在科学家们的推动下，微机械技术受到了美国、德国、日本等发达国家的重视，投入了大量的人力物力。几十余年间，微机械技术取得了众多新成果，透浸到众多领域，产生了巨大的经济和社会效益，展现了美好的前景。

MEMS（Micro-Electro-Mechanical Systems）通常称为微机电系统技术，其含义是指可批量制作的、集微型机构、微型传感器、微型执行器以及信号处理和控制电路，包括接口、通信和电源等于一体的微型器件或系统。MEMS可以完成大尺寸机电系统所不能完成的任务，可以嵌入到大尺寸系统中，把自动化、智能化和可靠性水平提高到一个新的水平。

由于微机电系统是在微机械传感器基础之上发展起来的，因此微机械传感器不仅具有微机电系统的典型特征，而且是微机电系统中一个非常有特色的独立分支，也是目前微机电系统中发展最快、已经具有实用价值的研究方向之一。

2.6.1 微机电系统的分类和特点

微机电系统是指总尺度在毫米级以下的机电系统，其最明显的特点就是尺度上的细微。由于微机械系统的尺寸十分细微，宏观机械的模拟原理和相似理论不再适用，导致尺寸效应问题，使微机械系统有以下特点：

1）微机械中起主导作用的力是表面力。由于体积是长度的三次方，表面积是长度的两次方，因此微机械体积的缩小要快于表面积的缩小。这将使表面力（如摩擦力、静电力）和体积力（如重力）之比相对增大，表面力成为微机械系统中的主导作用力。随着尺寸的缩小，粘性力、静电力、摩擦力成为影响微机械性能的主要因素。

2）材料不同。首先，微机械装置制品的尺寸可能接近甚至小于材料的晶体尺寸，由于尺寸微小，材料的内部缺陷减少，材料的力学性能与常态相比有很大提高，表征材料性能的物理量需要重新定义；其次，微小尺寸下材料会表现出更多的各向异性；再次，微机械传感器多采用硅作为原材料，也有用石英作为原材料，材料不同将导致系统的性能和工艺与普通机电装置都有很大的区别。

3）能源供给。对于具有移动和转动功能的微型机械系统，电缆成为运动的障碍，所以一般不采用电缆供电。目前微机械一般用静电力供能，此外常用振动直接激励供能（压电、电磁及形状记忆合金制动）、热力供能等。

4）由于尺寸微小，微机电传感器的信号十分微弱，相应地外界的干扰信号就显得很大，因此，微机械传感器的信号获取、传输都与传统传感器不同。

5）制品的性能不同。微机械尺寸小，重量轻，但表面积相对大，因此具有构件的惯性小，而热传导、动态响应快，迟滞小，重复性好等优点。

6）微机电系统的设计理论和制造方法与普通传感器不同。由于主要阻力、驱动力的变化，使运动学和动力学方程起主要作用的因素改变，需要新的构造原理和控制方式、新的驱动原理和方法；由于微机械器件结构的微型化，需要新的制造工艺和装备；另外，由于尺寸细小导致制造工艺的复杂化，使微机械产品的研制成本和风险大大增加，因此，微机械传感器的设计方法需要新的理论指导，而仿真设计在微机电系统设计中占有更重要的地位。

7）微机械传感器的应用领域更为广泛。它不仅能代替传统传感器，还能应用于传统传感器无法涉及的领域，如人体血管微环境的监测。

2.6.2 微机械传感器的制造技术

微机械传感器的尺度在几个毫米以下，其内部单个元件的尺度通常只有几百微米甚至几微米大小，制造质量指标也通常以纳米计量。因此，微机械传感器有其独特的加工方法，而这些制造工艺能更好地说明微机械传感器的特点。基本工艺有：生长、掺杂、腐蚀、刻蚀、淀积、牺牲层、键合、制膜等，其中光刻、腐蚀、键合、制膜是最基本的方法。

1. 光刻（LIGA）技术

光刻的原理是光只对掩膜版上的透明区起作用，掩膜版下面是一层光敏材料层，受光照后可以显影。被光照的区域在显影过程中溶解，原来被掩盖的地方就暴露出来，以便进一步工艺处理。光刻技术可以刻蚀出深度（或称高度）为数百微米、宽度仅 1μm 的平面三维结构。LIGA 的缺点是只能制造出不能自由活动的结构，为此，将光刻技术与牺牲层技术结合，形成一种新的 SLIGA 技术。

2. 键合技术

键合的意思是依靠化学键的静电引力实现两个零件的永久性接合，相当于常规制造中的焊接技术，但其原理不同。常规机械制造方法生产的零件，其表面粗糙度以微米为基本单位，两个零件间的表面力很小，形不成永久性连接（典形例子如量规的组合，可以形成暂时性连接），而微机械传感器的元件只有数十微米，其表面粗糙度可达纳米级，此时，元件间的表面力就十分明显。键合技术应用了这一原理，可分为阳极键合和熔融键合。阳极键合的原理是在一定温度（键合温度）、电流作用下，在两个零件的接触面发生化学反应，形成牢固的固相键合，接合强度相当于接合件原材料本身的强度。熔融键合的方法是将需接合的元件加热到一定温度，使接合表面处于熔融状态，分子力将导致元件的接合。这种方法可以实现两同种材料的键合，如 Si-Si 键合（700℃～1100℃），又称直接键合；还可以实现不同种材料的键合，如 Au-Si（约 400℃）、Al-Si（约 600℃）的键合，又称为共熔键合。此外，还有依靠表面间的压力实现键合的所谓冷压焊技术。

3. 腐蚀技术

腐蚀技术是体成形技术，用以加工各种形状的元件。包含材料去除方法和去除过程控制两方面的含义。腐蚀方法可分为干法刻蚀（惰性气体腐蚀）和湿法腐蚀（化学溶液腐蚀）。其中最重要的是湿法腐蚀。湿法腐蚀又可分为各向同性腐蚀和各向异性腐蚀。各向同性腐蚀采用氢氟酸（HF）和硝酸（HNO_3）的混合溶液。可以用特氟隆（Teflon）制作腐蚀液的容器或托架。另外，贵金属具有抗腐蚀性；氮化硅具有抗腐蚀能力，可以用作掩膜材料。最大腐蚀速率可达数毫米/分钟，几乎接近于机械加工的速度。为便于控制腐蚀进度并提高表面质量，必须稀释。有人用 5% FH（浓度 50%）+15% H_2O +80% ONH_3（浓度 69%）的混合液制造一个凹槽，表面粗糙度约为 3nm，20℃时的腐蚀速率约为 1μm/min。各向异性腐蚀：含有羟基（OH）腐蚀液（常用 KOH 溶液）对硅的腐蚀速率是各向异性的。一般认为在 <111> 晶向上腐蚀速率最慢，主要原因是这个方向上晶胞的密度最大。另外，腐蚀的速率还与溶液的浓度和温度有关。掩膜材料常用氮化硅，也可用二氧化硅。各向异性腐蚀可以制作简单的形状或元件，并对非溶解方向上的尺寸进行控制，如开方形槽；也适合制作异形表面，如 V 形槽。在腐蚀工艺中，各向异性腐蚀比各向同性腐蚀应用更广泛。腐蚀停止技术用于材料去除的过程控制。有三种方法可用以控制腐蚀的进程：第一种是掺杂对腐蚀有影响，如硼的掺杂浓度为 2×10^{9} 原子/cm^3 时，腐蚀速率开始下降，在 10^{20} 原子/cm^3 时腐蚀速率为 1/100，在厚度为几十纳米至 20μm 范围内可利用这项技术；第二种方法是给 PN 结加反向偏压，当腐蚀前沿到达 PN 结时，腐蚀趋于停止。这种方法可实现腐蚀的自动停止，得到光滑的硅表面，加工出薄而均匀的轻掺杂硅膜片；第三种方法是给 KOH 溶液中加异丙醇或降低 KOH 溶液的浓度。

4. 薄膜生成技术

微机械传感器常需要在衬底材料的表面制作有各种各样的膜，如多晶硅膜、二氧化硅膜、合金膜及金刚石膜等。膜可以作为敏感膜，或作为绝缘膜，或起防腐等保护作用。薄膜生成可分为物理淀积法和化学淀积法两种。常用的物理淀积法有真空蒸镀和溅射镀膜。真空蒸镀一般用于制作铝电极或金电极，方法是在真空中加热铝或金，使蒸发出的金属分子不经碰撞即可到达衬底表面，凝聚成膜。溅射镀膜的方法是：低真空内充入惰性气体，并用待溅射物质作为阴极靶，硅作为阳极，电离惰性气体，气体离子轰击靶面，溅射出膜的原子并淀积在阳极上，形成牢固的的薄膜。溅射镀膜有直流溅射和射频溅射两种，其中直流溅射仅用于导电膜，射频法还可以制作不导电的介质膜。化学淀积法主要是气相淀积法，使淀积的化合物（如卤化物）升华为气体，与载体气体在高温环境中化学反应，生成固态淀积物质并使之淀积在衬底上，形成膜。化学淀积法又分为常压淀积法、低压淀积法和等离子淀积法。淀积技术成膜后，结构往往有残余应力，应采取退火工艺去除内应力。

5. 牺牲层技术

用光刻的方法只能制作平面三维结构，为了获取内部空腔和可活动的三维结构，必须采用牺牲层技术。其方法是将多层膜组合在一起，设法腐蚀掉两层薄膜中下面（或是里面）的一层，在膜与衬底之间或膜与膜之间形成内部的空腔。被腐蚀掉的一层称为牺牲层。牺牲层是一种为制作某种形状而设置的工艺结构，这种技术对创造新的元件、敏感结构有重大的意义。

薄膜生成技术和牺牲层技术合称表面成形技术。

2.6.3　微机械传感器的结构与原理

传感器首先是一个能量转换装置，微机械传感器常用的换能机理有压阻效应、压电效应、光学共振和干涉、电容与几何尺寸的关系等。此外，流体传感器常应用热畴的方法。以下以加速度传感器为例介绍微机械传感器的原理。

1. 电容式硅微加速度传感器原理

硅微加速度传感器的工作原理与一般常用的加速度传感器如液浮摆式加速度传感器、石英加速度传感器、金属挠性加速度传感器等的工作原理基本一样，都有一个质量摆敏感加速度，并转换为电容信号。但硅微电容式加速度传感器多为力平衡式传感器，目前它的敏感部可分为单摆式结构、梳齿结构、跷跷板式结构。图 2-71 所示为最基本的单摆式结构。单摆片的材料是硅，采用平面型结构，敏感加速度的质量块通过两个悬臂梁与框架相连。悬臂梁的对称面应当与摆的对称面重合。摆片尺寸为5.3mm×6.6mm。摆片材料选用n型（100μm）重掺杂双面抛光硅片，片厚（200±10）μm，固定电极选用7740#（Pyrex）玻璃，片厚600μm。加速度传感器探头制作共有6张掩膜版，采用半导体平面工艺、微机械加工（各向异性腐蚀）和静电封接技术完成。摆片制作采用4次双面光刻、3次各向异性腐蚀、薄膜淀积及金属化等工艺。第一次腐蚀用EPW（乙二胺+磷苯二酚+水）腐蚀液，腐蚀温度95℃，掩蔽膜为热生长SiO_2，留出悬臂梁的厚度约10μm；第二次腐蚀（EPW）留出摆片的间隙约6μm；第三次腐蚀采用质量分数ω(KOH)为35%的KOH溶液，腐蚀温度为80℃。掩蔽膜为低压化学气相淀积设备（LPCVD）淀积的Si_3N_4，通过控制腐蚀时间，调整悬臂梁的厚度，完成摆片的制作。摆片和玻璃极板的电极引出通过蒸发Cr-Au形成。摆片是一个活动极板，它与玻璃极板上的固定电极组成差动电容器。因极间间隙很小，未工作时，摆片总是与某一个固定电极接触。为了保证电容的极间绝缘，需在硅摆片上淀积一定厚度的SiO_2、SiN_4等绝缘膜。也可在玻璃极板上制作微凸台对活动极板进行隔离。

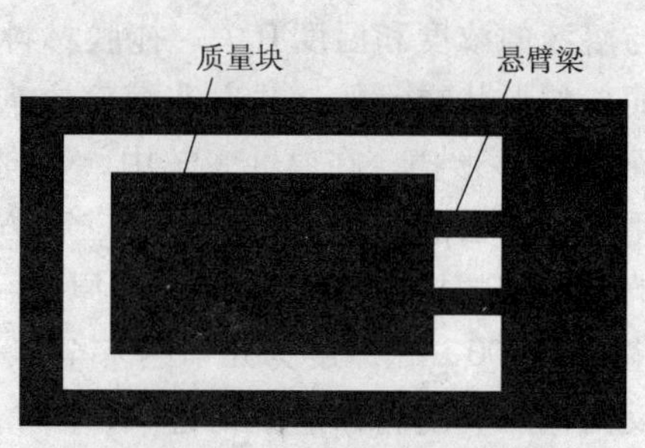

图2-71 质量摆的结构

图2-72为传感器的结构原理图。当被测对象的速度变化时，质量块产生惯性力使悬臂梁弯曲，产生一个摆角，导致差动电容改变，此信号经电子电路相敏放大后反馈到力矩器。力矩器在差动电容上产生反馈力矩（静电力）与加速度产生的惯性力矩平衡，使活动质量块保持在原有的平衡位置，反馈电压的正负和大小可度量输入加速度的方向和大小。

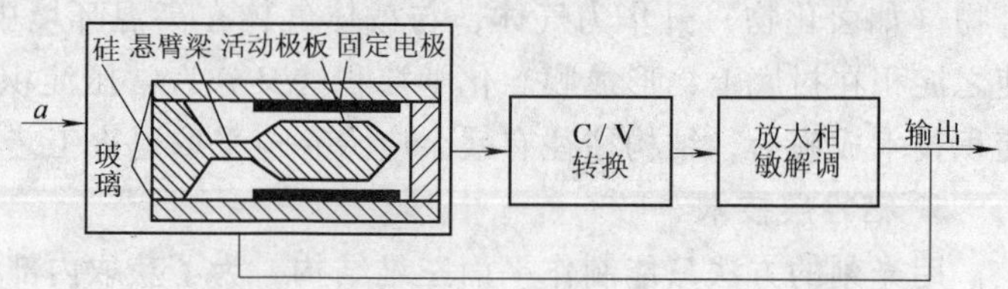

图2-72 电容式硅微加速度传感器（平衡式）

除了平衡式传感器外，谐振式加速度传感器也常用电容原理来测量。

2. 压阻式加速度传感器

压阻式加速度传感器的弹性元件一般采用硅梁外加质量块，质量块由悬臂梁支撑，并在悬臂梁上制作电阻，连接成测量电桥。在惯性力作用下质量块上下运动，悬臂梁上电阻的阻值随应力的作用发生变化，引起测量电桥输出电压变化。一种体加工三轴加速度计的结构如图2-73所示，它主要应用硅硅键合技术（SDB）和多晶硅淀积的方法制作。在4根梁上做扩散电阻，对于垂直板块方向（即z方向）的加速度，4个电阻一致增加或减小，而当板块受到平行板块方向（即x、y方向）的加速度时，板块绕外框架发生扭转，4个电阻中，某两个增大，另两个减小，将这4个电阻按一定次序组成惠斯通电桥，即可测试加速度。电阻及导线用掺杂扩散的

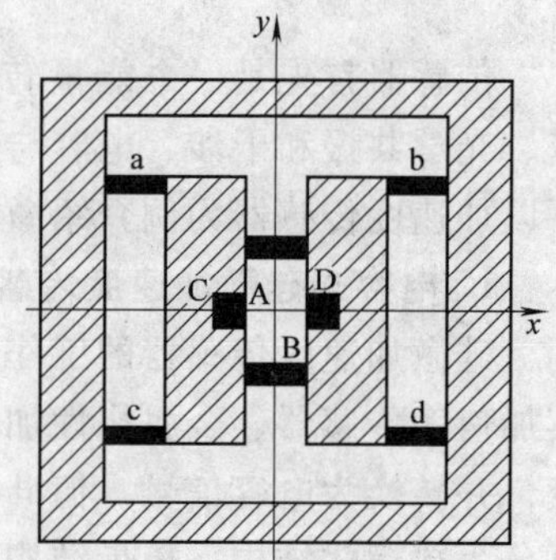

图2-73 硅压阻式加速度传感器

方法获得。

3. 硅微热电偶式加速度传感器

硅微热电偶式的加速度传感器目前多应用于低成本的传感器领域。这类加速度传感器既可以测量动态加速度，也可以测量静态加速度。它基于热交换原理，介质是气体。如图2-74所示，热源处于硅片的中央，硅片悬在空穴中间。在热源的四周均匀分布有热电偶堆（铝/多晶硅）。图中的加速度传感器上有两路信号，一路是测量x轴加速度的，另一路是测量y轴加速度的。在没有加速度的情况下。热源的温度梯度均匀分布，对四周的热电偶而言，温度是一样的，输出的电压也是一样的，热自由交换。任何方向的加速度将打破温度分布平衡，使之分布不平衡，输出的电压也将随之改变。热电偶输出的电压差与加速度成正比例。

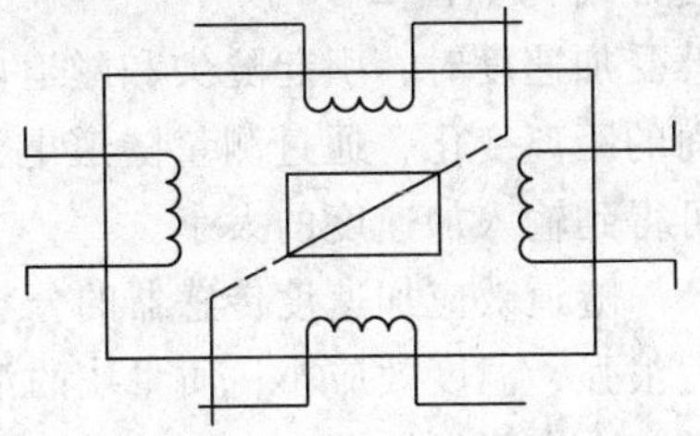
图2-74 硅微热电偶式加速度传感器

4. 硅微光波导加速度传感器

硅微光波导加速度传感器是一种较为新型的加速度传感器，其原理结构如图2-75所示，其中图a为加速度传感器的原理图，图b为结构示意图。射入波导1的一束光，到达分束器时，分为透射和反射两个部分，其中反射部分进入波导4，并到达光探测器2。透射部分进入波导2，波导2穿过悬臂梁的顶部，然后经过一个微小的空气间隙耦合到波导3。探测器1探测进入波导3的光强。当加速度为零时，波导2和波导3端面正对，此时经空气间隙耦合进入波导3的光最强。因为空气间隙距离仅有几个微米，可以认为从波导2出射的光完全照射在波导3的端面上。进入波导3的光强度仅同波导3界面的反射率有关。当加速度不为零时，在质量块惯性力作用下，悬臂梁将发生弯曲，波导2和波导3相对截面间将发生微小位移，位移量的大小是加速度的函数。可以近似认为波导3截面上的光入射角不随加速度的大小变化。耦合到波导3的光强仅同二者正对截面大小有关，通过测量波导3光强的变化可以得到相应的加速度值。

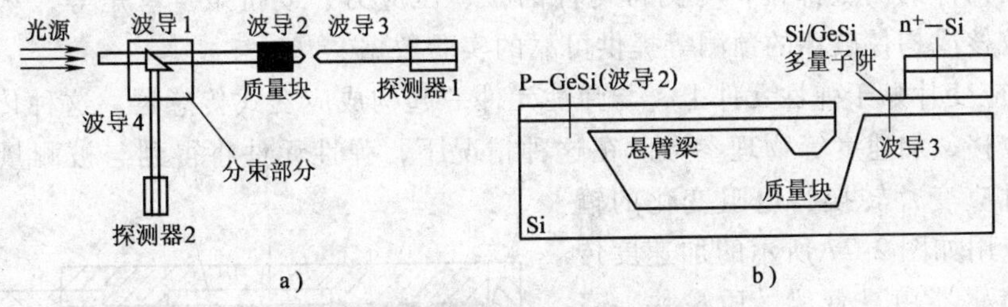

图2-75 光波导式加速度传感器
a）光波导传感器原理图 b）光波导传感器结构图

5. 隧道电流型加速度计

隧道电流型加速度计是将微机械加工的硅结构与基于电子隧道效应的高灵敏测量技术结合在一起形成的。隧道效应基本原理是利用在窄真空势垒中的电子隧穿效应。在距离接近原子线度的针尖与电极之间加一电压，电子就会穿过两个电极之间的势垒，流向另一电极，形成隧道电流。隧道电流对针尖与电极之间的距离变化非常敏感，距离每减小0.1nm，隧道电流就会增加一个数量级，由此可做出灵敏度非常高的微机械加速度计。一种基于隧道电流的小型高灵敏度宽频带加速度计结构如图 2-76 所示。当敏感质量感受加速度时，引起隧尖和隧道电极之间的距离变化，通过测量隧道电流，即可得到输入加速度的大小。

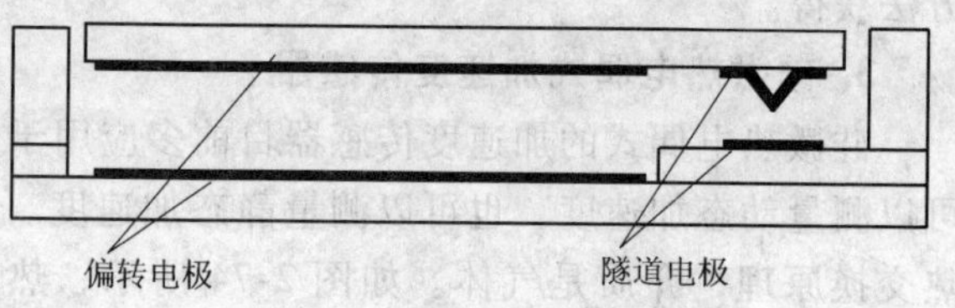

图 2-76　隧道效应式加速器传感器

隧道效应加速度传感器的分辨率极高，大约在 10^{-9}g 左右；由于是电流检测，抗干扰能力很强，温度效应小；质量块的活动范围小，线性度高，可靠性好，是加速度传感器在高灵敏度，高可靠性方面应用的一个典型代表。也是加速度传感器发展的一个重要方向。但其精密性非常高，加工难度大，目前成品率不高。

综上所述，微机械传感器从原理上与传统传感器并无太大的差别，但可以看出：①由于加工工艺不同，结构与传统传感器显著不同；②微机械传感器可以实现新的测试原理，如隧道效应式传感器；③其转换元件距敏感结构很近，因此，可以减小干扰；④微机械加速度由于质量块小，其传感器的灵敏度高，承载能力强（可达几百个 g），动态效果好。

2.7　结构型阻抗式传感器应用与设计示例

2.7.1　电阻应变式传感器

应变式传感器最基本的功能是测量微变形，凡是能将被测量转化为敏感结构形变的物理量都可以用电阻应变式传感器来测量。引起结构变形的直接原因是力，因此，电阻应变式传感器又称为力敏传感器。总的来讲，电阻应变式传感器的应用主要体现在以下两个方面。

1）将应变片粘贴于被测构件上，直接用来测定构件的应变和应力。例如，为了研究或验证机械、桥梁、建筑等某些构件在工作状态下的应力、变形情况，可利用形状不同的应变片，粘贴在构件的测量部位，可测得构件的拉、压应力、或扭矩、弯矩等，从而为结构设计、应力校核或构件破坏的预测等提供可靠的实验数据。

2）将应变片贴于弹性元件上，与弹性元件一起构成应变式传感器。这种传感器常用来测量力、位移、加速度等物理参数。在这种情况下，弹性元件将得到与被测量成正比的应变，再通过应变片转换为电阻变化的输出。典型应用如图 2-77 所示的加速度传感器，该传感器由悬臂梁、质量块、壳体等组成。测量时，壳体固定在振动体上，振动加速度使质量块产生惯性力，悬臂梁则相当于惯性系统的“弹簧”，在惯性力作用下产生弯曲变形，梁的应变在一定的频率范围内与振动体的加速度成正比。图 2-77 是一种典型的结构型传感器，也是典型的加速度传感器的结

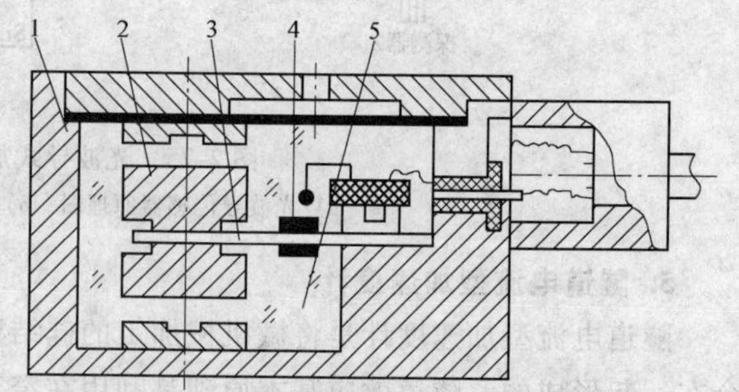

图 2-77　电阻应变式加速度传感器

1—壳体　2—质量块　3—悬臂梁　4—应变片　5—阻尼器

构，其中，质量块的作用是敏感加速度并将其转换为对悬臂梁的作用力，因此是敏感元件，悬臂梁的作用将力转换为变形以便于电阻应变计的测量，因此，悬臂梁和应变计都是转换元件。利用这种结构还可以设计电容式和电感式加速度传感器。

目前，电阻应变式传感器最广泛的应用是重力测量，即称重传感器。有三种应力被应用于称重传感器的设计中，即拉伸与压缩应力、弯曲应力和剪切应力。相对应地，力敏感结构也有柱式（或圆筒式，拉压）、梁式（弯曲、剪切）、柱销式（剪切）、轮幅式（弯曲、剪切）等多种结构，如图 2-78 所示。图 2-78c 是一种商品化称重用传感器，用于测量较低的载荷，应变计粘贴位置在俯视图中给出。与前述的梁结构相比，这种称重式传感器可以保证梁的变形不会引起受力点的位置和受力方向的变化。当载荷较大时推荐使用剪切应力结构，如图 2-78b、d、e 所示。剪切应力引起的是角应变，角应变只引起结构形状的变化，并不改变结构的尺寸，因此，在最大剪应力的方向上，材料纤维的长度并不发生改变，使用金属应变计测量时，必须将应力转化为应变丝长度方向的变化。由材料力学知，最大拉应力与最大剪应力成 45°夹角，因此，图中应变计与重力 G 的方向成 45°夹角。这种原理也用于扭矩测量。图中的对称结构构成差动式结构，采用差动电桥测量。

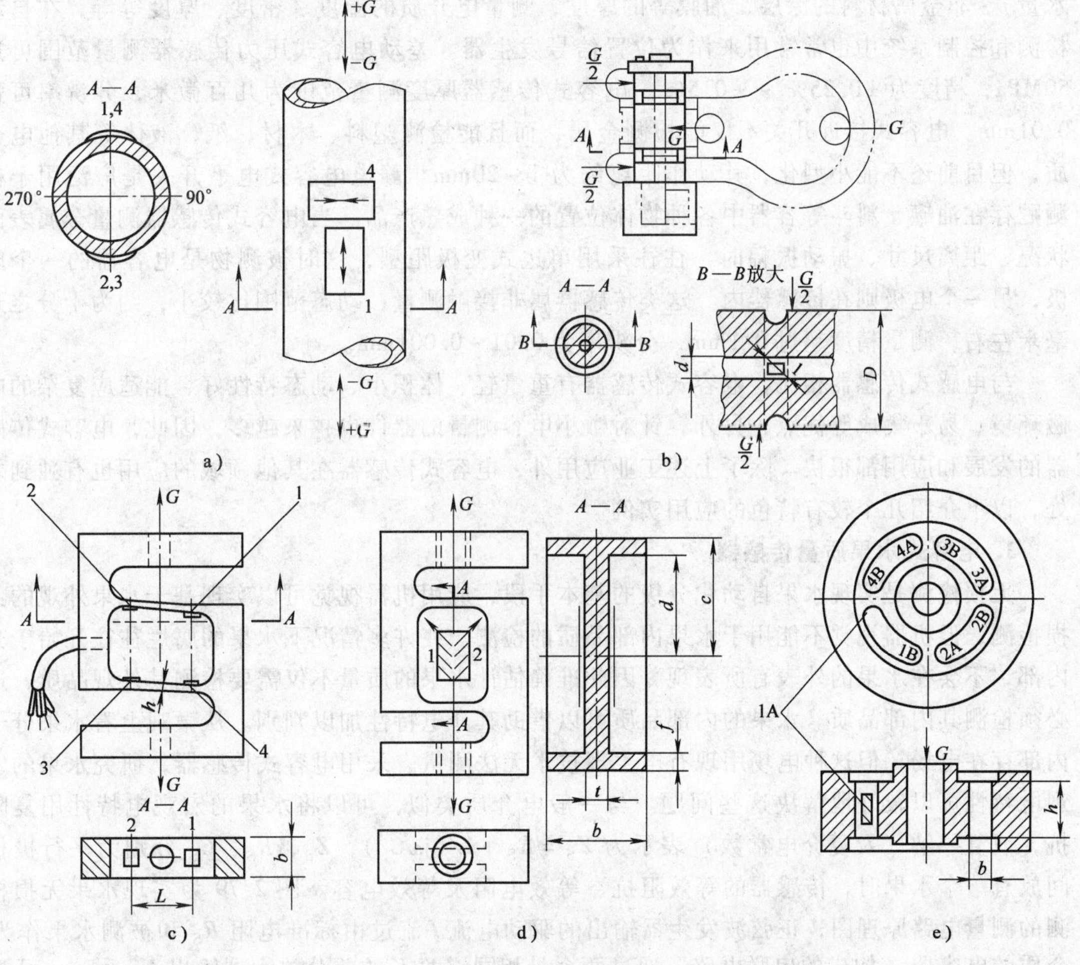

图 2-78　称重传感器

a）圆筒形拉压式　b）吊环形圆销剪切式　c）S 形双弯曲应力　d）S 形剪切式　e）盘形剪切式

金属应变式称重传感器的设计步骤是：根据后续电路的要求先给一个所要求的电桥灵敏度 U/U_o，然后根据式（2-112）或式（2-113）算出敏感结构应达到的应变值 ε，最后根据力学原理计算敏感结构的尺寸。

2.7.2 电容式传感器

电容式传感器是目前应用非常广泛的传感器，可用来测量直线位移、角位移、振动振幅，尤其适合测量高频振动振幅、精密轴系回转精度、加速度、产品的表面质量等机械量。变极距型电容式传感器适用于较小位移的测量，量程在 0.01mm 至数百微米，精度可达 0.01mm，分辨率可达 0.001mm。变面积型的能测量较大的位移，量程为零点几毫米至数百毫米之间，线性度优于 0.5%，分辨率为 0.01～0.001mm。电容式角度和角位移传感器的动态范围为零至几十度，分辨率约 0.1″，零位稳定性可达角秒级，广泛用于精密测角，如用于高精度陀螺和摆式加速度计。电容式测振幅传感器可测峰值为 0～50mm、频率为 10～2kHz，灵敏度高于 0.01mm，非线性误差小于 0.05mm。

电容式传感器还可用来测量压力、压差、液位、料位、成分含量（如油、粮食中的含水量）、非金属材料的涂层、油膜等的厚度，测量电介质的湿度、密度、厚度等等，在自动检测和控制系统中也常常用来作为位置信号发生器。差动电容式压力传感器测量范围可达 50MPa，精度为 ±0.25% ～ ±0.5%。电容式传感器厚度测量范围为几百微米，分辨率可达 0.01mm。电容式接近开关不仅能检测金属，而且能检测塑料、木材、纸、液体等其他电介质，但目前还不能小型化，其动作距离约为 1～20mm。静电电容式电平开关是广泛用于检测贮存在油罐、料斗等容器中各种物体位置的一种成熟产品。当电容式传感器测量金属表面状况、距离尺寸、振动振幅时，往往采用单边式变极距型，这时被测物是电容器的一个电极，另一个电极则在传感器内。这类传感器属非接触测量，动态范围比较小，约为十分之几毫米左右，测量精度超过 0.1mm，分辨率为 0.01～0.001mm。

与电感式传感器相比，电容式传感器有重量轻、体积小、动态特性好、能适应复杂的电磁环境、易于集成等优点，另外，针对微小电容测量的器件也越来越多，因此，电容式传感器的发展和应用都很快。除了上述工业应用外，电容式传感器在其他领域的应用也有独到之处，以下介绍几个较有特色的应用实例。

1. 电容式水果质量传感器

无损检测是实现水果自动化分级的基本手段，应用机器视觉可以实现基于水果外观的无损检测，但机器视觉不能用于水果内部品质的检测。在许多情况下水果的腐烂往往开始于其内部，不会在水果的外表有所表现，因此准确估计水果的质量不仅需要检测其外观品质，还必须检测其内部品质。水果的内部品质可以借助其介电特性加以判别。从微观上看水果分子内部存在电场，但这种电场用现有电生理技术无法测量。采用电容式传感器，研究水果的宏观电特性可以较好地解决这些问题。与一般电介质类似，可以将水果的宏观电特性用复阻抗，或复导纳（及复介电常数）表示为 $Z_S = R_S + 1/(j\omega C_S)$，$Z_S$、$R_S$、$C_S$ 分别为平行极板间放有一个水果时，传感器的等效阻抗、等效电阻及等效电容。图 2-79 为实现水果无损检测的测量电路原理图，正弦波发生器输出的驱动电流 I 流过由标准电阻 R_S 和被测水果作为介质的电容器 Z 构成的串联电路，通过两个具相同增益 K 的差分放大器输出 $\dot{E}_1$、$\dot{E}_2$，可测得水果的特性参数为 $Z_S = R_S + 1/(j\omega C_S) = \dot{E}_1/\dot{E}_2$，达到水果分选的目的。

从以上分析可知，这是一种变介质型电容式传感器。变介质型传感器可测量介质介电常数的变化，广泛用来测量大气湿度、农作物含水量、空气中粉尘量、水流泥沙量等，在环保、医药、选矿等领域有广泛的应用。

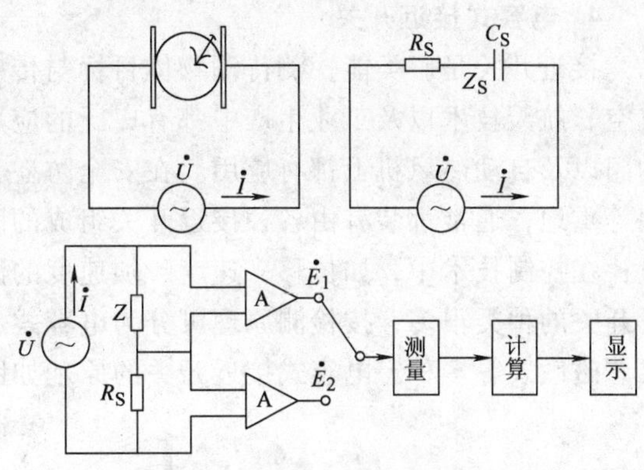

图 2-79　电容式水果质量传感器

2. 电容式倾角传感器

一般电容式传感器的极板用金属制成，但也有例外，液位倾角仪即是一例。无可动机械运动部件的电容式倾角传感器兼有结构简单、可靠性高、通用性和易集成性的优点，在测绘仪器仪表、建筑机械、天线定位、机器人技术、坦克和舰船火炮平台控制、飞机姿态、汽车电子控制、石油勘探、海上平台监控等方面有广泛的应用。

一种液态电极差动电容式倾角传感器结构如图 2-80a 所示。当可转动电极 1 绕轴心转动时，其分别与固定电极 2、3 构成的电容 C_1、C_2 发生差动变化，通过测量电容量随倾角的变化而实现对倾角变化量的检测。图 b 所示为一种采用液态电极的电容式传感器，这种传感器以夹层腔体中液态导电体 1 作为电容运动电极，配合固定电容电极 2、3 以及在其表面的电介质层，构成差动可变电容结构，当传感器绕其工作轴转动时，可变电容的电容量发生差动变化。经差动脉冲宽度调制电路处理后，即可得到相对于角度变化的线性电压。

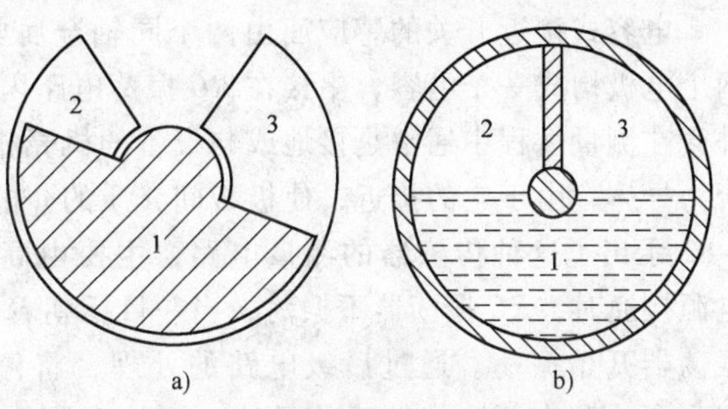

图 2-80　液态电极差动电容结构原理图

3. 电容式差压传感器

膜在结构型传感器中有很多应用。图 2-81 是电容式差压传感器结构示意图。这种传感器结构简单，灵敏度高，响应速度快（约 100ms），能测微小压差（0 ~ 0.75Pa）。它由两个玻璃圆盘和一个金属（不锈钢）膜片组成。两玻璃圆盘上的凹面深约为 25μm，其上镀金作为电容式传感器的两个固定极板，而夹在两凹圆盘中的膜片则为传感器的可动电极，则形成传感器的两个差动电容 C_1、C_2。当两边压力 p_1、p_2 相等时，膜片处在中间位置与左、右固定电容极板间距相等，因此两个电容相等；当 $p_1 > p_2$ 时，膜片弯向 p_2，那么两个差动电容一个增大、一个减小，且变化量大小相同；当压差反向时，差动电容变化量也反向。这种差压传感器也可以用来测量真空或微小绝对压力，此时只要把膜片的一侧密封并抽成高真空（10 ~ 5Pa）即可。

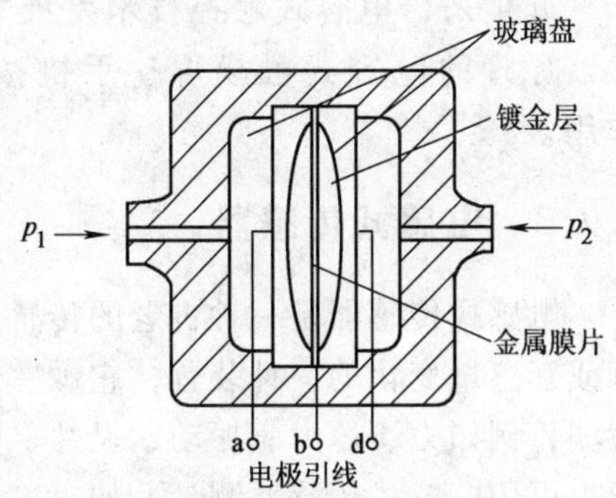

图 2-81　电容式差压传感器原理结构

4. 电容式接近开关

接近开关是一类能探测待测物体目标与传感器间距离阈值并输出开关信号的传感器，在航空、航天技术以及工业生产中都有广泛的应用。在日常生活中，如宾馆、饭店、车库的自动门以及自动热风机上都有应用。在安全防盗方面，如资料档案、财会、金融、博物馆、金库等重地，通常都装有由各种接近开关组成的防盗装置。在测量技术中，如长度、位置的测量；在控制技术中，如位移、速度、加速度的测量和控制，也都使用着大量的接近开关。接近开关的种类很多，按检测原理可分为电容式、电感和电涡流式、光电式、超声波式、霍尔式、磁敏式等多种。电容式接近开关的原理如图 2-82 所示。

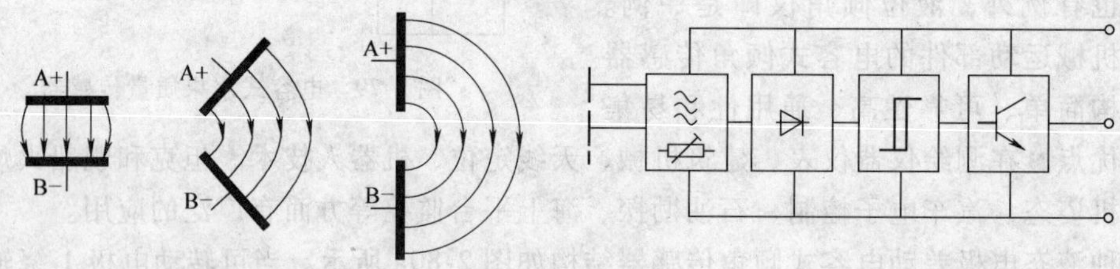

图 2-82 电容式接近传感器

电容式接近开关的感应面由两个同轴金属电极构成，很像"打开的"电容器电极，该两个电极构成一个电容，串接在 *RC* 振荡电路内。通常其中一个极板就是开关的外壳。这个外壳在测量过程中通常是接地或与设备的机壳相连接。当有物体移向接近开关时，不论它是否为导体，由于它的接近，使极板间介质的介电常数发生变化，从而使电容量发生变化。图 2-82 示出了这种传感器的测量电路，主要由高频振荡器、整流器、整形和放大电路组成。电源接通时，*RC* 振荡器不振荡，当一目标朝着电容器的电极靠近时，电容器的容量增加，振荡器开始振荡。通过后级电路的处理，将停振和振荡两种信号转换成开关信号，从而达到了检测有无物体接近的目的。该传感器的检测距离通常为几毫米；能检测金属物体，也能检测非金属物体，对金属物体可以获得最大的动作距离，对非金属物体动作距离决定于材料的介电常数，材料的介电常数越大，可获得的动作距离越大，还能检测液体或粉状物等。

近年来，电容式触控技术发展非常快，其应用也越来越广泛，如利用电容式接近传感器原理的电容式触摸屏、手机按键等，对原有产品的性能提高起到了更新换代的作用。

2.7.3 电感式传感器

电感式传感器是一种古老的传感器，它利用电磁感应原理，将被测非电量转换成线圈自感或互感量变化的一种装置，它敏感的基本量是位移，凡是能够转变成位移的参数都可进行检测，例如力、压力、振动、尺寸、转速、计数测量等。另外，能引起磁路磁阻变化的物理量也可用电感式传感器测量，如对零件内部裂纹等缺陷的无损探伤。电感式传感器具有结构简单、工作可靠、灵敏度和分辨率高、重复性好、线性度优良等特点，得到广泛的应用，但也存在交流零位信号及不宜于高频动态测量等缺点。

1. 深亚微米精度电感式位移传感器

随着工业生产水平的不断提高，往往需要对一些精密位移量进行准确测量，其测量精度需要达到亚微米或深亚微米级，频率响应一般要求达到 100Hz 以上。一种差动自感式位移传感器的结构如图 2-83 所示。线圈的电感可用下式计算：

$$\Delta L = \frac{\mu_0 \pi \omega^2}{h^2}(\mu_r - 1) r^2 \Delta t$$

$$= \frac{L_0 \Delta t}{\left[1 + \frac{h}{t_0}\left(\frac{R}{r}\right)^2\left(\frac{1}{\mu_r - 1}\right)\right] t_0}$$

式中，h 为线圈的高度；R、r 分别为线圈的外径和内径；L_0 为线圈初始电感；t_0 为铁心位于该线圈中的初始长度。可见线圈电感量的变化正比于测杆位移的变化量 Δt，并且当测杆上升时，单个线圈（以下面的线圈为例）阻抗减小，$Z = Z - \Delta Z$，当测杆下降时，线圈阻抗增加 $Z = Z + \Delta Z$。

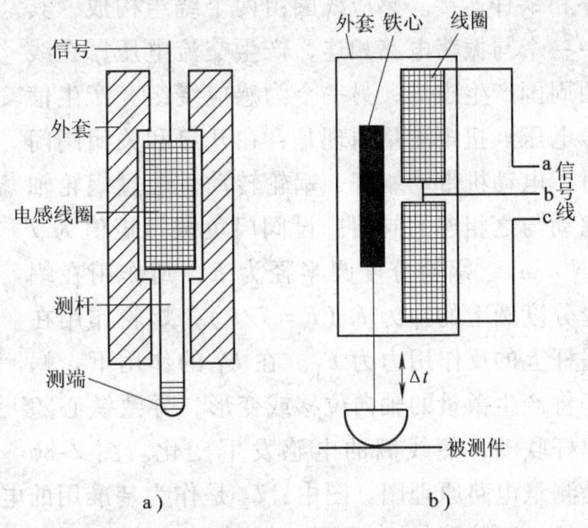

图 2-83　差动自感式微位移传感器原理图

a）传感器结构示意图　b）半桥工作原理

传感器采用半桥式测量电路。由于电桥驱动与信号调理电路性能的好坏直接影响测量精度，故采用了单片集成信号调理器件 AD698。AD698 的内部组成以及 AD698 与半桥式电感传感器的连接方法如图 2-84 所示。AD698 内部集成有振荡器，可产生一个正弦信号驱动传感器线圈，振荡器产生激励信号的频率和幅值大小由外接电容和电阻来调节。通过相敏解调电路与滤波电路，将线圈电压转换成直流信号。AD698 采用了低噪声前置放大器，并采用 A/B 同步解调方式。A 相输入信号（从中间抽头 b 引出的单个线圈电感）与铁心的位置成正比，从 ac 接入 B 相输入信号（串联线圈总电感）不随铁心的位置发生变化，内部振荡器产生的激励信号同时加载在 A 相线圈和 B 相线圈上，此时激励信号的漂移和干扰由 B 相输入体现出来，经过 A/B 比率解调后，A 相中的激励信号的漂移和干扰即可抵消掉，再经过低通滤波滤掉载波信号，输出一个与电感变化成正比的直流输出。该检波方式的优点是利用比例技术来消除振荡器漂移带来的误差，大大提高了温度稳定性和传感器的兼容性，保证了亚微米级位移测量的实现和测量系统的通用性。后续电路主要有 Σ-Δ 型 22 位高精度 AD 转换器 ADS1213，软件上采取滤波技术，并配以非线性误差的校正措施，传感器在 1mm 量程内的精度为 0.01μm，实现了亚微米级的测量。

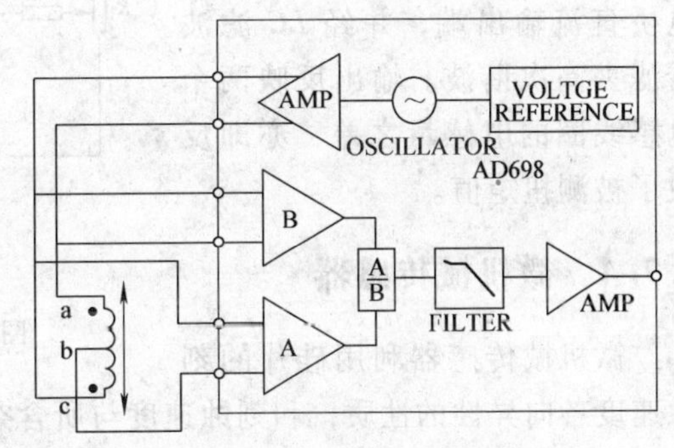

图 2-84　AD698 内部框图

2. 自感式电动阀门扭矩测量系统

智能电动阀门执行器是阀门的驱动装置，在石油、化工、水处理等领域应用十分广泛。由于实际工况复杂，当阀门工作中出现咬死、负载过大等状况时，可能导致阀门或执行器损坏，因此扭矩保护是智能电动阀门执行器的一项重要功能。自感式扭矩传感器测量系统主要由蜗轮、蜗杆、铁心、感应线圈和电子电路等组成，如图 2-85 所示。铁心置于感应线圈内，并和蜗杆连接。感应线圈由两个绕组构成，其中一个与振荡电路相连，产生交流电压，在线圈周围产生磁场，另一个为感应绕组，产生信号电压。扭矩测量原理是：在开启和关闭阀门时，电动机带动蜗杆、蜗轮转动，通过蜗轮轴驱动与之相连的阀门。设阀门负载扭矩值为 T（N·m），蜗轮分度圆半径为 R，则作用在蜗轮分度圆上的力为 F（$F=T/R$），蜗轮作用在蜗杆上的反作用力为 F_1。在 F_1 的作用下，蜗杆将产生微量的轴向位移或变形，导致铁心随蜗杆联动，使线圈的电感发生变化。图 2-86 是测量电路原理图。图中：L_2 是作为基准用的电感线圈，它的各种参数如几何尺寸、材质、线径、匝数等与 L_1 相同，但不安装在轴上。L_1、L_2 及电阻 R_1 和 R_2 组成交流电桥，并由 VD_1 ~ VD_4 及 VD_5 ~ VD_8 二极管组成的桥式整流电路，使 A、B 两点为电桥直流输出端，并经 LC 滤波器滤去高次谐波。输出反映两个电感线圈的电感量之差，亦即反映了被测扭矩值。

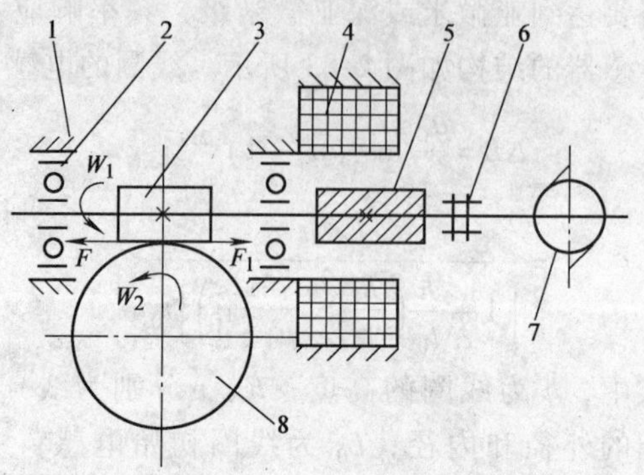

图 2-85　自感式扭矩测量装置

1—机体　2—轴承　3—蜗杆　4—线圈
5—铁心　6—联轴器　7—电动机　8—蜗轮

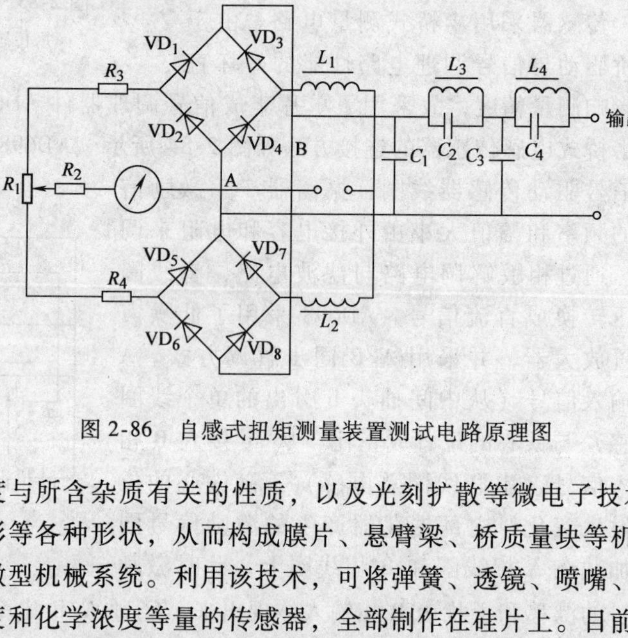

图 2-86　自感式扭矩测量装置测试电路原理图

2.7.4　微机械传感器

微机械传感器利用硅片的刻蚀速度各向异性的性质，和刻蚀速度与所含杂质有关的性质，以及光刻扩散等微电子技术，在硅片上形成穴、沟、锥形、半球形等各种形状，从而构成膜片、悬臂梁、桥质量块等机械元件。将这些元件组合，就能构成微型机械系统。利用该技术，可将弹簧、透镜、喷嘴、调节器等，以及检测力、压力、加速度和化学浓度等量的传感器，全部制作在硅片上。目前已成功地将构造十分复杂的用于气体分析的色谱仪制作在一块直径仅 50nm 的硅片上。以电容传感原理和静电驱动原理的微机械结构传感器已经进入成熟发展阶段。以下将介绍 ADXL50 微机械加速度传感器。

ADXL50 是一种叉指式电容式硅微型加速度计（Finger-shaped Micromachined Silicon Accelerometer，FMSA）。由美国 AD 公司和德国 Seimens 公司联合研制，主要用于汽车上的安全气囊，目前已形成系列产品，包括 59、509 单自由度和双自由度的产品。

叉指式硅微型加速度计的结构如图 2-87 所示。加速度计由中央叉指状活动极板与若干对固定极板组成。硅制活动极板通过一对支承梁弹簧与基座相连，支承梁能使活动极板（检测质量）敏感加速度而产生位移。活动极板上有若干对叉指，每个叉指对应一对固定电极板，固定电极板固定在基座上。当加速度计处于静止状态时，叉指正好处于一对固定电极的中央，即叉指和与其对应的两个固定电极的间距相等（为 y_0），这时电容量 $C_{s1}=C_{s2}$。当加速度计敏感加速度时，在惯性力作用下，活动极板产生位移，如图 2-87b 所示，这时，叉指和左右两固定极板的间距发生变化，即 $C_{s1}\neq C_{s2}$，产生的瞬时输出信号将正比于加速度的大小。运动方向则通过输出信号的相位反映出来。

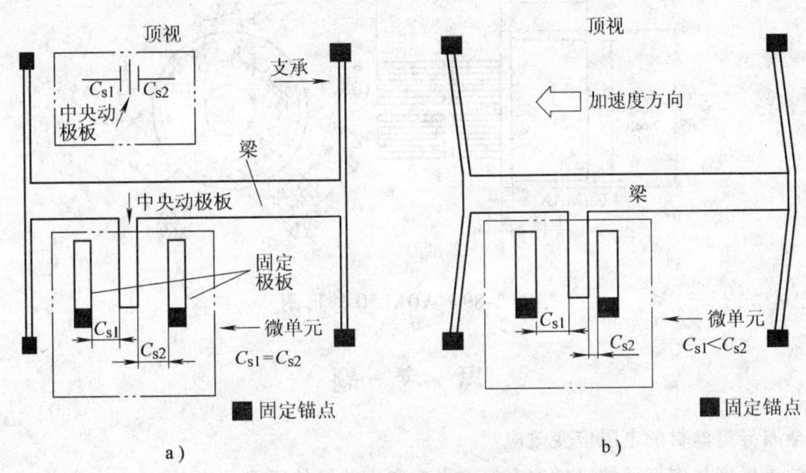

图 2-87　叉指式硅微加速度计结构简图
a）静止状态　b）活动状态

ADXL50 是集成在一片单晶硅片上的完整的加速度测量系统。整个芯片面积约 3mm × 3mm，其中，加速度敏感元件部分边长为 1mm，信号处理电路则布于四周。加速度敏感元件是一个可变差动电容器，2μm 厚的活动极板上伸出 50 个叉指，形成了电容器的动极板，如图 2-88a 所示。固定电容极板则由一系列悬臂梁组成，如图 2-88b 所示，这些悬臂梁与基座间有 1μm 的间隙，悬壁梁的一端固连于基座上，整个活动极板通过支承梁固定，支承梁能保证活动极板沿敏感加速度的方向作线振动，而其他方向的运动都受到约束。支承梁同时

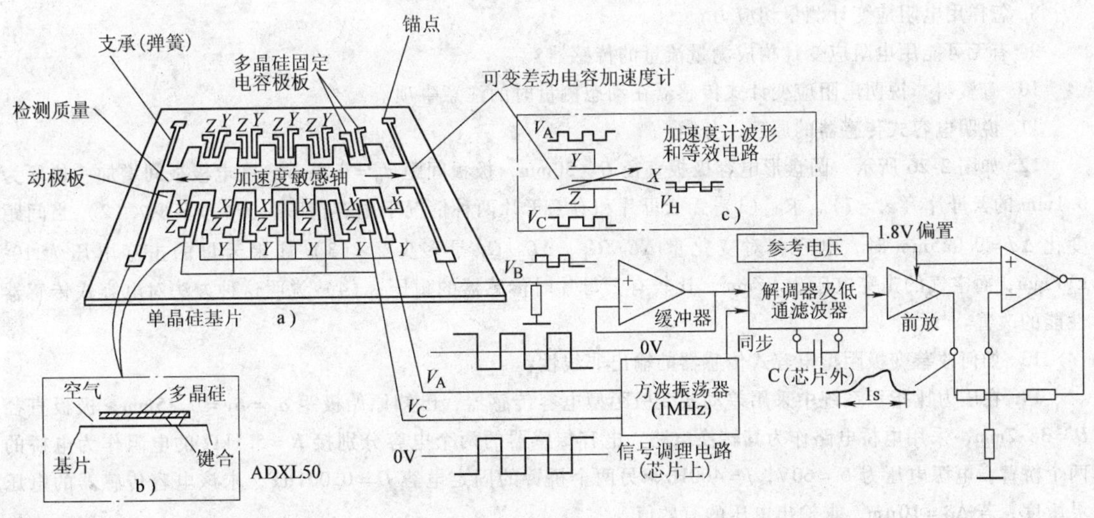

图 2-88　ADXL50 测量系统

作为一个弹簧，能将输入的加速度信号转换为位移信号，同时提供恢复力，使活动极板恢复到零点位置。支承梁可以是直梁，也可以是折叠梁。

ADXL50 敏感元件，连同测试回路都封装在壳体中，其外形尺寸如图 2-89 所示。

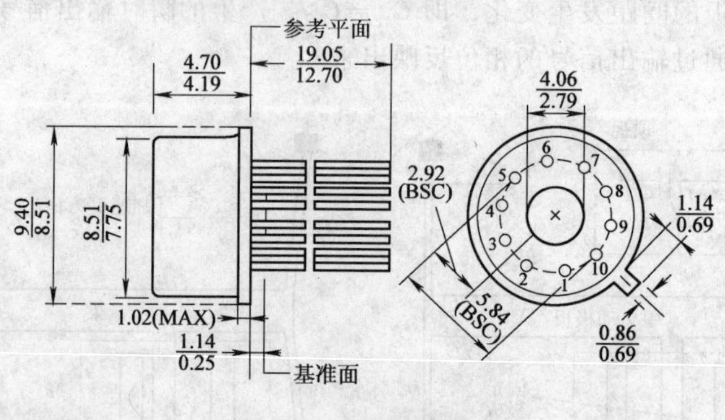

图 2-89　ADXL50 外形图

思　考　题

1. 什么是金属导电丝材的电阻应变效应？

2. 应变丝的灵敏度与应变计的灵敏度有何差异？产生差异的原因是什么？

3. 简述电阻应变计温度误差的产生原因及补偿方法。

4. 简述电阻应变计的主要指标及作用。

5. 设应变计的灵敏度为 k，结合图 2-1 及图 2-60，给出差动应变梁的计算公式，并说明差动的优点。

6. 试说明图 2-78a 中圆筒形称重计应变片的布片特点，并设计这种称重计的测量电路，给出测量系统的输出与重量 G 的关系。

7. 为什么常用等强度梁作为应变式传感器的力敏元件？现用一等强度梁：有效长度 $l=150\text{mm}$，固定端宽度 $b_0=18\text{mm}$，$h=5\text{mm}$，$E=200\text{GPa}$，贴上 4 片等阻值、$K=2$ 的电阻应变计，并接入四等臂差动电桥构成称重传感器。试问：(1) 计算梁自由端的宽度 b；(2) 画图说明悬臂梁应当如何布片？并计算布片处的应变；(3) 画出测量电路图，并计算输入电压为 3V，而输出电压为 2mV 时的称重量是多少？

8. 怎样用电阻应变计测量切应力？

9. 有无可能用电阻应变计构成测量流量的传感器？

10. 查资料，说明电阻应变计式传感器在动态测量时的注意事项。

11. 说明电容式传感器的原理、分类。

12. 如图 2-26 所示，圆盘形电容极板直径 $D=50\text{mm}$，极板间距 $d_0=0.2\text{mm}$，在电极板间增加一块厚为 0.1mm 的云母片（$\varepsilon_r=7$）。求：(1) 无云母片和有云母片两种情况下电容值 C_1、C_2 为多少？(2) 当间距变化 $\Delta d=0.025\text{mm}$ 时，电容相对变化量 $\Delta C_1/C_1$、$\Delta C_2/C_2$ 是多少？ (3) 如果云母的击穿电压为 10^3 kV/mm，而空气的击穿电压 3kV/mm，比较有云母片时传感器的耐压；(4) 说明这种方法对电容式传感器性能的改善。

13. 如何改善变极距型电容式传感器的输出非线性？

14. 在压力比指示系统中采用差动式变极距型电容传感器，已知原始极距 $\delta_1=\delta_2=0.25\text{mm}$，极板直径 $D=38.2\text{mm}$，采用电桥电路作为其转换电路，电容传感器的两个电容分别接 $R=5.1\text{k}\Omega$ 的电阻作为电桥的两个桥臂，电源电压为 $U=60\text{V}$，$f=400\text{Hz}$，另两个桥臂的固定电容 $C=0.001\mu\text{F}$，求该电容传感器的电压灵敏度；若 $\Delta\delta=10\mu\text{m}$，求输出电压的有效值。

15. 图 2-21 所示电容式传感器，动极筒外径为 9.8mm，定极筒内径为 10mm，上、下遮盖长度为

10mm，量程为 5mm，供电频率为 60kHz，试求其容抗值变化。

16. 求图 2-90 所示的电容式位移传感器，位移 x 与电容值的关系。

17. 什么是电容式传感器的边缘效应？应如何克服？

18. 说明电容式传感器测量纸张厚度的原理。

19. 说明图 2-91 所示的容栅式角位移传感器的原理，这种传感器与增量式编码器有何异同？

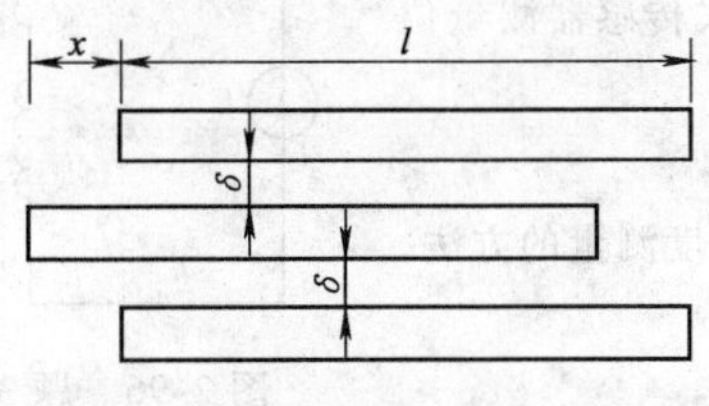

图 2-90 题 16 图

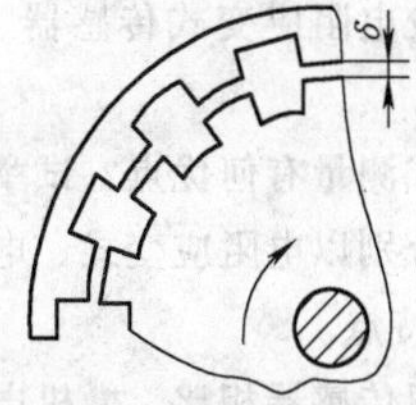

图 2-91 题 19 图

20. 某电容式液位传感器如图 2-92 所求，由半径为 $r_2=40\text{mm}$ 和 $r_1=8\text{mm}$ 的两个同心圆柱体组成。储存罐也是圆柱形，直径为 50cm，高 $h=1.2\text{m}$。被储存液体的 $\varepsilon_r=2.1$。计算传感器的最小电容和最大电容以及用在储存罐内传感器的灵敏度（pF/cm）。

21. 如何用 555 定时器构成测量电容的脉宽调制电路？

22. 试述变磁阻式传感器的原理。

23. 比较差动自感式传感器与差动变压器结构、原理上的异同之处。

24. 差动自感式传感器为什么常用相敏检波器？分析相敏检波器的工作原理。

25. 图 2-93 的电路也能起到相敏检波器同样的作用，试分析这种电路的工作原理。

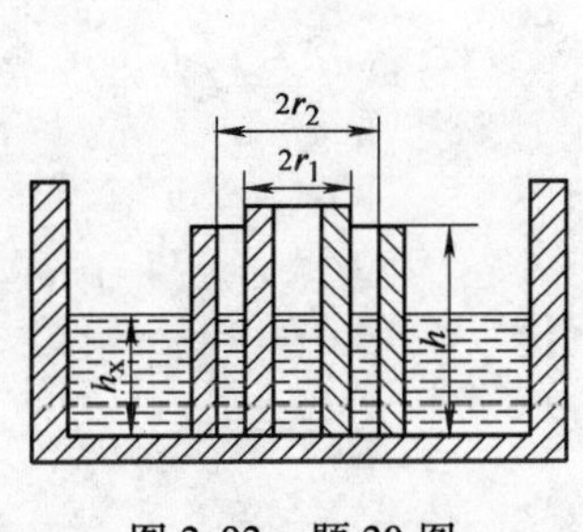

图 2-92 题 20 图

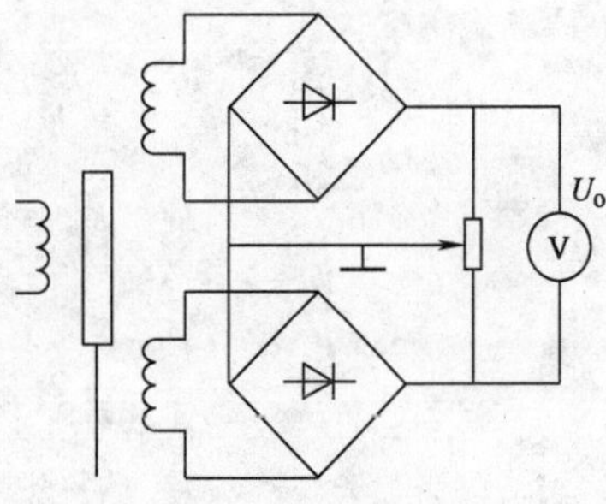

图 2-93 题 25 图

26. 分析电感式传感器零位误差产生的原因及改进措施。图 2-94 为差动自感传感器的测量电路，用矢量图分析线圈电阻 $R_1 \neq R_2$ 时，能否用调整衔铁位置的方法消除零位误差？

27. 图 2-94 为差动变间隙式自感传感器测量电路，如果 $Z_1=R_1+\mathrm{j}\omega L_1$，$Z_2=R_2+\mathrm{j}\omega L_2$，$\omega$ 为电源角频率，零位时 $Z_1=Z_2$，求灵敏度表达式（$K=U_o/\Delta\delta$）。

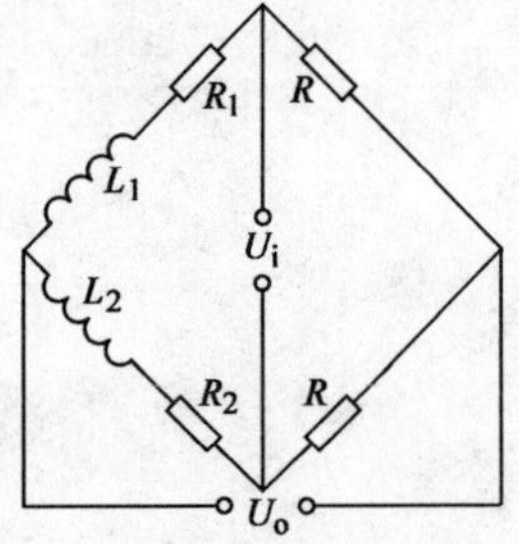

图 2-94 题 26、27 图

图 2-95 题 28 图

28. 图 2-95 所示为电涡流式接近开关测量转轴角速度的示意图，说明其工作原理并分析测量误差。

29. 有一差动式自感传感器，零位时 $Z_{10} = Z_{20} = R_0 + j\omega L_0$，$R_0 = 20\Omega$，$L_0 = 3\text{mH}$，将它接入图 2-57 所示电桥，已知：$E = 4\text{V}$，$f = 3\text{kHz}$，求四臂交流电桥匹配电阻 R_1、R_2 的最佳值，并说明理由。又，若 $\Delta Z = 6\Omega$ 时，电桥输出电压为多大？

30. 图 2-96 为一种谐振式电感测量电路，试分析其输出特性。

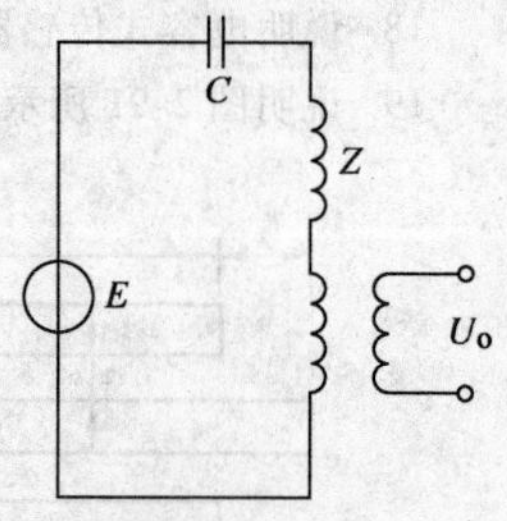

图 2-96 题 30 图

31. 试比较电阻应变式传感器、电容式传感器、变磁阻式传感器测量位移的异同之处。

32. 差动式测量有何优点？试举例说明。

33. 讨论分别以电阻应变式、电容、变磁阻原理实现加速度测量的方法，并比较各自的特点。

34. 与普通传感器相比，微机电传感器有什么特征？

35. 查阅文献，说明三轴微机械加速度传感器的构成原理。

36. 查阅文献，就你感兴趣的领域（如：这种传感器的制造、设计、对信息技术的贡献、对人类社会的影响等），试讨论微机电传感器的发展。

第 3 章　压电式传感器

压电式传感器是一种能量转换型传感器，是以具有压电效应的压电器件为核心组成的传感器。它既可以将机械能转换为电能，又可以将电能转化为机械能。

3.1　压电效应及材料

3.1.1　压电效应

压电效应（Piezoelectric Effect）是指某些介质在施加外力后造成本体变形而产生带电状态或施加电场而产生变形的双向物理现象，是正压电效应和逆压电效应的总称，一般习惯上压电效应指正压电效应。当某些电介质沿一定方向受外力作用而变形时，在其一定的两个表面上产生异号电荷，当外力去除后，又恢复到不带电的状态，这种现象称为正压电效应（Positive Piezodielectric Effect）。其中电荷大小与外力大小成正比，极性取决于变形是压缩还是伸长，比例系数为压电常数，它与形变方向有关，在材料的确定方向上为常量。它属于将机械能转化为电能的一种效应。压电式传感器大多是利用正压电效应制成的。当在电介质的极化方向施加电场时，某些电介质在一定方向上将产生机械变形或机械应力，当外电场撤去后，变形或应力也随之消失，这种物理现象称为逆压电效应（Reverse Piezodielectric Effect），又称电致伸缩效应，其应变的大小与电场强度的大小成正比，方向随电场方向变化而变化。它属于将电能转化为机械能的一种效应。用逆压电效应制造的变送器可用于电声和超声工程。1880～1881 年，雅克（Jacques）和皮埃尔·居里（Piere Curie）发现了这两种效应。图 3-1 为压电效应示意图。

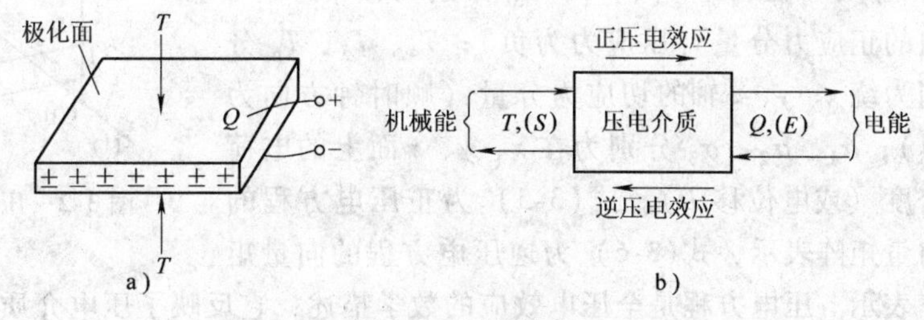

图 3-1　压电效应

a）正压电效应　b）压电效应的可逆性

由物理学知，一些离子型晶体的电介质（如石英、酒石酸钾钠、钛酸钡等）不仅在电场力作用下，而且在机械力作用下，都会产生极化现象。为了对压电材料的压电效应进行描述，表明材料的电学量（D、E）和力学量（T、S）行为之间的量的关系，建立了压电方程。正压电效应中，外力与因极化作用而在材料表面存储的电荷量成正比，即

$$D = dT \quad 或 \quad \sigma = dT \tag{3-1}$$

式中，D、σ 分别为电位移矢量、电荷密度（单位面积的电荷量，C/m^2）；T 为应力，单位面积作用的应力（N/m^2）；d 为正压电系数（C/N）。

逆压电效应中，外电场作用下的材料应变与电场强度成正比，即

$$S = d'E \tag{3-2}$$

式中，S 为应变（应变 ε、微应变 $\mu\varepsilon$）；E 为外加电场强度（V/m）；d' 为逆压电系数(C/N)。

对于多维压电效应，d'为 d 的转置矩阵，见式(3-5)、式(3-6)。

压电材料是绝缘材料。把压电材料置于两金属极板之间，构成一种带介质的平行板电容器，金属极板收集正压电效应产生的电荷。由物理学知，平行板电容器中

$$D = \varepsilon_r \varepsilon_0 E \tag{3-3}$$

式中，ε_r为压电材料的相对介电常数；ε_0为真空介电常数 = 8.85pF/m。

那么可以计算出平行板电容器模型中正压电效应产生的电压

$$V = Eh = \frac{d}{\varepsilon_r \varepsilon_0} Th \tag{3-4}$$

式中，h 为平行板电容器极板间距。

人们常用 $g = d/(\varepsilon_r \varepsilon_0)$ 表示压电电压系数。

例如，压电材料钛酸铅 $d = 44\text{pC/N}$，$\varepsilon_r = 600$。取 $T = 1000\text{N}$，$h = 1\text{cm}$，则 $V = 828\text{V}$。当在该平行板电容器模型加 1kV 电压时，$S = 4.4\mu\varepsilon$。

具有压电性的电介质（称压电材料），能实现机-电能量的相互转换。压电材料是各向异性的，即不同方向的压电系数不同，常用矩阵向量 $\boldsymbol{d}$ 表示，3×6 维。进而有电位移矩阵向量 $\boldsymbol{D}$，3×1 维；应力矩阵向量 $\boldsymbol{T}$，6×1 维；应变矩阵向量 $\boldsymbol{S}$，6×1 维；电场强度矩阵向量 $\boldsymbol{E}$，3×1 维。用向量形式对压电材料和压电效应，在空间上进行统一描述。实际上对于具体压电材料压电系数中的元素多数为零或对称，人们可以在压电效应最大的主方向上，"一维"地进行压电传感器设计。

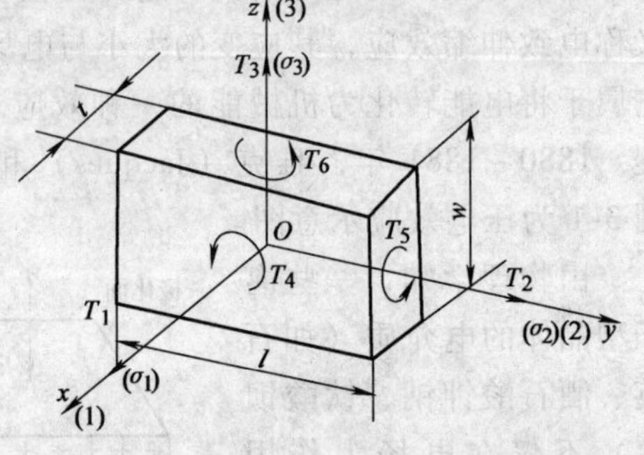

图 3-2 压电材料中方向坐标的含义

在三维直角坐标系内的力-电作用状况如图 3-2 所示。图中：T_1、T_2、T_3 分别为沿 x、y、z 向的正应力分量（压应力为负）；T_4、T_5、T_6 分别为绕 x、y、z 轴的切应力分量（顺时钟方向为负）；σ_1、σ_2、σ_3 分别为在 x、y、z 面上的电荷密度（或电位移 D）。式(3-5) 为正压电方程的向量矩阵表示，式(3-6) 为逆压电方程的向量矩阵表示。压电方程是全压电效应的数学描述，它反映了压电介质的力学行为与电学行为之间相互作用（即机-电转换）的规律。

$$\begin{bmatrix} D_1 \\ D_2 \\ D_3 \end{bmatrix} = \begin{bmatrix} d_{11} & d_{12} & d_{13} & d_{14} & d_{15} & d_{16} \\ d_{21} & d_{22} & d_{23} & d_{24} & d_{25} & d_{26} \\ d_{31} & d_{32} & d_{33} & d_{34} & d_{35} & d_{36} \end{bmatrix} \begin{bmatrix} T_1 \\ T_2 \\ T_3 \\ T_4 \\ T_5 \\ T_6 \end{bmatrix} \tag{3-5}$$

$$\begin{bmatrix} S_1 \\ S_2 \\ S_3 \\ S_4 \\ S_5 \\ S_6 \end{bmatrix} = \begin{bmatrix} d_{11} & d_{21} & d_{31} \\ d_{12} & d_{22} & d_{32} \\ d_{13} & d_{23} & d_{33} \\ d_{14} & d_{24} & d_{34} \\ d_{15} & d_{25} & d_{35} \\ d_{16} & d_{26} & d_{36} \end{bmatrix} \begin{bmatrix} E_1 \\ E_2 \\ E_3 \end{bmatrix} \tag{3-6}$$

压电方程组也表明存在极化方向（电位差方向）与外力方向不平行的情况。正压电效应中，如果所生成的电位差方向与压力或拉力方向一致，即为纵向压电效应（longitudinal piezoelectric effect）。正压电效应中，如果所生成的电位差方向与压力或拉力方向垂直时，即为横向压电效应（transverse piezoelectric effect）。在正压电效应中，如果在一定的方向上施加的是切应力，而在某方向上会生成电位差，则称为切向压电效应（tangential piezoelectric effect）。逆压电效应也有类似情况。

3.1.2 压电材料

迄今已出现的压电材料可分为三大类：一是压电晶体（单晶），它包括压电石英晶体和其他压电单晶；二是压电陶瓷；三是新型压电材料，其中有压电半导体和有机高分子压电材料两种。

在传感器技术中，目前国内外普遍应用的是压电单晶中的石英晶体和压电多晶中的钛酸钡与钛酸铅系列压电陶瓷。

1. 压电晶体

由晶体学可知，无对称中心的晶体，通常具有压电性。具有压电性的单晶体统称为压电晶体。石英晶体（图3-3）是最典型而常用的压电晶体。

（1）*石英晶体*（SiO_2） 石英晶体俗称水晶，有天然和人工之分。目前传感器中使用的均是以居里点为573℃，晶体的结构为六角晶系的α石英。其外形如图3-3所示，呈六角棱柱体。密斯诺（Mcissner. A）所提出的石英晶体模型，如图3-4所示，硅离子和氧离子配置在六棱柱的晶格上，图中较大的圆表示硅离子，较小的圆相当于氧离子。硅离子按螺旋线的方向排列，螺旋线的旋转方向取决于所采用的是光学右旋石英，还是左旋石英。图中所示为左旋石英晶体（它与右旋石英晶体的结构成镜像对称，压电效应极性相反）。硅离子2比硅

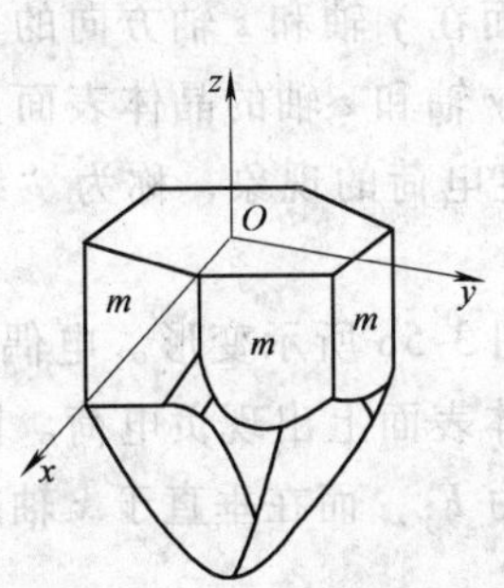

图3-3 石英晶体坐标系

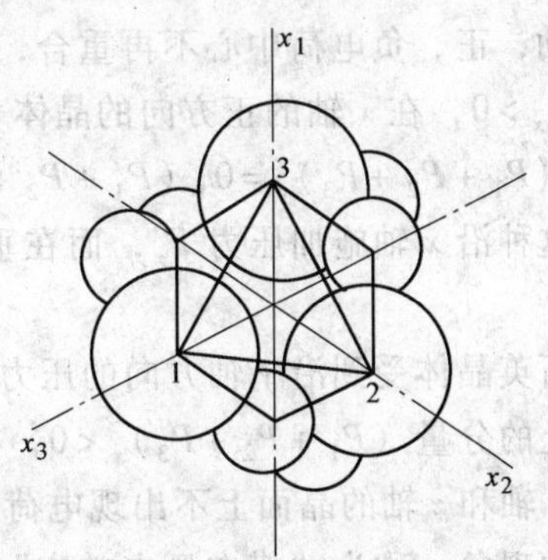

图3-4 密斯诺石英晶体模型

离子1的位置较深，而硅离子3又比硅离子2的位置较深。在讨论晶体机电特性时，采用 xyz 右手直角坐标较方便，并统一规定：x 轴称之为电轴，它穿过六棱柱的棱线，在垂直于此轴的面上压电效应最强；y 轴垂直 m 面，称之为机轴，在电场的作用下，沿该轴方向的机械变形最明显；z 轴称之为光轴，也叫中性轴，光线沿该轴通过石英晶体时，无折射，沿 z 轴方向上没有压电效应。

压电石英的主要性能特点是：①压电常数小，其时间和温度稳定性极好，常温下几乎不变，在20～200℃范围内其温度变化率仅为 $-0.016\%/℃$；②机械强度和品质因素高，许用应力高达 $(6.8\sim9.8)\times10^7\text{Pa}$，且刚度大，固有频率高，动态特性好；③居里点573℃，无热释电性，且绝缘性、重复性均好。天然石英的上述性能尤佳。因此，它们常用于精度和稳定性要求高的场合和制作标准传感器。

为了直观地了解其压电效应，将一个单元中构成石英晶体的硅离子和氧离子，在垂直于 z 轴的 xy 平面上投影，等效为图3-5a中的正六边形排列。图中“⊕”代表 Si^{4+}，“⊖”代表 O^{2-}。

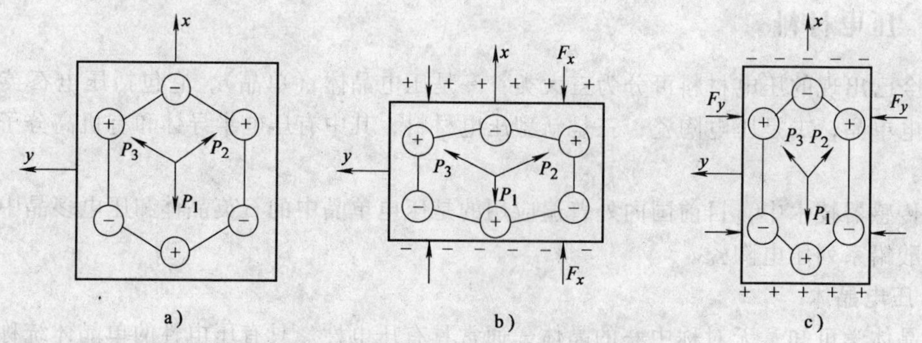

图3-5 石英晶体压电效应机理示意图

当石英晶体未受外力时，正、负离子（即 Si^{4+} 和 O^{2-}）正好分布在正六边形的顶角上，形成三个大小相等、互成120°夹角的电偶极矩 P_1、P_2 和 P_3，如图3-5a所示。$P=ql$，q 为电荷量，l 为正、负电荷之间的距离。电偶极矩方向为负电荷指向正电荷。此时，正、负电荷中心重合，电偶极矩的矢量和等于零，即 $P_1+P_2+P_3=0$。这时晶体表面不产生电荷，整体上说它呈电中性。

当石英晶体受到沿 x 方向的压力 F_x 作用时，将产生压缩变形，正、负离子的相对位置随之变动，正、负电荷中心不再重合，如图3-5b所示。电偶极矩在 x 方向的分量为 $(P_1+P_2+P_3)_x>0$，在 x 轴的正方向的晶体表面上出现正电荷。而在 y 轴和 z 轴方向的分量均为零，即 $(P_1+P_2+P_3)_y=0$，$(P_1+P_2+P_3)_z=0$，在垂直于 y 轴和 z 轴的晶体表面上不出现电荷。这种沿 x 轴施加压力 F_x，而在垂直于 x 轴晶面上产生电荷的现象，称为“纵向压电效应”。

当石英晶体受到沿 y 轴方向的压力 F_y 作用时，晶体如图3-5c所示变形。电偶极矩在 x 轴方向上的分量 $(P_1+P_2+P_3)_x<0$，在 x 轴的正方向的晶体表面上出现负电荷。同样，在垂直于 y 轴和 z 轴的晶面上不出现电荷。这种沿 y 轴施加压力 F_y，而在垂直于 x 轴晶面上产生电荷的现象，称为“横向压电效应”。

当晶体受到沿 z 轴方向的力（无论是压力或拉力）作用时，因为晶体在 x 方向和 y 轴方向的变形相同，正、负电荷中心始终保持重合，电偶极矩在 x、y 方向的分量等于零。所以，沿光轴方向施加力，石英晶体不会产生压电效应。

需要指出的是，上述讨论均假设晶体沿 x 轴和 y 轴方向受到了压力，当晶体沿 x 轴和 y 轴方向受到拉力作用时，同样有压电效应，只是电荷的极性将随之改变。

石英晶体的独立压电系数只有 d_{11} 和 d_{14}，其压电常数矩阵为

$$\boldsymbol{d}_{ij}=\begin{pmatrix} d_{11} & -d_{11} & 0 & d_{14} & 0 & 0 \\ 0 & 0 & 0 & 0 & -d_{14} & -2d_{11} \\ 0 & 0 & 0 & 0 & 0 & 0 \end{pmatrix} \tag{3-7}$$

式中，$d_{11}=2.31\times10^{-12}\text{C/N}$；$d_{14}=0.73\times10^{-12}\text{C/N}$。
其中，$d_{12}=-d_{11}$ 为横向压电系数，$d_{25}=-d_{14}$ 为面剪切压电系数，$d_{26}=-2d_{14}$ 为厚度剪切压电系数。

（2）其他压电单晶　在压电单晶中除天然和人工石英晶体外，钾盐类压电和铁电单晶如铌酸锂（$LiNbO_3$）、钽酸锂（$LiTaO_3$）、锗酸锂（$LiGeO_3$）、镓酸锂（$LiGaO_3$）和锗酸铋（$Bi_{12}GeO_{20}$）等材料，近年来已在传感器技术中日益得到广泛应用，其中以铌酸锂为典型代表。

铌酸锂是一种无色或浅黄色透明铁电晶体。从结构看，它是一种多畴单晶。它必须通过极化处理后才能成为单畴单晶，从而呈现出类似单晶体的特点，即性能各向异性。它的时间稳定性好，居里点高达1200℃，在高温、强辐射条件下，仍具有良好的压电性，且性能，如机电耦合系数、介电常数、频率常数等均保持不变。此外，它还具有良好的光电、声光效应，因此在光电、微声和激光等器件方面都有重要应用。不足之处是质地脆、抗机械和热冲击性差。

2. 压电陶瓷

1942 年，第一个压电陶瓷材料——钛酸钡先后在美国、前苏联和日本制成。1947 年，钛酸钡拾音器——第一个压电陶瓷器件诞生了。20 世纪 50 年代初，又一种性能大大优于钛酸钡的压电陶瓷材料——锆钛酸铅研制成功。从此，压电陶瓷的发展进入了新的阶段。20 世纪 60 年代到 70 年代，压电陶瓷不断改进，日趋完美。如用多种元素改进的锆钛酸铅二元系压电陶瓷，以锆钛酸铅为基础的三元系、四元系压电陶瓷也都应运而生。这些材料性能优异，制造简单，成本低廉，应用广泛。

压电陶瓷是一种经极化处理后的人工多晶压电材料。所谓“多晶”，它是由无数细微的单晶组成，每个单晶形成单个电畴，无数单晶电畴的无规则排列，致使原始的压电陶瓷呈现各向同性而不具有压电性（如图 3-6a 所示）。要使之具有压电性，必须作极化处理，即在一定温度下对其施加强直流电场，迫使“电畴”趋向外电场方向作规则排列（如图 3-6b 所示）；极化电场去除后，趋向电畴基本保持不变，形成很强的剩余极化，从而呈现出压电性（如图 3-6c 所示）。

压电陶瓷的压电常数大，灵敏度高。压电陶瓷除有压电性外，还具有热释电性，这会给压电传感器造成热干扰，降低稳定性。所以，对要求高稳定性的传感器，压电陶瓷的应用受到限制。

传感器技术中应用的压电陶瓷，按其组成元素可分为：

1）二元系压电陶瓷：以钛酸钡，尤其以锆钛酸铅系列压电陶瓷应用最广。

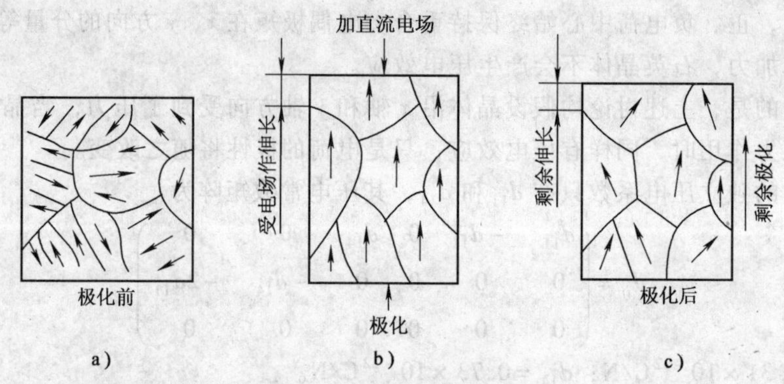

图 3-6 压电陶瓷的极化

2）三元系压电陶瓷（图 3-7）：目前应用的有 PMN，它由铌镁酸铅 Pb（$Mg_{1/3}$ $Nb_{2/3}$）O_3、钛酸铅 $PbTiO_3$、锆钛酸铅 $PbZrO_3$ 三种成分配比而成。另外还有专门制造耐高温、高压和电击穿性能的铌锰酸铅系列、镁碲酸铅、锑铌酸铅等。

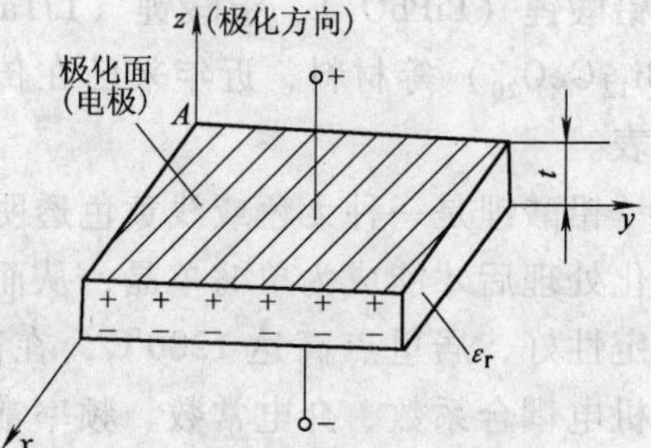

图 3-7 压电陶瓷坐标系

压电陶瓷的压电常数矩阵为

$$\boldsymbol{d}_{ij}=\begin{pmatrix}0 & 0 & 0 & 0 & d_{15} & 0\\ 0 & 0 & 0 & -d_{15} & 0 & 0\\ d_{31} & d_{32} & d_{33} & 0 & 0 & 0\end{pmatrix} \tag{3-8}$$

压电陶瓷的压电效应比石英晶体的强数十倍。

对石英晶体，长宽切变压电效应最差，故很少取用；

对压电陶瓷，厚度切变压电效应最好，应尽量取用；

对三维空间力场的测量，压电陶瓷的体积压缩压电效应显示了独特的优越性。但是，石英晶体温度与时间的稳定性以及材料之间的一致性远优于压电陶瓷。

压电材料的主要特性参数有：

1）压电常数：是衡量材料压电效应强弱的参数，它直接关系到压电输出灵敏度。

2）弹性常数：压电材料的弹性常数（刚度）决定着压电器件的固有频率和动态特性。

3）介电常数：对于一定形状、尺寸的压电元件，其固有电容与介电常数有关，而固有电容又影响着压电传感器的频率下限。

4）机电耦合系数：它定义为在压电效应中，转换输出的能量（如电能）与输入的能量（如机械能）之比的平方根。它是衡量压电材料机电能量转换效率的一个重要参数。

5）电阻：压电材料的绝缘电阻将减少电荷泄漏，从而改善压电传感器的低频特性。

6）居里点：即压电材料开始丧失压电性的温度。

常用压电晶体和陶瓷材料的主要性能列于表 3-1。

3. 新型压电材料

（1）压电半导体　1968 年以来出现了多种压电半导体如硫化锌（ZnS）、碲化镉（CdTe）、氧化锌（ZnO）、硫化镉（CdS）、碲化锌（ZnTe）和砷化镓（GaAs）等。这些材料的显著特点是：既具有压电特性，又具有半导体特性。因此既可用其压电性研制传感器，又可用其半导体特性制作电子器件；也可以两者结合，集元件与电路于一体，研制成新型集成压电传感器测试系统。

表 3-1 常用压电晶体和陶瓷材料的主要性能①

参数	石英	钛酸钡	锆钛酸铅 PZT-4	锆钛酸铅 PZT-5	锆钛酸铅 PZT-8
压电常数/(pC/N)	$d_{11}=2.31$ $d_{14}=0.73$	$d_{33}=190$ $d_{31}=-78$ $d_{15}=250$	$d_{33}=200$ $d_{31}=-100$ $d_{15}=410$	$d_{33}=415$ $d_{31}=-185$ $d_{15}=670$	$d_{33}=200$ $d_{31}=-90$ $d_{15}=410$
相对介电常数 ε_r	4.5	1200	1050	2100	1000
居里温度点/℃	573	115	310	260	300
最高使用温度/℃	550	80	250	250	250
密度/($\times 10^{-3}$kg·m^{-3})	2.65	5.5	7.45	7.5	7.45
弹性模量/($\times 10^{-9}$N·m^{-2})	80	110	83.3	117	123
机械品质因数	$10^5\sim10^6$		≥500	80	≥800
最大安全应力/($\times 10^{-5}$N·m^{-2})	95~100	81	76	76	83
体积电阻率/(Ω·m)	$>10^{12}$	10^{10}*	$>10^{10}$	10^{11}	
最高允许相对湿度(%)	100	100	100	100	

① 在25℃ 以下。

（2）有机高分子压电材料　其一，是某些合成高分子聚合物，经延展拉伸和电极化后具有压电性的高分子压电薄膜，如聚氟乙烯（PVF）、偏聚氟乙烯（PVF_2）、聚氯乙烯（PVC）、聚 r 甲基 - L 谷氨酸脂（PMG）和尼龙 11 等。这些材料的独特优点是质轻柔软，抗拉强度较高、蠕变小、耐冲击，体电阻达 $10^{12}\Omega\cdot m$，击穿强度为 150 ~ 200kV/mm，声阻抗近于水和生物体含水组织，热释电性和热稳定性好，且便于批生产和大面积使用，可制成大面积阵列传感器乃至人工皮肤。

其二，是高分子化合物中掺杂压电陶瓷 PZT 或 $BaTiO_3$ 粉末制成的高分子压电薄膜。这种复合压电材料同样既保持了高分子压电薄膜的柔软性，又具有较高的压电性和机电耦合系数。

3.1.3 压电振子

逆压电效应可以使压电体振动，可以构成超声波换能器、微量天平、惯性传感器以及声表面波传感器等。逆压电效应可以产生微位移，也在光电传感器中作为精密微调环节。

要使压电体中的某种振动模式能被外电场激发，首先要有适当的机电耦合途径把电场能转换成与该种振动模式相对应的弹性能。当在压电体的某一方向上加电场时，可从与该方向相对应的非零压电系数来判断何种振动方式有可能被激发。例如，对于经过极化处理的压电陶瓷，一共有三个非零的压电系数：$d_{31}=d_{32}=d_{33}$，$d_{15}=d_{24}$。因此若沿极化轴 z 方向加电场，则通过 d_{33} 的耦合在 z 方向上激发纵向振动，并通过 d_{31} 和 d_{32} 在垂直于极化方向的 x 轴和 y 轴上激发起相应的横向振动。而在垂直于极化方向的 x 轴或 y 轴上加电场，则通过 d_{15} 和 d_{24} 激发起绕 y 轴或 x 轴的剪切振动。压电常数的 18 个分量能激发的振动可分成四大类，如图 3-8 所示，它们是：

1）垂直于电场方向的伸缩振动，用 LE（Lensth expansion）表示。

2）平行于电场方向的伸缩振动，用 TE（Thickness expansion）表示。

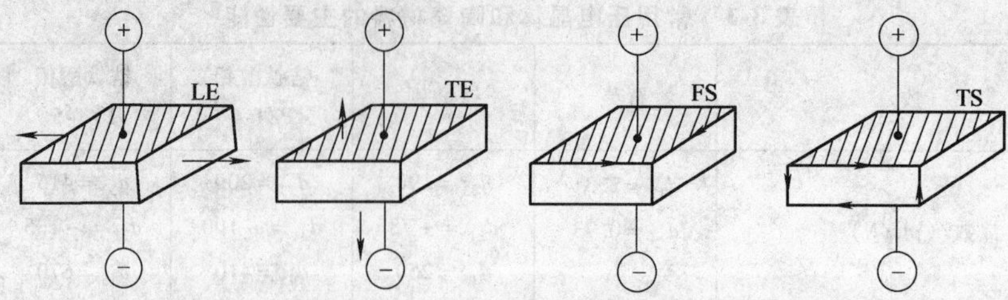

图 3-8 四种压电振动模式

3）垂直于电场平面内的剪切振动，用 FS（Face shear）表示。

4）平行于电场平面内的剪切振动，用 TS（Thickness shear）表示。

按照粒子振动时的速度方向与弹性波的传播方向，这些由压电效应激发的振动可分纵波与横波两大类。前者粒子振动的速度方向与弹性波的传播方向平行，而后者则互相垂直。按照外加电场与弹性波传播方向间的关系，压电振动又可分为纵向效应与横向效应两大类。当弹性波的传播方向平行于电场方向时为纵向效应，而二者互相垂直时为横向效应。压电体中能被外电场激发的振动模式还和压电体的形状尺寸有着密切的关系。压电体的形状应该有利于所需振动模式的机电能量转换。

3.2 压电传感器等效电路和测量电路

3.2.1 等效电路

压电振子在其谐振频率附近的阻抗-频率特性可近似地用一个等效电路来描述。图 3-9 是常用的一种等效电路及其阻抗特性的示意图，其中 C_0 表示振子在高频下的等效电容。由 L_1、C_1 和 R_1 构成的串联谐振电路，用于电场能和磁场能之间的相互转换，模拟了压电振子中通过正、逆压电效应所作的电能与弹性能之间的相互转换，其中 L_1 为动态电感，C_1 称为动态电容，R_1 称为机械阻尼电阻。等效电路中 C_0、C_1、L_1、R_1 的数值可通过测量振子的阻抗频率特性求得，也可通过计算，直接与压电材料的物理常数和振子的几何尺寸联系起来。图 3-9b 中，f_s 为串联谐振频率，f_p 为并联谐振频率。

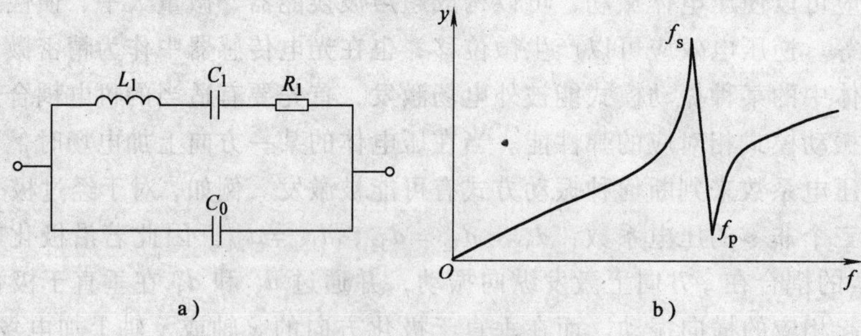

图 3-9 压电振子的等效电路与阻抗特性

a）等效电路 b）导纳-频率特性

在低频应用时，$L_1=0$，$R_1=0$，从功能上讲，压电器件实际上是一个电荷发生器。

设压电材料的相对介电常数为 ε_r，极化面积为 A，两极面间距离（压电片厚度）为 t，

如图 3-10 所示。这样又可将压电器件视为具有电容 C_a 的电容器，且有

$$C_a = \varepsilon_0 \varepsilon_r A/t \tag{3-9}$$

因此，从性质上讲，压电器件实质上又是一个有源电容器，通常其绝缘电阻 $R_a \geqslant 10^{10}\Omega$。

当需要压电器件输出电压时，可把它等效成一个与电容串联的电压源，如图 3-10a 所示。在开路状态，其输出端电压和电压灵敏度分别为

$$U_a = Q/C_a \tag{3-10}$$

$$K_u = U_a/F = Q/(C_a F) \tag{3-11}$$

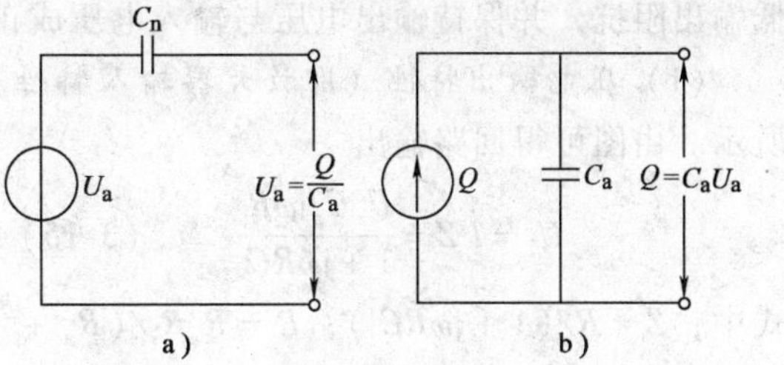

式中，F 为作用在压电器件上的外力。

图 3-10　压电器件的理想等效电路

a）电压源　b）电荷源

当需要压电器件输出电荷时，则可把它等效成一个与电容相并联的电荷源，如图 3-10b 所示。同样，在开路状态，输出端电荷为

$$Q = C_a U_a \tag{3-12}$$

式中，U_a 即极板电荷形成的电压。这时的输出电荷灵敏度为

$$K_q = Q/F = C_a U_a/F \tag{3-13}$$

显然 K_u 与 K_q 之间有如下关系：

$$K_u = K_q U_a/Q \tag{3-14}$$

必须指出，上述等效电路及其输出，只有在压电器件本身理想绝缘、无泄漏、输出端开路（即 $R_a = R_L = \infty$）条件下才成立。在构成传感器时，总要利用电缆将压电器件接入测量电路和仪器。这样，就引入了电缆的分布电容 C_c，测量放大器的输入电阻 R_i 和电容 C_i 等形成的负载阻抗影响；加之考虑压电器件并非理想元件，它内部存在泄漏电阻 R_a，则由压电器件构成传感器的实际等效电路如图 3-11 所示。

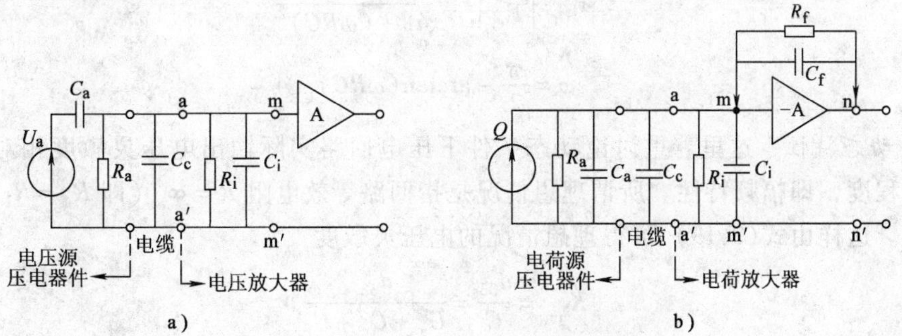

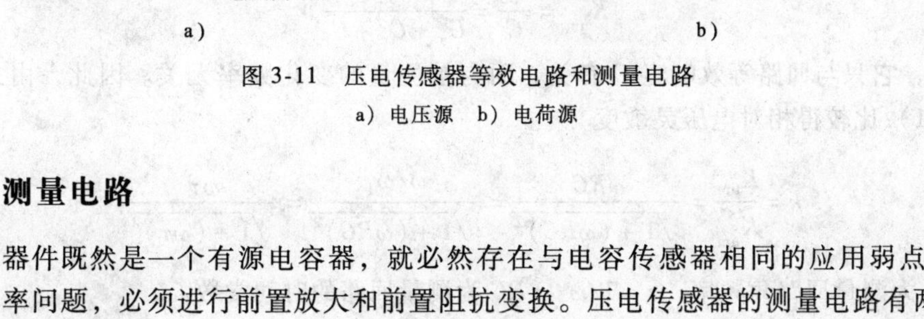

图 3-11　压电传感器等效电路和测量电路

a）电压源　b）电荷源

3.2.2　测量电路

压电器件既然是一个有源电容器，就必然存在与电容传感器相同的应用弱点——高内阻、小功率问题，必须进行前置放大和前置阻抗变换。压电传感器的测量电路有两种形式：电压放大器和电荷放大器。

1. 电压放大器

电压放大器又称阻抗变换器。它的主要作用是把压电器件的高输出阻抗变换为传感器的低输出阻抗，并保持输出电压与输入电压成正比。

(1) 压电输出特性（即放大器输入特性） 将图 3-12a mm′左部等效化简成为图 3-12b 所示。由图可得回路输出

$$\dot{U}_{\mathrm{i}} = \dot{I}Z = \frac{U_{\mathrm{a}}C_{\mathrm{a}}\mathrm{j}\omega R}{1+\mathrm{j}\omega RC} \tag{3-15}$$

式中，$Z = R/(1+\mathrm{j}\omega RC')$；$R = R_{\mathrm{a}}R_{\mathrm{i}}/(R_{\mathrm{a}}+R_{\mathrm{i}})$为测量回路等效电阻；$C = C_{\mathrm{a}}+C_{\mathrm{i}}+C_{\mathrm{c}}$为测量回路等效电容；$\omega$ 为压电转换角频率。

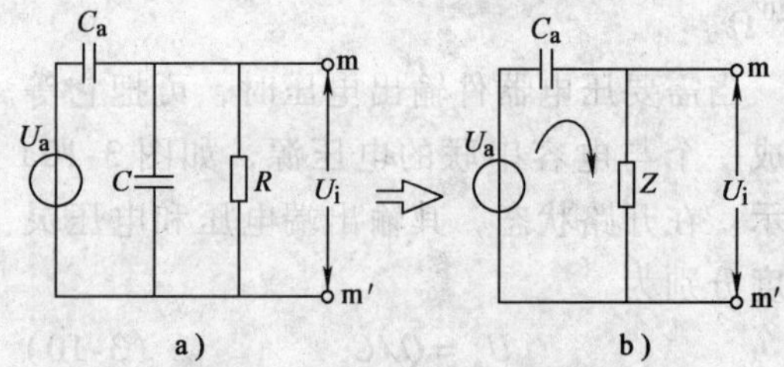

图 3-12 电压放大器简化电路

假设压电器件取压电常数为 d_{33} 的压电陶瓷，并在其极化方向上受有角频率为 ω 的交变力 $F = F_{\mathrm{m}}\sin\omega t$，则压电器件的输出

$$\dot{U}_{\mathrm{a}} = \frac{\dot{Q}}{C_{\mathrm{a}}} = \frac{d_{33}}{C_{\mathrm{a}}}F = \frac{d_{33}}{C_{\mathrm{a}}}F_{\mathrm{m}}\sin\omega t \tag{3-16}$$

代入式(3-15) 可得压电回路输出特性和电压灵敏度分别为

$$\dot{U}_{\mathrm{i}} = d_{33}\dot{F}\frac{\mathrm{j}\omega R}{1+\mathrm{j}\omega RC} \tag{3-17}$$

$$K_{\mathrm{u}}(\mathrm{j}\omega) = \frac{\dot{U}_{\mathrm{i}}}{\dot{F}} = d_{33}\frac{\mathrm{j}\omega R}{1+\mathrm{j}\omega RC} \tag{3-18}$$

其幅值和相位分别为

$$K_{\mathrm{um}} = \left|\frac{\dot{U}_{\mathrm{i}}}{F_{\mathrm{m}}}\right| = \frac{d_{33}\omega R}{\sqrt{1+(\omega RC)^2}} \tag{3-19}$$

$$\varphi = \frac{\pi}{2} - \arctan(\omega RC) \tag{3-20}$$

(2) 动态特性 这里着重讨论动态条件下压电回路实际输出电压灵敏度相对理想情况下的偏离程度，即幅频特性。所谓理想情况是指回路等效电阻 $R=\infty$（即 $R_{\mathrm{a}}=R_{\mathrm{i}}=\infty$），电荷无泄漏。这样由式(3-19) 可得理想情况的电压灵敏度

$$K_{\mathrm{um}}^{*} = \frac{d_{33}}{C} = \frac{d_{33}}{C_{\mathrm{a}}+C_{\mathrm{c}}+C_{\mathrm{i}}} \tag{3-21}$$

可见，它只与回路等效电容 C 有关，而与被测量的变化频率无关。因此，由式(3-19) 与式(3-21) 比较得相对电压灵敏度

$$k = \frac{K_{\mathrm{um}}}{K_{\mathrm{um}}^{*}} = \frac{\omega RC}{\sqrt{1+(\omega RC)^2}} = \frac{\omega/\omega_1}{\sqrt{1+(\omega RC)^2}} = \frac{\omega\tau}{\sqrt{1+(\omega\tau)^2}} \tag{3-22}$$

式中，ω_1 为测量回路角频率；$\tau = 1/\omega_1 = RC$ 为测量回路的时间常数。

由式(3-22) 和式(3-20) 作出的特性曲线示于图 3-13。由图不难分析：

1）高频特性：当$\omega\tau \gg 1$，即测量回路时间常数一定，而被测量频率愈高（实际只要$\omega\tau \geqslant 3$），则回路的输出电压灵敏度就愈接近理想情况。这表明，压电器件的高频响应特性好。

2）低频特性：当$\omega\tau \ll 1$，即τ一定，而被测量的频率愈低时，电压灵敏度愈偏离理想情况，同时相位角的误差也愈大。

由于采用电压放大器的压电传感器，其输出电压灵敏度受电缆分布电容C_c的影响（式(3-21)），因此电缆的增长或变动，将使已标定的灵敏度改变。

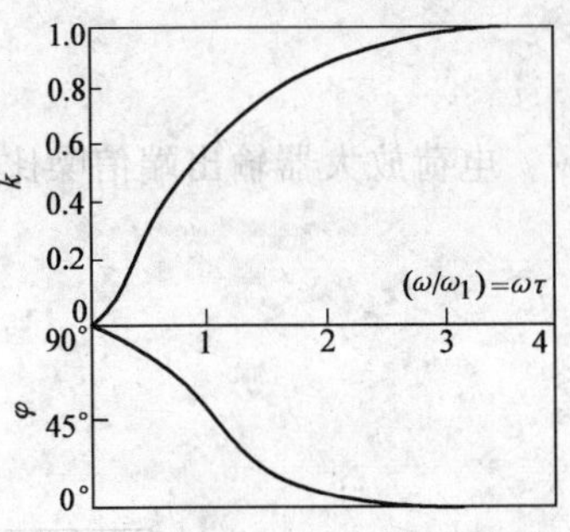

图3-13　压电器件与测量电路相联的动态特性曲线

图3-14为阻抗器的一种具体设计。

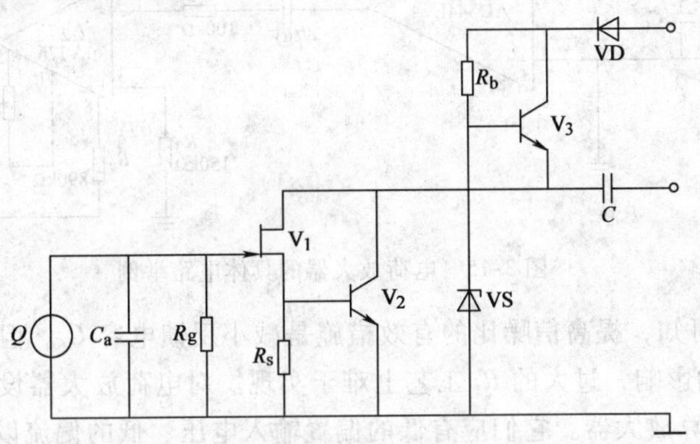

图3-14　阻抗变换电路

2. 电荷放大器

（1）工作原理和输出特性　电荷放大器的原理如图3-11b所示。它的特点是，能把压电器件高内阻的电荷源变换为传感器低内阻的电压源，以实现阻抗匹配，并使其输出电压与输入电荷成正比，而且，传感器的灵敏度不受电缆变化的影响。

图中电荷放大级又称电荷变换级。输入电容C是输入并联电容的总合，C_f为负反馈电容。放大器的输出

$$U_o = \frac{-AQ}{(1+A)C_f + C} \tag{3-23}$$

通常放大器开环增益$A = 10^4 \sim 10^6$，因此$(1+A)C_f \gg C$（一般取$AC_f > 10C$即可），则有

$$U_o = -Q/C_f \tag{3-24}$$

上式表明，电荷放大器输出电压与输入电荷及反馈电容有关。只要C_f恒定，就可实现回路输出电压与输入电荷成正比，相位差180°。

$$K_u = -1/C_f \tag{3-25}$$

输出灵敏度只与反馈电容有关，而与电缆电容无关。根据式(3-25)，电荷放大器的灵敏度调节可采用切换C_f的办法，通常$C_f = 100 \sim 10000\text{pF}$。在$C_f$的两端并联$R_f = 10^{10} \sim 10^{14}\,\Omega$的电阻，可以提高直流负反馈，以减小零漂，提高工作稳定性。

电荷放大器的具体电路如图3-15所示。图中包括电荷放大部分和电压放大部分。在低频测量时，第一级放大器，即电荷放大器的闪烁噪声（$1/f$噪声）就突现出来。电荷放大器的输入噪声V_{ni}与经同相放大计算后的输出噪声V_{no}可按下式计算：

$$V_{no} = \left(\frac{C}{C_f} + 1\right) V_{ni} \tag{3-26}$$

电荷放大器输出端信噪比 R_{SN} 为

$$R_{SN} = \frac{\dfrac{Q}{C_f}}{\dfrac{C}{C_f} + 1} = \frac{Q}{C + C_f} \tag{3-27}$$

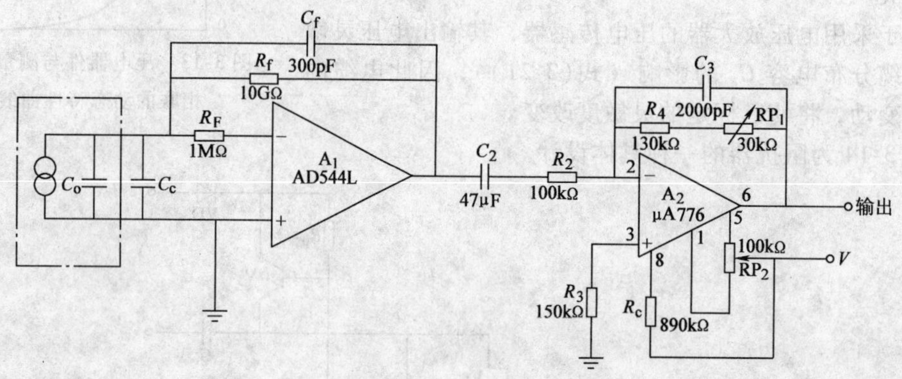

图 3-15　电荷放大器的具体电路举例

由式(3-27) 可知，提高信噪比的有效措施是减小反馈电容 C_f。但是电荷放大器的低频下限受 R_fC_f 乘积的影响，过大的 R_f 工艺上难于实现。对电荷放大器设计时，要充分重视构成电荷放大器的运算放大器。它们应有低的偏置输入电压、低的偏流以及低的失调漂移等性能。工艺上，因为即使很小的漏电电流进入电荷放大器也会产生误差，所以，输入部分要用聚四氟乙烯支架等绝缘子进行特殊绝缘。

图中 R_f 阻值很大，不易实现。可用图 3-16 电路实现。运算放大器 A 等电路提供了直流负反馈。

(2) 高、低频限　电荷放大器的高频上限主要取决于压电器件的 C_a 和电缆的 C_c 与 R_a

$$f_H = \frac{1}{2\pi R_a (C_a + C_c)} \tag{3-28}$$

由于 C_a、C_c、R_a 通常都很小，因此高频上限 f_H 可高达 180kHz。

电荷放大器的低频下限，由于 A 相当大，通常 $(1+A)C_f \gg C$，$R_f/(1+A) \ll R_f$，因此只取决于反馈回路参数 R_f、C_f

$$f_L = \frac{1}{2\pi R_f C_f} \tag{3-29}$$

它与电缆电容无关。由于运算放大器的时间常数 R_fC_f 可做得很大，因此电荷放大器的低频下限 f_L 可低达 $10^{-1} \sim 10^{-4}$Hz（准静态）。

3. 谐振电路

(1) 工作原理　压电谐振器的工作是以压电效应

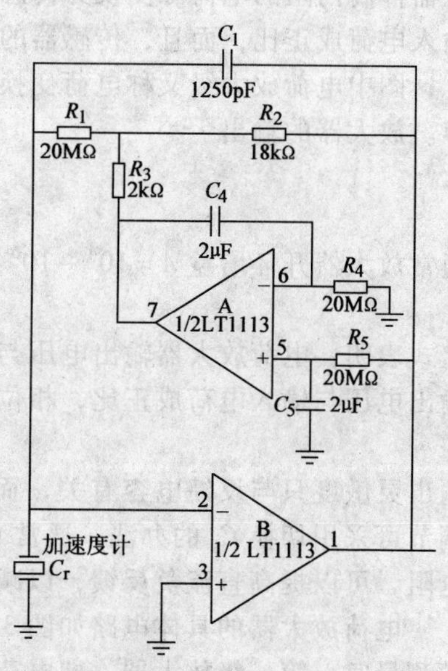

图 3-16　解决大电阻直流负反馈工艺难点的一种方法

为基础的，利用压电效应可将电极的输入电压转换成振子中的机械应力（逆压电效应）；反之，在机械应力的作用下，振子发生变形在电极上产生输出电荷（正压电效应）。压电变换器的可逆性使我们把它视为二端网络（如图3-17所示），从这两端既可输入电激励信号产生机械振动，又可取出与振幅成正比的电信号。在其输入端加频率为f的交变电压U，把电极回路中电流I看为特征量，那么谐振器可以用与频率有关的复阻抗$Z=U/I$表示。接近谐振频率时，$|Z|$值最小，通过谐振器的电流最大。

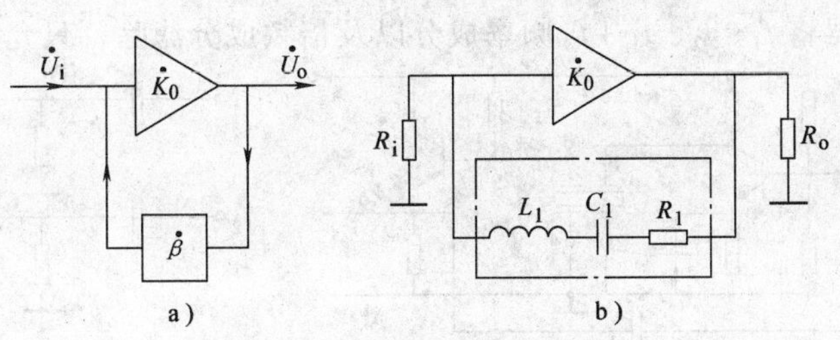

图3-17　压电自激振荡器
a）压电自激振荡器结构　b）等效电路

对具体的压电谐振器来说，由于压电效应，只有在某些机械振动固有频率上才可以被电激励。偏离谐振频率时，激励电极回路中的电流变小，它基本上由极间电容所确定。当激励电压的频率接近于压电谐振器的某一谐振频率f_s时，机械振动的振幅加大，并且在该频率上达到最大值。电极上的电荷也按比例地增加，电荷Q的极性随输入信号的频率而改变，因此流过压电元件的是正比于机械振动幅值的交变电流。

$$\dot{K}'=\frac{\dot{U}_o}{\dot{U}_i}=\frac{\dot{K}_0}{1-\dot{K}_0\dot{\beta}} \tag{3-30}$$

为了产生不间断的等幅振荡，闭环系统必须满足如下两个条件：

1）相位条件：当开环系统的传输系数为实数时，也就是放大器和谐振器的总相移等于或整数倍于2π时，闭环回路中发生自激振荡。在这种情况下，放大器在自振频率下实现正反馈。

2）幅值条件：振动频率满足关系$|\dot{K}_0\dot{\beta}|>1$。

（2）电路举例　图3-18为电容三点式压电体振荡电路，由结型场效应晶体管和双极型晶体管构成，电容C可在10～500pF范围内调整。图3-19所示电路由TTL反相器构成。图3-20所示电路将压电体的驱动与检测电极分开，电极有公共接地点，便于屏蔽，该电路适用于声表面波压电传感器。

被检测量的变化所引起的压电元件谐振频率偏移比原频率要小得多。这时需要检测出频率偏移量，而不是总频率。图3-21为利用二极管的非线性原理的频差检测电路。低通滤波

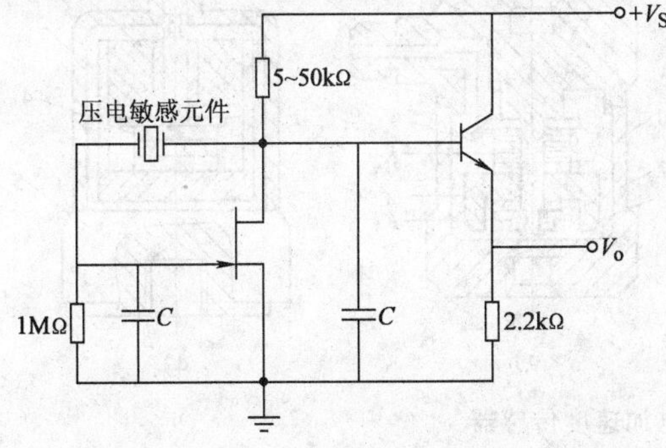

图3-18　电容三点式压电体振荡电路

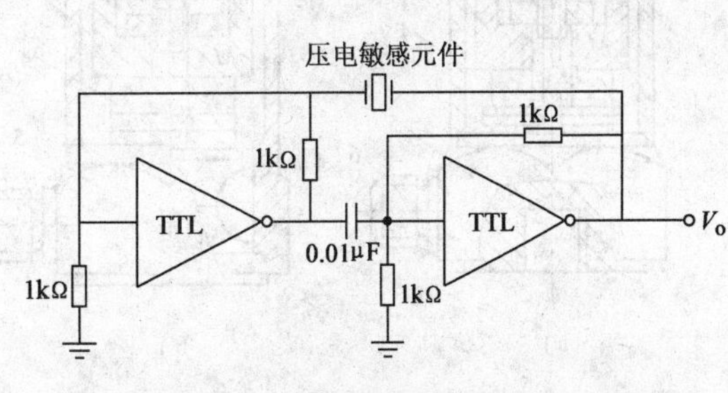

图3-19　由TTL逻辑电路构成的振荡电路

器将 f_1、f_2、f_1+f_2 频率成分以及倍频成分滤除，只允许 $|f_1-f_2|$ 差频成分通过。

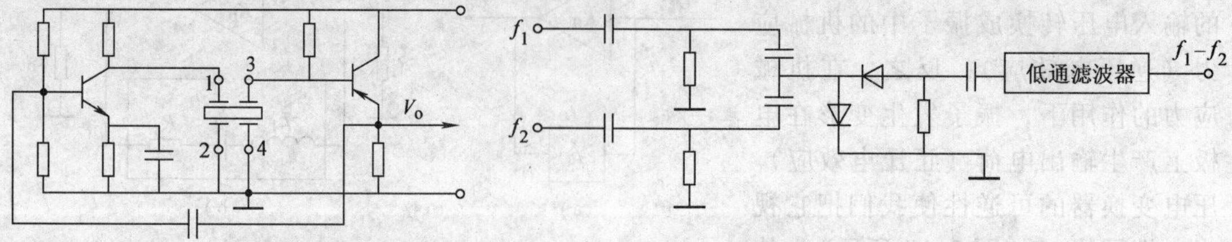

图 3-20 驱动与检测电极分开的压电振动传感电路

图 3-21 频率差检测电路

3.3 压电式传感器的应用

广义地讲，凡是利用压电材料各种物理效应构成的种类繁多的传感器，都可称为压电式传感器。迄今它们在工业、军事和民用各个方面均已付诸应用。

3.3.1 压电式加速度传感器

1. 结构类型

目前压电加速度传感器的结构型式主要有压缩型、剪切型和复合型三种。这里介绍前两种。

（1）压缩型 图 3-22 所示为常用的压缩型压电加速度传感器结构，压电元件取用 d_{11} 或 d_{33} 形式。

图 3-22a 正装中心压缩式的结构特点是：质量块和弹性元件通过中心螺栓固紧在基座上形成独立的体系，以与易受非振动环境干扰的壳体分开，具有灵敏度高，性能稳定，频响好，工作可靠等优点。但基座的机械和热应变仍有影响。为此，设计出改进型如图 3-22b 所示的隔离基座压缩式和图 3-22c 所示的倒装中心压缩式。图 3-22d 是一种双筒双屏蔽新颖结构，它除外壳起屏蔽作用外，内预紧套筒也起内屏蔽作用。由于预紧筒横向刚度大，大大提高了传感器的综合刚度和横向抗干扰能力，改善了特性。这种结构还在基座上设有应力槽，可起到隔离基座机械和热应变干扰的作用，不失为一种采取综合抗干扰措施的好设计，但工艺较复杂。

（2）剪切型 由表 3-2 所列压电元件的基本变形方式可知，剪切压电效应以压电陶瓷

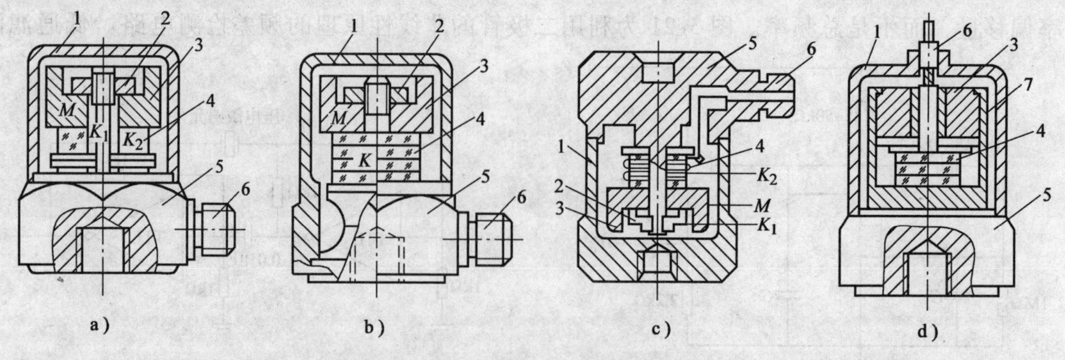

图 3-22 压缩型压电加速度传感器

a）正装中心压缩式 b）隔离基座压缩式 c）倒装中心压缩式 d）隔离预载筒筒压缩式

1—壳体 2—预紧螺母 3—质量块 4—压电元件 5—基座 6—引线接头 7—预紧筒

为佳，理论上不受横向应变等干扰和无热释电输出。因此剪切型压电传感器多采用极化压电陶瓷作为压电转换元件。图3-23示出了几种典型的剪切型压电加速度传感器结构。图3-23a为中空圆柱形结构，其中柱状压电陶瓷可取两种极化方案（如图3-23b所示）：一是取轴向极化，d_{24}为剪切压电效应，电荷从内外表面引出；一是取径向极化，d_{15}为剪切压电效应，电荷从上下端面引出。剪切型结构简单、轻小、灵敏度高。存在的问题是压电元件作用面（结合面）需通过粘结（d_{24}方案需用导电胶粘结），装配困难，且不耐高温和大载荷。

表3-2　压缩型与剪切型压电加速度传感器性能比较

形式/性能	最大横向灵敏度(%)	基座应变灵敏度/($ms^{-2}\cdot(\mu\varepsilon)^{-1}$)	瞬变温度灵敏度/($ms^{-2}\cdot℃^{-1}$)	声灵敏度/($ms^{-2}\cdot(154dB)^{-1}$)	磁场灵敏度/($ms^{-2}\cdot T^{-1}$)
4335压缩型	<4(个别值)	2	3.9	1	9.8
4396剪切型	<4(最大值)	0.08	0.39	0.005	5.9

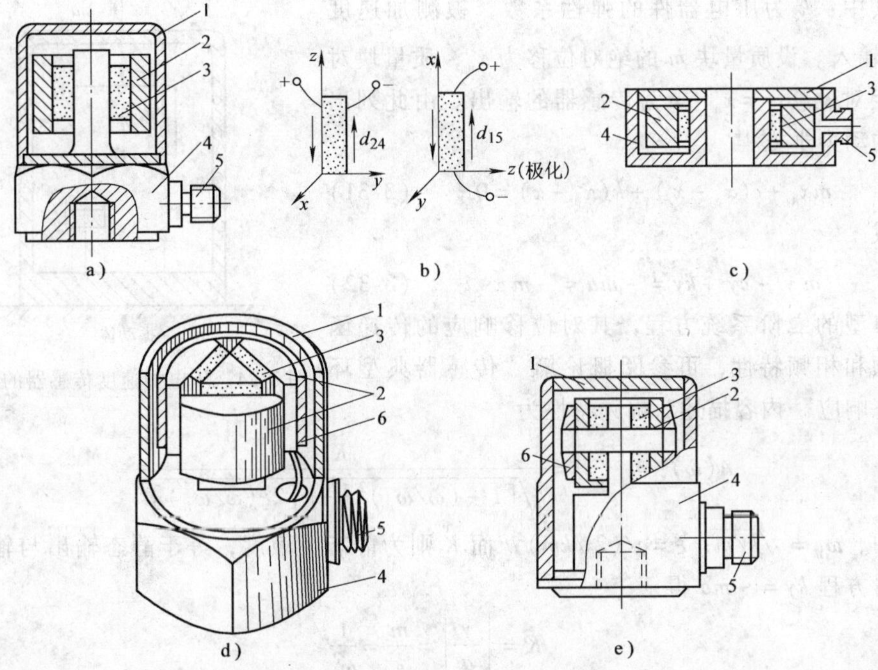

图3-23　剪切型压电式加速度传感器结构

a）中空柱形　b）两种极化　c）扁环形　d）三角形　e）H形

1—壳体　2—质量块　3—压电元件　4—基座　5—引线接头　6—预紧筒

图3-23c为扁环形结构。它除上述中空圆柱形结构的优点外，还可当作垫圈一样在有限的空间使用。

图3-23d为三角剪切式新颖结构。三块压电片和扇形质量块呈等三角空间分布，由预紧筒固紧在三角中心柱上，取消了胶结，改善了线性和温度特性，但材料的匹配和制作工艺要求高。

图3-23e为H形结构。左右压电组件通过横螺栓固紧在中心立柱上。它综合了上述各种剪切式结构的优点，具有更好的静态特性、更高的信噪比和宽的高低频特性，装配也

方便。

横向灵敏度是衡量横向干扰效应的指标。一只理想的单轴压电传感器，应该仅对其轴向的作用力敏感，而对横向作用力不敏感。如对于压缩式压电传感器，就要求压电元件的敏感轴（电极向）与传感器轴线（受力向）完全一致。但实际的压电传感器由于压电切片、极化方向的偏差，压电片各作用面的粗糙度或各作用面的不平行，以及装配、安装不精确等种种原因，都会造成如图 3-23 所示的压电传感器电轴 E 向与力轴 z 向不重合。产生横向灵敏度的必要条件：一是伴随轴向作用力的同时，存在横向力；二是压电元件本身具有横向压电效应。因此，消除横向灵敏度的技术途径也相应有二：一是从设计、工艺和使用诸方面确保力方向与电轴的一致；二是尽量采用剪切型力-电转换方式。一只较好的压电传感器，最大横向灵敏度不大于5%。

2. 压电加速度传感器动态特性

我们以图 3-23b 加速度传感器为例，并把它简化成如图 3-24 所示的“m—k—c”力学模型。其中：k 为压电器件的弹性系数，被测加速度 $a=\ddot{x}$ 为输入。设质量块 m 的绝对位移为 x_a，质量块对壳体的相对位移 $y=x_a-x$ 为传感器的输出。由此列出质量块的动力学方程

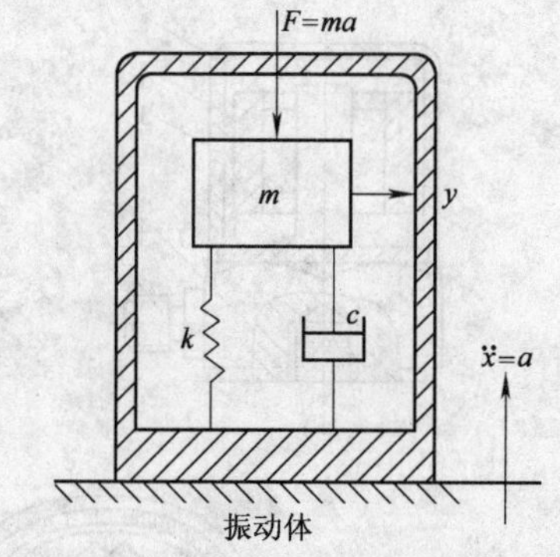

图 3-24　压电加速度传感器的力学模型

$$m\ddot{x}_a+c(\dot{x}_a-\dot{x})+k(x_a-x)=0 \qquad (3\text{-}31)$$

或整理成

$$m\ddot{y}+c\dot{y}+ky=-ma=-m\ddot{x} \qquad (3\text{-}32)$$

这是一典型的二阶系统方程，其对位移响应的传递函数、幅频和相频特性，可参阅概论篇“传感器典型环节的动态响应”内容描述。幅频特性为

$$A(\omega)_x=\left|\frac{y}{x}\right|=\frac{K}{\sqrt{[1-(\omega/\omega_n)^2]^2+[2\xi(\omega/\omega_n)]^2}} \qquad (3\text{-}33)$$

在此式中，$\omega_n=\sqrt{k/m}$；$\xi=c/(2\sqrt{km})$；而 K 则为静态灵敏度，等于静态输出与输入之比。由静态时方程 $ky=-ma$ 得

$$K=\left|\frac{y}{a}\right|=\frac{m}{k}=\frac{1}{\omega_n^2} \qquad (3\text{-}34)$$

代入式(3-33) 可得系统对加速度响应的幅频特性

$$A(\omega)_a=\left|\frac{y}{a}\right|=\frac{1/\omega_n^2}{\sqrt{[1-(\omega/\omega_n)^2]^2+[2\xi(\omega/\omega_n)]^2}}=A(\omega_n)\frac{1}{\omega_n^2} \qquad (3\text{-}35)$$

式中

$$A(\omega_n)=1/\sqrt{[1-(\omega/\omega_n)^2]^2+[2\xi(\omega/\omega_n)]^2}$$

为表征二阶系统固有特性的幅频特性。

由于质量块相对振动体的位移 y 即是压电器件（设压电常数为 d_{33}）受惯性力 F 作用后产生的变形，在其线性弹性范围内有 $F=ky$，由此产生的压电效应

$$Q=d_{33}F=d_{33}ky \qquad (3\text{-}36)$$

将上式代入式(3-35)

即得压电加速度传感器的电荷灵敏度幅频特性为

$$A(\omega)_a=\left|\frac{Q}{a}\right|=A(\omega_n)d_{33}k/\omega_n^2 \tag{3-37}$$

若考虑传感器接入两种测量电路的情况：

1）接入反馈电容为 C_f 的高增益电荷放大器，由式(3-24)、式(3-35) 得带电荷放大器的压电加速度传感器的幅频特性为

$$A(\omega)_q=\left|\frac{U_o}{a}\right|_q=A(\omega_n)d_{33}k/(C_f\omega_n^2) \tag{3-38}$$

2）接入增益为 A，回路等效电阻和电容分别为 R 和 C 的电压放大器后，由式(3-19) 可得放大器的输出为

$$|U_o|=\frac{Ad_{33}F_m\omega R}{\sqrt{1+(\omega RC)^2}}=\frac{1}{\sqrt{1+(\omega_1/\omega)^2}}\frac{Ad_{33}F_m}{C}=A(\omega_1)\frac{Ad_{33}F_m}{C} \tag{3-39}$$

$$A(\omega_1)=1/\sqrt{1+(\omega_1/\omega)^2} \tag{3-40}$$

$A(\omega_1)$ 为由电压放大器回路角频率 ω_1 决定的，表征回路固有特性的幅频特性。

由式 (3-40)和式 (3-38)不难得到，带电压放大器的压电加速度传感器的幅频特性为

$$A(\omega_u)=\left|\frac{U_o}{a}\right|_u=A(\omega_1)A(\omega_n)\frac{Ad_{33}k}{C\omega_n^2} \tag{3-41}$$

由式(3-41) 描绘的相对频率特性曲线如图3-25 所示。

综上所述：

1）由图3-25 可知，当压电加速度传感器处于 $(\omega/\omega_n)\ll1$，即 $A(\omega_n)\to1$ 时，可得到灵敏度不随 ω 而变的线性输出，这时按式(3-37) 和式(3-38) 得传感器的灵敏度近似为一常数

$$\frac{Q}{a}\approx\frac{d_{33}k}{\omega_n^2}\quad（压电元件本身）\tag{3-42}$$

或

$$\frac{U_o}{a}\approx\frac{d_{33}k}{C_f\omega_n^2}\quad（带电荷放大器）\tag{3-43}$$

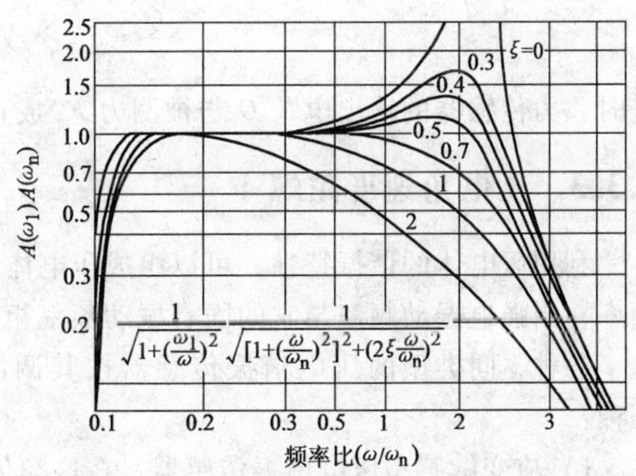

图3-25　压电加速度传感器的幅频特性

这是我们所希望的，通常取 $\omega_n>(3\sim5)\omega$。

2）由式(3-41) 知，配电压放大器的加速度传感器特性由低频特性 $A(\omega_1)$ 和高频特性 $A(\omega_n)$ 组成。高频特性由传感器机械系统固有特性所决定；低频特性由电回路的时间常数 $\tau=1/\omega_1=RC$ 所决定。只有当 $\omega/\omega_n\ll1$ 和 $\omega_1/\omega\ll1$（即 $\omega_1\ll\omega\ll\omega_n$）时，传感器的灵敏度为常数

$$\frac{U_o}{a}\approx\frac{d_{33}kA}{\omega_n^2C} \tag{3-44}$$

满足此线性输出之上述条件的合理参数选择，见上节分析，否则将产生动态幅值误差：

高频段　$\delta_H=[A(\omega_n)-1]\%$　(3-45)

低频段　$\delta_L=[A(\omega_1)-1]\%$　(3-46)

此外，在测量具有多种频率成分的复合振动时，还受到相位误差的限制。

3.3.2 压电式力传感器

压电式力传感器是利用压电元件直接实现力-电转换的传感器，在拉、压场合，通常较多采用双片或多片石英晶片作压电元件。它刚度大，测量范围宽，线性及稳定性高，动态特性好。当采用大时间常数的电荷放大器时，可测量准静态力。按测力状态分，有单向、双向和三向传感器，它们在结构上基本一样。图3-26为单向压缩式压电力传感器。两敏感晶片同极性对接，信号电荷提高一倍，晶片与壳体绝缘问题得到较好解决。

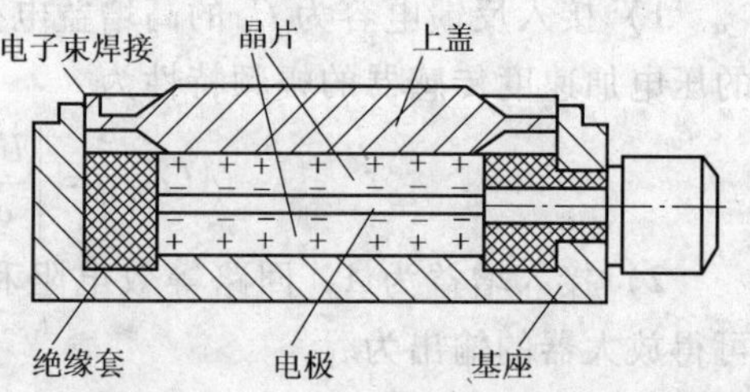

图3-26 单向压缩式压电力传感器

压电式力传感器的工作原理和特性与压电式加速度传感器基本相同。以单向力 F_z 作用为例，仍可由上述的典型二阶系统加以描述。参照式(3-41) 代入 $F_z=ma$，即可得单向压缩式压电力传感器的电荷灵敏度幅频特性

$$\left|\frac{Q}{F_z}\right| = A(\omega_n)\,d_{11} = \frac{d_{11}}{\sqrt{\left[1-\left(\frac{\omega}{\omega_n}\right)^2\right]^2+\left[2\xi\frac{\omega}{\omega_n}\right]^2}} \tag{3-47}$$

可见，当（ω/ω_n）≪1（即 $\omega \ll \omega_n$）时，上式变为

$$\frac{Q}{F_z}\approx d_{11} \quad 或 \quad Q\approx d_{11}F_z \tag{3-48}$$

这时，力传感器的输出电荷 Q 与被测力 F_z 成正比。

3.3.3 压电角速度陀螺

利用压电体的谐振特性，可以组成压电体谐振式传感器。压电晶体本身有其固有的振动频率，当强迫振动频率与它的固有振动频率相同时，就会产生谐振。

各种不同类型的压电谐振传感器按其调制谐振器参数的效应或机理可以归纳为下列几种：

1）应变敏感型压电谐振传感器：在这类传感器中，被测量直接或间接地引起压电元件的机械变形。通过压电谐振器的应变敏感性来实现参数的转换。

2）热敏型压电谐振传感器：在这类传感器中，被测量直接或间接地影响压电元件的平均温度，借压电谐振器的热敏感性实现参数的转换。

3）声负载（复阻抗 Z）敏感型压电谐振传感器：在这类装置中，被测参数调制压电元件振动表面的超声辐射条件。声压电谐振传感器的工作机理被称为声敏感性。

4）质量敏感型压电谐振传感器：这类传感器应用谐振器的参数与压电元件表面连接物质的质量之间的关系，通过压电谐振器的质量敏感性来实现参数的转换。

5）回转敏感型压电谐振传感器，即压电角速度陀螺。本节主要介绍其原理。

逆压电效应的应用也很广泛。基于逆压电效应的超声波发生器（换能器）是超声检测技术及仪器的关键器件。这里介绍逆压电效应与正压电效应的一个联合应用：压电陀螺。

压电陀螺是利用晶体压电效应敏感角参量的一种新型微型固体惯性传感器。压电陀螺消

除了传统陀螺的转动部分，故陀螺寿命取得了重大突破，MTBF 达 10000h 以上。压电陀螺最初是应近程制导需求发展起来的。这里仅介绍振梁型压电角速度陀螺。

振梁型压电角速度陀螺的工作原理如图 3-27 所示。这种陀螺的心脏元件是一根矩形振梁，振梁材料可以是恒弹性合金，也可以是石英或铌酸锂等晶体材料。在振梁的四个面上贴上两对压电换能器，当其中一对换能器（驱动和反馈换能器）加上电信号时，由于逆压电效应，梁产生基波弯曲振动，即

$$X(t)=X_0\sin\omega_c t \tag{3-49}$$

式中，X_0 是振动的最大振幅；ω_c 是驱动电压的频率。

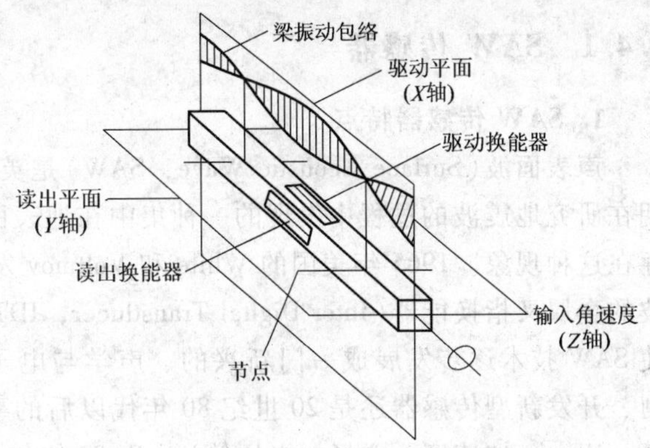

图 3-27　振梁型压电角速度陀螺的工作原理

上述振动在垂直于驱动平面的方向上产生线性动量 mv（v 是质点的线速度，m 是质点的质量）。当绕纵轴（z 轴）输入角速度 ω_z 时，在与驱动平面垂直的读出平面内产生惯性力（柯里奥利力）

$$F=-2m(\omega_z v) \tag{3-50}$$

惯性力使读出平面内的一对换能器也产生机械振动，其振幅

$$Y(t)=\frac{2X_0\omega_z}{\omega_c\left[\left(1-\frac{\omega_c^2}{\omega_0^2}\right)+\left(\frac{\omega_c}{\omega_0 Q_0}\right)^2\right]^{1/2}}\cos(\omega_c t-\phi_c) \tag{3-51}$$

式中

$$\phi_c=\arctan\left[\frac{\omega_c\omega_0}{Q_0(\omega_0^2-\omega_c^2)}\right] \tag{3-52}$$

ω_0和 Q_0分别是读出平面的谐振频率和机械品质因素。

由于压电效应，惯性力在读出平面内产生的机械振动使读出面内的压电换能器产生电信号输出。输出电压的量值决定于振幅 $Y(t)$。由式(3-49) 和式(3-50) 可如，当振梁、压电换能器和驱动电压一定时，输出电信号的大小仅与输入角速度 ω_z 的大小有关。

压电陀螺的敏感器件结构如图 3-28 所示。振梁尺寸根据使用要求确定，梁的驱动谐振频率和尺寸的关系为

$$f_c=\frac{\alpha h}{2\pi l}\sqrt{\frac{Eg}{12\rho}} \tag{3-53}$$

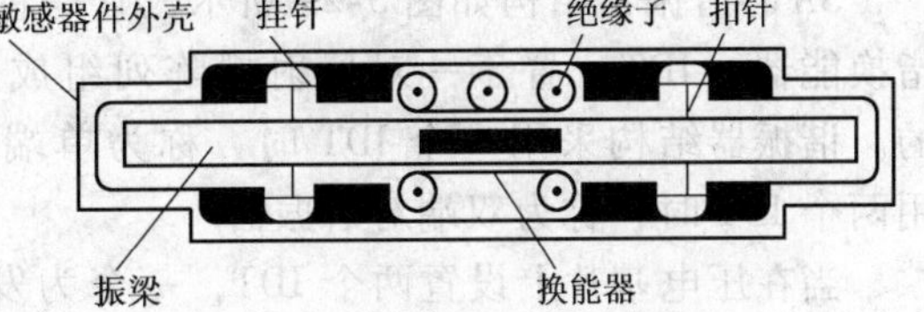

图 3-28　压电陀螺的敏感器件结构

式中，α 是与振动模式有关的常数；E 是杨氏弹性模量；l 是梁的长度，根据使用要求，可设计成 30～150mm；h 是梁弯曲方向的厚度，根据使用要求，可设计成 2～6mm；ρ 是梁的密度；g 是重力加速度。

3.4 声波传感技术

3.4.1 SAW 传感器

1. SAW 传感器特点

声表面波(Surface Acoustic Wave, SAW)是英国物理学家瑞利（Rayleigh）于19世纪末期在研究地震波的过程中发现的一种集中在地表面传播的声波。后来发现，任何固体表面都存在这种现象。1965年美国的White和Voltmov发明了能在压电晶体材料表面上激励声表面波的金属叉指换能器(Inter Digital Transducer, IDT)之后，大大加速了声表面波技术的研究，使SAW技术逐步发展成一门新兴的、声学与电子学相结合的边缘学科。利用SAW技术研制、开发新型传感器还是20世纪80年代以后的事。起初，人们观察到某些外界因素(如温度、压力、加速度、磁场、电压等)对SAW的传播参数会造成影响，进而研究这些影响与外界因素之间的关系，根据这些关系，设计出各种结构形式并制作出用于检测各种物理、化学参数的传感器。

SAW传感器之所以能够迅速发展并得到广泛应用，是因为它具有许多独特的优点：

1）高精度，高灵敏度。SAW传感器是将被测量转换成电信号频率进行测量，而频率的测量精度很高，有效检测范围线性好；抗干扰能力很强，适于远距离传输。例如SAW温度传感器的分辨率可以达到千分之几度。

2）SAW传感器将被测量转换成数字化的频率信号进行传输、处理，易于与计算机接口连接，组成自适应的实时处理系统。

3）SAW器件的制作与集成电路技术兼容，极易集成化、智能化，结构牢固，性能稳定，重复性与可靠性好，适于批量生产。

4）体积小、重量轻、功耗低，可获得良好的热性能和力学性能。

SAW传感器尽管还处于发展之中，但是它的基本物理过程是非常清楚的，因而具有广泛应用的巨大潜力。SAW几乎对所有的物理、化学现象均能感应，正因为这样，已经开发出几十种SAW传感器。

2. SAW 传感器的结构与工作原理

SAW传感器是以SAW技术、电路技术、薄膜技术相结合设计的部件，由SAW换能器、电子放大器和SAW基片及其敏感区构成，采用瑞利波进行工作。

SAW谐振器结构如图3-29所示，它是将一个或两个叉指换能器（IDT）置于一对反射栅阵列组成的腔体中构成的。谐振器结构采用一个IDT时，称为单端对谐振器；采用两个IDT时，称为双端对谐振器。

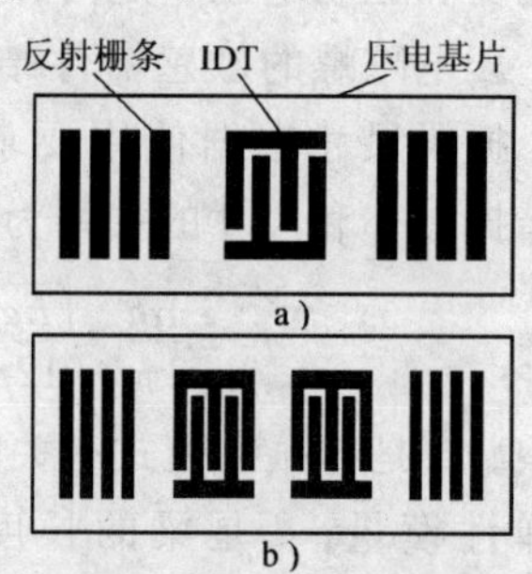

图3-29 SAW谐振器结构
a）单端对谐振器 b）双端对谐振器

当在压电基片上设置两个IDT，一个为发射IDT，另一个为接收IDT时，SAW在两个IDT中心距之间可产生时间延迟，所以称为SAW延迟线，如图3-30所示。它既是一个SAW滤波器，又是一个SAW延迟线。采用SAW谐振器或SAW延迟线结构构成的振荡器，分别称为谐振器型振荡器和延迟线型振荡器。

(1) SAWAS瑞利波 即在无边界各向同性固体中传播的声波（称为体波或体声波）。依据质点的偏振方向（即质点振动方向），该声波可分为两大类，即纵波与横波。纵波质点振动平行于传播方向，横波质点振动垂直于传播方向。两者的传播速度取决于材料的弹性模量和密度，即

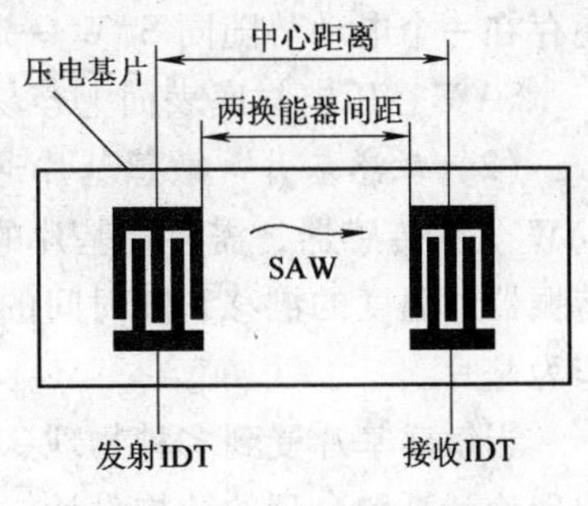

图3-30 SAW延迟线结构

纵波速度

$$v_{\mathrm{L}}=\sqrt{\frac{E}{\rho}\frac{(1-\mu)}{(1+\mu)(1-2\mu)}} \tag{3-54}$$

横波速度

$$v_{\mathrm{S}}=\sqrt{\frac{E}{\rho}\frac{1}{2(1+\mu)}} \tag{3-55}$$

式中，E为材料弹性模量；μ为材料泊松比；ρ为材料密度。

由于固体材料的泊松比μ一般在$0\sim0.5$之间，所以从式(3-54)和式(3-55)可看出横波一般比纵波传播速度慢。对于压电晶体，由于压电效应，在声波传播过程中，将有一个电动势随同传播，使声波速度变快，这种现象称为“速度劲化”。

当固体有界时，由于边界变化的限制，可出现各种类型的声表面波，如瑞利波、电声波、乐甫波、广义瑞利波、拉姆波等。SAW技术所应用的绝大部分是瑞利波。它的传播速度计算公式比较复杂，即使在最简单的非压电各向同性固体中，其速度v_{R}也是下列6次方程

$$r^6-8r^4+8r^2(3-2S^2)-16(1-S^2)=0 \tag{3-56}$$

的解，式中

$r=v_{\mathrm{R}}/v_{\mathrm{S}}$；

$S=v_{\mathrm{S}}/v_{\mathrm{L}}=\left[\dfrac{1-2\mu}{2(1-\mu)}\right]^{\frac{1}{2}}$；

$\mu=0\sim0.5$。

解方程式(3-57)可得r值在$0.87\sim0.96$之间。由此可得瑞利波的两个性质：

1）瑞利波速度与频率无关，即瑞利波是非色散波。

2）瑞利波速度比横波要慢。

这里讨论的SAW瑞利波既不是纵波，也不是横波，而是两者的叠加。已经证明瑞利波质点的运动是一种椭圆偏振。在各向同性固体中，它是由平行于传播方向的纵振动和垂直于表面及传播方向的横振动两者合成的，两者的相位差为90°。它的纵向分量能将压缩波入射到与SAW器件接邻的媒质中，它的垂直剪切分量容易受到相邻媒质粘度的影响。它与表面接触的媒质相互耦合时，其振幅与速度强烈地受到媒质的影响。振幅随深度的变化呈现不同的衰减。瑞利波的能量只集中在一个波长深的表面层内，而且频率愈高，能量集中的表面层就愈薄。在各向异性固体中，瑞利波除具上述性质外，还存在下面一些特点：瑞利波的相速度依赖于传播方向；能量流一般不平行于传播方向；质点的椭圆偏振不一定在弧矢平面（即传播方向与表面法线决定的平面）内；椭圆的主轴也不一定与传播方向或表面法线平行；质点位移随深度的衰减呈阻尼振荡形式。另外，SAW在压电基片材料中传播的同时，

还存在一个电动势随同 SAW 一起传播的现象。

SAW 在压电衬底表面上容易激励、检测、抽取，并且效率高，没有寄生模型。

（2）*敏感基片* 敏感基片通常采用石英、$LiNbO_3$、$LiTaO_3$ 等压电单晶材料制成。对于 SAW 气体传感器，需要在基片的 SAW 传播路径上涂敷对气体有响应的吸附薄膜。由于 SAW 谐振器对温度的漂移和随时间的老化较敏感，一般选用具有零温度系数的 ST 切型石英材料作为基片。

当敏感基片受到多种物理、化学或机械扰动作用时，其振荡频率会发生变化。通过正确的理论计算和合理的结构设计，能使它仅对某一被测量有响应，并将其转换成频率量。由于声表面波传播时能量主要集中在产生这种波的物质表面约一个波长的深度范围内，所以敏感区也集中在这一表面薄层附近。

（3）*换能器* 换能器（IDT）是用蒸发或溅射等方法在压电基片表面淀积一层金属膜，再用光刻方法形成的叉指状薄膜，它是产生和接收声表面波的装置。当电压加到叉指电极上时，在电极之间建立了周期性空间电场，由于压电效应，在表面产生一个相应的弹性应变。由于电场集中在自由表面，所以产生的声表面波很强烈。由 IDT 激励的表面声波沿基片表面传播。当基片或基片上覆盖的敏感材料薄膜受到被测量调制时，其表面声波的工作频率将改变，并由接收叉指电极拾取，从而构成频率输出传感器。频率范围属于甚高频或超高频，一般为几百兆赫左右。

在 IDT 发明之前，也有一些激励表面波的方法，例如楔形换能器、梳状换能器等。但由于它们不是变换效率低就是得不到高频率的 SAW 而被淘汰。此外也还有用模式转换的方法将体波转换成瑞利波，但这些方法也因效率低且波形不纯而难以实用。到目前为止，只有 IDT 是唯一可实用的换能器。

IDT 基本结构形式如图 3-31 所示，IDT 由若干淀积在用电衬底材料上的金属膜电极组成，这些电极条互相交叉配置，两端由汇流条连在一起。它的形状如同交叉平放的两排手指，故称为叉指电极。电极宽度和间距相等的 IDT 称均匀（或非色散）IDT。叉指周期 $T=2a+2b$，两相邻电极构成电极对，其相互重叠的长度为有效指长，即称换能器的孔径，记为 W。若换能器的各电极对重叠长度相等，则叫等孔径（等指长）换能器。IDT 是利用压电材料的逆压电与正压电效应来激励 SAW 的，IDT 既可用作发射换能器，用来激励 SAW，又可作接收换能器，用来接收 SAW，因而这类换能器是可逆的。在发射 IDT 上施加适当频率的交流电信号后压电基片内所出现的电场分布如图 3-32 所示。该电场可分解为垂直与水平两个分量（E_v 和 E_h），由于基片的逆压电效应，这个电场使指条电极间的材料发生形变（使质点发生位移），E_h 使质点产生平行于表面的压缩（膨胀）位移，E_v 则产生垂直于表面的切变位移。这种周期性的应变就产生沿 IDT 两侧表面传播出去的 SAW，其频率等于所施加电信号的频率。一侧无用的波可用一种高损耗介质吸收，另一侧的 SAW 传播至接收 IDT，借助于正压电效应将 SAW 转换为电信号输出。

IDT 有如下基本特性：

1）工作频率（f_0）高。由图 3-32 可见，基片在外加电场作用下产生局部形变。当声波波长与电极周期一致时得到最大激励（同步）。这时电极的周期 T 即为声波波长 λ，表示为

$$\lambda = T = v/f_0 \tag{3-57}$$

式中，v 为材料的表面波声速；f_0 为 SAW 频率，即外加电场同步频率。

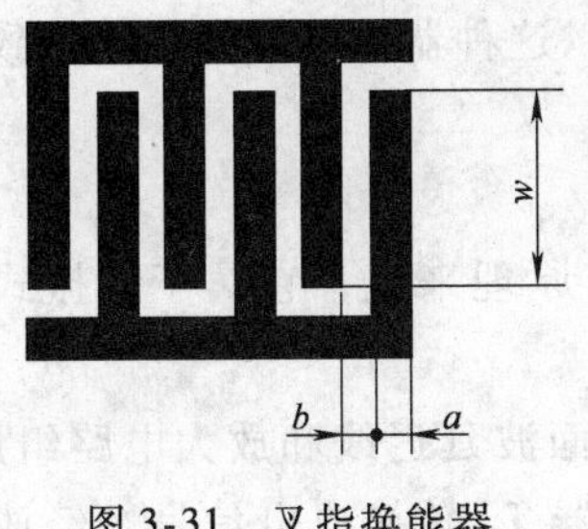

图 3-31　叉指换能器

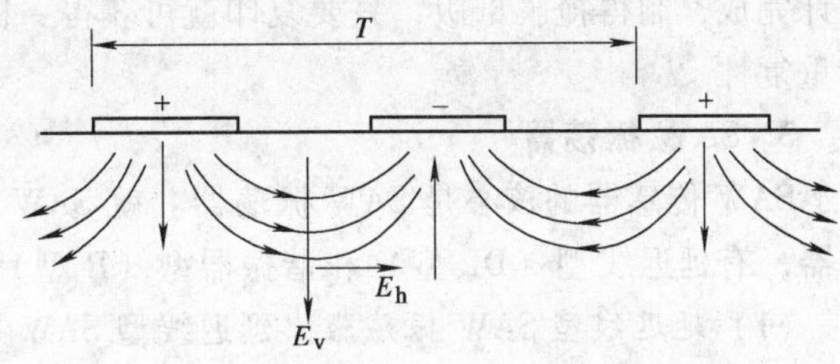

图 3-32　叉指电极下某一瞬间电场分量

当指宽 a 与间隔 b 相等时，$T=4a$，则工作频率 f_0 为

$$f_0=\frac{1}{4}\frac{v}{a}$$

可见 IDT 的最高工作频率只受工艺上所能获得的最小电极宽度 a 的限制。叉指电极由平面工艺制造，换能器的工作频率可高达 GHz。

2）时域（脉冲）响应与空间几何图形具有对称性。IDT 每对叉指电极的空间位置直接对应于时间波形的取样。在图 3-33 所示的多指对发射、接收情况下，将一个 δ 脉冲加到发射换能器上，在接收端收到的信号是到达接收换能器的声波幅度与相位的叠加，能量大小正比于叉指有效长度，输出波形为两个换能器脉冲响应之卷积。图中单个换能器的脉冲为矩阵调制脉冲，如同几何图形一样，则卷积输出为三角形调制脉冲。换能器的传输函数为脉冲响应的傅里叶变换。这一关系为设计换能器提供了极简便的方法。

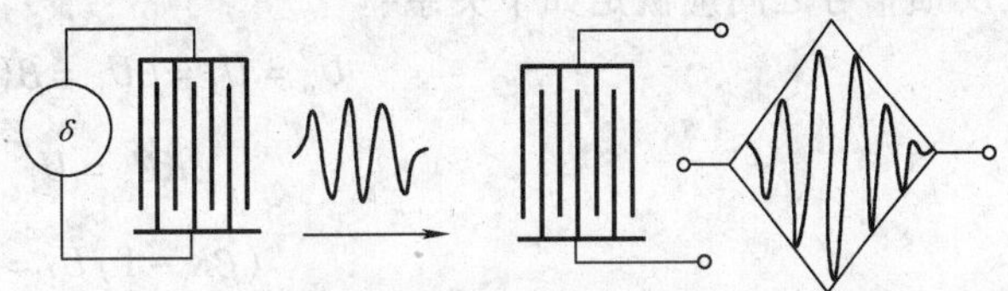

图 3-33　叉指换能器脉冲响应几何图形关系示意图

3）带宽直接取决于叉指对数。由于均匀（等指宽，等间隔）IDT，带宽可简单地由下式决定：

$$\Delta f=f_0/N \tag{3-58}$$

式中，f_0 为中心频率（工作频率）；N 为叉指对数。

由式（3-59）可知，中心频率一定时，带宽只决定于叉指对数。叉指对数 N 愈多，换能器带宽愈窄。表面波器件的带宽具有很大灵活性，相对带宽可窄到 0.1%，可宽到 1 倍频程（即 100%）。这样宽的范围，实用时均可做到。

4）具有互易性。作为激励 SAW 用的 IDT，同样（且同时）也可作接收用。这在分析和设计时都很方便，但因此也带来麻烦，如声电再生等次级效应会使器件性能变坏。

5）可作内加权。由特性 2 可推知，在 IDT 中，每对叉指辐射的能量与指长重叠度（有效长度，即孔径）有关。这就可以用改变指长重叠度的办法来实现对脉冲信号幅度的加权。同时，因为叉指位置是信号相位的取样，故有意改变指的周期就可实现信号的相位加权（如色散换能器）。或者两者同时使用，以获得某种特定的信号谱（如脉冲压缩滤波器）。图 3-33 简单地表示了这种情况。SAW 这种可内加权性比电子器件优越得多，省去了难以调试且庞杂的外加权网络，且为某些特殊的信号处理提供简单而又方便的方法与器件。

6）制造简单，重复性、一致性好。SAW 器件制造过程类似半导体集成电路工艺，一旦设计完成，制得掩膜母版，只要复印就可获得一样的器件，所以这种器件具有很好的一致性及重复性。

3. SAW 振荡器

SAW 传感器的核心是 SAW 振荡器。就 SAW 传感器的工作原理来说，它属于谐振式传感器，有延迟线型（DL 型）和谐振器型（R 型）两种。

（1）延迟线型 SAW 振荡器　延迟线型 SAW 振荡器由声表面波延迟线和放大电路组成，如图 3-34 所示。输入换能器 T_1 激发出声表面波，传播到换能器 T_2 转换成电信号，经放大后反馈到 T_1 以便保持振荡状态。应该满足的振荡条件是包括放大器在内的环路长度必须是 2π 的正整数倍，即

$$2\pi f\frac{L}{v_s}+\phi=2\pi n \tag{3-59}$$

式中，f 为振荡频率；L 为声表面波传播路程，即 T_1 与 T_2 之间的中心距离；v_s 为声表面波速度；ϕ 为包括放大器和电缆在内的环路相位移；n 为正整数，通常为 30 ~ 1000。

由图 3-35 所示的延迟线型 SAW 振荡器的框图可以看出，输入信号 U_i、输出信号 U_o 以及反馈信号之间应满足如下关系：

$$U_o=U_i=\beta U_o=\beta(KU_i)$$

$$\beta KU_i=U_i$$

$$(\beta K-1)U_i=0$$

$$\beta K=1 \tag{3-60}$$

式中，β 为反馈系数；K 为放大系数，均以复数形式表示。

显然，在闭合回路中，起振条件是

$$\beta K\geqslant 1$$

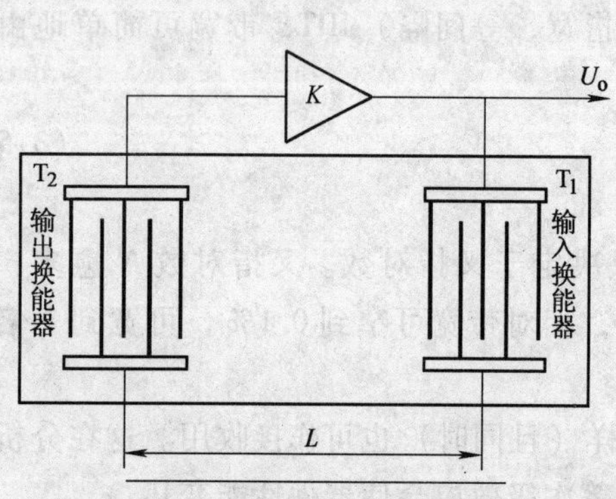

图 3-34　延迟线型 SAW 振荡器

U_i　K　U_o　U_f　β

图 3-35　延迟线型 SAW 振荡器框图

而维持振荡的条件包括两方面：

一是振幅平衡条件：

$$\beta K=1$$

二是相位平衡条件：

$$\angle\phi=0$$

把放大器的输出端接入输入换能器 T_1，当 U_o 到达 T_1 时，按照逆压电效应，T_1 将电信号转换成SAW，SAW由 T_1 传到 T_2，经过路径为 L，由输出换能器即 T_2 按压电效应将SAW转换成电信号，送到放大器的输入端。只要放大器的增益足够高，足以抵消延迟线的插入损耗，并能满足相位条件，这一系统就能产生振荡。

这里的相位条件是整个环路的相移为零或者是 $2n$ 的整数倍，即

$$\phi = \phi_D + \phi_E = 2n\pi \quad n = 0, 1, 2, \cdots \tag{3-61}$$

式中，ϕ_D 为延迟线的相位延迟；ϕ_E 为放大器和换能器所引起的相位延迟。

如果延迟线的延迟路径为 L，SAW的波速为 v_s，这时的延迟时间为

$$\tau_D = \frac{L}{v_s} \tag{3-62}$$

如果延迟线的角频率为 ω，则有

$$\phi_D = \omega\tau_D = \omega\frac{L}{v_s} \tag{3-63}$$

代入上式得

$$\frac{\omega L}{v_s} + \varphi_E = 2n\pi \tag{3-64}$$

由于 $\varphi_E \ll 2\pi$，$\varphi_D \ll 2\pi$，对于上式而言，φ_E 可以忽略，则有

$$\frac{\omega L}{v_s} \approx 2n\pi \tag{3-65}$$

故

$$\omega \approx 2n\pi\frac{v_s}{L} \tag{3-66}$$

（2）谐振器型SAW振荡器　谐振器型SAW振荡器的结构如图3-36所示。SAW谐振器由一对叉指换能器与反射栅阵列组成。发射和接收叉指换能器用来完成声-电转换。当对发射叉指换能器加以交变信号时，相当于在压电衬底材料上加交变电场。这样材料表面就产生与所加电场强度成比例的机械形变，这就是SAW。该声表面波在接收叉指换能器上由于正压电效应又变成电信号，经放大后，正反馈到输入端，只要放大器的增益能补偿谐振器及其连接导线的损耗，同时又能满足一定的相位条件，这样组成的振荡器就可以起振并维持振荡。

谐振器作为稳频元件，与晶体在电路中的作用是一致的，这时输出频率是单一的。

对于起振后的声表面波振荡器，当基片材料由于外力或温度等物理量的变化而发生形变时，在其上传播的SAW速度就会改变，从而导致振荡器频率发生改变。频率的变化量可以作为被测物理量的量度。

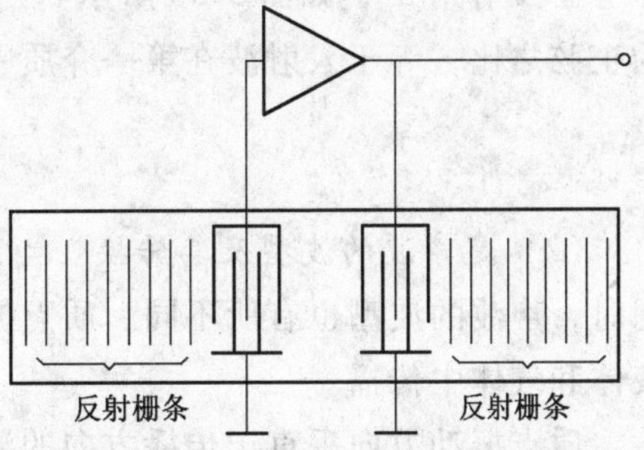

图3-36　谐振器型SAW振荡器

根据对SAW器件研究的结果，用SAW器件配以必要的电路和机构，可以做成测量机械应变、应力、压力、微小位移、作用力、流量及温度等传感器；利用同样的机理，通过合适的结构设计，也可做成SAW加速度计；通过对SAW器件基体材料的弹性力学分析和用波动方程进行推导计算，做成SAW角速度传感器以代替结构复杂的陀螺仪也是可能的；在两叉指换能

器电极之间被覆一层对某种气体敏感（吸附和脱附）的薄膜，也可制成各种 SAW 气体传感器、湿度传感器等，目前已研制成十几种 SAW 气体传感器。用 SAW 器件还可以对高电压进行测量，做成高电压传感器。将 SAW 器件，特别是 SAW 谐振器用来制作测量各种物理量和化学量的传感器，具有十分广阔的应用前景。

3.4.2 超声检测

超声学是声学的一个分支，它主要研究：超声的产生方法和探测技术（包括显示）；超声在各介质中的传播规律；超声和物质的相互作用，包括在微观尺度的相互作用，以及超声的众多应用。超声是指频率高于 20kHz 的声音。一般来说，人耳是听不见频率高于 20kHz 的声音的，由于历史原因和工作特点，少数频率低于 2×10^4Hz 声波的应用，也包括在超声学的研究范围。

1. 超声检测的物理基础

振动在弹性介质内的传播称为波动，简称波。频率在 16 ~ 2×10^4Hz 之间，能为人耳所闻的机械波，称为声波；低于 16Hz 的机械波，称为次声波；高于 2×10^4Hz 的机械波，称为超声波，如图 3-37 所示。

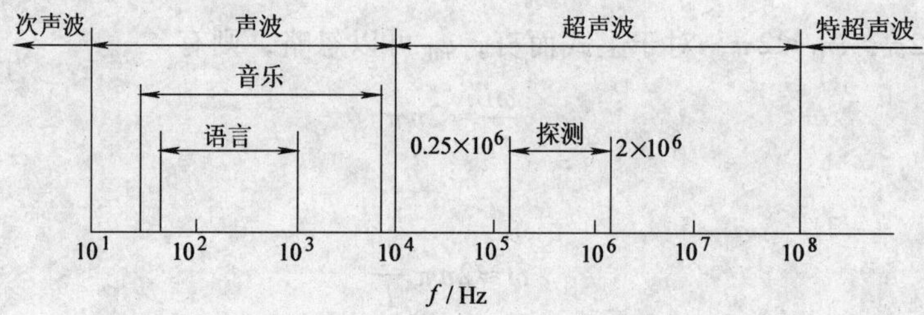

图 3-37 声波的频率界限图

当超声波由一种介质入射到另一种介质时，由于在两种介质中的传播速度不同，在异质界面上会产生反射、折射和波型转换。

（1）*波的反射和折射* 由物理学知，当波在界面上产生反射时，入射角 α 的正弦与反射角 α' 的正弦之比等于波速之比。当入射波和反射波的波形相同时，波速相等，入射角 α 即等于反射角 α'，如图 3-38 所示。当波在界面外产生折射时，入射角 α 的正弦与折射角 β 的正弦之比，等于入射波在第一介质中的波速 c_1 与折射波在第二介质中的波速 c_2 之比，即

$$\frac{\sin\alpha}{\sin\beta}=\frac{c_1}{c_2} \tag{3-67}$$

（2）*超声波的波型及其转换* 当声源在介质中的施力方向与波在介质中的传播方向不同时，声波的波型也有所不同。质点振动方向与传播方向一致的波称为纵波，它能在固体、液体和气体中传播。

质点振动方向垂直于传播方向的波称为横波，它只能在固体中传播。

质点振动介于纵波和横波之间，沿着表面传播，振幅随着深度的增加而迅速衰减的波称为表面波，它只在固体的表面传播。

超声波的波型，根据声源对介质质点的施力方向与波的传播方向之间的关系，列于表 3-3 中。

表3-3 超声波的波型，施力方向与波的传播方向之间的关系

波型	传播特点	传播介质	检测中的应用
纵波	施力方向与传播方向平行	固体、液体、气体	测量、探伤
横波	施力方向与传播方向垂直	固体、高粘滞液体	测量、探伤
表面波	介质质点振动的轨迹为椭圆，长轴与传播方向垂直，短轴与之平行	固体表面	表面探伤
兰姆波	薄板两表面质点位移的轨迹为椭圆	薄板（几个波长厚）	测厚度及晶粒结构、探伤

当声波以某一角度入射到第二介质（固体）的界面上时，除有纵波的反射、折射以外，还会发生横波的反射和折射，如图3-38所示。在一定条件下，还能产生表面波。各种波型均符合几何光学中的反射定律，即

$$\frac{c_L}{\sin\alpha}=\frac{c_{L_1}}{\sin\alpha_1}=\frac{c_{S_1}}{\sin\alpha_2}=\frac{c_{L_2}}{\sin\gamma}=\frac{c_{S_2}}{\sin\beta} \tag{3-68}$$

式中，α 为入射角；α_1、α_2 分别为纵波与横波的反射角；γ、β 分别为纵波与横波的折射角；c_L、c_{L_1}、c_{L_2} 分别为入射介质、反射介质与折射介质内的纵波速度；c_{S_1}、c_{S_2} 分别为反射介质与折射介质内的横波速度。

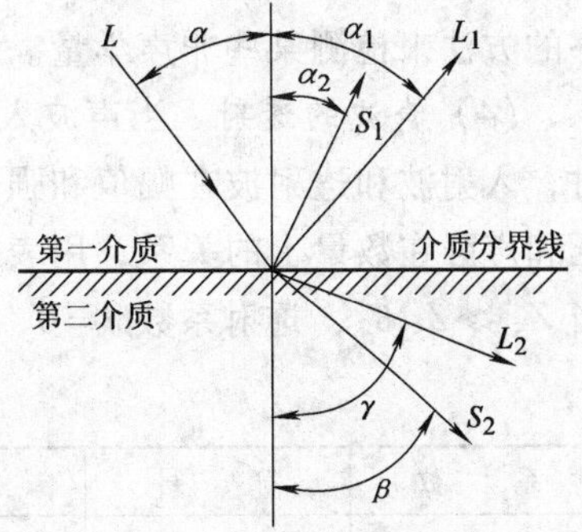

图3-38 波型转换图

L—入射波 L_1—反射纵波 L_2—折射纵波

S_1—反射横波 S_2—折射横波

波的速度与介质的关系，见表3-4。

（3）声阻抗 声阻抗是用以表示声波在介质中传播时受到的阻滞作用的参数。声速截面上单位面积上的声阻抗称为声阻抗率，即为

$$Z_s = pv \tag{3-69}$$

式中，Z_s 为声阻抗率（$kg\cdot m^{-1}\cdot s^{-1}$）；$p$ 为声压（$kg\cdot m^{-2}$）；v 为介质质点的振动速度（$m\cdot s^{-1}$）。

表3-4 波速与介质的关系

波型	气体	液体	固体
纵波 $C_L/(m\cdot s^{-1})$	$\sqrt{\frac{K}{\rho}}=\sqrt{\frac{\gamma P_0}{\rho}}=\sqrt{\frac{\gamma RT}{M}}$	$\sqrt{\frac{K}{\rho}}=\sqrt{\frac{1}{\rho\beta}}$	$\sqrt{\frac{E}{\rho}}$（棒）$\sqrt{\frac{E}{\rho(1-\sigma)}}$（薄板） $\sqrt{\frac{K+\frac{4}{3}G}{\rho}}$（无限介质）
横波（切变波）$C_S/(m\cdot s^{-1})$	0	$\sqrt{\frac{2\omega\eta}{\rho}}$（纯粘性液体） $\sqrt{\rho\left(\frac{1}{G}+\frac{1}{j\omega\eta}\right)}$（非纯粘性液体）	$\sqrt{\frac{G}{\rho}}$（无限介质）
表面波 $G_R/(m\cdot s^{-1})$	0	0	$\frac{0.87+1.12\sigma}{1+\sigma}\sqrt{\frac{E}{\rho}\frac{1}{2(1+\sigma)}}$

注：K—体积弹性系数（$kg\cdot m^{-2}$）；E—杨氏模量（$kg\cdot m^{-2}$）；G—剪切模量（$kg\cdot m^{-2}$）；γ—热容比；σ—泊松比；ρ—密度（$kg\cdot m^{-3}$）；P_0—静压力（$kg\cdot m^{-2}$）；T—热力学温度（K）；R—理想气体普适常数（$JK^{-1}mol^{-1}$）；M—气体的相对分子质量（千克分子）；β—绝热压缩系数（$m^{-2}\cdot kg^{-1}$）；ω—角频率（s^{-1}）；η—动力粘滞系数（Pa）。

一般情况下，p 与 v 相位不同，故 Z_S 一般为复数量。对于无衰减的平面波，Z_S 是实数，即

$$Z_S = \rho c \tag{3-70}$$

式中，ρ 为介质密度（$kg \cdot m^{-3}$）；c 为声速（$m \cdot s^{-1}$）。

通常把 ρc 称为特性阻抗。不同材料的声速和特性阻抗不同。

声辐射器表面上的声阻抗称为辐射阻抗。单位面积上的辐射阻抗称为辐射阻抗率。对于平面波辐射器，辐射特性阻抗为 ρc 的无限介质辐射平面波，则其辐射阻抗率 $Z_R = \rho c$。通常，辐射阻抗率 Z_R 也是复数。

声阻抗率和辐射阻抗率与介质特性有关。利用这一关系，可用测定声阻抗率及辐射阻抗率的方法来检测某些非声学量。

（4）*声波的透射* 当声波入射到两种密度、声阻（即不同特性阻抗）的介质分界面上时，入射波和透射波在幅值和强度方面也将按一定比例分配。入射波、反射波及透射波的声压和声强在数量上的关系，用表 3-5 所示的系数表示。当两种介质的特性阻抗相差甚远，即当 $Z_{S1} \gg Z_{S2}$ 时，透射系数 $\tau = 0$，而反射系数 ρ 趋于 -1。

表 3-5 声反射、透射系数

系数	符号	定义	垂直入射时的关系
声压反射系数	ρ_p	$\frac{反射波声压}{入射波声压}$	$\frac{z_{S2} - z_{S1}}{z_{S2} + z_{S1}}$
声压透射系数	τ_p	$\frac{透射波声压}{入射波声压}$	$\frac{2z_{S2}}{z_{S2} + z_{S1}}$
声强反射系数	ρ_t	$\frac{反射波声强}{入射波声强}$	$\left(\frac{z_{S2} - z_{S1}}{z_{S2} + z_{S1}}\right)^2$
声强透射系数	τ_t	$\frac{透射波声强}{入射波声强}$	$\frac{4z_{S1}z_{S2}}{(z_{S2} + z_{S1})^2}$

（5）*声波的衰减* 声波在介质中传播时，随着传播距离的增加，能量逐渐衰减，其衰减的程度与声波的扩散、散射、吸收等因素有关。

在平面波的情况下，距离声源 x 处的声压 p 和声强 I 的衰减规律如下：

$$p = p_0 e^{-\alpha x} \tag{3-71}$$

$$\alpha = \frac{1}{x_2 - x_1} 20\lg \frac{p(x_1)}{p(x_2)} \tag{3-72}$$

式中，p_0 为距声源 $x = 0$ 处的声压；α 为衰减系数，单位为 dB/cm（分贝/厘米），例如水和其他低衰减材料的 α 为 $(1 \sim 4) \times 10^{-2}$ dB/cm。

在自然界中超声是广泛存在的，人们所听到的声音只是实际声音的一部分，即可听声部分，而实际声音还带有超声成分，只是人们听不到。例如，固体材料中的点阵振动，日常活动中两个金属片的相撞，管道上小孔的漏气，其中都有超声成分。自然界中，许多动物的喊叫含有超声，例如老鼠、海豚、河豚等。能发出超声的动物中，最出名的是蝙蝠，蝙蝠能迅速识别弱超声回波，具有在阴暗洞穴中飞行的奇特本领和捕捉食物的本领。

历史上研究超声的动力，不仅在于大自然中超声的普遍存在性，还在于对自然现象的发现和阐明，而更重要的是人们发现，超声有广泛的可用性，从而主动地大量产生和利用

超声。

产生、检测和传播是声学各分支的共同内容，对超声学而言，这些共性中还有它的个性。我们先来谈谈超声的产生和检测。前面曾提到，比较起来，自然赋予的产生和检测超声的手段还是很有限的，特别是因为超声的范围很宽，以频率论，从 2×10^4Hz 或更低的频率覆盖到 10^{12}Hz；以功率论，由于应用需要，有时要求声强达到每平方米几百、几千瓦；以工作介质论，既要在气体内，也要在液体、固体内发射和接收超声；以工作环境论，有时会遇上一些比较极端的条件，如1000多度的高温，不到1K的低温，低、高压等。因此，在超声学中，产生和检测超声的工作是很复杂的。

和声学的其他分支相比，超声学至少有两个比较突出的情况：其一，它更多地和固体打交道；其二，它的频率高。超声学愈来愈多地需要分析在多种固体中传播的声波，固体包括各向异性材料、压电材料、磁性材料、半导体、岩体、生物组织等。超声的高频率带来传播中的一些比较特殊的问题，如高衰减、多次散射等。更突出的是，对甚高频率的超声，从传播角度考虑，介质已不再能够看作是连续的，而应看作是离散的；超声本身则呈现准粒子性。

按照习惯的提法，超声在国防和国民经济中的用途可分为两大类，一类是利用它的能量来改变材料的某些状态。为此，需要产生比较大能量的超声，这类超声实际上是大功率超声或简称功率超声。超声用途的第二类是利用它来采集信息，特别是材料内部的信息。这时，超声的一个特点是，它几乎能穿透任何材料，对某些其他辐射能量不能穿透的材料，超声便显示出这方面的可用性，例如，第一次世界大战中科学家考虑用超声来侦察潜艇，便是因为熟知的光波、电磁波都不能渗透海洋。后来又兴起超声探伤、超声诊断等，也都是因为金属、人体等都是不透光介质。超声与X射线、γ射线对比，其穿透本领并不优越，甚至还较差，而超声仍在临床使用，这是因为超声对人体的伤害较小，这是超声应用的另一特点。

为什么在上述两大类型应用中要使用超声，而不使用更普通的可听声？从穿透材料的本领看，高频声劣于低频声；频率愈高，声波在传播中的衰减一般愈大，也就是穿透材料愈浅。尽管如此，还是有其多种原因使人们选用了超声。其中一个原因是人耳听不到超声。功率超声较常使用稍高于20kHz的低频超声，在这样的场合，把声频降到稍低于20kHz，本来从其他方面看差别不大，但一般仍然采用超声，目的便是为了避免吵闹人耳。

另一方面，因为很多功率超声装置采用谐振设计，而低频可听声的波长大，相应地装置要加长，以1kHz的声和20kHz的声两种情况相对比，可能要长20倍。

在第二类型的超声应用中，频率高波长小则同样大小声源所产生的超声，其方向性强。强方向性对于采集信息是重要的，便于判断所得信息的方位。波长小，声波遇到挡声或部分挡声的异物时会发生散射，包括衍射，散射效应随波长的增大而减弱，从而可推论障碍物的存在。如果提高声波的频率，使声波的波长对障碍物的尺寸是可比的或更小，那便可能获得微小异物的声学像，这就是我们要采集的信息。在光学里，分辨两点光源的可辨宽度，按照牛顿判据，是和两点之间的距离对波长之比成正比的。在声学里，有同样的规律。

2. 超声波探头

超声波探头是实现声、电转换的装置，又称超声换能器或传感器。这种装置能发射超声波和接收超声回波，并转换成相应的电信号。

超声波探头按其作用原理可分为压电式、磁致伸缩式、电磁式等数种，其中以压电式为最常用。图3-39为压电式探头结构图，其核心部分为压电晶片，利用压电效应实现声、电转换。

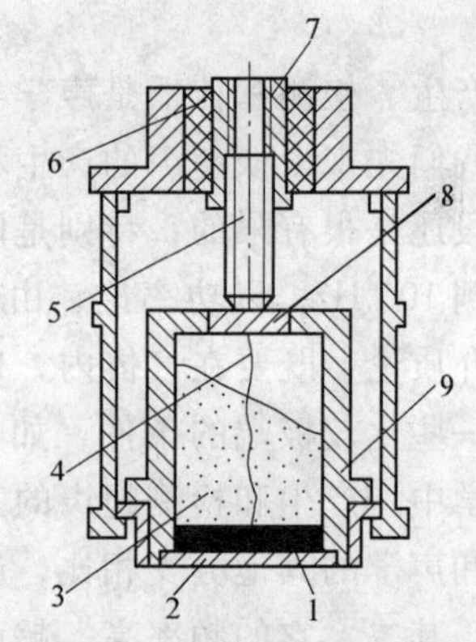

图 3-39 压电式探头结构图

1—压电片 2—保护膜 3—吸收块 4—接线 5—导线螺杆 6—绝缘柱 7—接触座 8—接线片 9—压电片座

超声波在传播过程中，其波束是以某一扩散角从声源辐射出去的，如图3-40所示的半扩散角 θ 越小，其指向特性越好，它与声源的直径 D、波长 λ 有关，即

$$\theta = \sin^{-1}(1.22\lambda/D) \tag{3-73}$$

由式（3-73）可见，在声源直径一定时，频率越高（波长越短），指向特性越好。超声波能定向传播，是其应用于检测的基础。

图3-40中在 L_0 区内有若干副瓣波束，它会对主芯波束形成干扰，希望它越小越好。

铁磁物质在交变的磁场中，在沿着磁场方向产生伸缩的现象，叫作磁致伸缩。磁致伸缩效应的大小，即伸长缩短的程度，因不同的铁磁物质情况而不同。镍的磁致伸缩效应最大，它在一切磁场中都是缩短的。磁致伸缩换能器是把铁磁材料置于交变磁场中，使它产生机械尺寸的交替变化，即机械振动，从而产生出超声波。磁致伸缩换能器是用厚度为0.1～0.4mm的镍片叠加而成的，片间绝缘，以减少涡流电流损失，如图3-41所示。

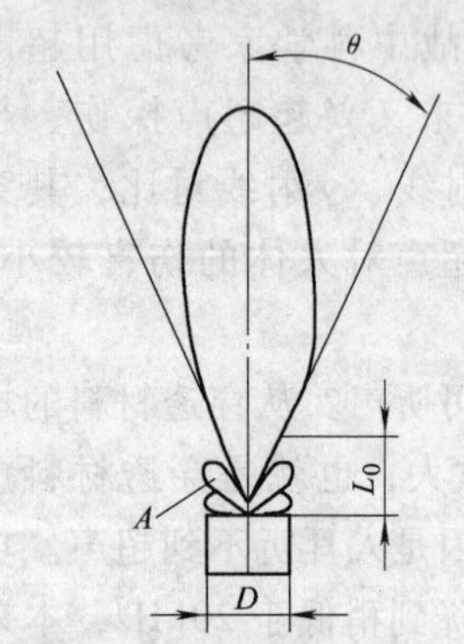

图 3-40 超声波束的指向性

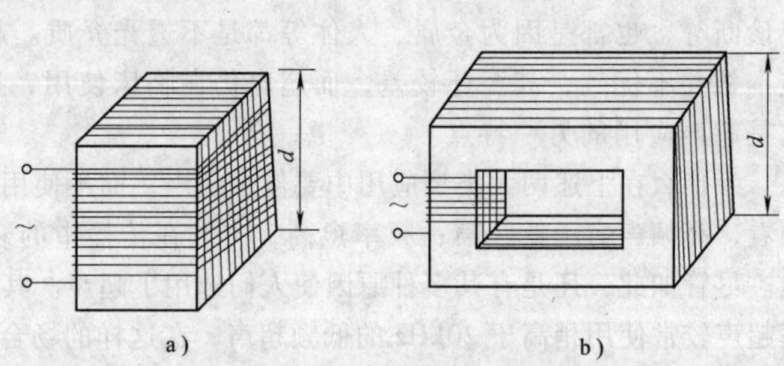

图 3-41 磁致伸缩换能器

a）矩形 b）窗口形

3. 超声波检测技术的应用

（1）*超声波测厚度* 超声波检测厚度的方法有共振法、干涉法、脉冲回波法等。图3-42所示为脉冲回波法检测厚度的工作原理。

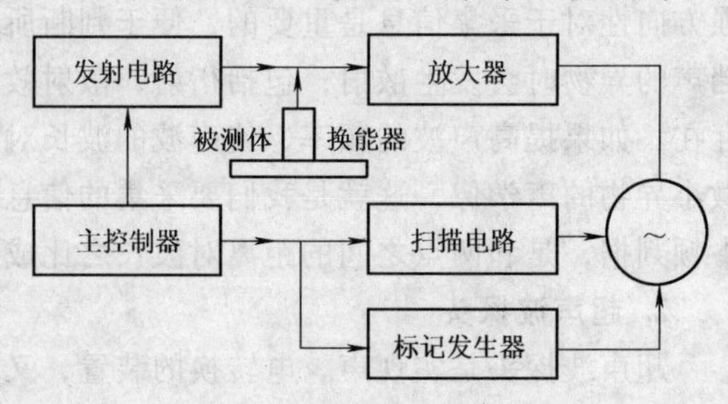

图 3-42 超声波测厚工作原理图

超声波探头与被测物体表面接触。主控制器控制发射电路，使探头发出的超声波到达被测物体底面反射回来，该脉冲信号又被探头接收，经放大器放大后加到示波器垂直偏转板。标记发生器输出时间标记脉冲信号，也同时加到该垂直偏转板上。而扫描电

压则加在水平偏转板上。因此，在示波器上可直接读出发射与接收超声波之间的时间间隔 t。被测物体的厚度 h 为

$$h = ct/2 \tag{3-74}$$

式中，c 为超声波的传播速度。

超声测厚使用的声波类型主要是纵波，大多数超声测试仪为脉冲回波式。目前工业上尚需解决的特殊问题主要有：薄试件、非均匀材料及高温材料的测厚。薄试件的超声测厚以往多采用共振方法。图3-42所示系统也可用来发现共振频率。随着现代高速电子器件的发展，只需将超声信号送入微机，就可以在微机上实现共振谱分析，各种现代谱分析技术为高精度测厚提供了有效的手段。实验证明，谱估计的AR模型（Auto-Regressive Model，自回归模型）方法非常适合超声共振法测薄试件的厚度，得到的精度达微米数量级。

非均匀材料声衰较大，散射剧烈，使得常规超声测厚方法无法实现。现在人们从两方面入手，以期圆满解决此问题：一是制作聚焦的高能量超声波发射换能器，增强声波的穿透能力；二是用相关及分离谱技术突出反映厚度特征的超声信号。采取这些措施后已使超声技术扩展到复合材料、混凝土材料及陶瓷材料的测厚领域。最新发展起来的非接触激光超声技术省去了检测高温材料时的声耦合问题。这种方法的优点是可对任意高温度的试件测厚，且测厚的动态范围优于常规超声方法。

图3-43为非接触式超声测厚系统。脉冲激光器的激光脉冲瞬时在被测对象的局部被照射区域中引起高温和强电磁场，产生应力脉冲，从而产生超声波传播。在被测对象表面的超声振动带动了周围空气介质的振动，这个振动被空气耦合超声传感器接收。空气耦合超声传感器是在压电陶瓷上贴附了一层或多层满足过渡声阻抗要求的薄膜。这些薄膜提高了能量耦合效率。

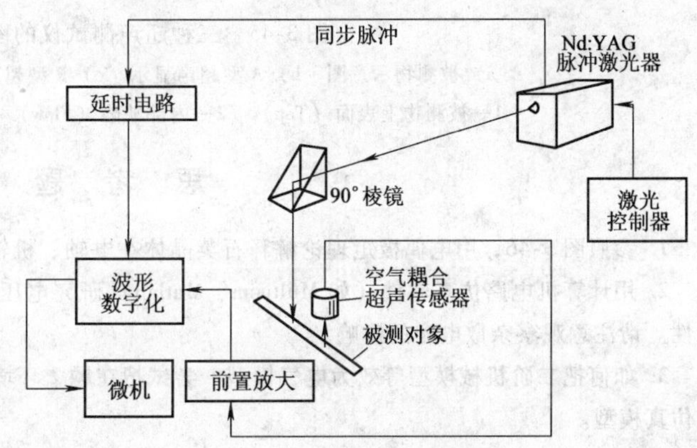

图3-43 非接触式超声测厚系统

(2) *超声波无损检测* 为了探测物体内部的结构与缺陷，人们发明了A型、B型、C型等超声仪。图3-44为压电换能器接收到的超声回波电压信号波形。

A型超声仪主要利用超声波的反射特性，在荧光屏上以纵坐标代表反射回波的幅度，以横坐标代表反射回波的传播时间，如图3-45b所示。根据缺陷反射波的幅度和时间，确定缺陷的大小和存在的位置。B型超声仪以反射回波作为辉度调节信号，用亮点显示接收信号，在荧光屏上，纵坐标代表声波的传播时间，如图3-45c所示，横坐标代表探头水平位置，反映缺陷的水平延伸情况，整个显示的是声束所扫剖面的介质特性。C型超声仪，声束被聚焦到材料内部一定深度，通过电路延时控制，接收来自这个深度的介质的反射信号。反射的强弱用辉度来反映，换能器作二维扫描，就可得同一深度处介质的一个剖面图（如图3-45d所

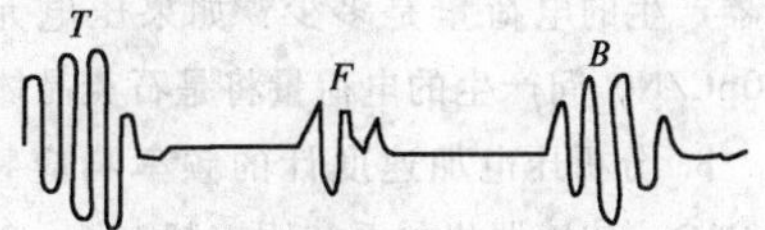

图3-44 超声回波电压信号波形
T—换能器接触面反射波 F—内部缺陷反射波
B—被测物地面反射波

示)。下面具体介绍它们的工作原理。当被检材料中出现不均匀现象时，出现声阻的变化，声波在声阻抗变化的地方会发生反射和折射，这些反射、折射的强弱反映了材料的结构、分布或状态。目前所使用的探头材料绝大多数为压电陶瓷。

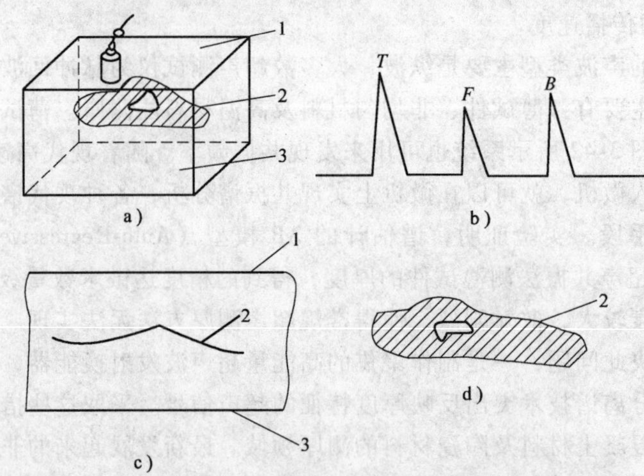

图 3-45 三种超声测试仪的图形显示

a) 被测物示意图 b) A 型超声显示 c) B 型超声显示 d) C 型超声显示

1—被测物上表面 (Top) 2—内部缺陷 (Flow) 3—被测物底面 (Bottom)

思 考 题

1. 参照图 3-46，用电偶极矩理论解释石英晶体在电轴、机轴受到压力以及受到剪切力时的压电特性。

2. 用计算机电路仿真软件（如 Multisim、Matlab）研究电压放大器和电荷放大器以及改进电路的频率特性。请注意观察杂散电容的影响。

3. 如何把二阶机械模型等效为电气模型？尝试把在题 2 环境中引入压电加速度敏感部分与调理电路综合仿真模型。

4. 设想几种可以利用声表面波进行传感的物理量、化学量，生物量，并设想传感器的结构。

5. 设想几种可以利用超声波进行传感的物理量。参考相关资料进一步了解超声换能器。

6. 有一石英压电晶体，其面积 $A=3\text{cm}^2$，厚度 $t=0.3\text{mm}$。在零度，x 切型纵向压电系数 $d_{11}=2.31\times10^{-12}\text{C/N}$。求受到压力 $p=10\text{MPa}$ 作用时产生的电荷 q 及输出电压 U_a。(石英相对介电常数 $\varepsilon_r=4.5$)

7. YDL—1 型压电式力传感器，压电元件采用石英晶体，原理是依据纵向压电效应。主要技术指标为：量程测拉力为 46kgf（1kgf=9.8N）；测压力为 5000N，压电系数为 2.5pC/N。如果被测压力为 2000N，问传感器产生的电荷量是多少？如果压电元件改为锆钛酸铝压电陶瓷，若此材料的纵向压电系数 KPZ-7 = 460pC/N，问产生的电荷量将是石英晶体的多少倍？

8. 分析压电加速度计的频率响应特性。若压电前置放大器总输入电容 $C=1000\text{pF}$，输入电阻 $R=500\text{M}\Omega$，传感器机械系统固有频率 $f_0=30\text{kHz}$，相对阻尼系数 0.5。求幅值误差小于 2%、5% 时的使用频率范围。

9. 沿厚度方向做剪切振动的石英压电谐振器的振动频率与温度相关，试了解压电式温度传感器原理，设计检测电路。

10. 压电元件在串联和并联使用时各有什么特点？为什么？

11. 在测力或加速度传感器中往往存在“横向效应”问题，即非检测方向的力或加速度会影响传感器的输出信号，试比较电阻应变片和压电传感器在这方面所存在的问题，以及解决途径。

12. 测量大型机械和建筑振动，分析其频谱特征，可以判断其状态和故障隐患。试考虑检测振动的传感器（不局限于压电式），并画出振动分析仪的组成框图。

13. 试用集成电路模拟乘法器进行差频检测电路设计。

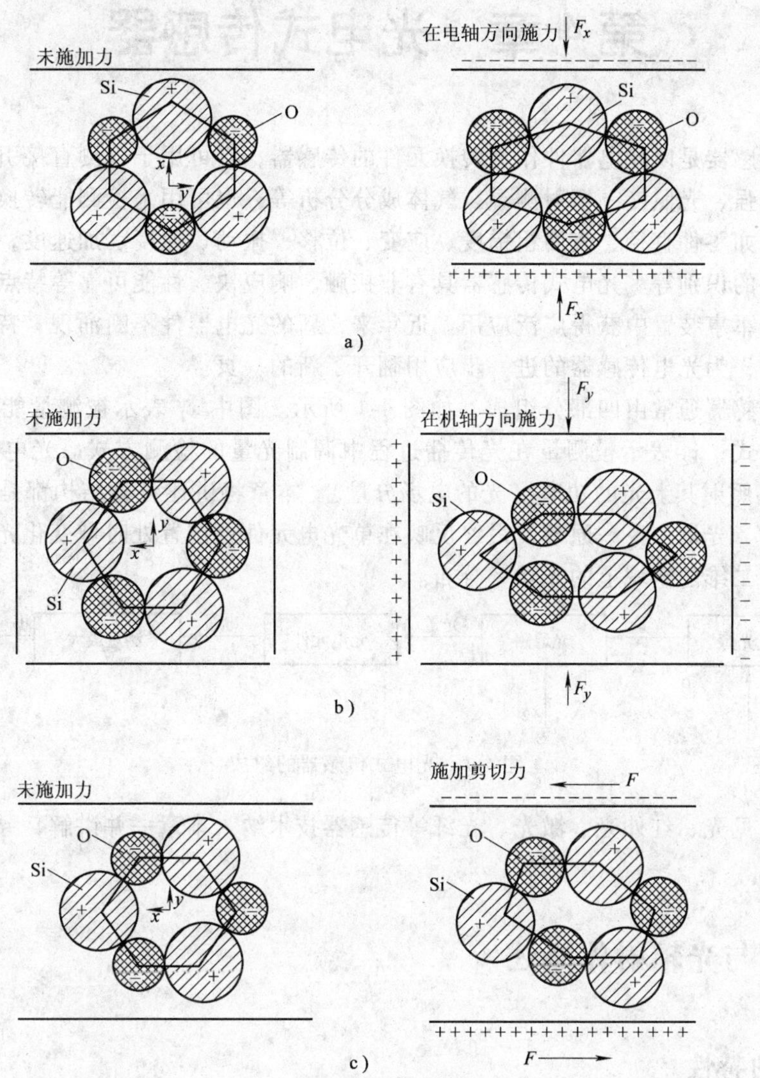

图3-46 题1图

第4章　光电式传感器

光电式传感器是以光电器件作为转换元件的传感器，它可用于检测直接引起光量变化的非电量，如光强、光照度、辐射测温、气体成分分析等；也可用来检测能转换成光量变化的其他非电量，如零件直径、表面粗糙度、应变、位移、振动、速度、加速度，以及物体的形状、工作状态的识别等。光电式传感器具有非接触、响应快、性能可靠等特点，因此在工业自动化装置和军事装置中获得广泛应用。近年来，新的光电器件不断涌现，特别是固态图像传感器的诞生，为光电传感器的进一步应用翻开了新的一页。

光电式传感器通常由四部分组成，如图4-1所示。图中 x_1 表示被测量能直接引起光量变化的检测方式；x_2 表示被测量在光传播过程中调制光量的检测方式。光电元件（敏感元件）只能敏感照射其上光的功率（光的电场分量）。本章将讲述各种结构都是通过调制，例如干涉、衍射、光谱、……原理，最终反映在单光电元件点位置处时域变化光功率，或阵列传感器上一、二维的空域上的光功率分布。

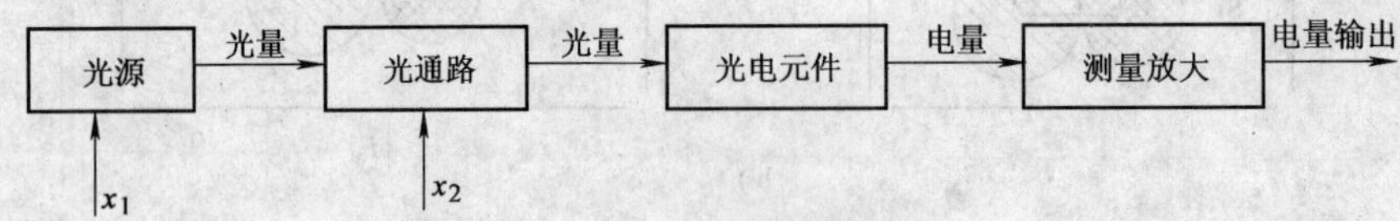

图4-1　光电式传感器的组成

这里将可见光、红外光、激光、光纤等传感器技术纳入本章一并讲解，寻求其共性规律统一讲述。

4.1　光源与光辐射体概述

4.1.1　光的特性

光是电磁波谱中的一员，不同波长光的分布如图4-2所示，这些光的频率（波长）各

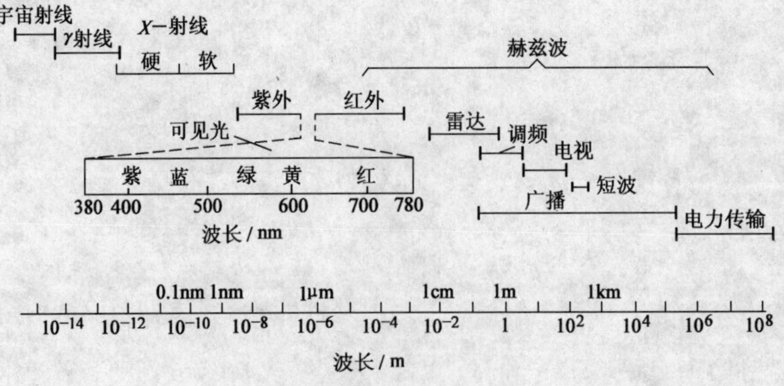

图4-2　电磁波波谱

不相同，但都具有反射、折射、散射、衍射、干涉和吸收等性质。由光的粒子说可知，光是以光速运动着的粒子（光子）流，一种频率的光由能量相同的光子所组成，每个光子的能量为

$$\varepsilon = h\nu \tag{4-1}$$

式中，h 为普朗克常数，$h=6.626\times10^{-34}\text{J}\cdot\text{s}$。

可见，光的频率愈高（即波长愈短），光子的能量愈大。

对于光的计量有两种描述方法：一种是测量其客观物理实质的辐射度学量；另一种是测量其对人眼生理作用的光度学量。表4-1和表4-2分别给出辐射度学量和光度学量及单位。

表4-1 辐射度学量

名称（中英文）	符号	单位名称	单位代号
辐射能（Radiant energy）	Q	焦耳	J
辐射通量（Radiant flux）	Φ	瓦特	W
辐射强度（Radiant intensity）	I	瓦/球面度	W/sr
辐射度（Radiant exintence）	M	瓦/米^2	W/m^2
辐射亮度（Radiance）	L	瓦/（米^2·球面度）	W/（m^2·sr）
辐照度（Irradiane）	E	瓦/米^2	W/m^2

表4-2 光度学量

名称（中英文）	符号	单位名称	单位代号
光能量（Luminous energy）	Q	流明·秒	lm·s
光通量（Luminous flux）	Φ	流明	lm
光强度（Luminous intensity）	I	坎德拉 流明/球面度	cd lm/sr
发光度（Luminous exintence）	M	流明/米^2·球面度	lm/m^2
光亮度（Luminance）	L	坎德拉/米^2（尼特） 流明/（米^2·球面度）	cd/m^2（nt） lm/（m^2·sr）
光照度（Illuminance）	E	流明/米^2（勒克斯）	lm/m^2（lx）

在辐射度学量中当指明特定光谱条件下的辐射量（单位波长短的辐射量）时还有：光谱辐射通量 Φ_λ、光谱辐射出射度 M_λ、光谱辐射强度 I_λ 等对应量。

历史上曾定义1lm等于一支蜡烛从1m外投射在1m^{2}的表面上的光的数量。现在定义绝对黑体在铂的凝固温度下，从 $5.305\times10^3\text{cm}^2$ 面积上辐射出来的光通量为1lm。人眼在白昼对于波长 $\lambda=555\text{nm}$ 的绿光最敏感，在该波长辐射度学量与光度学量可建立 1W=683lm 数量关系，许多图像传感器商品常用光度学量标明其性能。

4.1.2 光源与光辐射体

工程检测中遇到的光，可以由各种发光器件产生，也可以是物体的辐射光。众所周知，自然界中任何物体，只要其温度高于热力学温度零度，都能辐射红外线。本节将介绍各种发光器件及物体的红外辐射。

1. 白炽光源

白炽光源中最常用的是钨丝灯，它产生的光，谱线较丰富，包含可见光与红外光。使用时，常加滤色片来获得不同窄带频率的光。

2. 气体放电光源

气体放电光源光辐射的持续，不仅要维持其温度，而且有赖于气体的原子或分子的激发过程。原子辐射光谱呈现许多分离的明线条，称为线光谱。分子辐射光谱是一段段的带，称为带光谱。线光谱和带光谱的结构与气体成分有关。

气体放电光源目前常用的有碳弧、低压水银弧、高压水银弧、钠弧、氙弧灯等。高低压水银弧灯的光色近于日光；钠弧灯发出的光呈黄色，发光效率特别高（200lm/W）；氙弧灯功率最大，光色也与日光相近。

3. 发光二极管

发光二极管是一种电致发光的半导体器件，它与钨丝白炽灯相比具有体积小、功耗低、寿命长、响应快、便于与集成电路相匹配等优点，因此得到广泛应用。

发光二极管可用 LED 表示，它的种类很多，其发光波长见表 4-3。$GaAs_{1-x}P_x$、GaP、SiC 发出的是可见光，而 GaAs、Si、Ge 为红外光。

表 4-3　发光二极管光波峰值波长

材料	Ge	Si	GaAs	$GaAs_{1-x}P_x$	GaP	SiC
λ/nm	1850	1110	867	867 ~ 550	550	435

发光二极管的伏安特性与普通二极管相似，但随材料禁带宽度的不同，开启（点亮）电压略有差异。对于砷磷化镓发光二极管，红色发光二极管约为 1.7V 开启，绿色发光二极管约为 2.2V。

一般情况下（在几十毫安电流范围内），LED 单位时间发射的光子数与单位时间内注入到二极管导带中的电子数成正比，即输出光强与输入电流成正比。电流的进一步增加会使 LED 输出产生非线性，甚至导致器件损坏。

4. 激光器

激光是新颖的高亮度光，它是由各类气体、固体或半导体激光器产生的频率单纯的光。

（1）激光的形成　在正常分布状态下，原子多处于稳定的低能级 E_1，如无外界的作用，原子可长期保持此状态。但在外界光子作用下，赋予原子一定的能量 ε，原子就从低能级 E_1 跃迁到高能级 E_2，这个过程称为光的受激吸收。光子能量与原子能级跃迁的关系为

$$\varepsilon = h\nu \approx E_2 - E_1 \tag{4-2}$$

处在高能级 E_2 的原子在外来光的诱发下，跃迁至低能级 E_1 而发光，这个过程称为光的受激辐射。受激辐射发出的光子与外来光子具有完全相同的频率、传播方向、偏振方向。一个外来光子诱发出一个光子，在激光器中得到两个光子，这两个光子又可诱发出两个光子，得到四个光子，这些光子进一步诱发出其他光子，这个过程称为光放大。

如果通过光的受激吸收，使介质中处于高能级的粒子比处于低能级的多——“粒子数反转”，则光放大作用大于光吸收作用。这时受激辐射占优势，光在这种工作物质内被增强，这种工作物质就称为增益介质。若增益介质通过提供能量的激励形成粒子数反转状态，这时大量处于低能级的原子在外来能量作用下将跃迁到高能级。

为了使受激辐射的光具有足够的强度，还须设置一个光学谐振腔。光学谐振腔内设有两个面对面的反射镜：一个为全反射镜，另一个为半反半透镜。当沿轴线方向行进的光遇到反射镜后，就被反射折回，如此在两反射镜间往复运行并不断对有限容积内的工作物质进行受激辐射，产生雪崩式的放大，从而形成了强大的受激辐射光——激光，通过半反半透镜输出。

可见，激光的形成必须具备三个条件：①具有能形成粒子数反转状态的工作物质——增益介质；②具有供给能量的激励源；③具有提供反复进行受激辐射场所的光学谐振腔。

(2) 激光的特性

1) 方向性强、亮度高：激光束的发散角很小，一般约0.18°，这比普通光和微波小2～3个数量级。因此，立体角极小，一般可小至10^{-8}rad；激光能量在空间高度集中，其亮度比普通光源高百万倍。

2) 单色性好：光源发射光的光谱范围愈窄，光的单色性就愈好。普通光中单色性最好的是同位素Kr灯所发出的光，其中心波长$\lambda=605.7$nm，$\Delta\lambda=0.00047$nm，氦氖激光器$\lambda=632.8$nm，$\Delta\lambda=10^{-6}$nm。可见，激光具有很好的单色性。

3) 相干性好：光的相干性是指两光束相遇时，在相遇区域内发出的波相叠加，并能形成较清晰的干涉图样或能接收到稳定的拍频信号。由同一光源在相干时间Δt内不同时刻发出的光，经过不同路程相遇，将产生干涉。这种相干性，称为时间相干性。同一时间，由空间不同点发出的光的相干性，称为空间相干性。激光是受激辐射形成的，对于各个发光中心发出的光波，其传播方向、振动方向、频率和相位均完全一致，因此激光具有良好的时间和空间相干性。

(3) 激光器及其特点

1) 固体激光器：固体激光器的工作物质是固体。这类激光器结构大致相同，共同特点是小而坚固，脉冲功率高。

2) 气体激光器：工作物质是气体。气体激光器的特点是能连续工作，单色性好，但输出功率不及固体激光器。工作波长为0.638μm或1.15μm的氦氖激光器是一种最常用的气体激光器。它使用方便，亮度很高。工作波长为10.6μm的二氧化碳激光器是工作在远红外波段的功率较高的光源，常用于探测大气成分的光雷达中。工作波长为0.516μm的氩离子激光器具有很高的亮度。

3) 液体激光器：工作物质是液体，其中较重要的是有机染料激光器。液体激光器的最大特点是发出的激光波长可以在一定范围内连续调节，而不降低效率。

4) 半导体激光器：半导体激光器的特点是效率高、体积小、重量轻、结构简单；缺点是输出功率较小。半导体激光器增益带宽特别高，但使用时需注意其输出特性的非线性，以及输出随光学负载（返回到激光器的外部反射率）的变化而变化。

5) 光纤激光器：所谓光纤激光器就是在光纤材料中含增益介质并用光纤构成光学谐振腔的激光器。主要特点如下：

① 由于光纤激光器的谐振腔内无光学镜片，具有免调节、免维护、高稳定性的优点。

② 由于光纤激光器的工作光纤可以盘绕，可以把体积做得非常小。

③ 光纤导出，使得激光器能轻易胜任各种多维任意空间加工利用，大大地简化了机械系统的设计。

④ 对工作环境要求低，对灰尘、振荡、冲击、湿度、温度等具有很高的容忍度。

⑤ 由于光纤激光系统的散热性能非常好，所以易于达到轻小便携的目的。

⑥ 电光效率高，综合电光效率高达20%以上（YAG固体激光器的综合电光效率在3%左右）。极大地节约了工作时的电耗，节约了运行成本。

⑦ 超长的工作寿命和免维护时间，平均免维护时间在10万小时以上。

⑧ 光纤激光器可以实现从1~2μm的不同波长输出，使得它可以应用于更广泛的领域。

5. 红外辐射

红外辐射又称红外光，其频率和波长范围如图4-2所示，从紫光到红光热效应逐渐增大，而热效应最大的为红外光。在自然界中只要物体本身具有一定温度（高于热力学温度0K），都能辐射红外光。例如电机、电器、炉火，甚至冰块都能产生红外辐射，又称热辐射。

红外光和所有电磁波一样，具有反射、折射、散射、干涉、吸收等特性。能全部吸收投射到它表面的红外辐射的物体称为黑体；能全部反射的物体称为镜体；能全部透过的物体称为透明体；能部分反射、部分吸收的物体称为灰体。严格地讲，在自然界中，不存在黑体、镜体与透明体。

（1）*热辐射体的分类* 热辐射体根据辐射体的光谱发射率的变化规律分为黑体、灰体、选择性辐射体三类。一个辐射体的发射率 ε 定义为该辐射体的辐射出射度与同温度下黑体的辐射出射度之比，即

$$\varepsilon(t) = M(t)/M_b(t) \tag{4-3}$$

式中，$M_b(T)$ 是黑体的辐射出射度。

一个物体的光谱发射率 ε_λ 定义为该物体的光谱辐射出射度 $M_\lambda(T)$ 与同温度下黑体的光谱辐射出射度 $M_{b\lambda}(T)$之比，即

$$\varepsilon_\lambda = M_\lambda(T)/M_{b\lambda}(T) \tag{4-4}$$

显然，黑体的 $\varepsilon_\lambda = 1$ 不随波长变化；灰体具有 $\varepsilon_\lambda =$ 常数 <1 不随波长变化；选择性辐射体，其 ε_λ 小于1且随波长变化。灰体是一种发射率小于1的理想物体，其吸收和发射规律与黑体相同，在红外波段范围内大多数工程材料可以当作灰体处理。三类辐射体的光谱发射率和光谱辐射出射度的区别可以从图4-3看出。

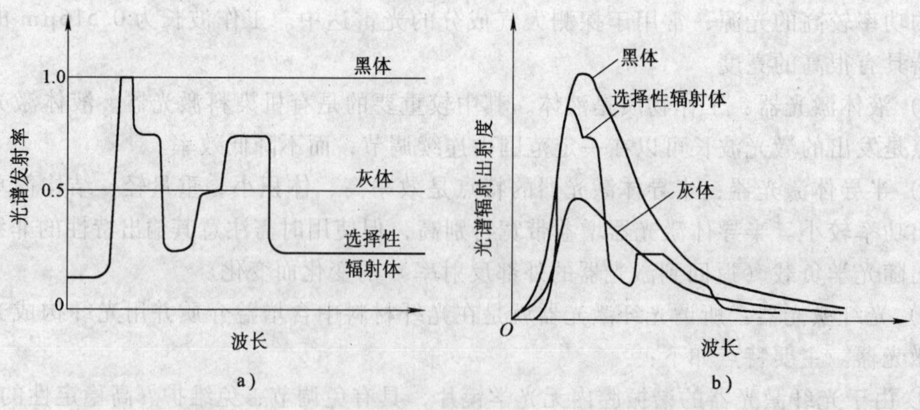

图4-3 三类辐射体的光谱发射率和光谱辐射出射度

（2）*热辐射的基本规律*

1）普朗克公式。普朗克最早找到了描述黑体辐射光谱能量密度的公式，普朗克公式的

一种常见形式如下：

$$M_\lambda = \frac{C_1}{\lambda^5}\frac{1}{e^{C_2/(\lambda T)}-1} \tag{4-5}$$

式中，$C_1 = 2\pi hc^2$，$C_2 = ch/k$；h 是普朗克常数；c 是光速；k 是玻尔兹曼常数。

式(4-5) 给出的是光谱能量密度与波长的关系。

2）维思位移定律。M_λ 是波长 λ 的函数，且 M_λ 随 λ 变化总有一个极大值，由极值条件 $\frac{\partial M_\lambda}{\partial \lambda}=0$ 求得对应极值的波长 λ_m 应满足如下的维思公式：

$$\lambda_m T = C_2/4.965\mu m \cdot K = 2898\mu m \cdot K \tag{4-6}$$

3）斯蒂芬-玻尔兹曼定律。如果将 M_λ 对所有的波长积分，就得到

$$M = \int_0^{+\infty} M_\lambda d\lambda = \sigma T^4 \tag{4-7}$$

式中，$\sigma = 5.673\times10^{-12}W/(cm\cdot K^4)$，称斯蒂芬-玻尔兹曼常数。

4）在折射率为 n 的介质中的黑体辐射公式

式(4-5)～式(4-7) 适用于真空或折射率接近 1 的介质空间。对于折射率 $n\neq1$ 的介质中的黑体辐射，由于辐射在介质中的传播速度 v 与在真空中的速度 c 不同，所以上述各定律公式应写成以下形式：

$$(M_\lambda)_n = \frac{C_1}{n^2\lambda^5(e^{C_2/(\lambda T)}-1)} \tag{4-8}$$

$$n\lambda_m T = C_2/4.965\mu m \cdot K = 2898\mu m \cdot K \tag{4-9}$$

$$(M_\lambda)_n = n^{-2}\sigma T^4 \tag{4-10}$$

图 4-4 为不同温度的光谱辐射分布曲线，图中虚线表示了由式(4-5) 描述的峰值辐射波长 λ_m 与温度的关系曲线。从图中可以看到，随着温度的升高其峰值波长向短波方向移动，在温度不很高的情况下，峰值辐射波长在红外区域。

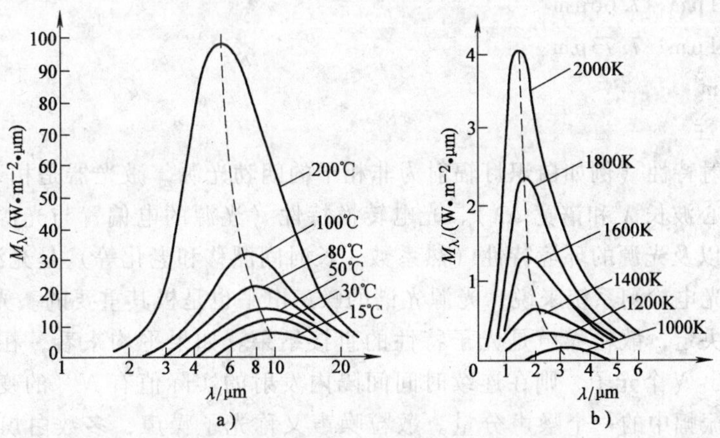

图 4-4　不同温度的光谱辐射分布曲线

a）温度为 15～200℃　b）温度为 1000～2000K

5）红外辐射与分子能级。光的发射与吸收本质上是电子在原子、分子能级间跃迁的结果，处在低能级的电子，吸收适当能量的光子就会跃迁到高能级。在分子中，不但要考虑电

子的轨道运动能级，而且要考虑由于分子的振动和转动附加上的振动能级和转动能级，组合起来，分子中的能级就十分复杂。如用 E_e、E_v、E_r 分别表示电子轨道能级、分子振动能级和转动能级的能量，则一般情况，电子的能量应为

$$E = E_e + E_v + E_r \tag{4-11}$$

而能级跃迁所造成的能量变化为

$$\Delta E = \Delta E_e + \Delta E_v + \Delta E_r \tag{4-12}$$

一般来说，对外层电子，ΔE_e 在 1 ~ 20eV，ΔE_v 在 0.05 ~ 1eV，而 ΔE_r 在 0.05eV 以下。根据跃迁能量与发射（或吸收）光子的频率（或波长）的关系，对于纯转动能级间的跃迁，与 0.05eV 以下的 ΔE_r 相联系的是远红外和微波段光子；对于纯振动能级间的跃迁，0.05 ~ 1eV 的 ΔE_v 对应于波长 2.5 ~ 25μm 的中、远红外光子；当振动和转动同时存在时（但没有轨道能级变化），$\Delta E_r + \Delta E_v$，所对应的光子可能出现在 0.75 ~ 2.5μm 的近红外区。只要有轨道能级的变化，不管是否存在振动能级和转动能级的变化，$\Delta E (= \Delta E_e + \Delta E_v + \Delta E_r)$ 都将对应着可见光区，甚至是紫外区的短波长的光子。

从以上分析看，物质的分子要发射或吸收红外辐射，必须有合适的振动能级和转动能级，而这些能级的存在实际上是由分子结构决定的。实验和理论都证明，物质分子对红外辐射的吸收是有选择性的。物质分子吸收红外辐射的条件是：①分子在振动、转动运动中存在着偶极矩的周期性变化；②偶极矩周期性变化的频率（即振动频率、转动频率）与外来光子的频率一致。那些在振动和转动中没有偶极矩变化的分子是不能吸收红外辐射的。例如 O_2、N_2、Cl_2 等同核双原子分子和惰性气体在振动、转动时都没有偶极矩变化，所以不能吸收红外辐射；而 H_2O、CO_2、CH_4、N_2O、O_3 这些分子在振动、转动中有偶极矩的变化，从而可以吸收红外辐射，但吸收也存在选择性。设分子处在大气中，一些分子吸收红外辐射的波长是：

H_2O：1.379μm、1.87μm、2.66μm、6.27μm；

CO_2：2.69μm、2.77μm、4.26μm、15.0μm；

CH_4：3.31μm、7.66μm

N_2O：4.51μm、7.73μm

O_3：9.6μm

6. 光源特性

光源的辐射特性（例如白炽灯辐射为非相干的朗勃光源，激光器是相干光源）、光谱特性（辐射的中心波长 λ 和谱宽 $\Delta\lambda$）、光电转换特性（光源的电偏置与光源辐射的光学特性之间的关系）以及光源的环境特性（热系数、长时间漂移和老化等）是光源的重要参量。

对于分析光电检测系统来说，光源光谱的噪声电平也是极其重要的。光源的最低噪声电平由散粒噪声决定，散粒噪声是光子特性的直接结果。如果平均来看，在给定的时间间隔里，光源发射出 N 个光子，则在连续时间间隔内发射的实际值有 $N^{1/2}$ 的变化，这种变化等效于发射信号振幅中的一个噪声分量。散粒噪声又称光子噪声，多数白炽光源（包括发光二极管）的噪声电平非常接近于散粒噪声。激光器通常由填充着光学谐振媒质的光学谐振腔构成，在腔体内产生谐振效应，因此在一些特定频率上会产生附加噪声电平。另外，给光源提供能量的电源通常存在噪声，经光源的光电转换，这种电噪声将转换为光噪声，故光源的实际噪声电平往往超过散粒噪声。

4.2 光电效应及器件

所谓光电效应是指物体吸收了光能后转换为该物体中某些电子的能量而产生的电效应。这里将紫外光、可见光和红外光做统一考虑，把光电探测器分为光子探测器和热探测器。在光子探测器中研究外光电效应和内光电效应两类。

4.2.1 外光电效应

在光的照射下，使电子逸出物体表面而产生光电子发射的现象称为外光电效应。

根据爱因斯坦假设：一个电子只能接受一个光子的能量，因此要使一个电子从物体表面逸出，必须使光子能量大于该物体的表面逸出功 A。各种不同的材料具有不同的逸出功 A，因此对某特定材料而言，将有一个频率限 v_0 或波长限 λ_0，称为“红限”，不同金属光电效应的红限见表4-4。当入射光的频率低于 v_0 时（或波长大于 λ_0），不论入射光有多强，也不能激发电子；当入射频率高于 v_0 时，不管它多么微弱也会使被照射的物体激发电子，光越强则激发出的电子数目越多。红限波长可用下式求得：

$$\lambda_0 = \frac{hc}{A} \tag{4-13}$$

式中，c 为光速。

根据能量守恒定理

$$h\nu = \frac{1}{2}mv_0^2 + A_0 \tag{4-14}$$

式中，m 为电子质量；v_0 为电子逸出速度。

当入射光的频谱成分不变时，产生的光电流与光强成正比，即光强愈大，意味着入射光子数目越多，逸出的电子数也就越多。光电子逸出物体表面具有初始动能 $mv_0^2/2$，因此外光电效应器件（如光电管）即使没有加阳极电压，也会有光电子产生。为了使光电流为零，必须加负的截止电压，而且截止电压与入射光的频率成正比。

外光电效应从光开始照射至金属释放电子几乎在瞬间发生，所需时间不超过 10^{-9}s。

基于外光电效应原理工作的光电器件有光电管和光电倍增管。

表4-4 外光电效应红限

金　属	铯(Cs)	钠(Na)	锌(Zn)	银(Ag)	铂(Pt)
λ_0/nm	660	500	372	260	115.5

光电管是装有光阴极和阳极的真空玻璃管，如图4-5所示。光阴极由在玻璃管内壁涂上阴极涂料构成，阳极为置于光电管中心的环形金属板或置于柱面中心线的金属柱。

光电管的阴极受到适当的照射后便发射光电子，这些光电子被具有一定电位的阳极吸引，在光电管内形成空间电子流。如果在外电路中串入一适当阻值的电阻，则该电阻上将产生正比空间电流的电压降，其值与照射在光电管阴极上的光成函数关系。

光电倍增管的结构如图4-6所示。在玻璃管内除装有光电阴极和光电阳极外，尚装有若干个光电倍增极，光电倍增极上涂有在电子轰击下能发射更多电子的材料。光电倍增极的形

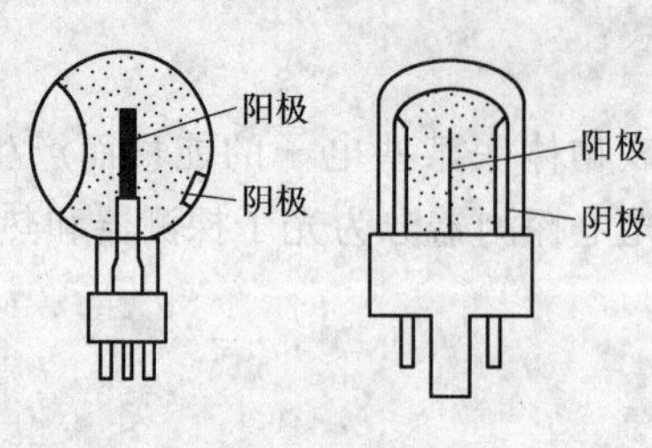

图 4-5 光电管

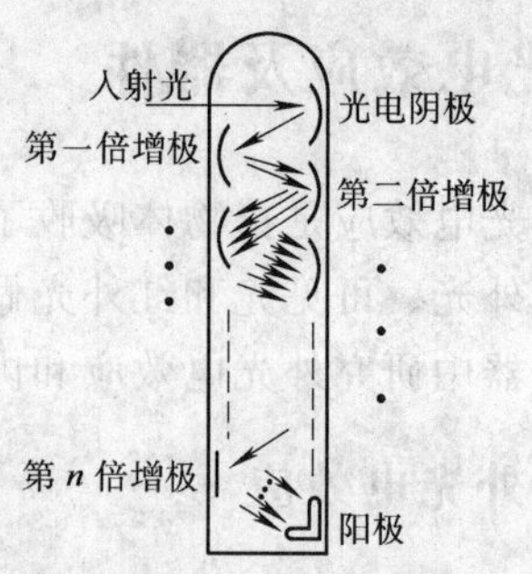

图 4-6 光电倍增管

状及位置设置得正好能使前一级倍增极发射的电子继续轰击后一级倍增极，在每个倍增极间均依次增大加速电压。设每级的倍增率为 δ，若有 n 级，则光电倍增管的光电流倍增率将为 δ^n。

光电倍增极一般采用Sb-Cs涂料或Ag-Mg合金涂料，倍增极数常为4～14，δ 值为3～6。

一般在使用光电倍增管时，必须把管子放在暗室里避光使用，使其只对入射光起作用，但是由于环境温度、热辐射和其他因素的影响，即使没有光信号输入，加上电压后阳极仍有电流，这种电流称为暗电流，这是热发射所致或场致发射造成的，这种暗电流通常可以用补偿电路消除。如果光电倍增管与闪烁体放在一处，在完全蔽光情况下，出现的电流称为本底电流，其值大于暗电流。增加的部分是宇宙射线对闪烁体的照射而使其激发，被激发的闪烁体照射在光电倍增管上而造成的，本底电流具有脉冲形式。

在外光电效应中，除了上述光电倍增管（打拿极倍增）方法提高增益的机理外，还有气体雪崩和通道电子倍增等方法，本书不再叙述了。

4.2.2 内光电效应

光照射在半导体材料上，材料中处于价带的电子吸收光子能量，通过禁带跃入导带，使导带内电子浓度和价带内空穴增多，即能量必须大于材料的禁带宽度 ΔE_g（如图 4-7 所示）才能产生内光电效应，因此叫内光电效应的临界波长 $\lambda_0 = 1293/\Delta E_g$（mm）。通常纯净半导体的禁带宽度为 1eV 左右，例如锗的 $\Delta E_g = 0.75\text{eV}$，硅的 $\Delta E_g = 1.2\text{eV}$。

内光电效应按其工作原理可分为两种：光电导效应和光生伏特效应。半导体受到光照时会产生光生电子-空穴对，使导电性能增强，光线愈强，阻值愈低。这种光照后电阻率变化的现象称为光电导效应，基于这种效应的光电器件有光敏电阻和反向偏置工作的光敏二极管与光敏晶体管；光生伏特效应是光照引起 PN 结两端产生电动势的效应。

1. 光敏电阻

光敏电阻是一种电阻器件，其工作原理如图 4-8 所示。使用时，可加直流偏压（无固定极性）或加交流电压。

光敏电阻中光电导作用的强弱是用其电导的相对变化来标志的。禁带宽度较大的半导体材料，在室温下热激发产生的电子-空穴对较少，无光照时的电阻（暗电阻）较大。因此光照引起的附加电导就十分明显，表现出很高的灵敏度。光敏电阻常用的半导体有硫化镉（CdS，禁带宽度 $E_g = 2.4\text{eV}$）和硒化镉（CdSe，禁带宽度 $E_g = 1.8\text{eV}$）等。

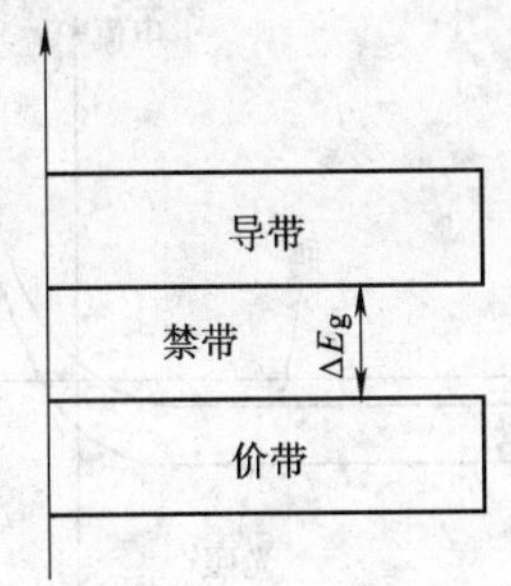

图 4-7　半导体能带图

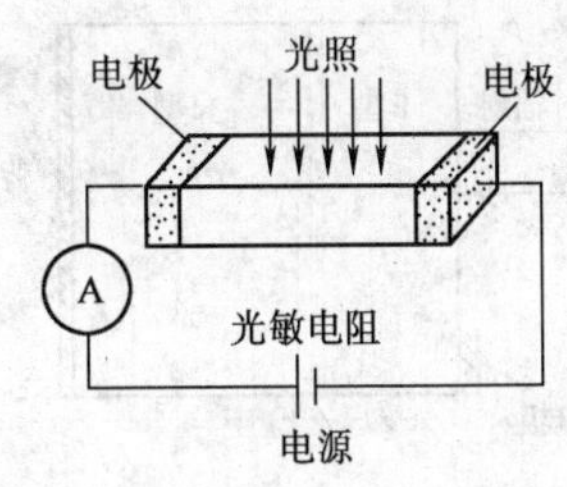

图 4-8　光敏电阻的工作原理

敏感元件的电阻可表示为

$$R_{\mathrm{d}}=\frac{l}{\sigma A_{\mathrm{d}}} \tag{4-15}$$

式中，l 为长度；A_{d} 为敏感元面积；σ 为电导率。

光导探测器响应率正比于光照后电导率的相对变化，而后者又可表示为

$$\frac{\Delta\sigma}{\sigma}=\frac{\eta\tau\mu e}{d\sigma} \tag{4-16}$$

式中，η 为量子效率；τ 为自由载流子寿命；μ 为迁移率；e 是电子电荷量；d 为探测器厚度。

从式中可看出，高响应率要求探测器有较高的量子效率，自由载流子寿命长，迁移率高，厚度应小。自由载流子寿命取决于复合过程，在一定程度上可由材料配方和杂质含量来控制。自由载流子寿命是一个极其重要的参数，除影响响应率外，还影响探测器的时间常数。

高响应率还要求探测器在无光子辐照时有较低的电导率，即将非光子效应产生的载流子数降低到最小。对长波响应的探测器材料，必须有小的禁带宽度。但禁带宽度小，在室温下，无光照就会产生大量热激发载流子，只能通过致冷探测器来解决。一般来讲，如不致冷的话，大多数光电导探测器的响应波段不会超过 3μm；响应波段在 3～8μm 的，要求中等致冷（77K）；响应超过 8μm 的，要求致冷到热力学温度几度。

当光导探测器面积一定时，高响应率需要高的量子效率，以便尽可能利用所有入射光子，可在敏感元后面设反射器或敏感元表面镀增透膜。

2. 光敏二极管与光电池

PN 结可以光电导效应工作，也可以光生伏特效应工作。如图 4-9 所示，处于反向偏置的 PN 结，在无光照时具有高阻特性，反向暗电流很小。当光照时，结区产生电子-空穴对，在结电场作用下，电子向 N 区运动，空穴向 P 区运动，形成光电流，方向与反向电流一致。光的照度愈大，光电流愈大。由于无光照时的反偏电流很小，一般为纳安数量级，因此光照时的反向电流基本上与光强成正比。光敏二极管光伏探测器受到辐照后，其伏安特性曲线将会下移，如图 4-10 所示。

设信号的辐射通量为 ϕ_{s}，则光电流为

$$I=\eta e\phi_{\mathrm{s}} \tag{4-17}$$

式中，η 为量子效率；e 为电子电荷量。

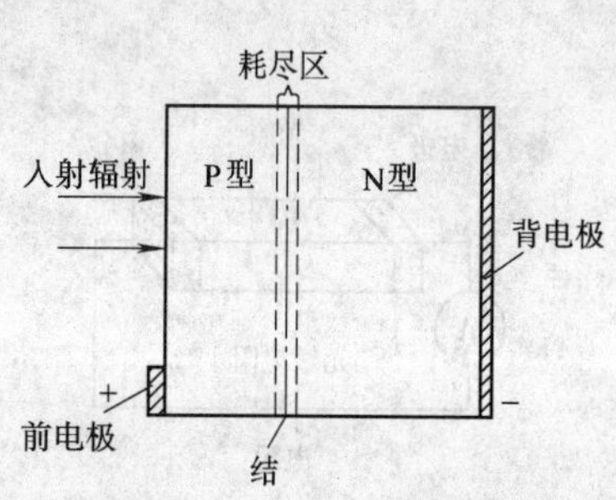

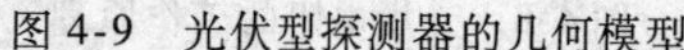

图 4-9 光伏型探测器的几何模型

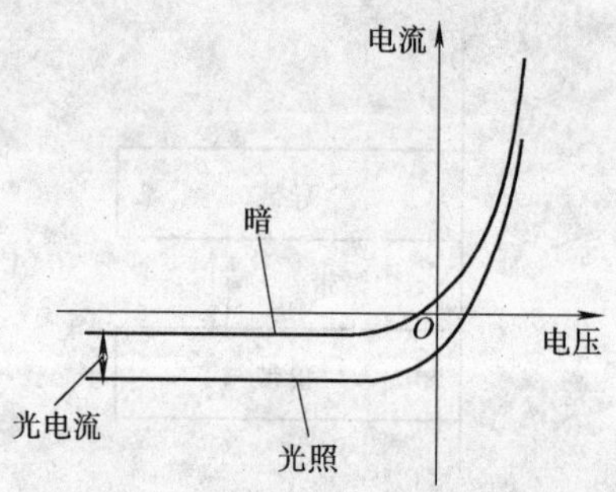

图 4-10 PN 结光敏二极管工作简图

使用时可选择合适的工作点。一般说来，光伏探测器工作于短路状态时，即零偏压状态，能产生最佳信噪比。有时也对光伏探测器加适当的反向偏置，加反向偏置能增加耗尽层的厚度，从而减小时间常数，探测器有较好的高频特性。

硅光电池是用单晶硅制成的，在一块 N 型硅片上用扩散方法渗入一些 P 型杂质，从而形成一个大面积 PN 结，P 层极薄能使光线穿透到 PN 结上。硅光电池也称硅太阳能电池，为有源器件，它轻便、简单，不会产生气体污染或热污染，特别适用于宇宙飞行器作仪表电源。硅光电池转换效率较低，适宜在可见光波段工作。

3. 光敏晶体管

它可以看成是一个 eb 结为光敏二极管的晶体管。在光照作用下，光敏二极管将光信号转换成电流信号，该电流信号被晶体管放大。显然，在晶体管增益为 β 时，光敏晶体管的光电流要比相应的光敏二极管大 β 倍。

光敏二级管和晶体管均用硅或锗制成。由于硅器件暗电流小、温度系数小，又便于用平面工艺大量生产，尺寸易于精确控制，因此硅光敏器件比锗光敏器件更为普通。

其他可产生内光电效应的机理还有：微波偏置、半导体雪崩、肖特基势垒、异质结、体效应、光磁效应、丹倍效应、光子牵引、红外量子计数器、普特莱探测器等。

4.2.3 热探测器

热探测器也通称为能量探测器，其原理是利用辐射的热效应，通过热电变换来探测辐射。入射到探测器光敏面的辐射被吸收后，引起响应元的温度升高，响应元材料的某一物理量随之而发生变化。利用不同物理效应可设计出不同类型的热探测器，其中最常用的有电阻温度效应（热敏电阻）、温差电效应（热电偶、热电堆）和热释电效应。

由于各种热探测器都是先将辐射转化为热并产生温升，而这一过程通常很慢，所以热探测器的时间常数要比光子探测器大得多。热探测器性能也不像光子探测器那样有些已接近背景极限。即使在低频下，它的探测率要比室温背景极限值低一个数量级，高频下的差别就更大了。因此，热探测器不适合用于快速、高灵敏度的探测，热探测器的最大优点是光谱响应范围较宽且较平坦。

1. 热敏电阻

严格地说，利用辐射热效应而引起电阻变化的热探测器应称之为测热辐射计（Bolometer），俗称热敏电阻。

当用桥式测量电路时，如图 4-11 所示，两个热敏电阻具有相同的温度特性，分别用于测量和补偿。当环境温度变化时，不会破坏电桥的平衡。用较为简单的测量电路时，如图4-12所示，只有热敏电阻电压的变化量才能通过耦合电容传给信号放大电路。

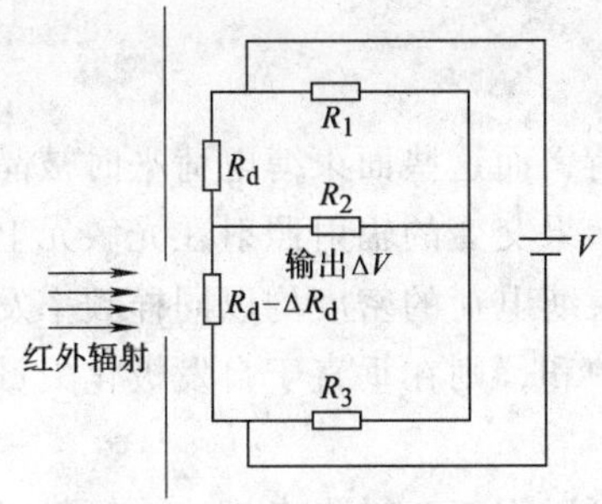

图4-11　直流工作的桥式辐射热测量探测器电路

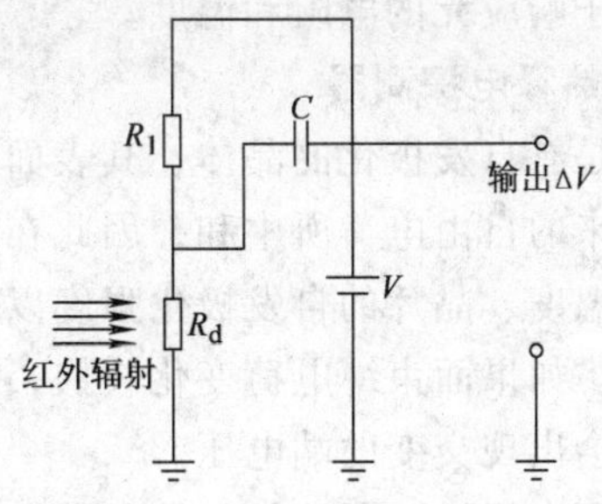

图4-12　辐射热测量计电路

当照射到热敏电阻的辐射发生变化时，引起温度变化有一个时间延迟，此延迟取决于热敏电阻内部的热学结构，用热平衡方程可表达为

$$C\frac{d\Delta T_{\mathrm{d}}}{\mathrm{d}t}+G_{\mathrm{e}}\Delta T_{\mathrm{d}}=\Delta\Phi \tag{4-18}$$

式中，$\Delta\Phi$ 为入射辐射功率增量（W）；ΔT_{d} 为探测元温度增量（K）；G_{e}为探测元有效热导（$\mathrm{WK^{-1}}$）；C 为探测元热容（$\mathrm{JK^{-1}}$）。

公式的物理意义是：入射的辐射功率一部分通过传导和辐射方式耗散，具体取决于探测元的热导；另一部分以蓄热方式储存起来，该部分取决于探测元的热容，如入射辐射按余弦变化

$$\Delta\Phi=\Delta\Phi_0\cos\omega t \tag{4-19}$$

该一阶微分方程的稳定解为

$$\Delta T_{\mathrm{d}}=\frac{\varepsilon\Delta\Phi_0}{G_{\mathrm{e}}(1+\omega^2\tau^2)^{1/2}} \tag{4-20}$$

响应元电阻变化为

$$\Delta R_{\mathrm{d}}=\Delta T_{\mathrm{d}}R_{\mathrm{d}}\alpha=\frac{R_{\mathrm{d}}\alpha\varepsilon\Delta\Phi_0}{G_{\mathrm{e}}(1+\omega^2\tau^2)^{1/2}} \tag{4-21}$$

式中，R_{d} 为响应元电阻；α 为温度系数；ε 为响应元比辐射率（即吸收率）；$\tau=C/G_{\mathrm{e}}$ 为热容与有效热导之比，即热时间常数，单位为秒。

此公式与RC低通滤波电路的表达形式很相似，只是 RC 电路的时间常数为电容和电阻乘积，即电容与电导之比。

公式清楚地表明：要减小热时间常数，响应元应有较小的热容和较大的热导（或较小的热阻）。但是，热导大即热阻小，意味着同样的入射辐射功率产生较小的温升，就会影响响应率。因此，热敏电阻响应元通常具有薄片状结构，以增大接收面积和减小热容量。用热特性不同的基片，热敏电阻的时间常数可为1~50ms。热敏电阻通常由高温度系数的金属氧化物烧结而成，由于材料本身吸收不是很好，所以制作时必须黑化。

热敏电阻噪声主要是 1/f 噪声和热噪声，对于有最佳信噪比的大偏置电流的情况，主要是 1/f 噪声。偏置电流足够小时，热噪声起主要作用，此时，热敏电阻的噪声谱是平直的，仅依赖于响应元的电阻和温度。

2. 热释电探测器

凡是有自发极化的晶体，其表面会出现面束缚电荷，而这些面束缚电荷平时被晶体内部和外部来的自由电荷所中和，因此在常态下呈中性。如果交变的辐射照射在光敏元上，则光敏元的温度、晶片的自发极化强度以及由此引起的面束缚电荷的密度均以同样频率发生周期性变化。如果面束缚电荷变化较快，自由电荷来不及中和，则在垂直于自发极化矢量的两个端面间会出现交变的端电压。

与所有热探测器一样，热释电探测器的工作原理可以用三个过程来描述：辐射→热为吸收过程，热→温度为加热过程，温度→电则为测温过程，加热过程与热敏电阻、热电偶是类似的，如图 4-13 所示。

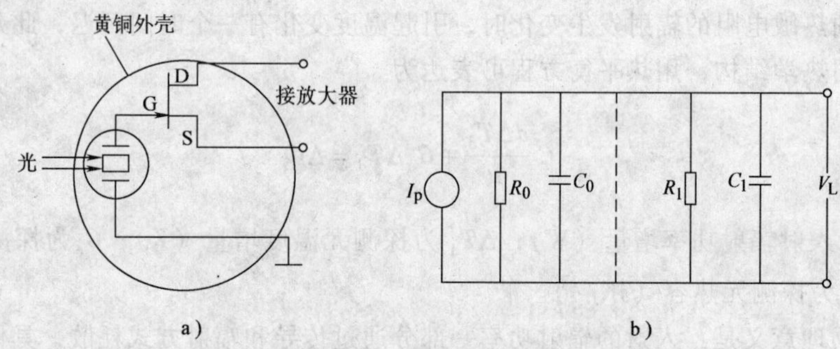

图 4-13　热释电探测器原理电路及等效电路

a）原理电路　b）等效电路

I_P—热释电流　R_0—探测器内阻　C_0—极间电容

R_1—前置放大器的输入电阻　C_1—输入电容

热释电材料有单晶、陶瓷、薄膜等种类。单晶热释电晶体的热释电系数高、介质损耗小，是至今性能最好的热释电材料，热释电探测器大多选用单晶制作，如 TGS、LATGS、$LiTaO_3$ 等；陶瓷热释电晶体成本较低，响应较慢，如入侵报警用 PZT 陶瓷探测器工作频率为 0.2 ~ 5Hz；薄膜热释电材料可以用溅射法、液相外延等方法制备，有些薄膜的自发极化取向率已接近单晶水平。由于薄膜一般可以做得很薄，因而对于制作高性能的热释电探测器十分有利。

热释电探测器光谱响应范围很宽，可以非致冷工作，已广泛用于辐射测量。由于探测器性能均匀、功耗低、成像型的热释电面阵有很好的应用前景。

常见的商用光子探测器和热探测器见表 4-5。

其他可产生热电效应的机理还有：超导、低温半导体、温差电、高莱元件、热磁、能斯脱效应、液晶等。

除了上述光子效应（内光电效应、外光电效应）和热电效应外，第三大类光电效应是波相互作用效应，这种效应是由入射辐射的电磁场与敏感材料相互作用而产生的。主要的波相互作用效应有光学外差探测和光学参量效应，其他还有约瑟夫森结和金属-金属氧化物-金属的接触效应。本章 4.6.3 激光多普勒测速技术中只简要讨论了光学外差探测。

表 4-5　常见的商用光子探测器和热探测器

光子探测器		热探测器	
本征,PV	MCT Si, Ge InGaAs InSb, InAsSb	热敏	V_2O_5 多晶 SiGe 多晶 Si Amorph Si
本征, PC	MCT PbS, PbSe	热电堆	Bi/Sb
非本征	SiX	热释电	钽酸锂(LiTa) 锆钛酸铅(PbZT) 钛酸锶钡(BST)
光发射	PtSi		
量子阱	GaAs/AlGaAs	热容	Bimetals

4.3　光电器件的特性

光电传感器的光照特性、光谱特性以及峰值探测率、响应时间等几个主要参数，都取决于光电器件的性能。为了合理选用光电器件，有必要对其主要特性作一简要介绍。

4.3.1　光照特性

光电器件的灵敏度可用光照特性来表征，它反映了光电器件输入光量与输出光电流（光电压）之间的关系。

光敏电阻的光照特性呈非线性，且大多数如图 4-14a 所示，因此不宜作线性检测元件，但可在自动控制系统中用作开关元件。

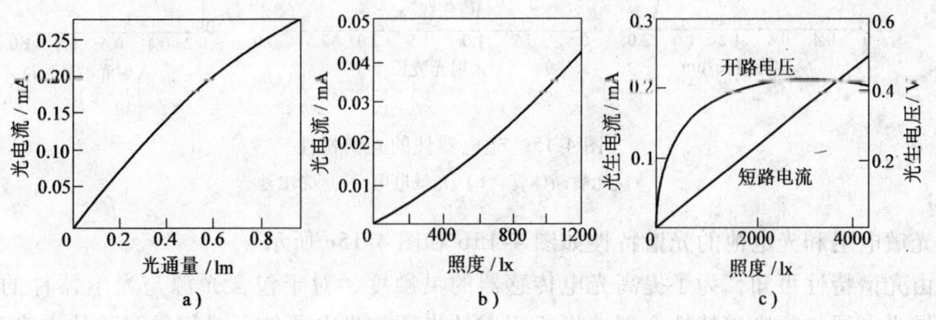

图 4-14　光电器件的光照特性
a）光敏电阻　b）光敏二极管　c）硅光电池

光敏二极管的光照特性如图 4-14b 所示。它的灵敏度和线性度均好，因此在军事、工业自动控制和民用电器中应用极广，既可作线性转换元件，也可作开关元件。

光电池的光照特性如图 4-14c 所示，短路电流在很大范围内与光照度成线性关系。开路电压与光照度的关系呈非线性，在照度 2000lx 以上即趋于饱和，但其灵敏度高，宜用作开关元件。光电池作为线性检测元件使用时，应工作在短路电流输出状态。由实验知，负载电阻愈小，光电流与照度之间的线性关系愈好，且线性范围愈宽。对于不同的负载电阻，可以在不同的照度范围内使光电流与光照度保持线性关系。故用光电池作线性检测元件时，所用负载电阻的大小应根据光照的具体情况而定。

光照特性常用响应率 R 来描述。对于光生电流器件，输出电流 I_p 与光输入功率 P_i 之比，称为电流响应率 R_I，即

$$R_I = I_P / P_i \tag{4-22}$$

对于光生伏特器件，输出电压与光输入功率 P_i 之比，称为电压响应率 R_V，即

$$R_v = V_p / P_i \tag{4-23}$$

4.3.2 光谱特性

光电器件的光谱特性是指相对灵敏度 K 与入射光波长 λ 之间的关系，又称光谱响应。

光敏晶体管的光谱特性如图 4-15a 所示。由图可知，硅的长波限为 1.1μm，锗为 1.8μm，其大小取决于它们的禁带宽度。短波限一般在 0.4～0.5μm 附近，这是由于波长过短，材料对光波的吸收剧增，使光子在半导体表面附近激发的光生电子-空穴对不能到达 PN 结，因而使相对灵敏度下降。硅器件灵敏度的极大值出现在波长 0.8～0.9μm 处，而锗器件则出现在 1.4～1.5μm 处，都处于近红外光波段。采用较浅的 PN 结和较大的表面，可使灵敏度极大值出现的波长和短波限减小，以适当改善短波响应。

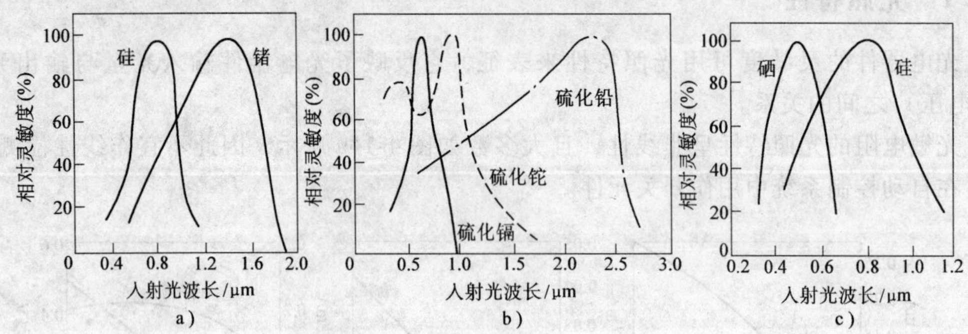

图 4-15 光电器件的光谱特性
a) 光敏晶体管 b) 光敏电阻 c) 光电池

光敏电阻和光电池的光谱特性如图 4-15b 和图 4-15c 所示。

由光谱特性可知，为了提高光电传感器的灵敏度，对于包含光源与光电器件的传感器，应根据光电器件的光谱特性合理选择相匹配的光源和光电器件。对于被测物体本身可作光源的传感器，则应按被测物体辐射的光波波长选择光电器件。

4.3.3 响应时间

光电器件的响应时间反映它的动态特性，响应时间小，表示动态特性好。对于采用调制光的光电传感器，调制频率上限受响应时间的限制。

光敏电阻的响应时间一般为 $10^{-1} \sim 10^{-3}$s，光敏晶体管约为 2×10^{-5}s，光敏二极管的响应速度比光敏晶体管高一个数量级，硅管比锗管高一个数量级。

图 4-16 为光敏电阻、光电池及硅光敏晶体管的频率特性。

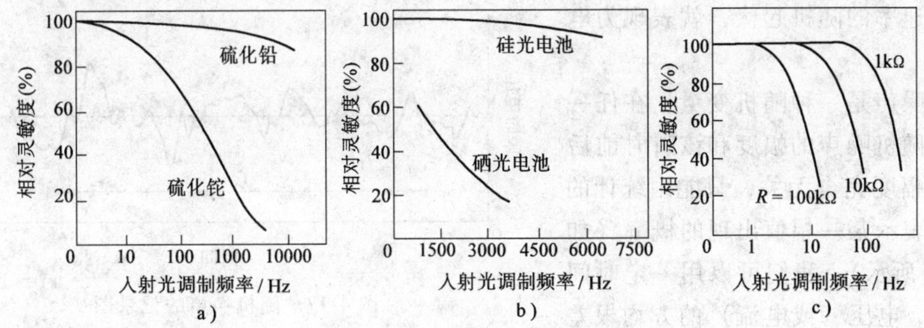

图 4-16 光电器件的频率特性

a）光敏电阻 b）光电池 c）硅光敏晶体管

4.3.4 峰值探测率

峰值探测率源出于红外探测器，后来沿用到其他光电器件。无光照时，由于器件存在着固有的散粒噪声以及前置放大器输入端的热噪声，光探测器件将产生输出，这一噪声输出常以噪声等效功率 NEP 表征单位为 $\mathrm{W \cdot Hz^{-\frac{1}{2}}}$。$NEP$ 定义为：产生与光电探测器单位带宽方均根噪声电流相等的方均根信号电流所需电流的正弦调制入射光的有效值。NEP 与光敏器件的有效光敏面积 A 和探测系统带宽 Δf 有关，而且是平方律关系。因此探测器件的性能常用峰值探测率 D^* 表征，D^* 值大，噪声等效功率小，光电器件性能好。即

$$D^* = \frac{1}{NEP/\sqrt{A\Delta f}} = \frac{\sqrt{A\Delta f}}{NEP} \tag{4-24}$$

光敏二极管的暗电流是反向偏置饱和电流，而光敏电阻的暗电流是无光照时偏置电压与体电阻之比。一般以暗电流产生的散粒噪声计算器件的 NEP

$$NEP = \sqrt{2qI_D}/R_I \tag{4-25}$$

式中，q 为电子电荷（$1.6\times10^{-19}\mathrm{C}$）；$I_D$ 为暗电流（A）；R_I为电流响应率（$\mathrm{A\cdot W^{-1}}$）。

4.3.5 温度特性

温度变化不仅影响光电器件的灵敏度，同时对光谱特性也有很大影响。一般来说，光敏器件的光谱响应峰值随温度升高而向短波方向移动。因此，采取降温措施，往往可以提高光敏电阻对长波长的响应。

在定温条件下工作的光电器件由于灵敏度随温度而变，因此高精度检测时有必要进行温度补偿或使它在恒温条件下工作。

4.4 探测器噪声和低噪声电子设计

4.4.1 噪声

研究噪声的目的是为了了解传感器系统，特别是光电系统所受的限制。这里所说的噪声是指探测器、电路元件产生的随机电起伏。本质上讲，大多数物理量都是不连续的或颗粒状的。例如：电流是由电子流组成的，每一个电子都带有一份独立的电荷，电子通过电路中某

一点的速率的随机起伏，就表现为电噪声。

电噪声是一种随机变量，在任一瞬间，随机噪声的幅度和该瞬时前后出现的幅度完全无关，只能用统计的方法去表示某一幅值出现的概率（如图4-17所示）。我们可以用一定时间间隔内，电压（或电流）的方均根差来表示噪声电压（或噪声电流），即

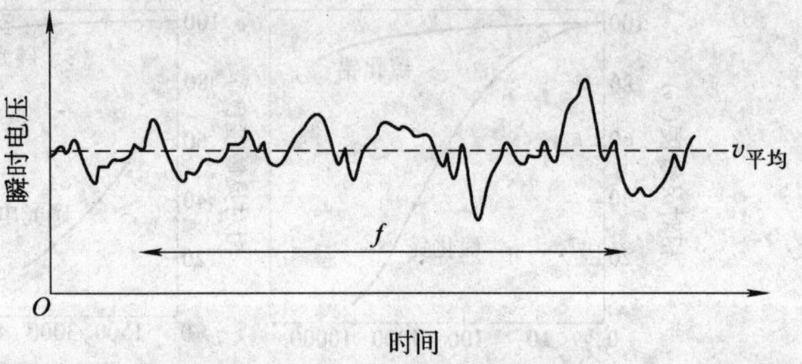

图4-17 随机噪声的记录图

$$v_n^2=\overline{(v-v_{平均})^2}=\frac{1}{T}\int_0^T(v-v_{平均})^2\mathrm{d}t \tag{4-26}$$

$$i_n^2=\overline{(i-i_{平均})^2}=\frac{1}{T}\int_0^T(i-i_{平均})^2\mathrm{d}t \tag{4-27}$$

更确切地，可称之为方均根噪声电压或方均根噪声电流。

如果电路中存在两个或更多独立的噪声源，其总效果可将各个噪声源的噪声功率相加，也就是将噪声电压（或噪声电流）的平方相加得到，而噪声电压或噪声电流是不可以直接相加的。

不同类型噪声的功率频谱也不尽相同，可用谱密度来表示。谱密度可表示为单位带宽的噪声功率（噪声电压平方），也可表示为单位根号带宽内的噪声电压，即$\frac{v_n^2(f)}{\Delta f}$或$\frac{v_n(f)}{\sqrt{\Delta f}}$。

4.4.2 探测器噪声的类型

不仅响应率会随辐射频率变化，探测率也会随辐射频率变化，因为

$$D^*=\frac{(A_\mathrm{d}\Delta f)^{1/2}}{NEP}=\frac{V_\mathrm{s}}{V_n}\frac{(A_\mathrm{d}\Delta f)^{1/2}}{P}=\frac{R}{V_n}(A_\mathrm{d}\Delta f)^{1/2} \tag{4-28}$$

D^*与f的关系与探测器噪声的类型有关，对于受白噪声（噪声大小与频率无关）限制的探测器，D^*与f的关系和R与f的关系有相同的形式；对于受其他形式噪声限制的探测器，D^*与f的关系往往与R与f的关系不同。光导体中总噪声谱随频谱变化的曲线如图4-18所示。

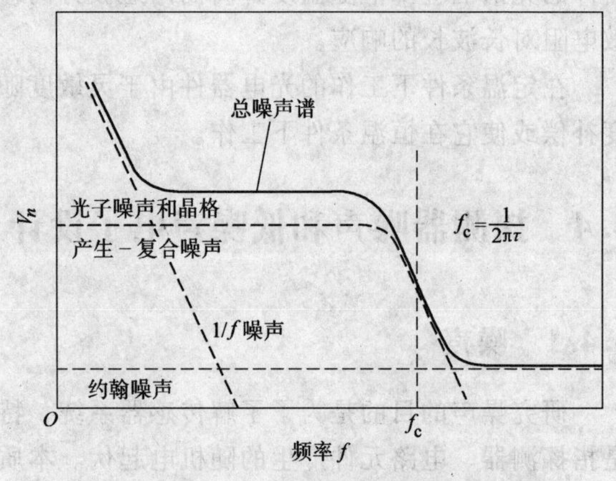

图4-18 光导体中总噪声谱随频谱变化的曲线

探测器噪声从机理上区分大致有以下几类：

1. Johnson噪声

也称热噪声，存在于所有探测器，一个电阻器就是一个热噪声发生器。热平衡时，电阻元件中的电荷载流子的随机运动在元件两端产生的随机电压，当电阻温度上升时，电荷载流子的平均动

能增加，则噪声电压增加。热噪声存在于所有探测器，其噪声电压可表达为

$$V_n=(4kT_{\mathrm{d}}R_{\mathrm{d}}\Delta f)^{1/2} \tag{4-29}$$

热噪声的谱密度为$\dfrac{V_n^2}{\Delta f}=4kT_{\mathrm{d}}R_{\mathrm{d}}$。

在给定温度下，热噪声的噪声电压只与电阻有关，如果噪声源是一个阻抗，则噪声电压只取决于阻抗的电阻部分，而与电容、电感部分无关。噪声电压与带宽的平方根成正比，而与频率高低无关，即热噪声的谱密度与频率无关，故称之为白噪声。

2. 温度噪声

由于热探测器敏感元件跟周围的辐射交换或与散热片之间的传导交换，使敏感元件的温度发生随机起伏，而引起信号电压的随机起伏，这种噪声称为温度噪声。温度噪声仅在热探测器中能观察到，热探测器性能的理论极限就是根据温度噪声计算的。

3. 1/f 噪声

也称调制噪声或闪烁噪声，产生的物理机理尚不清楚。1/f 噪声对低频段影响较大，可用$1/f^n$来表征其功率谱，n 取 0.8～2。

4. 产生-复合噪声

产生-复合噪声是敏感元件电荷载流子的产生率和复合率的统计起伏产生的噪声。这种起伏由载流子与光子相互作用或背景光子到达率的随机性引起。如果背景光子起伏对产生-复合率的起伏起主要贡献，那么这种噪声也称为光子噪声、辐射噪声或背景噪声。产生-复合噪声存在于所有光子探测器，对于光伏探测器，由于只有自由载流子产生率的起伏对噪声有贡献，光伏探测器的 V_n 值是光电导探测器的 $1/\sqrt{2}$。

5. 散弹噪声

这种噪声是由于流过 PN 结的自由电子和空穴的起伏产生的，表现为微电流脉冲，在外电路中表现为随机噪声或电压，短路噪声电压可表达为

$$V_n=R_{\mathrm{d}}(2eI\Delta f)^{1/2} \tag{4-30}$$

通常存在于光伏探测器和薄膜探测器，光导探测器由于没有 PN 结，所以不存在散弹噪声。

探测器的总噪声是以上各种噪声的方均根，不同类型的探测器在不同频率段，其主导作用的噪声也是不同的。

4.4.3 低噪声电子设计

1. 噪声系数

噪声系数也叫噪声因素，是器件或电路对于噪声的品质因素。若一个放大电路的增益为 G，则它的噪声系数定义为

$$F=\frac{\text{折算至输入端的等效噪声功率}}{\text{源噪声功率}}=\frac{N_{\mathrm{o}}/G}{N_{\mathrm{i}}} \tag{4-31}$$

由于 $G=S_{\mathrm{o}}/S_{\mathrm{i}}$，代入上式，得

$$F=\frac{\text{输入端信噪比}}{\text{输出端信噪比}}=\frac{S_{\mathrm{i}}/N_{\mathrm{i}}}{S_{\mathrm{o}}/N_{\mathrm{o}}} \tag{4-32}$$

因为噪声系数是功率比，所以也可用分贝表示，称为对数噪声系数。

$$NF = 10\lg F \tag{4-33}$$

噪声系数是放大器引起的信噪比恶化程度的量度。一个好的放大器是在源噪声基础上不增加噪声的放大器，其噪声系数 $F=1$，或者说对数噪声系数 $NF=0$。低噪声电子设计的目的是使实际放大器的噪声系数接近这种理想的状态。

探测器输出微弱信号通常需经多级放大，我们可以导出级联网络的噪声系数，以分析系统的最重要的放大源在那里。

设有两级功率增益分别为 G_1 和 G_2 的放大器级联，它们单独使用时噪声系数分别为 F_1 和 F_2，即

$$F_1 = \frac{N_{o1}}{G_1 N_{i1}},\ F_2 = \frac{N_{o2}}{G_2 N_{i2}}$$

级联后第一级的输出噪声（即第二级输入噪声）为

$$N_{o1} = N_{i2} = N_{i1} G_1 F_1$$

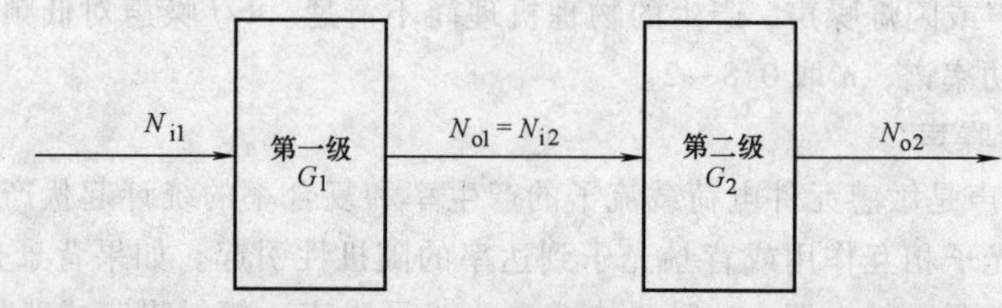

级联后总输出噪声 N_{oT} 可认为由两部分组成，第一部分是第一级输出噪声放大 G_2 倍后形成的噪声，即 $G_2 N_{i2} = G_2(N_{i1} G_1 F_1)$；第二部分则是第二级放大器增加的噪声。按 F_2 的定义，当第二级输入噪声为 N_{i1} 时输出噪声为 $F_2 G_2 N_{i1}$，由于其中的 $G_2 N_{i1}$ 并不是增加的噪声，必须从 $F_2 G_2 N_{i1}$ 中扣除，才是第二级放大器增加的额外噪声。因此，级联后总输出噪声为上述两部分噪声之和。

$$N_{oT} = G_2(N_{i1} G_1 F_1) + G_2(F_2 - 1)N_{i1} = (F_1 G_1 G_2 + F_2 G_2 - G_2)N_{i1}$$

两级级联电路的噪声系数为

$$F_{12} = \frac{N_{oT}}{G_1 G_2 N_{i1}} = F_1 + \frac{F_2 - 1}{G_1} \tag{4-34}$$

同样，我们也可导出三级级联电路的噪声系数为

$$F_{123} = \frac{N_{oT}}{G_1 G_2 G_3 N_{i1}} = F_1 + \frac{F_2 - 1}{G_1} + \frac{F_3 - 1}{G_1 G_2} \tag{4-35}$$

可得出的结论是：如果第一级增益高，级联网络的噪声系统将主要受第一级噪声的影响。探测器信号放大电路的第一级通常为高增益的低噪声放大器，称为前置放大器，后级主放大器增益较低，对低噪声的要求也较低。

2. 最佳源电阻

前置放大电路（简称前放）用于对探测器输出微弱电流或电压信号的放大，通常要求前放的噪声系数接近 1，即前放输出的信噪比尽量接近探测器输出的信噪比。这样前放在放大过程中引入的噪声，相对于探测器噪声而言可以忽略。

为研究前置放大器对探测器输出信噪比的影响，可以建立放大器的噪声模型，如图4-19所示。即将它等效为一个无噪声放大器，只是在输入端串联一个零阻抗噪声电压源 E_n 和并

联一个阻抗无穷大的噪声电流源 I_n，探测器可视为一个电压源 V_s，其源电阻 R_s 产生的热噪声用噪声电压源 E_t 表示。

$$E_t = \sqrt{4kTR_s\Delta f} \tag{4-36}$$

这三个噪声源又可用等效输入噪声 E_{ni} 表示，即用位于 V_s 的一个噪声源代替所有的系统噪声源。如果 E_{ni}、E_t、E_n 和 I_n 都是方均根值，不相关的噪声源叠加可将它们的噪声功率简单相加，即为

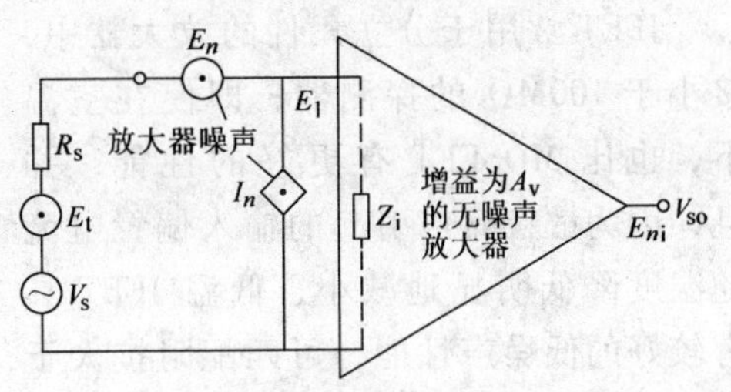

图 4-19　放大器的噪声模型和信号源

$$E_{ni}^2 = E_t^2 + E_n^2 + I_n^2 R_s^2 \tag{4-37}$$

这里 E_{ni} 是接上探测器后放大器输出噪声折算至输入端的等效噪声，E_{ni} 与探测器噪声 E_t 之比即放大器的噪声系数，低噪声设计目的是使 E_{ni} 尽量接近 E_t。

从图 4-19 中可以看出：放大器噪声系数与源电阻有关。E_{ni} 中的放大器噪声在源电阻较小时主要表现为电压噪声；当源电阻较大时，主要是电流噪声起作用。

当 $R_s = R_{opt} = E_n / I_n$ 时，总等效输入噪声最靠近热噪声曲线。此时，放大器在探测器热噪声的基础上增加的噪声最小，噪声系数最小。R_{opt} 称为最佳源电阻，最佳源电阻不是功率传输最大时的电阻，它和放大器的输入阻抗没有直接关系，它是由放大器的噪声机构决定的。

3. 晶体管噪声

如果不能忽略下一级噪声，前置放大器应提供足够的增益，以抑制下一级噪声的贡献。在这种情况下，输入晶体管是影响读出电路噪声的主要因素。用于低噪声放大的晶体管有双极型晶体管（BJT）、结型场效应晶体管（JFET）和金属氧化物半导体场效应晶体管（MOSFET）。MOSFET 的工作温度范围、功率和噪声特性较好，许多现代放大器电路都是由用 CMOS 工艺制造的 MOSFET 和其他组件组成。

一个有噪声的晶体管放大器同样可以等效为输入端串联了一个噪声电压源和并联了一个噪声电流源的无噪声放大器。图 4-20 给出了共发射极或共源极 BJT、JFET 和 MOSFET 放大器噪声电压、噪声电流的频谱。可以看出，它们的最佳源电阻不同：BJT 最低，JFET 次之，MOSFET 最高。最佳源电阻不同，与之匹配的探测器源电阻的范围也有所不同。

按阻抗可把探测器分为两类：其一为低阻抗探测器（低于 10kΩ），如长波红外 HgCdTe 光导探测器；其二为高阻抗探测器（大于 10kΩ），如光伏、非本征硅及硅化铂探测器。

对于通常具有 10MΩ 以上阻抗的光伏探测器，MOSFET 的噪声比探测器热噪声小。然而，对阻抗低于 100kΩ 的探测器，如低电阻的光导探测器，MOSFET 并不是最佳选择。在这种情况下，最好选择双极型晶体管。

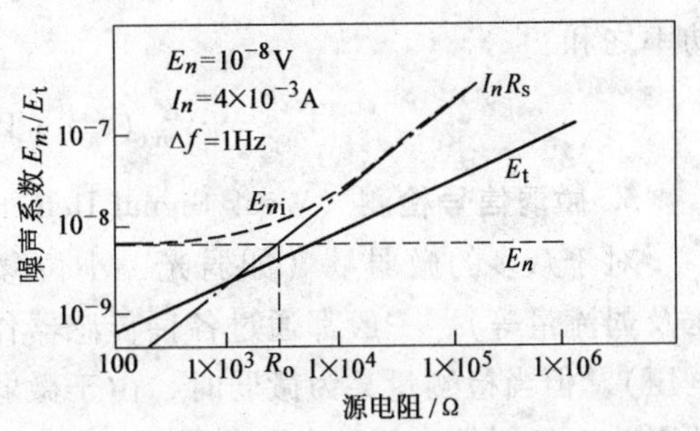

图 4-20　放大器噪声系数与源电阻

JFET 常用于分立元件的放大器中，接小于 100MΩ 的探测器，即使在室温下，也比 MOSFET 有更好的性能，并且，因为散粒噪声引起的输入偏置电流随温度降低明显地减小，低温 JFET 具有较好的低噪声性能，可匹配阻抗大于 100MΩ 的探测器。

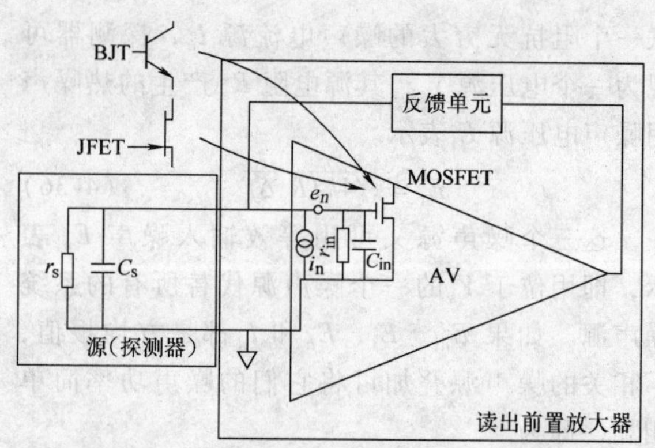

图 4-21 传感器与放大器连接等效电路

4. 常用前置放大器的噪声

前置放大器通常采用电压放大和电流电压放大（互阻抗）两种形式，如图 4-21 所示。

根据线性网络迭加原理，电压放大器的等效输入噪声电压 e_{in}（单位：$V/\sqrt{Hz}$）为

$$e_{in} \approx \left[\left(\frac{e_n r_{in}}{r_{in}+r_s}\right)^2 + (i_n r_{in} \| r_s)^2\right]^{1/2} \tag{4-38}$$

式中，$r_{in} \| r_s$是放大器输入电阻和探测器电阻（源电阻）的并联。

可以看出，放大器噪声电流的影响随源电阻增大而增大，而放大器噪声电压的影响随源电阻增大而减小。因此，设计低噪声电压放大器时，如探测器阻抗较低，应选用噪声电压较低的运放；如探测器阻抗较高，则应选用噪声电流较低的运放。

电流电压放大器的噪声性能一般用等效输入噪声电流 i_{in}（单位：$A/\sqrt{Hz}$）来表示，这仅是表达方式不同，上面的结论依然成立。

$$i_{in} \approx \left[\left(\frac{e_n}{r_{in}+r_s}\right)^2 + \left(\frac{i_n r_s}{r_{in}+r_s}\right)^2\right]^{1/2} \tag{4-39}$$

在有用的系统带宽内，e_n和 i_n可能不是白噪声，e_{in}自然是频率的函数。因此，前置放大器输出的方均根电压噪声应表达为积分形式。

电压放大器：$V_{out}^2(e_n) = \int A_v^2(f) e_{in}^2(f) df$

其中：A_v为放大器的电压增益。

电流电压放大器：$V_{out}^2(i_n) = \int Z_t^2(f) i_{in}^2(f) df$

其中：Z_t 为放大器的跨阻。

对于探测器、放大器组件，总的方均根噪声功率是放大器噪声、探测器噪声和光子噪声功率之和

$$V_{out} = [V_{out}^2(i_n) + V_{out}^2(i_{det}) + V_{out}^2(i_{ph}) + \cdots]^{1/2} \tag{4-40}$$

5. 微弱信号检测（Weak Signal Detection）**技术概述**

对于众多的微弱量（如弱光、小位移、微震动、微温差、弱磁、弱声、微电流、低电压及弱流量等），一般都通过各种传感器作非电量的转换，使检测对象转变成电量（电流或电压）。但当检测量甚为微弱时，由于微弱物理量本身的涨落、传感器本底与测量仪器噪声的影响，被测的有用的电信号被强于数千甚至数十万倍的噪声所淹没，因此微弱信号检测是一种专门与噪声作斗争的技术。只有抑制噪声，才能取出信号，噪声对于弱检测几乎是无处

不在，无地没有，它总是与信号共存。微弱信号检测的目的，就是利用电子学的、信息论的和物理学的方法，分析噪声产生的原因和规律，研究被测信号的特征和相关性，采取必要的手段检测被背景噪声覆盖的弱信号。它的任务是发展微弱信号检测的理论，探索新的方法和原理，研制新的检测设备以及在各学科领域中的推广应用。

噪声与干扰：噪声的定义是有害信号。它普遍存在于测量系统之中，因而妨碍了有用信号的检测，成为限制测量信号的主要因素。除噪声之外，实际的测量之中，还存在干扰，它与噪声有本质的区别。噪声由一系列随机电压组成，其频率和相位都是彼此不相干的，而且连续不断；而干扰通常都有外界的干扰源，是周期的或瞬时的、有规律的。无论是噪声还是干扰，它们都是有害信号，有时为方便，统称为噪声。在微弱信号检测中，往往是噪声电平远远大于测量信号，即信号“深埋”（或称“淹没”）于噪声之中。产生噪声的噪声源有很多类型，主要有信号源电阻的热噪声、接收及处理信号仪器的电路产生的噪声、电源和环境干扰等。

由于信号特点不同，检测方法亦异，微弱信号检测一般有三条途径：一是降低传感器与放大器的固有噪声，尽量提高其信噪比；二是研制适合微弱信号检测原理并能满足特殊需要的器件；三是利用微弱信号检测技术，通过各种手段提取信号。这三者缺一不可，但主要还是第三条，即研究其检测方法。由于检测方法必须根据信号的特点与之相适应，因此在发展检测方法的过程中也就发展了微弱信号检测这门技术。目前，微弱信号检测的基本方法有以下几种：

（1）相干检测　它是一种频域信号的窄带化处理方法，也是一种积分过程的相关测量。它利用信号与外加参考信号的相干特性，而这种特性却是随机噪声所不具备的。典型的仪器设备是以相敏检波器（PSD）为核心的锁定放大器（简称 LIA）。锁定放大器由乘法器、积分器和低通滤波器组成。由于可以把低通滤波器频带宽度做得很窄，故可以降低噪声。

（2）时域信号的平均处理　它是根据时域特征的取样平均来改善信噪比并恢复波形的测量。对于任何重复的信号波形，在其出现期间只取一个样本，并在固定的取样间隔内重复 m 次，由 $\sqrt{m}$ 法则可知，信噪比改善 $SNIR=\sqrt{m}$。若将所描述的信号按时间顺序划分为 n 个间隔，将每个间隔的平均结果记录下来，便能使噪声污染的信号波形得到恢复。其代表性的仪器有 Boxcar 平均器或称取样积分器，这类仪器的缺点是取样效率低，不能充分利用信号波形，其次是不利于低重复频率的信号的恢复，从而限制了它的使用。随着微型计算机应用的发展，出现了信号多点数字平均技术，可最大限度地抑制噪声或节约时间，并能完成多种模式的平均功能。

（3）离散信号的计数处理　在被检测的信号中，有时却是随机的或按概率分布的离散信息。例如当光非常微弱时，它呈粒子性，成为量子化的光子。光子是没有质量只有动量的粒子，其能量为 $E_p=hc/\lambda$。单位时间内的光子既非同时发射，亦非顺序到达，而是满足一定的概率分布。一般用光电倍增管探测微弱的光信号，信号脉冲电流的幅值在一小范围内分布。噪声脉冲幅值一般大于或小于这个范围，即在这个范围出现的概率小于信号脉冲。这个方法又称光子计数法。信号强时，几个光子同时到达阴极，在检测这些离散量时能否逐一分开，全部记录，如何修正其堆积过程，如何排除噪声，是光子计数法中需解决的问题。

计算机处理方法：随着计算机的普及与发展，原来在微弱信号检测中需要用硬件来完成的检测系统，现在可以用软件来实现。利用计算机进行曲线拟合、平滑、数字滤波、快速傅里叶变换（FFT）及谱估计等方法处理信号，提高了信噪比，实现了微弱信号检测的要求。

4.5 新型光电检测器

随着制造工艺的不断完善，特别是集成电路技术的发展，近年来出现了一批新型光电器件，以满足不同应用领域的需要，本节将着重介绍几种典型的新器件。

4.5.1 光位置传感器

当半导体光电器件受光照不均匀时，有载流子浓度梯度将会产生侧向光电效应。当光照部分吸收入射光子的能量产生电子-空穴对时，光照部分载流子浓度比未受光照部分的载流子浓度大，就出现了载流子浓度梯度，因而载流子就要扩散。如果电子迁移率比空穴大，那么空穴的扩散不明显，则电子向未被光照部分扩散，就造成光照射的部分带正电，未被光照射部分带负电，光照部分与未被光照部分产生光电动势。基于该效应的光电器件如半导体光电位置敏感器件（PSD），如图4-22所示。

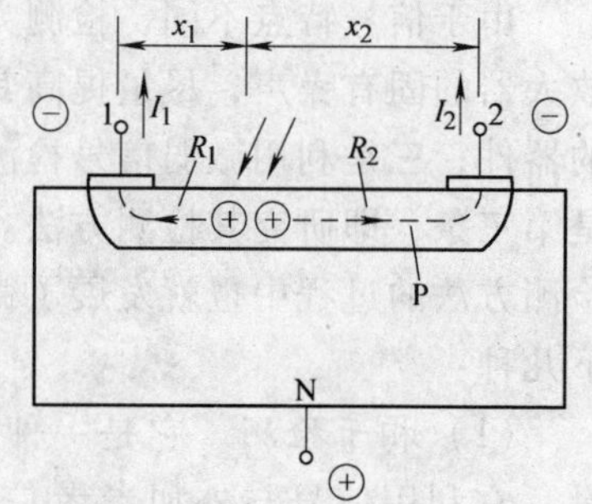

图 4-22 光位置传感器原理

当光照射到硅光敏二极管的某一位置时，结区产生的空穴载流子向 P 层漂移，而光生电子则向 N 层漂移。到达 P 层的空穴分成两部分：一部分沿表面电阻 R_1 流向 1 端形成光电流 I_1；另一部分沿表面电阻 R_2 流向 2 端形成光电流 I_2。当电阻层均匀时，$R_2/R_1 = x_2/x_1$，则光电流 $(I_1/I_2) = (R_2/R_1) = x_2/x_1$，故只要出现 I_1 和 I_2 便可求得光照射的位置。

上述原理同样适用于二维位置检测，其原理如图 4-23 所示。a、b 极用于检测 x 方向，a′、b′极用于检测 y 方向。

光位置检测器在机械加工中可用作定位装置，也可用来对振动体、回转体作运动分析及作为机器人的眼睛。

4.5.2 量子阱探测器

量子阱探测器（QWIP）：将两种半导体材料 A 和 B 用人工方法薄层交替生长形成超晶格，在其界面，能带有突变。电子和空穴被限制在低势能阱 A 层内，能量量子化，称为量子阱。利用量子阱中能级电子跃迁原理可以做红外探测器。

量子阱红外光子探测器（QWIP）是由非常薄的两种半导体材料（如 GaAs 和 $Al_xGa_{1-x}As$）晶体层交叠而成的超晶格，在其界面，能带有突变，图 4-24 为其示意图。电子和空穴被限制在低势能阱 GaAs 层（如 GaAs）内，能量量子化，称为量子阱。采用分子束外延技术可将 GaAs、$Al_xGa_{1-x}As$ 晶体层的厚度控制到几分之一的分子层的精度。GaAs 材料的带隙为 1.35eV，通常不能制造波长大于 0.92μm 的探测器。但量子阱内电子可处于基态或初激

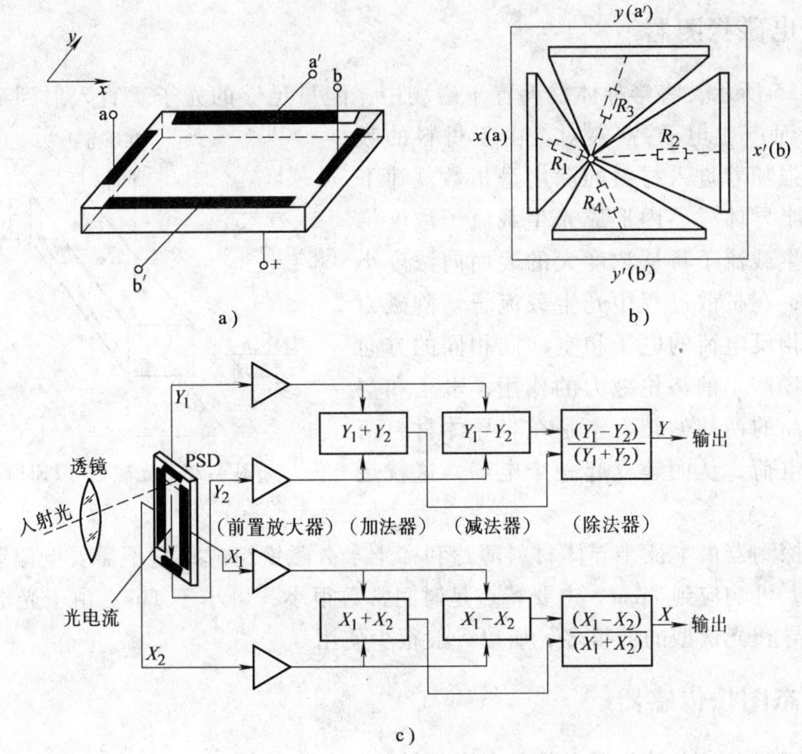

图 4-23　光平面位置测试器原理

a）器件、结构　b）等效电路　c）读取电路框图

发态，即处于两种子能带，子能带之间的带隙较小。在光子激发下，电子由基态跃迁到初激发态。器件的结构参数可保证受激载流子能从势阱顶部逸出，并在电场的作用下，被收集为光电流。

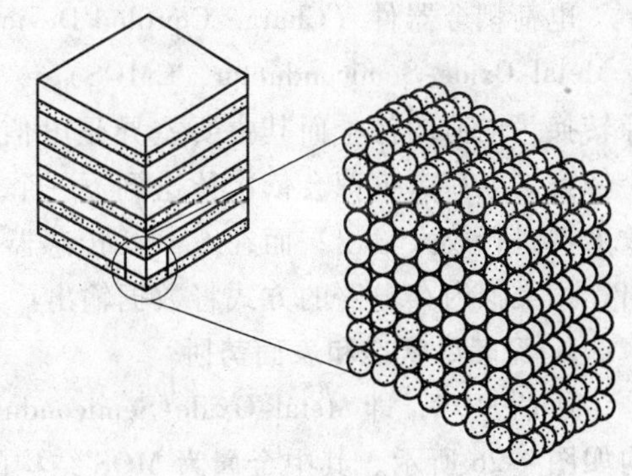

图 4-24　半导体超晶格的层状结构

（白圈和灰圈代表两种材料的原子）

QWIP 响应的峰值波长是由量子阱的基态和激发态的能级差决定的，它的光谱响应与本征红外探测器不同，QWIP 的光谱响应峰较窄、较陡。但它的峰值波长，截止波长可以灵活、连续地剪裁，可在同一块芯片上制造出双色、多色的成像面阵。

与其他光子探测器相比，QWIP 独特之处首先在于它的响应特性可通过制造理想的束缚能级的方法来修正。改变晶体层的厚度可改变量子阱的宽度，改变 AlGaAs 合金中 Al 的分子比，可改变势阱高度，从而在较大范围内调整子能带之间的带隙，探测器就可以响应 3～20μm 的辐射。量子阱探测器的缺点是光谱响应峰较窄。

由于 QWIP 采用了 GaAs 生长和处理的成熟技术，可以制作成大规模的成像面阵。研制宽波段的红外大规模面阵是发展趋势，如 8～14μm、100 万像素的量子阱成像面阵。可以预见，届时红外相机和可见光 CMOS 相机的差距将大大缩小。

4.5.3 光电磁探测器

如图 4-25 所示，将半导体材料置于磁场中，能量足够的光子垂直入射到半导体上，通过本征吸收而产生电子-空穴对。由于材料的吸收作用，光强随着进入材料的深度呈指数规律下降，所以在半导体样品内形成光生载流子浓度梯度，于是光生载流子将从浓度大的表面向浓度小的体内扩散，在扩散过程中光生载流子切割磁力线。由于带相反电荷的电子和空穴向相同的方向运动以及磁场产生的洛伦兹力的作用，电子和空穴分别向样品的两端偏转，于是在半导体材料两端产生累积电荷，从而建立起一个电场，这就是光磁电效应。

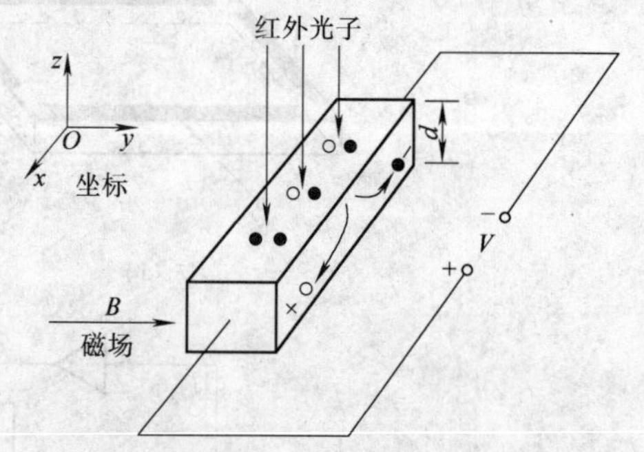

图 4-25　光磁电（PEM）效应

光电磁探测器由本征半导体材料薄片和稀土永久磁铁组成，它不需要电偏置。这类探测器不需致冷，可响应到 7μm。主要特点是时间常数很小，可小于 1ns。由于光电磁探测器的探测率比光导和光伏型的低得多，所以一般很少使用。

4.5.4 固态图像传感器

图像传感器是对光敏阵列元件具有自扫描功能的摄像器件，它与传统的电子束扫描真空摄像管相比，具有体积小、重量轻、使用电压低（<20V）、可靠性高和不需要强光照明等优点。因此，在军用、工业控制和民用电器中均有广泛使用。

电荷耦合器件（Charge-Coupled Device，CCD）与互补金-氧半导体电路（Complementary Metal-Oxide-Semiconductor，CMOS）传感器是当前被普遍采用的两种图像传感器，将光图像转换为电荷图像，而其主要差异是电信号传送的方式不同。CCD 传感器中每一行中每一个像素的电荷数据都会依次传送到下一个像素中，由最底端部分输出，再经由传感器边缘的放大器进行放大输出；而在 CMOS 传感器中，每个像素都会邻接一个放大器及 A/D 转换电路，用类似内存电路的方式将数据输出。

1. 深耗尽状态和表面势阱

所谓 MOS，即 Metal-Oxide-Semicondudor（金属-氧化物-半导体）的缩写。MOS 电容结构如图 4-26 所示，其中金属为 MOS 结构的电极，称为“栅极”（此栅极材料通常不是用金属而是用能够透过一定波长范围光的多晶硅薄膜制造）。半导体作为衬底电极，在两电极之间有一层 SiO_2 绝缘体。

MOS 电容上没加电压时，半导体的能带结构如图 4-27a 所示，从界面层到内部能带都是一样的，即所谓平带条件。若在金属-半导体间加正电压 U_c，对 P 型半导体来说，空穴受排斥离开表面而留下受主杂质离子，使半导体表面层形成带负电荷的耗尽层，在耗尽层中电子能量从体内到界面由高向低弯曲，如图 4-27b 所示。当栅压

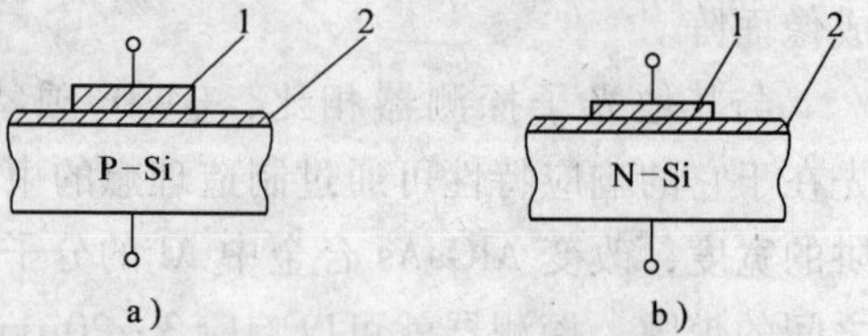

图 4-26　MOS 电容的结构
a）N 沟　b）P 沟
1—金属　2—绝缘层 SiO_2

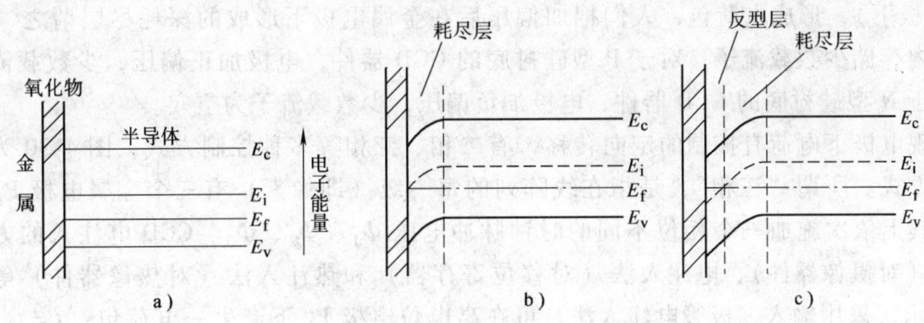

图4-27　MOS电容的能带图

a）平带条件　b）出现耗尽层，$0 < U_c < U_{th}$　c）出现反型层，$U_c > U_{th}$

E_v—导带底能量　E_i—禁带中央能级　E_f—费米能级

U_c增大超过某特征值U_{th}（阈值）时，能带进一步向下弯曲，以至使半导体表面处的费米能级高于禁带中央能级，半导体表面聚集电子浓度大大增加，形成反型层，把U_{th}称为MOS管的开启电压（或阈值电压）。由于电子大量集聚在电极下的半导体处，并具有较低的势能，可形象地说半导体表面形成对电子的势阱，能容纳聚集电荷，其示意图如图4-27c所示，如果没有外来电荷，则势阱聚集热效应电子，但热电子聚集是很缓慢的。图4-28为信号电荷势阱示意图。

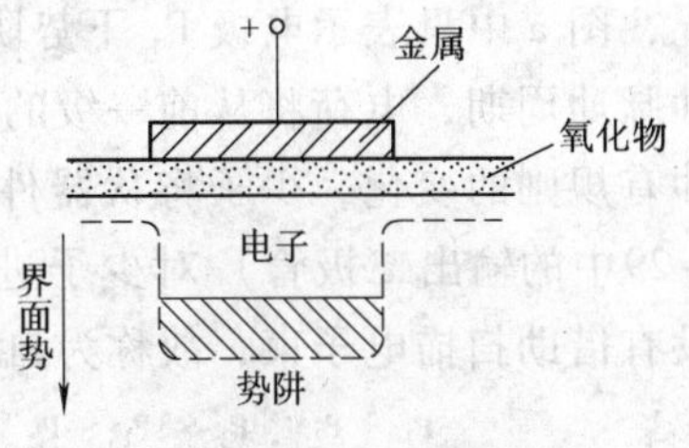

图4-28　信号电荷势阱

2. CCD的基本原理

CCD器件就是由大量的在同一衬底上集成的MOS电容阵列。CCD的基本功能就是要具有在势阱中存储信号电荷，并将其转移的能力，故CCD又可称移位寄存器。为了实现信号电荷的转移，必须使MOS电容阵列的排列足够紧密，以至相邻MOS电容的势阱可相互沟通，即相互耦合。一般MOS电容电极间隙小到3μm以下，通过改变栅极电压可控制势阱高低，使信号电荷可由势阱浅的地方流向势阱深的地方。为了让电荷按规定的方向转移，在MOS电容阵列上加满足一定相位要求的驱动时钟脉冲电压。

CCD的最小单元是在P型（或N型）硅衬底上生长一层厚度约120nm的SiO_2层，再在SiO_2层上依一定次序沉积金属（Al）电极而构成金属-氧化物-半导体（MOS）的电容式转移器件。这种排列规则的MOS阵列再加上输入与输出端，即组成CCD的主要部分，如图4-29所示。

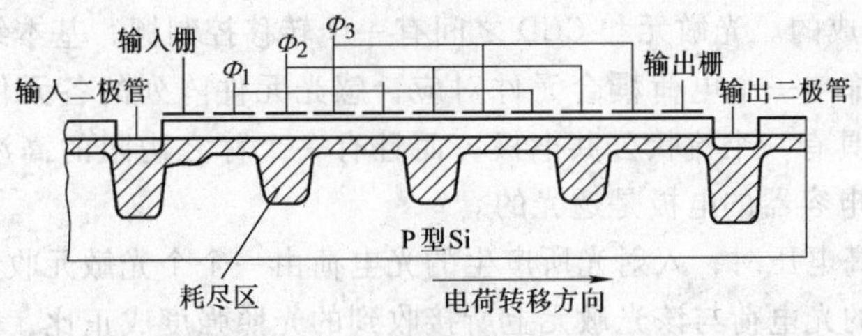

图4-29　组成CCD的MOS结构

当向SiO_2上表面的电极加一正偏压时P型硅衬底中形成耗尽区，较高的正偏压形成较深的耗尽区、其中的少数载流子——电子被吸收到最高正偏压电极下的区域内（如图4-29

中 Φ 电极下），形成电荷包，人们把加偏压后在金属电极下形成的深耗尽层谓之“势阱”。耗尽层内存储少数载流子。对于 P 型硅衬底的 CCD 器件，电极加正偏压，少数载流子为电子；对于 N 型硅衬底的 CCD 器件，电极加负偏压，少数载流子为空穴。

实现电极下电荷有控制的定向转移，有二相、三相等多种控制方式，图 4-30 为三相时钟控制方式。所谓“三相”，是指在线阵列的每一级（即像素）有三个金属电极 P_1、P_2 和 P_3，在其上依次施加三个相位不同的时钟脉冲电压 Φ_1、Φ_2、Φ_3。CCD 电注入的方法有光注入法（对摄像器件）、电注入法（对移位寄存器）和热注入法（对热像器件）等。如图 4-30 所示，采用输入二极管电注入法，可在高电位电极 P_1 下产生一电荷包（$t=t_0$）；当电极 P_2 加上同样的高电位时，由于两电极下势阱间的耦合，原来在 P_1 下的电荷包将在这两个电极下分布（$t=t_1$）；而当 P_1 回到低电平时，电荷包就全部流入 P_2 下的势阱中（$t=t_2$）；然后 P_3 的电位升高且 P_2 的电位回到低电平，电荷包又转移到 P_3 下的势阱中（即 $t=t_3$ 的情况，图 a 中只表示电极 P_1 下势阱的电荷转移到电极 P_2 下势阱的过程）。可见，经过一个时钟脉冲周期，电荷将从前一级的一个电极下转移到下一级的同号电极下。这样，随着时钟脉冲有规则的变化，少子将从器件的一端转移到另一端；然后通过反向偏置的 PN 结（如图 4-29中的输出二极管）对少子进行收集，并送入前置放大器。由于上述信号输出的过程中没有借助扫描电子束，故称为自扫描器件。

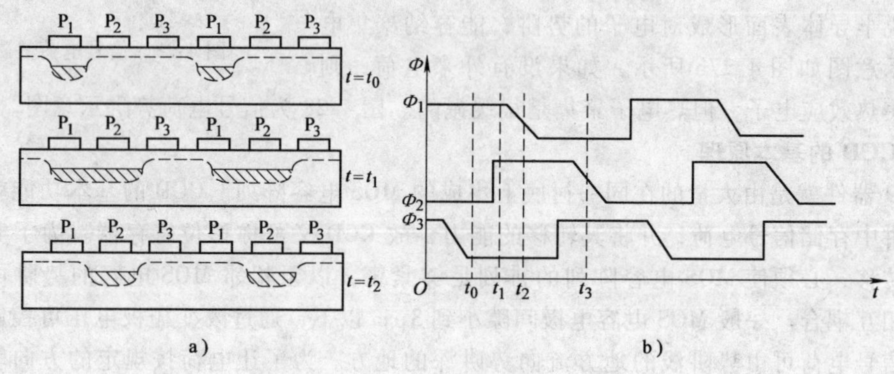

图 4-30　电荷在三相 CCD 中的转移

3. CCD 图像传感器

利用电荷耦合技术组成的图像传感器称为电荷耦合图像传感器，它由成排的感光元件与电荷耦合移位寄存器等构成，电荷耦合图像传感器通常可分为线型传感器和面型传感器。

（1）线型 CCD 图像传感器　线型图像传感器是由一列感光单元（称为光敏元阵列）和一列 CCD 并行而构成的。光敏元和 CCD 之间有一个转移控制栅，基本结构如图 4-31 所示。

每个感光单元都与一个电荷耦合元件对应，感光元件阵列的各元件都是一个个耗尽的 MOS 电容器。它们具有一个梳状公共电极，而且有一个称之沟阻的高浓度 P 型区，在电气上彼此隔离，MOS 电容器的电极是透光的。

当梳状电极呈高电压时，入射光所产生的光电荷由一个个光敏元收集，实现光积分。各个光敏元中所积累的光电荷与该光敏元上所接收到的光照强度成正比，也与光积分时间成正比。在光积分时间结束的时刻，转移栅的电压提高（平时为低电压），与光敏元对应的电荷耦合移位寄存器（CCD）电极也同时处于高电压状态。然后，降低梳状电极电压，各光敏元中所积累的光电荷并行地转移到移位寄存器中。当转移完毕，转移栅电压降低，梳状电极

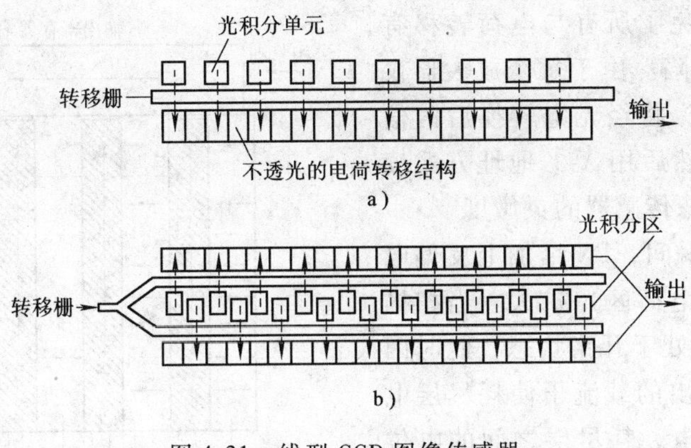

图 4-31　线型 CCD 图像传感器
a）单行结构　b）双行结构

电压回复原来的高压状态以迎接下一次积分周期。同时，在电荷耦合移位寄存器上加上时钟脉冲，将存储的电荷迅速从 CCD 中转移，并在输出端串行输出。这个过程重复地进行就得到相继的行输出，从而读出电荷图形。

为了避免在电荷转移到输出端的过程中产生寄生的光积分，移位寄存器上必须加一层不透光的覆盖层，以避免光照。目前实用的线型 CCD 如图 4-31b 所示为双行结构：在一排图像传感器的两侧，布置有两排屏蔽光线的移位寄存器。单、双数光敏元中的信号电荷分别转移到上、下面的移位寄存器中，然后信号电荷在时钟脉冲的作用下自左向右移动。从两个寄存器出来的脉冲序列，在输出端交替合并，按照信号电荷在每个光敏元中原来的顺序输出。

（2）*面型 CCD 图像传感器*　线型 CCD 图像传感器只能在一个方向上实现电子自扫描。为获得二维图像，除了必须采用庞大的机械扫描装置外，另一个突出的缺点是每个像素的积分时间仅相当于一个行时，信号强度难以提高。为了能在室内照明条件下获得足够的信噪比，有必要延长积分时间。于是出现了类似于电子管扫描摄像管那样在整个帧时内均接受光照积累电荷的面型 CCD 图像传感器。这种传感器在 x、y 两个方向上都能实现电子自扫描。

面型 CCD 图像传感器在感光区、信号存储区和输出转移部分的安排上，迄今为止有多种方式。

图 4-32 所示结构是用得最多的一种结构形式。它将感光元件与存储元件相隔排列，即一列感光单元，一列不透光的存储单元交替排列。在感光区光敏元件积分结束时，转移控制栅打开，电荷信号进入存储区。随后，在每个水平回扫周期内，存储区中整个电荷图像一次一行地向上移到水平读出移位寄存器中。接着这一行电荷信号在读出移位寄存器中向右移位到输出器件，形成视频信号输出。这种结构的器件操作简单，但单元设计复杂，感光单元面积减小，图像清晰。

4. 光敏二极管 CMOS 图像传感器

光敏二极管 CMOS 图像传感器的像素结构目前主要有两种：无源像素图像传感器（Passive Pixel Sensor，PPS）和有源像素图像传感器（Active Pixel Sensor，APS），其结构如图 4-33a 所示。由于 PPS 信噪比低，成像质量差，目前应用的绝大多数 CMOS 图像传感器都采用 APS 结构，如图 4-33b 所示。APS 结构的像素内部包含一个有源器件，该放大器具有放大和缓冲功能，具有良好的消噪性能，且电荷不需要像 CCD 器件那样经过远距离移位到达输出放大器，因此避免了所有与电荷转移有关的 CCD 器件的缺陷。由于每个放大器仅在读出期间被激发，将经光电转换后的信号在像素内放大，然后用 *X-Y* 地址方式读出，提高了固体图像传感器的灵敏度。

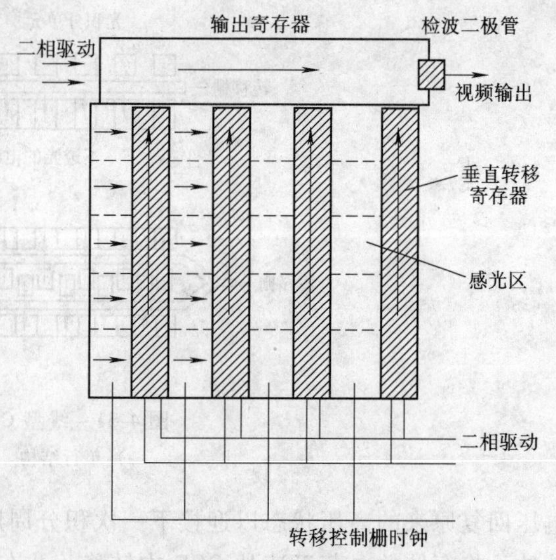

图 4-32 一种面型 CCD 图像传感器结构

在脉冲扫描的瞬间，PN 结加上反偏电压，耗尽层（空间电荷区）扩大。当扫描脉冲通过后，PN 结处于开路状态，此时因入射光作用而激励出的载流子使耗尽层电容中累积的电荷放电，耗尽层之间的电位下降。加上下一个脉冲电压时，将有结电容的充电电流流入，这种充电电流将作为图像信号取出。

典型的 CMOS 传感器的总体结构如图 4-34 所示。在同一芯片上集成有模拟信号处理电路、视频时序产生电路、数模转换电路、行选、列选及放大、光敏单元阵列、I^2C 控制接口等，如果再加上镜头等其他配件就可以构成一个完整的摄像系统了。CMOS 图像传感器的支持电路包括一个晶体振荡器和电源去耦合电路，这些组件安装在 PCB 板的背面，只需占据很小的空间。CMOS 芯片内部提供了一系列控制寄存器，微处理器通过 I^2C 串行总线来对自动增益、自动曝光、白平衡、γ 校正等功能进行控制。直接输出的数字视频信号可以很方便地和后续处理电路接口，供数字信号处理器进行处理。

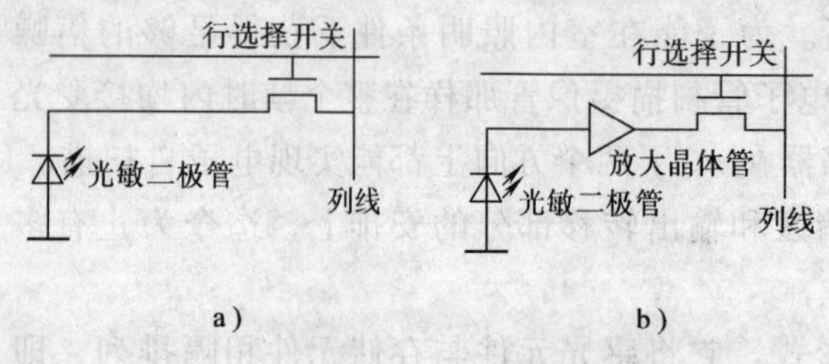

图 4-33 CMOS 的两种像素结构
a) PPS 像素结构 b) APS 像素结构

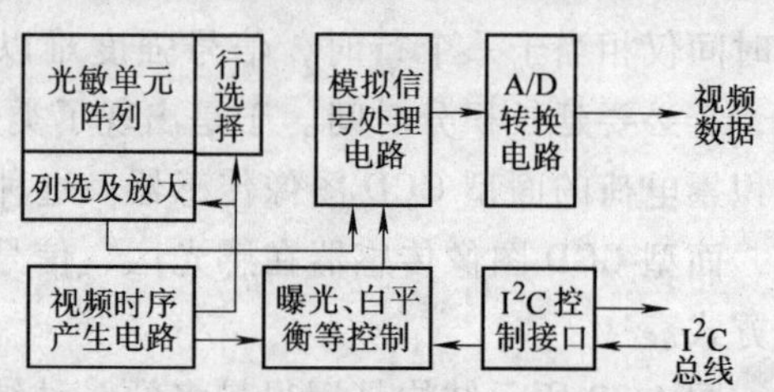

图 4-34 CMOS 芯片组成框图

另外还有一种光栅型 CMOS 图像传感器，采用前述表面势阱光积分结构，可以检测微弱光。由于一个像素的尺寸很小，例如 50μm×50μm，用检测瞬时光电流的方法，将使光灵敏度非常低，光电成像器件多是利用两次扫描之间光所激励的载流子累积起来的结构形式工作。

传感器每个感光元件对应图像传感器中的一个像点，由于感光元件只能感应光的强度，无法捕获色彩信息，因此必须在感光元件上方覆盖彩色滤光片。在这方面，不同的传感器厂商有不同的解决方案，最常用的做法是覆盖 RGB 红绿蓝三色滤光片，以 1:2:1 的构成由四个像点构成一个彩色像素（即红蓝滤光片分别覆盖一个像点，剩下的两个像点都覆盖绿色滤光片），采取这种比例的原因是人眼对绿色较为敏感。

5. 高速光电器件

光电传感器的响应速度是重要指标，随着光通信及光信息处理技术的提高，一批高速光电器件应运而生。

（1）PIN 结光敏二极管（PIN-PD）　PIN 结光敏二极管是以 PIN 结代替 PN 结的光敏二极管，在 PN 结中间设置一层较厚的 I 层（高电阻率的本征半导体）而制成，故简称为 PIN-PD。

PIN-PD 与普通 PD 不同之处是入射信号光由很薄的 P 层照射到较厚的 I 层时，大部分光能被 I 层吸收，激发产生载流子形成光电流，因此 PIN-PD 比 PD 具有更高的光电转换效率。此外，使用 PIN-PD 时往往可加较高的反向偏置电压，这样一方面使 PIN 结的耗尽层加宽，另一方面可大大加强 PN 结电场，使光生载流子在结电场中的定向运动加速，减小了漂移时间，大大提高了响应速度。

PIN-PD 具有响应速度快、灵敏度高、线性较好等特点，适用于光通信和光测量技术。

（2）雪崩式光敏二极管（APD）　APD 是在 PN 结的 P 型区一侧再设置一层掺杂浓度极高的 P^+ 层而构成。使用时在元件两端加上近于击穿的反向偏压，如图 4-35 所示。此种结构由于加上强大的反向偏压，能在以 P 层为中心的结构两侧及其附近形成极强的内部加速电场（可达 10^5 V/cm）。受光照时，P^+ 层受光子能量激发跃迁至导带的电子，在内部加速电场作用下，高速通过 P 层，使 P 层产生碰撞电离，从而产生出大量的新生电子-空穴对，而它们也从强大的电场获得高能，并与从 P^+ 层来的电子一样再次碰撞 P 层中的其他原子，又产生新电子-空穴对。这样，当所加反向偏压足够大时，不断产生二次电子发射，并使载流子产生“雪崩”倍增，形成强大的光电流。

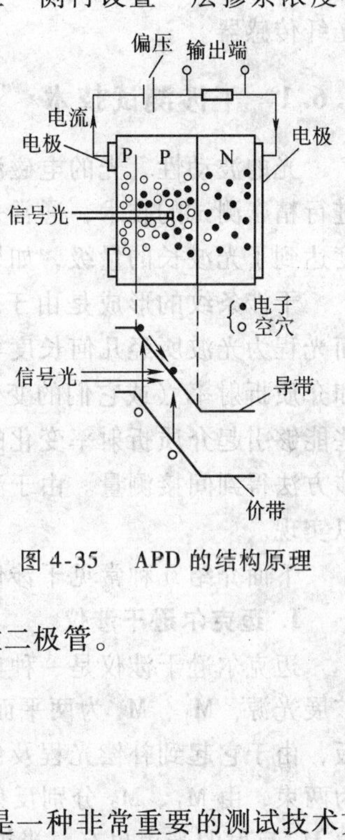

图 4-35　APD 的结构原理

雪崩光敏二极管具有很高的灵敏度和响应速度，但输出线性较差，故它特别适用于光通信中脉冲编码的工作方式。

由于 Si 的长波长限较低，目前正研制适用于长波长的、灵敏度高的用 GaAs、GaAlSb、InGaAs 等材料构成的雪崩式光敏二极管。

4.6　激光传感技术

利用光学原理，通过光波的一些物理特性进行精密测试，是一种非常重要的测试技术方法。由于光学测试方法具有非接触、高灵敏度、高精度以及动态性、实时性等优点，因此在实际应用中具有广阔的前景。特别是 20 世纪 70 年代以后，激光这种新型光源在精密测试中的大量应用，由于其在单色性、光强等方面的巨大优越性，大幅度地提高了测量的灵敏度和精度，并使整个测试系统的稳定性得以加强，使传统光学测试的领域得以扩展；更由于计算机技术的广泛应用，使动态测量、实时测量以及相关比较测量等技术得以迅速发展。

光学测试技术包括很多方面，主要有：干涉测试技术、衍射测试技术、偏振测试技术、激光多普勒技术、光全息技术、散斑技术、光扫描技术、莫尔条纹技术、辐射测温技术、光谱技术、光导纤维技术、信息与图像检测技术等。

众所周知，光波是电磁波的一种，光具有干涉、衍射、偏振等特性，描述光波的物理参量有：波长、频率、光速、相位、偏振态、光强等，外界作用可以通过各种途径来改变上述表征光波特性的参量，有些是利用了光波在传播过程中的固有特性，有些是利用光波在与其他物质相互作用的各种效应。由此即可设计出针对各种测试对象的方法，如干涉测试技术就是利用了光波的干涉特性，任何能改变光程差的外界作用，均有可能通过干涉方法进行测量，由于光的干涉对光波长尺度敏感，因此其测量灵敏度很高。而激光多普勒技术是利用了光学多普勒效应，通过检测光波频率的变化，来达到测量速度的目的。又如光谱技术，主要是通过光与物质的相互作用，来达到改变光强随波长的分布特性，从而测量物质的分子结构、化学成分、浓度含量等。许多种光学测试方法都是由于激光的出现，才得到了蓬勃的发展，如激光多普勒测速技术、光全息技术、激光扫描技术、光衍射技术等。

用光敏二极管可以检测激光辐照度（作用在探测器上的有效电场分量）随时间的变化，用图像传感器可以检测光干涉图和衍射图的空间变化，与光路和计算分析结合在一起构成各种专用功能的激光传感器系统，或称激光检测系统。如果在光路中应用光纤，则构成相应的光纤传感器。

4.6.1 干涉测试技术

光的波动性、光的电磁波本质造成了光的干涉现象。干涉测试是以光学干涉原理为基础进行精密测试的技术，通常是以干涉条纹的形式来反映被测物理量的信息，因此其测量灵敏度达到了光波长的量级，如果具有较好的条纹电子细分设备，这一灵敏度还可提高。

干涉条纹的形成是由于相互干涉的两路（或多路）光波的光程差在空间的分布而致，而光程为光波所经几何长度与介质折射率的乘积，因此利用干涉方法可以直接测量几何长度和介质折射率（或它们的变化），这样与长度相关的位移、速度也就得到了测量；另外，一些能够引起介质折射率变化的因素，如温度、应力、某些化学物质的浓度含量等也可通过干涉方法得到间接测量。由于激光的时间相干性非常好，使实际应用中的各种大光程差测量得以实现。

下面介绍几种常见干涉仪及其在测试中的应用。

1. 迈克尔逊干涉仪

迈克尔逊干涉仪是一种典型的分振幅法双光束干涉仪，其光路如图 4-36 所示。S 为一扩展光源，M_1、M_2 为两平面反射镜，G_1 为一半反射镜，G_2 为材料厚度均与 G_1 相同的玻璃板，由于它起到补偿光程及色散的作用，因此通常称为补偿板。入射光经半反射镜 G_1 被分为两束，由 M_1、M_2 分别反射后回到 G_1，其中由 M_1 反射的光束有一半透过半反射镜 G_1，由 M_2 反射的光束也有一半被 G_1 反射，最后通过透镜 L 在焦面上相遇干涉。

若 M_1 固定不动，M_2 可作左右移动，则当出现一个干涉条纹的移动时，M_2 的移动距离为

$$\Delta l = \frac{\lambda}{2} \tag{4-41}$$

在空气中测量时，如果对测量精度要求不高，可取真空中波长，否则应使用对应介质中的光波长，这时式（4-41）应为

$$\Delta l = \frac{\lambda_0}{2n} \tag{4-42}$$

式中，n 为介质折射率；λ_0 为光波真空中波长。

2. 马赫-曾特尔干涉仪

马赫-曾特尔干涉仪也是一种分振幅法双光束干涉仪，其光路如图4-37所示。M_1、M_2为两块平面反射镜，G_1、G_2为两块半反射的分束板，四个反射面相互平行，中心光路构成平行四边形。点光源位于透镜 L_1 的焦点上，光线经 L_1 准直后形成入射平面光波，入射光被 G_1 分为两束，分别经 M_1 反射、G_2 透射和 M_2 反射、G_2 反射，最后通过透镜 L_2 相遇干涉。

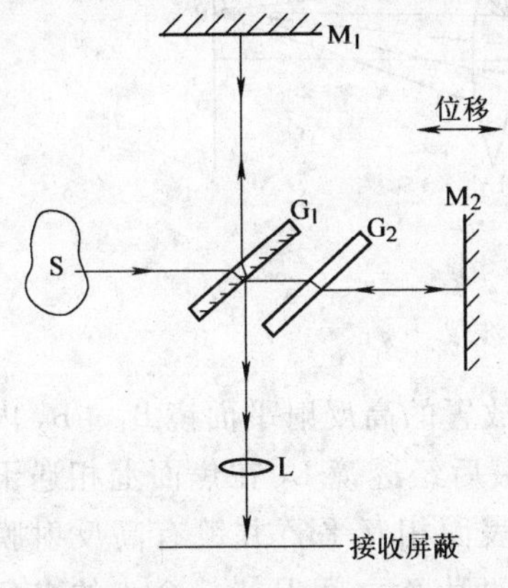

图4-36 迈克尔逊干涉仪

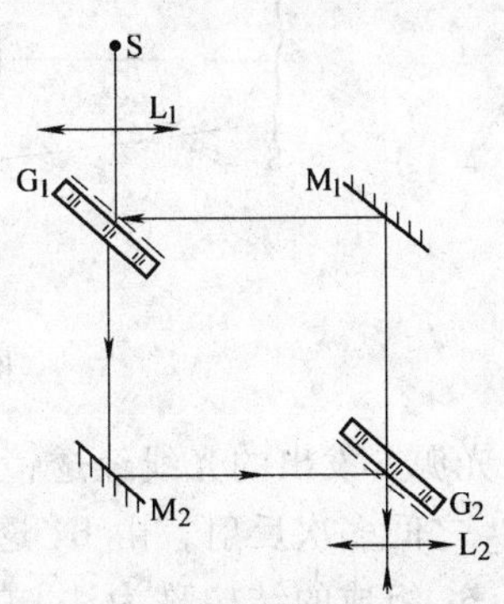

图4-37 马赫-曾特尔干涉仪

两光路一个可作为参考臂，另一个可作为测试臂，当轻微移动反射镜 M_1 或 M_2 时，可以观察到条纹移动。这种干涉仪虽然在制造工艺和调节方面比较困难，但它却具有一个明显的优点：两光束分得很开，这样可以避免两光路之间的相互影响。在实际测量中，通常希望了解外界作用对光波光程的影响，因此要求测试光束的光程随外界作用而改变，而参考光束的光程不发生变化。马赫-曾特尔干涉仪在这一方面比较容易实现，并且这种光路结构适合于对大部件的检验。这种干涉仪的另一优点是没有反射光返回光源，这样就可以减小激光器输出的波动。

马赫-曾特尔干涉仪在空气动力学的研究中具有重要价值。由于气体折射率在一定范围内与其密度近似成正比，而折射率的变化必然使通过其中的光波光程发生改变。如果在干涉仪一臂放入待测气流（如风洞），另一臂中放入相同气体的静止参考气室，则通过干涉条纹即可分析气体折射率和密度的分布。

3. 萨格纳克干涉仪

图4-38为萨格纳克干涉仪的光路结构，其中 M_1、M_2、M_3 为平面反射镜，G 为半反射镜。入射光由半反射镜 G 分为两束，它们分别沿相反方向在由 M_1、M_2、M_3 组成的闭合光路中传播，最后再经半反射镜 G 进入光电探测器，同时有一半光能返回激光器。当将其中一块反射镜沿垂直其反射面方向移动时，由于两路光波光程发生同样变化，因此观察不到干涉条纹的移动。当将整个干涉仪绕垂直于光束传播平面的轴旋转时（如沿顺时针方向旋转），则沿顺时针方向传播的光束到达探测器的时间将滞后于沿逆时针方向传播的光束。因此萨格纳克干

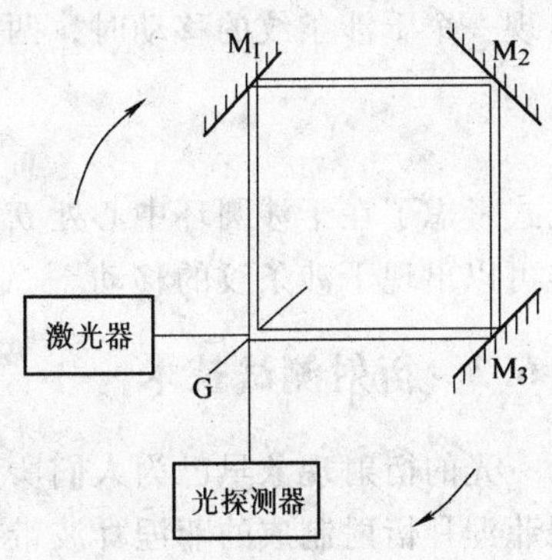

图4-38 萨格纳克干涉仪

涉仪可用于测量转速，它是激光陀螺和光纤陀螺传感器设计的基础。

4. 法布里-珀罗干涉仪

以上我们介绍的几种干涉仪均采用了双光束干涉的形式，而法布里-珀罗干涉仪是一种典型的多光束干涉仪，其结构如图 4-39 所示。

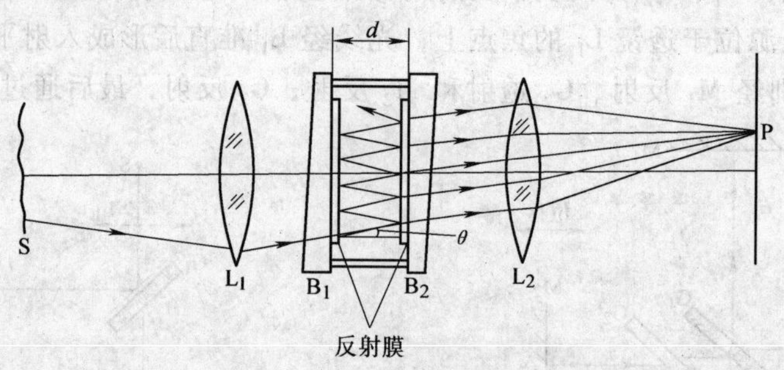

图 4-39 法布里-珀罗干涉仪

扩展光源 S 发出的光线经透镜 L_1 后射入两块相对放置的高反射平面镜 B_1、B_2 内，光线在 B_1、B_2 之间多次反射，由 B_2 透射的系列平行光线最后经透镜 L_2 在焦面上相遇干涉。其中由 B_1、B_2 组成的结构称为法-珀腔，它们相对的两表面相互平行并镀有高反射膜，为了避免两外表面反射光的影响，通常使 B_1、B_2 的内、外两表面之间保持一个小的夹角。若将膨胀系数很小的精密隔圈放在两高反射平面镜之间以固定其间距，则这种结构也被称为 F-P 标准具。

根据波动光学干涉理论，透射光强可用下式表示：

$$I_T = \frac{I_0}{1 + \frac{4R\sin^2(\delta/2)}{(1-R)^2}} \tag{4-43}$$

其中

$$\delta = \frac{4\pi nd\cos\theta}{\lambda_0} \tag{4-44}$$

式中，δ 为相邻两透射光之间的位相差；R 为高反射膜的光强反射率；θ 为光线在膜内的倾角；n 为两反射膜之间的介质折射率；d 为它们之间的距离；λ_0 为真空中光波长。

法布里-珀罗干涉仪形成的干涉条纹为等倾干涉的同心圆环，由于采用多光束干涉的形式，其干涉条纹非常细锐，波长分辨率很高，因此被广泛地应用于光谱精细结构分析中。

当然，应用法布里-用罗干涉仪也可测量长度或折射率，根据式(4-43)、式(4-44)，当出现一个干涉条纹的移动时，两高反射平面镜之间距离改变为

$$\Delta d = \frac{\lambda_0}{2n} \tag{4-45}$$

上式考虑了在干涉圆环中心处 θ 角很小，可认为 $\cos\theta \approx 1$。当介质折射率 n 发生变化时，同样可以出现干涉条纹的移动。

4.6.2 衍射测试技术

光的衍射现象早已为人们所知，并有着各种重要的应用，如衍射光栅用于光谱分析，利用菲涅耳衍射制成的菲涅耳波带片等。但是光的衍射应用于精密测试领域，却是由于激光的出现。激光具有非常好的单色性、高亮度和方向性，使实际测试应用中比较容易产生清晰的

衍射图像。激光衍射测试方法是一种发展很快的非接触精密测试方法，由于其操作简单、计算方便、性能稳定、灵敏度高等优点，自从20世纪70年代T. R. Pryer首次提出以来，得到了迅速发展。

激光衍射测试方法的基本原理是利用了夫朗和费衍射效应。夫朗和费衍射是一种远场衍射，与之相对的是菲涅耳衍射，即近场衍射。所谓夫朗和费衍射从原理上讲就是指光源和接收屏幕距离衍射屏均为无穷远，也就是指平行光通过衍射屏，并在无穷远接收衍射图像的情况。考虑衍射屏与接收屏幕之间的距离为 L，当 $L \gg d^2/\lambda$（d 为障碍物尺寸，λ 为光波长）时，即可认为满足无穷远的要求，如图4-40a所示。通常在实验室和实际应用中，使用图4-40b所示的装置，点光源用透镜 L_1 准直形成平行光入射，在衍射屏后用 L_2 透镜将衍射图像成像在焦面上。

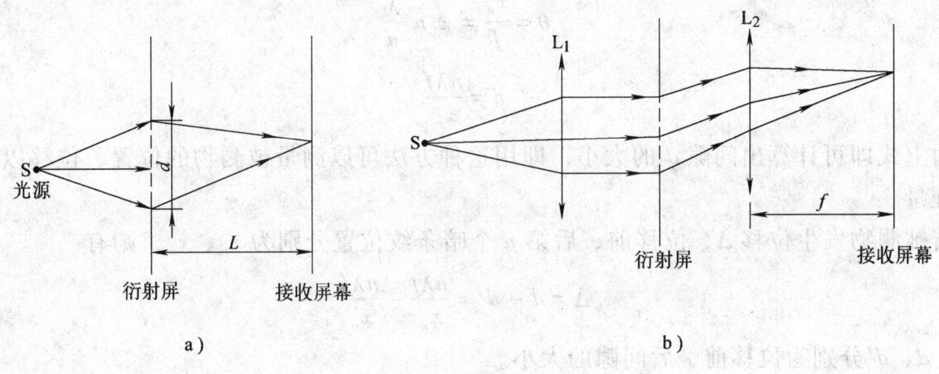

图4-40　夫朗和费衍射

夫朗和费衍射与菲涅耳衍射相比，前者分析起来较为简单，可以用简单的计算求得较为准确的光强分布公式，因此，它在实际测量中具有重要的意义。我们以夫朗和费单缝衍射为例来说明激光衍射测试的基本原理。如图4-41所示，用经准直扩束的平行激光照射被测物与参考物之间的间隙，在后面用透镜将衍射图像成像，这样接收屏幕上得到的将是夫朗和费单缝衍射条纹。

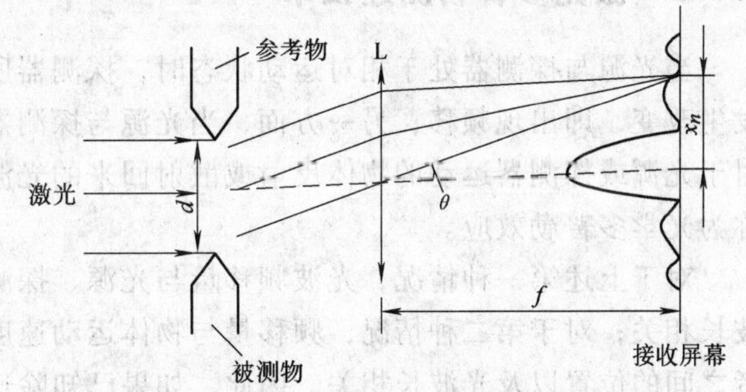

图4-41　夫朗和费单缝衍射测量原理

衍射条纹的光强分布应为

$$I = I_0\left(\frac{\sin\alpha}{a}\right)^2 \tag{4-46}$$

其中

$$\alpha = \frac{\pi d}{\lambda}\sin\theta$$

式中，θ 为衍射光线与光轴的夹角；d 为参考物与被测物所形成的间隙宽度；λ 为光波长；I_0 为光轴上衍射主极强的光强。

夫朗和费单缝衍射条纹的特点是在光轴上形成一个衍射主极强，光能量大部分集中在主极强上，在它两边对称分布一系列衍射次极强，光强随着与光轴距离的增大将逐渐减小。从式(4-46)可以看出，当 $\alpha = \pm\pi$、$\pm 2\pi$、$\pm 3\pi$、…时，$I = 0$，将出现暗条纹。由于各衍射峰均有一定的角宽度，因此暗条纹位置较容易确定，并且衍射峰之间不等间隔。而暗条纹之间是等间隔的，因此，一般测量衍射暗条纹的位置，这样就可以确定 d，即被测物的位置或位置变化。

当 $\alpha=\pm\pi$、$\pm 2\pi$、$\pm 3\pi$、…、$\pm n\pi$ 时

$$\sin\theta=\pm n\frac{\lambda}{d}\qquad (n \text{ 为正整数}) \tag{4-47}$$

当满足远场条件时 θ 值很小，因此有

$$\theta=\pm n\frac{\lambda}{d} \tag{4-48}$$

若我们测量出第 n 个暗条纹与光轴的距离 x_n，并已知透镜 L 的焦距为 f，则有

$$\theta=\frac{x_n}{f}=\pm n\frac{\lambda}{d} \tag{4-49}$$

$$d=\frac{n\lambda f}{x_n} \tag{4-50}$$

由上式即可计算出间隙 d 的大小，即用这种方法可以测量被测物的位置、位移以及长度等物理量。

若被测物发生位移 Δ，位移前、后第 n 个暗条纹位置分别为 x_n、x_n'，则有

$$\Delta=d-d'=\frac{n\lambda f}{x_n}-\frac{n\lambda f}{x_n'} \tag{4-51}$$

式中，d、d'分别为位移前、后间隙的大小。

这就是衍射测试方法的基本原理，式(4-50)、式(4-51) 即为衍射计量的基本公式。

4.6.3 激光多普勒测速技术

当光源与探测器处于相对运动状态时，探测器所接收到的光波频率与静止状态相比将会发生改变，即出现频移；另一方面，当光源与探测器处于相对静止，探测器接收到的是经相对于光源或探测器运动的物体反射或散射回来的光波，则同样会出现光波频移，这种现象被称为光学多普勒效应。

对于上述第一种情况，光波频移量与光源、探测器之间相对运动速度的大小、方向、光波长相关；对于第二种情况，频移量与物体运动速度的大小、方向、光源与探测器及物体三者之间的位置以及光波长相关。因此，如果已知除速度外的其他条件，可以通过光波频移量的大小来测量运动速度。利用光学多普勒效应可以测量物体运动速度、流体流速、振动和长度等相关物理量。

1. 光学多普勒效应测速的基本原理

根据爱因斯坦狭义相对论，可以得到多普勒效应的光波频移量。当光源相对于探测器运动时，如图 4-42a 所示，v 为光源相对于探测器的运动速度，探测器接收到的光波频率为

$$\nu=\frac{\nu_0}{\left(1-\dfrac{v}{c}\cos\theta\right)}\sqrt{1-\frac{v^2}{c^2}} \tag{4-52}$$

式中，ν_0 为光源相对于静止观察者所辐射的光频率；v 为光源相对于探测器的运动速度大小；θ 为光源的运动方向与光波辐射方向的夹角；c 为光速。

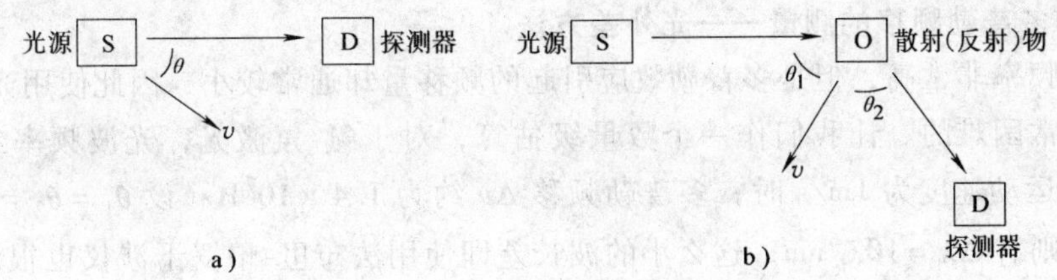

图 4-42　光学多普勒效应

当 $v \ll c$ 时，频移量为

$$\Delta\nu = \nu - \nu_0 \approx \nu_0 \frac{v}{c}\cos\theta \tag{4-53}$$

当 $\theta < \pi/2$ 时，光源与探测器之间相互靠近，$\Delta\nu > 0$，即频移量为正；当 $\theta > \pi/2$ 时，光源与探测器之间相互远离，$\Delta\nu < 0$，即频移量为负。但应注意，由于式(4-53) 是经近似处理得到的，当 $\theta = \pi/2$ 时，从式(4-52) 可以看出，光波的多普勒频移并不为零，这被称为横向多普勒效应，即垂直于光源运动方向观察到的多普勒频移。通常在大多数实际测量中，这一数值很小。

当光源与探测器处于相对静止，而相对于光源（或探测器）运动的物体将光波散射（或反射）到探测器（如图 4-42b 所示），这时可以分两步来考虑，首先考虑光源和散射体，由于它们的相对运动，散射体感受的光波频率为

$$\nu_1 = \nu_0\left(1 + \frac{v}{c}\cos\theta_1\right) \tag{4-54}$$

而散射体将频率为 ν_1 的光波散射向探测器 D 时，散射体成为光源，这时探测器接收的光波频率为

$$\nu_2 = \nu_1\left(1 + \frac{v}{c}\cos\theta_2\right) \tag{4-55}$$

根据式(4-54)、式(4-55)，可得

$$\nu_2 \approx \nu_0\left(1 + \frac{v}{c}\cos\theta_1\right)\left(1 + \frac{v}{c}\cos\theta_2\right) \tag{4-56}$$

若忽略 $(v/c)^2$ 项，则有

$$\nu_2 \approx \nu_0\left(1 + \frac{v}{c}\cos\theta_1 + \frac{v}{c}\cos\theta_2\right) \tag{4-57}$$

因此探测器接收的光波频移为

$$\Delta\nu \approx \nu_2 - \nu_0 = \nu_0 \frac{v}{c}(\cos\theta_1 + \cos\theta_2) \tag{4-58}$$

式中，θ_1 为散射体运动速度方向与入射光反方向间夹角；θ_2 为散射体运动速度方向与散射光方向间夹角。

从式(4-53)、式(4-58) 可以看出，光源或散射体的运动速度与多普勒频移量 $\Delta\nu$ 之间成线性关系，在其他参量已知的情况下，测量出 $\Delta\nu$ 值即可得到光源或散射体运动速度。在实际测量装置中，通常采用图 4-42b 的配置结构，即光源和探测器均固定不动，而散射体就是需要测量其运动速度的物体，在测量流体流速时，散射体即为流体中天然或人为加入的微小颗粒，颗粒的运动速度即为流体流速。

2. 光学多普勒频移的测量——光外差方法

光波的频率非常高，但是多普勒效应引起的频移量却通常较小，因此使用光谱仪来测量频移量是非常困难的。让我们作一个数量级估算，对于氦-氖激光，光波频率约为 2×10^{15} Hz，当物体运动速度为 1m/s 时，多普勒频移 $\Delta\nu$ 约为 1.4×10^{7}Hz（设 $\theta_1=\theta_2=0$），将其换算为波长，则有 $\Delta\lambda=10^{-6}$nm，这么小的波长差即使用法布里-珀罗干涉仪也很难进行分辨。只有当物体运动速度再提高 2 个数量级，用 FP 干涉方法才可实现测量。

在大多数实际测量应用中，是利用了光学外差检测方法来对频移量进行测量的。这一方法源于无线电技术中的外差检波原理，将两束频率不同的光波入射在具有平方律响应的光电探测器（如光电倍增管、硅光二极管、雪崩二极管等）中，两光波在探测器中叠加混频，由于光波频率很高，原入射光波以及它们的合频等高频成分的振荡速度太快，超过了探测器的响应时间，探测器输出的只是它们的时间平均值，只有差频成分存在随时间变化的信号输出，这被称为光学外差检测技术。

如果将被物体散射的光波和激光器出射后未发生频移的光波（称为参考光）同时送入平方律探测器，它们的电场振动可以用下式分别表示：

$$\begin{cases}E_1=E_{01}\cos(\omega_1t+\phi_1)\\E_2=E_{02}\cos(\omega_2t+\phi_2)\end{cases}\tag{4-59}$$

式中，ϕ_1、ϕ_2 分别为它们的初位相；$\omega_1=2\pi(\nu_0+\Delta\nu)$为带有多普勒频移光波的圆频率；$\omega_2=2\pi\nu_0$为激光器原出射光波圆频率，合成后的电场振动为

$$E=E_1+E_2=E_{01}\cos(\omega_1t+\phi_1)+E_{02}\cos(\omega_2t+\phi_2)\tag{4-60}$$

探测器的输出为

$$\begin{aligned}I(t)=(E_1+E_2)^2&=E_{01}^2\cos^2(\omega_1t+\phi_1)+E_{02}^2\cos^2(\omega_2t+\phi_2)\\&+E_{01}E_{02}\{\cos[(\omega_1+\omega_2)t+(\phi_1+\phi_2)]\\&+\cos[(\omega_1-\omega_2)t+(\phi_1-\phi_2)]\}\end{aligned}\tag{4-61}$$

对于圆频率为 ω_1、ω_2、$\omega_1+\omega_2$的高频成分，探测器输出的只是它们的时间平均值，因此有

$$I(t)=\frac{1}{2}(E_{01}^2+E_{02}^2)+E_{01}E_{02}\cos[(\omega_1-\omega_2)t+(\phi_1-\phi_2)]\tag{4-62}$$

可以看出，输出信号只包括一个直流成分和一个差频交流成分，由于输入探测器的光波频率为 ν_0 和 $\nu_0+\Delta\nu$，因此交流成分的频率上 $\Delta\nu$ 即是多普勒频移量，通过频谱分析仪即可得到这一数值。

综上所述，激光多普勒测速方法用激光作为光源，将被测运动物体散射（或反射）的具有多普勒频移的光波送入探测器进行外差检测，探测器输出的信号通过电子电路处理，最后输出多普勒频移量或直接输出运动物体的速度值。

光学外差探测器中信号光和参考光都是由同一激光器发出的光，并且光程差小于该激光的空间相干长度，才能保证相干性。信号光和参考光应在同一直线方向上，并且由同一半导体表面吸收才能产生差频。一个理想的光学外差探测器的信噪比与所用的光电材料参数（量子效率除外）无关，即半导体的内部噪声在输出中不明显。*NEP* 的极限来自信号的光子

流起伏（信号起伏极限），这一极限比普通非相干检测所能获得的极限（背景限）小几个数量级。

4.7　光纤传感器

光纤是 20 世纪后半叶的重要发明之一，它与激光器、半导体光电探测器一起构成了新的光学技术，即光电子学新领域。光纤的最初研究是为了通信。由于光纤具有许多新的特性，因此在其他领域也开发了许多新的应用，其中之一就是构成光纤传感器。

光纤传感器以其高灵敏度、抗电磁干扰、耐腐蚀、可挠曲、体积小、结构简单以及与光纤传输线路相容等独特优点，受到世界各国广泛重视。现已证明，光纤传感器可应用于位移、振动、转动、压力、弯曲、应变、速度、加速度、电流、磁场、电压、湿度、温度、声场、流量、浓度、pH 值等对多个物理量的测量，且具有十分广泛的应用潜力和发展前景。

本章首先介绍光纤传感器的基本原理，然后列举几种典型的光纤传感器，力求使读者能掌握光纤传感器基本原理及其运用，并为读者从事设计和评价光纤传感器打下基础。

4.7.1　光纤传感器基础

1. 光纤波导原理

光纤波导简称光纤，它是用光透射率高的电介质（如石英、玻璃、塑料等）构成的光通路。如图 4-43 所示，它由折射率（n_1）较大（光密介质）的纤芯和折射率（n_2）较小（光疏介质）的包层构成的双层同心圆柱结构。

根据几何光学原理，当光线以较小的入射角 θ_1 由光密介质 1 射向光疏介质 2（即 $n_1>n_2$）时（如图 4-44 所示），则一部分入射光将以折射角 θ_2 折射入介质 2，其余部分仍以 θ_1 反射回介质 1。

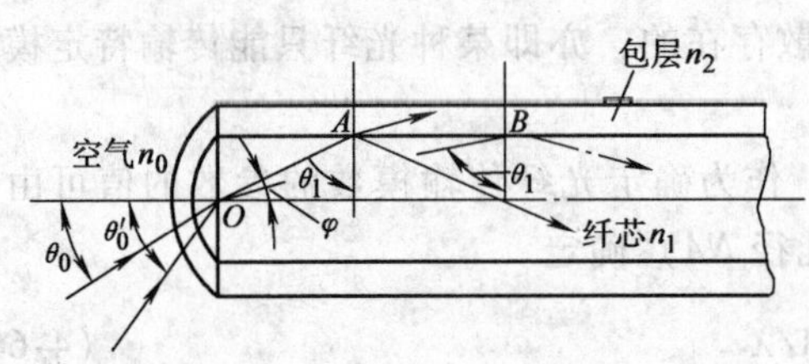

图 4-43　光纤的基本结构与波导

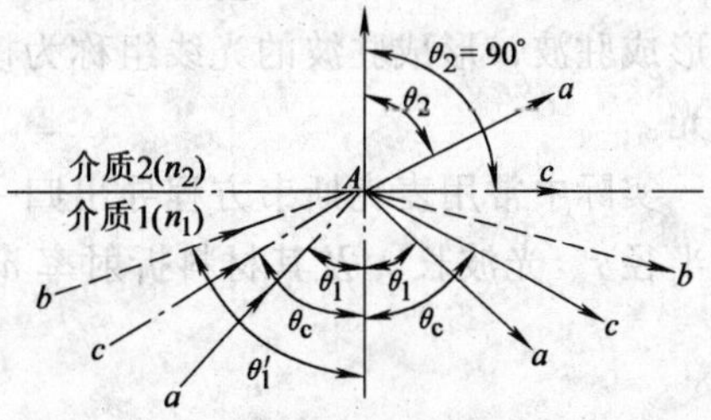

图 4-44　光在两介质面上的折射和反射

依据光折射和反射的斯涅尔（Snell）定律，有

$$n_1\sin\theta_1=n_2\sin\theta_2 \tag{4-63}$$

当 θ_1 角逐渐增大，直至 $\theta_1=\theta_c$ 时，透射入介质 2 的折射光也逐渐折向界面，直至沿界面传播（$\theta_2=90°$）。对应于 $\theta_2=90°$时的入射角 θ_1 称为临界角 θ_c；由式(4-63) 则有

$$\sin\theta_c=\frac{n_2}{n_1} \tag{4-64}$$

由图 4-43 和图 4-44 可见，当 $\theta_1>\theta_c$ 时，光线将不再折射入介质 2，而在介质（纤芯）

内产生连续向前的全反射，直至由终端面射出。这就是光纤波导的工作基础。

同理，由图 4-43 和 Snell 定律可导出光线由折射率为 n_0 的外界介质（空气 $n_0=1$）射入纤芯时实现全反射的临界角（始端最大入射角 θ_c）满足

$$n_0\sin\theta_c=\sqrt{n_1^2-n_2^2}=NA \tag{4-65}$$

式中 NA 定义为“数值孔径”，它是衡量光纤集光性能的主要参数，它表示：无论光源发射功率多大，只有 $2\theta_c$ 张角内的光，才能被光纤接收、传播（全反射）；NA 愈大，光纤的集光能力愈强。产品光纤通常不给出折射率，而只给出 NA，石英光纤的 $NA=0.2\sim0.4$。

按纤芯横截面上材料折射率分布的不同，光纤又可分为阶跃型和梯度型，如图 4-45 所示，阶跃型光纤纤芯的折射率不随半径而变，但在纤芯与包层界面处折射率有突变；梯度型光纤纤芯的折射率沿径向由中心向外呈抛物线由大渐小，至界面处与包层折射率一致。因此，这类光纤有聚焦作用，光纤传播的轨迹近似于正弦波，如图 4-46 所示。

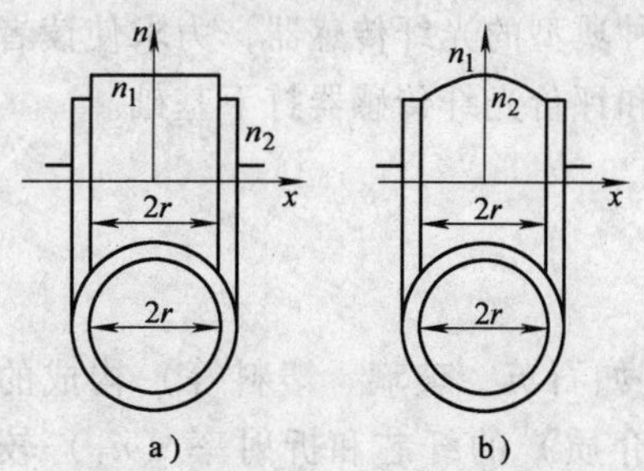

图 4-45　光纤的折射率断面
a）阶跃型　b）梯度型

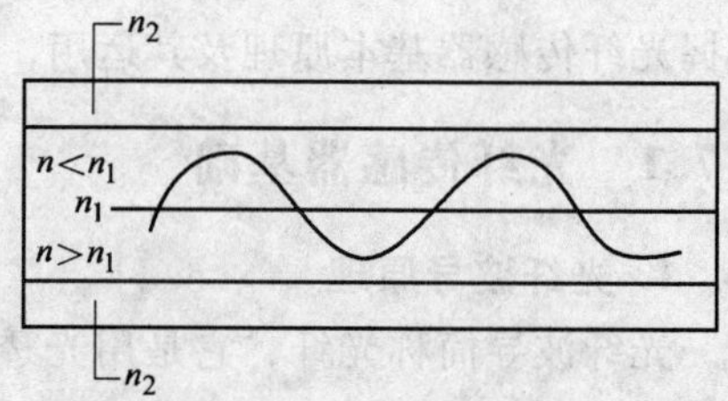

图 4-46　光在梯度型光纤的传输

光纤传输的光波，可以分解为沿纵轴向传播和沿横切向传播的两种平面波成分，后者在纤芯和包层的界面上会产生全反射。当它在横切向往返一次的相位变化为 2π 的整数倍时，将形成驻波，形成驻波的光线组称为模，它是离散存在的，亦即某种光纤只能传输特定模数的光。

实际中常用麦克斯韦方程导出归一化频率 ν，作为确定光纤传输模数的参数的值可由纤芯半径 r、光波长 λ 及其材料折射率 n（或数值孔径 NA）确定

$$v=2\pi rNA/\lambda \tag{4-66}$$

这时，光纤传输模的总数 N 为

$$N=v^2/2(\text{阶跃型})\text{或}N=v^2/4(\text{梯度型}) \tag{4-67}$$

显然，v 大的光纤传输的模数多，称为多模光纤。多模光纤的芯径（$2r>50\mu m$）和折射率差（$(n_1-n_2)/n_1=0.01$）都大，多用于非功能型（NF）光纤传感器。v 小的光纤传输的模数少，当芯径小到 $6\mu m$，折射率差小到 0.5%（如折射率阶跃分布型光纤，若 $v>2.4$）时，光纤只能传输基模（HE_{11} 模），而其他高次模都会被截止掉，故称为单模光纤，它多用于功能型（FF）光纤传感器。

2. 光纤的特性

信号通过光纤时的损耗和色散是光纤的主要特性。

（1）损耗　设光纤入射端与出射端的光功率分别为 P_i 和 P_o，光纤长度为 L(km)，则光

纤的损耗 a（dB/km）可以用下式计算：

$$a=\frac{10}{L}\lg\frac{P_{\mathrm{i}}}{P_{\mathrm{o}}} \tag{4-68}$$

引起光纤损耗的因素可归结为吸收损耗和散射损耗两类，物质的吸收作用将使传输的光能变成热能，造成光功能的损失。光纤对于不同波长光的吸收率不同，石英（SiO_2）光纤材料对光的吸收发生在波长为0.6μm附近和8～12μm范围；杂质离子铁 Fe^{2+} 吸收峰波长为1.1μm、1.39μm、0.95μm和0.72μm。散射损耗是由于光纤的材料及其不均匀性或其几何尺寸的缺陷引起的，如瑞利散射就是由于材料的缺陷引起折射率随机性变化所致，瑞利散射按 $1/\lambda^4$ 变化，因此它随波长的减小而急剧地增加。

光导纤维的弯曲也会造成散射损耗，这是由于光纤边界条件的变化，使光在光纤中无法进行全反射传输所致。弯曲半径越小，造成的损耗越大。

（2）色散　光纤的色散是表征光纤传输特性的一个重要参数，特别是在光纤通信中，它反映传输带宽，关系到通信信息的容量和品质。在光纤传感的某些应用场合，有时也需要考虑信号传输的失真问题。

所谓光纤的色散就是输入脉冲在光纤传输过程中，由于光波的群速度不同而出现的脉冲展宽现象。光纤色散使传输的信号脉冲发生畸变，从而限制了光纤的传输带宽，光纤色散可分以下几种：

1）材料色散：材料的折射率随光波长的变化而变化，这使光信号中各波长分量的光的群速度 c_g 不同而引起色散，故又称折射率色散。

2）波导色散：由于波导结构不同，某一波导模式的传播常数随着信号角频率 ω 的变化而引起色散，有时也称为结构色散。

3）多模色散：在多模光纤中，由于各个模式在同一角频率下的传播常数不同、群速度不同而产生的色散。

关于传播常数 β，简单解释如下：

光是电磁波，在折射率只与径向距离有关的简单情况下，由麦克斯韦方程导出的电场波动方程的解可以用以下形式表达：

$$E(\rho,\varphi,z,t)=E(\rho,\varphi)\mathrm{e}^{-\mathrm{j}(\omega-\beta z)} \tag{4-69}$$

变量 t 是从基准时间 t_0 算起的时间；$E(\rho,\varphi)$是幅度因子，它与半径矢量和方位（角度）坐标 ϕ 有关。复指数表明，电场是时间和空间的正弦波，角频率 $\omega=2\pi f$（f 是光频率），β 是传播常数，$\beta=2n^2\pi/\lambda_0$（n 为折射率，λ_0 是频率为 f 的光在真空中的波长）。

采用单色光源（如激光器）可有效地减小材料色散的影响，多模色散是阶跃型多模光纤中脉冲展宽的主要根源。多模色散在梯度型光纤中大为减少，因为在这种光纤里不同模式的传播时间几乎彼此相等，在单模光纤中起主要作用的是材料色散和波导色散。

3. 光纤传感器分类

光纤传感器是通过被测量对光纤内传输光进行调制，使传输光的强度（振幅）、相位、频率或偏振等特性发生变化，再通过对被调制过的光信号进行检测，从而得出相应被测量的传感器。

光纤传感器一般可分为两大类：一类是功能型传感器（Function Fibre Optic Sensor），又称 FF 型光纤传感器；另一类是非功能传感器（Non-Function Fiber Optic Sensor），又称 NF 型光纤传感器。前者是利用光纤本身的特性，把光纤作为敏感元件，所以又称传感型光纤传感器；后者是利用其他敏感元件感受被测量的变化，光纤仅作为光的传输介质，用以传输来自远处或难以接近场所的光信号，因此，也称传光型光纤传感器。表 4-6 列出了常用的光纤传感器分类及简要工作原理。

表 4-6　光纤传感器分类

被测物理量	测量方式	光的调制	光学现象	材　料	特性性能
电流磁场	FF	偏振	法拉第效应	石英系玻璃 铅系玻璃	电流 50～1200A （精度 0.24%） 磁场强度 0.8～4800A/m （精度 2%）
		相位	磁致伸缩效应	镍 68 坡莫合金	最小检测磁场强度 8×10^{-5}A/m(1～10kHz)
	NF	偏振	法拉第效应	YIG 系强磁体 FR-5 铅玻璃	磁场强度 0.08～160A/m （精度 0.5%）
电压电场	FF	偏振	Pockels 效应	亚硝基苯胺	—
		相位	电致伸缩效应	陶瓷振子 压电元件	—
	NF	偏振	Pockels 效应	$LiNbO_3$, $LiTaO_3$, $Bi_{12}SiO_{20}$	电压 1～1000V 电场强度 0.1～1kV/cm （精度 1%）
温度	FF	相位	干涉现象	石英系玻璃	温度变化量 17 条/(℃·m)
		光强	红外线透过	SiO_2, CaF_2, ZrF_2	温度 250～1200℃（精度 1%）
	FF	偏振	双折射变化	石英系玻璃	温度 30～1200℃
		开口数	折射率变化	石英系玻璃	—
	NF	断路	双金属片弯曲	双金属片	温度 10～50℃（精度 0.5℃）
		断路	磁性变化	铁氧化	开(57℃)～关(53℃)
			水银的上升	水银	40℃时精度 0.5℃
		透射率	禁带宽度变化	GaAs，CdTe 半导体	温度 0～80℃
			透射率变化	石蜡	开(63℃)～关(52℃)
		光强	荧光辐射	$(Gd_{0.99}Eu_{0.01})_2O_2S$	－50～＋300℃ （精度 0.1℃）
速度	FF	相位	Sagnac 效应	石英系玻璃	角速度 3×10^{-3}rad/s 以上
		频率	多普勒效应	石英系玻璃	流速 10^{-4}～10^3m/s
	NF	断路	风标的旋转	旋转圆盘	风速 60m/s

（续）

被测物理量	测量方式	光的调制	光学现象	材料	特性性能
振动压力音响	FF	频率	多普勒效应	石英系玻璃	最小振幅0.4μm/(120Hz)
		相位	干涉现象	石英系玻璃	压力154kPa·m/条纹
		光强	微小弯曲损失	薄膜+膜条	压力0.9×10^{-2}Pa以上
	NF	光强	散射损失		压力0~40kPa
		断路	双波长透射率变化	振子	振幅0.05~500μm（精度1%）
		光强	反射角变化	薄膜	血压测量误差2.6×10^{3}Pa
射线	FF	光强	生成着色中心	石英系玻璃 铅系玻璃	辐照量0.01~1Mrad
图像	FF	光强	光纤束成像	石英系玻璃	长数米
			多波长传输	石英系玻璃	长数米
			非线性光学	非线性光学元件	长数米
			光的聚焦	多成分玻璃	长数米

4.7.2 光纤传感器中几种常用的光强调制技术

1. 微弯效应

微弯损耗强度调制器的原理如图4-47所示，当垂直于光纤轴线的应力使光纤发生弯曲时，传输光有一部分会泄漏到包层中去，微弯用机械变形器的计算见下述。

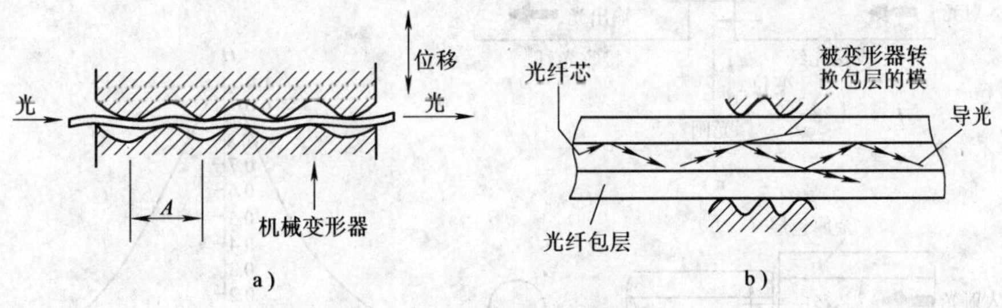

图4-47 微弯调制器原理图

波动理论分析指出：当一对模的有效传播常数之差为

$$\Delta\beta=\beta_1-\beta_2=2\pi/\Lambda \tag{4-70}$$

时，纤芯传输模与包层辐射模之间的耦合程度最强。图中引起光纤微弯的装置为一对带齿或槽的板，相邻两齿之间的距离为Λ。β_1和β_2分别为纤芯传输模的传输常数和包层辐射模的传输常数。在梯度型光纤中

$$\Delta\beta=\frac{\sqrt{2\Lambda}}{r} \tag{4-71}$$

在阶跃型光纤中

$$\Delta\beta = \frac{2\sqrt{\Lambda}}{r} \tag{4-72}$$

式中，$\Lambda = (n^2(o) - n^2(r))/(2n^2(o))$；$n(o)$ 和 $n(r)$ 分别是距离光纤轴为 o 和 r 的折射率；r 为纤芯半径。

2. 光强度的外调制

外调制技术的调制环节通常在光纤外部，因而光纤本身只起传光作用。这里光纤分为两部分：发送光纤和接收光纤，两种常用的调制器是反射器和遮光屏。

反射式光强调制器的结构原理如图 4-48a 所示。在光纤端面附近设有反光物体 A，光纤射出的光被反射后，有一部分光再返回光纤。通过测出反射光强度，就可以知道物体位置的变化，为了增加光通量，也可以采用光纤束。

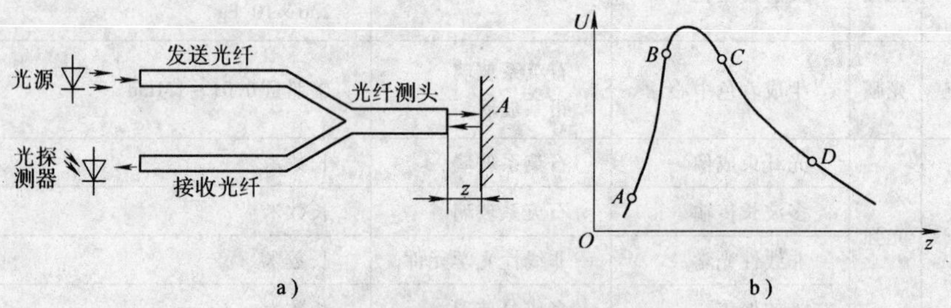

图 4-48　反射式光强调制器

a) 反射式光强调制器的原理结构　b) 输出电压与位移关系

图 4-49 为遮光式光强度调制器原理图，发送光纤与接收光纤对准，光强调制信号加在移动的光闸上，如图 4-49a 所示，或直接移动接收光纤，使接收光纤只接收到发送光纤发送的一部分光，如图 4-49b 所示。

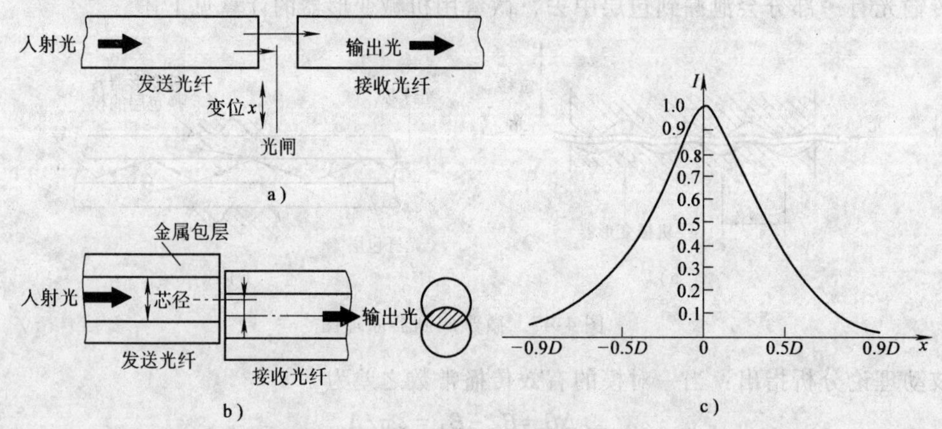

图 4-49　遮光式调制器

a) 动光闸式　b) 动光纤式　c) 光强-位移变化曲线

3. 折射率光强度调制

利用折射的不同进行光强度调制的原理包括：①利用被测物理量引起传感材料折射率的变化；②利用渐逝场耦合；③利用折射率不同的介质之间的折射与反射。

在一全内反射系统中，利用被测物理量（如温度和压力等）引起介质折射率的变化，使全内反射条件发生变化，再通过检测反射光强，就可监测物理量的变化。例如温度报警系统，可利用纤芯玻璃和包层玻璃具有不同的折射温度系数，在某一温度之上或之下，光纤芯和包层折射率变得相等，甚至使光纤失去波导作用来实现。

渐逝场出现在全内反射的情况下，理论分析表明，这时在纤芯外存在一透射光波（电磁场），但以总体来看，它不能把能量带出边界。图 4-50a 为光波导中的渐逝场衰减曲线，$E_y\ (x)$为电场幅度。因为，这时存在的透射波，其振幅随透入光疏介质的深度成指数衰减，所以渐逝场在光疏介质中深入距离有几个波长时，就可以忽略不计。如果采取一种办法能使渐逝场以可观的振幅穿过光疏介质从而扩展到附近一个折射率高的光密介质中，这样，能量穿过空隙，这个过程称为受抑全内反射。利用这一原理设计的一种传感器敏感部分如图 4-50b 所示。图中：L 为两光纤的相互作用长度，d 为纤芯之间的距离。在 L 范围内，光纤包层被减薄或完全剥去，以便纤芯之间的距离减小到使这两光纤之间产生足够的渐逝场耦合。两光纤封闭在折射率为 n_2 的介质中，d、L 或 n_2 稍有变化，光探测器的接收光强就有明显变化。

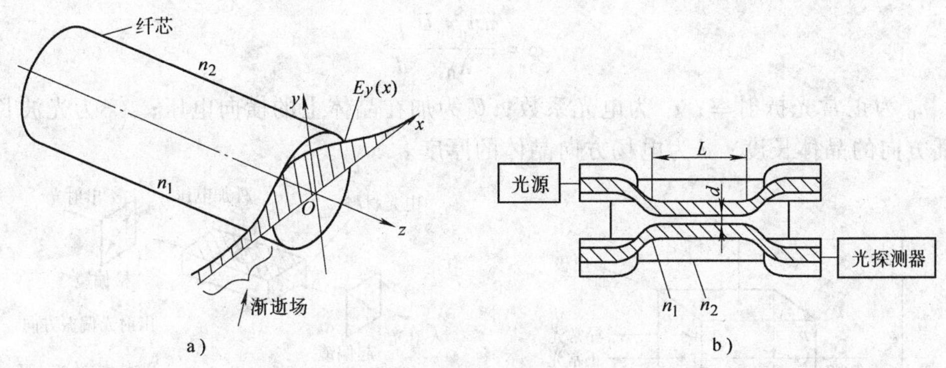

图 4-50　光波导中的渐逝场

a）衰减曲线　b）渐逝场光强调制器

利用不同物质对光的不同反射特性，可以构成光纤物性传感器，图 4-51 为反射系数式强度型光纤物性传感器原理图，这里利用光纤光强反射系数的改变来实现对透射光强的调制。图 a 表示光纤左端射入纤芯的光，一部分沿这段光纤反射回来，然后由光分束器 M 偏转到光探测器；图 b 为光纤右端的放大图，M_2 为全反射镜，调制器 M_1 的折射率 n_3 随被测参数变化。纤芯光线与 M_3 法线交角小于临界内反射角，纤芯光线可以部分地透射进此介质。光波在入射界面上的光强分配由菲涅耳公式描述

$$R_{\parallel}=\left[\frac{n^2\cos\theta-(n^2-\sin^2\theta)^{\frac{1}{2}}}{n^2\cos\theta+(n^2-\sin^2\theta)^{\frac{1}{2}}}\right]^2 \quad (4\text{-}73)$$

$$R_{\perp}=\left[\frac{\cos\theta-(n^2-\sin\theta)^{\frac{1}{2}}}{\cos\theta+(n^2-\sin\theta)^{\frac{1}{2}}}\right]^2 \quad (4\text{-}74)$$

式中，$R_{\parallel}$、$R_{\perp}$ 分别为平行或垂直于偏振方向的强度反射系数；$n=n_3/n_1$；θ 为入射光波在

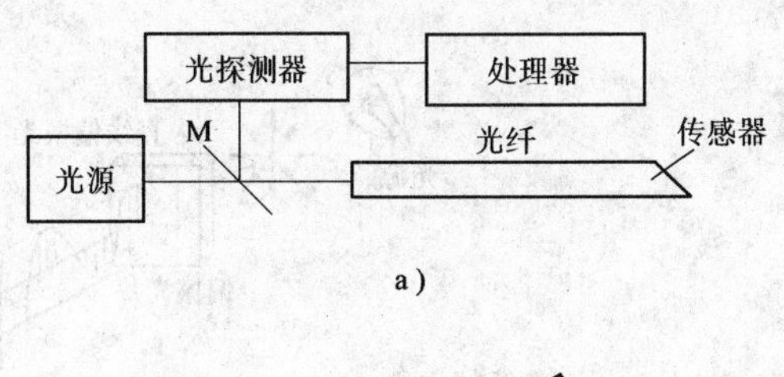

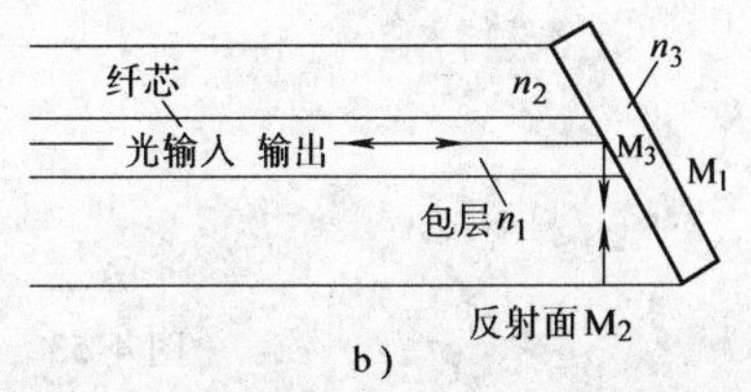

图 4-51　反射系数式强度型光纤物性传感器

a）原理框图　b）临界角强度调制

界面上的入射角。

4. 偏振调制与解调

光波是一种横波，光振动的电场矢量 E 和磁场矢量 H 和光线传播方向 S 正交。按照光的振动矢量 E、H 在垂直于光线平面内矢端轨迹的不同，又可分为线偏振光（又称平面偏振光)、圆偏振光、椭圆偏振光和部分偏振光，利用光波的这种偏振性质可以制成光纤的偏振调制传感器。

光纤传感器中的偏振调制器常利用电光、磁光、光弹等物理效应，在解调过程中应用检偏器。

(1) 调制原理

1) 普克耳（Pockels）效应：如图 4-52 所示，当压电晶体受光照射并在其正交的方向上加以高电压，晶体将呈现双折射现象——普克耳效应。在晶体中，两正交的偏振光的相位变化

$$\varphi=\frac{\pi n_0^3 r_e U}{\lambda_0}\frac{l}{d} \tag{4-75}$$

式中，n_0 为正常光折射率；r_e 为电光系数；U 为加在晶体上的横向电压；λ_0 为光波长；l 为光传播方向的晶体长度；d 为电场方向晶体的厚度。

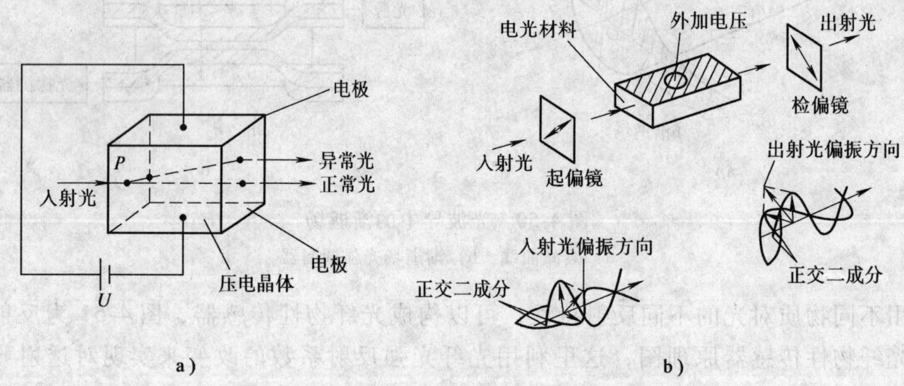

图 4-52 普克耳（Pockels）效应及其应用

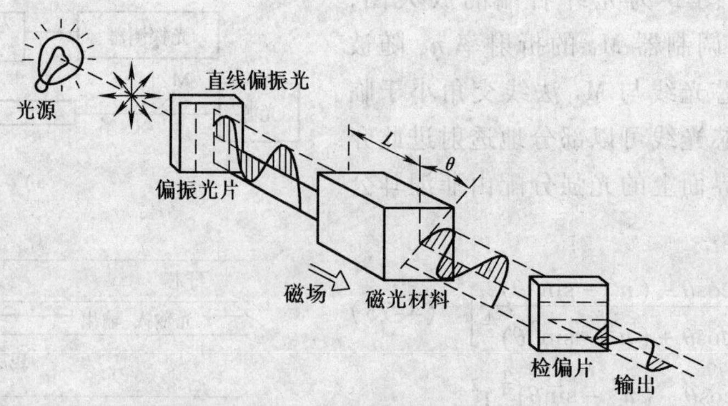

图 4-53 利用法拉第效应测量磁场

2）法拉第磁光效应：如图 4-53 所示，平面偏振光通过带磁性的物体时，其偏振光面将发生偏转，这种现象称为法拉第磁光效应，光矢量旋转角

$$\theta = V\int_0^L H\mathrm{d}l \tag{4-76}$$

式中，V为物质的费尔德常数；L为物质中的光程；H为磁场强度。

3）光弹效应：如图4-54所示，在垂直于光波传播方向施加应力，材料将产生双折射现象，其强弱正比于应力，这种现象称为光弹效应。偏振光的相位变化

$$\varphi = 2\pi kpl/\lambda_0 \tag{4-77}$$

式中，k为物质光弹性常数；p为施加在物体上的压强；l为光波通过的材料长度。

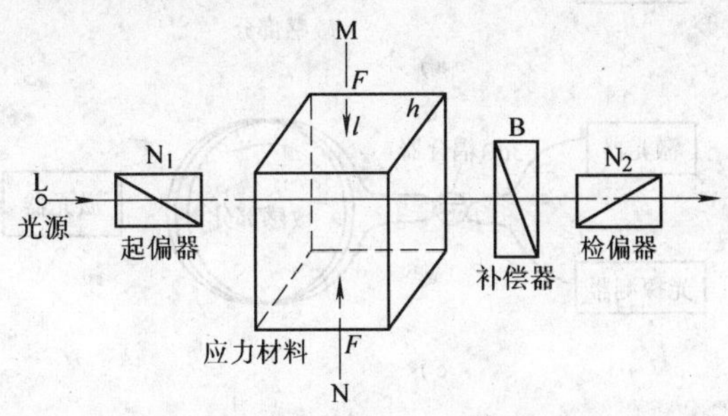

图4-54　光弹效应试验装置

（2）解调原理　这里我们仅讨论线偏振光的解调，利用偏振光分束器能把入射光的正交偏振线性分量在输出方向分开。通过测定这两束光的强度，再经一定的运算就可确定偏振光相位ϕ的变化，渥拉斯顿棱镜是常用的偏振光分束器，如图4-55所示。它由两块冰洲石直角棱镜组成，两棱镜沿着斜边粘合起来。棱镜ABC的光轴平行于直角边AB；棱镜ACD的光轴平行于棱C而和图面垂直。自然光垂直射在AB面上，在棱镜ABC中形成正常光与非常光，它们各以速度v_o和v_e垂直于光轴沿同一方向传播。在第二棱镜ACD中，此二线仍沿垂直于光轴的方向传播，但因为两棱镜的光轴互相垂直，所以第一棱光中的正常光在第二棱镜中即变成非常光，反之亦然。因此原先在第一棱镜中的正常光，在两棱镜的界面上以相对折射系数n_e/n_o折射，而原先在第一棱镜中的非常光则以相对折射系数n_o/n_e折射。对于冰洲石，$n_o > n_e$，因而$n_e/n_o < 1$，所以第一条光线向棱镜偏折，而第二条光线则向棱镜底边AD方面偏折。两条光线都是平面偏振光：第一光线（第二棱镜中的非常光）中电矢量的振动与第二棱镜的光轴平行；第二光线（第二棱镜中的正常光）中电矢量的振动与第二棱镜中的光轴垂直。

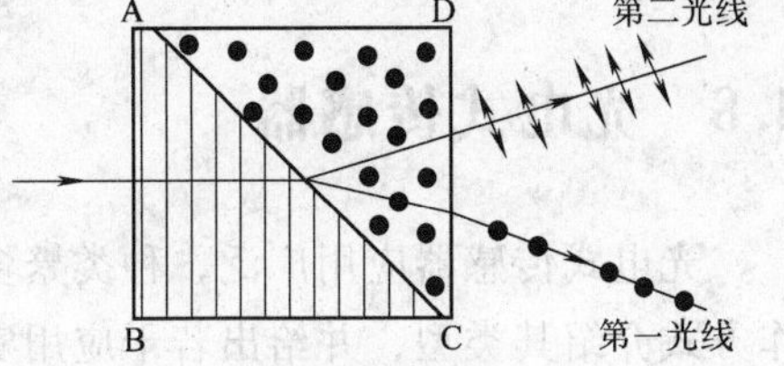

图4-55　渥拉斯顿棱镜

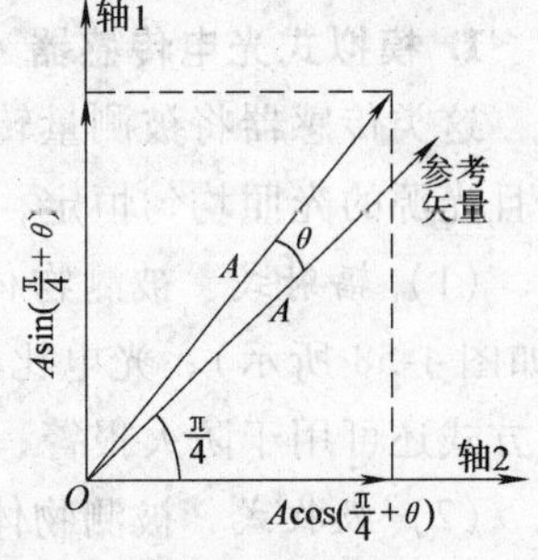

图4-56　偏振矢量示意图

图4-56是偏振矢量示意图，当取向偏离平衡位置θ时，轴1的光分量振幅是$A\sin(\pi/4+\theta)$，轴2则为$A\cos(\pi/4+\theta)$。两分量对应的光强度I_1和I_2正比于这两个分量振幅的平方，从而可以得出

$$\sin 2\theta = \frac{I_1 - I_2}{I_1 + I_2} \tag{4-78}$$

上式表明偏振角θ与光源强度和通道能量衰减无关。

4.7.3　光纤干涉传感器原理

用光纤代替干涉式激光传感器的光路，构成了图4-57所示的干涉式光纤传感器（也称

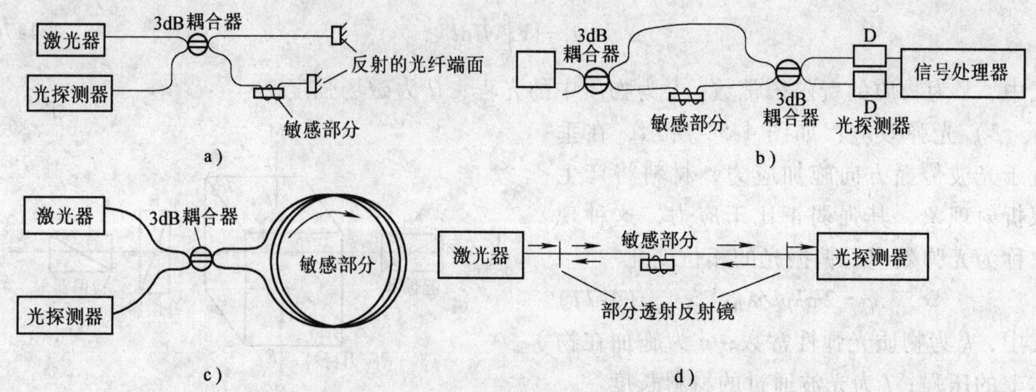

图 4-57 四种类型光纤干涉仪结构
a）迈克尔逊干涉仪 b）马赫-曾特尔干涉仪
c）赛格纳克干涉仪 d）法布里-珀罗干涉仪

光纤干涉仪)，其中用 3dB 耦合器代替了半反射镜（分束板）。

4.8 光电式传感器

光电式传感器应用广泛，种类繁多，本书不可能一一介绍，本章将按光电式传感器的工作方式介绍其类型，并给出若干应用实例。

4.8.1 光电式传感器的类型

光电式传感器按其输出量性质可分为两大类：

1. 模拟式光电传感器

这类传感器将被测量转换成连续变化的光电流，要求光电元件的光照特性为单值线性，而且光源的光照均匀恒定，属于这一类的光电式传感器有下列几种工作方式：

（1）辐射式 被测物体本身是光辐射源，由它释出的光射向光电元件，光电高温计(如图 4-58 所示)、光电比色高温计、红外侦察、红外遥感和天文探测等均属于这一类。这种方式还可用于防火报警、火种报警和构成光照度计等。

（2）吸收式 被测物体位于恒定光源与光电元件之间，根据被测物对光的吸收程度或

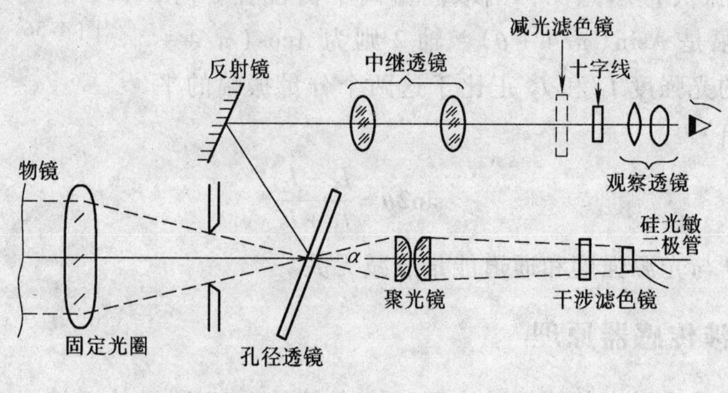

图 4-58 光电高温计

对其谱线的选择来测定被测参数，如测量液体、气体的透明度、混浊度，对气体进行成分分析，测定液体中某种物质的含量等，如图4-59所示。

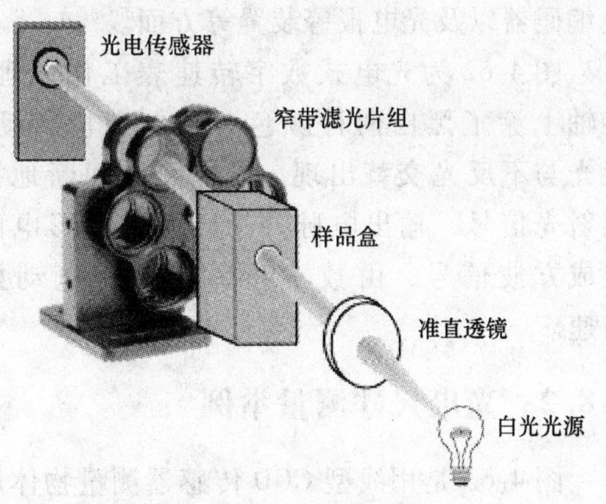

图4-59　光电比色计

(3) *反射式*　恒定光源释出的光投射到被测物体上，再从其表面反射到光电元件上，根据反射的光通量多少测定被测物表面性质和状态，例如测量零件表面粗糙度、表面缺陷、表面位移以及表面白度、露点、湿度等。

图4-60为反射式光电传感器示意图，图a、图b是利用反射法检测材质表面粗糙度和表面裂纹、凹坑等疵病的传感器示意图。图a为正反射接收型，用于检测浅小的缺陷，灵敏度较高；图b为非正反射接收型，用于检测较大的几何缺陷；图c是利用反射法测量工件尺寸或表面位置的示意图。当工件位移Δh时，光斑移动Δl，其放大倍数为$\Delta l/\Delta h$。在标尺处放置一排光电元件即可获得尺寸分组信号。

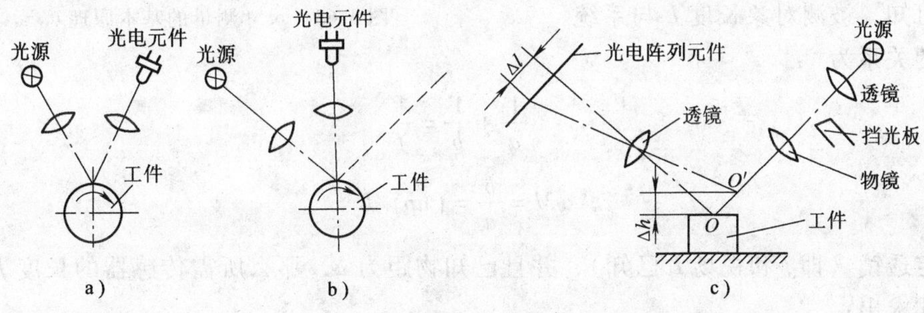

图4-60　反射式光电传感器示意图

(4) *透射式(遮光式)*　被测物位于恒定光源与光电元件之间，根据被测物阻挡光通量的多少来测定被测参数，如测定长度、厚度、线位移、角位移和角速度等。

图4-61为透射式光电传感器示意图，这种传感器将被测对象作为光闸，主要用于测小孔、狭缝、细丝直径等。

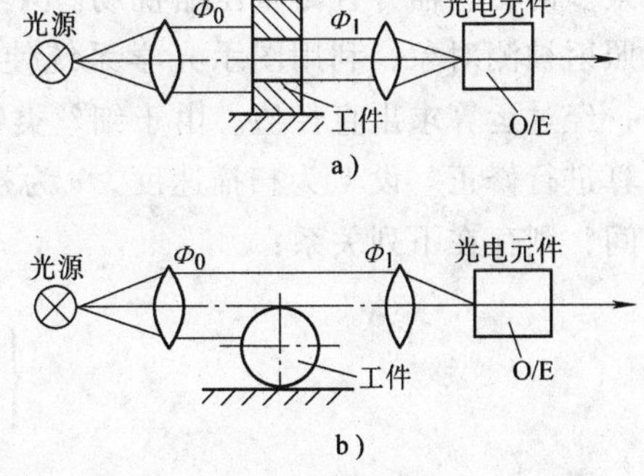

图4-61　透光式光电传感器示意图

(5) *时差测距*　恒定光源发出的光投射于目的物，然后反射至光电元件，根据发射与接收之间的时间差测出距离，这种方式的特例为光电测距仪。

2. 开关式光电传感器

这类光电传感器利用光电元件受光照或无光照时"有"、"无"电信号输出的特性将被测量转换成断续变化的开关信号。为此，要求光电元件灵敏度高，而对光照特性的线性要求不高。这类传感器主要应用于零件或产品的自动记数、光控开关、电子计算机的光电输入设备、光电编码器以及光电报警装置等方面。

图 4-62 为光电式数字转速表工作原理图，转轴上涂了黑白两种颜色。当电动机转动时，反光与不反光交替出现，光电元件间断地接收反射光信号，输出电脉冲。经放大整形电路转换成方波信号，由数字频率计测得电动机的转速。

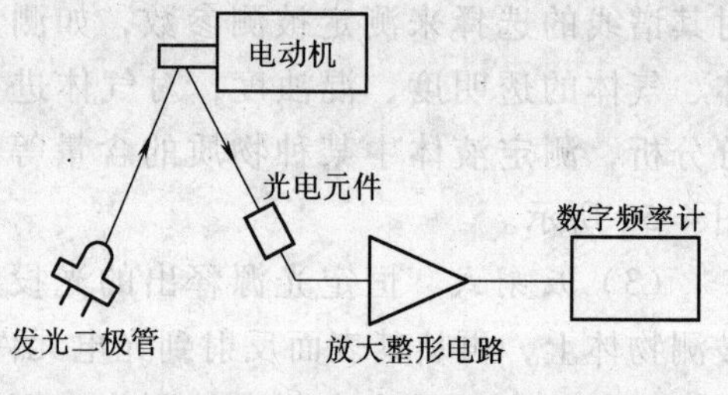

图 4-62 光电式数字转速表工作原理

4.8.2 光电尺寸测量举例

图 4-63 是用线型 CCD 传感器测量物体尺寸的基本原理。

当所用光源含红外光时，可在透镜与传感器间加红外滤光片。若所用光源过强时，可再加一滤光片。

设所用透镜焦距的物距与像距分别为 a 和 b，光学成像倍率为 M，p 和 n 分别为像素间距和像素数。由几何光学可知，被测对象长度 L 与系统参数间的关系为

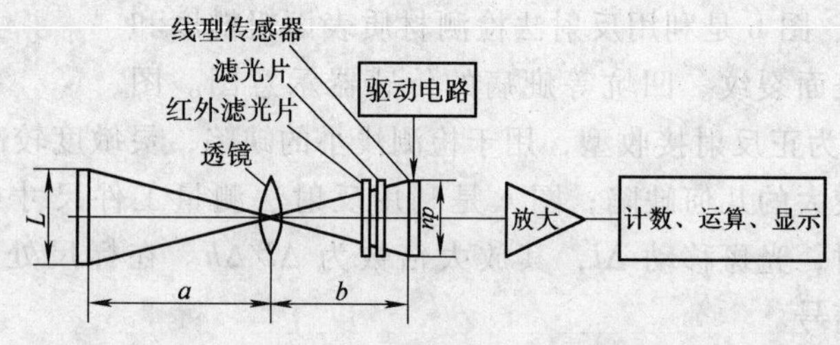

图 4-63 尺寸测量的基本原理

$$\frac{1}{a}+\frac{1}{b}=\frac{1}{f} \tag{4-79}$$

$$M=\frac{b}{a}=(np)/L \tag{4-80}$$

若已选定透镜（即 f 和视场 L 已知），并且已知物距为 a，那么所需传感器的长度 L_s（=np）可由下式求出：

$$L_s=\frac{f}{a-f}L \tag{4-81}$$

上述系统的测量精度取决于传感器像素数与透镜视场的比值，为提高测量精度应当选用像素多的传感器并且尽量压缩视场。外径检测系统如图 4-64 所示，要求激光从轴线垂直方向照射被测对象，利用图示光学系统使激光光束平行扫描，并测出被测对象遮断光束的时间，经过运算求出直径值。由于细丝类物件在加工过程中会产生振动或抖动，因此需要通过运算进行修正。设 V 为扫描速度，v 为被测对象振动速度，D 为被测对象的直径，t 为扫描时间，则存在下列关系：

$$\begin{cases} D_A=(V-v)t_A \\ D_B=(V+v)t_B \end{cases} \tag{4-82}$$

于是，被测直径为

$$D=\frac{V}{2}(t_A+t_B) \tag{4-83}$$

上述系统中，旋转镜的旋转平稳性将影响测量精度，需要加以控制。

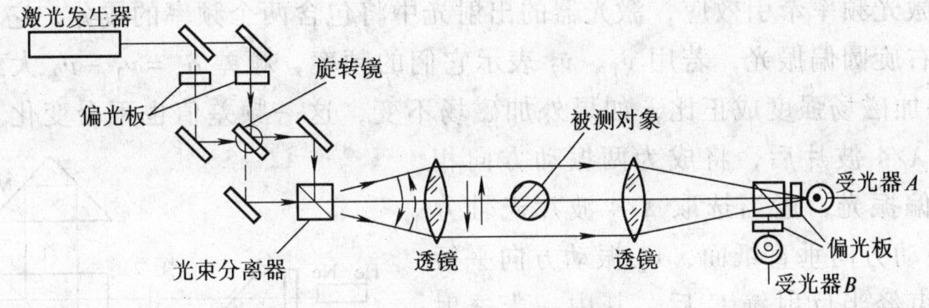

图4-64　外径检测系统

4.8.3　激光传感技术实例

1. 激光位移干涉仪

激光位移干涉仪通常采用经典的迈克尔逊干涉仪结构，由于使用了激光，光源的相干性和亮度均较好，因此一般情况下不需要用小孔光阑来提高相干度。由于激光的相干长度较长，所以在实际应用中无需补偿板即可进行较大长度和位移的测量。

在实际测量中，通常将一个反射镜固定不动，另一反射镜与被测件相连，当被测件沿测量臂光束方向移动时，即可出现干涉条纹的移动。干涉条纹移动 N 条时，位移为

$$\Delta L = N\frac{\lambda}{2} = N\frac{\lambda_0}{2n} \tag{4-84}$$

式中，λ 为光波真空中波长；n 为光路处介质折射率。

干涉仪若在空气中测量，一般可取 $n=1$，但在一些特别精密的测量中，环境温度、气压、湿度等将会对测量造成影响，因此需要对测量结果进行修正。

图4-65a所示为两个反射镜均用角隅棱镜代替，这种干涉仪的调节较为容易掌握，其测量稳定性也可得以提高，并且没有反射光进入激光器，不会引起激光器输出功率的波动，在测量中 M_1、M_2 均可作为动镜。但由于两角隅棱镜必须配对加工，其精度要求很高，于是人们又设计了只用一个角隅棱镜的光路，如图4-65b所示。其中 G_1、G_2 为半反射镜，被 G_1 反射的光束为参考光，由 G_1 透射的光束为测试光，M为动镜，被固定在可移动的待测件上，这种光路同样也可避免反射光进入激光器。

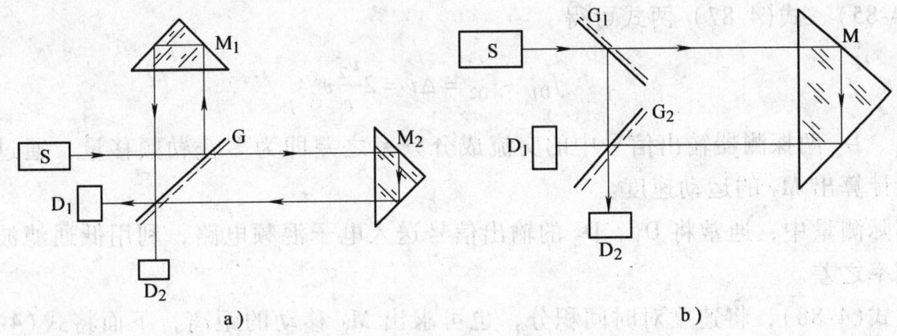

图4-65　采用角隅棱镜的光路

2. 双频激光外差干涉仪

图4-66为双频激光外差干涉仪光路，在氦-氖激光管轴向加上约0.003T的磁场，由于

塞曼效应和激光频率牵引效应，激光器的出射光中将包含两个频率的成分，它们分别为左旋圆偏振光和右旋圆偏振光，若用 ν_1、ν_2 表示它们的频率，频差 $\delta_\nu=\nu_1-\nu_2$ 大约为 1.5MHz。频差 δ_ν 与外加磁场强度成正比，如果外加磁场不变，这一频差值也不会变化。出射的双频激光束通过 $\lambda/4$ 波片后，将成为两振动方向相互垂直的线偏振光，适当选取 $\lambda/4$ 波片光轴方向，使 ν_1 振动方向垂直纸面，ν_2 振动方向平行于纸面。光束经半反射镜 G 后，其中一半透射进入偏振分束镜 B，振动方向垂直纸面的 ν_1 成分进入参考角锥棱镜 M_1，而振动方向平行纸面的 ν_2 成分透过 B 射向测试角锥棱镜 M_2，如果 M_2 沿左右方向以速度 v 运动，根据光学多普勒效应原理，经 M_2 返回光波的频率应为 $\nu_2+\Delta v$（Δv 的正负由速度 v 的方向决定）。最后，分别由 M_1、M_2 反射的光波重新会合，经 M_3、偏振片 P_2 进入光电探测器 D_2。选取 P_2 的偏振方向为与纸面成45°角，这样，两光频成分分别有一半可以进入探测器 D_2。

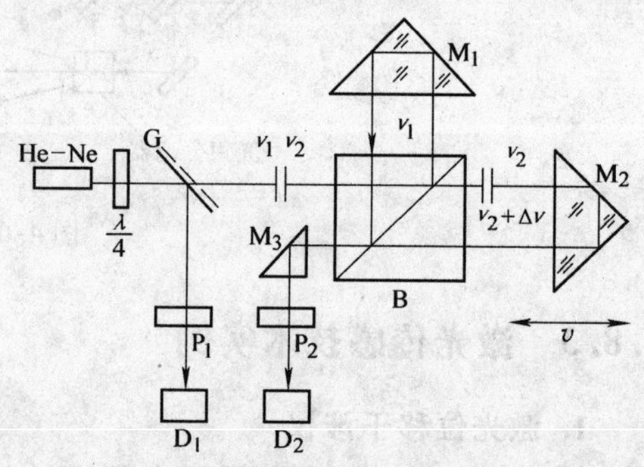

图 4-66 双频激光外差干涉仪光路

根据光学外差检测原理，两频率分别为 ν 与 $\nu_2+\Delta\nu$ 的光波在 D_2 上叠加的结果，探测器输出信号中交流成分的频率为

$$f_{D2}=\nu_1-(\nu_2-\delta_\nu)=\delta_\nu-\Delta\nu \tag{4-85}$$

式中，$\delta_\nu=\nu_1-\nu_2$；$\Delta\nu$ 为多普勒频移量。

根据式(4-85) 可得

$$\Delta\nu=2\frac{\nu_2}{c}v \tag{4-86}$$

式中，v 为 M_2 的运动速度。

另一方面，由半反射镜 G 反射的光束经偏振片 P_1 进入光电探测器 D_1，同样选取 P_1 偏振化方向与纸面成45°角，使 ν_1、ν_2 两光频成分各有一半到达 D_1，进行光学外差检测。D_1 探测器输出信号的交流成分频率为

$$f_{D1}=\nu_1-\nu_2=\delta_\nu \tag{4-87}$$

通过式(4-85)、式(4-87) 两式可得

$$f_{D1}-f_{D2}=\Delta\nu=2\frac{\nu_2}{c}v \tag{4-88}$$

因此，D_1、D_2 两探测器输出信号中的交流成分频率之差即为多普勒频移量，通过多普勒频移量可以计算出 M_2 的运动速度。

在实际测量中，通常将 D_1、D_2 的输出信号送入电子混频电路，利用低通滤波器即可检出两者频率之差。

通过式(4-88)，将速度对时间积分，也可求出 M_2 移动的距离，下面将式(4-88) 两边同时积分，可得

$$\int_0^t\Delta\nu\mathrm{d}t=2\frac{\nu_2}{c}\int v\mathrm{d}t=\frac{2\nu_2}{c}\Delta L=\frac{2\Delta L}{\lambda_2}=N \tag{4-89}$$

可以看出，N 即为在 0 ~ t 时间内干涉条纹移动的数目，ΔL 为 M_2 的移动距离。

通过上述讨论知道，双频激光外差干涉仪是将传统位移干涉仪中对光电探测器输出信号的直流检测，转变为对交流频率的检测，它避免了环境对光路造成的及电子检测仪器本身的直流漂移影响，故具有较强的抗干涉能力，被用于环境恶劣的现场进行精密长度计量。

3. 激光衍射测试技术

(1) *间隙计量法* 所谓间隙计量法就是通过测量参考物与被测物之间的间隙所形成的衍射暗条纹位置或位置的变化，来达到测量位置、位移的目的，它是激光衍射测试技术的主要方法。

图4-67为间隙法用于实际测量的几个例子。图4-67a可用于测量工件尺寸，首先用标准工件来确定参考边的位置，然后放入被测工件，通过激光照射间隙所形成的衍射条纹，即可测量出d值，从而也就得到了工件尺寸。图4-67b被用于测量待测工件的轮廓偏差，当同时转动工件和参考物时，由间隙的变化即可得到待测工件相对于参考物的轮廓偏差。图4-67c为一种测量应变的结构，当试件受到外力作用而发生应变时，将会引起间隙d的改变，通过测量衍射条纹位置的变化，即可反推出应变的大小，这种结构稍作改造也可用于测量压力或压强。

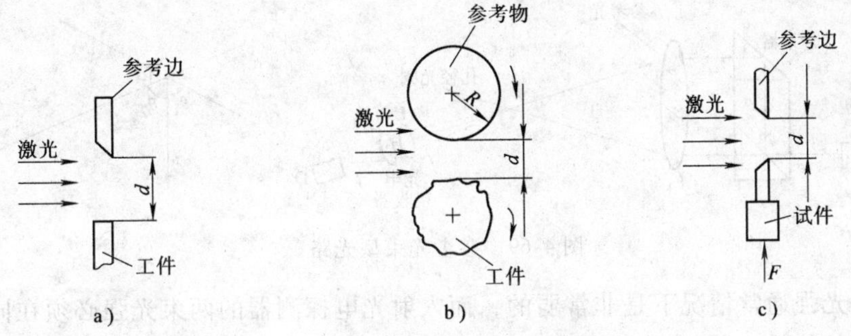

图4-67 间隙计量法

a) 测量工件尺寸 b) 测量工件轮廓偏差 c) 测量试件应变

由于夫朗和费衍射暗条纹之间的间隔是相等的，因此在实际应用中，也可测量出相邻两暗条纹之间的距离，根据式(4-50) 可得到间隙d值

$$d=\frac{\lambda f}{\Delta x} \tag{4-90}$$

式中，Δx为两相邻暗条纹之间的距离。

如果对测量精度要求不高，则也可在接收屏幕某一固定位置记录衍射条纹移动的数量，来确定间隙d的变化量。

若移动前、后间隙宽度分别为d、d'根据式(4-48) 可得

$$\Delta d=d-d'=(n-n')\frac{\lambda}{\theta}=\Delta n\frac{\lambda}{\theta} \tag{4-91}$$

式中，Δn为衍射条纹移动数；θ为测量点的衍射角。

由于力、位移是基本的物理量，将其他物理量变换为力、位移的形式，可以设计出许多种激光衍射测试装置。当参考边刀口与被测工件不便如图4-67对向设置时，可采用图4-68分离间隙法。

(2) *互补测定法* 根据巴俾涅原理，互补的衍射屏产生的夫朗和费衍射图样是相同的，因此，如果用细丝或薄带代替图4-41中的间隙，可以得到与单缝相同的夫朗和费衍射图样，

测量出衍射暗纹位置，根据式(4-50) 即可计算出细丝直径或薄带宽度。

4. 激光多普勒测速

参考光束型光路通常是将被多普勒频移后的散射光和频率与被测速度无关的参考光同时送入光电探测器进行光学外差检测，因此要求将激光束分为两束。

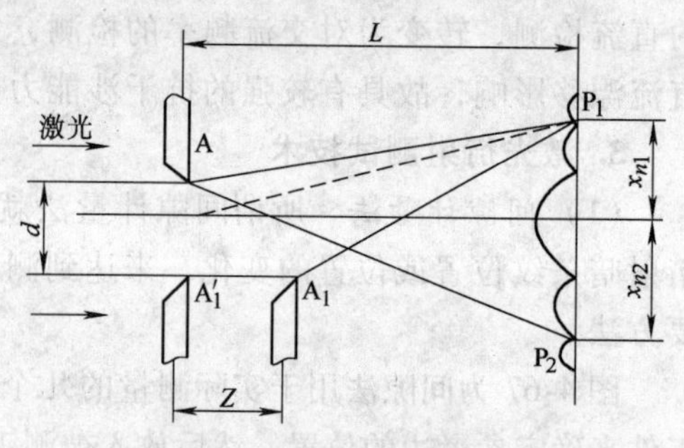

图 4-68 分离间隙法

图 4-69 所示为一种结构较为简单在实际应用中通常被采用的参考光束型光路。由激光器出射的激光被分束器分为两束，再经透镜 L_1 射入待测的流体中（或其他待测速度场中），其中参考光束直接进入光电探测器前的小孔光阑，另一束光照在运动的悬浮颗粒上产生散射光，散射光由 L_2、L_3 透镜组收集，并准直成与参考光平行的光束，最后聚焦通过小孔光阑进入光电探测器，进行光学外差检测得到多普勒频移。

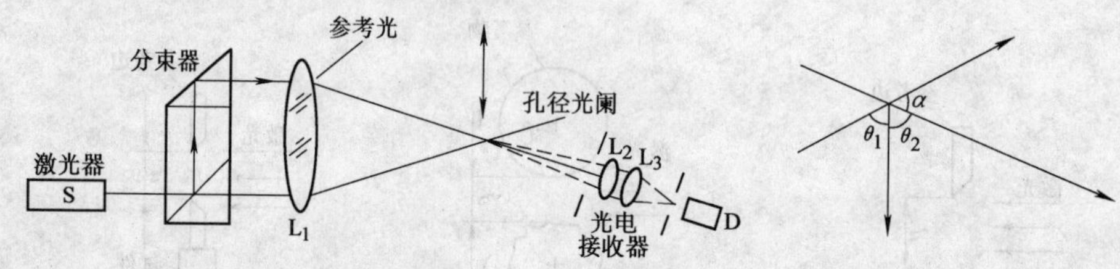

图 4-69 参考光束型光路

由于散射光强通常情况下是非常弱的，而入射光电探测器的两束光强必须在同一数量级才能得到较高的信噪比，因此，一般情况下，应使分束器产生的两束光中参考光强度远大于产生散射光的入射光束光强。由于散射光强与具体的实际测量条件密切相关，所以在参考光束光路中通常设置一块减光板，以使参考光束光强对于不同的实验条件可以进行调节。

根据式(4-58) 可以很容易地得到参考光与信号光之间的频差

$$\Delta\nu \approx \nu_2 - \nu_0 = \nu_0 \frac{v}{c}(\cos\theta_1 + \cos\theta_2) = 2\nu_0 \frac{v}{c}\cos\frac{\theta_1 + \theta_2}{2}\cos\frac{\theta_1 - \theta_2}{2} \tag{4-92}$$

若 $\theta_1 = \theta_2$，则有

$$\Delta\nu \approx \nu_0 \frac{v}{c}\cos\left(\frac{\pi}{2} - \frac{\alpha}{2}\right) = 2\nu_0 \frac{v}{c}\sin\frac{\alpha}{2} \tag{4-93}$$

若流体折射率为 n，则上式应为

$$\Delta\nu \approx 2\frac{v}{\lambda}\sin\frac{\alpha}{2} \tag{4-94}$$

式中，$\lambda = \lambda_0 / n$ 为流体中光波长；v 为流速；α 为入射两光束之间的夹角。

上述 $\theta_1 = \theta_2$ 的条件，实际是指在流体沿上下方向流动时，两光束对称入射进流体中，这样便于后续检测分析。

由于多普勒频移与散射方向相关，因此只能在一个小的立体角内接收散射光，否则将使多普勒频移峰加宽，从而降低测量精度。因此通常需要用光阑对散射光加以限制，这样却使进入探测器的散射光强减弱，降低了输出信号的信噪比，这是参考光束型光路结构的一个缺点。另外，这种光路在实际测量中比较难于调节，在进行光外差检测时，必须使散射光与参

考光准直平行才能使两光波在光敏感面上相遇叠加干涉，从而得到高质量的差额输出信号。

由于利用光学外差方法只能测量出多普勒频移量的绝对值，而不能得到其正负号，因此也就无法判断速度的方向。为此必须通过其他手段，来达到速度方向判断的目的。

(1) *移相法* 这种方法是用两个光电探测器同时进行光学外差检测，利用波晶片使这两个探测器输出的差频信号具有 $\pi/2$ 的位相差，通过其位相差的变化来判断速度方向的改变。

图 4-70 为这种方法在参考光束型光路中的应用。出射激光束被分束器 G_1 分为两束，其中一束射向运动的悬浮颗粒，所形成的散射光经偏振片 P_1 成为线偏振光，其偏振方向与纸面成 45°角，参考光束由反射镜 M 反射后通过偏振片 P_2 也成为线偏振光，当这束线偏振光再通过 $\lambda/4$ 波片时，则成为圆偏振光，其垂直纸面与平行纸面的两分量之间形成 $\pi/2$ 位相差。最后两束光在半反射镜 G_2 处相遇，经渥拉斯顿棱镜后被分为垂直纸面与平行纸面的两束光，分别进入光电探测器 D_1、D_2 进行光学外差检测。

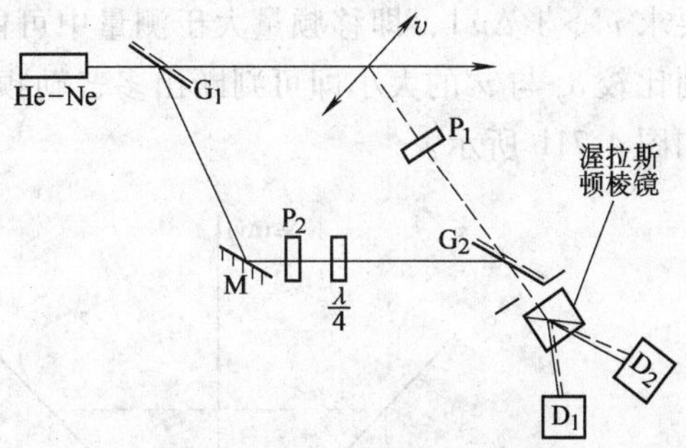

图 4-70 移相法判断速度方向的光路

若散射光的振动电场用下式表示：

$$E_1 = E_{01}\cos[2\pi(\nu_0 + \Delta\nu)t + \phi_1] \tag{4-95}$$

式中，ν_0 为未发生多普勒频移的原激光频率；$\Delta\nu$ 为多普勒频移量；ϕ_1 为初位相。

由于散射光经偏振片 P_1 后所形成的线偏振光振动方向与纸面成 45°角，故散射光的垂直纸面、平行纸面两分量强度相同、频率相同、初位相相同。

参考光的垂直纸面分量为

$$E_2 = E_{02}\cos[2\pi\nu_0 t + \phi_2] \tag{4-96}$$

参考光的平行纸面分量为

$$E'_2 = E'_{02}\cos\left[2\pi\nu_0 t + \phi_2 + \frac{\pi}{2}\right] \tag{4-97}$$

根据式(4-62)，两探测器的输出信号分别为

$$I_1(t) = \frac{1}{2}(E_{01}^2 + E_{02}^2) + E_{01}E_{02}\cos[2\pi\Delta\nu t + (\phi_1 - \phi_2)] \tag{4-98}$$

$$I_2(t) = \frac{1}{2}(E'^2_{01} + E'^2_{02}) + E'_{01}E'_{02}\cos\left[2\pi\Delta\nu t + (\phi_1 - \phi_2) - \frac{\pi}{2}\right] \tag{4-99}$$

从上两式可以看出，$I_1(t)$ 的交流成分位相比 $I_2(t)$ 的交流成分位相超前 $\pi/2$，当散射颗粒运动方向改变时，则散射光的多普勒频移量的正负号也要发生改变，即 $\Delta\nu$ 变为 $-\Delta\nu$ 这时两探测器的输出信号也要发生改变

$$I_1(t) = \frac{1}{2}(E_{01}^2 + E_{02}^2) + E_{01}E_{02}\cos[2\pi\Delta\nu t + (\phi_2 - \phi_1)] \tag{4-100}$$

$$I_2(t) = \frac{1}{2}(E'^2_{01} + E'^2_{02}) + E'_{01}E'_{02}\cos\left[2\pi\Delta\nu t + (\phi_2 - \phi_1) - \frac{\pi}{2}\right] \tag{4-101}$$

可以看出，这时 $I_1(t)$ 的交流成分位相比 $I_2(t)$ 的交流成分位相落后 $\pi/2$，因此通过它

们之间位相关系的变化，即可判断出散射颗粒速度方向的改变。这种位相关系的区分，通常可以用电子电路来实现。

（2）*移频法* 由于光学外差检测技术只能测量出两光波频率差的绝对值，因此无法对运动速度方向进行判断，如图4-71a所示。若在外差检测之前人为使两光波之一的频率产生一个确定的移动，则就可以对差额的正负进行判断。以参考光束型光路为例，将参考光频率预先移动ν'，则参考光频为$\nu_0+\nu'$，散射光频为$\nu_0+\Delta\nu$，两光波频差为

$$\delta_\nu=\nu_0+\nu'-(\nu_0+\Delta\nu) \tag{4-102}$$

要求$\nu'>|\Delta\nu|$，即移频量大于测量中可能出现的最大速度所对应的多普勒频移量绝对值，则比较δ_ν与ν'的大小即可判断出多普勒频移量$\Delta\nu$的正负号，这样速度方向也就可以确定，如图4-71b所示。

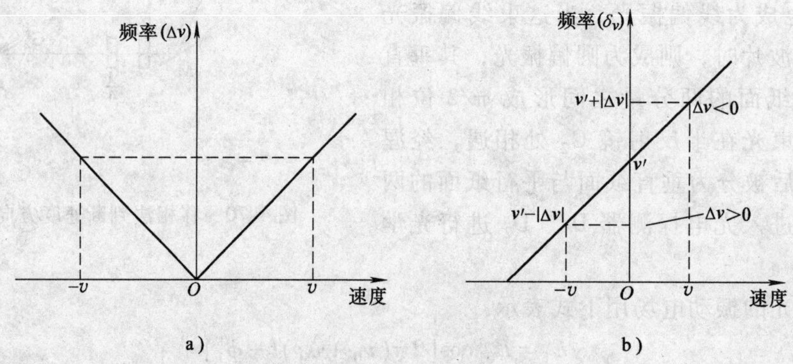

图4-71 频率与速度的关系

移频法与移相法相比，可以不必对光路系统作大的改动，并且只需一个光电探测器，不用$\lambda/4$波片、偏振片和晶体偏振器等；另外，移相法不适用于双光束型光路，因为进行差额的两散射光在空间上不能分开，而若对两束入射光进行偏振态调节，经过颗粒散射后又很难保持原有偏振特性，故大多采用移频法进行速度方向判断，使一束入射光频率移动一个确定值。

使光波频率改变的方法有很多种，如移动、旋转光栅、声光效应等。

4.8.4 光纤传感器实例

1. 光纤角速度传感器（光纤陀螺）

光纤角速度传感器又名光纤陀螺，其理论测量精度远高于机械和激光陀螺仪，它以萨格纳克效应为其物理基础。对于N匝光纤，萨格纳克相移为

$$2\varphi=\frac{4\pi NA\Omega}{\lambda_0 c} \tag{4-103}$$

式中，φ为相位移；Ω为旋转角速度；A为圆环面积；N为光纤匝数；λ_0为光波长；c为光速。

转速测量的误差是由光散粒噪声决定的，输出光电流可参考激光多普勒光外差公式计算。图4-72所示为光电流中相移分强度噪声i_N与相移误差的关系，光散粒噪声可按下列公式计算：

$$i_N=\sqrt{2qi_DB} \tag{4-104}$$

对于零差检测方式，可用直线来近似曲线，得到

$$\frac{i_{\mathrm{N}}}{\delta_{\varphi}} \approx \frac{i_{\mathrm{D}}}{\pi} \tag{4-105}$$

和

$$\delta_{\varphi} \approx \frac{\sqrt{2qi_{\mathrm{D}}B}}{i_{\mathrm{D}}/\pi} = \frac{\pi}{\sqrt{n_{\mathrm{ph}}\eta_{\mathrm{D}}\tau}} \tag{4-106}$$

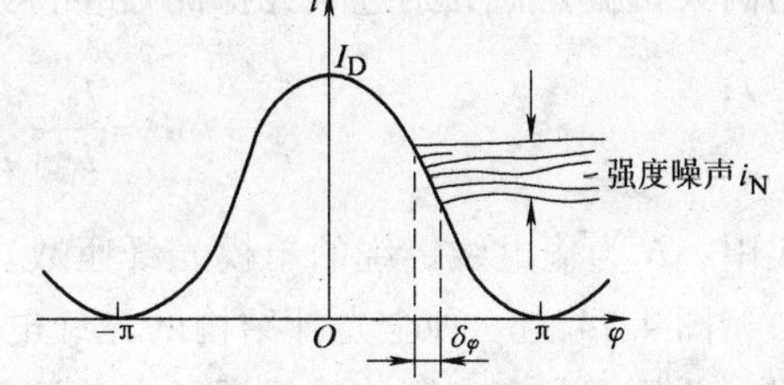

图 4-72　光电探测器电流 i_{D} 与相移 φ 的关系

式中，B 为噪声带宽，$B \approx 1/(2\Gamma)$，其中 Γ 为低通滤波器的时间常数。

式(4-103) 微分后可得：$\delta_{\Omega} = [\lambda_0 c/(4\pi NA)]\delta_{\varphi}$，结合式(4-106) 即可测得转速测量误差

$$\delta_{\Omega} = \frac{c}{NA}\frac{\lambda_0/4}{\sqrt{n_{\mathrm{ph}}\eta_{\mathrm{D}}\tau}} \tag{4-107}$$

式中，n_{ph} 为激光束中的每秒光子数。

为了实现零差检测，需要对进入光纤某一端的光相对于另一端相移 π/2。为了避开低频端 $1/f$ 噪声，还需要对信号进行调制。

2. 光纤电流传感器

图 4-73 为偏振态调制型光纤电流传感器测试原理图。根据法拉第旋光效应，由电流所形成的磁场会引起光纤中线偏振光的偏转，检测偏转角的大小，就可得到相应的电流值。如图所示，从激光器发生的激光经起偏器变成偏振光，再经显微镜（×10）聚焦耦合到单模光纤中。为了消除光纤中的包层模，可把光纤浸在折射率高于包层的油中，再将单模光纤以半径 R 绕在高压载流导线上。设通过其中的电流为 I，由此产生的磁场 H 满足安培环路定律，对于无限长直导线，则有

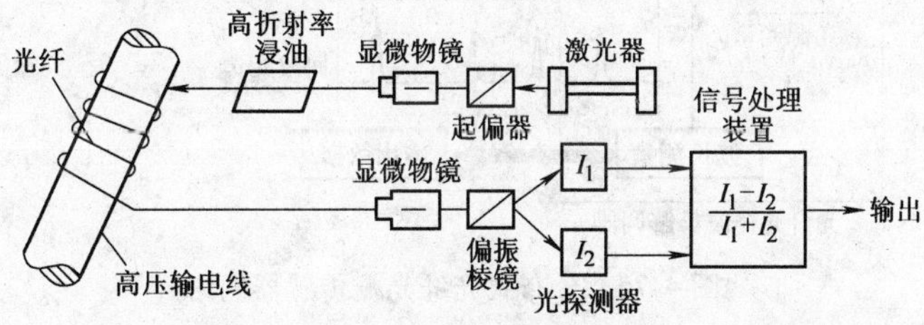

图 4-73　偏振态调制型光纤电流传感器测试原理图

$$H = \frac{I}{2\pi R} \tag{4-108}$$

由磁场 H 产生的法拉第旋光效应，引起光纤中线偏振光的偏转角为

$$\theta = \frac{VlI}{2\pi R} \tag{4-109}$$

式中，V 为费尔德常数，对于石英，$V = 3.7 \times 10^{-4}\,\mathrm{rad/A}$；$l$ 为受磁场作用的光纤长度。

由此得

$$I = \frac{2\pi R\theta}{Vl} \tag{4-110}$$

受磁场作用的光束由光纤出端经显微物镜耦合到偏振棱镜，并分解成振动方向相互垂直

的两束偏振光，分别进入光探测器，再经信号处理后输出信号

$$P=\frac{I_1-I_2}{I_1+I_2}=\sin 2\theta\approx\frac{VlI}{\pi R}=2VNI \tag{4-111}$$

式中，N 为输电线链绕的单模光纤匝数。

图 4-74 为一种全光纤结构的光纤电流传感器。其中单偏光纤代替了上述结构中的起偏器，并用了一个多圈传感线圈，电流测量范围可达 0.1 ~5000A。

3. 光纤光栅传感器

光纤光栅传感技术是国际上近十年发展起来的新型传感技术，既用光纤感测信号又用光纤传输信号，是以光纤为载体的传感技术的最杰出代表。目前该技术已经相对成熟，并成功地应用于多个相关行业。光纤光栅就是一小段芯区折射率周期性调制的光纤，光纤光栅传感器是通过检测每段光栅反射回来的光信号波长值的变化，实现对被测参数的测量。

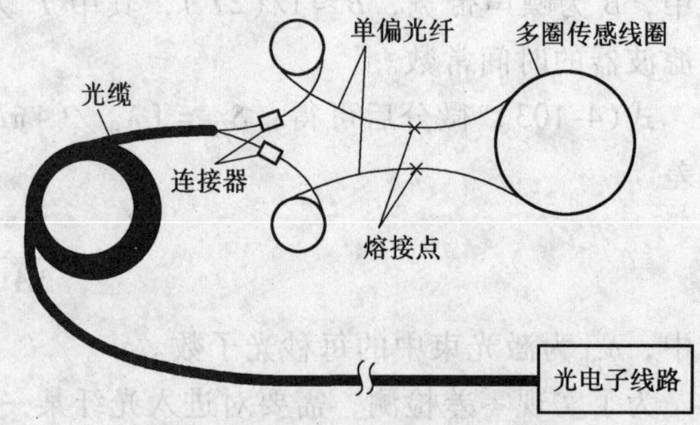

图 4-74 全光纤结构电流传感器

一个波峰代表一个光纤光栅传感器，各波峰移动变化范围不重叠，可以在一条光纤上实现多点分布式测量。分布式光纤光栅传感器网络可用于桥梁、大坝等大型土木工程和各种特殊结构建筑物的监测等。图 4-75 是分布式光纤光栅传感器网络示意图。

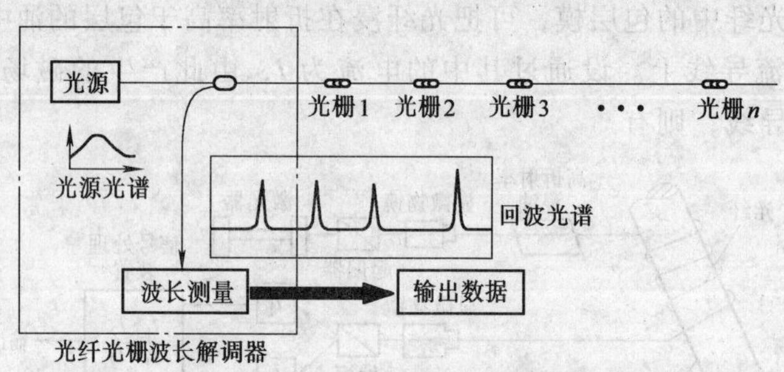

图 4-75 分布式光纤光栅传感器网络

(1) 光纤布拉格光栅(FBG)传感机理　介质折射率周期性的空间变化构成了透射式光栅。当光栅周期 L 较短，光束与光栅以一定的角度斜入射时，光波在介质中要穿过光栅的多个变化间隔。介质内各级衍射光会相互干涉，各高级次衍射光将互相抵消，只出现 0 级和 1 级衍射光，即产生布拉格衍射，基本原理如图 4-76 所示，详细原理可参考衍射光学内容。

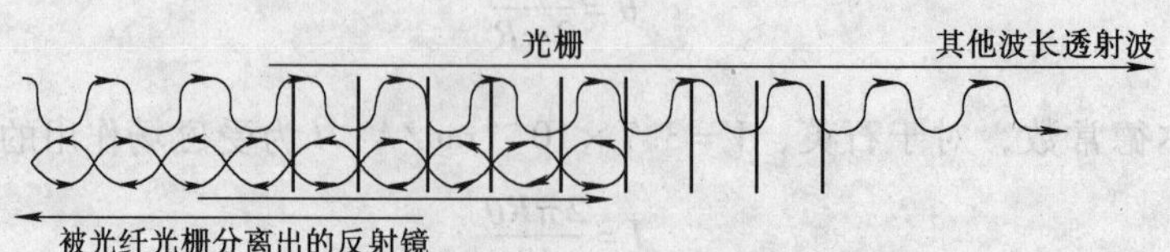

图 4-76 光纤布拉格光栅的基本原理

光纤布拉格光栅的结构如图4-77所示。入射进光纤光栅的宽带光，只有满足一定条件的波长的光能被反射回来，其余的光都被透射出去。光纤光栅传感的基本原理是利用光纤光栅的有效折射率和光栅周期对外界参量的敏感特性，将外界参量的变化转化为其布拉格波长的移动，通过检测光栅反射的中心波长移动实现对外界参量的测量。

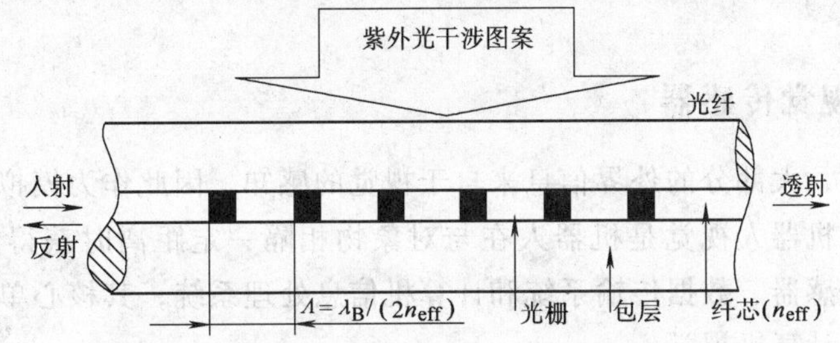

图4-77　光纤布拉格光栅结构、制作过程示意图

由耦合模理论可知，光纤光栅的布拉格中心波长为

$$\lambda_B = 2n_{eff}\Lambda \tag{4-112}$$

式中，n_{eff}是纤芯的有效折射率；Λ是光栅周期。可见布拉格波长λ_B随n_{eff}和Λ的变化而变化，而n_{eff}和Λ的改变与应变和温度有关。应变和温度分别通过弹光效应和热光效应影响n_{eff}，通过长度改变和热膨胀效应影响Λ，进而使λ_B发生移动。

光栅的写入技术是光纤光栅的主要研究内容，图4-77中紫外光干涉图案（周期图案）表示的是光栅的制作过程。光纤光栅的制作是利用光纤材料的光敏性（外界入射光子和纤芯内锗离子相互作用引起折射率的永久性变化）在纤芯内形成空间相位光栅，其折射率变化通常仅在$10^{-5}\sim10^{-3}$之间。

（2）解调技术　如何检测传感光栅布拉格波长的微小偏移是光纤布拉格光栅传感器实用化面临的关键问题。FBG波长编码的解调过程中，一般使用的是光谱仪、单色仪等仪器，但光谱仪价格偏高，并且无法直接获得所测参量的大小。为此，发展了多种技术用于波长编码的解调，归纳起来，解调技术主要有以下几种类型：滤波法、光谱编码/比例解调法、干涉法、可调光纤法布里-珀罗腔法，这里只简单介绍可调光纤法布里-珀罗腔法。

利用可调谐法布里-珀罗腔（简称F-P腔）对FBG波长进行解调的方案具有体积小、价格低的优点，且可以直接输出对应于波长变化的电信号。

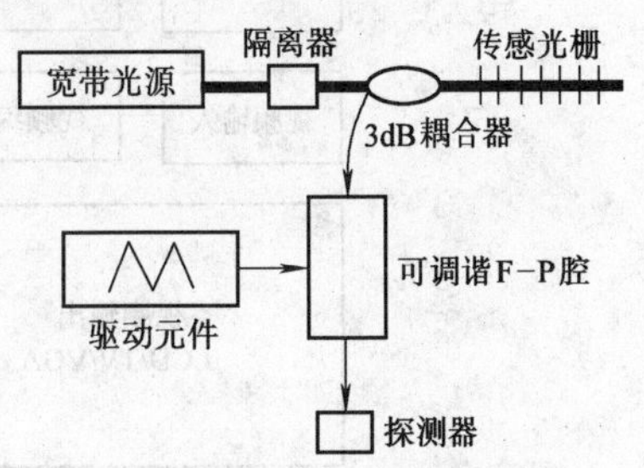

图4-78　利用可调谐法布里-珀罗腔对FBG波长进行解调的原理

F-P腔可以作为一个窄带滤波器。在一定波长范围内，若以平行光入射到F-P腔，则只有满足相干条件的某些特定波长的光才能发生干涉，产生相干极大，利用F-P腔的这个特性可以对FBG传感器的反射波长进行检测。测量的原理如图4-78所示：从宽带光源发出的光经隔离器传送到FBG传感器，FBG传感器反射回的光经过一个3dB耦合器引入到可调谐F-P腔中。从光纤入射的光经自聚焦透镜（图中未画）变成平行光入射到F-P腔，出射光经自聚焦透镜（图中未画）汇聚到光电探测器上。构成F-P腔的两个高反射镜一个固定，另一个可在外力的作用下移动。由于压电陶瓷具有很好的电能-机械能转换特性，在外加电动势的作用下可产生形变，因此可用PZT作压电陶

瓷为 F-P 腔腔长变化的驱动元件。给压电陶瓷施加一个扫描电压，压电陶瓷产生伸缩，从而改变 F-P 腔的腔长，使透过 F-P 腔的光的波长发生改变。由以上分析可知，若 F-P 腔的透射波长与 FBG 的反射波长重合，则探测器能探测到最大光强，此时给压电陶瓷施加的电压 V 就对应着 FBG 的反射波长。通过检测透射光强即可得到反射波波长，进而得到所测参变量。

4.8.5 机器人视觉传感器

在人的感觉中，大部分的外界信息来自于视觉的感知，因此作为模拟人的机器人，视觉也是必不可少的。机器人视觉是机器人在与对象物相隔一定距离时获得的该物体的图像信息。它包括视觉传感器、数据传输系统和计算机信息处理系统，其核心单元是计算机，因此机器人视觉又称为计算机视觉。

机器人视觉传感器的工作过程可分为四个主要步骤：视觉检测、图像处理、图像描述、图像识别。

1. 视觉检测

视觉检测主要由机器人视觉传感系统的硬件来完成，该系统一般由图 4-79 所示的几个

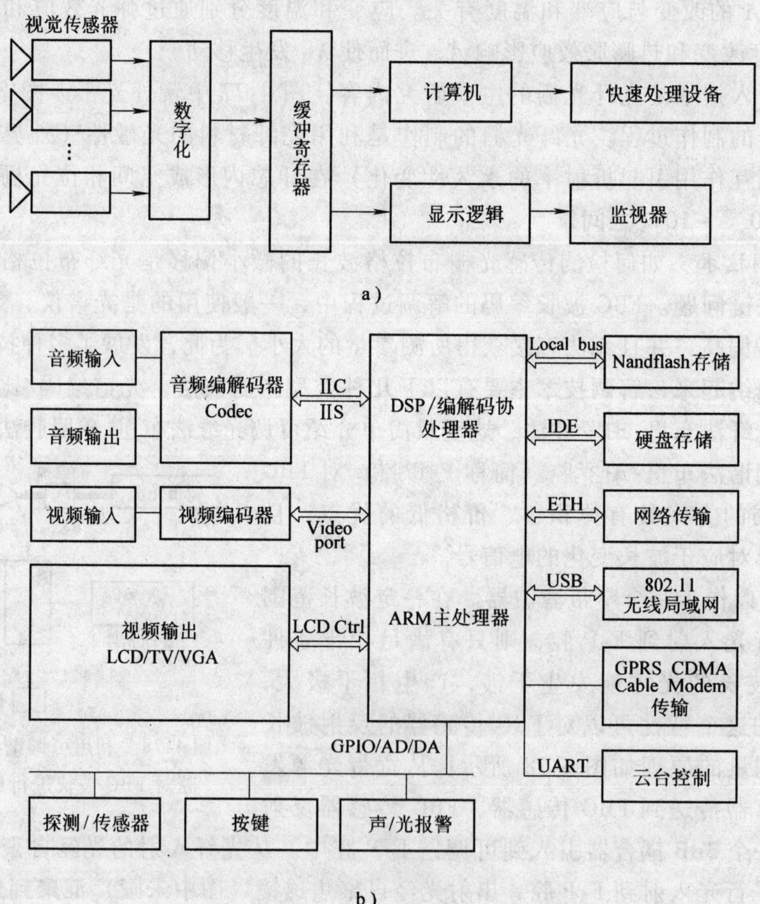

图 4-79 机器人视觉传感系统
a）一般结构 b）采用大规模 IC 的实用方案

部分组成。其中视觉传感器将观测到的景物转换成全电视信号（模拟信号），数字化模块将视觉传感器输出的模拟图像信号换成数字化的图像。每一个采样点称为一个像素，一幅图像的像素的数目称为该图像采集设备的分辨率。目前采用大规模集成电路（如 DSP/ARM 双核处理器）可以将大部分功能集成在一块芯片中。

例如一个连续的二维图像可数字化为 $M \times N$ 个点，$M \times N$ 则为该图像的分辨率，每一个点为一个像素。通常机器人视觉图像需要 256×256 像素的分辨率，如果分辨率低于 64×64 像素，则图像质量就很差。对于灰度图像，其量化后的灰度级通常在 64～256 等级之间；对于二值图像，图像的灰度级只有“0”和“1”两个等级。

采样频率和量化水平对图像质量有很大影响，采样误差会导致图像细部信息的丢失，图像产生畸变；而量化误差会导致图像质量下降，如造成轮廓不清等。

与其他传感器工作情况不同，机器人视觉传感器对光线的依赖性很大，往往需要有好的照明条件，以便使物体形成的图像最为清晰，复杂程度降低，所要检测的信息得到增强，避免产生不必要的阴影，从而提高对比度。

照明方式一般有四种，如图 4-80 所示：图 a 为漫射方式，这种方式适用于照射表面光滑、形状规则的物体，当物体表面特性对研究目标有重要作用时可用该方式；图 b 为背光照明方式，可形成一幅黑白二值图像，当根据物体的轮廓就足以识别该物体时，可用这种照射方式；图 c 为结构光方式，平行光通过光栅或网格形成条纹光或网格光，然后投射到物体上，由于光的结构模式已知，因此通过投影模式发生的变化可以了解物体的二维几何特性；图 d 为定向照射方式，如果物体表面光滑无缺陷，定向光会规律地反射，摄像机将接收不到光信号，若表面粗糙不平或有缺陷会造成投射光的散射，于是摄像机会接收到光信号，从而检测出表面缺陷来。

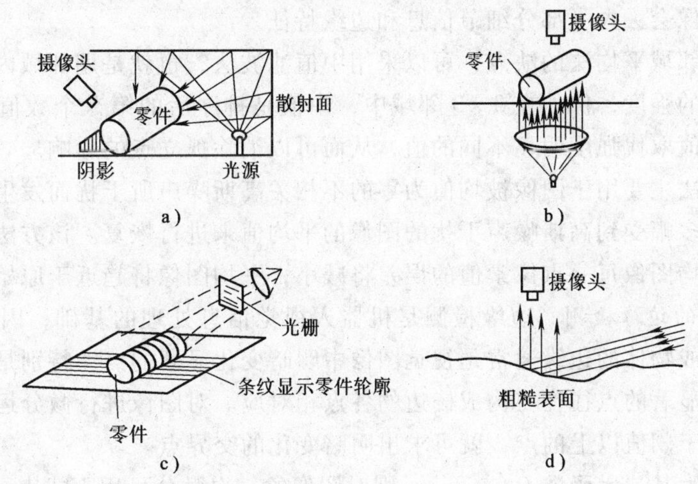

图 4-80　照明方式

a）漫射方式　b）背光照明方式　c）结构光方式　d）定向照射方式

普通的光源一般不是最理想的照明光源，激光由于其亮度高、相干性、方向性和单色性等优点，在工业机器人应用中常作为理想的照明光源。

2. 图像处理

机器人在获得一帧视觉图像之后，首先需要对图像进行预处理，以减小噪声和图像的畸变和退化，图像处理主要有空间域处理和频率域处理两种方法。

空间域处理就是直接在离散图像的像素点上进行处理，常见的方法是建立一个空间模板。例如要想从图像中检测某些孤立的像素，可取如表4-7所示的3×3模板，移动此模板，使中心经过每个像素，将模板所覆盖的每一个像素与系数相乘再相加，若所有像素均相同，则和值为0；若中心处有一孤立点，其和值则不为0。这样就可以设定一个阈值来判断并消除孤立点，从而提高图像质量。

表4-7　3×3模板

-1	-1	-1
-1	-8	-1
-1	-1	-1

频率域处理主要是将图像进行空间方向上的傅里叶变换，从而获得图像的频率域信息，并在频率域里对信号进行滤波、降噪等处理，可以有效地实现图像的增强和复原。频率域处理方法的计算量大、处理时间长，所以在机器人视觉中的应用有限。下面主要介绍空间域处理方法：图像的滤波与平滑、图像的边缘检测。

(1) 图像的滤波与平滑　滤波与平滑是为了减少因采样、量化、传送以及干扰等引起的噪声和畸变，常用的方法有邻域平均法、中值滤波法和图像平均法等。

邻域平均法就是在待处理的视觉图像上，以任意一像素点为中心，选取一固定大小的邻域，如3×3或4×4邻域等，对该邻域中所有像素点的强度取平均值，这个平均值就作为该像素点在处理后新图像中的强度值，依次对旧的视觉图像上所有的像素点进行这一操作，就得到了一幅新的视觉图像。随着邻域的扩大，噪声将更大程度地得到消除，图像更光滑；但另一方面，图像会丢失一部分细节信息和边缘特征。

为了避免邻域平均法的缺点，可以采用中值滤波法，也就是用邻域内像素强度的中值取代中心像素点的强度，例如在3×3邻域中，中值是排序后的第5个数值。这样用一个与邻域更为接近的值取代强度明显不同的值，从而可以消除孤立点的影响。

图像平均法主要用于图像被均值为零的不相关高斯噪声所干扰而发生畸变的情况，即原始图像可以用多幅受到高斯噪声干扰的图像的平均值来进行恢复。该方法随着参与计算的图像的增多，平均图像每一点像素值的误差将减小，平均图像将趋近于原始图像。

(2) 图像的边缘检测　边缘检测是机器人视觉信息处理的基础，因此十分重要。视觉所感知的对象或物体的边缘通常是视觉图像中明暗变化显著的点，特别是当对象物为多面体时，明暗变化显著的点往往与构成棱边的各点相对应。对图像进行微分运算，并在计算结果中选出其中大于阈值以上的点，就可求出明暗变化的交界点。

假设图像为某二元函数 $f(x, y)$，则对图像的一次微分可用下式表示：

$$\nabla f(x,y) = \frac{\partial f}{\partial x}i + \frac{\partial f}{\partial y}j \tag{4-113}$$

由于待处理的视觉图像都是经过采样和量化后的离散信号，因此对图像的微分是通过下面的差分方法完成的：

$$D(i,j) = \sqrt{[f(i+1,j+1) - f(i,j)]^2 + [f(i+1,j) - f(i,j+1)]^2} \tag{4-114}$$

然后选出大于某一给定阈值的 $D(i, j)$，重新构成一幅图像，其中，i、j 表示像素所在的行和列。

一次微分适用于对多面体图像的处理，二次微分适用于曲面问题的处理。这里介绍的微分算法以及其他的许多微分算法，只是对图像中 2×2 或 3×3 邻域的处理。由于这种方法不能利用大范围的信息，所以在原理上对杂波或噪声敏感，选定阈值也比较困难。使用此法，在许多情况下无法得到足够的线段，不过此法计算简便，目前应用仍较广泛。

图 4-81 是边缘检测的一个实例，该法可以有效地获得一个零件边缘及其内孔的轮廓。

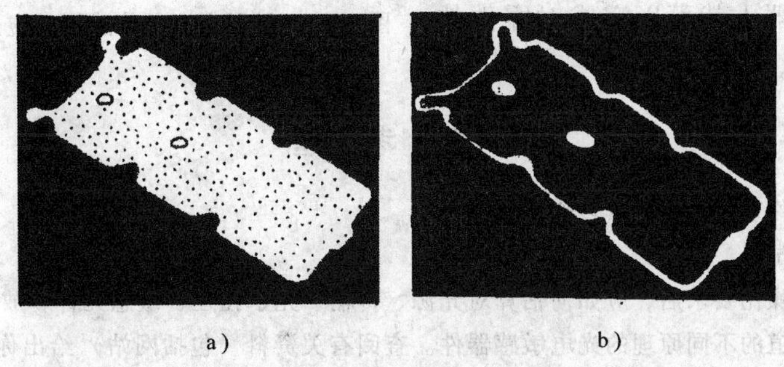

a)　　　　　　　　b)

图 4-81　边缘检测实例

a）一个工业零件的图像　b）微分技术处理后的结果

3. 图像描述

图像描述是为了从图像中提取特征而达到识别的目的，为此要采用一些描述符。这些描述符应和所描述物体的大小、位置、旋转和方法无关，这些描述符应包含描述物体所必需的足够的信息。

对象物边界的描述常见的有链码法、特征图法、矢量图法、多边形逼近法、形状数法、分形维数法等；对象物区域的描述有纹理描述法、构架描述法、矩描述法等。

为了提供识别图像的手段，通常可将图像的一些典型特征提取出来加以辨别和比较。常作为特征量的有图像的面积、周长、最小封闭矩形、面积中心、最小半径矢量（宽度和方向）、最大半径矢量（长度和方向）、图像中的空数（尺寸及位置）、分形维数等。

面积和周长的测量提供了简单的与位置和方向无关的分类准则，特别是面积和周长之间的比值是一个重要的和稳定的特征量，是识别物体的一个基本参数。最小封闭矩形的坐标提供了物体尺寸和形状的信息，但这个信息是随方向变化的。面积中心对任何物体都容易确定，它不随方向而变化，因此可作为识别和定位物体的一个重要特征。它为半径矢量提供了一个起点，而半径矢量是作为一条从面积中心到物体边缘上一点的线段来定义的。最大、最小半径矢量对于识别物体也是很有用的参数。孔是工程零件普遍具有的特征，孔本身就可以作为一个物体来处理，它有形状、尺寸及相对于物体的位置。分形维数是描述物体几何特性复杂程度的一个重要特征量，它可以有效地识别具有复杂形状的物体，如树木、山峰、河流、岛屿等复杂对象。

4. 机器人视觉传感器的应用

图 4-82 是机器人视觉传感器的一个典型应用。两个光源从不同方向向传送带发送两条水平缝隙光，而且预先把两条缝隙光调整到刚好在传送带上重合的位置。这样，当传送带上

没有零件时，缝隙光合成了一条直线。操作过程中，系统自动执行零件传送功能，操作器将零件以随机位置放到运动着的传送带上。当零件随传送带通过缝隙光处时，缝隙光变成两条线，其分开的距离同零件的厚度成正比。视觉传感系统在对视觉图像分析处理的基础上，确定零件的类型、位置与取向，并将此信息送入机器人控制器，从而机器人就可以完成对零件的准确跟踪和抓取。

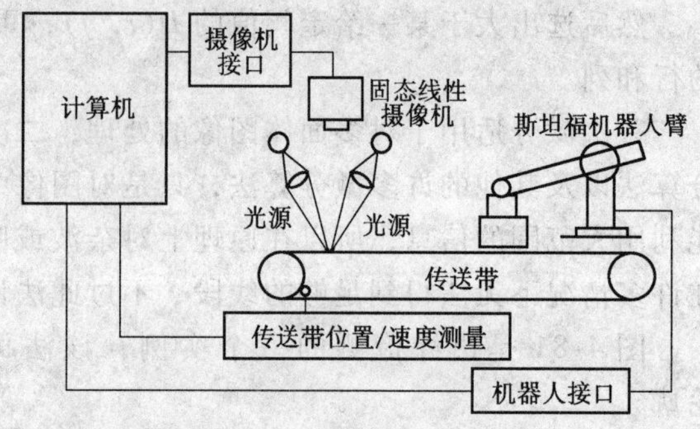

图 4-82　机器人视觉传感器的应用（Consigh 系统）

思　考　题

1. 简述把被测物理量和化学量转变成敏感元件上辐照度变化的方法。

2. 当确定了信噪比要求后，应如何估算对光源、传输、光学孔径、敏感元件、放大器的要求？

3. 举出你所知道的不同原理的光电敏感器件。查阅有关资料（包括网站）给出你对光电敏感器件发展的看法。

4. 采用光学分析仪器测量含有一氧化碳（CO）和甲烷（CH_4）的气体。已知一氧化碳吸收光谱带在 4.65μm 处，甲烷的吸收光谱带在 3.3μm 和 7.2μm 处。试考虑用何种光电元件检测合适，并考虑对滤光片的要求。

5. 何谓光电池的开路电压及短路电流？为什么检测元件时常用短路电流输出形式？

6. 实现光学图像采集有哪些传感方法，可用哪些传感器？进一步考虑一下其他物理量（声、磁、重力场、……）图像采集传感方法。

7. 用遮光法和激光衍射方法都可以在线测量细丝（如漆包线）线径。试简述二者的基本原理，并考虑影响测量稳定性的主要因素，试寻找一些可能的解决途径。

8. 试比较激光多普勒效应和超声多普勒效应测量速度时的实现方法。考虑二者的适用范围的异同。

9. 光纤电流传感器、光纤陀螺和光纤光栅传感器已经实用化。当温度不是希望的检测量，而是干扰因素时，试从原理、结构、光源稳定性、调理电路和解调部件稳定性讨论可能的温度影响。

10. 某光纤陀螺用波长 $\lambda = 0.6328\mu m$ 的光，圆形环光纤的半径 $R = 4\times10^{-2}m$，光纤总长 $L = 500m$，试分别计算当 $\Omega = 0.01°/h$ 和 400°/s 时，萨格纳克相移。以本题 Ω 为测量量程范围，估计放大器噪声带宽，假设探测器光电流 1μA，$NA = 0.2$，估算测量误差。

11. 钱币防伪中使用了红外线转换油墨（IR ink），某些部位被 980nm 的红外激光照射后产生 515 ~ 565nm 绿光谱带和 640 ~ 680nm 红光谱带，但钱币反射或透射的激光强度是上述红绿光的 1000 倍以上。试选择合适的光电传感器，设计合适的光电系统结构（框图），提出可行的技术要求，较低成本地实现利用此效应的防伪检测。

12. 光盘上有用于储存二进制数据的凹坑和凸起，深度 CD 光盘为 0.83μm，DVD 可以短到 0.4 ~ 0.44μm（取决于光盘类型）。CD 的迹距离为 1.6μm，DVD 上的信息间隙只有 0.74μm。如图 4-83a 所示。DVD 光盘为双层结构，激光分别聚焦在不同层面，以读取不同层面的信息，如图 4-83b 所示。光盘的折射率 $n\approx1.5$。信息读取光路一般为迈克尔逊干涉仪形式，激光在光盘凸起部分产生亮点干涉，在凹坑部分产生暗点干涉。试设计光路的结构形式，选择光电传感器种类，选择合适的激光二极管中心波长（如 780nm、635nm、650nm、580nm 等）。

13. 模仿推导双频光子外差探测的方法，讨论三频光子外差探测。可以参考激光雷达的有关原理资料。

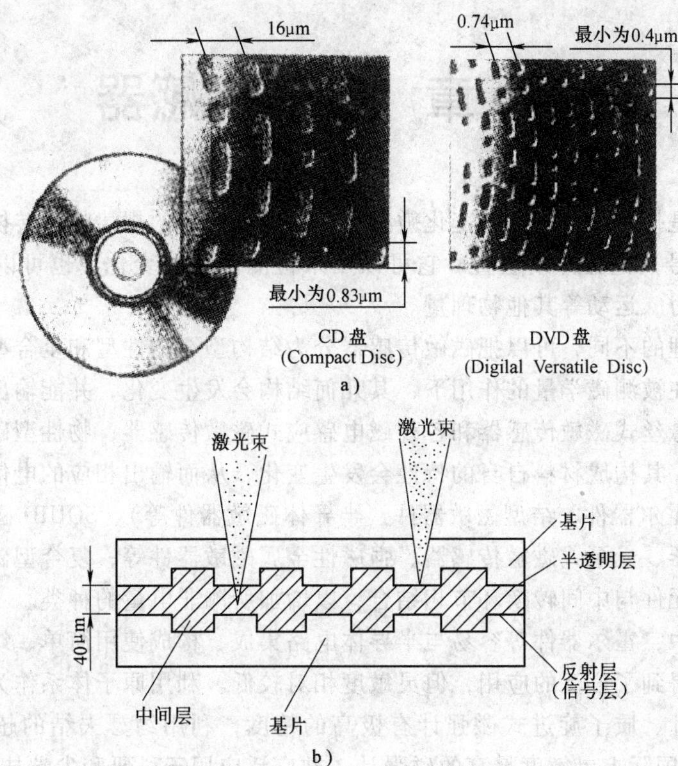

图4-83　题12图

a）光盘信息记录形式　b）DVD光盘结构

发射激光频率为 f_1 和 f_2，照射目标后返回，并与参考激光束，频率 f_3，一起照射到光子探测器。参考激光较强，目标反射光很弱，可忽略 f_1 与 f_2 的差频成分。

第 5 章　磁敏传感器

磁敏传感器是指对磁信号及其变化敏感，并能按照一定的规律将其转换成为可用输出信号（主要是电信号）的器件或装置。它可以用来检测磁场的变化，也可以通过检测磁场来间接地测量诸如力、运动等其他物理量。

按照工作机理的不同，可以把磁敏传感器分为结构型、物性型和复合型三大类。其中结构型磁敏传感器在被测磁学量的作用下，其几何结构会发生变化，并能输出正比于被测磁学量的电信号，如悬丝式磁敏传感器和各种磁电感应式磁敏传感器；物性型磁敏传感器在被测磁学量的作用下，其构成材料自身的特性会发生变化，从而输出相应的电信号，如各种半导体磁敏传感器（霍尔器件、结型磁敏器件、半导体磁敏器件等）、SQUID 磁敏传感器、质子旋进式磁敏传感器、光泵式磁敏传感器、强磁性金属磁敏器件等；复合型磁敏传感器则是将物性型磁敏传感元件与中间转换环节相结合，以增加所测非电量的种类。

上述传感器中，霍尔器件等容易与半导体电路集成，构成使用简单、结构小巧的传感器系统，在工业上得到了广泛的应用，但灵敏度相对较低。利用原子体系作为工作介质的磁强计如光泵式磁强计、质子旋进式磁强计有极高的精度，利用约瑟夫结的超导量子干涉装置（SQUID）是现在国际上灵敏度最高的磁强计，被广泛应用于科研和尖端技术领域。

本章主要介绍以下几类重要的磁敏传感器及其相关的应用技术：①霍尔式磁敏传感器；②结型磁敏传感器（含磁敏二极管、磁敏晶体管等）；③磁阻式磁敏传感器（含半导体磁阻传感器、韦根德器件、铁磁性金属薄膜磁敏电阻、巨磁阻效应器件等）；④机械式、感应式与磁通门式磁敏传感器；⑤磁共振式（含光泵式及质子旋进式）及超导式磁敏传感器；⑥光纤式磁敏传感器；⑦微波传感器等。

5.1　霍尔式磁敏传感器

在利用半导体材料的磁敏感特性而工作的一类磁敏传感器（即半导体磁敏传感器）中，比较重要的包括霍尔磁敏传感器、磁敏二极管、磁敏晶体管以及半导体磁阻器件等，其中应用最广泛的是霍尔磁敏传感器。

霍尔磁敏传感器包括霍尔元件和霍尔集成电路。后者是将分立的霍尔元件与放大器电路等集成在一块硅片上所构成的一种 IC 型结构。它们都是基于半导体材料中电流与磁场相互作用从而产生电动势的霍尔效应原理工作的。

5.1.1　霍尔效应

1879 年美国物理学家 E. H. Hall（霍尔）首先发现了霍尔效应。如图 5-1 模型所示，当在长方形半导体片的长度方向通以直流电流 I 时，若在其厚度方向存在一磁场 B，那么在该半导体片的宽度方向就会产生电位差 E_H，此即霍尔效应。

图 5-1 中，磁感应强度 B 的方向垂直向上，长、宽、厚分别为 L、W、d 的 N 型半导体

片呈水平放置在磁场中。若在半导体片中通以垂直于纸面向内的电流，则多数载流子（电子）的运动方向垂直于纸面向外。由物理学知识知道，位于磁场中运动的电子将受到洛仑兹力 F_m 的作用，其大小为 evB，其中 e 为电子的电量，v 为电子在垂直于磁感应强度 B 方向的运动速度，且 v、B、F_m 三者的方向遵循右手定则。据此可知，电子将因受到朝向 CDC′D′面的洛仑兹力 F_m 的作用而向右偏转，从而造成 CDC′D′面电子的堆积，并由此引起 ABA′B′面空穴的堆积。电荷堆积的结果就是在 ABA′B′/CDC′D′两个面之间建立起一个横向的静电场 E。该静电场 E 对其中的电子又会产生电荷力 F_e，其大小为 eE，其方向朝向 ABA′B′面。这样，电子将受到 f_m 和 f_e 两个力的共同作用。刚开始 $f_e<f_m$，电子和空穴将分别不断地在 ABA′B′/CDC′D′两个面堆积，从而使得横向电场 E 也不断增加。而 E 的增加又引起 f_e 增加，直到 $f_e=f_m$ 时，电子和空穴的堆积过程才结束。此时的电场 E 即称为霍尔电场，用 E_H 表示。由上述分析可得

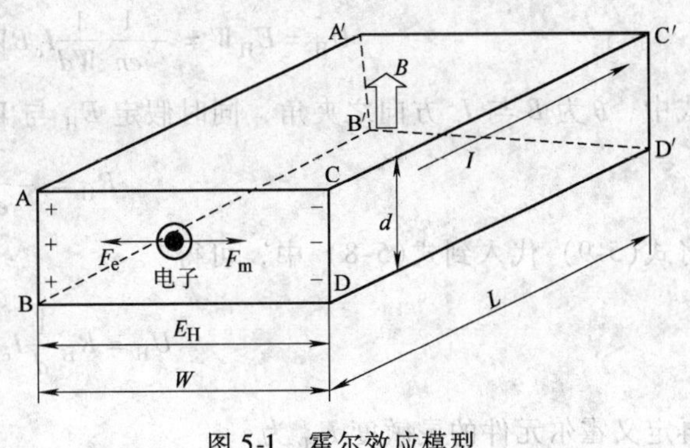

图 5-1 霍尔效应模型

$$eE_H = evB \tag{5-1}$$

所以

$$E_H = vB \tag{5-2}$$

式中，v 为电子的平均运动速度；B 为磁感应强度。

式(5-2) 反映了霍尔效应的大小和方向。该式中电子的平均运动速度 v 是一个微观量，使用起来不方便，可以通过一定的分析把它转换为宏观量电流来表示。

假设 N 型半导体片中电子的浓度为 n，则流过截面 ABDC 的电流密度大小为

$$J = -env \tag{5-3}$$

式中负号表示电子的流向与电流方向相反，由式(5-3) 可得

$$v = -\frac{J}{en} \tag{5-4}$$

将式(5-4) 代入式(5-2) 可得

$$E_H = -\frac{1}{en}JB \tag{5-5}$$

电流密度 J 可用流过半导体界面的电流 I_c（又称为控制电流）表示为

$$J = \frac{I_c}{S} = \frac{1}{Wd}I_c \tag{5-6}$$

将式(5-6) 代入到式(5-5) 得

$$E_H = -\frac{1}{en}\frac{1}{Wd}I_cB \tag{5-7}$$

对于上述霍尔电场而言，AB/CD 两个面之间的电势差称为霍尔电压 U_H，它可以用下式来表示：

$$U_H = E_H W = -\frac{1}{en}\frac{1}{Wd}I_c BW = -\frac{1}{en}\frac{1}{d}I_c B\sin\theta \tag{5-8}$$

式中，θ 为 B 与 I_c 方向之夹角，同时假定 E_H 与 W 同方向。定义霍尔系数 R_H 为

$$R_H = -\frac{1}{en} \tag{5-9}$$

将式(5-9) 代入到式(5-8) 中，可得

$$U_H = R_H \frac{1}{d} I_c B\sin\theta \tag{5-10}$$

再定义霍尔元件的灵敏度 K_H 为

$$K_H = R_H \frac{1}{d} \tag{5-11}$$

将式(5-11) 代入式(5-10) 得

$$U_H = K_H I_c B\sin\theta \tag{5-12}$$

在图 5-1 所示情况下，I_c 与 B 方向相互垂直，故 $\theta = 90°$，此时

$$U_H = K_H I_c B \tag{5-13}$$

式(5-13) 即为常用的霍尔电压公式。可以看出，只要知道霍尔元件控制电流 I_c 的大小和方向且保持其不变，测出了霍尔电压 U_H，就可以由式(5-13) 得到待测磁场磁感应强度的大小和方向。实际应用中，将这种保持霍尔元件控制电流 I_c 不变的驱动方式称为恒流源驱动方式。

根据电阻定律，霍尔元件激励电极间的电阻 R 可表示为

$$R = \rho L/(Wd) \tag{5-14}$$

由欧姆定律 $R = U/I$、电场强度公式 $E = v/\mu$（v 为电子速度，μ 为电子迁移率）以及电流公式 $I = -(Wdv)ne$（n 为电子体积浓度），可得

$$R = \frac{U}{I} = \frac{EL}{I} = \frac{Lv/\mu}{(Wd)(-nev)} = \left(-\frac{1}{ne}\right)\frac{L/\mu}{(Wd)} = R_H \frac{L/\mu}{Wd} \tag{5-15}$$

比较式(5-14) 和式(5-15)，可得

$$R_H = \mu\rho \tag{5-16}$$

此式说明，霍尔效应的强弱，与材料的电阻率 ρ 以及载流子的迁移率 μ 有关。对金属，μ 很大，但 ρ 很低；对绝缘体，ρ 很大，但 μ 极小；而半导体，ρ 和 μ 均较大，因此可以获得较高的霍尔灵敏度。

霍尔电压 U_H 除了如式(5-13) 所示用控制电流 I_c 表示之外，还可以用加在霍尔器件两端的控制电压 U 来表示。由于

$$I_c = \frac{U}{R} \tag{5-17}$$

以及 $R = \rho L/(Wd)$，所以

$$I_c = \frac{VWd}{\rho L} \tag{5-18}$$

将式(5-18) 代入式(5-12)，即得用 U 表示的霍尔电压表达式

$$U_{\mathrm{H}}=K_{\mathrm{H}}\frac{VWd}{\rho L}B\sin\theta \xrightarrow{\text{考虑到式(5-11)}} U_{\mathrm{H}}=R_{\mathrm{H}}\frac{W}{\rho L}UB\sin\theta \xrightarrow{\text{考虑到式 (5-16) 可得}} U_{\mathrm{H}}=\frac{\mu W}{L}UB\sin\theta \tag{5-19}$$

式(5-19) 表明，对于确定的控制电压 U，如果测出了霍尔电压 U_{H}，就可以得到相应的磁场 B。对于集成霍尔传感器来说，一般知道其控制极间电压，因此采用上式比较方便。

式(5-13) 和式(5-19) 均是在不考虑霍尔元件形状效应的理想情况下得到的，此时，假定霍尔元件为无限宽。但实际上，霍尔元件的尺寸都是有限的。如图5-2所示，长方形半导体片上有四个金属欧姆接触电极，分别是A、B、C、D，其中A、C为控制电极，或输入电极；B、D为输出电极或霍尔电极。设霍尔元件长为 L，宽为 W，则其长宽比为 L/W。若控制极A、C之间的电场为 E_x，当有外加磁场作用后，在电极B、D之间就会产生霍尔电场 E_y。此时在半导体片上任一点的电场应是控制电场 E_x 和霍尔电场 E_y 的矢量和，二者的关系可用霍尔角 $\theta=\arctan(E_y/E_x)$ 来表示，θ 越大，E_x 对霍尔电动势的影响就越小。另一方面，L/W 越大，对 U_{H} 的影响就越小，当 L/W 逐渐减小时，载流子在偏转过程中的损失将逐渐加大，从而导致 U_{H} 值下降。霍尔角 θ 与 L/W 对霍尔电动势的影响可用形状效应系数 $f_{\mathrm{H}}(L/W,\theta)$ 表示如下：

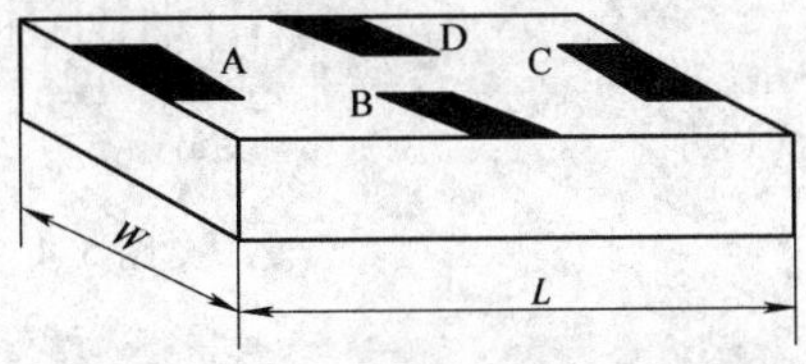

图5-2 霍尔元件的电极配置

$$U_{\mathrm{H}}=KI_{\mathrm{B}}f_{\mathrm{H}}\left(\frac{L}{W},\theta\right) \tag{5-20}$$

L/W 越大，f_{H} 就越接近于1。但 L 过大的话，控制电极之间的电阻也跟着增大，造成输入功耗增加，一般可取 $L/W>2$。

除上述因素外，霍尔电极B、D的大小及其相对位置对霍尔电动势也有影响。如图5-3所示，理想情况下，霍尔电极A对应的等电位点在A′，当外磁场 $B=0$ 时，$U_{\mathrm{H}}=U_{\mathrm{AA'}}=0$。但实际上，因为各种原因，A的等电位点不在A′，而在A″，此时即使外磁场 $B=0$，也会有 $U_{\mathrm{H}}=U_{\mathrm{AA'}}\neq0$。为了减小霍尔电极大小及其相对位置的影响，通常取霍尔电极的宽度尺寸小于霍尔元件长度尺寸的1/10。

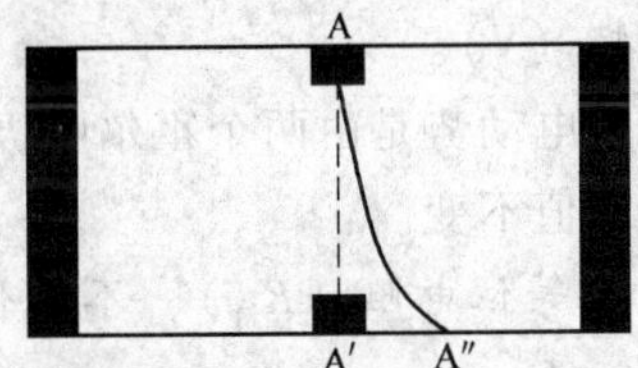

图5-3 非理想等位线对霍尔元件输出的影响

制作霍尔元件的主要材料有GaAs（砷化镓）、InSb（锑化铟）、Si（硅）等。其中，前两种最常用，Si主要用于霍尔器件与放大器电路封装在一起的霍尔集成电路。GaAs和InSb霍尔器件的对比如表5-1所示。不同封装形式的霍尔器件外形如图5-4所示。

表5-1 GaAs和InSb霍尔元件的性能对比

	GaAs	InSb		GaAs	InSb
霍尔电压 U_{H}	较小	较大	U_{H} 对 B 线性度	好	稍差
灵敏度温度系数	小	较大	高频特性	好	稍差

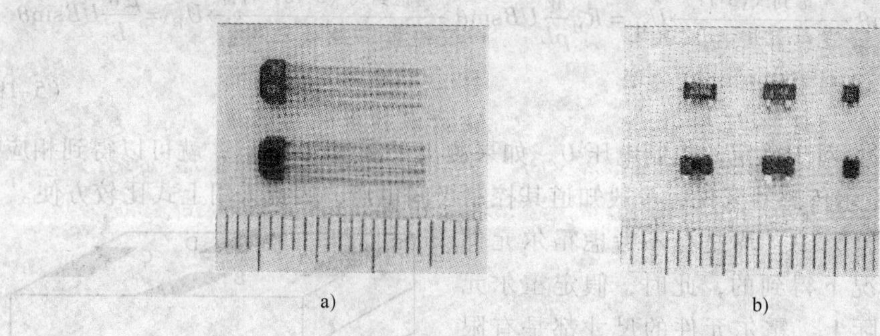

图 5-4 不同封装形式的霍尔器件外形

a）直插型封装 b）贴片型封装

5.1.2 霍尔元件的主要技术参数

描述霍尔元件的技术参数很多，下面给出较常用的几种。

（1）输入电阻（R_{in}）（室温、零磁场下测量时）霍尔元件两控制极之间的电阻，单位：欧姆（Ω）。

（2）输出电阻（R_{out}）（室温、零磁场下测量时）霍尔元件两霍尔电极之间的电阻，单位：欧姆（Ω）。

（3）额定控制电流（I_c）（空气中，且满足一定散热条件下）霍尔元件温升不超过10℃时所通过的控制电流，单位：安培（A）。

（4）最大允许控制电流（I_{cm}）（空气中，且满足一定散热条件下）霍尔元件允许通过的最大控制电流，该电流与霍尔元件的几何尺寸、电阻率 ρ 及散热条件有关，单位：安培（A）。

（5）不等位电动势（U_m）额定控制电流下，外磁场为零时，霍尔电极间的开路电压。单位：伏特（V）。

不等位电动势是由两个霍尔电极不在同一个等位面上造成的，其正负随控制电流方向而变化，但数值不变。

（6）不等位电阻（R_M）不等位电动势 U_M 与额定控制电流 I_c 之比称为不等位电阻，即 $R_M = U_M/I_c$。

（7）磁灵敏度（S_B）与乘积灵敏度（S_H）额定控制电流下，$B=1T$ 的磁场垂直于霍尔元件电极面时，霍尔电极间的开路电压，称为磁灵敏度，即：$S_B = U_H/B$，单位：V/T。

控制电流为1A，$B=1T$ 的磁场垂直于霍尔元件电极面时，霍尔电极间的开路电压，称为乘积灵敏度。即：$S_H = U_H/(I_c B)$，单位：V/(A·T)。

（8）霍尔电动势温度系数（β）外磁场 B 一定，控制电流 $I = I_c$，温度变化 $\Delta T = T_2 - T_1 = \pm 1℃$ 时，霍尔电动势 U_H 变化的百分率称为霍尔电动势温度系数，即

$$\beta = \frac{U_H(T_2) - U_H(T_1)}{(T_2 - T_1)U_H(0℃)} \times 100\% \tag{5-21}$$

式中，U_H（℃）为零摄氏度时霍尔电动势的输出值。

（9）输入/输出电阻温度系数 α_{in}　当 $\Delta T = T_2 - T_1 = \pm 1℃$ 时，霍尔器件输入电阻 R_{in} 或输出电阻 R_{out} 变化的百分率，分别称为其输入或输出电阻温度系数，用 α_{in} 或 α_{out} 表示，α_{in} 的表达式如下：

$$\alpha_{in} = \frac{R_{in}(T_2) - R_{in}(T_1)}{(T_2 - T_1)R_{in}(0℃)} \times 100\% \tag{5-22}$$

式中，R_{in}（℃）为零摄氏度时霍尔元件的输入电阻。

α_{out} 的表达式类似 α_{in} 的。

（10）非线性误差 N_L　一定磁场下，霍尔元件开路电压的实测值 U_H（B）和理论值 $U'_H(B)$ 之间的相对误差，称为霍尔元件的非线性误差，其表达式如下：

$$N_L = \frac{U_H(B) - U'_H(B)}{U'_H(B)} \times 100\% \tag{5-23}$$

5.1.3　霍尔元件的等效电路及不等位电势补偿原理

霍尔元件可以等效为电桥，如图5-5所示。其中，桥臂电阻 R_1、R_2、R_3、R_4 分别代表控制电极A、C与霍尔电极B、D之间的分布电阻，U_c 为控制电极AC之间所加的电压，U_H 为霍尔输出电压。

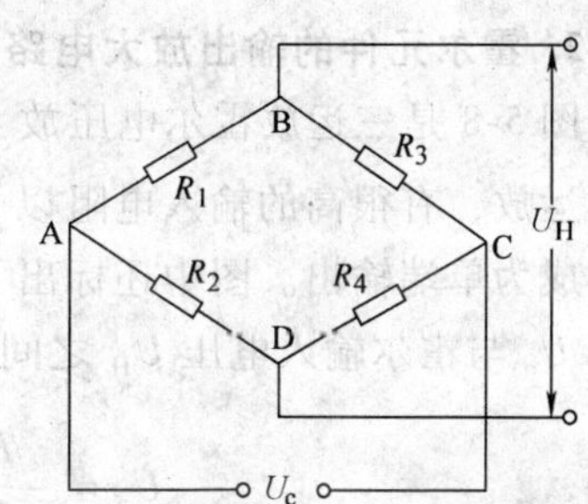

图5-5　霍尔元件等效电路

理想情况下，若无外加磁场，可以认为上述四个电阻相等，即 $R_1 = R_2 = R_3 = R_4$，则霍尔电势 $U_H = 0$。但实际上，霍尔元件都是存在不等位电势的，即使无外加磁场，上述电桥的输出也不为零。为了补偿该零位误差，可以在相应的桥臂上并联合适的电阻，从而保证电桥满足平衡条件，常用的补偿方法及其等效电路如图5-6所示。

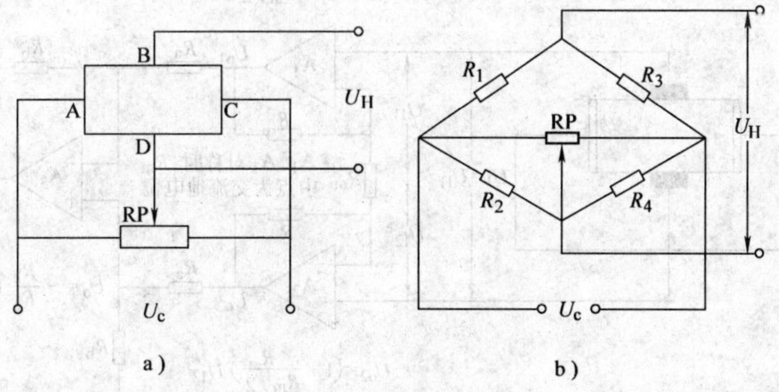

图5-6　霍尔元件不等位电动势补偿方案及其等效电路
a）补偿方案　b）等效电路

5.1.4　霍尔磁传感器电路分析与设计

1. 霍尔元件的驱动电路

前面谈到，霍尔元件有恒压和恒流两种驱动方式，图5-7a、b分别示出了这两种驱动方

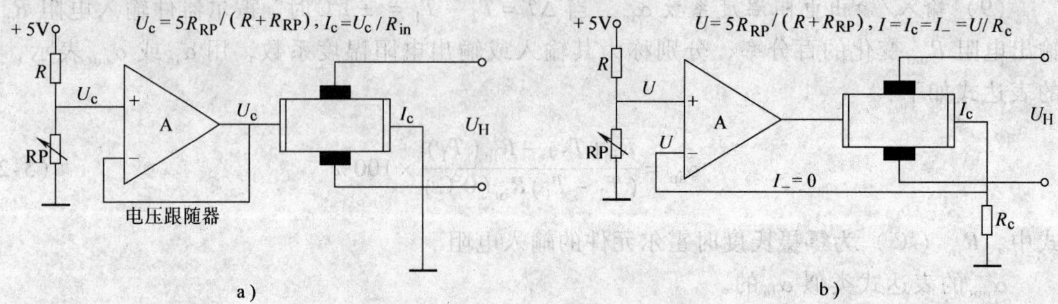

图 5-7 霍尔元件驱动电路

a）霍尔元件恒压驱动电路 b）霍尔元件恒流驱动电路

式的电路原理图。

一般，GaAs 霍尔器件宜选用恒流源驱动，InSb 霍尔器件则用恒压源驱动。这是因为 GaAs 器件在恒流驱动方式下霍尔电压 U_H 的温度系数比较小（仅有 -0.06%/℃），且 U_H 与磁感应强度 B 关系曲线有良好的线性度；而 InSb 器件在恒压驱动方式下 U_H 的温度系数比较小。

2. 霍尔元件的输出放大电路

图 5-8 是三运放霍尔电压放大器。其中，A_1、A_2 共同组成第一级，为结构对称的同相比例运放，有很高的输入电阻以及较低的漂移和失调。A_3 是差分放大级，用于将差分输入转换成为单端输出。图中还标出了各级输入及输出之间的关系，由此可推知该放大器的输出电压 U_o 与霍尔输入电压 U_H 之间的关系如下：

$$U_o = -\frac{R_b}{R_a}(U_{o1} - U_{o2}) = -\frac{R_b}{R_a}\left(1 + \frac{R}{R_m/2}\right)U_H \tag{5-24}$$

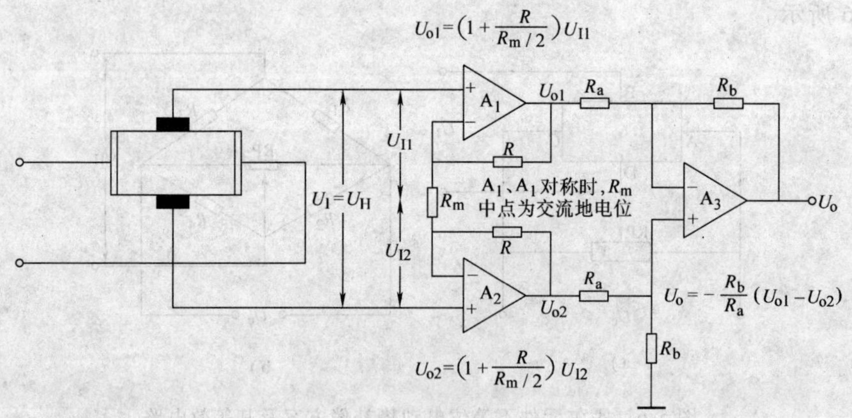

图 5-8 三运放霍尔电压放大器

5.1.5 霍尔集成电路

霍尔集成电路是指内部不仅包含霍尔元件，还包含有运放等电路的 IC 器件，它包括线性型霍尔集成电路与开关型集成电路两大类，如表 5-2 所示。

表 5-2　霍尔集成电路的分类及特点

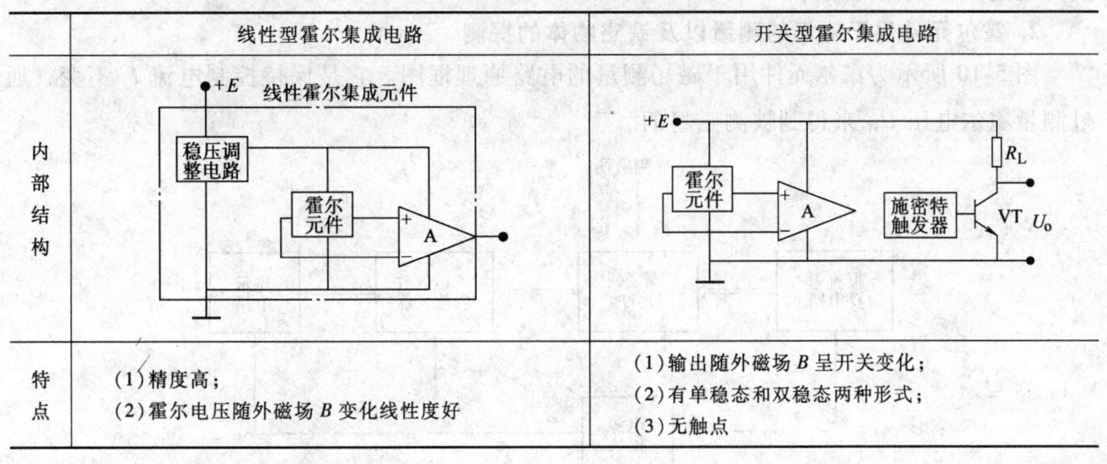

	线性型霍尔集成电路	开关型霍尔集成电路
内部结构		
特点	(1) 精度高； (2) 霍尔电压随外磁场 B 变化线性度好	(1) 输出随外磁场 B 呈开关变化； (2) 有单稳态和双稳态两种形式； (3) 无触点

5.1.6　霍尔式磁敏传感器的应用

由霍尔效应的基本关系式可知，霍尔电压 U_H 与输入控制电流 I_c 以及磁感应强度 B 都成线性关系。因此，可保持 I_c 不变，通过测量 U_H 来得到 B；也可保持 B 不变，通过测量 U_H 来得到 I_c；还可测量 U_H 直接得到 I_c 和 B 的乘积。由此可以得到各种类型的基于霍尔效应的传感器。

霍尔元件可用于交直流电压、电流、功率以及功率因数的测量，还可用于磁场、线圈匝数、磁性材料矫顽力的测量。除此之外，还可利用霍尔效应来测量转速、里程、流速、位移、镀层及工件厚度等，下面给出几个相应的例子。

1. 霍尔元件用于功率的测量

假设霍尔器件的控制电流 I_c 与负荷电压 U 成正比，即

$$U = k_1 I_c \tag{5-25}$$

故有

$$I_c = \frac{U}{k_1} \tag{5-26}$$

若用负荷电流 I 来产生相应的磁场 B，即

$$B = k_2 I \tag{5-27}$$

将上述 I_c 和 B 的表达式代入霍尔效应的基本公式(5-13) 可得

$$U_H = K_H \frac{U}{k_1} k_2 I = \frac{K_H k_2}{k_1} UI = kP \tag{5-28}$$

式中，$k = \frac{K_H k_2}{k_1}$，而 K_H、k_1、k_2 一般情况下都是常数，故 k 也是常数，由此可知，只要测出了霍尔电压 U_H，就可以得到功率 P。

上述功率测量方法中，可参考图 5-7 电路将负荷电压接入霍尔元件的控制端，而负荷电流则通过一种称之为霍尔变流器（或称霍尔 CT，Current Transformer）的器件变换为相应的磁场，其原理如图 5-9 所示，它把电流 I_1

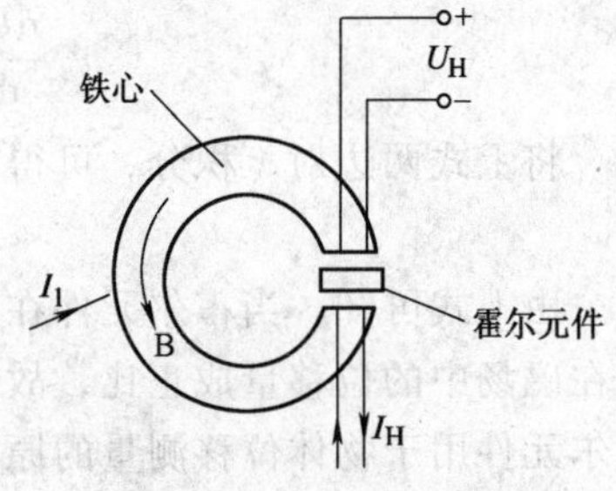

图 5-9　霍尔变流器原理图

变为通过霍尔元件的磁场。

2. 霍尔元件用于磁场的测量以及铁磁物体的探测

图 5-10 所示为霍尔元件用于磁场测量的电路原理框图。它是保持控制电流 I_c 不变，通过测量霍尔电压 U_H 来得到被测磁场的。

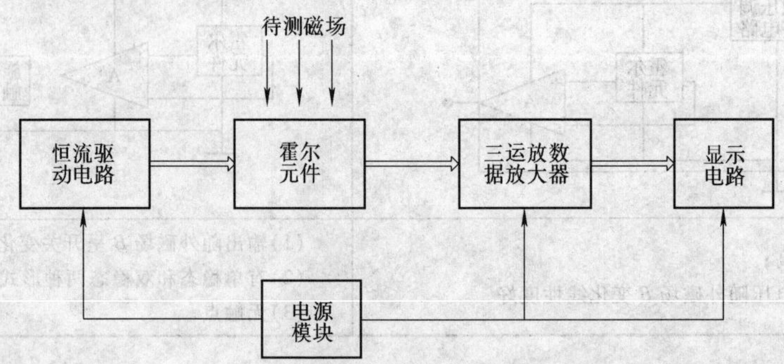

图 5-10　霍尔磁场测量系统原理框图

图 5-10 中恒流驱动电路、三运放数据放大器的设计可分别参考图 5-7 和图 5-8。

图 5-11 所示为磁性物体探测电路原理框图。它也是保持控制电流 I_c 不变，通过测量霍尔电压 U_H 来感测磁性物体的。当磁性物体靠近霍尔元件时，会引起霍尔元件感磁面的磁场发生变化，从而引起其输出的霍尔电压发生变化。再经电平比较，产生物体接近脉冲信号输出，该电路适宜用作诸如检测电动机转速之类的霍尔元件接口电路。

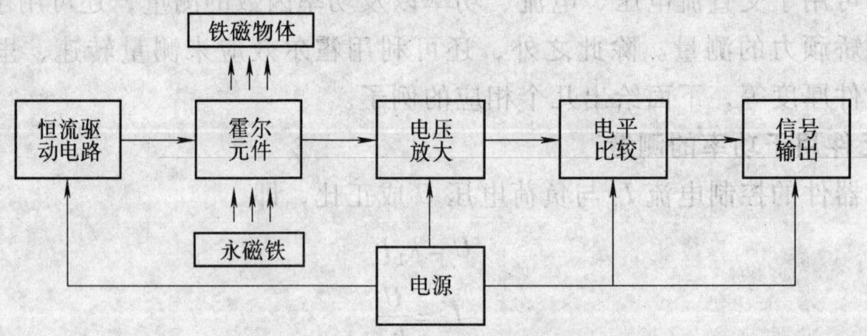

图 5-11　磁性物体探测电路原理框图

3. 霍尔元件用于微位移的测量

一般是将霍尔元件固定在被测的移动物体上，并置于梯度为 a 的均匀磁场中。假定霍尔元件控制电流 I_c 保持不变，且磁感应强度 B 梯度方向与物体位移方向 x 一致。将霍尔元件基本表达式 $U_H = K_H I_c B$ 两边对 x 求导，得

$$\frac{dU_H}{dx} = (K_H I_c)\frac{dB}{dx} = K_H I_c a = \text{const} \tag{5-29}$$

将上式两边对 x 积分，可得

$$U_H = \text{const}x \tag{5-30}$$

由上式可知，当霍尔元件在以均匀梯度变化的磁场中运动时，其输出电压 U_H 与霍尔元件在磁场中的位移量成正比，故只要测出霍尔电压，就可以得到相应的位移。图 5-12 是将霍尔元件用于物体位移测量的原理图。该电路霍尔输出电压 U_H 与物体位移 x 有良好的线性关系，适合于测量 0 ~ 1mm 的位移。

4. 霍尔转速传感器

通常将永磁铁固定在被测旋转体上，当它转动到与霍尔器件正对位置时，输出的霍尔电压最高。根据这个原理，通过电子电路计出每分钟霍尔器件输出高脉冲的个数，即可得到被测旋转体的转速。在被测旋转体上所安装的磁铁个数越多，转速测量的分辨率就越高。

图 5-13 示出了霍尔转速传感器用于测量车轮转速的工作原理。图中所示是在转动体（车轮）上安装单个永久磁铁的形式，转速 n 就是 U_H 的频率乘以 60；若安装有多个磁铁，那么转速 n 就是 U_H 的频率除以永磁铁的个数再乘以 60。

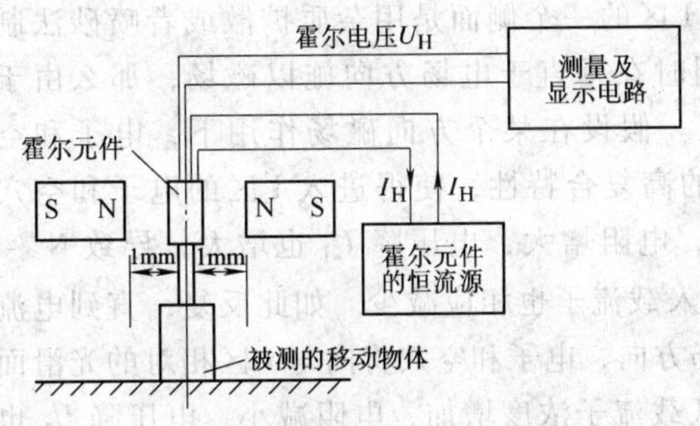

图 5-12　霍尔元件物体位移测量原理

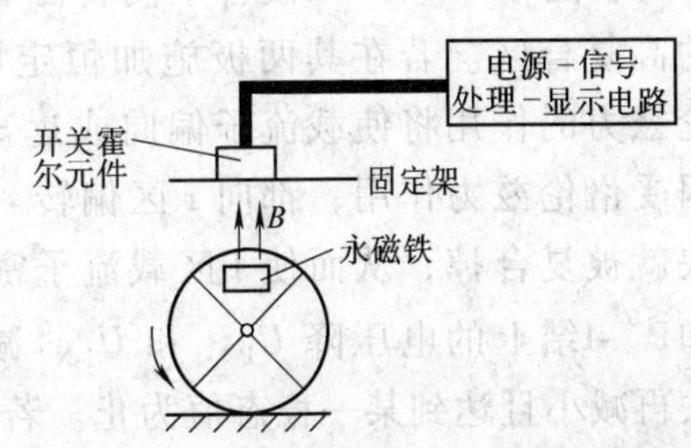

图 5-13　霍尔转速传感器用于测量车轮的转速

5.2　结型磁敏器件

结型磁敏器件是指由 PN 结构成的磁敏器件，主要包括磁敏二极管和磁敏晶体管两大类。

5.2.1　磁敏二极管

磁敏二极管是指电特性随外部磁场改变而有显著变化的一种二极管，它是一种电阻随磁场的大小和方向均改变的结型二端器件。

1. 磁敏二极管的结构

磁敏二极管是一种 P^+-I-N^+ 型结构，如图 5-14 所示。其中 I 由高阻本征半导体硅或锗组成，长度为 L，因其远大于载流子扩散长度，故又称之为长基区二极管；P^+、N^+ 分

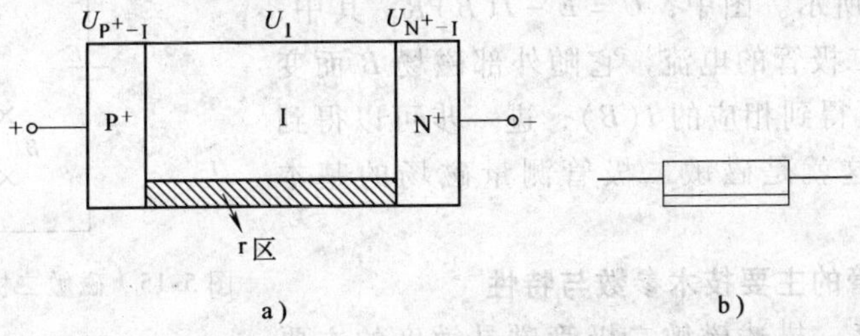

图 5-14　磁敏二极管的结构和符号
a）磁敏二极管的结构　b）磁敏二极管的符号

别为重掺杂区域。磁敏二极管加工过程中，需对I区的两个侧面进行不同的处理：一侧磨光，另一侧通过扩散杂质或喷砂制成（电子-空穴对）高复合区，称之为r（recombinatiop）区。

2. 磁敏二极管的工作原理

普通P^+-I-N^+二极管的I区不存在粗糙的复合面，若在其两端施加电压U，则其内部的分压关系为$U=U_{P^+-I}+U_I+U_{I-N^+}$。此时，大量的空穴和电子分别由$P^+$区和$N^+$区向I区注入（又称双注入），其数目基本相等。因I区无复合面，故只有少数载流子能够在体内复合掉，大多数分别到达N^+和P^+区，形成的电流为$I=I_P+I_N$。

与普通P^+-I-N^+二极管不同，磁敏二极管I区的一个侧面是用杂质扩散或者喷砂法制成的高复合区。若在其两极施加恒定电压，同时在垂直于电场方向施以磁场，那么由于洛伦兹力的作用将使载流子偏向或远离复合区。假设在某个方向磁场作用下，电子和空穴因受洛伦兹力作用，都向r区偏转。因r区的高复合特性，使得进入I区的电子和空穴很快就被复合掉，从而使I区载流子密度减小，电阻增大，电压降U_I也增大，导致N^+-I结和P^+-I结上的电压降U_{P^+-I}和U_{I-N^+}减小，注入载流子也相应减少。如此反复，直到电流无法再减小且达到某一稳态值为止。若改变磁场方向，电子和空穴将向与r区相对的光滑面流动，因光滑面载流子复合能力较弱，使得I区载流子浓度增加，电阻减小，电压降U_I也减小，相应地U_{N^+-I}和U_{P^+-I}增加，载流子的注入量也增加，电流进一步增大。如此正反馈，直到电流饱和为止。

上述第一种情况中，若磁场强度H增加，则洛仑兹力也增加，载流子运动行程也将增加，从而加深了r区对载流子表面复合的程度，磁敏二极管表现出更强的磁阻效应。

同样地，当反向磁场增加时，电子、空穴的复合率进一步变小，载流子浓度增加，表现出的电流就会变大。

综上所述，磁敏二极管两端加恒定电压时，其I区两端的正、负输出电压U_I会随着外加磁场的大小和方向而变化，而且高复合面与光滑面之间的复合率差别愈大，磁敏二极管的灵敏度也就愈高。

当在磁敏二极管两端外加反向偏压时，由于PN结的整流作用，仅流过很小电流，该电流与磁场几乎无关。

实用中，磁敏二极管I区两端的电压无法直接测量。一般是利用磁场造成磁敏二极管电流的变化来测量的，如图5-15所示。图中，$U=E-I(B)R$，其中，$I(B)$是流过磁敏二极管的电流，它随外部磁场B而变化。测出U，即可得到相应的$I(B)$，进一步可以得到相应的磁场B，这就是磁敏二极管测量磁场的基本原理。

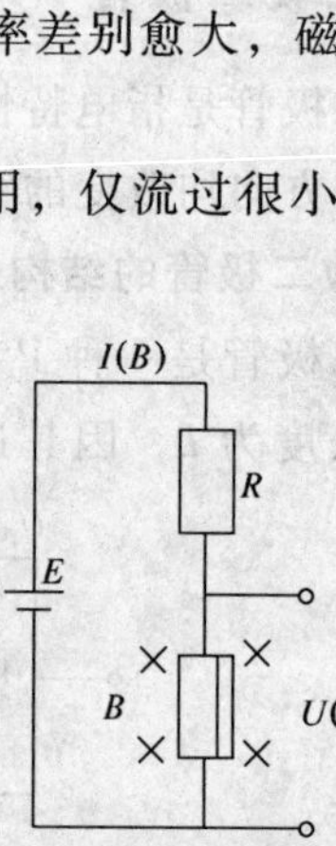

图5-15 磁敏二极管的基本测量电路

3. 磁敏二极管的主要技术参数与特性

（1）*磁灵敏度* 描述磁敏二极管磁灵敏度的主要参数包括电流相对灵敏度、电压相对灵敏度以及电压绝对灵敏度等，其含义分别如表5-3所示，磁灵敏度的测试电路可参考图5-15。

表 5-3　描述磁敏二极管磁灵敏度的主要参数含义对比

磁灵敏度	定　义	公　式	条　件
电流相对磁灵敏度 (S_I)	单位磁感应强度所产生的偏流的相对变化量	$S_I=\frac{I(B)-I(0)}{I(0)B}$	恒定偏压
电压相对磁灵敏度 (S_V)	单位磁感应强度所产生的电压相对变化量	$S_V=\frac{U(B)-U(0)}{U(0)B}$	恒定偏流
电压绝对磁灵敏度 (S_B)	单位磁场所产生的电压的绝对变化	$S_B=\frac{U(\pm 0.1\text{T})-U(0)}{B}$	

注：$I(B)$、$U(B)$分别指磁感应强度为B时流过磁敏二极管的电流和电压

(2) 温度特性　随着温度的变化，磁敏二极管的伏安特性，磁灵敏度，以及输出电压等都会发生相应的变化。对于图5-15所示的电路，在$E=6\text{V}$、$B=1\text{kG}$（千高斯，$1\text{G}=10^{-4}\text{T}$）以及电阻$R$确定的条件下，当温度为$-20$℃、0℃、20℃、40℃、60℃、80℃时，对应的电流$I(B)$分别为0mA、0.2mA、0.6mA、1.3mA、2.3mA、5mA。可以看出，$I(B)$随温度的升高而增加。同样条件下，当温度为-20℃、0℃、20℃、40℃、60℃、80℃时，对应的输出电压变化量分别为0.75V、0.8V、0.79V、0.7V、0.56V、0.4V。可以看出，随着温度的增加，磁敏二极管输出电压的变化量有短暂的增加，然后又会下降。

一般，Ge磁敏二极管$B=0$时的输出电压$U(0)$的温度系数为$-60\text{mV}/$℃，ΔU（U的变化量）的温度系数为1.5%/℃，适用的工作温度为$-40\sim65$℃。而Si管$U(0)$的温度系数为$+20\text{mV}/$℃，ΔU的温度系数为0.6%/℃，适用的工作温度为$-40\sim85$℃。

基于上述原因，磁敏二极管实际使用时，需要进行温度补偿。图5-16示出了几种温度补偿电路。

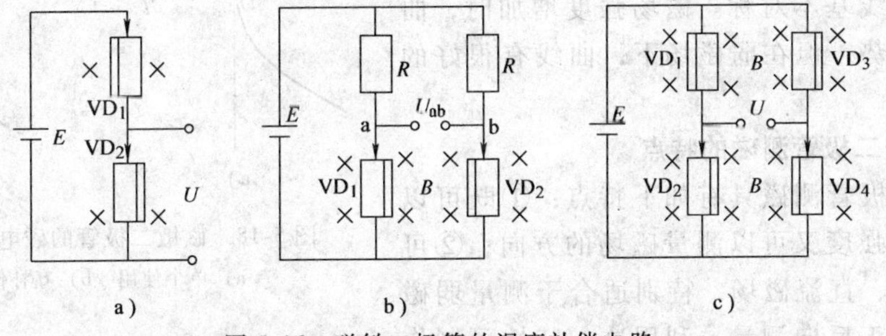

图5-16　磁敏二极管的温度补偿电路

a) 互补式温度补偿电路　b) 差分式温度补偿电路　c) 全桥温度补偿电路

图5-16a中，两只磁敏二极管性能相近，但感磁面方向相反（即若VD_1感受到的是正向磁场，VD_2感受到的就是反向磁场）。首先温度的变化对两个磁敏二极管阻值的影响基本相同，故其分压比将保持不变，输出电压U也不随温度而变化，这样就达到了温度补偿的目的。除此之外，该互补电路还能提高测磁灵敏度，这是因为当外磁场为B时，若VD_2的等效阻抗增加，则VD_1的等效阻抗必然减小，这样相对于在VD_1位置上放置一个固定电阻来说，显然VD_2上的分压会更多，也就是说，同样的磁场会造成更大的电压输出。图5-16b中，两只磁敏二极管性能接近，感磁面方向也相反，因此温度的影响对a、b两点是一样的，故U_{ab}消除了温度的影响，同时，由于VD_1、VD_2感磁面方向相反，故其输出将会是非差分

电路的两倍。图 5-16c 则是综合了图 5-16a、b 两种补偿方法，具有最好的温度补偿性和最高的灵敏度。

(3) 伏安特性　图 5-17 示出了锗磁敏二极管与硅磁敏二极管的伏安特性曲线。注意 Si 磁敏二极管的电流-电压特性曲线中产生“负阻”现象。其原因是高阻 I 区热平衡载流子少，注入 I 区的载流子在未填满复合中心前不会产生较大电流。只有当填满复合中心后电流才开始增加，同时 I 区压降减少，表现为负阻特性。

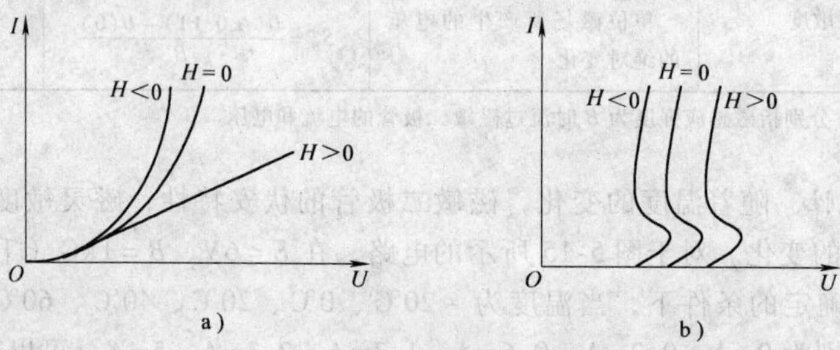

图 5-17　Ge 磁敏二极管与硅磁敏二极管的伏安特性曲线

a) Ge 管　b) Si 管

(4) 磁电特性　给定条件下磁敏二极管的输出电压变化量与外加磁场 H 的关系称为磁敏二极管的磁电特性。

图 5-18 给出磁敏二极管的磁电特性曲线。其中图 a 表示单个使用，图 b 表示互补使用时的情况。可以看出，单个使用时，正向磁灵敏度大于反向磁灵敏度。互补使用时，正向特性与反向特性曲线基本对称。磁场强度增加时，曲线有饱和趋势，但在弱磁场下，曲线有很好的线性。

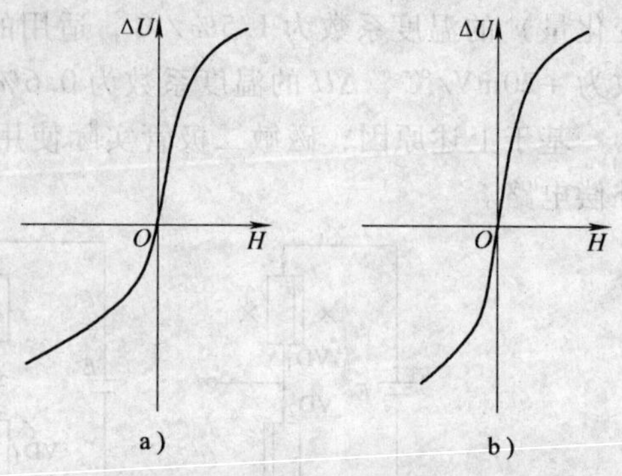

图 5-18　磁敏二极管的磁电特性曲线

a) 单个使用　b) 互补使用

4. 磁敏二极管测磁的特点

磁敏二极管测磁具有如下特点：①既可以测量磁场的强度又可以测量磁场的方向；②可用来检测交、直流磁场，特别适合于测量弱磁场；③可以正反向测量，利用这一特性可制作成无触点开关；④灵敏度高，即使在小电流下，也可获得很高的灵敏度；⑤线性性能不如霍尔元件。

5.2.2　磁敏晶体管

磁敏晶体管是基于双注入、长基区二极管设计制造的一种结型磁敏晶体管，它也可以分为 NPN 和 PNP 型两种类型，制作的材料既可以是 Ge 也可以是 Si。

1. 磁敏晶体管的结构

图 5-19a、b 分别是 Ge、Si 两种磁敏晶体管的结构示意图。可以看出，Ge 磁敏晶体管是立体式结构，有发射极 e、基极 b 和集电极 c（均通过合金法或扩散法在弱本征 P 型半导

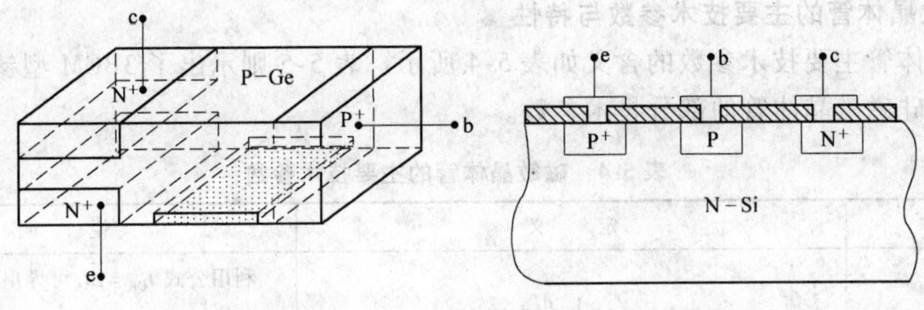

图 5-19　磁敏晶体管的基本结构

a）锗磁敏晶体管的立体结构　b）硅磁敏晶体管

体上形成）。其中集电极和发射极上下正对，基极则位于侧面。在发射极一侧的基区制造一个高复合的 r 区；硅磁敏晶体管则是一种平面式的结构，它是在 N 型基底上分别形成发射区、集电区和基区，最后形成 PNP 型磁敏晶体管。需要注意：硅磁敏晶体管没有高复合区。

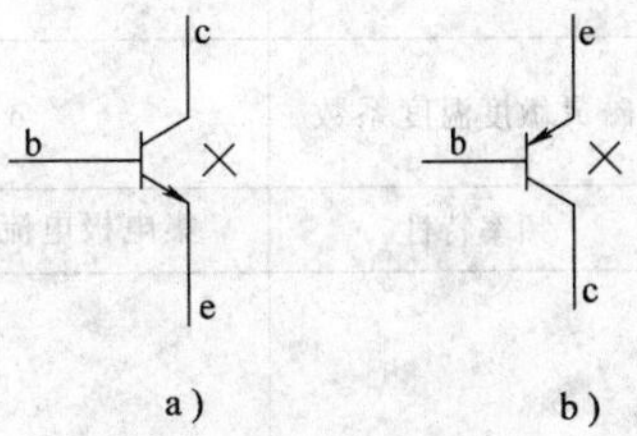

图 5-20 示出的是 NPN 型锗管和 PNP 型硅管的符号。

图 5-20　磁敏晶体管的符号

a）NPN 型锗管　b）PNP 型硅管

2. 磁敏晶体管的工作原理

下面结合图 5-21 来说明锗磁敏晶体管的工作原理。

图 5-21a 表示外磁场 $H=0$ 时空穴的运动情况。因磁敏晶体管基区长度大于载流子有效扩散长度，且长基区中设置有高复合的表面层 r，从而使复合区的体积远大于集-射极间的输运基区的体积，因此发射区注入载流子除少部分输入到集电极 c 外，大部分通过 e-I-b，形成基极电流。故基极电流 I_b 大于集电极电流 I_c，电流放大倍数 $\beta=I_c/I_b<1$。

图 5-21b 示出的是外加磁场 $H>0$ 时空穴的运动情况，此时因洛仑兹力导致载流子向发射区一侧偏转从而使集电极电流 I_c 明显下降。

图 5-21c 示出的是外加磁场 $H<0$ 时空穴的运动情况，此时洛仑兹力的作用使得载流子向集电区一侧偏转，从而集电极电流 I_c 增大。

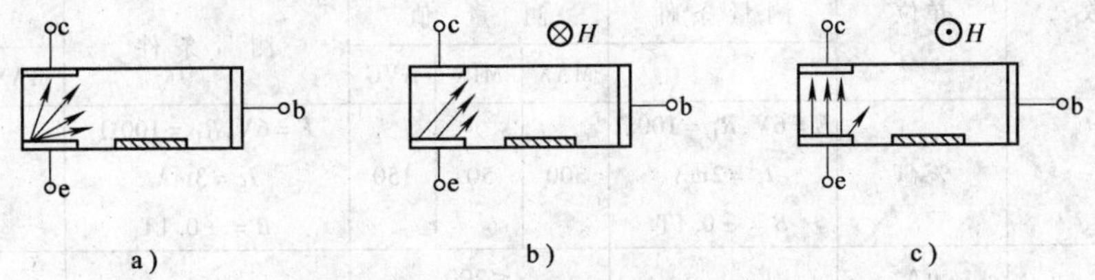

图 5-21　磁敏晶体管的工作原理

a）$H=0$ 时空穴的运动　b）$H>0$ 时的空穴的运动　c）$H<0$ 时空穴的运动

从上述分析可以看出，锗磁敏晶体管的磁敏特性由两个部分组成，一个是集电极电流增益特性（共射极直流电流增益和共基极直流电流增益都随磁场变化而变化）；另一个是基极电流增益特性（发射极 c、复合区 r 以及基极 b 构成长基区磁敏晶体管）。对于硅管来说，因为不存在复合区 r，所以它的磁敏特性只包含集电极电流增益特性，而不包含基极电流增益特性。

3. 磁敏晶体管的主要技术参数与特性

磁敏晶体管主要技术参数的含义如表 5-4 所示。表 5-5 则示出了 3BCM 型锗磁敏晶体管和 3CCM 型硅磁敏晶体管的部分技术参数。

表 5-4 磁敏晶体管的主要技术参数

名 称	定 义	说 明
磁灵敏度(S)	$S=\frac{1}{I_{cb}}\frac{dI_{cb}}{dB}$ B—外加磁感应强度 I_{cb}—集基极电流	利用公式 $I_{CB}=\bar{\beta}I_b$ 可导出 $S=S_b+S_{\bar{\beta}}$ 其中 S_b 为基极电流的磁灵敏度,$S_{\bar{\beta}}$ 为电流增益 $\bar{\beta}$ 的灵敏度,S_b 及 $S_{\bar{\beta}}$ 定义与 S 类似。 对硅管,$S_b=0$
集电极电流温度系数	$\alpha_{I_c}=\frac{1}{I_c}\frac{dI_c}{dT}$,$I_c$ 为集电极电流	$\alpha_{I_c}=\frac{I_c(T_2)-I_0(T_1)}{I_c(T_0=25℃)(T_2-T_1)}\times100\%$
磁灵敏度温度系数	$\alpha_S=\frac{1}{S}\frac{dS}{dT}$,$S$ 为磁灵敏度	$\alpha_S=\frac{S(T_2)-S(T_1)}{S(T_0=25℃)(T_2-T_1)}\times100\%$
频率特性	集电极电流 I_c 随外加磁场 B 变化的特性	由载流子渡越基区的时间所决定
伏安特性	磁敏晶体管的集电极电流与集射极电压、基极电流以及外加磁场等之间的关系	I_c $I_b=3mA$, $B=-1kG$ $I_b=3mA$, $B=0kG$ $I_b=3mA$, $B=1kG$ O U_{ce}
磁电特性	给定条件下磁敏晶体管的输出电流变化量与外加磁场的关系称做磁敏晶体管的磁电特性	ΔI_c O B

表 5-5 磁敏晶体管的技术性能

技术参数	单位	3BCM 测量条件	3BCM 测量值 MAX	3BCM 测量值 MIN	3BCM 测量值 AVG	3CCM 测量条件	3CCM 测量值 MAX	3CCM 测量值 MIN	3CCM 测量值 AVG
磁灵敏度	%/T	$E=6V$,$R_L=100\Omega$ $I_b=2mA$ $B=\pm0.1T$	300	50	150	$E=6V$,$R_L=100\Omega$ $I_b=3mA$ $B=\pm0.1T$		>50	
漏电流	μA	$I_b=0$ $E=6V$		≤200					
最大功耗 P	mW			45				20	
使用温度	℃			-40 ~ +65				-45 ~ +100	
磁灵敏度温度系数	%/℃					$E=6V$,$R_L=100\Omega$ $I_b=3mA$ $B=\pm0.1T$		-0.6	
对磁场响应时间	μs							<1	

4. 磁敏晶体管的应用电路

磁敏晶体管主要用在磁场测量、大电流测量、直流无刷电动机、磁力探伤、接近开关、程序控制、位置控制、转速测量、速度测量和各种工业过程自动控制等领域。

图5-22a是磁敏晶体管的基本应用电路，图5-22b是有温度补偿的磁敏晶体管电路。

图5-22b所示电路中，两只磁敏晶体管的磁、电以及温度特性等都一致，但感磁面相反，这样其输出的差分信号中由于温度造成的误差就会相互抵消掉。同时，电路的灵敏度也会得到提高。

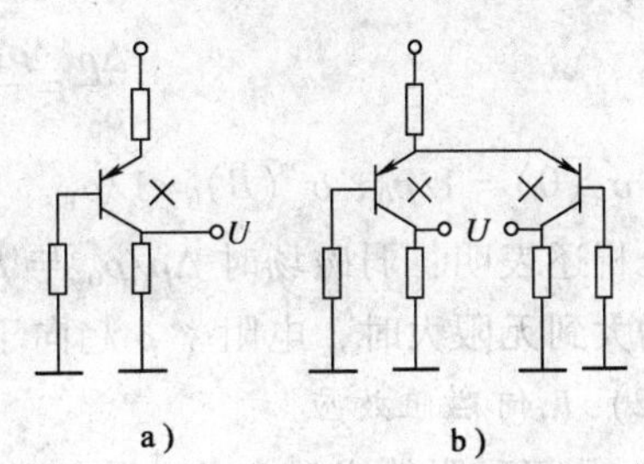

图5-22 磁敏晶体管应用电路
a) 磁敏晶体管基本应用电路 b) 磁敏晶体管电路差分式温度补偿电路

5.3 磁阻式磁敏传感器

磁阻式磁敏传感器又称为磁敏电阻，它包括使用InSb材料制作的半导体磁敏电阻器与使用CoNi（镍钴合金）强磁材料制作的强磁性材料磁敏电阻器，以及韦根德器件等，它们统称为MR（Magnetic Resistor）。此外，巨磁阻效应器件（GMR）以及Z元件等新型磁阻元件也逐渐得到广泛应用。

5.3.1 半导体磁阻传感器

1. 磁阻效应

位于磁场中的通电半导体，因洛仑兹力的作用，其载流子的漂移方向将发生偏转，致使与外加电场同方向的电流分量减小，电阻增大，这种现象称为磁阻效应。它包括物理磁阻效应与几何磁阻效应。

(1) *物理磁阻效应* 物理磁阻效应是指长方形半导体片受到与电流方向垂直的磁场作用时所产生的电流密度下降、电阻率增大的现象。

半导体中，载流子的漂移速度是服从统计规律分布的。在霍尔电场 E_H 的作用下，只有速度 $v_x = E_x\mu$ 的电子其运动方向才不发生偏转，μ 为电子迁移率，而速度大于或小于 v_x 的电子其运动方向都发生偏转，电子运动方向发生变化的直接结果是沿着 E_x 方向的电流密度减小，电阻率增大。这是物理磁阻效应的内部机理。

物理磁阻效应又可分为横向磁阻效应与纵向磁阻效应。

当电流和磁场的方向垂直时，称为横向磁阻效应；否则称为纵向磁阻效应。横向磁阻效应比纵向磁阻效应大。

设没有磁场时的电阻率为 ρ_0，施加磁场时的电阻率为 ρ_H，则横向磁阻效应的大小可用横向磁阻系数 M_t 来表示

$$M_t = \frac{\rho_H - \rho_0}{\rho_0 B^2} = \frac{\Delta\rho}{\rho_0 B^2} \tag{5-31}$$

有关理论分析表明：

当外磁场为 B 时，ρ_B 和 ρ_0 分别为有磁场和无磁场（$B=0$）时的电阻率。长方形半导体片的物理磁阻效应为

$$\frac{\Delta\rho}{\rho_0}=\frac{\rho_B-\rho_0}{\rho_0}=\frac{\sigma_x(0)-\sigma_x(B)}{\sigma_x(B)} \tag{5-32}$$

式中，$\sigma_x(0)=1/\rho_0$；$\sigma_x(B)=1/\rho_B$。

分析还表明：弱磁场时 $\Delta\rho/\rho_0$ 与 B^2 成正比；随着磁场的增大，$\Delta\rho/\rho_0$ 与 B 成正比；当磁场增大到无限大时，电阻率 ρ 趋向于饱和。

（2）几何磁阻效应

1）几何磁阻效应的含义：几何磁阻效应是指在相同磁场作用下，由于半导体片几何形状的不同而出现电阻值不同变化的现象，几何磁阻效应又称为形状效应。

假设 g、G 为样品的形状系数，θ 为霍尔角，ρ_g、R_g 为有磁场作用时一定形状半导体样品的电阻率和电阻，ρ_0、R_0 为无磁场作用时同一半导体样品的电阻率和电阻。经过一定理论分析，可得到各种磁场情况下的磁阻比如式（5-33）所示。可以看出，g 与 G 越大，磁阻效应越强。

分析表明，g 随样品长宽比 L/W 的增加而增加，但从 $L/W=1$ 开始，g 逐渐减小，并趋近于稳定值 0.2 左右；G 则随 L/W 的增大而增大，在 $L/W=1$ 时从负值变为正值，并逐渐增大，趋近于稳定值 1。

$$\frac{R_g}{R_0}=\begin{cases}\left(\dfrac{\rho_g}{\rho_0}\right)(1+g\tan^2\theta) & \text{弱磁场}\\[2ex] \left(\dfrac{\rho_g}{\rho_0}\right)(1+g\tan^n\theta),\ 1<n<2 & \text{中等磁场}\\[2ex] \left(\dfrac{\rho_g}{\rho_0}\right)\left(\dfrac{W}{l}\tan\theta+G\right) & \text{强磁场}\end{cases} \tag{5-33}$$

2）几何磁阻效应的试验结果：表 5-6 示出了几何磁阻效应的实验结果。可以看出，当外加磁场为 0 时，不同 L/W 半导体样品材料的磁阻比是相同的。而外加磁场不为零时，L/W 越大，磁阻比越小，说明几何磁阻效应越弱。对同一种形状，磁场越强，磁阻比越大，几何磁阻效应越强。

表 5-6　几何磁阻效应的试验结果

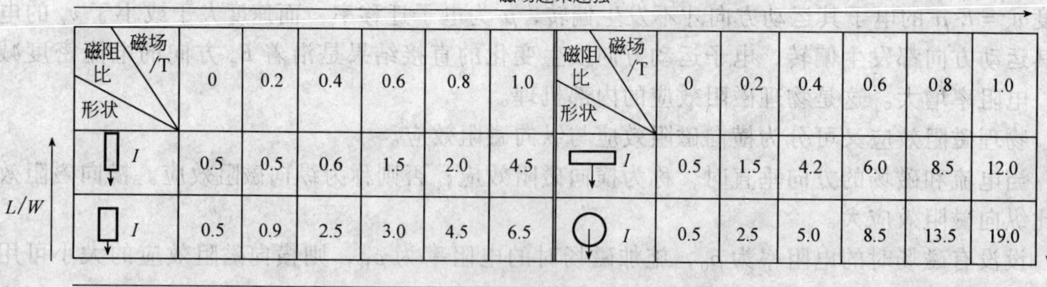

磁场越来越强

磁阻比 \ 磁场/T \ 形状	0	0.2	0.4	0.6	0.8	1.0	磁阻比 \ 磁场/T \ 形状	0	0.2	0.4	0.6	0.8	1.0
I（长条形）	0.5	0.5	0.6	1.5	2.0	4.5	I（扁条形）	0.5	1.5	4.2	6.0	8.5	12.0
I（方形）	0.5	0.9	2.5	3.0	4.5	6.5	I（圆盘形）	0.5	2.5	5.0	8.5	13.5	19.0

L/W（左侧箭头）；磁阻比越来越大（右侧、底部）

常用的圆盘形磁敏电阻器又称为科尔宾元件，它是通过在盘形元件的外圆周边和中心处，装上电流电极形成的。其两个电极间形成一个电阻器，电流在其中流动时，载流子的运动路径会因磁场作用而发生弯曲使电阻增大。在电流的横向，电阻是无“头”无“尾”的，因此霍尔电压无法建立，有效消除了霍尔电场的短路影响。由于不存在霍尔电场，电阻会随

磁场有很大的变化。当内电极半径和外电极半径分别为 r_1 和 r_2 时，科尔宾元件的电阻为

$$R = R_s \ln\left(\frac{r_2}{r_1}\right) \tag{5-34}$$

式中，R_s 是薄层电阻，r_1 为工艺条件决定的常数，因此，R 随 r_2 的变化而变化。

科尔宾元件的霍尔电压被全部短路而不在外部出现，电场呈放射形，电流和半径方向形成霍尔角 θ，表现为涡旋形流动。这种情形下可以获得最大磁阻效应，它相当于 $L/W\to 0$ 的情况，如表 5-6 所示。

3）几何磁阻效应的机理：图 5-23 示出了几何磁阻效应的机理。图中以 E 标识的虚线表示两个电流电极之间电场的方向；以 I 标识的虚线表示电流的方向。电流的流动由磁阻元件的形状以及边界条件来决定。由于电极的电导率比半导体的电导率大得多，因此，电场必须垂直于电极面（如图 5-23 中 E 所示）。而磁场中的电流方向因霍尔角 θ（电场和电流方向的夹角）而不同，同时电流必须平行流动，可知磁场中的电流应按图5-23所示的 I 分布流动。从图中可以看出，两个电极间的电流路径因磁场作用而加长，因此电极间的电阻值也增加。反过来，当元件的长宽比 L/W 发生变化时，其电流路径也会跟着变化，极间电阻变化率就会受到影响。

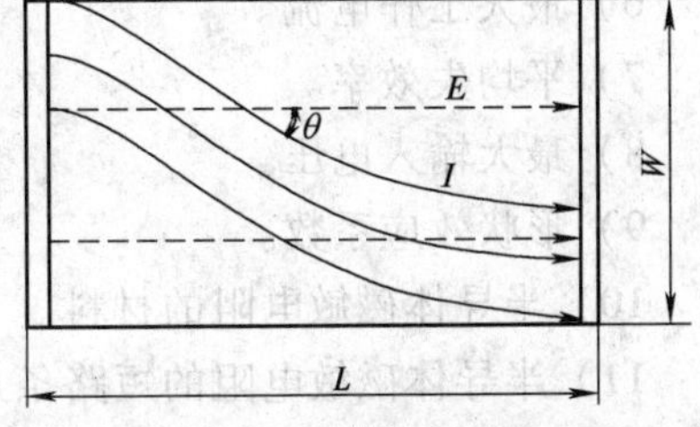

图 5-23　几何磁阻效应原理图

4）磁敏电阻的温度特性：磁阻元件材料 InSb 的电阻随温度升高而下降，经过适当的掺杂，能改善 InSb 磁敏电阻的温度特性。即便如此，一般也需要在电路中对 InSb 磁敏电阻的温度特性进行补偿。

2. 磁敏电阻的形状

磁敏电阻有各种各样的形状，如图 5-24 所示。

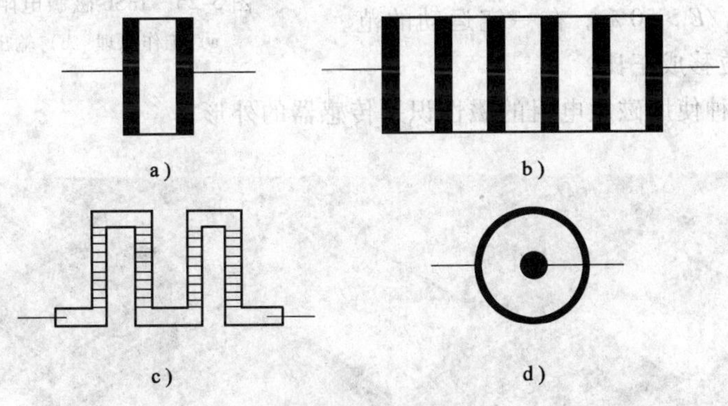

图 5-24　磁敏电阻的形状

a）长方形磁阻元件　b）栅格形磁敏电阻

c）曲折形磁阻元件　d）圆盘形元件

图 5-24a 的长方形磁阻元件 L/W 小于 1，之所以做成这种形状，是因为 L/W 越小，磁阻效应越强；图 5-24b 是若干（一般为几十）个长方形磁阻元件经金属条串接在一起形成的，很显然它的灵敏度要远高于单个的长方形磁阻元件；图 5-24c 所示的曲折形磁阻元件实际上是图 5-24b 的一种变形；图 5-24d 所示的圆盘形磁敏电阻是最常用的一种形状，即前已

述及的科尔宾元件。

3. 半导体磁敏电阻的主要技术参数

描述半导体磁敏电阻的主要技术参数如下：

1）$B=0$ 时的电阻值 R_0。

2）$B\neq 0$ 时的磁阻比 R_B/R_0。

3）最大允许功耗（mW）。

4）电阻温度系数（%/℃）。

5）额定工作电流。

6）最大工作电流。

7）平均失效率。

8）最大输入电压。

9）形状效应系数。

10）半导体磁敏电阻的材料。

11）半导体磁敏电阻的短路条尺寸。

4. 半导体磁敏电阻的应用

磁敏电阻可以用来探测磁场，还可以用来测量位移、角度、功率、电流以及制作交流放大器、振荡器等。下面主要介绍三端型 InSb 磁敏电阻构成的直线位移传感器的工作原理以及输出特性。

如图 5-25 所示，永磁铁与被测移动物体固定在一起。当位移为 0 时，永磁铁的位置使磁敏电阻 $R_{2\text{-}1}=R_{2\text{-}3}$，分压比 $U_1/E=50\%$；当物体沿 x 正向移动时，$U_1/E<50\%$；当物体沿 x 反向移动时，$U_1/E>50\%$。在一定运动的范围内，分压比与位移成正比。

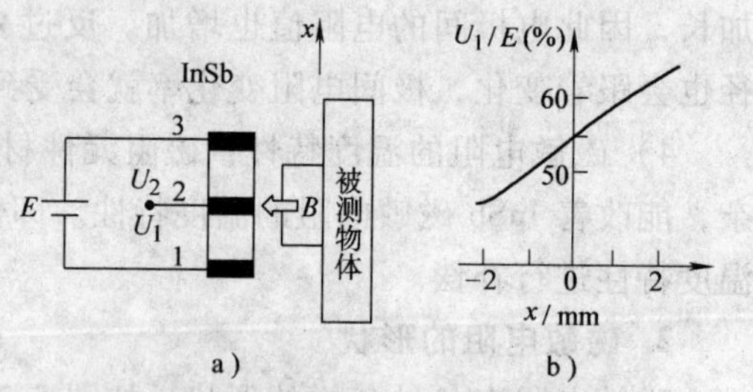

图 5-25 InSb 磁敏电阻位移传感器
a）工作原理 b）输出特性曲线

图 5-26 是一种使用磁敏电阻的磁性识别传感器的外形。

图 5-26 使用磁敏电阻的磁性识别传感器外形

5.3.2 韦根德器件

韦根德器件是利用韦根德效应制成的一种无源磁敏器件，它由美国科学家韦根德在 1965 年发明。该传感器无需外加工作电源便能将磁信号转变成电信号，因此它又被称为零功耗磁敏传感器。

1. 韦根德器件的工作原理

韦根德器件由一根磁敏感功能合金丝和缠绕其外的感应线圈组成。其核心是使用直径0.3mm的坡莫合金（50Fe50Ni）和维卡合金（VICALOY）（10V52Co38Fe）经过热处理和机械处理制成的细导线合金丝。韦根德器件主要用来检测外界磁场的变化。

（1）韦根德金属丝中的磁场　韦根德金属丝经过适当的热处理和机械处理之后，导线内芯会变软，并存有5Oe（奥，1Oe≈79.6A/m）的小矫顽力磁场（为了去掉铁磁材料的剩磁，必须要加的一个反向磁场强度，称为矫顽力磁场，可记为H_{CORE}）；导线外层会变硬，其矫顽力磁场可高达20~40Oe（记为H_{OUT}）。

（2）韦根德金属丝中的两种磁化状态及其转化

状态1：用外界强磁场H_H（$>H_{OUT}>H_{CORE}$）对韦根德金属丝进行磁化，此时导线内芯和外层的磁化方向相同，如图5-27中的状态1所示。

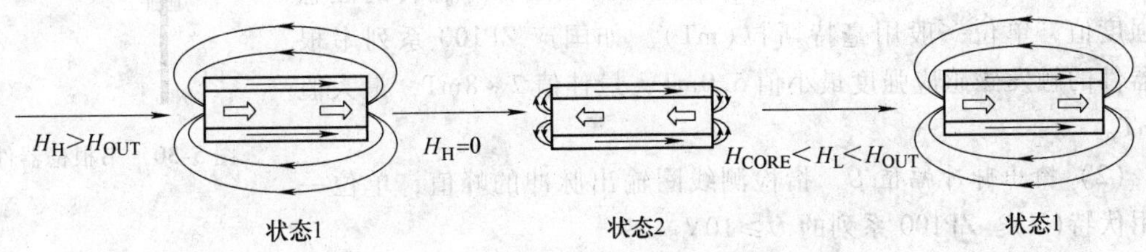

图5-27　韦根德金属丝的磁化状态及其转化条件

状态2：去掉上述外加磁场H_H后，H_{OUT}会使韦根德金属丝内芯的磁化方向由状态1转化为状态2。

要使韦根德金属丝由状态2反转到状态1，则必须再对其施加外磁场H_L（$H_{CORE}<H_L<H_{OUT}$）。

综上所述，当外界磁场的大小发生变化时，韦根德金属丝的磁化状态就会发生变化。如果在韦根德金属丝上绕一线圈（即检测线圈），那么当导线在状态1和状态2之间相互转换时，就会造成穿过检测线圈的磁通量发生急剧变化，从而在检测线圈上产生一个尖锐的脉冲信号，以此就可以检测磁场的变化。

构成韦根德器件的强磁性合金材料由磁畴构成。其内外层矫顽力突变的过渡区就位于磁畴的壁上。磁畴越大，内芯磁化状态反转时需要的能量就大，反转速度也慢。磁畴越小，反转速度越快。因此，韦根德器件的磁畴尺寸很重要，一般晶粒面密度为$10^4/mm^2$较为合适。

（3）韦根德器件的驱动信号和输出信号　韦根德器件的驱动信号来自被测磁场。图5-28中，通电线圈L_1产生驱动磁场，L_2是检测线圈。图5-29示出了L_1中产生的磁场与L_2所检测到的感应电压之间的对应关系。可以看出，当L_1所产生的磁场的变化率由负变正的时候，韦根德金属丝由状态2翻转到状态1，L_2线圈输出正的尖脉冲；反之，当L_1所产生的磁场的变化率由正变负的时候，韦根德金属丝由状态1翻转到状态2，L_2线圈输出负的尖脉冲。实际使用时，就是根据L_2所产生的脉冲来检测外磁场的变化情况的。

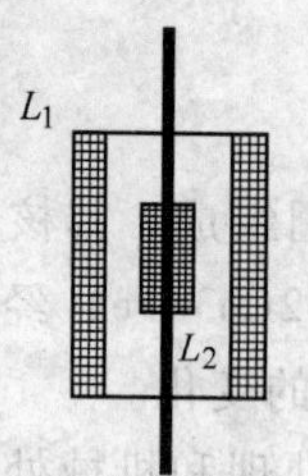

L_1—驱动线圈，L_2—检测线圈

图 5-28　韦根德器件及其驱动线圈

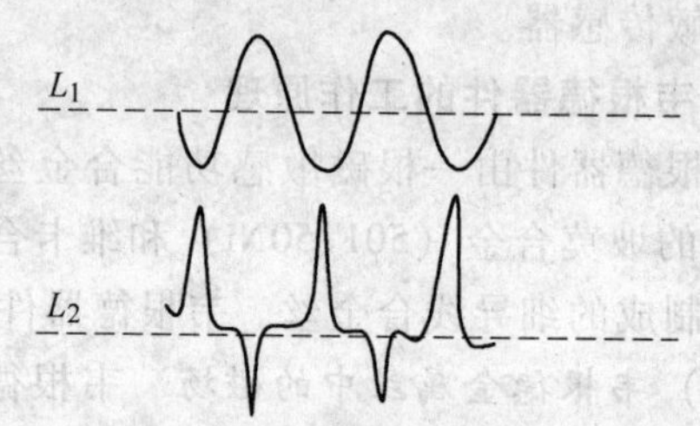

图 5-29　韦根德器件的驱动信号和检测信号

需要注意的是，实用的韦根德器件只包含两部分：韦根德合金丝和检测线圈 L_2，如图 5-30 所示。起驱动信号作用的是被测外磁场。

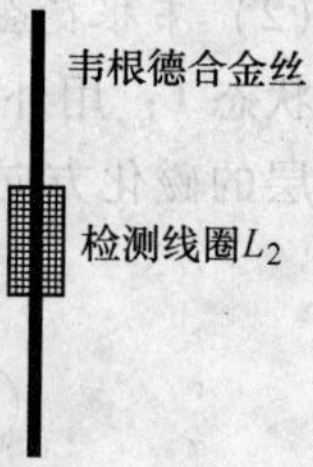

2. 韦根德器件的主要技术参数

描述韦根德器件的主要技术参数如下：

（1）*触发磁感应强度 B*　是指触发检测线圈脉冲翻转的磁感应强度值，单位一般用毫特斯拉（mT）。如国产 ZP100 系列韦根德器件的触发磁感应强度最小值 5.0mT，最佳值 7～8mT，最大值 10mT。

韦根德合金丝

检测线圈L_2

图 5-30　韦根德器件

（2）*输出脉冲幅值 U*　指检测线圈输出脉冲的峰值，单位一般用伏特（V）。ZP100 系列的 $U \geqslant 10V$。

（3）*脉宽 τ*　指韦根德器件输出脉冲的宽度，单位一般用微秒（μs）。ZP100 系列的 τ 为 10～50μs。

（4）*工作温度范围 T（℃）*　韦根德器件正常工作的温度范围。如 ZP100 系列的工作温度范围为 -20～125℃。

除上述参数之外，韦根德器件的其他参数还包括长径比（一般可选 L/d 大于 50）、直流电阻、交流阻抗、脉冲半功率点、脉冲峰值功率、脉冲能量、饱和磁场等，读者可参考相关的书籍和资料。

3. 韦根德器件的特点

韦根德器件具有以下特点：

1）韦根德器件属有源传感器，工作时无需使用外加电源。

2）输出信号幅值与磁场的变化速度无关，可实现“零速”传感。

3）无触点、耐腐蚀、防水、防爆，使用寿命长。

4）可采用双磁极交替触发工作方式。触发磁场极性变化一周，传感器输出一对正负双向脉冲电信号，幅值大于 1V，信号周期为磁场交变周期。

5）触发磁感应强度可小至 5mT 左右。

4. 韦根德器件的应用

（1）*韦根德器件基本应用电路*　图 5-31 示出了韦根德器件的基本应用电路。其中，u_{o1} 输出的是正向脉冲，u_{o2} 输出的是反向脉冲，这些脉冲就反映了外部磁场的变化情况。

（2）*韦根德器件的应用实例*　韦根德器件可用在计数传感器、电子开关等方面。作为计数传感器时，它适用于微功耗仪表，如电子水表、电子气表、热量表、报警器和其他智能型仪表（如转速计、速度计、加速度计）等方面；作为电子开关时，适用于智能玩具、门

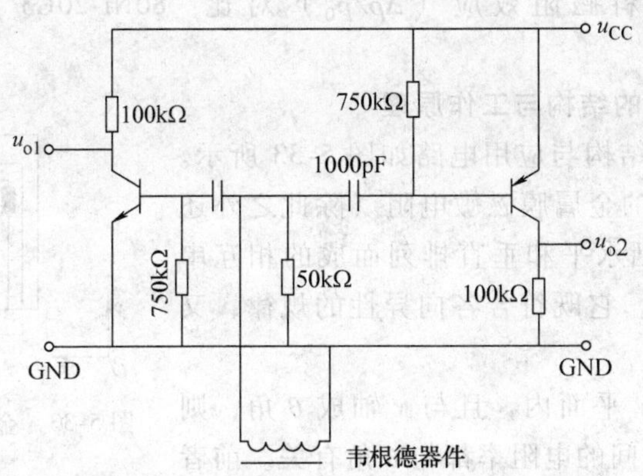

图5-31　韦根德器件基本应用电路

禁等的自动控制及电子自动点火器等方面。

图5-32示出了韦根德旋转传感器的原理图。在非磁性旋转轮上安装了两块永磁铁，用以驱动韦根德器件。其中一块作为饱和磁铁，驱动韦根德器件进入状态1，另一块做翻转磁铁，使韦根德导线进入状态2。转轮带动永磁铁旋转，当其经过韦根德器件时，就会在检测线圈上感应出脉冲信号。根据脉冲信号的频率，可测出旋转轮的转速。

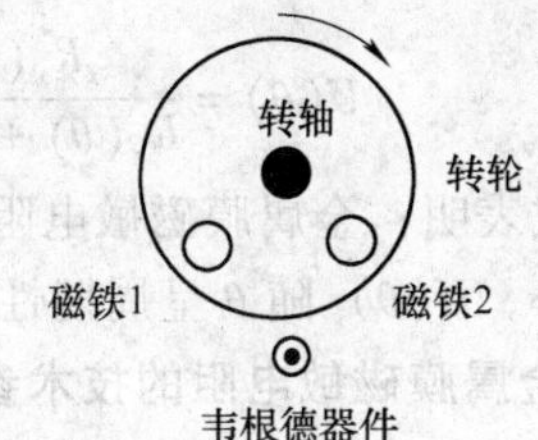

图5-32　韦根德旋转传感器的原理

5.3.3　铁磁性金属薄膜磁敏电阻

铁磁性金属薄膜磁敏电阻是20世纪60年代开发成功的利用铁磁材料中磁电阻的各向异性效应工作的磁敏器件（1857年由W. Thonson发现）。其电阻薄膜是铁磁体，具有很小的温度系数和较稳定的性能，灵敏度也比较高。工作范围通常在10^{-3}~10^{-2}T，常用作磁读头和旋转编码器的速度检测，包括三端、四端以及两维的集成电路等。

1. 铁磁材料磁电阻的各向异性效应

铁磁材料电阻率随流过它的电流密度J与外加磁场H夹角变化而变化的现象称为铁磁材料磁电阻的各向异性效应。

设铁磁材料中电流方向与磁场方向夹角为θ时的电阻率为ρ，$\theta=90°$时材料的电阻率为$\rho_{\perp}$；$\theta=0°$时材料的电阻率为$\rho_{\parallel}$，零磁场时铁磁材料的电阻率为ρ_0，则铁磁材料各向异性效应的强弱可用下式来表示：

$$\frac{\Delta\rho}{\rho_0}=\frac{\rho_{\parallel}-\rho_{\perp}}{\rho_0} \tag{5-35}$$

上述比值越大，说明各向异性效应越强；比值越小，则各向异性效应越弱。当$\rho_{\perp}=\rho_{\parallel}$时，为各向同性材料。

ρ与θ的关系可以表示如下：

$$\frac{\rho_{\perp}}{\rho}\sin^2\theta+\frac{\rho_{\parallel}}{\rho}\cos^2\theta=1 \tag{5-36}$$

不同成分的铁磁材料磁阻效应（$\Delta\rho/\rho_0$）对比：80Ni-20Co 为 6.48%，98Ni-2Al 为 2.18%。

2. 金属薄膜磁敏电阻的结构与工作原理

金属薄膜磁敏电阻的结构与应用电路如图 5-33 所示。这是一种三端分压型结构的金属膜磁敏电阻（除此之外还有四端桥型结构），它包括水平和垂直排列而成的相互串联的两个几何结构，因此，它既符合各向异性的规律，又符合电阻串联的规律。

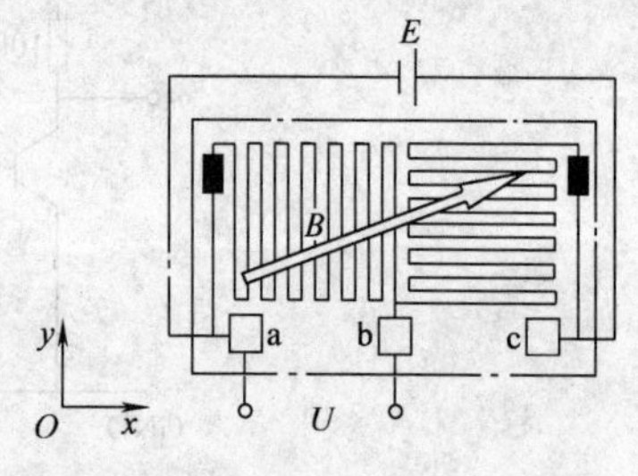

图 5-33 金属薄膜磁敏电阻模型

假定外加磁场 B 在 xy 平面内，且与 y 轴成 θ 角，则 a-b极间的电阻率以及 b-c 间的电阻率都与 θ 角有关。前者可用 $\rho_y(\theta)$ 表示，后者用 $\rho_x(\theta)$ 表示。$\rho_x(\theta)$ 和 $\rho_y(\theta)$ 表示式如下：

$$\rho_x(\theta)=\rho_\perp\cos^2\theta+\rho_\parallel\sin^2\theta$$
$$\rho_y(\theta)=\rho_\perp\sin^2\theta+\rho_\parallel\cos^2\theta \tag{5-37}$$

假设金属膜宽度一致，a-c 两端所加电压是 E，则 b 端输出电压 $U(\theta)$ 可表示为：

$$U(\theta)=\frac{R_x(\theta)}{R_x(\theta)+R_y(\theta)}E=\frac{\rho_x(\theta)}{\rho_x(\theta)+\rho_y(\theta)}E=\frac{E}{2}-\frac{\Delta\rho\cos2\theta}{2(\rho_\parallel+\rho_\perp)}E \tag{5-38}$$

上式表明：金属膜磁敏电阻 b 端的输出电压与磁场和 x 轴的夹角 θ 有关，与磁场大小无关。此外，$U(\theta)$ 随 θ 呈周期性变化，周期为 180°。

3. 金属膜磁敏电阻的技术参数

下述金属膜磁敏电阻技术参数测试条件为：电源电压 $U_0=5\text{V}$，磁场强度 $H=500\text{Oe}$，磁场角度变化范围 $\theta=0°\sim90°$。

对三端型器件：全电阻最小值 500Ω，最大值 5000Ω，典型值 1400Ω；中点电压最小值 2.45V，最大值 2.55V，典型值 2.5V；输出电压最小峰值 60mV，典型值 80mV；功率 150mW。

对四端桥型器件：全电阻最小值 1000Ω，最大值 5000Ω，典型值 2500Ω；中点电压最小值 2.45V，最大值 2.55V，典型值 2.5V；输出电压峰值最小值 120mV，典型值 160mV；消耗功率 300mW。

金属膜磁敏电阻工作温度范围：-40 ~ +100℃，贮存温度范围：-50 ~ +150℃。

4. 金属膜磁敏电阻的特点及其应用

（1）金属膜磁敏电阻的特点

1）灵敏度高：平均角度灵敏度：±1mV/1°（三端型），±2mV/1°（四端型）。

2）温度特性好：电阻值、输出电压与温度均呈线性关系，补偿容易。

3）频率特性好：信号频率小于 10MHz 时即可保持输出不变。

4）灵敏度与磁场方向有关：磁场平行于金属膜时灵敏度最好，垂直于金属膜时没有磁敏特性。

5）饱和特性：磁场强度小于临界值时，电阻率与磁场大小有关；大于临界值时，电阻率达到饱和。

6）倍频特性：由式（5-38）可以看出，输出电压的频率恰好等于磁场旋转频率的 2 倍，输出电压波形是正弦波。

(2) 金属膜磁敏电阻的应用　金属膜磁敏电阻主要用于测量转速、角度位移、直线位移、无触点开关、无刷电动机、剩磁和漏磁、磁力探伤、远传压力表、远传水表、直流电表、音响设备及办公自动化设备等。

1）金属膜磁敏电阻转速传感器。金属膜磁敏电阻转速传感器的基本原理是：将永磁铁固定在旋转体上，让它与磁敏电阻之间保持5mm的距离，并让磁铁的磁场方向平行于磁敏电阻表面，以获得最高的灵敏度。当永磁体随旋转体转动时，通过磁敏电阻的磁场方向就会周期性地发生变化，从而在磁敏电阻的中间输出端得到脉冲信号输出，根据式(5-38)可知，输出脉冲信号的频率与旋转体转速成正比例关系，由此可得旋转体的转速。

2）金属膜磁敏电阻位移传感器：图5-34是四端型金属膜磁敏电阻位移传感器原理图。其中 B_p 为偏置磁场，它与ac或bd均成45°角，且大于信号磁场 B_s。若 B_s 不变，则 U_{ac} 电压输出信号为零。如果在 x 方向上永磁体有一个位移，那么作用在磁敏电阻上的输入磁场在强度和方向上都会发生变化。输入磁场和偏置磁场的合成磁场也会改变，则输出电压 U 将随之变化。若将永磁体固定在被测物体上，就可测量出它的直线位移。

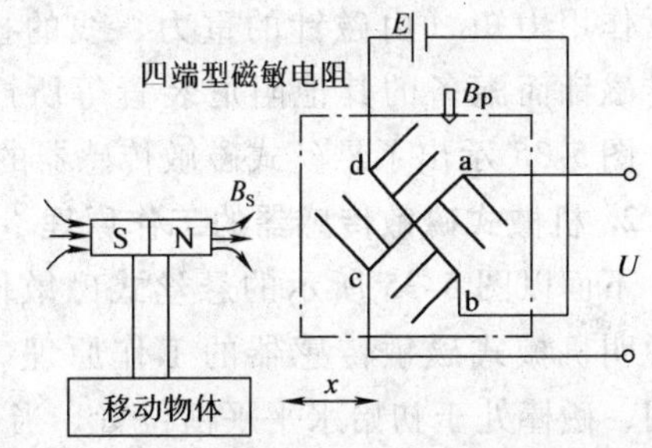

图5-34　金属膜磁敏电阻位移传感器原理图

5.3.4　巨磁阻效应器件

巨磁阻效应器件（GMR）是一种由多层金属薄膜制成的磁阻元件。其特点是：对磁场强度在5~15kA/m内的范围变化不太敏感，但对磁场强度的方向变化却非常敏感。GMR阻值随磁场强度方向的变化关系为

$$R = R_0 + 0.5\Delta R(1 - \cos\alpha) \tag{5-39}$$

式中，R_0 为GMR在无磁场作用时的电阻值（>700Ω）；ΔR 为GMR在有磁场作用时的电阻变化值；α 指磁场强度的空间方向，其值为0°~360°。

GMR器件的有效检测距离为25mm，在弱磁场下灵敏度非常高（5~15kA/m范围内的灵敏度：≥4%），工作温度范围宽（-40~+120℃），其标称阻值 R_0 和 ΔR 具有优良的线性温度特性（R_0 温度系数0.09%~0.12%/℃；ΔR 温度系数-0.12%~-0.09%/℃，磁阻效应温度系数 $\Delta R/R_0$：-0.27%~0.23%/℃）。除此之外，还有体积小、功耗低（工作电源电流7mA）等特点。

巨磁阻效应器件由德国西门子公司研制生产，因其对磁场的方向非常敏感，故特别适合于制作角度编码器、无接触电位器，也可用于GPS导航系统等。GMR还用在汽车防抱死系统（ABS）传感器及电喷发动机测速传感器中。

5.4　机械式、感应式与磁通门式磁敏传感器

5.4.1　机械式磁敏传感器

机械式（或称磁力式）磁敏传感器是利用被测磁场中的磁化物体或通电流的线圈与被

测磁场之间相互作用的机械力矩来测量磁场的一种经典测量装置。其优点是结构简单、灵敏可靠以及不需要特殊的电源供电，因此在地磁场测量、磁法勘探、古地磁研究等方面仍占有一定的地位。

1. 机械式磁敏传感器的分类与结构

根据机械式磁敏传感器的磁针（棒）偏转时是否存在反作用力矩，可将其分为两类：

第一类，磁针处于自由转动状态，在被测磁场的作用下，磁针的轴向将趋于磁感应强度的方向，此时不存在反作用力矩。如磁罗盘，主要由磁针、顶针、刻度盘等构成，主要用于测量地磁场的方位。

第二类，磁针在被测磁场的作用下，转矩将与反作用力矩（由磁针的重力、线的扭力或相对偏转磁针而配备的其他阻尼装置等所产生）相平衡。图 5-35 示出了悬丝式磁敏传感器的结构组成。

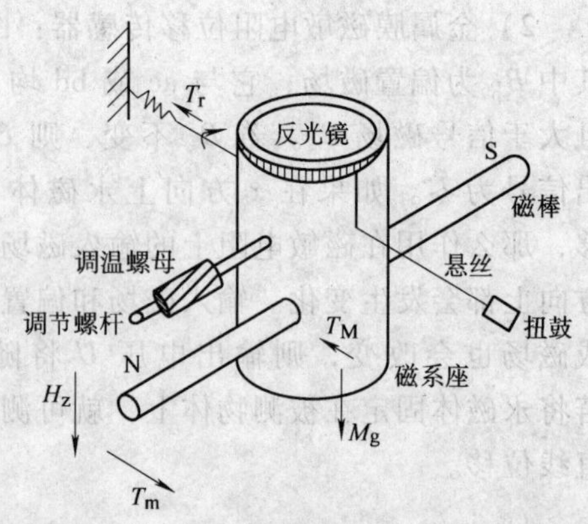

图 5-35 悬丝式磁敏传感器的结构组成

2. 机械式磁敏传感器的工作原理

下面以图 5-35 所示的悬丝式磁敏传感器为例来说明机械式磁敏传感器的工作原理。若无磁场作用，磁棒处于初始水平平衡位置。当有 z 方向的垂直磁场 H_z 作用时，磁棒带动悬丝逆时针方向旋转，从而使悬丝产生一个反向的力矩 T_r。假定磁棒转动角度 α 时，系统达到平衡。此时，磁棒的磁力矩 T_m、重力矩 T_M 以及悬丝的扭力矩 T_r 满足如下关系：

$$T_m = T_M + T_r \tag{5-40}$$

式中：

1）磁力矩 T_m 可表示为磁棒磁矩 m 的水平分量 $m\cos\alpha$ 与磁场强度 H_z 的乘积，即

$$T_m = (m\cos\alpha)H_z \tag{5-41}$$

2）重力矩 T_M 与磁场无关，此处直接用 T_M 来表达。

3）扭力矩：磁棒的转角为 α 时，悬丝的转角也为 α。假定悬丝扭力系数为 τ，则悬丝产生的总扭力矩为 $2\tau\alpha$，故

$$T_r = 2\tau\alpha \tag{5-42}$$

将 T_m、T_M、T_r 分别代入力矩平衡式，可得

$$mH_z\cos\alpha = T_M + 2\tau\alpha \tag{5-43}$$

故

$$H_z = \frac{T_M + 2\tau\alpha}{m\cos\alpha} \tag{5-44}$$

由上式可知，只要测出平衡状态下磁棒的转角 α 即可计算出待测磁场 H_z。这就是悬丝式磁敏传感器的基本原理。

5.4.2 感应式磁敏传感器

感应式磁敏传感器是以电磁感应定律为基础来进行磁场测量的，其应用范围包括：①测量大地的磁场微变，为探矿、沉积盆地及大地构造研究、火山活动监测、地球物理研究等提供依据；②探测隐匿的物体，如人体、邮件里藏匿的刀、枪等；③地下目标的无损探测，民

用方面可以用它来研究分布于地下及建筑物中的管道、电缆、钢筋及其他金属物体，还可以对地下墓葬进行先期研究等；军事方面则可以用来探测地雷、炸弹、水下沉雷、地下伪装等；④纺织、食品工业流水线上可用来检查残存的铁钉、铁丝和其他金属碎片；⑤可用于陨石的鉴别；⑥可用于医疗设备。

1. 感应式磁敏传感器的原理及结构

感应式磁敏传感器可分为两种类型，一种是被动型的，另一种是主动型的。前者只含有磁场信号检测部分；后者则既包括磁场信号的检测部分，又包括磁场信号的发射部分。以下对其原理分别进行讨论。

(1) *被动型感应式磁敏传感器的原理*　被动型感应式磁敏传感器的基础是电磁感应定律。设探测线圈的匝数为 N，截面积为 S，被测磁场磁感应强度为 B，若通过某种方法使线圈抽动、旋转、振动，从而导致耦合到线圈中的磁通量 ϕ 发生变化时，在线圈中会感应出如下电动势：

$$e = -N\frac{\mathrm{d}\phi}{\mathrm{d}t} = -NS\frac{\mathrm{d}B}{\mathrm{d}t} \tag{5-45}$$

式中，NS 为线圈常数。可以看出，线圈的感应电动势与磁场的时间变化率成比例。若在测量电路中通过诸如冲击电流计、磁电式磁通表、电子积分器、V-F 变换器等手段测出 e 对时间的积分值，即可求得磁感应强度 B 的变化量

$$\Delta B = \frac{\int e\mathrm{d}t}{NS} \tag{5-46}$$

(2) *主动型感应式磁敏传感器的原理*　地球物理、地质学以及军事上广泛采用低频电磁感应法来探测矿体和金属地雷。这是一种主动型感应式磁敏传感器，其基本原理是：由发射线圈产生一次场，该场在导磁物体中激发的感应电流产生二次场，用探测线圈来探测二次场或总和场就可以探知矿体或地雷，导体界面的二次场形成模型如图 5-36 所示。

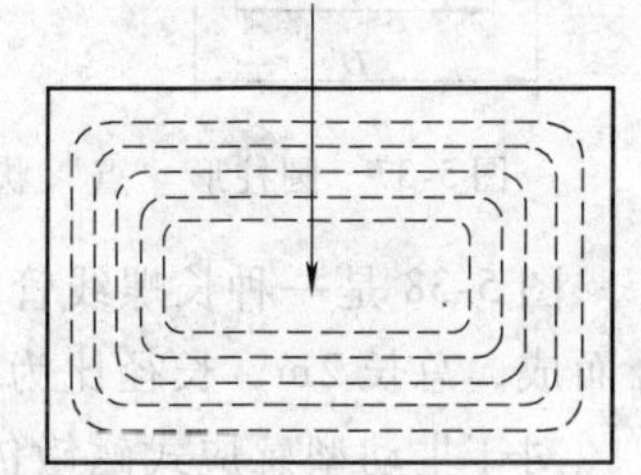
图 5-36　导体截面内的二次场

假设发射线圈产生的一次场为正弦交变场，即 $H_1 = H_{10}\sin\omega t$，导磁物体的电导率为 σ，一次场感应电流每圈的半宽度为 l_n，那么可以推导出第 n 圈的感应电流密度如式(5-47)所示。

$$J_n = H_{10}\sigma\omega l_n \sin\left(\omega t - \frac{\pi}{2}\right) \tag{5-47}$$

可以看出，J_n 正比于一次场振幅 H_{10}、频率 ω、电导率 σ 及每圈半宽度 l_n，且其相位与一次场 H_1 相比落后了 90°，因此各圈感应电流产生的二次场也满足上述特点。

进一步分析可得二次场的表达式为

$$H_2 = \frac{-GH_{10}\omega S}{R^2 + \omega^2 L^2}(\omega L + \mathrm{j}R)\mathrm{e}^{\mathrm{j}\omega t} \tag{5-48}$$

式中，G 为几何因子；S 为一次场感应电流的回路面积；R、L 分别为导磁物体的等效电阻和电感。

H_2 的虚分量与实分量分别为

$$\mathrm{Im}H_2 = GH_{10}S\frac{-\omega R}{R^2+\omega^2L^2}$$

$$\mathrm{Re}H_2 = -GH_{10}S\frac{\omega^2L}{R^2+\omega^2L^2} \tag{5-49}$$

通过对上述二次场虚实分量与频率 ω 之间的关系进行分析可知，当 $\omega=\omega_0=R/L$ 时，虚分量 $\mathrm{Im}H_2$ 达到最大值，此时对应的频率 ω_0 称为最佳工作频率。因此，可把探测器工作频率选在 ω_0 处，来探测磁场的虚分量，这称为虚分量电磁法，其特点是：提高探测深度的潜力较大，发现和区分异常的能力较强，且相应的仪器装备较轻便。

二次场在磁敏线圈中感应出电动势的大小可用类似被动型感应式磁敏传感器的原理来测量。

（3）*感应式磁敏传感器的结构* 被动型感应式磁敏传感器的主要部分是探测线圈。其形状和几何尺寸需根据被测磁场形态来选定。圆柱形“点”状探测线圈（如图 5-37 所示）有较高的灵敏度和分辨力，能够准确地测定线圈磁场中心的磁感应强度，故适于空间“点”磁场的测量；环形线圈适于测量永磁样品的磁场；而盘形线圈则用于测量狭缝磁场和电器元件的空间漏磁通。图 5-37 还给出了圆柱形点状探测线圈参数所应满足的条件。图 5-38 给出的是一种用于地磁测量的感应式磁敏传感器的结构。

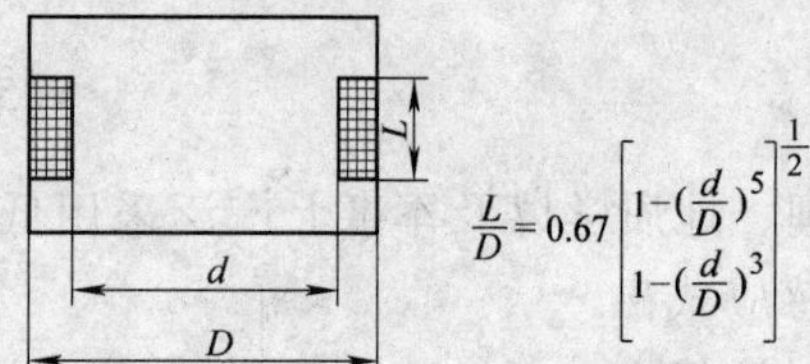

$$\frac{L}{D}=0.67\left[\frac{1-\left(\frac{d}{D}\right)^5}{1-\left(\frac{d}{D}\right)^3}\right]^{\frac{1}{2}}$$

图 5-37 圆柱形“点”状探测线圈

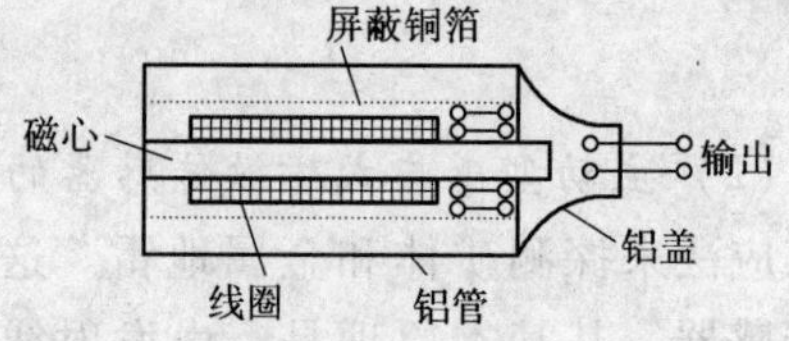

图 5-38 感应式磁敏传感器的结构

图 5-38 是一种长螺线管的结构，其磁心由 40 片高导磁率坡莫合金材料（Ni8Mo6）叠合而成，总长 2m，长径比为 80，螺旋管半径 22mm，匝数 $N=40000$ 匝。

对于主动型感应式磁敏传感器，除了探测线圈外，还要有发射线圈。这种传感器的结构如图 5-39 所示，图 5-40 是一种探雷用的主动型感应式磁敏传感器图片。

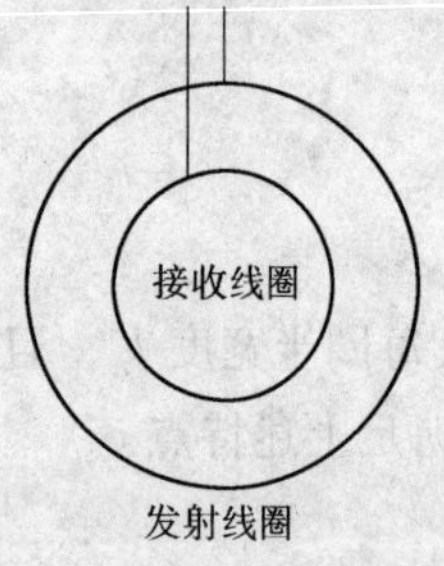

图 5-39 主动型感应式传感器线圈结构

图 5-40 一种探雷器

为了增加磁敏传感器的灵敏度，可以增加线圈的匝数或加大磁心的长径比。但它们各有不足：匝数增加，会使传感器内阻增加，热噪声增加，信噪比降低，重量变大；加大磁心长径比，传感器的长度会加长，不便移动。

为了提高信噪比，磁敏传感器要采取一些抗干扰措施，如跨接电容，与传感器本身的电感组成低通滤波器来抑制高频干扰；对传感器应增加铜箔屏蔽以及厚铝管的保护套等。

2. 感应式磁敏传感器的技术性能及其应用

（1）*地磁测量用感应式磁敏传感器*　在地质勘探和地球物理研究中，普遍利用天然场源或人工场源来激励地下导体产生的二次磁场等有关信息来研究地质问题。但是由于场源特点，接收到的信号均十分微弱，故要求接收传感器须有足够高的灵敏度。表 5-7 给出了两种外国产的地磁测量用磁敏传感器技术性能的对比。

表 5-7　地磁测量用磁敏传感器技术性能的对比

	CM11（法国产）	MTC-60（加拿大）		CM11（法国产）	MTC-60（加拿大）
磁心长度/cm	110.5	152	噪声密度	0.16pT/Hz（1Hz 时）	10^{-8}T
传感器直径/cm	9.9	11.4	线圈电感量/H	3×10^5	1300
频率范围	5mHz～50Hz	0.55mHz～384Hz	线圈电阻/Ω	—	1900
灵敏度/（V/T）	5×10^7（含前放）	10^8	重量/kg	13.3	

（2）*隐匿目标无损探测用感应式磁敏传感器*　感应式磁敏传感器可对隐匿的目标进行无损探测。其探测范围包括：埋设在地下及建筑物中的管道、电缆、钢筋及其他金属目标以及分层媒质中的金属物件；藏匿在人体、邮件里的刀、枪和武器；地下爆炸装置如地雷、炸弹、水下沉雷、地下伪装等；纺织品、食品工业中残存铁钉、铁丝和其他金属碎片的检测；地下文物发掘、陨石鉴别和医疗检查等。这些用途的感应式磁敏传感器种类很多，此处只介绍两种，分别是低灵敏度的差拍式金属探测器和高灵敏度的脉冲感应法低频电磁感应探雷器。

1）差拍式金属探测器：差拍式金属探测器的基本原理框图如图 5-41 所示。其中，搜索振荡器是 LC 式振荡电路，它产生频率为 $f_s=\dfrac{1}{2\pi\sqrt{LC}}$ 的正弦波。式中 L 是探测线圈的电感，它由两部分构成：一部分是其固有电感 L_0，另一部分是周围环境造成的线圈电感变化增量 ΔL。若环境中存在铁磁体金属，则 $\Delta L>0$；若环境中存在非铁磁体金属，则 $\Delta L<0$。ΔL 的数值大小与金属目标的尺寸、形状和属性有关。混频器可以检测出固定的本机振荡信号 f_0 及与被探测金属目标有关的搜索信号 f_s 的差拍。该差拍信号再经后级的滤波、放大，即可得到反映被测金属目标特性的输出信号。

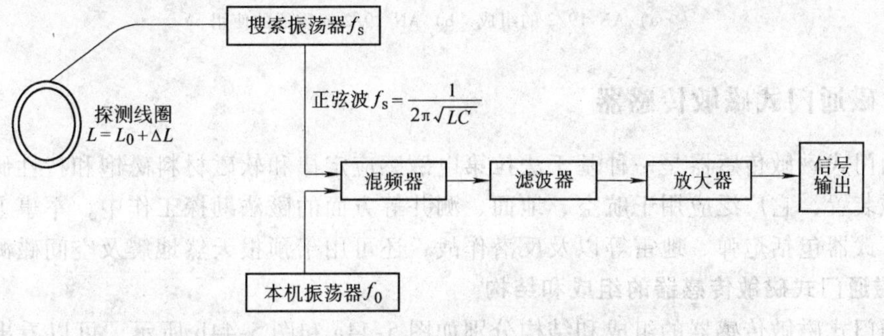

图 5-41　差拍式金属探测器原理框图

2）基于脉冲感应法的低频电磁感应探雷技术：上述差拍法的探测灵敏度较低，下面要介绍的脉冲感应法则有较高的探测灵敏度。脉冲感应法电路原理框图如图 5-42 所示，其工作过程是：发射器控制发射线圈产生周期性的一次脉冲电磁场，在脉冲电磁场发射过程中，地下金属物体内部产生感应涡流，脉冲电磁场断掉后涡流产生的二次场不立即消失，而是按指数规律衰减并被接收电路检出而报警。

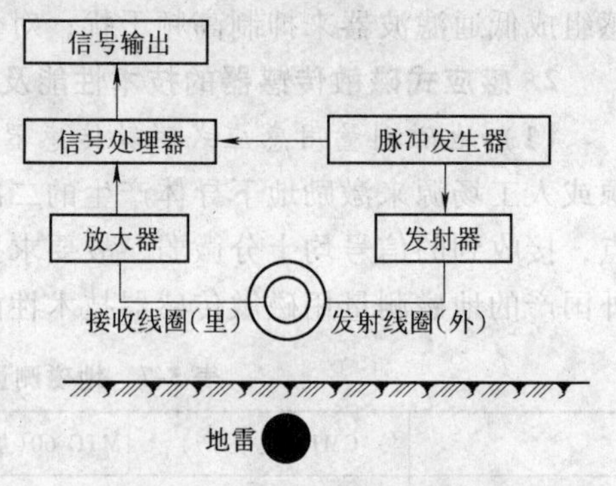

图 5-42　脉冲感应法原理框图

基于脉冲感应法原理的典型产品是奥地利产的 AN-19/2 型探雷器，其结构组成和使用情况如图 5-43 所示。该型探雷器使用 4 节 1 号电池，连续工作时间可达 70h，对于标准防坦克地雷，其探测距离达 50cm；对于含 0.15g 金属的地雷，其探测距离达 10cm。

除脉冲感应法外，高灵敏度的低频电磁感应技术还包括平衡法、阻抗变换法等。这方面的详细情况读者可参阅周学松著《地下目标无损探测技术》及倪宏伟、房旭民编著的《地雷探测技术》等专著。

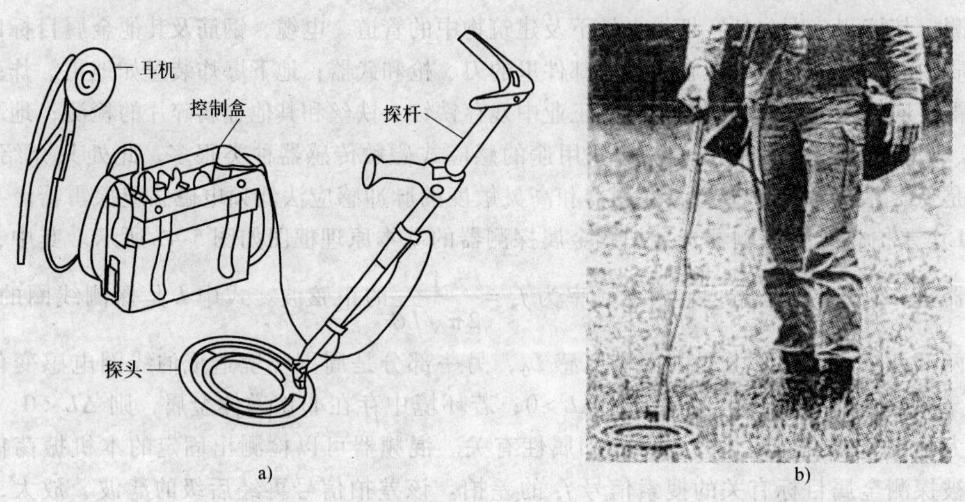

图 5-43　AN-19/2 型探雷器的组成及使用
a）AN-19/2 的组成　b）AN-19/2 探雷器的使用

5.4.3　磁通门式磁敏传感器

磁通门式磁敏传感器是一种基于法拉第电磁感应定律和软磁材料磁饱和特性研制成功的一种测磁装置，它广泛应用于航空、地面、测井等方面的磁法勘探工作中，军事上也被用于搜寻地下武器包括炮弹、地雷等以及反潜作战，还可用于预报天然地震及空间磁测等方面。

1. 磁通门式磁敏传感器的组成和结构

磁通门式磁敏传感器的组成和结构分别如图 5-44a 和图 5-44b 所示。可以看出，磁通门式磁敏传感器的敏感部分主要是由跑道形的磁心、骨架以及缠绕在骨架上的激励线圈与信号线圈构成。从外形上看，“跑道”的长轴尺寸远大于短轴尺寸，故实际使用时仅测量长轴方向的磁场分量。需注意的是，激励绕组在左右两侧两个长轴方向的匝数要相同，绕向需相

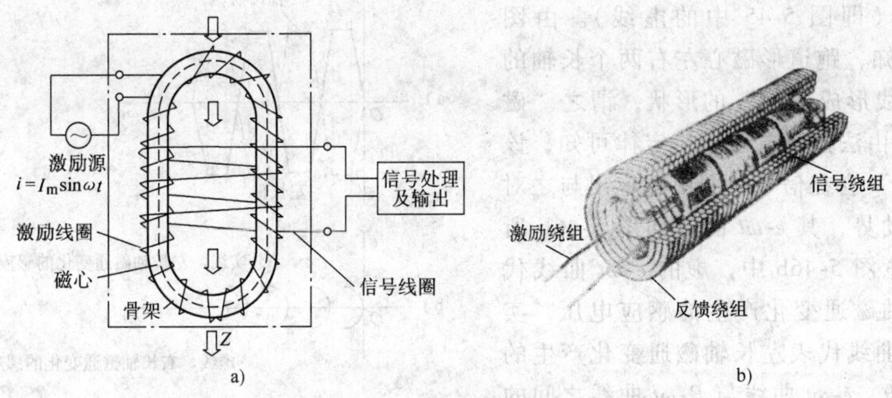

图 5-44 磁通门式磁敏传感器

a）组成示意图 b）结构图

反。磁心则是由高磁导率的软磁材料——坡莫合金制成。

2. 磁通门式磁敏传感器的原理

（1）*磁心材料的磁化规律* 放于磁场中的磁性材料将被磁化，它遵循以下规律：

$$B=\mu H \tag{5-50}$$

式中，H 为外界磁场；B 为磁场 H 在磁性材料中所激发的磁感应强度；μ 为磁性材料的磁导率，它随磁场 H 而变化。图 5-45 给出了坡莫合金的磁化曲线。

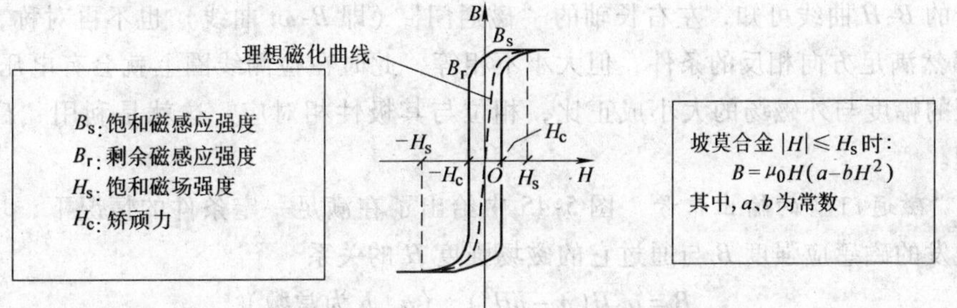

图 5-45 坡莫合金的磁化曲线

由图 5-45 可以看出，坡莫合金的矫顽力 H_c 小，磁导率 μ 高，在外磁场 H 作用下极易达到饱和状态。换言之，外磁场 H 极小的变化，就能引起坡莫合金磁心中磁感应强度 B 很大的变化，亦即，坡莫合金对外磁场有“放大”作用，这正是磁通门传感器中采用它作为磁心的主要原因。图中的虚线是坡莫合金在理想情况下的磁化曲线。

（2）*“磁通门”感磁机理* 由上述可知，位于连续变化磁场中的坡莫合金，其磁感应强度会以图 5-45 所示的实曲线规律变化。假设通入图 5-44 所示激励线圈中的激励电流为 $i=I_m\sin\omega t$，由于“跑道”形磁心两个长轴上的激励线圈绕向相反，若假定左长轴上激励的磁场为 $H_{1左}=H_m\sin\omega t$，那么右长轴上激励的磁场必定为 $H_{1右}=-H_m\sin\omega t$。当外磁场 $H_2=0$ 时，通过“跑道”形磁心左长轴的总磁场为 $H_{左}=H_{1左}+H_2=H_{1左}=H_m\sin\omega t$，右长轴的总磁场为 $H_{右}=H_{1右}+H_2=H_{1右}=-H_m\sin\omega t$。根据坡莫合金的 B-H 曲线，上述磁场在左右两个长轴的磁心中所激发的磁感应强度 B 与相位 ωt 关系曲线如图 5-46a 所示。为了简化作图，此处采用的是坡莫合金在理想情况下的磁化曲线（即图 5-45 中的虚线）。由图 5-46a可知，跑道形磁心左右两个长轴的 B-ωt 曲线形成“门”的形状，谓之“磁通门”。由法拉第电磁感应定律可知，该“磁通门”会在信号线圈中感应出与之对应的电动势，其 e-ωt 曲线如图 5-46b 所示。注意图 5-46b 中，虚的 e-ωt 曲线代表右长轴磁通变化产生的感应电压，实的 e-ωt 曲线代表左长轴磁通变化产生的感应电压。e-ωt 曲线与 B-ωt 曲线之间的关系遵循法拉第电磁感应定律，此处不再详述。

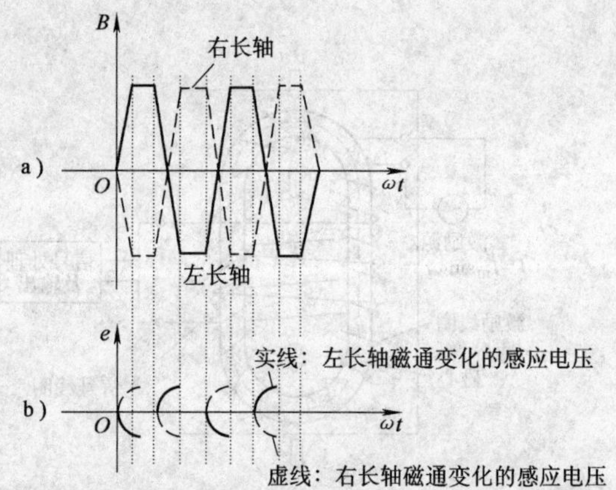

图 5-46　磁心 B-ωt 曲线与信号线圈 e-ωt 曲线的对应关系
a）跑道形磁心左右长轴 B-ωt 曲线
b）信号线圈上的 e-ωt 曲线

由图 5-46 还可看出，若外磁场 $H_2=0$，则“跑道”形磁心左右长轴的磁通门曲线（B-ωt 曲线）相互对称，它们在信号线圈上感应出的电压 e 大小相等，方向相反，彼此抵消，所以没有信号输出。

以上是外磁场 $H_2=0$ 的情形，若 $H_2\neq0$，则穿过“跑道”左右两个长轴的磁场分别为 $H_{左}=H_{1左}+H_2=H_m\sin\omega t+H_2$，$H_{右}=H_{1右}+H_2=-H_m\sin\omega t+H_2$。也就是说，此时左长轴的总磁场强度和右长轴的总磁场强度将不再满足大小相等的条件，但其方向仍然相反。根据坡莫合金的 B-H 曲线可知，左右长轴的“磁通门”（即 B-ωt 曲线）也不再对称，相应的 e-ωt 曲线虽然满足方向相反的条件，但大小不相等，此时在检测线圈上就会有电压信号输出。输出电压的幅度与外磁场的大小成正比，相位与其极性相对应。这就是利用“磁通门”感磁的机理。

（3）“磁通门”的输出信号　图 5-45 中给出了在满足一定条件的情况下，坡莫合金磁心中所激发的磁感应强度 B 与通过它的磁场强度 H 的关系

$$B=\mu_0H(a-bH^2)\quad（a、b 为常数）\tag{5-51}$$

现分析外磁场 H_2 不为零的情况。先看左长轴，$H_{左}=H_{1左}+H_2=H_m\sin\omega t+H_2$，故

$$B_{左}=\mu_0H_{左}(a-bH_{左}^2)\tag{5-52}$$

由电磁感应定律可得到左长轴中激发的磁通在信号线圈上所产生的电动势为

$$e_{左}=A\frac{\mathrm{d}B_{左}}{\mathrm{d}t}\tag{5-53}$$

式中，A 是与接收线圈有关的常数。

将上述 $B_{左}$ 表达式代入 $e_{左}$ 表达式可得

$$e_{左}=\mu_0A[-3b\omega H_mH_2^2\cos\omega t+a\omega H_m\cos\omega t-3bH_m^3\omega\sin^2\omega t\cos\omega t-3bH_m^2H_2\omega\sin2\omega t]\tag{5-54}$$

再看右长轴，$H_{右}=H_{1右}+H_2=-H_m\sin\omega t+H_2$，经过与上述过程类似的分析，可得

$$e_{右}=\mu_0A[3b\omega H_mH_2^2\cos\omega t-a\omega H_m\cos\omega t+3bH_m^3\omega\sin^2\omega t\cos\omega t-3bH_m^2H_2\omega\sin2\omega t]\tag{5-55}$$

信号线圈中总的感应电动势为

$$e = e_{左} + e_{右} = -6\mu_0 AbH_m^2 H_2 \omega \sin 2\omega t \tag{5-56}$$

可以看出，只要“跑道形”磁心的左右长轴及其线圈严格对称，那么在信号线圈上将会有与外磁场 H_2 成正比的二次谐波信号输出，这就是所谓的二次谐波法。

由式(5-56)还可以知道：若被测磁场变号（即改变方向），二次谐波电压极性也随之改变。此外，二次谐波电压的大小还与 μ_0、A、b、H_m、ω 等参数有关。

3. 磁通门式磁敏传感器的应用

由前述可知，一旦外磁场 H 不等于0，那么“磁通门”的对称性将被打破，信号线圈上就会有电压信号输出。因此，磁敏传感器适合在零磁场附近工作，进行弱磁场的测量，其测磁灵敏度可达0.01nT。

磁通门式磁敏传感器可以和机械式磁敏传感器混合使用。它既可以用于磁场的测量，又可以构成探测地下炸弹、地雷等铁磁性物体的探测仪器等。

（1）*磁通门计*　图5-47所示是一种便携式磁通门计的外形。这种磁场测试仪器精确度、灵敏度都较高，与相应的传感器配合，可以用来监视快速移动的磁场和测量电线周围的磁场。主要的应用领域包括：环境磁场的测量、空运包裹的监视、实验室磁场源的校准、岩石中弱磁场的检测、地球矢量磁场的测量、磁场屏蔽衰减特征的检测、磁屏蔽间的效果评估等。

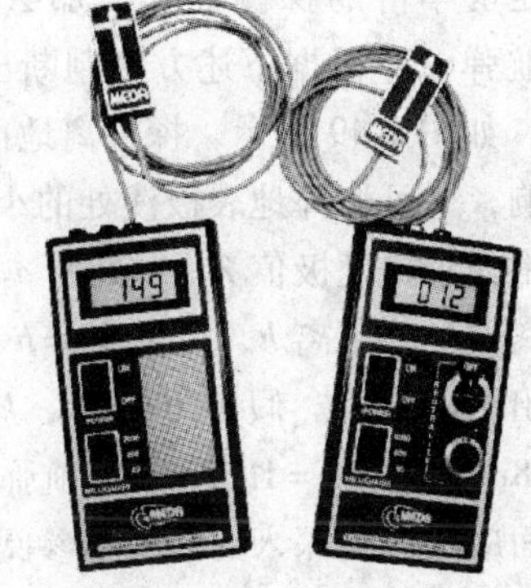

图5-47　磁通门计

（2）*磁通门式磁力梯度仪*　磁场空间梯度 g_h 可定义为单位距离空间上磁场的变化量，即

$$g_h = \frac{\Delta H}{\Delta h} = \frac{H_2 - H_1}{\Delta h} \tag{5-57}$$

当 $\Delta h \to 0$ 时，可认为 $g_h \to dH/dh$。磁通门式磁力梯度仪主要是用来测量空间磁场变化梯度的。图5-48所示为磁通门式磁力梯度仪框图及其实际结构图。可以看出，磁通门式磁力梯度仪主要由两大部分组成：

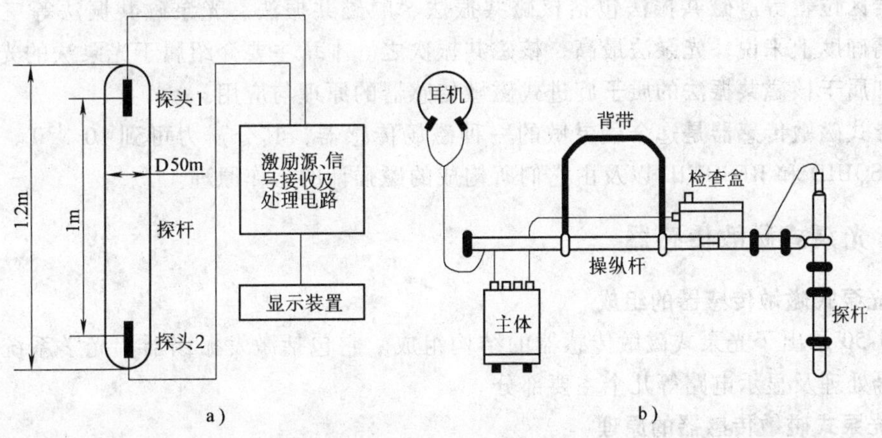

图5-48　磁通门式磁力梯度仪框图及其实际结构

a）磁通门式磁力梯度仪框图　b）CTM-1磁通门式磁力梯度仪的实际结构

一是管状探杆（尺寸见图5-48a），在其两端相距1m的位置装有两个轴线平行、磁灵敏度一致的磁通门探头。也就是说，磁通门梯度仪实际上是可以同时探测空间两点磁场的磁通门计。其输出信号就反映了探头1到探头2的磁场强度变化即梯度值。

二是电子电路部分，包括激励源、信号接收及处理电路、显示装置等。

磁通门式磁力梯度仪常用于磁法勘测地磁场测量以及地下、水下铁磁物体的探测等。军事上常用它来进行探雷。

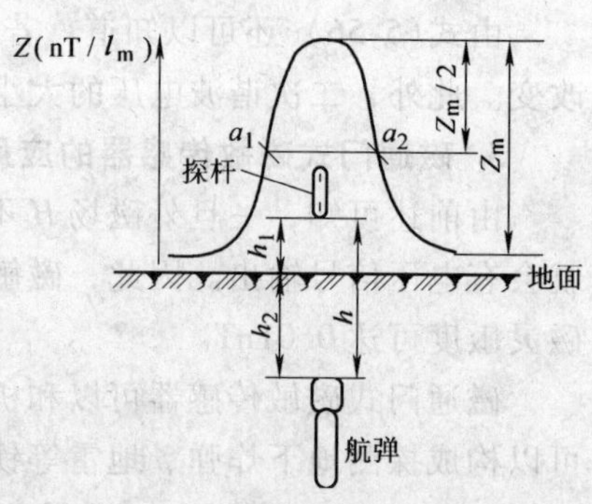

图5-49 航弹探测示意图

图5-49给出的是用磁力梯度仪绘制的地下埋藏有航弹处的磁场梯度异常剖面图。其中，纵坐标代表磁场梯度值（nT/l_m，l_m代表两个磁通门探头的距离），横坐标表示测点。从该剖面图可以看出，在航弹埋藏位置，其磁场梯度达到最大。若有足够多的测线，以及足够丰富的探测经验，那么就可以据此判断地下埋有航弹，并根据下述方法判断出航弹埋藏的深度。

如图5-49所示，探杆离地面的高度h_1约为10～20cm，以使探杆移动不受地表凸凹不平的影响，并可滤掉地表极浅处的小型铁磁体（如铁钉等）的干扰。为了求出航弹埋藏的深度h_2，通常先求梯度极值$Z_m/2$处的a_1、a_2两点的横坐标差$B=a_2-a_1$，再根据式$h=Bk$，便得到探杆离航弹的距离h，再由$h_2=h-h_1$即可求得航弹的埋深h_2。此处，k值是通过一系列的试验求出的经验值。假定$B=1\text{m}$，$k=1.18$，$h_1=0.15\text{m}$，则可算出$h=Bk=1.18\text{m}$，$h_2=h-h_1=1.18\text{m}-0.15\text{m}=1.03\text{m}$，即航弹的埋深约为1.03m。有关磁通门式磁敏传感器在地下物体探测方面应用的更深入的研究请参阅周学松著《地下目标无损探测技术》等文献。

5.5 磁共振式及超导式磁敏传感器

磁共振法是利用磁共振现象来精密测量磁场的一种方法。它可用于确定地下埋藏物（如油罐、井口、管道、武器、洞穴、古迹等）的位置，进行地质结构调查，寻找矿源，确定矿区岩区位置等。磁共振法包括核磁共振法、顺磁共振法、光泵磁共振法等三种主要方法。从精确度上来说，光泵法最高，核磁共振次之。本章主要介绍属于光泵法的光泵式磁敏传感器和属于核磁共振法的质子旋进式磁敏传感器的原理与应用。

超导式磁敏传感器是迄今最灵敏的一种磁场传感器，其分辨力可到10^{-15}T。本章主要介绍DCSQUID和RFSQUID以及由它们所构成的磁强计的工作原理。

5.5.1 光泵式磁敏传感器

1. 光泵式磁敏传感器的组成

图5-50示出了光泵式磁敏传感器的结构组成。它包括激发振荡器、光学系统、接收器以及信号处理及显示电路等几个主要部分。

2. 光泵式磁敏传感器的原理

（1）相关概念及结论

1）磁矩：依安培假说，物质的一切磁性均来源于与原子相联系的环形电流。磁矩就是

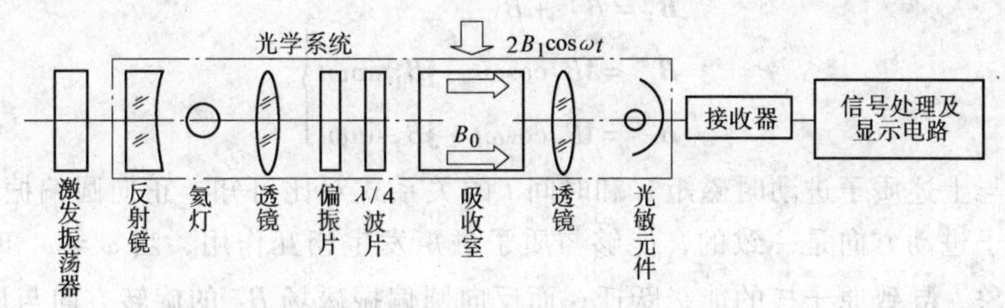

图 5-50　光泵式磁敏传感器的组成

该电流的大小 $\boldsymbol{i}$ 与电流环截面积 S 之乘积，磁矩与环形电流方向之间的关系遵循右手定则。这说明磁矩是一个矢量。电子既存在轨道磁矩，又存在自旋磁矩。原子核只有自旋磁矩。一般用字母 μ 来表示磁矩，则有 $\boldsymbol{\mu}=\boldsymbol{i}S$。

2）角动量：环形运动物体的半径 $\boldsymbol{r}$ 与其动量 $m\boldsymbol{v}$ 的叉积，称为角动量，它也是矢量。一般用 $\boldsymbol{P}$ 来表示角动量，则有 $\boldsymbol{P}=\boldsymbol{r}\times m\boldsymbol{v}$。

3）质子磁矩与角动量关系：由磁矩与角动量的定义，经过一定的推导和分析，可以得到二者之间的关系为

$$\boldsymbol{\mu}=\gamma\boldsymbol{P} \tag{5-58}$$

式中，γ 称为旋磁比，为一常数。

4）质子在恒定磁场中的进动：质子是自旋的，因此具有自旋磁矩 $\boldsymbol{\mu}$ 和自旋角动量 $\boldsymbol{P}$。当将其放入磁感应强度为 B_0 的恒定外磁场中时，磁矩 $\boldsymbol{\mu}$ 将和磁场 $\boldsymbol{B}_0$ 发生相互作用，产生力矩 T，可表示为

$$\boldsymbol{T}=\boldsymbol{\mu}\boldsymbol{B}_0 \tag{5-59}$$

在 T 的作用下，质子会像陀螺一样，在自旋的同时，绕 B_0 轴“公转”，这称之为“进动”。质子进动所描绘的磁矩 $\boldsymbol{\mu}$（动量矩 $\boldsymbol{P}$）的轨迹是一个圆锥形。

分析表明，质子进动时磁矩 μ 和时间 t 的关系为

$$\left.\begin{aligned}\mu_x&=A\cos(\gamma B_0t+\varphi)\\ \mu_y&=-A\sin(\gamma B_0t+\varphi)\\ |\mu'|&=A\\ \mu_z&=\text{常数}\end{aligned}\right\} \tag{5-60}$$

由上式可知，质子磁矩 μ 绕恒定外磁场 B_0 进动的角频率 ω_L 为

$$\omega_L=\gamma B_0 \tag{5-61}$$

可以看出，ω_L 与旋磁比 γ 和外磁场 B_0 成正比，而与二者之间的夹角无关。这种进动又称为 Larmor 进动，ω_L 称为 Larmor 频率。

5）塞曼效应与磁共振：所谓塞曼效应是指在外磁场作用下原子能级产生分裂的现象。

根据塞曼效应，当原子的能级间发生跃迁时，将会辐射或者吸收电磁波。在上述质子绕外磁场 B_0 进动的系统中，若在垂直于 B_0 的方向同时施加一个振幅远小于 B_0 的线偏振交变磁场 $\boldsymbol{B}_1=(2B_1\cos\omega t)\boldsymbol{i}$（$\boldsymbol{i}$ 表示 $\boldsymbol{B}_1$ 的方向为 x 轴，此处还假定 $\boldsymbol{B}_0$ 的方向为 z 轴）。可以把 $\boldsymbol{B}_1$ 按下式分解为两个反向运动的圆偏振磁场 B^+ 和 B^-：

$$\left.\begin{aligned}\boldsymbol{B}_1 &= B^+ + B^- \\ \boldsymbol{B}^+ &= \mathbf{i}B_1\cos\omega t - \mathbf{j}B_1\sin\omega t \\ \boldsymbol{B}^- &= \mathbf{i}B_1\cos\omega t + \mathbf{j}B_1\sin\omega t\end{aligned}\right\} \tag{5-62}$$

将此式与上述质子进动时磁矩 μ 和时间 t 的关系式对比可知，正向圆偏振磁场 B^+ 的旋转方向与质子进动方向是一致的，能够与质子磁矩发生相互作用，当 $\omega=\omega_L$ 时，就会发生共振吸收现象，导致原子核的能级跃迁；而反向圆偏振磁场 B^- 的旋转方向与质子进动方向则相反，故对质子磁矩的影响比较小，可忽略。

上述 $\omega=\omega_L$ 时，质子从线偏振磁场 $\boldsymbol{B}_1=2B_1\cos\omega t$ 中吸收能量，导致原子核能级跃迁的现象就称为磁共振。

6）光泵磁共振：光泵（或光抽运）是指利用红外线或可见光照射物质，使物质的原子产生往复的能级跃迁，最后使原子由低能级升到高能级的过程。

光泵式磁敏传感器中通常都使用碱金属的同位素作为探头的敏感元素。图 5-51 示出了铷原子的光泵磁共振过程。可以看出，^{87}Rb 的基态为 $5^2S_{1/2}$，第一激发态为 $5^2P_{1/2}$。这两个能级每个又分裂为 $F=2$ 及 $F=1$ 的两个次能级（即精细结构）。外磁场作用下，由于塞曼效应，每个次能级又各自分裂成 $2F+1$ 个超细能级（即超精细结构）。注意基态中的次能级以及超细能级间距都大于激发态。

位于弱磁场的^{87}Rb 能级系统，存在三种可能的辐射跃迁：一是两个状态 $5^2S_{1/2}$ 与 $5^2P_{1/2}$ 之间的跃迁；二是同一次能级下超细能级之间的跃迁，其跃迁频率与外磁场的磁感应强度 B_0 成正比；三是同能级状态下两个不同次能级之间的跃迁。

光泵磁共振的光抽运过程基于第一种跃迁，当右旋圆偏光的行进方向与外磁场方向相同时，$5^2S_{1/2}$态的 m_F 能级上的原子吸收光的能量后只能跃迁到 $5^2P_{1/2}$ 的 m_F+1 能级上，即磁量子数差 $\Delta m_F=1$。由图 5-51 可知，对于基态 $m_F=2$ 上的原子，无法满足该跃迁条件。达到激发态的原子，满足条件 $\Delta m_F=0$、±1 时，会以几乎相同的机率跃迁到基态所有能级，这会导致基态 $5^2S_{1/2}$ 的 $m_F=2$ 能级上的原子不断增加，其他超细能级的原子不断减少，从而实现了低超细能级的原子向高超细能级的抽运，使整个原子系统处于 $5^2S_{1/2}$的 $m_F=2$ 高能态上。此时，系统对于光的能量吸收变小，通过样品的光达到最强状态，同时，质子磁矩绕磁感应强度 B 的方向进动，这就是光抽运的过程。

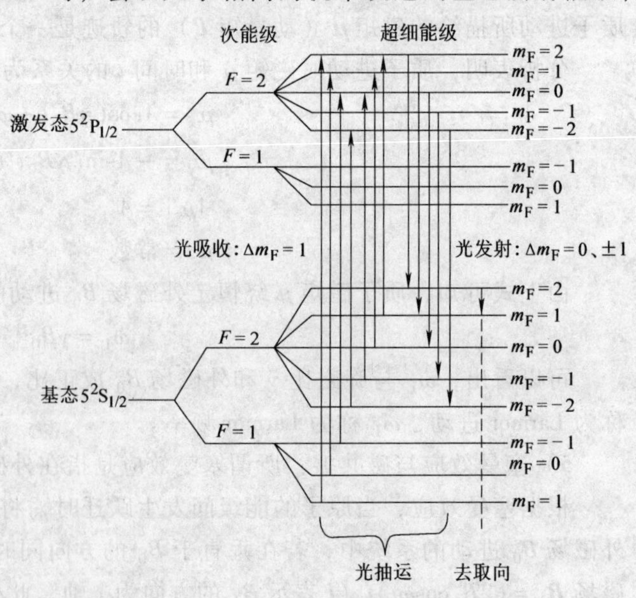

图 5-51 铷原子的光泵磁共振过程

当原子系统处于 $5^2S_{1/2}$的 $m_F=2$ 的高能态上后，若在垂直于磁感应强度 B_0 和光的传播方向上施加频率与两超细能级之间跃迁的辐射频率相同的高频电磁场，则使绕磁场进动的原子核与高频电磁场之间发生磁共振，从而基态中 $m=2$ 超细能级上的原子产生受激辐射，原子磁矩取向被打乱，超细能级上的原子数重又相等，使得上述光抽运过程可继续进行。此时，通过样品的光被原子吸收，透射光达到最弱状态。

综上所述，若调节高频磁场的频率，使通过光量为最小，此时发生磁共振，其磁量子的能量（hf）就相当于两个超细能级的间隔，由下述式（5-63）即可求得被测磁感应强度 B_0。

$$B_0=\frac{2\pi}{\gamma}f_L \tag{5-63}$$

此即光泵式磁敏传感器的测磁公式。

（2）*光泵式磁敏传感器的工作过程*　根据图5-50，首先，将测磁传感器置于被测外磁场中，并使传感器的轴向与外磁场方向平行。其后，将高频振荡器打开，激发氦灯使发出辐射线，并经过透镜变成平行光，再经偏振片和 $\lambda/4$ 波片变成圆偏振光，直射至吸收室。铷原子在外磁场作用下产生塞曼分裂，塞曼能级 $5^2S_{1/2}$ 原子吸收辐射线，跃迁到 $5^2P_{1/2}$ 态而产生光泵作用。其结果使原子磁矩取向于 $5^2S_{1/2}$ 态 $m_F=2$ 的磁子能级上。当吸收室内原子磁矩排列好后，不再吸收光线，透过吸收室的光达到较强状态。

若在和外磁场（即光轴）垂直的方向加一交变磁场，则产生磁共振，原子磁矩的定向排列被打乱，吸收辐射线产生光泵作用而重新取向，此时光吸收作用最强，出射光线最暗。测出最暗时（即磁共振时）射频场的频率 f_0，即可由式(5-63) 求出被测外磁场 B_0 的大小。

3. 光泵式磁敏传感器的特点与应用

（1）*光泵式磁敏传感器的特点*

1）灵敏度高，一般可达0.01nT量级，理论灵敏度高达 $10^{-2}\sim10^{-4}$nT。

2）无论缓慢变化还是高速瞬变的磁场均可测量。

3）既可测量磁场分量又可测量磁场梯度。

（2）*光泵式磁敏传感器的应用*　光泵式磁敏传感器已广泛应用于地球物理观测、航天、寻找地下资源、机载探潜、考古等方面。图5-52给出的是相关网站展出的G858型便携式铯光泵磁力仪的现场使用照片。它包括探头（直径6cm，重340g）、装在腰带上的控制盒（宽15cm，高8cm，长28cm，重1.6kg）、操纵杆和背带，以及附在尼龙腰带上的电池等。主要用于矿藏、石油、环境勘探等方面。

图5-52　使用状态的G858型便携式铯光泵磁力仪

G858型便携式铯光泵磁力仪是基于自振荡离散波束铯蒸气（无放射性CS-133）的，其灵敏度与测量速度有关。若测量速度为0.1s，则灵敏度为0.05nT；测量速度为0.2s时，灵敏度达0.03nT；测量速度0.5s时，灵敏度为0.02nT；测量速度1.0s时，灵敏度高达0.01nT。它既能输出地磁波动的音频信号，又能将数据通过RS-232标准串口连续输出，同时自身带微控制器驱动的320×200日光型液晶显示屏，可进行数据（剖面、总磁场（分辨率0.1nT）、梯度（0.1nT）、调查/绘图参数和诊断）显示、系统功能设置、调查设置、调查监测等。该仪器配12V直流可充电电池，磁力仪用时寿命 6h，梯度仪用时寿命 3h。

5.5.2 质子旋进式磁敏传感器

1. 质子旋进式磁敏传感器的结构

图 5-53 示出了质子旋进式磁敏传感系统的结构组成。其传感部分为一 $500mm^3$ 左右有机玻璃容器，并灌以蒸馏水。容器外面绕以数百匝的导线，并使线圈轴向与被测外场 B_0 的方向垂直。除探头外，图中还示出了传感器其他的主要组成模块。

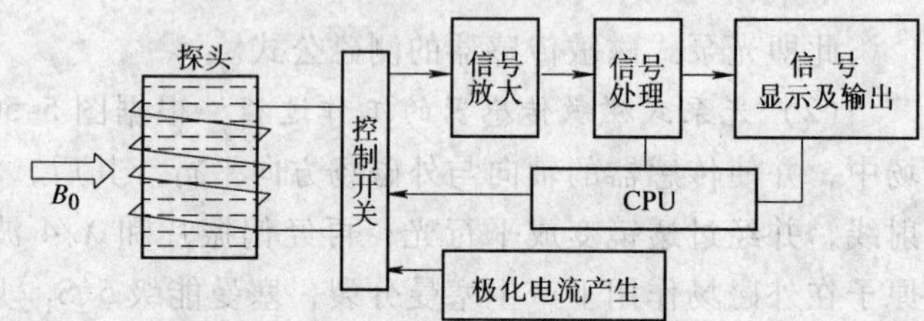

图 5-53 质子旋进式磁敏传感系统的结构组成示意图

2. 质子旋进式磁敏传感器的原理

质子旋进式磁敏传感器是基于核磁共振感应法原理来进行磁场测量的。

当测量弱磁场时，因样品中的原子取向接近于自由状态，故核磁共振信号很弱。为了增强共振信号，必须设法使样品的核磁矩增加，并使其方向尽量偏离被测磁场 B_0，这可通过给样品施加一辅助磁场（称预极化场）B_p（$B_p \gg B_0$）来实现。B_P 会使核磁矩在摆脱电子壳层磁矩影响的同时，使其偏离被测磁场 B_0 接近 90°，同时还会使核磁矩在 B_p 与 B_0 的合成矢量方向上按指数规律增加。这时，若突然断开预极化场 B_p，被大大增加的核磁矩的大小和方向还没来得及变化，就以拉莫尔角频率 ω_L 围绕被测磁场 B_0 进动，从而产生增强了的共振信号，原子核中的质子在旋进的过程中，会周期性地切割检测线圈，从而产生感应信号，这就是核磁共振感应法。

由于初始核磁矩很大，故感应的信号也较强。但因为弛豫过程的作用，其信号幅度 e 的大小随时间按指数规律衰减，可表示如下：

$$e = \gamma\chi B_p B_0 (NS) V e^{-t/t_2} \sin\omega_L t \tag{5-64}$$

式中，γ 为旋磁比；χ 为磁化率；t_2 为横向驰豫时间；B_p 为预极化场强；B_0 为被测场强；(NS) 为检测线圈常数（匝数面积乘积）；V 为样品体积。

式（5-64）表明，感应信号的角频率为 ω_L，可由信号处理装置测量出 ω_L 的大小，并根据

$$\omega_L = \gamma B_0 \tag{5-65}$$

得到被测磁感应强度 B_0 的量值如下：

$$B_0 = \frac{\omega_L}{\gamma} = \frac{2\pi}{\gamma} f \tag{5-66}$$

上述方法属于静态极化法，由感应信号 e 的表达式知，信号的幅值为

$$e_m = \gamma x B_p B_0 (NS) V \tag{5-67}$$

可以看出，该幅值与被测磁场大小 B_0 有关。对于弱磁场，其测量灵敏度有限。若采用所谓的动态极化法，则可使样品的磁化强度比静态极化时大 500 倍，灵敏度大大提高，同时探头转向差小，工作温度范围加宽。

动态极化法主要基于电子自旋和核自旋之间的相互作用。当把频率等于电子自旋共振频率的高频磁场作用于样品时，通过样品中核子和电子的偶极矩的作用，把能量转移给原子

核，从而实现了原子核的预取向。如上所述，这种方法，会使原子核预取向的强度远大于静态极化法，这正是动态极化法能获得高灵敏度的原因所在。

3. 质子旋进式磁敏传感器的应用

质子旋进磁力仪主要用于弱磁场的测量，它可应用于矿产资源勘探、工程勘探、磁场观测测量、管线探测、地质填图等领域。图 5-54 示出的是加拿大产的一种 SM-19T 型质子旋进磁力仪的外形。其技术指标（来自于相关网站资料）为：

灵敏度：<0.1nT；

分辨率：0.01nT；

绝对精度：1nT；

动态范围：10000 ~ 120000nT；

梯度容限：>7000nT/m；

采样率：每 3s ~ 60s，一个读数；

工作温度：$-40 \sim +60$℃。

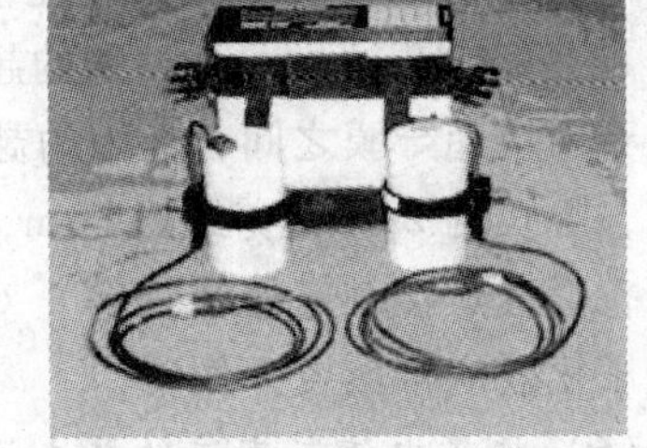

图 5-54　SM-19T 型质子旋进式磁力仪

GSM-19T 型质子磁力仪主要包括主机、探头及电缆、RS-232 电缆、4MB 存储器、探头支杆、运输箱、充电器、数据传输软件等部分。其工作模式包括流动测量、基站、遥控等。

GSM-19T 的优点包括：集成了 GPS 用于定位测量（分辨率可达 5m、3m 或 1m）；高灵敏度的质子旋进系统，能用于测量近地表和地下目标体；高梯度容差（7000nT/m），甚至在接近无地质信号地区也可提供高质量数据。此外，它还采用了先进的信号处理及存储、显示技术，方便用户操作。

5.5.3　超导磁敏传感器

1. 超导相关的物理效应

（1）*超导现象与超导体*　某些材料，当温度降到一定数值 T_c 以下时，其电阻率会骤降到零。若通以电流，则几乎可以无限地流动下去，这种现象称为超导现象，相应的温度 T_c 称为临界温度（普通超导材料临界温度只有几 K，高温超导材料可达 100K 以上）。低于临界温度时能产生超导现象的材料称为超导体。超导体在临界温度以下具有“理想导电性”、“完全逆磁性”和“磁通量子化”等特性。

（2）*超导体的理想导电性*　理想导电性是指超导体在临界温度值 T_c 以下的零电阻特性。我们知道，由于法拉第效应，置于外磁场中的超导环内会产生感应电流。若在 T_c 以下，撤掉外磁场，此时由于超导环内无电阻消耗能量，故感应电流并不会消失，而将永远维持下去。

（3）*迈斯纳效应与磁悬浮现象*　排磁效应又称迈斯纳（Meissner）效应，是指超导状态下，超导体内部磁场会变为零（亦即具有排磁性）的现象。若在超导盘上方放一磁铁，二者之间存在的排斥力会使磁铁悬浮在超导盘上方；同样，若在超导环上方放一超导球，超导球也会悬浮起来，这种现象称为磁悬浮现象。

（4）*超导环的磁通量子化效应*　常导态下，若穿入超导环的外场为 Φ_e，一旦进入超导态，超导环所包围的磁通量 Φ 将变为某一磁通常数 Φ_0（称为磁通量子）的整数倍 $m\Phi_0$，且 Φ_e 与 Φ_0 之差最多不超过半个磁通量子，差值由环中超导电流 I_s 产生的磁通 Φ_s 所提供。

此时，若 Φ_e 变化，m 不会变化，只有 I_s 跟着变化。若超导环允许的超导电流 I_s 很大，那么很显然环中磁通 Φ（$=m\Phi_0$）随 Φ_e 变化的速度会很慢。一旦 I_s 超过允许值，环由超导态进入常导态，变化的磁通 Φ_e 将进入超导环。此时，若使环再次进入超导态，环中的磁通 Φ 将达到与 Φ_e 最接近的新的量子化值。

（5）*弱连接及其形式* 由上述超导环的磁通量子化效应可知，若能想法使超导环允许通过的超导电流 I_s 比较小，就能使环中磁通 Φ 以较快的速度跟上外磁通 Φ_e 的变化。"弱连接"就是能实现这样一个目的的超导体连接形式。它包括结型（将厚 1~3nm 的薄绝缘介质层置于两块超导膜之间，称为约瑟夫逊隧道结）、桥型（连续超导膜做成两头宽中间窄的细腰形，腰长约 2μm，宽约 0.2μm，称为超导桥）、点接触型（一根超导针顶在另一个超导体表面，形成点接触超导结）等。对于"弱连接"来说，由于环的主体仍是大块超导体，磁通量子化效应依然发挥作用。

（6）*临界电流与直流约瑟夫逊效应* 在上述"弱连接"中，当通过超导隧道结中的电流 i 小于某一临界值 I_c 时，在结上不会产生电压降；一旦 i 超过该临界值，在结上将会出现电压降，甚至会烧坏隧道结，I_c 即称为临界电流，其大小一般为几十微安到几十毫安。这种超导隧道结中有电流流过而不产生电压降的现象，称为直流约瑟夫逊效应。

（7）*交流约瑟夫逊效应* 当通过超导隧道结的电流 $I>I_c$ 时，超导结的两端会有直流电压出现，此时在结区还会出现高频的正弦电流，其频率与所加的直流电压 U 成正比，二者关系为

$$f=483.8\times10^{12}U \tag{5-68}$$

理论和实验都已证明，该高频电流会从结区向外辐射电磁波，也能吸收相应频率的外来电磁波，这种特性称之为交流约瑟夫逊效应。

（8）*超导量子干涉现象* 超导量子干涉现象是含结超导环在变化磁场中所出现的一种特殊现象。它基于超导环的磁通量子化效应、直流约瑟夫逊效应和交流约瑟夫逊效应。设外加磁感应强度为 0 时，超导结的临界电流为 I_{c0}。理论分析表明，若通过超导结的磁通为 Φ_J，则超导结的临界电流 I_c 可用下式来表示：

$$I_c=I_{c0}\left|\frac{\sin(\pi\Phi_J/\Phi_0)}{\pi\Phi_J/\Phi_0}\right| \tag{5-69}$$

式（5-69）表明，I_c 受到结磁通 Φ_J（$=B_0S_J$，设 B_0 为外磁场的磁感应强度，S_J 为隧道结的面积）的调制，I_c 与 Φ_J/Φ_0 之间的关系曲线如图 5-55 所示。可以看出，临界电流 I_c 随外磁场的增加呈周期性地起伏变化。其原因是当外磁场一定时，超导结上各点的超导电流以及它们叠加的结果都具有确定的相位。磁场改变，各点超导电流所合成的总临界电流 I_c 的相位也跟着变化，这说明超导电流与相位之间具有相干性。同时，上式与光学中的夫琅和费单缝衍射光波振幅公式类似，故把 I_c 随 B_0 呈周期性变化的现象称之为超导量子干涉现象。

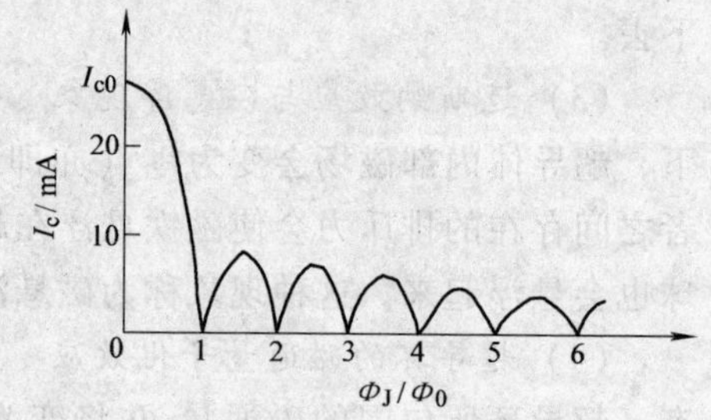

图 5-55 I_c 与 Φ_J/Φ_0 之间的关系曲线

2. 超导量子干涉器件（SQUID）结构及原理

超导量子干涉器件（Superconducting Quantum Interference Device，简称 SQUID）包括两种类型：

射频超导量子干涉器（RFSQUID）和直流超导量子干涉器（DCSQUID），以下分别对其结构和原理进行讨论。

（1）射频超导量子干涉器件（RF SQUID）

1）RF SQUID 结构及其偏置电路：RF SQUID 是基于上述单结超导环中磁通随外场的变化规律来进行外磁场测量的。它由低感单结超导环、射频偏置电路等构成，如图 5-56 所示，其中的偏置线圈 L_t 同时也是检测线圈。

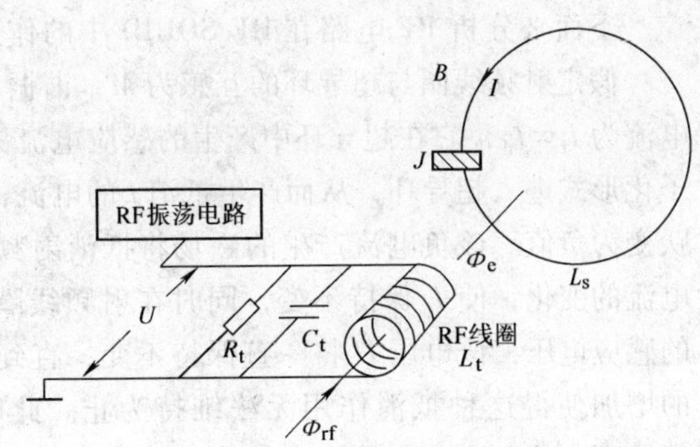

图 5-56　RF SQUID 的结构

2）RFSQUID 的原理：对单结超导环来说，结磁通 Φ_J 变化一个 Φ_0，临界电流 I_c 变化一个周期。由此可以估算单结超导环的磁场分辨力。由 $\Phi_0 = \Delta B_0 S_J$，可得：$\Delta B_0 = \Phi_0 / S_J$，此处磁通量子 Φ_0 为常数 2.07×10^{-15} Wb，隧道结面积 S_J 约为 10^{-7} cm^2，故 $\Delta B_0 = 2.07 \times 10^{-4}$ T。

在图 5-56 所示的单结超导环中，J 表示超导结。穿过超导环的总磁通量 Φ 为外磁场 B 产生的磁通 Φ_e 与超导电流 I_s 产生的磁通 Φ_s 之和，即

$$\Phi = \Phi_e + \Phi_s \tag{5-70}$$

有关分析表明

$$\Phi_s = -L_s I_c \sin(2\pi\Phi/\Phi_0) \tag{5-71}$$

式中，L_s 为超导环自感；I_c 为超导环的最大临界电流；Φ 为环中总磁通；Φ_0 为磁通量子。故

$$\Phi = \Phi_e - L_s I_c \sin(2\pi\Phi/\Phi_0) \tag{5-72}$$

由此可得

$$\frac{\Phi}{\Phi_0} = \frac{\Phi_e}{\Phi_0} - \frac{L_s I_c}{\Phi_0}\sin(2\pi\Phi/\Phi_0) \tag{5-73}$$

上述公式在 $2\pi L_s I_c > \Phi_0$ 时，Φ/Φ_0 成为 Φ_e/Φ_0 的多值函数，其关系曲线如图 5-57 所示。此时会出现磁滞现象，磁滞回线如图中 $ABCD$ 及 $EFGH$ 所示，因此当 $2\pi L_s I_c > \Phi_0$ 时，环内磁通 Φ 随外磁通 Φ_e 的变化而呈现周期性改变。

由图 5-57 再经一定的分析可知，超导环中的电流 I 与外磁通 Φ_e 之间也呈周期性变化，如图 5-58 所示。

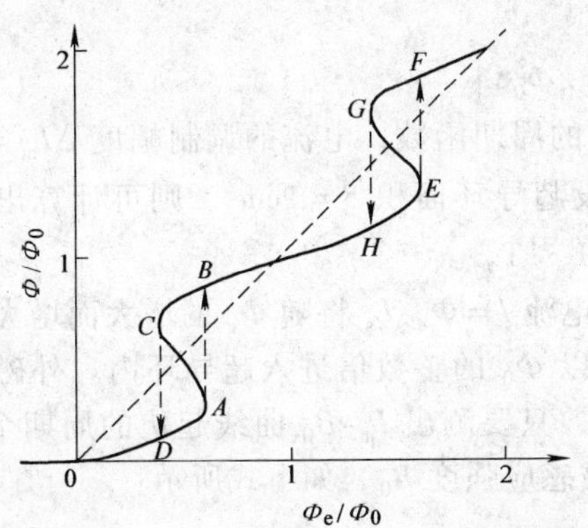

图 5-57　RF SQUID 的 Φ/Φ_0-Φ_e/Φ_0 曲线

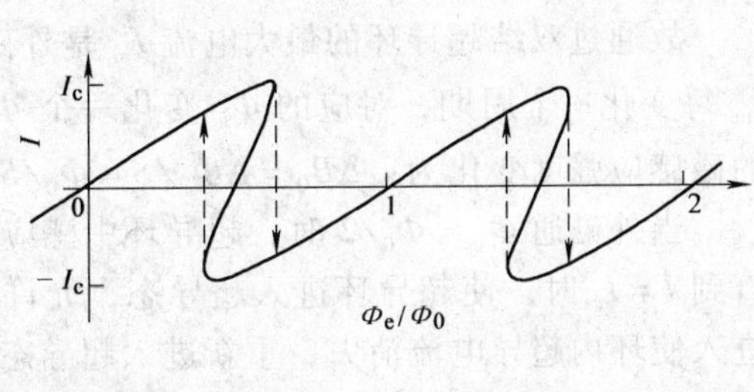

图 5-58　RF SQUID 的 I-Φ_e/Φ_0 曲线

下面来分析 RF 电路在 RF SQUID 中的作用。

假定射频线圈与超导环的互感为 M，谐振电路的驱动电流为 I_d，谐振时射频线圈中的交变电流为 $I_t \propto I_d$，它在超导环中产生的感应电流为 $I = MI_t/L_s$。当 $I \geqslant I_c$ 时，被测磁场 Φ_e 将以量子化形式进入超导环，从而产生抵消 I 的电流，Φ_e 越大，产生的抵消电流也越大，使得 I 迅速跃变为负值。该负电流产生的磁场将抵消射频线圈中感应电流的变化，使 I_t 保持不变，同时在射频线圈中产生较大的感应电压，该电压 U 将一直保持不变，直到驱动电流 I_d 的增加使得这种抵消作用无法维持为止。此时，I_t 变化，超导环中的电流逐渐增加，直到下一次跃变。

由此可见，Φ_e 与射频线圈两端电压 U 相对应。故测出了 U，即可得到外磁场 Φ_e，二者之间的关系曲线如图 5-59 所示。

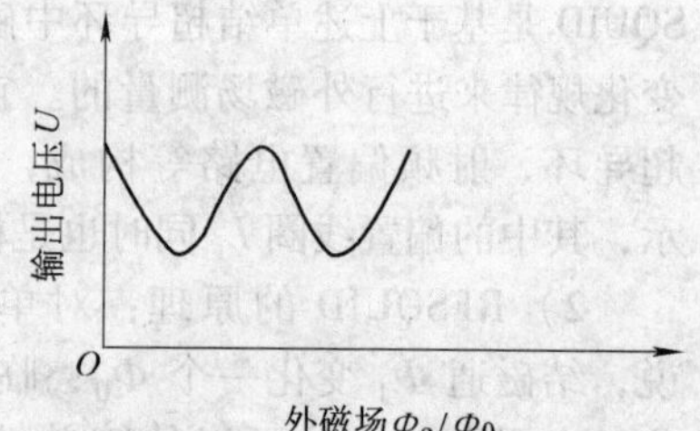

图 5-59 U-Φ_e/Φ_0 关系曲线

RF SQUID 的偏置频率通常选择在 20～30MHz，为了提高灵敏度和得到更宽的频带，可使用更高的偏置频率，最高偏置频率可达 430MHz。

RF SQUID 的核心是含有单结的超导环，其结构有结型、桥形、点接触型等，具体构成前已述及，不再重复。

（2）*直流超导量子干涉器件（DC SQUID）*

1）DC SQUID 的结构及其偏置电路：直流超导量子干涉器件是基于直流偏置的双结超导环工作的，如图 5-60 所示。

2）DC SQUID 的原理：图 5-60 所示的双结超导环，在两端通以适当直流电流 I 后，随着外磁通 Φ_e 的变化，其端电压 U 为 Φ_0 的周期波动，据此可测量 Φ_e，其基本原理如下：

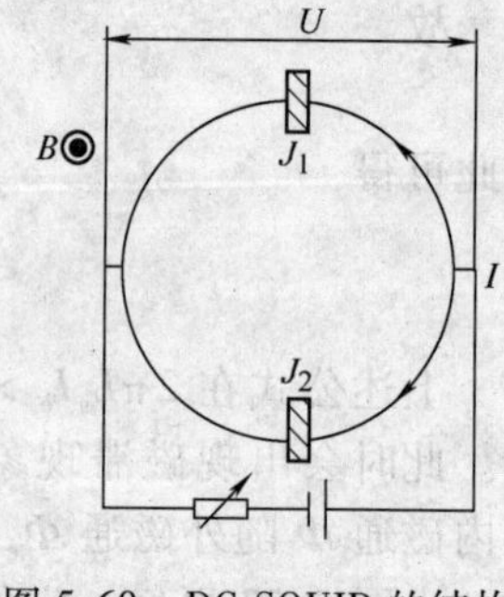

若忽略环电感，且两环严格对称时，可得

$$I_{c1} = I_{c2} = I_c \tag{5-74}$$

由于通电流 I 的部分也是超导的，故由两个相同的并联支路构成的并联弱连接超导体，在零场下的电流 I 是两个结的 I_{c1}、I_{c2} 之和，因而并联后的临界电流 I_m 为

$$I_m = I_{c1} + I_{c2} = 2I_c \tag{5-75}$$

图 5-60 DC SQUID 的结构及其偏置电路

推导可知，两个超导结总临界电流可表示为

$$I_m = 2I_c \left| \cos(\pi\Phi_e/\Phi_0) \right| \tag{5-76}$$

故通过双结超导环的最大电流 I_m 是外磁通 Φ_e 的周期函数，电流的调制幅度 $\Delta I_m = 2I_c$。I_m 每变化一个周期，对应的 Φ_e 变化一个 Φ_0。假设超导环面积 $S = 1\text{cm}^2$，则可计算出对应的磁感应强度变化为：$\Delta B_0 = \Delta\Phi_e/S = \Phi_0/S = 2 \times 10^{-11}\text{T}$。

当外磁通 $\Phi_e < \Phi_0/2$ 时，超导环中感应的超导电流 $I = \Phi_e/L_s$ 将随 Φ_e 的增大而增大，一直到 $I = I_c$ 时，使超导环进入超导态，允许外磁通以 Φ_0 的整数倍进入超导环内。外磁通的进入使环内超导电流消失，重新进入超导态。因此，只要测出 I_m-B_0 曲线起伏的周期个数 n 以及不足 Φ_0 整数倍的部分 δ，便可以求得被测得磁感应强度 B_0，如下式所示：

$$B_0 = \frac{\Phi_0}{S}(n + \delta) \tag{5-77}$$

DC SQUID 中，直流偏置的目的是让超导环中有一个合适的起始电流，以测量微弱磁场。偏置电流越大，测量分辨率越高，对后续电子处理系统的要求也越高。

(3) 超导磁通变换器

1) 超导磁通变换器的结构：超导磁通变换器由 SQUID 以及探测线圈、输入线圈构成，如图 5-61所示。其中 $L_{环}$ 是 SQUID 的电感，L_1 是探测线圈的电感，L_2 是输入线圈的电感。

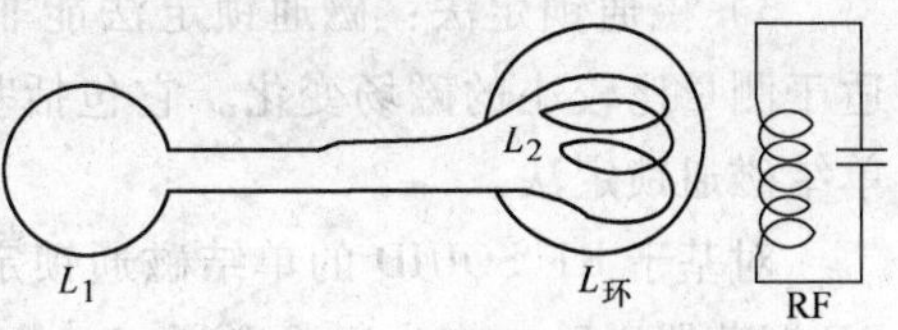

图 5-61　超导磁通变换器的结构

2) 超导磁通变换器的作用：磁通变换器最主要的作用是提高磁场及磁场梯度的测量灵敏度，以下做简要说明。

无磁通变换器时，外磁场 B 将使超导环中具有磁通量 $\Phi_{环1}$ = BS（S 是超导环所包围的面积)，该磁通进入超导环时，将形成电流 I_1 为

$$I_1 = \frac{\Phi_{环1}}{L_{环}} \tag{5-78}$$

可以证明，有磁通变换器时，外磁场 H 通过探测线圈 L_1 和输入线圈 L_2 在超导环中产生的电流为（设 $L_1 = L_2$）

$$I = \frac{\Phi_x + \Phi_{环1}}{2}\sqrt{\frac{1}{L_{环}L_1}} \tag{5-79}$$

式中，Φ_x 为探测线圈中的磁通。

若设计时，使 L_1 包围的面积大于 $L_{环}$ 包围的面积，则有

$$\Phi_x > \Phi_{环1} \tag{5-80}$$

再考虑 $L_1 = L_{环}$，有

$$I > I_1 \tag{5-81}$$

它说明，对同一个磁场 B，有超导磁通变换器时在超导环中产生的电流 I 要大于没有超导磁通变换器的情况，这说明超导磁通变换器提高了磁场的检测灵敏度。

(4) 超导磁敏传感器输出信号的测量方法　超导磁敏传感器输出信号的测量方法包括零磁通法、零电流法、磁通锁定法以及计数法等。

1) 零磁通法：零磁通法测量中，首先利用音频振荡器对被测外磁场进行调制，再利用相敏检波器来检测音频振荡器与 SQUID 输出信号的相位差。该相位差信号经积分器后，通过反馈电阻 R_f 在反馈线圈中产生补偿电流。补偿电流再通过场耦合作用在超导环中产生补偿磁通量 $\Delta\Phi_f$。当补偿磁通量 $\Delta\Phi_f$ 与超导环上的外加磁通量 $\Delta\Phi_c$ 大小相等即 $\Delta\Phi_f = \Delta\Phi_c$ 时，超导环中的磁通量变化为零。当相敏检波器输出为零时，反馈电阻 R_f 上的电压 U_f 就不再增大，于是电压 U_f 的读数便与 $\Delta\Phi_c$ 成正比，如经标定，可直接得到 $\Delta\Phi_c$ 值，这种测量方法称做零磁通法。

2) 零电流法：零电流法中，有一附加线圈 L_f 与超导磁通变换器线圈 L_1、L_2 相串联。RF SQUID 的输出信号经电阻 R_f 加到反馈线圈 L_k 上，L_k 所产生的磁场又耦合到 L_f 上。设待测磁通量 $\Delta\Phi_x$ 通过探测线圈 L_1，在磁通变换器中产生电流 I_1，通过输入线圈 L_2 在超导环中产生外加磁通量 $\Delta\Phi_C$，且通过电路在输出端产生输出电流 I_2，输出电流又经反馈电阻 R_f 而加于反馈线圈 L_k 上，于是便有磁通量耦合到线圈 L_f 中，致使磁通变换器产生反向电流 $I_{反}$，若 $I_{反}$ 刚好抵消原来的输入电流 I_1，则输入线圈的电流仍保持为零。显然，测量反馈电阻 R_f

上的电压 U_f，便可间接得到待测磁通量 $\Delta\Phi_x$，这种测量方法叫做零电流法。该法的优点是在磁通变换器中产生的电流为零，在探测线圈附近磁场畸变不大。

3）磁通锁定法：磁通锁定法能非常灵敏地测出外磁场不超过一个磁通量子的变化值，适于测量比较小的磁场变化。它包括基于 DC SQUID 的双结磁通锁定法和基于 RF SQUID 的单结磁通锁定法。

对基于 RF SQUID 的单结磁通锁定法来说，单结环与 LC 谐振电路相耦合，谐振电路用 RF 振荡器激励，产生射频磁通 $\Phi_{RF}(t)$，$\Phi_{RF}(t)$ 的幅值与射频电流 i_{RF} 成正比。当单结环中加入被测磁通 Φ_e 时，环路中的电流 i 不仅与被测磁通 Φ_e 相关，而且还受 $\Phi_{RF}(t)$ 的影响，仍然是随时间变化的。它们的影响又通过互感耦合到 LC 谐振电路，并在 U_{RF} 中反映出来。通常，调节射频输出，使环路中电流稍大于临界电流 I_c，则谐振电路电压 U_{RF} 是被测磁通 Φ_e 的周期函数，其周期是一个磁通量子。U_{RF} 经射频放大器选频放大、相敏检波等，然后通过电阻 R 反馈到 LC 电路中去，测出此时反馈电阻上的电压，便可求出被测磁场值。

对基于 DC SQUID 的双结磁通锁定式电路来说，设 Φ_e 为超导环中的预偏置磁通，Φ_1 和 Φ_3 分别为图 5-62 所示 U-Φ_e 曲线峰值和谷值之间的两个对称点，Φ_2 和 Φ_4 为 SQUID 的 U-Φ_e 曲线的峰点和谷点。当 $\Phi_e = \Phi_2$ 时，SQUID 即被偏置在相应的峰点上。此时，若外加先正后负的磁场 H_a 的频率为 f，那么 SQUID 的输出频率就是 $2f$。当 $\Phi_e = \Phi_3$ 时，SQUID 即被偏置在 U-Φ_e 曲线峰-谷之间斜率为负的区域，此时，若对 SQUID 外加先正后负的交变磁场 H_a，则 SQUID 将产生一个先负后正的电压。若 $\Phi_e = \Phi_1$，SQUID 即被偏置在 V-Φ_e 曲线峰-谷之间斜率为正的区域，此时，SQUID 将产生一个先正后负的电压。后两种情况下，输出电压的频率都是 f。

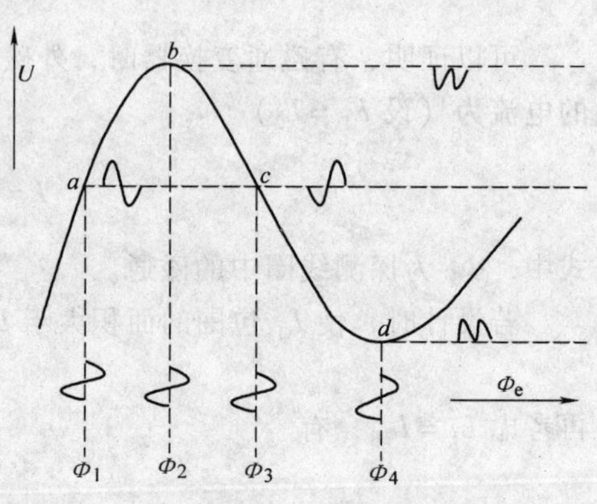

图 5-62　U-Φ_e 曲线

根据上述分析，可以看出：被直流偏置在峰点 Φ_2 上的 SQUID，在频率为 f 的振荡信号的作用下，其输出将为频率 $2f$ 且与上述振荡信号同相位的二次谐波信号，故相敏检波器和积分器都没有输出；若由于外磁场的作用使得 Φ_e 偏离了 Φ_2，SQUID 将被偏置在 U-Φ_e 曲线峰-谷之间的某个点上，其输出将是频率为 f，而相位随偏置点变化的一次谐波信号，故相敏检波器和积分器都将有一个与之对应的输出。当积分器电路的输出变化与外磁场产生的作用大小相等、方向相反时，经反馈线圈反馈回 SQUID 的磁通将抵消外磁场的作用效果，使 SQUID 重新偏置在 Φ_2 上。此时，积分器上的电压就反映了外磁场的大小。这就是所谓的 DC 磁通锁定方法。

4）计数法：若测量大的磁量程（被测磁通远超过一个磁通量子），可以采用计数法。它将外磁场变化而引起的 SQUID 电压变化的周期数，按代数求和得到相应磁场的度量。前已述及，若在 SQUID 上加一频率为 f 的调制磁场，当调制点位于 U-Φ_e 曲线最大与最小峰值中间的两个对称点上时，SQUID 的电压输出频率将均为 f、相位相反且其一次谐波幅值都达到最大；若调制点位于 U-Φ_e 曲线最大与最小峰值时，SQUID 将输出频率为 $2f$、相位相反的电压，其振幅最大（但一次谐波振幅最小）。调制后的 SQUID 输出电压信号先经变压器 T 耦合到低频放大器，放大后再经同步检波器 A 和 B 检波。检波器 A 直接用低频振荡器信号的基波作参考信号，因而检出的是一次谐波；检波器 B 是用经倍频后的低频振荡器信号做参考信号，二者相差 π/2 相位。若将滤波后的电压 U_A 及 U_B 分别送到示波器的水平及垂直偏转板上，就会在屏上看到圆周的轨迹运动。当外磁场由小变大时，可以看到轨迹沿顺时针方向运动；当磁场减小时，轨迹沿逆时针运动。磁通每变化一个磁通量子，光点就旋转一圈，测出转过的圈数，即可得到与磁场变化相应的磁通量子数。若将 U_A 及 U_B 通过双稳态整形成为加减脉冲，送至可逆计数器便可用数字显示或记录。

3. 超导磁敏传感器的应用

SQUID 在弱磁场测量中具有极高的灵敏度，其频带从直流到兆赫，可应用于生物磁测量、无损探伤、大地测量等领域。

（1） *生物磁场的测量*　生物磁场的测量包括心磁图、脑磁图等的测量，可用于心脑疾病的诊断。目前低温 SQUID 生物磁图仪较为成熟，高温超导 SQUID 的灵敏度能轻松实现心磁测量，但对于脑磁测量还有一些难度。

（2） *无损探伤*　作为最灵敏的磁场探测器，SQUID 可以通过测量缺陷的磁性反常来进行无损探伤。它可以工作到 10Hz 以下直到直流，这在金属材料的深层检测中具有很大的优势。此外，高温 SQUID 的探测线圈与室温样品的距离可以更近，因此无论信噪比还是价格都有优势。

国外利用 SQUID 已经能够实现对飞机机翼的内部缺陷、金属材料的腐蚀性、桥梁建筑、集成电路中的短路等进行定位与检测等。

（3） *大地测量*　SQUID 能探测超低频的信号，因此对于深层的大地电磁测量，有十分明显的优越性。

（4） *其他应用*　作为超低频信息接收系统，可用于深水下潜艇信号的接收。

图 5-63 给出了美国 Quantum Design 公司生产的 MPMS SQUID VSM 型 DC SQUID 磁强计的外形。该磁强计的灵敏度≤10^{-8} emu，数据平均时间只有 4s。它既有振动样品磁强计的速度，又有 SQUID 的灵敏度，是精密磁场研究的重要手段。

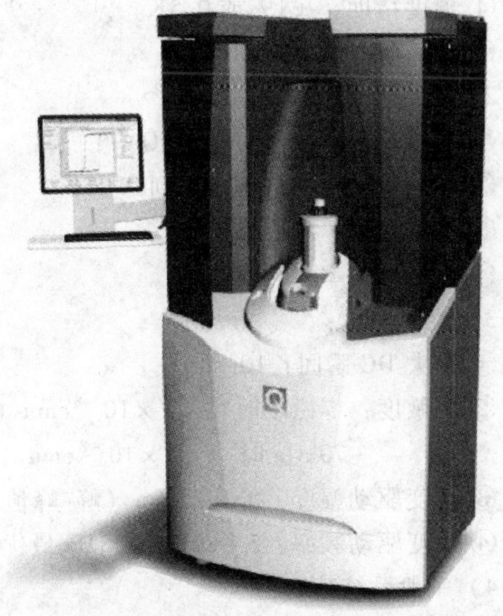

图 5-63　MPMS SQUID VSM 型 DC SQUID 磁强计

图 5-64 是 MPMS SQUID VSM 型 DC SQUID 磁强计的内部结构。它包括计算机控制系统、系统控制电子部件、杜瓦瓶、7T 蒸汽冷却超导磁体等。

MPMS SQUID VSM 型 DC SQUID 磁强计的性能指标如下：

1） 温度控制：

① 操作范围：1.8～400K。

② 冷却速率：30K/min（15min 内稳定地从 300K 降到 10K）；10K/min（5min 内稳定地从 10K 降到 1.8K）。

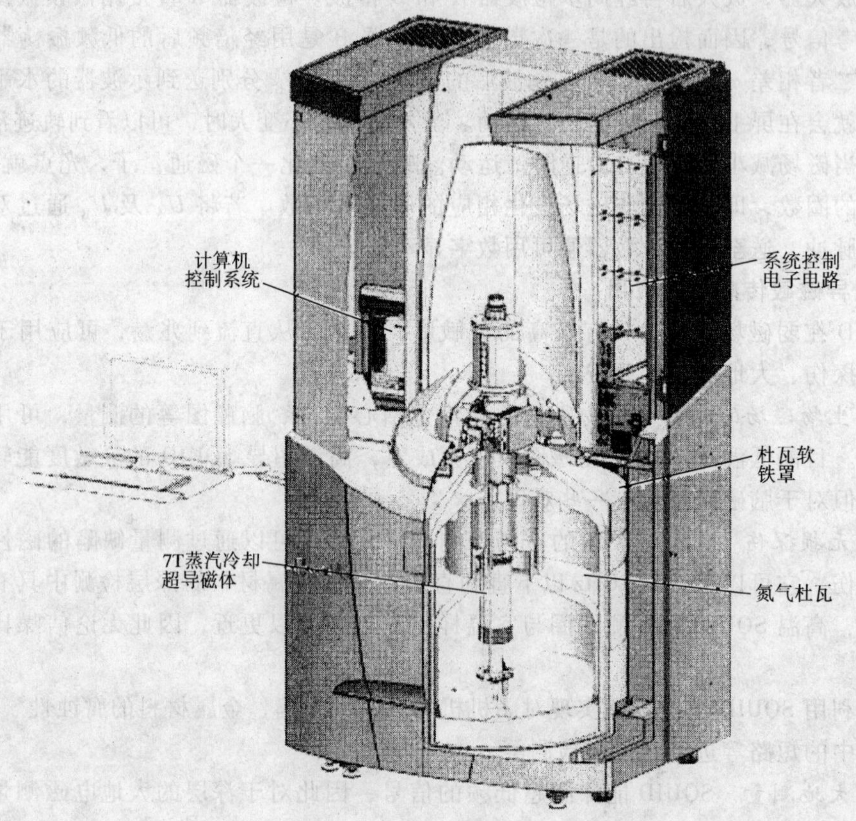

图 5-64 MPMS SQUID VSM 型 DC SQUID 磁强计的内部结构

③ 温度稳定性：±0.5%。

④ 温度精度：±1%或0.5K。

⑤ 样品腔直径：9mm。

2）磁场控制：

① 磁场范围：-70 ~ +70kOe。

② 磁场均匀性：4cm 内达到0.01%。

③ 充磁速率：4 ~ 700Oe/s。

④ 充磁分辨率：0.33Oe。

3）磁化测量：

① 最大 DC 瞬间：10emu。

② 灵敏度：零磁场时 $<1\times10^{-8}$emu（4s 平均）

70kOe 时 $<5\times10^{-8}$emu（4s 平均）

③ 可变驱动幅度：0.1 ~5mm（峰-峰值）。

④ 可变驱动频率：5 ~80Hz（28Hz 最优）。

4）一般系统特性：

① 电源要求：AC190 ~240V。

② 液氦使用：4L/天（典型）+0.05L/每次样品冷却。

③ 液氦容量：65L。

④ 液氮使用：5L/天（典型）。

⑤ 液氮容量：60L。

⑥ 最大保持时间：12天（典型）。

5.6 光纤磁敏传感器

光纤磁敏传感器在磁场的精确测量以及军用（战场打雷、潜艇和水下设施探测）等方面都有着重要的用途。光纤磁敏传感器主要分为两类：利用法拉第效应的光纤磁敏传感器和利用磁致伸缩效应的光纤磁致伸缩传感器。

5.6.1 法拉第效应光纤磁敏传感器

1. 法拉第光纤磁敏传感器的结构

典型的法拉第光纤磁敏传感器结构如图5-65所示。它包括光源、探测器、光纤、调制器等几部分。通常，调制器就是光纤本身，我们称之为功能型光纤磁敏传感器，若调制器不是光纤，那么称之为非功能型光纤磁敏传感器，本章重点探讨功能型光纤磁敏传感器。

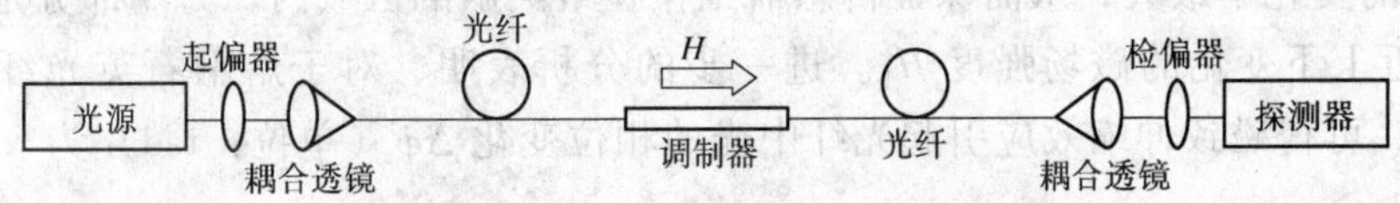

图5-65 法拉第光纤磁敏传感器的结构

2. 法拉第光纤磁敏传感器的原理

(1) *法拉第旋光效应* 法拉第旋光效应是指一束线偏振光通过位于磁场中的介质时，其偏振面发生旋转的现象，此时有

$$\theta = VHL \tag{5-82}$$

式中，θ是偏振面的偏转角；L为光通过介质的路径长度；H是磁场强度；V是物质的特性常数（即费尔德常数，与介质的性质和波长、温度有关）。可以看出，只要测出了θ，且V和L又已知的话，那么就可以求出磁场强度H。

(2) *光纤法拉第磁敏传感器的机理* 把外磁场H纵向施加于单模光纤上，就可使光纤中的模式偏振方向发生旋转，检测出相应的法拉第旋转角即可测出磁场。大多数SiO_2光纤的费尔德常数只有2.5×10^{-30}A左右，所以法拉第方法一般用来检测高磁场。但采用特种光纤也能提高测量的灵敏度，如掺稀土离子的保偏光纤理论灵敏度有可能达到10^{-8}T/m。

5.6.2 磁致伸缩效应光纤磁场传感器

1. 磁致伸缩效应光纤磁场传感器的结构

三种典型的探头结构形式：①在磁致伸缩圆柱体或芯轴的圆周上粘以光纤；②在光纤表面上包上一层均匀的金属护套；③在金属带上粘以圆柱体光纤。三种形式示于图5-66。

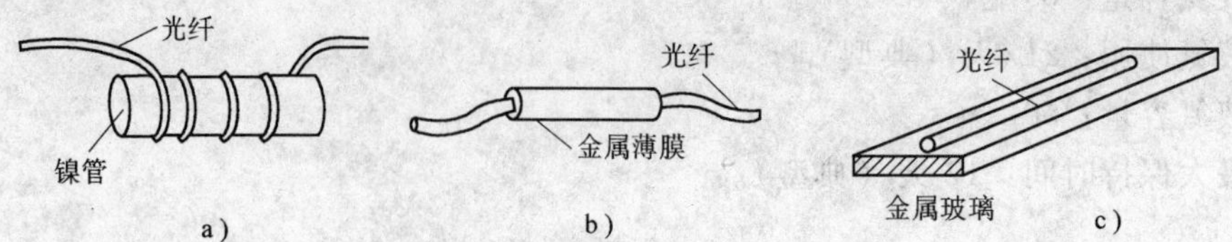

图 5-66　磁致伸缩效应光纤磁场传感器的结构

2. 磁致伸缩效应光纤磁场传感器的原理

在外磁场作用下，磁性材料尺寸会发生变化的现象称为磁致伸缩效应。

如果把磁性材料被覆在光纤上，使得光纤和被覆材料一起，随着外磁场而发生形变，从而导致光纤中所传输的光的光程和相位发生变化，以此来测量磁场的光纤传感器，称为磁致伸缩效应光纤传感器。

假定加在光纤被覆材料上的磁场强度为 H，则它所引起的光纤的纵向应变 S 可表示为

$$S = \Delta L/L = KH^{\frac{1}{2}} \tag{5-83}$$

式中，L 是被覆材料的长度；K 是与被覆材料有关的常数（镍的 $K \approx -8.9 \times 10^{-5}$ $(\mathrm{A/m})^{1/2}$）。

外加总磁场强度 H 包括两个部分：一是作偏置用的直流恒定磁场强度 H_0，其选定应使应变随磁场的变化率最大，从而保证传感器工作在最灵敏的区域内；另一部分是待测的随时间在 H_0 附近上下变化的磁场强度 H_1。进一步的分析表明，对于熔融石英光纤，取光波长 $\lambda = 1\mu\mathrm{m}$ 时，可得磁致伸缩效应引起光纤中光的相位变化 $\Delta\phi$（单位：rad）为

$$\Delta\phi = -24.4 \times 10^{-3} H_1 L \tag{5-84}$$

上式中，H_1 的单位是 T（特斯拉）时，光纤长度 L 的单位是 m。因此，只要测出了相位变化 $\Delta\phi$，就可以由式（5-84）得到相应的磁场强度 H_1。

磁致伸缩效应光纤磁场传感器通常是在马赫-曾德尔（Mach-Zehnder）干涉仪上用被覆或粘合有磁致伸缩材料的光纤作为测量臂。在被测磁场作用下，被覆材料会产生磁致伸缩现象，相应地测量臂上的光纤会产生纵向应变、横向应变和体应变。其中纵向应变会引起光程的改变，从而产生相移，使干涉仪中两束光的干涉条纹发生移动。通过对条纹移动数量的检测，即可获得相对于被测磁场的结果。磁致伸缩光纤磁场传感器是最灵敏的磁场传感器之一，因此，它一出现就引起了人们极大的关注。

5.6.3　光纤磁场传感器的应用

光纤磁场传感器的用途目前包括以下几个方面：

1）高压电气系统中磁场的测量。光纤磁场传感器的绝缘性能好、工作距离长且抗腐蚀，制造成本也相对较低，因而成为高压电气系统中磁探测器的首选。

2）能实现大动态范围、高灵敏度的磁场探测，这在地质勘探、生物医学工程、制导、航空航天、工业检测等领域有着重要而广泛的应用，特别是在军事上可作为探测潜艇、鱼雷的重要工具。

3）能测量磁场梯度，可用于地雷等地下埋藏物的探测。

4）可用于高能等离子诊断、电磁信号探测以及磁光罗盘的航向测定等。

5.7　微波传感器

5.7.1　微波的概念、特点及应用

1. 微波的概念

微波是无线电波的一种，其波长为1mm～1m（频率范围约为300MHz～300GHz），包括了电磁波谱中分米波、厘米波、毫米波等波段。微波的波段细分还常用字母符号来表示，如UHF、L、LS、S、C、XC、X、Ku、K、Ka、Q、U、M、E、F、G、R等波段，其频率范围从0.3～1.12GHz到220～325GHz不等。电磁波谱中，微波的上下邻分别是：短波（波长长于微波，波长范围为1m～100m）；亚毫米波（含部分远红外波，波长短于微波，波长范围1～0.1mm）。

2. 微波的特点

与光、声、热等比较起来，微波具有很多重要的特点，此处列出的主要是与微波传感有关的内容。

(1) *反射性、直线传播性及集束性*　微波的波长从数毫米到一米之内，因此当用它来照射飞机、导弹、轮船、火箭、汽车、建筑物等时会产生强烈的反射，据此人们发明了雷达系统。其次，微波还有直线传播特性，故可以定向传输或接收由空间传来的微弱信号，从而实现微波通信或探测（微波定向辐射的装置较容易制造）。微波与声波也有相似的特征，如微波波导类似声学中的传声筒，天线类似声学中的喇叭等。

(2) *穿透性*　微波能深入到介质的内部，能够穿透云、雪、雾、火焰、灰尘、强光等，基本不受其影响，从而实现全天候的微波通信和遥感。微波对于电离层具有透射特性，因此成为人类探索外层空间的“无线电窗口”，广泛用于空间通信、卫星通信、卫星遥感和射电天文学等领域。微波还能穿透生物体，这是微波生物医学的基础。除此之外，微波还能深入地下，为地下目标（如地雷、城市地下管网、地下墓葬）的无损探测提供了重要的手段。

(3) *微波的热效应*　微波能量会使物体内部的分子相互碰撞、摩擦，从而使物体发热，将电磁能转换为热能。介质对微波的吸收与介质的介电常数成比例，水对微波的吸收作用最强。在传感器技术中，利用这种效应可以测量粮食、木材、生丝等的含水量。

(4) *散射特性*　微波照射在物体上后，有一部分会被散射。散射波携带了大量关于散射体的信息。通过对其频域、相位、极化、时域等多种信息的分析，可以进行目标的特征识别，这是实现微波遥感、雷达成像等领域研究的基础。

(5) *抗低频干扰特性*　微波波段的频率与地球周围的噪声和干扰源的频率成分差别较大，故而在传感系统中，只要设置了微波滤波器，系统基本上就不会受低频干扰的影响。

(6) *分布参数的不确定性*　微波频率很高，因此其电路参数不能用集总参数来表示，必须用随时间、空间变化的分布参量来表征，而分布参量的不确定性则增加了微波理论与技术的难度及微波设备的成本。

微波设备目前正向着更高频段、宽频带、高功率、数字化、高可靠性、小型化等方面发展。微波技术也正向毫米波和亚毫米波波段迅速迈进，并且已经获得了广泛的实际应用。

3. 微波技术作为信息载体的应用

微波技术的应用包括两个方面：一是作为信息载体；二是微波能。以下主要讨论与传感技术有关的信息载体方面的应用。

（1）*微波雷达* 现代雷达大多属于微波雷达，它主要是利用微波对目标的反射特性来进行目标探测和定位的，其应用包括：

1）跟踪与定位：对目标的方位、距离和速度进行准确测定，以发现敌方的飞机和舰船；可以跟踪、侦察导弹和火箭；能够测定炮位等。

2）导航与控制：飞机、舰船的导航；卫星的跟踪；宇宙飞船的控制等。

3）天气预报：测定风速、风向，测定雨和雪的分布、云层的高度与厚度，以进行天气预报。

4）地下目标无损探测：可使用冲击脉冲探地雷达来进行探雷、地下公用管线的测量、古墓葬的勘探等。

（2）*微波无源探测* 可用于探测隐身飞机。

（3）*微波测量* 可使用弱功率的微波对各种电量和非电量（如长度、速度、湿度、温度等）进行非接触式的测量，特别适用于生产线的测量或生产过程的自动控制。目前应用最多的是湿度测量，如原油、煤、酒精、木材、生丝等的含水量测量。

5.7.2 微波传感系统的原理、特点及关键部件

微波传感系统是指利用微波的特性来实现对某些物理量进行测量的器件或装置。最重要的微波传感系统是微波雷达，它是利用大功率微波对目标的反射特性来进行目标探测和定位的。此外，还有利用被测物体对弱功率微波的吸收和反射特性来实现的微波测量系统，它包括反射式和透射式两类。

1. 微波雷达系统

（1）*雷达探测基本原理* RADAR（Radio Detection And Ranging）既能发现目标的存在（即雷达检测），又能进行目标参数的测量（雷达参数提取或雷达参数估值）。它是通过提取从目标反射或散射回来的电磁波中的幅度、相位、频率、时域及极化等多种信息，来实现测距、测向、测速及目标识别与重建的。其基本工作过程是：由发射机向空中发射电磁波，电磁波在传播过程中遇到物体产生反射，部分返回的电磁波回到雷达接收机，根据这部分从物体上反射回来的回波获得被测物体的有关信息。现代雷达系统还能识别目标的类型、姿态，实时显示航迹甚至实现实时图像显示等。

雷达方程是雷达的基本关系式，它决定了雷达的最大作用距离 R_{max}，其表达式如下：

$$R_{max}^4=\frac{P_t G_t G_r \sigma \lambda^2}{(4\pi)^3 L k T_e \Delta f \dfrac{S}{N}} \tag{5-85}$$

式中，P_t 为雷达发射机的峰值功率；G_t 为雷达发射天线的增益；G_r 为接收天线的增益；σ 为目标的有效反射面积；λ 为雷达发射波长；L 为损耗因子（包括发射传输线、接收传输线和电波双程传播损耗等）；k 为波尔兹曼常数，$k=1.38\times10^{-23}$J/K；T_e 为接收系统的等效噪声温度；Δf 为信号带宽；S/N 为雷达检测需要的信噪比。

从该方程可以得到雷达发射机输出功率、天线增益、系统损耗和接收机灵敏度等对雷达

作用距离的影响。

为了搜索、跟踪、分类和识别，需要测量目标的距离、方位、俯仰角等基本参量，高性能的雷达还要求能测量出目标的速度、加速度、目标回波的幅度起伏特性和极化特性以及其他的特征参数。以下简述目标位置与速度测量以及雷达成像的基本原理。

1）目标位置的测量：目标的位置由目标与雷达天线的距离（斜距 R）、目标的方位角（ϕ）、俯仰角（θ）等确定，如图5-67所示。其中：

① 目标斜距的测量公式

$$R = \frac{1}{2}ct \tag{5-86}$$

式中，c 为空气中光速，约等于 3×10^8m/s；R 为雷达与目标之间的距离；t 为微波从发射到返回后被接收所需要的传播时间。

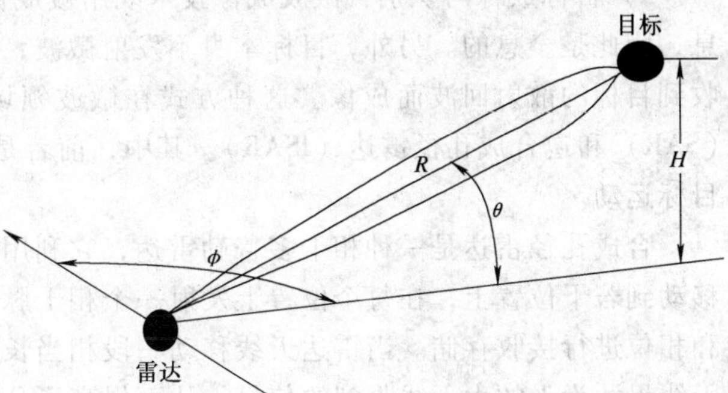

目标
R
H
θ
φ
雷达

图5-67 目标位置的确定

② 目标方位角和俯仰角的测量方法：当用尖锐的天线波束进行目标方位扫描时，雷达回波就会经历一个从无→小→大→小→消失的过程，其中回波最大时的方位角就是目标的方位角。天线波束越尖锐，测向就越精确。而要实现尖锐的波束，在工作频率一定时，可通过增大天线的口径来实现；在天线口径一定时，则可通过提高工作频率来实现。

若雷达天线波束在垂直方向上进行扫描，可用同样的方法测量出目标的俯仰角。

③ 目标高度的测量：测距和测角是雷达测量的基础，目标高度的测量则是在测距和测角基础上经几何变换得到的。由图5-67可看出

$$H = R\sin\theta \tag{5-87}$$

由于受地球曲率的影响，目标离地面的真实高度必须进行修正。其公式为

$$H = h + R\sin\theta + h_{修正值} \tag{5-88}$$

这里

$$h_{修正值} = \frac{R^2}{2\rho} \tag{5-89}$$

式中，h 为雷达天线高度；ρ 为地球曲率半径。

2）目标速度的测量：雷达对移动目标速度的测量是基于多普勒效应，即当雷达发射机与被测目标之间有相对运动时，从目标反射的回波信号的频率与发射信号的频率就会不同，两者之差称为多普勒频移 f_d。可以证明，当目标和雷达相互接近时，接收到的回波信号频率升高，亦即 $f_d > 0$；当目标和雷达相互远离时，接收到的回波信号频率下降，亦即 $f_d < 0$。多普勒效应指出，多普勒频移 f_d 与雷达振荡源发出的频率 f_0 以及目标相对于雷达的运动速度 v_r 之间的关系为

$$f_d = f - f_0 = f_0\frac{2v_r}{c} \tag{5-90}$$

式中，c 为光速。

由此可知

$$v_r = \frac{f_d c}{2f_0} \tag{5-91}$$

故只要测得移动目标的多普勒频移 f_d，就可利用上式求得飞行目标的速度，这就是雷达测速原理。

3）目标成像与识别：微波成像技术既用被成像目标散射的幅度信息，也用它的相位信息，因此是全息的。另外，目标本身不发射微波，因此得用一个微波发射源照射它，才能接收到目标的散射回波而成像。这种方式在微波领域习惯地称为雷达。它包括合成孔径雷达（SAR）和逆合成孔径雷达（ISAR）。其中，前者是雷达运动，目标不动；后者是雷达不动，目标运动。

合成孔径雷达是一种相干多普勒雷达，它利用雷达天线随运载工具的有规律运动而依次移动到若干位置上，在每个位置上发射一个相干脉冲信号，并依次对一连串回波信号的幅度和相位进行接收存储。当雷达天线移动一段相当长的距离 L 后，合成接收信号就相当于一个天线尺寸为 L 的大天线收到的信号，从而提高了分辨率。并根据这些数据通过高速实时数字信号处理技术，形成目标的图像。

目标识别则是对雷达接收到的来自于飞行目标的散射信号进行分析处理，以分辨出飞行目标的类别和姿态。它涉及到电磁散射理论、模式识别理论、数字信号处理及合成孔径技术等。

（2）*雷达系统的构成*　雷达系统包括微波传输系统（矩形波导、阻抗匹配器、功率分配器等）、天线系统（线天线、阵列天线及面天线）、发射机以及接收机、控制及显示设备等，现代雷达系统的构成原理框图如图 5-68 所示。

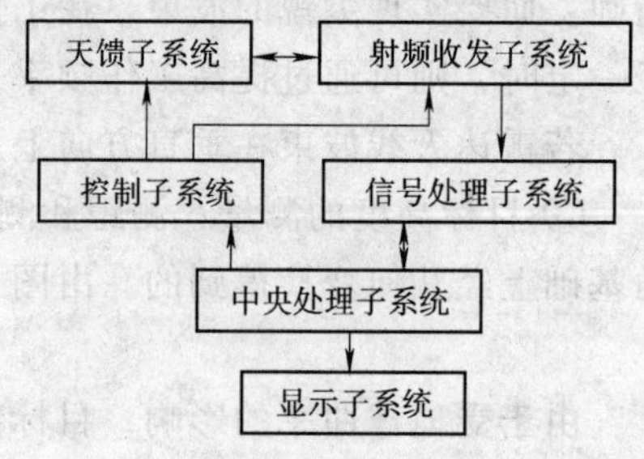

图 5-68　现代雷达系统的基本组成框图

2. 弱功率微波测量系统

（1）*弱功率微波测量系统的原理与分类*　弱功率微波测量系统包括主动式微波测量系统和被动式微波测量系统。其中，主动式微波测量系统由微波发射装置、被测介质以及微波接收和信号处理及显示装置等构成。这种微波测量系统又可分为反射式和透射式两类。反射式测量系统中，微波接收装置所收到的是经被测介质表面反射的微波信号，它直接测出的物理量一般是传播时间、反射波的频率、反射波的功率等，通常用于测量物体的位置、位移、厚度等参数；透射式测量系统中，微波接收装置接收到的是从被测介质透射出来的微波信号，它测量的主要是透射波的功率，通常它可用来判断发射天线与接收天线之间有无被测物体或被测物体的厚度、含水量等参数。

（2）*弱功率微波测量系统的特点*　作为一种新型的非接触式传感器，弱功率的微波传感测量系统具有如下特点：

1）宽频谱（300MHz～300GHz），可根据被测对象的特点选择不同的测量频率。

2）烟雾、粉尘、水气、化学气氛以及高、低温环境对微波信号的传播影响极小，因此可以在恶劣环境下工作。

3）反应速度快，时间延迟小，可以进行动态检测与实时处理，便于自动控制。

4）无须进行非电量到电量的转换，简化了传感器与微处理器间的接口，便于实现遥测和遥控。

5）非接触式测量。

（3）*微波传感系统的关键部件* 微波传感系统通常由微波发射器、微波天线及微波检测器三部分组成。

1）微波发射器及微波天线：微波发射器能够产生频率高达300MHz～300GHz的微波，其构成包括调速管、磁控管或某些固态器件，小型微波振荡器也可以采用体效应管。

微波振荡器产生的振荡信号需要用波导管（管长为10cm以上，可用同轴电缆）传输，并通过天线发射出去。为了使发射的微波具有尖锐的方向性，天线需具有特殊的结构，如喇叭形天线、抛物面天线、介质天线与隙缝天线等。其中喇叭形天线结构简单、制造方便，可以看作是波导管的延续，它在波导管与传播空间之间起匹配作用，可以获得最大的能量输出；抛物面天线则可使微波发射方向性得到改善。

2）微波检测器：电磁波作为空间的微小电场变动而传播，所以使用电流-电压特性呈现非线性的电子元件作为探测它的敏感探头。与其他传感器相比，敏感探头在其工作频率范围内必须有足够快的响应速度。作为非线性的电子元件，几兆赫以下的频率通常可用半导体PN结，更高的频率则可使用肖特基结。若灵敏度特性要求特别高，则可使用超导材料的约瑟夫逊结检测器、SIS检测器等超导隧道结元件。在接近光的频率区域，可使用由金属-氧化物-金属构成的隧道结元件。

微波的检测方法有两种：一种是将微波转化为电流的视频变化方式；另一种是与本机振荡器并用的外差法。

微波检测器性能参数主要有：频率范围、灵敏度-波长特性、检测面积、FOV（视角）、输入耦合率、电压灵敏度、输出阻抗、响应时间常数、噪声特性、极化灵敏度、工作温度、可靠性、温度特性、耐环境性等。

5.7.3 典型微波传感系统及其应用

1. 冲击脉冲探地雷达

（1）*冲击脉冲探地雷达及其结构组成* 冲击脉冲探地雷达是当前市场最大、应用最广泛的地下探测设备，可以探测深层、中层和浅层埋入目标。它是基于高频电磁波的散射和反射原理，通过对雷达接收信号的分析，来获得地下目标的性质、形状等特征信息的。原则上来讲，只要地下目标与周围介质在电磁特性上存在差别，利用冲击脉冲探地雷达就能够将该目标探测出来。

一般来说，冲击脉冲探地雷达包括如下几个主要部分：

1）冲击脉冲发生器。是冲击脉冲探地雷达的核心，现在多用雪崩管固体电路来实现。

2）脉冲开关、触发器、脉冲整形电路、时分电路。要求有好的频响。

3）脉冲激励级和功率放大器。适应于不同的探测深度，产生的冲击脉冲幅度高达几十或几百伏。

4）收发天线系统。

5）外部设备。包括信号处理和图像识别系统等。

（2）*冲击脉冲探地雷达的原理* 冲击脉冲探地雷达基于对目标瞬态电磁散射的测量。与经典时谐电磁场比较，瞬态电磁场中包含有目标的宽带信息，它与目标的几何形状、尺寸大小、目标属性等因素有密切关系，获得这些有关信息有助于目标识别。图5-69示出了冲击脉冲探地雷达的原理框图。由冲击脉冲信号源产生满足一定宽度要求的冲击脉冲，经功率放大后向地下发射。冲击脉冲被埋入目标反射后产生回波，该回波即反映了目标的存在。将接收到的微弱回波信号进行放大和处理即可进行显示和判读。

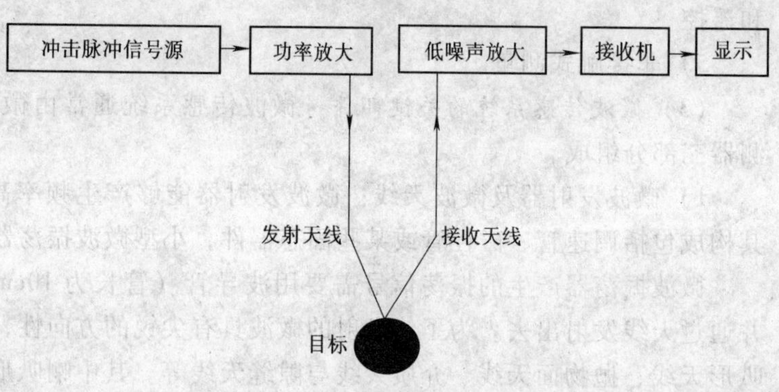

图 5-69 冲击脉冲探地雷达的原理框图

设图5-70中，雷达天线沿地表 x 向扫描，z 向为目标埋入深度的方向。设埋入地下的点状目标位于（x_0，z_0）处，且地球物质的相对介电常数 ε_r 已知。当雷达位于目标正上方 x_0 处时发射微波，若接收到回波时雷达还在 x_0 处，则 $z_0 = vt_0/2$，t_0 为雷达从发射微波到接收到回波所需时间。若接收到回波时雷达位于位置 x 处，则雷达从发射微波到接收到回波所需的时间 t 可以表示为

$$t = \frac{t_0}{2} + \frac{\sqrt{(x - x_0)^2 + \left(\frac{vt_0}{2}\right)^2}}{v} = \frac{t_0}{2} + \frac{\sqrt{(x - x_0)^2 + \left(\frac{ct_0}{2\varepsilon_r}\right)^2}}{c/\varepsilon_r} \tag{5-92}$$

可以看出，t 和 x 的关系近似为顶点位于（x_0，z_0）的双曲线。如果地下有许多点状目标，相应的有顶点位于不同位置的双曲线；如果地下埋入目标不是点状，而是任意形状，则目标回波是双曲线族，或双曲线组合。

(3) 冲击脉冲探地雷达的特点

1）距离分辨率高，使用 ns 级脉冲的距离分辨率可达 cm 量级。

2）能穿透树叶、植被、地面和墙壁来探测地下浅层、墙内或任意分层媒质中埋入的目标。例如地雷、工事、军事设施、窃听器、收转台等。

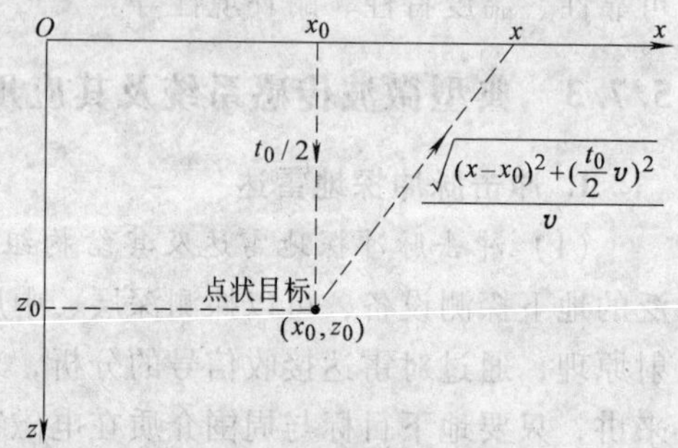

图 5-70 冲击脉冲探地雷达探测点状目标

3）很多地下深层探测，如地质结构、地下水、空洞、墓穴等，一般也都使用冲击脉冲体制探测设备。

4）抗干扰能力强，频谱很宽，不易受外来信号干扰。

5）能够提供与目标形状相对应的双曲线族，有助于对埋入目标的定位和识别。

6）可以实时地显示较为清晰的两维或三维目标图像。

7）由于地层结构多样，地表干扰严重，所以现在的产品或设备还不能完全满足探测的实际需要。

(4) 冲击脉冲探地雷达产品及其应用　冲击脉冲雷达是在20世纪60年代由美国首先

研制成功的。我国从20世纪70年代开始瞬态电磁理论研究和冲击脉冲探地雷达关键部件的研制，目前已有定型产品。

在探雷方面，冲击脉冲雷达的显著优势是可以利用雷达回波的时域特性和合成孔径技术实现对地雷目标的二维及三维层析显示。国内外已有很多成功的应用实例。下面所给出的几个实例均来源于相关文献（周学松著的《地下目标无损探测技术》及倪宏伟、房旭民编著的《地雷探测技术》等）。其中，图5-71给出的是欧洲探雷研究中心研制的探雷雷达及其成像效果，图5-72给出的是我国自行研制的冲击脉冲雷达成像探雷系统及其探雷结果。

冲击脉冲雷达的另一个重要应用是地下公用管线探测图示系统。早在20世纪80年代末期，美国Ohio州立大学就研制了一套地下公用管、线探测图示系统，其核心设备是冲击脉冲探地雷达。在比较干燥的土壤中，它可以探测并定位埋设地下约3.5m的管线分布，在潮湿土壤条件下，其探测范围则会受到许多限制。

冲击脉冲地下公用管、线图示系统主要由三部分组成，即冲击脉冲探地雷达、天线和计算机等。其中，冲击脉冲探地雷达的主要电路、计算机以及一台7kW的发电机安装在一小型货车上；天线系统、位置传感器和脉冲冲击发生器则安装在另外一部小型手推车中。

a)

b)

c)

图5-71　欧洲探雷研究中心研制的探雷雷达及其成像效果

a）欧洲探雷研究中心的探雷雷达　b）地雷目标　c）探雷雷达的三维成像结果

a)

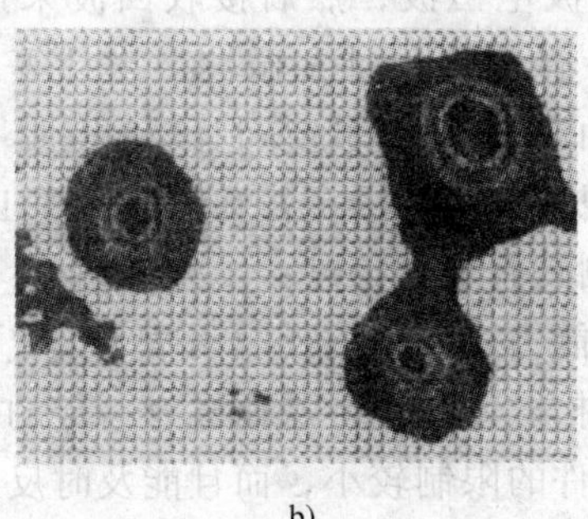

b)

c)

图5-72　国产冲击脉冲雷达成像探雷系统及探测结果

a）成像探雷原理试验系统　b）二维成像显示　c）三维成像显示

使用上述装置测量时，需把待测区域划分成许多矩形块，然后天线车沿图中虚线扫描移动。其次，操作员在计算机中输入必要的参数，例如：探测区的长度、宽度、采样间距、现场土壤条件等数据，测试系统即可自动工作，并完成数据处理和实时记录、显示、绘图。图5-73示出了冲击脉冲地下公用管、线图示系统实际测量的方法。

冲击脉冲 NDE（Nendestructive Evaluation）系统是一套超宽带时域微波冲击脉冲雷达，由美国Illinois 大学在20世纪末研制，其优点是空间分辨力高、获取的目标信息丰富、测量时间短，但与频域系统比较其信噪比较低。为了改进和提高NDE系统的信噪比，相继又使用了平均值法、时间门法和小波分析等数据处理技术。分析表明，微波冲击脉冲 NDE系统和逆散射图像处理技术可以满足一般民用地下目标探测要求的精度和分辨力。

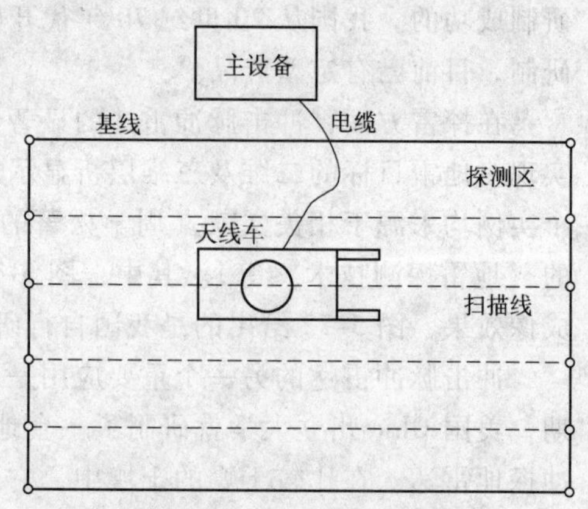

图 5-73 冲击脉冲地下公用管、线图示系统实际测量

另一种新型的探地雷达是极窄冲击脉冲探地雷达，又称超短冲击脉冲探地雷达，它是近年来正在研制的新型探地设备，其主要特点是探测目标分辨力高，一般都在 mm 量级，如果冲击脉冲取 10ps 左右，分辨力可以小于 1mm。2003年俄罗斯开发出了极窄冲击脉冲地下目标探测研究开发平台和手持式超短冲击脉冲探测器。这些探测器可用于探测地雷、地下以及墙内的军事和安检目标，还能够有效地识别目标的属性，判别金属、非金属及复合物，也可用于地下管线探测、路基勘察、建筑结构检查、考古等。

2. 微波遥感系统

(1) *微波遥感系统的概念、分类及特点* 微波遥感系统即工作于微波波段的遥感系统，它是通过接收由目标辐射或反射的微波粒子（噪声）来实现对目标信息检测的，它分为两种类型：

1）直接接收地面物体发射的微波电磁波的，称为无源微波遥感系统；它只能测量物体本身辐射的电磁波，因而需要较高的灵敏度，它包括微波辐射计和微波扫描仪。

2）对地面物体发射微波电磁波，然后接收回波来进行测定的，称为有源微波遥感系统。它包括空载侧视雷达、微波高度计和微波散射计等。回波的强度同照射的变化情况无关，因而获得的图像稳定而清晰，比较容易判读和识别。其中，侧视雷达使用比较广泛，它可以装在飞机左右两侧或卫星上，利用多普勒频移原理工作，分辨率较高。

利用微波进行遥感遥测具有下述特点：

1）具有全天候的工作能力，不受昼夜、阴晴等天气的影响。

2）微波对地表植被、松散沙层、干燥冰雪有一定的穿透能力。

3）收集资料受地理条件的限制较小，而且能及时反映地面的动态情况。

用作微波遥感器的雷达能获得与光学成像相比美的高质量图像，它不但记录了振幅信息，而且还能记录相位信息，因而被称为全息技术。

微波遥感器一般装在飞机上或地球资源卫星上，对地面进行测定，测得结果可用电信送回地面，当然也可用各种方法记录或存储起来以便回收后使用。

(2) *微波辐射计的原理、构成及性能参数*

1）辐射测量的基本概念：温度为 T、处于热动态平衡中的黑体，按照普朗克辐射定律辐射的能量为

$$P_{总} = kTB \tag{5-93}$$

式中，k 为波尔兹曼常数；B 为系统带宽；$P_{总}$ 为辐射功率。

在同样的温度下，非理想物体只是部分地反射入射的能量，其辐射功率为

$$P = ekTB = kT_B B \tag{5-94}$$

式中，$T_B = eT$ 称为辐射亮温；e 称为辐射率，$0 < e < 1$。几种常见物体如水、混凝土、沥青、矮草等的微波辐射率如表5-8所示。

表5-8　几种常见物体的微波辐射率

物体	入射角为30°	入射角为45°	物体	入射角为30°	入射角为45°
水	0.41	0.34	矮草	0.98	0.94
混凝土	0.88	0.80	大豆	0.96	0.96
沥青	0.89	0.82			

辐射计所测量的总亮温是观察场点、观察角、频率、极化、大气衰减和天线方向性的函数，故而由测得的亮温可以推论出有关现场的信息。

2）微波辐射计的基本原理及特性参数：微波辐射计的组成通常包括天线（作用：提供空间分辨能力、收集辐射能量）、接收机（作用：将接收到的功率转换成所需电压）、信号处理及显示设备等几大部分。

天空的微波辐射被天线所接收，送入接收机，设 θ 为天线的半功率角，υ 为辐射波长，则天线接收的能量为 $I_A(\theta,\upsilon)$，它若用天线温度 $T_A(\theta,\upsilon)$ 表示，按辐射定律有

$$I_A(\theta,\upsilon)\,d\upsilon = \frac{2k\upsilon^2}{c^2} T_A(\theta,\upsilon)\,d\upsilon \tag{5-95}$$

而天线温度 $T_A(\theta,\upsilon)$ 和天空亮度温度 $T_b(\theta,\upsilon)$ 的关系为

$$T_A(\theta,\upsilon) = \int_{\Omega} T_b(\theta,\upsilon) G\,d\Omega \tag{5-96}$$

式中，G 为天线增益；Ω 为立体角。

若天线的张角为 Ω_A，目标物的张角为 Ω_B，目标物不能充满波瓣（$\Omega_A > \Omega_B$）时，有

$$T_A = \frac{\Omega_B}{\Omega_A} T_b + \frac{\Omega_A - \Omega_B}{\Omega_A} T_G \tag{5-97}$$

式中，T_b 为目标的亮度温度；T_G 为背景的亮度温度。

若目标物远远大于天线张角，天空为无限扩展的面源，充满波瓣的目标亮度温度即为天线温度，因此

$$T_A(\theta,\upsilon) = T_b(\theta,\upsilon) \tag{5-98}$$

天线的波导传输是偏振的，只允许一半的能量进入接收机，进入接收机的功率 P 为

$$P = kT_A \Delta\upsilon \tag{5-99}$$

式中，k 是玻尔兹曼常数；$\Delta\upsilon$ 是通频带；T_A 为天线温度。若 $T_A = 300\text{K}$，$\Delta\upsilon = 20\text{MHz}$，$P = 10 \sim 12\text{W}$，要能分辨出1K的信号需要能测到 $10 \sim 16\text{W}$ 的功率，因此，雷达接收机不能满足我们的要求。

天线是微波辐射计接收机的前端，天线方向图（代表在不同方向上的接收辐射功率比）和天线的波瓣角决定了它的分辨能力。图5-74中，因波瓣和旁瓣相差较多，很多情况下只

考虑主波瓣。以主波 1/2 功率处划界，可得半功率角 θ。在主波瓣 2θ 角以内，全部接收；2θ 角之外则舍弃。2θ 内，角度分辨力 $\beta_{2\theta}$ 可表达为

$$\beta_{2\theta}=K\frac{\lambda}{D} \tag{5-100}$$

式中，K 是常数；λ 是波长；D 是天线直径。

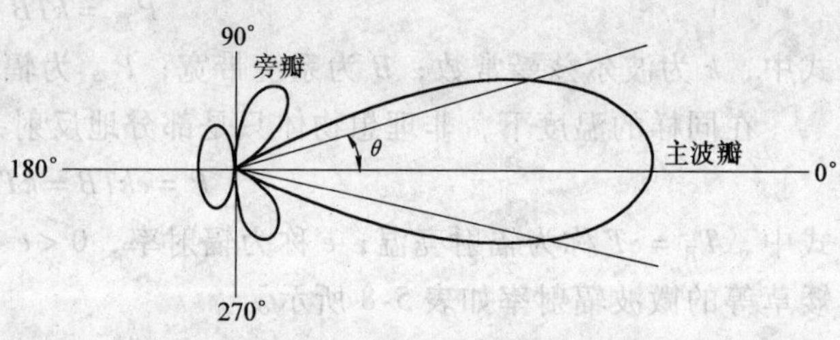

图 5-74　天线方向图和波瓣角

对喇叭天线和抛物面天线，$K=1$；对相控阵天线，$K<1$。从式(5-100) 可以看出，要分辨率高，就要加大天线直径 D，或使用短的波长 λ。天线太大，对机载、卫星都有困难。使用短的波段也有一定的限度，微波遥感使用的最短波长为 $\lambda=3\text{mm}$ 或 $\lambda=1.4\text{mm}$，波长再短，则用微波方法目前尚有困难。

灵敏度就是接收机能够分辨天线温度 T_A 的最小值（即天线温度阈值 ΔT_A），低于此值接收机就无法分辨，ΔT_A 愈小灵敏度愈高，ΔT_A 表达式如下：

$$\Delta T_A=\frac{\alpha(T_R+T_A)}{\sqrt{B\tau}} \tag{5-101}$$

式中，T_A 是天线温度；T_R 是整机的噪声温度；α 为常数（$\alpha=-2$）；τ 是积分时间；B 是接收机的通频带。从式(5-101) 可以看出，要提高灵敏度必须降低整机噪声温度 T_R，加宽通频带 B，或增长积分时间 τ。在遥感中，常用的通带为 250MHz（包括镜像频率），积分时间为 1～100s，接收机灵敏度水平 $\Delta T_A=0.1\sim2\text{K}$。

综上所述，分辨率和灵敏度是一对矛盾的因子，根据具体的问题有所取舍。同样，取样速度依赖于积分时间，它和灵敏度又是一对矛盾的因子，特别是对卫星和机载，都是通过提高取样速度而牺牲灵敏度的。

3）总功率辐射计：典型的总功率辐射计框图如图 5-75 所示。因为天线指向亮温为 T_B 的背景场点，天线功率将为 $P_A=kT_BB$，接收机本身的噪声可以用接收机输入端的功率 $P_R=kT_RB$ 来表征（T_R 为接收机的噪声温度），故辐射计的输出电压可表示为

$$U_0=G(T_B+T_R)kB \tag{5-102}$$

式中，G 是辐射计的总增益。

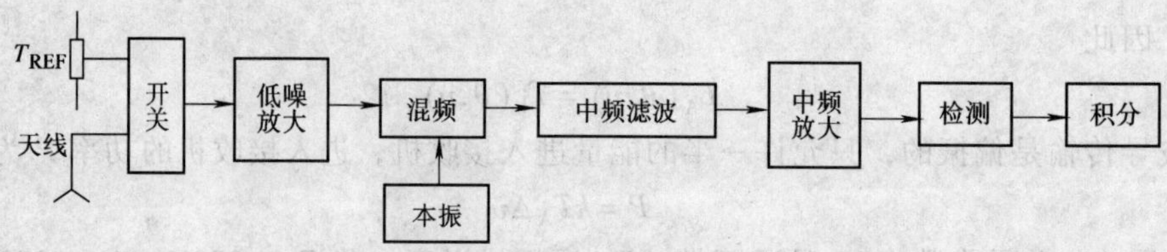

图 5-75　总功率辐射计框图

总功率辐射计的主要误差有两种：一是噪声波动对亮温测量的影响 ΔT_N。因噪声是随机的，故所测得的噪声功率从一个积分周期到下一个积分周期可能变化，通过积分器可对 U_0 中的波纹起到平滑的作用。ΔT_N 的表达式如下：

$$\Delta T_{\mathrm{N}}=\frac{T_{\mathrm{B}}+T_{\mathrm{R}}}{\sqrt{B\tau}} \tag{5-103}$$

可以看出，如果测量时间 τ 足够长，那么 ΔT_{N} 将可忽略。

总功率辐射计的第二种误差来自于系统增益 G 的随机变化。它的周期一般是 1s 或更长，一般出现在 RF 放大器、混频器或中频放大器中。若系统用某一定值 G 校准，由于测量过程中 G 的变化（ΔG 是系统增益 G 的方均根变量）而引起的测量误差公式如下：

$$\Delta T_{\mathrm{G}}=(T_{\mathrm{B}}+T_{\mathrm{R}})\frac{\Delta G}{G} \tag{5-104}$$

4）迪克型微波辐射计：迪克型微波辐射计能用来接收微波遥感大气参数。常用的并列通道迪克辐射计的原理如图 5-76 所示。其中心工作频率为 $f_1=23.8\mathrm{GHz}$ 和 $f_2=31.65\mathrm{GHz}$，灵敏度 $\Delta T_{\min}$ 优于 0.3K，天线增益 $G\geqslant 38\mathrm{dB}$。

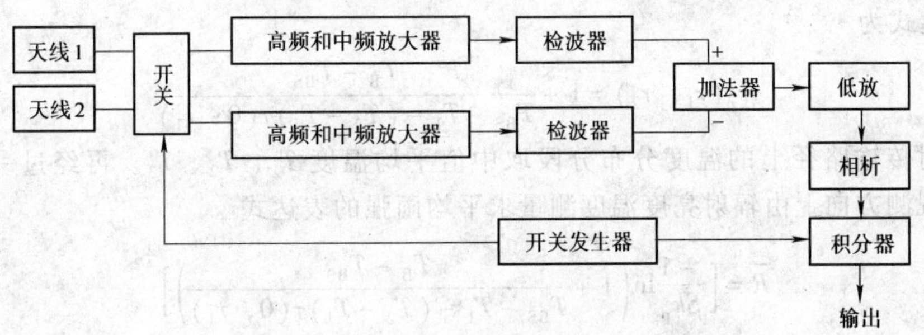

图 5-76　迪克型并列通道微波辐射计

5）微波辐射计的应用：微波辐射计可用在环境监测（如沙子潮湿度的测量、海洋表面的风速测量、洪水绘图、大气层温度的轮廓描绘、雪层/冰层的测绘、大气层湿度的轮廓描绘等)、军事（如目标检测、监视、目标确认、绘图等)、天文学（如行星绘图、银河星系射电噪声目标的测绘、太阳辐射测绘、宇宙黑体辐射的测量等)。下面给出利用微波辐射计测量降水以及测温的例子。

① 微波辐射测量降水：如图 5-77 所示，微波辐射计以一定仰角 θ 沿视线 r 方向测量，设雨区发生在 r_1 至 r_2 区间，则 θ 方向的大气辐射亮度温度 T_{B} 由三个部分构成：一是辐射计到雨区前边界之间（$0,r_1$）的大气辐射的贡献 T_{B1}，可以表示如下：

$$T_{\mathrm{B1}}=\int_0^{r_1}T(r)\tau(0,r)k_{\mathrm{a}}(r)\mathrm{d}r \tag{5-105}$$

式中，$T(r)$ 为在 r 处大气物理温度；$k_{\mathrm{a}}(r)$ 为体积衰减系数；$\tau(0,r_1)$ 为辐射计至雨区前的大气透过率。

θ 方向大气辐射亮度温度 T_{B} 的第二个组成部分是雨区内（r_1,r_2）大气和降水的微波辐射 T_{B2}，其表达式如下：

$$T_{\mathrm{B2}}=\tau(0,r_1)\int_{r_1}^{r_2}T(r)\tau(r_1,r)k_{\mathrm{a}}(r)\mathrm{d}r \tag{5-106}$$

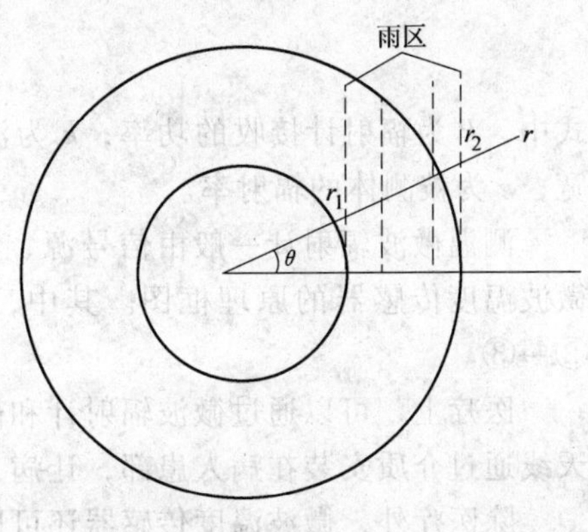

图 5-77　微波辐射计测雨示意图

式中，$\tau(r_1, r_2)$ 为雨区区间的大气透过率。

θ 方向大气辐射亮度温度 T_B 的第三个组成部分是雨区以外大气辐射的贡献 T_{B3}，可表示如下：

$$T_{B3}=\tau(0, r_1)\tau(r_1, r_2)\int_{r_2}^{\infty}T(r)\tau(r_2, r)k_a(r)\mathrm{d}r \tag{5-107}$$

由上述三式，可得 θ 方向的大气辐射亮度温度 T_B 为

$$T_B=T_{B1}+T_{B2}+T_{B3}=\int_0^{r_1}T(r)\tau(0,r)k_a(r)\mathrm{d}r+\tau(0,r_1)\int_{r_1}^{r_2}T(r)\tau(r_1,r)k_a(r)\mathrm{d}r+\tau(0,r_1)\tau(r_1,r_2)\int_{r_2}^{\infty}T(r)\tau(r_2, r)k_a(r)\mathrm{d}r \tag{5-108}$$

设雨区内降水部分的透过率为 $\tau_p(r_1, r_2)$，那么由降雨时的辐射亮度温度 T_B 和降雨发生前的背景辐射亮度温度 T_{BS} 之差（T_B-T_{BS}），就可以得到雨区内降水部分透过率 $\tau_p(r_1, r_2)$ 的表达式为

$$\tau_p(r_1, r_2)=1+\frac{T_B-T_{BS}}{T_{BS}-T_1-(T_2-T_1)\tau(0, r_1)} \tag{5-109}$$

其中，辐射传输路径上的温度分布分段取中值平均温度 T_1、T_2、T_3。再经过一定的推导，可以得到观测方向上由辐射亮度温度测量求平均雨强的表达式

$$\overline{R}=\left[\frac{-1}{Sk_p}\ln\left(1+\frac{T_B-T_{BS}}{T_{BS}-T_1-(T_2-T_1)\tau(0, r_1)}\right)\right]^{\frac{1}{b}} \tag{5-110}$$

式中，$S=r_2-r_1$ 为雨区宽度，需要预先确定；k_p 为雨强吸收系数。

如果将辐射计天线指向天顶方向测量本站的降雨强度 R，这时上述雨强表达式中的雨区宽度 S 即为降雨高度 H，T_1 和 T_2 可用大气平均温度 T_m 代替，这种情况下可以得到：

$$R=\frac{1}{Hk_p}\ln\left(\frac{T_m-T_B}{T_m-T_{BS}}\right)^{\frac{1}{b}} \tag{5-111}$$

② 微波辐射测温：任何物体，当它的温度高于环境温度时，都能够向外辐射热能。微波辐射计就是通过对自然界中物体微弱的热辐射微波信号进行非接触式的测量来得到其温度的。由普朗克定律知，微波辐射取决于温度，故通过对辐射的测量即可估算出对应的温度。目前，微波辐射计的温度分辨率一般可达 0.3℃左右。

研究可知，微波辐射计所测得的物体温度可表示为

$$T=\frac{P}{kB\varepsilon} \tag{5-112}$$

式中，P 为辐射计接收的功率；k 为波尔兹曼常数，$k=1.38\times10^{-23}$J/K；B 为辐射计的带宽；ε 为被测体的辐射率。

测温微波辐射计一般由信号源、测量单元、测量头、计算机等构成。图 5-78 示出的是微波温度传感器的原理框图。其中，环行器所起的是单向器的作用，即信号流向为①→②→③。

医疗上，可以通过微波辐射计和微波治疗仪完成对肿瘤组织的测温和治疗。通常把微波天线通过介质安装在病人患部，让病人躺在介质台上以进行测量和治疗。

除医疗外，微波温度传感器还可以装在航天器上，遥测大气对流层的状况，可以进行大地测量与探矿，可以遥测水质污染程度，确定水域范围，判断植物品种等。

(3) 微波散射计 微波散射计的工作原理是：首先向目标物体发射微波波束，然后接收其回波。由于各种物体对微波的散射特性各不相同，故可接收到强度各不相同的散射波，通过对散射波的分析，就可确定物体的散射特性。

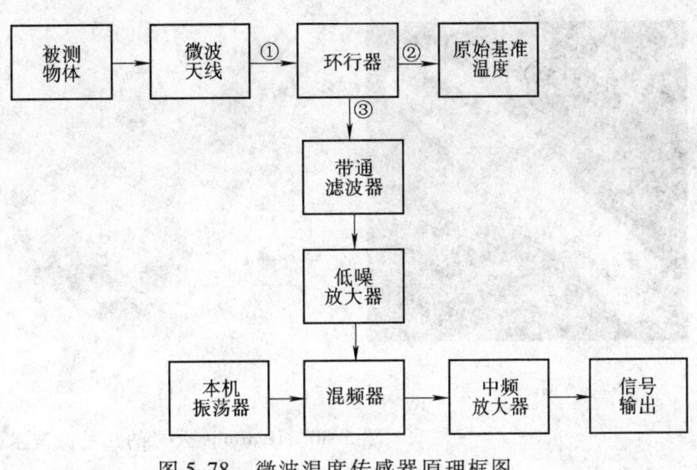

图 5-78 微波温度传感器原理框图

微波散射计主要包括发射机、接收机、环行器及天线四个部分。发射机的任务是发射微波波束；接收机则用来接收散射的回波；环行器主要用于将接收机和发射机分隔开，使其不致相互干扰；天线是收发公用的，发射时不接收，接收时不发射，也不会引起干扰。

实际测得的散射系数不仅与物体的复介电常数、物体表面的粗糙度等有关，也与散射计参数如频率、功率和极化方式有关，还同照射面积和方向有关。

3. 其他微波传感系统

(1) 微波含水量传感系统 位于微波场中的极性分子（如水分子）其相对复合介电常数 ε_r可表示为

$$\varepsilon_r = \varepsilon'_r + j\varepsilon''_r \tag{5-113}$$

式中，α 为常数；ε'_r表现为极性分子造成的微波信号相移；ε''_r表现为极性分子造成的微波信号衰减。干燥物体如木材、皮革、谷物、纸张、塑料等，其 ε'_r在 1 ~ 5 范围内，而水的 ε'_r则高达 64，ε''_r也有类似性质，因此，如果材料中含有少量水分子时，其复合 ε 将显著上升。使用微波传感器，测量干燥物体与含一定水分的潮湿物体所引起的微波信号的相移与衰减量，就可以换算出物体的含水量。

图 5-79 示出了一种介质含水量测试系统框图。其中参考介质与被测含水介质应是同类物质，只是不含水分。通过这种方法可以用来测量酒精、木材、生丝等的含水量。

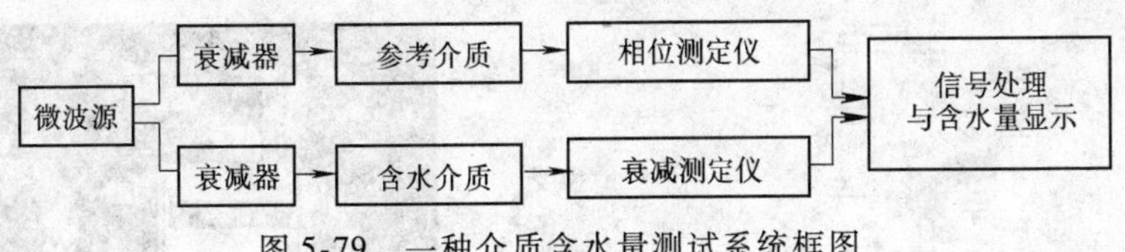

图 5-79 一种介质含水量测试系统框图

图 5-80 示出了美国 Hydronix 公司的几种微波水分传感器。其中，图 a 是 Hydro-probe Ⅱ型微波传感器，主要用于测量密封容器里的水分。测湿范围：可测至饱和点，但对建筑材料一般可达 0 ~ 20%；穿透能力随材质不同而变化，一般可达 75 ~ 100mm。图 b 是一种旋转式微波传感器，能用于混合物水分和温度的测量。测湿范围：可高达材料的饱和点，在标准水泥混合物中一般可达 15%，在轻质混合物中可更高。穿透能力也可达 75 ~ 100mm。图 c 是 Hydro-Mix Ⅵ型微波湿度传感器，它更加耐用，发射面是易更换的陶瓷材料。

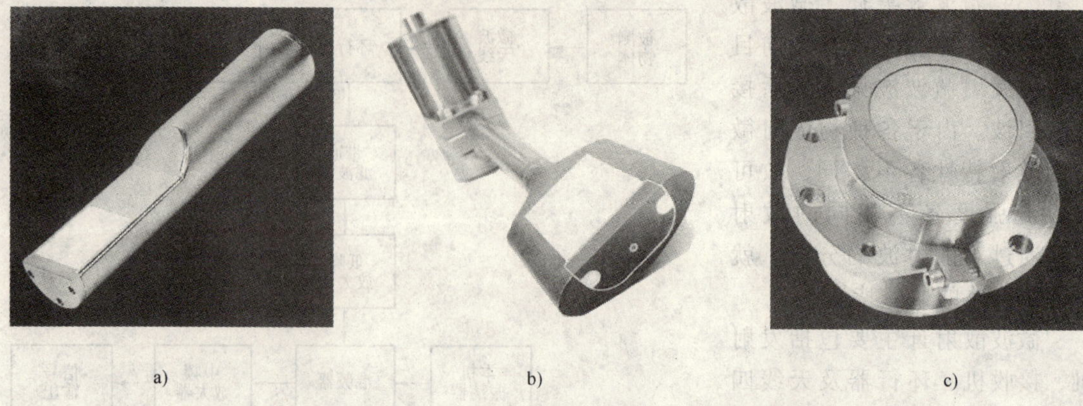

a) b) c)

图 5-80 Hydronix 公司的几种微波水分传感器

a) Hydro-probe Ⅱ b) Hydro-probe Orbiter c) Hydro-Mix Ⅵ

图 5-81 ~ 图 5-83 示出了图 5-80 所述几种微波传感器的安装与使用情况。其中图 5-81a、b 是 Hydro-probe Ⅱ 型微波传感器用于测量料斗中混合建筑材料水分测定的情况；图 5-82 是旋转式微波测湿传感器的安装方法；图 5-83 给出了 Hydro-Mix Ⅵ 的安装方法。

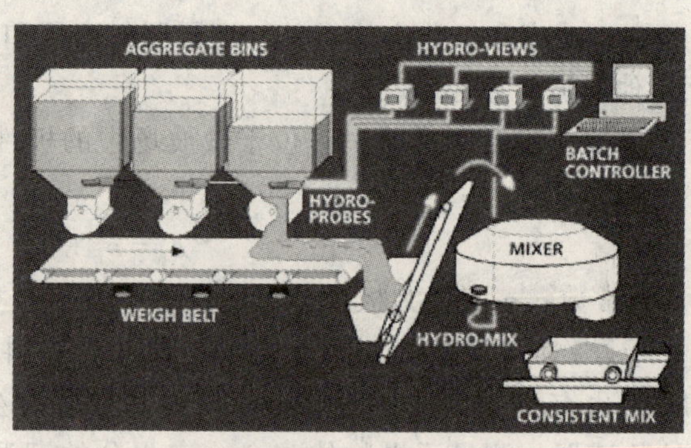

a) b)

图 5-81 Hydro-probe Ⅱ 型微波传感器用于测量料斗中混合建筑材料的情况

a) Hydro-probe Ⅱ 传感器的安装位置 b) Hydro-probe Ⅱ 测量系统

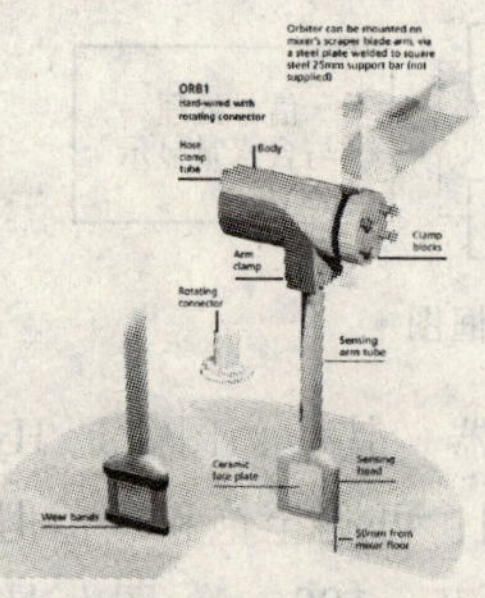

图 5-82 旋转式微波传感器的安装方法

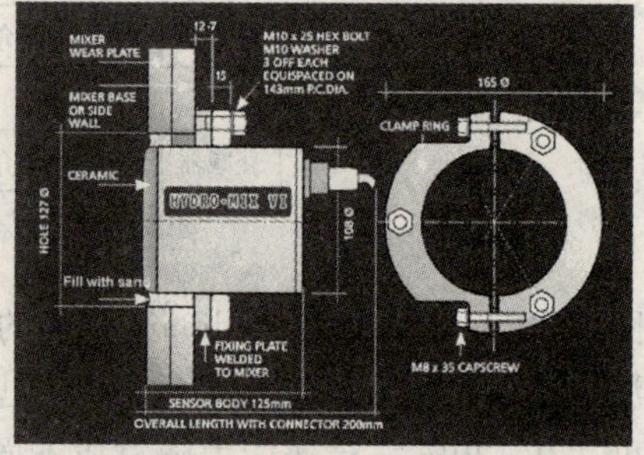

图 5-83 Hydro-MIX Ⅵ 微波传感器的安装方法

(2) 微波物位测量系统

1) 微波液位计的基本原理：图 5-84 示出的微波液位计，又称微波雷达。它的工作原理

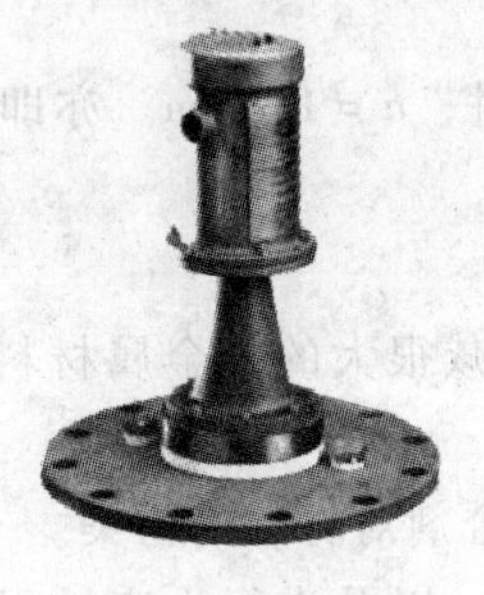

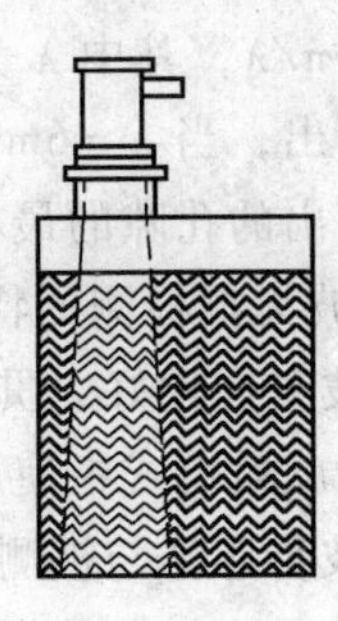

a)　　　　b)　　　　c)

图 5-84　微波液位计的外形及其在液罐上的安装情况

a）微波液位传感器　b）显示单元　c）安装在液罐上的微波液位传感器

是：首先由置于液面上方的微波发射器产生 10GHz 左右的 X 波段微波，该微波通过抛物面或喇叭状天线射向被测液面，微波到达液面后会被反射，从而被微波传感器所接收。系统通过对发射和接收波的处理，可以测出微波从发射到接收所用的时间 t，再由公式

$$h = \frac{1}{2}vt \tag{5-114}$$

计算出相应的液位。其中，v 为微波的速度。

2）微波液位计特点及其性能参数：微波液位计一般都具有如下特点：

① 非接触式连续液位测量。

② 信号频率稳定、精确。

③ 不受温度变化、密度、泡沫和雾的影响。

④ 组件式结构，耐故障能力强。

⑤ 不需校验调整。

⑥ 密封性能好，能保护工作人员和环境。

表 5-9 示出了一种微波液位传感器的主要技术参数。

表 5-9　一种微波液位传感器的技术参数

测量范围	0.9～30m	微波误差	少于 0.015MW/cm^2
重复性	+/-3.2mm	本安防爆	Class 1, Div. 1, Group C&D EexiaⅡB
温度范围	标准 -40～70℃；以外定制		

（3）微波无损检测

1）微波无损检测的概念：处于微波场中的物质与微波之间会产生相互作用。一方面微波在不连续物质界面处会产生反射、散射和透射，另一方面微波还能与被检材料产生相互作用，从而使得微波场受到材料中的电磁参数和几何参数的影响。微波无损检测是把处于微波波段的一定频率的电磁波照射到被测物体上，通过分析反射波和透射波的振幅、相位以及模式等的变化，以了解被测样品中的裂纹、裂缝、气孔等缺陷，或者确定分层媒质的脱粘、夹杂等的位置和尺寸，还可以检测复合材料内部密度的不均匀程度等。

当以金属介质内的气孔作为散射源，产生明显的散射效应时，最小气隙的半径与波长的关系符合下列公式：

$$ka \approx 1 \tag{5-115}$$

式中，$k=2\pi/\lambda$，其中 λ 为微波的波长；a 为气隙的半径。

可以算出，当 $\lambda=6\text{mm}$（相当于微波频率为 36.5GHz）时，$a=1.0\text{mm}$。亦即，6mm 长的微波可检出的孔隙的最小直径约为 2.0mm。

2）微波无损检测的特点：

① 微波方向性好、贯穿介电材料的能力强，能穿透声衰减很大的非金属材料，可以同时在透射或反射模式中使用，可以进行最有效的无损扫描。

② 微波传感器与被测材料之间不需要耦合剂，避免了耦合剂对材料的污染。

③ 微波具有极化特性，可以用来确定材料纤维束的方向，以及进行生产过程中的非直线性监控。还可以提供精确的数据，使缺陷区域的大小和范围得以准确测定。

④ 微波无损检测技术可以获得缺陷区域的三维实时图像。

⑤ 微波无损检测设备简单、费用低廉、易于操作、便于携带

⑥ 微波不能穿透金属和导电性能较好的复合材料，因而不能检测此类复合结构内部的缺陷，只能检测金属表面裂纹缺陷及粗糙度。

3）微波无损检测系统的组成：微波无损检测系统主要由天线、微波电路、记录仪等部分组成，如图 5-85 所示。

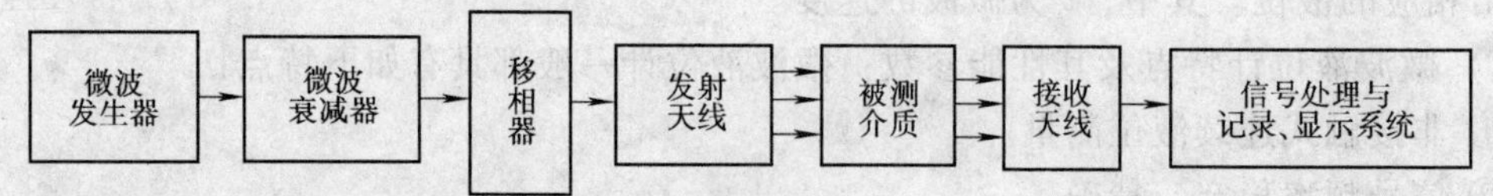

图 5-85　微波无损检测系统的组成

思　考　题

1. 何谓霍尔效应？何谓霍尔元件不等位电动势？如何补偿霍尔元件不等位电动势？

2. 试述霍尔元件恒压驱动和恒流驱动以及输出放大电路的原理，并画出电路原理图。

3. 试述霍尔线性 IC 和开关 IC 的特性区别，并用霍尔线性 IC 设计一个简易磁场测量电路。

4. 试画出磁敏二极管的互补式、差分式以及全桥温度补偿电路的原理图，并阐述其原理。

5. 试述磁敏晶体管与磁敏二极管原理上的区别。

6. 半导体材料的物理磁阻效应和几何磁阻效应有何区别？试用 InSb 磁敏电阻设计一位移检测电路。

7. 试述韦根德器件的结构和原理，为什么韦根德器件又被称为零功耗磁敏传感器？试画出韦根德器件的基本应用电路。

8. 铁磁性金属膜磁敏电阻的工作原理是什么？试画出金属膜磁敏电阻位移传感器的原理图。

9. 试述悬丝式磁敏传感器的工作原理。

10. 试述感应式磁敏传感器的原理，并请画出差拍式金属探测器和脉冲感应法探雷器的原理框图。

11. 请画出磁通门式磁敏传感器的主要结构，并阐述磁通门的“二次谐波法”测磁原理。

12. 何谓塞曼效应？何谓磁共振？何谓光泵磁共振？试画出光泵式磁敏传感器的组成框图并阐述其工作原理。

13. 试画出质子旋进式磁敏传感器的原理框图并阐述其工作原理。

14. 试述：(1) 何谓迈斯纳效应？(2) 何谓磁通量子化效应；(3) 何谓弱连接，它有哪些形式；(4) 何谓直流约瑟夫逊效应？其临界电流 I_c 是如何定义的？(5) 何谓交流约瑟夫逊效应？(6) 何谓超导量子干涉效应及器件（SQUID）？(7) 试述 RF SQUID 和 DC SQUID 在构成及原理上的区别；(8) 试述

SQUID 的特点及其应用场合。

15. 试述光纤法拉第效应磁敏传感器和磁滞伸缩效应磁敏传感器的原理和特点。

16. 何谓微波？它有哪些特点？作为信息载体，微波的应用有哪些？

17. 试画出微波脉冲冲击探地雷达的原理框图，并阐述其原理。

18. 试画出微波含水量测量系统的框图并阐述其原理。

19. 试述微波无损检测的原理。

第6章 数字式传感器

当今，随着计算机技术，尤其是微处理器和嵌入式系统的迅猛发展和广泛应用，各种各样具有微处理器或嵌入式系统的智能测试仪器及测控系统大量涌现。

人们越来越重视数字式传感器技术的发展。所谓数字式传感器，是指能把被测（模拟）量直接转换成数字量输出的传感器。

数字式传感器具有下列特点：①具有高的测量精度和分辨率，测量范围大；②信号易于处理、传送和自动控制；③稳定性好，抗干扰能力强，电磁兼容性好；④便于动态及多路测量，读数直观；⑤安装方便，维护简单，工作可靠性高。

目前常用的数字式传感器主要有以下几种：①感应同步器；②编码器；③光栅；④频率式传感器；⑤容栅；⑥磁栅。

6.1 感应同步器

感应同步器是应用电磁感应原理把位移量转换成数字量的传感器。它具有两个平面型的印制绕组，相当于变压器的一次和二次绕组。通过两个绕组的互感变化来检测其相互的位移。感应同步器可分为两大类：测量直线位移的直线式感应同步器，测量角位移的旋转式感应同步器。前者由定尺和滑尺组成，后者由转子和定子组成。感应同步器是一种多极感应元件，由于多极结构对误差起补偿作用，所以用感应同步器来测量位移具有精度高、工作可靠、抗干扰能力强、寿命长、接长便利等优点。

6.1.1 感应同步器的结构与类型

1. 结构组成

图6-1所示为直线式感应同步器的绕组结构。它由两个绕组构成。定尺是长度为250mm均匀分布的连续绕组，节距 $W_2 = 2(a_2 + b_2)$。滑尺上布有断续绕组，分正弦（l—l'）和余弦（z—z'）两部分，即两绕组相差90°电角度。为此，两相绕组中心线距应为 $l_1 = (n/2 + 1/4)W_2$，其中 n 为正整数。两相绕组节距相同，均为 $W_2 = 2(a_1 + b_1)$。

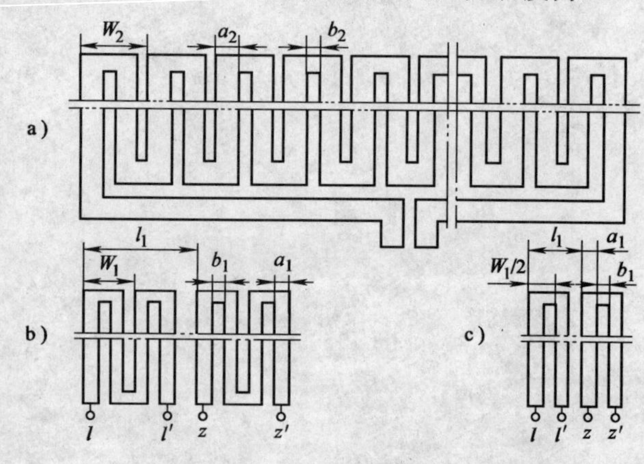

图6-1 直线式感应同步器的绕组结构

a）定尺绕组 b）W形滑尺绕组 c）U形滑尺绕组

通常，定尺的节距 W_2 为2mm。定尺绕组的导片宽度要考虑消除高次谐波，可按 $a_2 = nW_2/\nu$ 来选择，其中 ν 为谐波次数，n 为正整数，显然 $a_2 < W_2/2$。

滑尺的节距 W_1 通常与 W_2 相等，绕组的导片宽度同样可按 $a_1 = nW_1/\nu$ 来选取。

图 6-2 所示为定尺和滑尺的截面结构图。基板 2 通常由钢板制成。为了保证测量的精度，对它的表面几何形状、外形尺寸及热处理等都有一定的要求。基板上通过粘合剂 4 粘有一层铜箔。铜箔厚度在 0.1mm 以下，通过蚀刻得到所需的绕组 3 的图形。在铜箔上面是一层耐腐蚀的绝缘涂层 1。根据需要还可在滑尺表面再贴一层带绝缘层的铝箔 5，以防止静电感应。

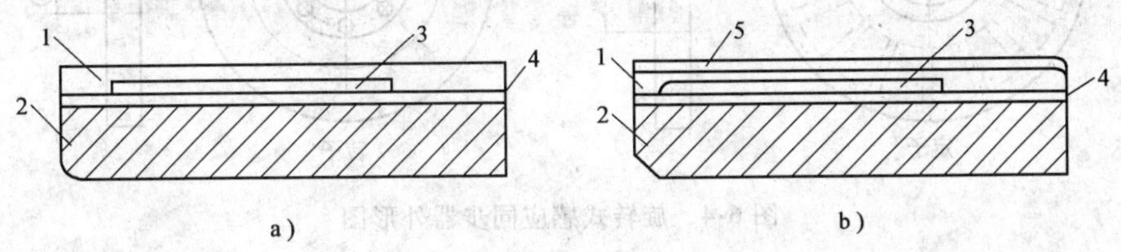

图 6-2　感应同步器定尺和滑尺的截面结构

a）定尺　b）滑尺

1—绝缘涂层　2—基板　3—绕组　4—粘合剂　5—铝箔

2. 感应同步器的类型

因被测量而异，可分为直线（位移）式和旋转式感应同步器两类。直线式感应同步器最常见的有标准型、窄型和带型。图 6-3 为标准型直线式感应同步器的外形。标准型感应同步器是直线式中精度最高的一种，应用最广。为了减少端部电动势的影响，安装时必须保证滑尺绕组全部覆盖在定尺绕组上，但不能覆盖定尺的两条引出线，以免影响测量精度。窄型感应同步器用于设备安装位置受限制的场合，除了宽度较标准型窄外，其余结构尺寸与标准型相同。由于宽度较窄，其磁感应强度比标准型低，故精度稍差。除上述两种类型外，带型直线式感应同步器的定尺最长可达 3m 以上，由于不需拼接，对安装面的精度要求不高，故安装便利。但由于定尺较长，刚性较差，其总的测量精度比标准型直线感应同步器低。

旋转式感应同步器的转子相当于直线式感应同步器的定尺，定子相当于滑尺。目前旋转式感应同步器按直径大致可分成 302mm、178mm、76mm、50mm 四种。极数（径向导体数）有 360、720 和 1080 数种。通常，在极数相同时，旋转式感应同步器的直径越大，精度越高。由于旋转式感应同步器的转子是绕转轴旋转的，所以必须特别注意其引出线。目前采用较多的方法：一是通过耦合变压器，将转子一次侧感应的电信号经空气间隙耦合到定子二次侧上输出；二是用导电环直接耦合输出。图 6-4 为旋转式感应同步器外形图。

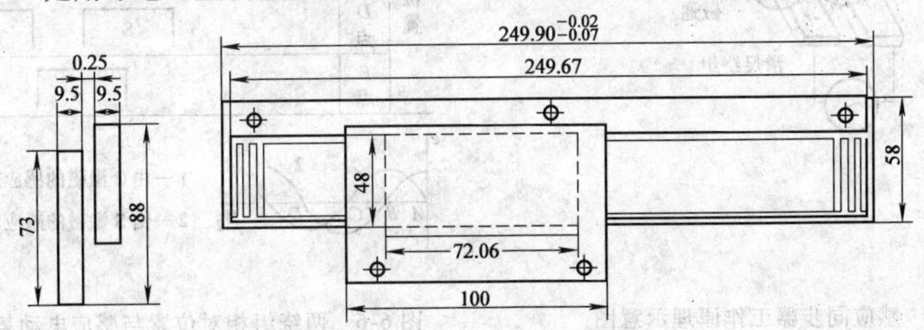

图 6-3　标准型直线式感应同步器外观尺寸

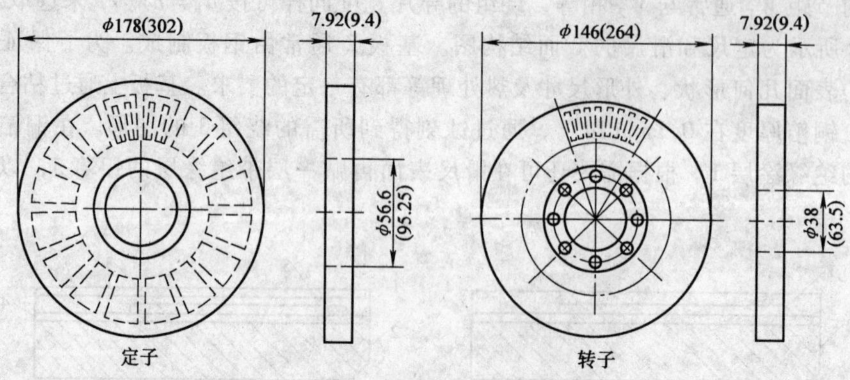

图 6-4 旋转式感应同步器外形图

6.1.2 感应同步器的工作原理

图 6-5 为感应同步器的工作原理示意图。当滑尺绕组用正弦电压励磁时，将产生同频率的交变磁通，它与定尺绕组耦合，在定尺绕组上感应出同频率的感应电动势。感应电动势的幅值除与励磁频率、耦合长度、励磁电流和两绕组的间隙等有关外，还与两绕组的相对位置有关。设正弦绕组上的电压为零，余弦绕组上加正弦励磁电压，并将滑尺绕组与定尺绕组简化如图 6-6 所示。

当滑尺位于 *A* 点时，余弦绕组左右侧的两根导片中的电流在定尺绕组导片中产生的感应电动势之和为零。

当滑尺向右移，余弦绕组左侧导片对定尺绕组导片的感应电动势要比右侧导片所感应电动势大。定尺绕组中的感应电动势之和就不为零。

当滑尺移到 1/4 节距位置（图 6-6*B* 点）时，感应电动势达到最大值。

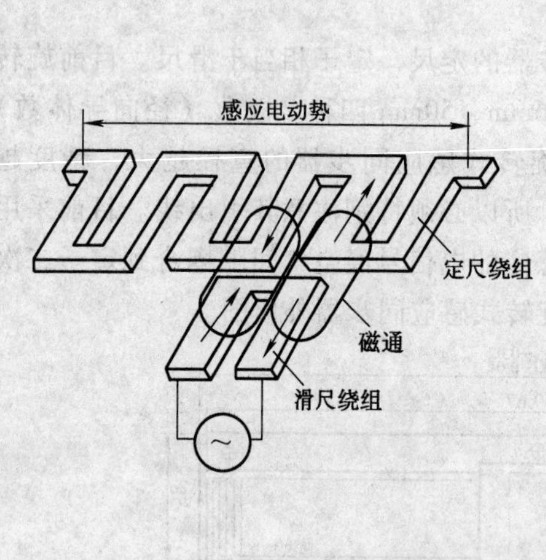

图 6-5 感应同步器工作原理示意图

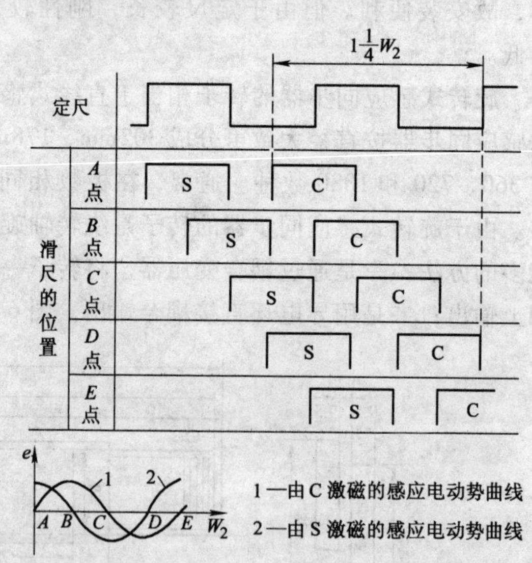

图 6-6 两绕组相对位置与感应电动势的关系

S—正弦绕组 C—余弦绕组

若滑尺继续右移，定尺绕组中的感应电动势逐渐减少。到 1/2 节距时，感应电动势变为零。再右移滑尺，定尺中的感应电动势开始增大，但电流方向改变。当滑尺右移至 3/4 节距时，定尺中的感应电动势达到负的最大值。在移动一个节距后，两绕组的耦合状态又周期地重复如图 6-6A 点所示状态（曲线 2）。同理，由滑尺正弦绕组产生的感应电动势如图 6-6 曲线 2 所示。

以上分析可见，定尺中的感应电动势随滑尺的相对移动呈周期性变化；定尺的感应电动势是感应同步器相对位置的正弦函数。若在滑尺的正弦与余弦绕组上分别加上正弦电压 $u_S = U_S\sin\omega t$ 和 $u_C = U_C\sin\omega t$，则定尺上的感应电动势 e_S 和 e_C 可用下式表达：

$$e_S = K_\omega U_S\cos\omega t\cos\theta \text{ 或 } e_S = -K_\omega U_S\cos\omega t\cos\theta \tag{6-1}$$

$$e_C = K_\omega U_C\cos\omega t\sin\theta \text{ 或 } e_C = -K_\omega U_C\cos\omega t\sin\theta \tag{6-2}$$

式中，K_ω 为耦合系数；θ 为与位移 x 等值的电角度，$\theta = 2\pi x/W_2$。

对于不同的感应同步器，若滑尺绕组励磁，其输出信号的处理方式有鉴相法、鉴幅法和脉冲调宽法三种。

1. 鉴相法

所谓鉴相法就是根据感应电动势的相位来测量位移。采用鉴相法，须在感应同步器滑尺的正弦和余弦绕组上分别加频率和幅值相同，但相位差为 π/2 的正弦励磁电压，即 $u_S = U_m\sin\omega t$ 和 $u_C = U_m\cos\omega t$。

根据式(6-2)，当余弦绕组单独励磁时，感应电动势为

$$e_C = K_\omega U_m\cos\omega t\cos\theta \tag{6-3}$$

同样，当正弦绕组单独励磁时，感应电动势为

$$e_S = K_\omega U_m\sin\omega t\sin\theta \tag{6-4}$$

正、余弦绕组同时励磁时，根据叠加原理，总感应电动势为

$$\begin{aligned} e &= e_C + e_S = K_\omega U_m\cos\omega t\cos\theta + K_\omega U_m\sin\omega t\sin\theta \\ &= K_\omega U_m\cos(\omega t - \theta) = K_\omega U_m\cos(\omega t - 2\pi x/W_2) \end{aligned} \tag{6-5}$$

上式是鉴相法的基本方程。由式可知，感应电动势 e 和余弦绕组励磁电压 u_C 之相位差 θ 正比于定尺与滑尺的相对位移 x。

2. 鉴幅法

所谓鉴幅法就是根据感应电动势的幅值来测量位移。若在感应同步器滑尺的正弦和余弦绕组上分别加频率和相位相同、但幅值不等的正弦励磁电压，即 $u_S = U_m\sin\varphi\sin\omega t$ 和 $u_C = U_m\cos\varphi\cos\omega t$，则在定尺绕组上产生的感应电动势分别为

$$e_S = K_\omega U_m\sin\varphi\cos\omega t\cos\theta$$

$$e_C = -K_\omega U_m\cos\varphi\cos\omega t\sin\theta$$

根据叠加原理，感应电动势为

$$\begin{aligned} e &= e_S + e_C = K_\omega U_m\sin\varphi\cos\omega t\cos\theta - K_\omega U_m\cos\varphi\cos\omega t\sin\theta \\ &= K_\omega U_m\sin(\varphi - \theta)\cos\omega t \end{aligned} \tag{6-6}$$

由上式可知，感应电动势的幅值为 $K_\omega U_m\sin(\varphi - \theta)$，调整励磁电压 φ 值，使 $\varphi = 2\pi x/W_2$，则定尺上输出的总感应电动势为零。励磁电压的中值反映了感应同步器定尺与滑尺的相对位置。式(6-6) 是鉴幅法的基本方程。

3. 脉冲调宽法

前面介绍的两种方法都是在滑尺上加正弦励磁电压，而脉冲调宽法则在滑尺的正弦和余弦绕组上分别加周期性方波电压，即

$$u_S=\begin{cases}0 & -\pi\leqslant\omega t<-\varphi\\ U_m & -\varphi\leqslant\omega t\leqslant\varphi\\ 0 & \varphi<\omega t\leqslant\pi\end{cases}\qquad u_C=\begin{cases}0 & -\pi\leqslant\omega t<-\left(\dfrac{\pi}{2}-\varphi\right)\\ U_m & -\left(\dfrac{\pi}{2}-\varphi\right)\leqslant\omega t\leqslant\left(\dfrac{\pi}{2}-\varphi\right)\\ 0 & \left(\dfrac{\pi}{2}-\varphi\right)<\omega t\leqslant\pi\end{cases}$$

其波形如图 6-7a 所示。把 u_S、u_C 分别用傅里叶级数展开，可得

$$u_S=\frac{U_m}{\pi}\varphi+\frac{2U_m}{\pi}\sum_{n=1}^{\infty}\frac{1}{n}\sin n\varphi\cos n\omega t \tag{6-7}$$

$$u_C=\frac{U_m}{\pi}\left(\frac{\pi}{2}-\varphi\right)+\frac{2U_m}{\pi}\sum_{n=1}^{\infty}\frac{1}{n}\sin n\left(\frac{\pi}{2}-\varphi\right)\cos n\omega t \tag{6-8}$$

若把 u_S 加到滑尺正弦绕组上，则定尺感应电动势 e_S 应为各次谐波所产生的感应电动势之和，即

$$e_S=\frac{-2}{\pi}K_\omega U_m\cos\theta\sum_{n=1}^{\infty}\sin n\varphi\sin n\omega t \tag{6-9}$$

若把 u_C 加到滑尺余弦绕组上，同样可得到定尺感应电动势为各次谐波产生的感应电动势之和，即

$$e_C=-\frac{2}{\pi}K_\omega U_m\sin\theta\sum_{n=1}^{\infty}\sin n\left(\frac{\pi}{2}-\varphi\right)\sin n\omega t \tag{6-10}$$

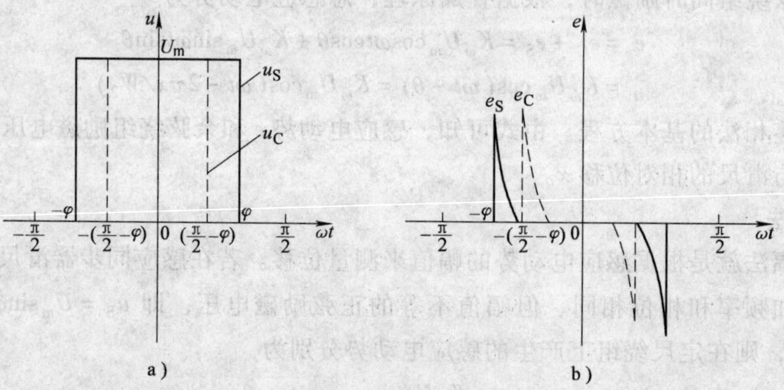

图 6-7 波形图
a）励磁方波电压 b）感应电动势

e_S、e_C 的波形均为一系列的尖脉冲，如图 6-7b 所示。

当正弦、余弦绕组同时分别以 u_S、u_C 励磁时，根据叠加原理，定尺中的总感应电动势为 $e=e_S+e_C$。从上面的 e_S、e_C 表达式中可知：感应电动势除基波分量外，还含有丰富的高次谐波分量。若使用性能良好的滤波器滤去高次谐波，取出基波成分，这时可认为感应电动势为

$$e=\frac{2K_\omega U_m}{\pi}\sin\omega t\left[\sin\theta\sin\left(\frac{\pi}{2}-\varphi\right)-\cos\theta\sin\varphi\right]$$

$$=\frac{2K_\omega U_m}{\pi}\sin\omega t\sin(\theta-\varphi) \tag{6-11}$$

式(6-11) 是脉冲调宽法的基本方程。它表明了滑尺、定尺间的相对位移（$\theta=2\pi x/W_2$）与励磁脉冲的宽度之半 φ 的关系。当用感应同步器来测量位移时，与鉴幅法相类似，可以调整励磁脉冲宽度 φ 值，用 φ 跟踪 θ。当用感应同步器来定位时，则 φ 可用来表征定位距离，作为位置指令，使滑尺移动来改变 θ，直到 $\theta=\varphi$，即 $e=0$ 时停止移动，以达到定位的目的。

6.1.3　数字测量系统

1. 鉴相法测量系统

图 6-8 为鉴相法测量系统的原理框图。它的作用是通过感应同步器将代表位移量的电相位变化转换成数字量。鉴相法测量系统通常由位移-相位转换、模-数转换和计数显示三部分组成。下面分析各部分的功能。

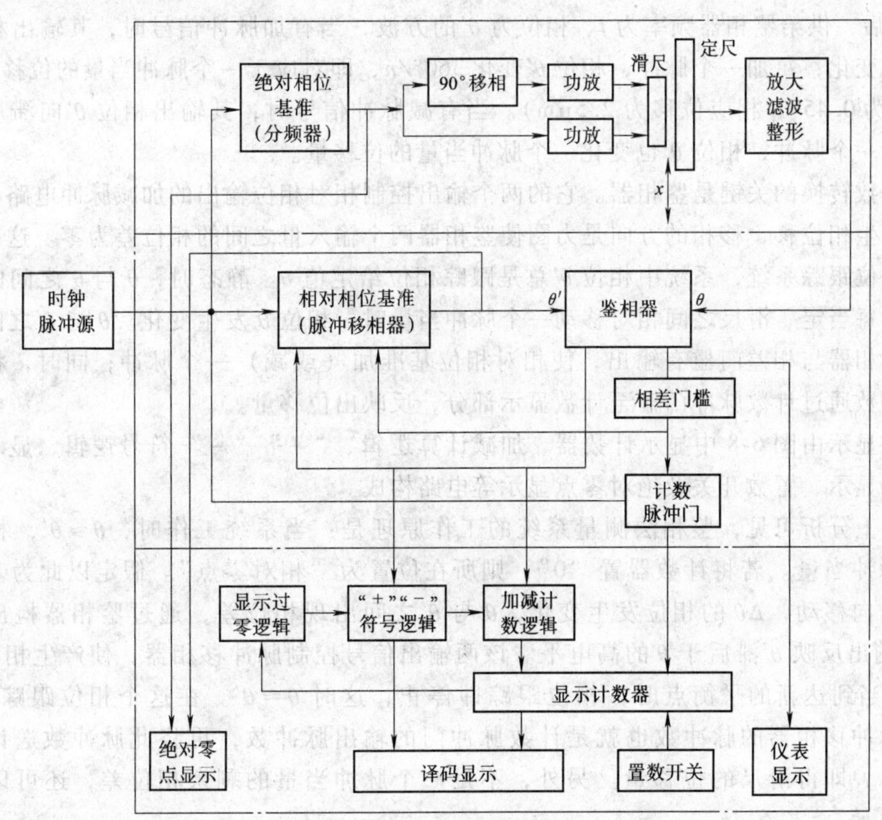

图 6-8　鉴相法测量系统原理框图

位移-相位转换的功能是通过感应同步器将位移量转换为电的相位移。它由图 6-8 中的绝对相位基准（n 倍分频器）、90°移相器、功率放大器及放大滤波整形等电路组成。时钟脉冲源经绝对相位基准分频后的频率为 f，再经 90°移相和功率放大，分别供给滑尺的正、余弦绕组两个幅度相等而相位差为90°的方波（或正弦波）。这时，定尺的感应电动势 $e=K_{\omega}U_{\mathrm{m}}\cos(\omega t-\theta)$，经放大滤波及整形后得到一个频率仍为 f 的方波或正弦波，其相位 θ 与滑尺位移量 x 在一个节距内呈线性关系。θ 直接送至模数转换电路。从下面的讨论中将看到 θ 就是相位跟踪系统的相位给定。如果时钟频率为2MHz，分频器 $n=800$，经分频后的频率为2.5kHz，定尺感应电动势的频率也为2.5kHz。

模—数转换的主要功能是将代表位移量 θ（定尺输出电压的相位）的变化再转换为数字量。它由图6-8中的相对相位基准（脉冲移相器）、鉴相器、相差门槛及计数脉冲门等电路组成。

鉴相器是一个相位比较装置，其输入来自经放大、滤波、整形后的输出信号 e，以及相对相位基准输出信号 θ_0'。它有两个输出：一个输出是脉宽，其宽度代表上述两个输入量相位差的绝对值，即 $\Delta\theta=\theta-\theta_0'$；另一个输出是代表移动方向的逻辑信号，它处于“1”状态，表示 θ'滞后于 θ；它处于“0”状态，表示 θ'超前于 θ。

相对相位基准（脉冲移相器）实际上是一个数—模转换器，它把加、减脉冲数转换为电的相位变化。它由 n 倍分频器和加减脉冲电路组成，有三个输入和一个输出。输入是加、减脉冲，输出是方波，其相位为 θ'。当无加、减脉冲信号时，公共时钟脉冲经相对相位基准 n 倍分频后，供给鉴相器频率为 f、相位为 θ'的方波，当有加脉冲信号时，其输出相位 θ'向超前方向变化，每加一个脉冲，相位 θ'变化 $360°/n$，即对应于一个脉冲当量的位移量（如 $n=800$ 即为0.45°，相应位移为2.5μm）。当有减脉冲信号时，其输出相位 θ'向滞后方向变化，每减一个脉冲，相位 θ'也变化一个脉冲当量的位移量。

模—数转换的关键是鉴相器。它的两个输出控制相对相位输出的加减脉冲电路，使其输出波形产生相位移，移相的方向是力图使鉴相器两个输入量之间的相位差为零。这就构成一个数字相位跟踪系统，系统中相位 θ'总是跟踪相位给定值 θ。静态时，θ 与 θ'之间的相位差近于零。每当定、滑尺之间相对移动一个脉冲当量时，相位 θ 发生变化。θ 与 θ'之间产生相位差，鉴相器与相差门槛有输出，使相对相位基准加（或减）一个脉冲；同时，将与之相等的脉冲数通过计数脉冲门输至计数显示部分，反映出位移量。

计数显示由图6-8中显示计数器、加减计算逻辑、“+”“-”符号逻辑、显示过零逻辑、译码显示、置数开关及绝对零点显示等电路构成。

由以上分析可见，鉴相法测量系统的工作原理是：当系统工作时，$\theta\approx\theta'$，相位差小于一个脉冲当量。若将计数器置“0”，则所在位置为“相对零点”。假定以此为基准，滑尺向正方向移动，$\Delta\theta$ 的相位发生变化，θ 与 θ'之间出现相位差，通过鉴相器检出相位差 $\Delta\theta$，并输出反映 θ'滞后于 θ 的高电平。该两输出信号控制脉冲移相器，使产生相移，θ'趋近于 θ。当到达新的平衡点时，相位跟踪即停止，这时 $\theta\approx\theta'$。在这个相位跟踪过程中，插入到脉冲移相器的脉冲数也就是计数脉冲门的输出脉冲数，再将此脉冲数送计数器计数并显示，即得滑尺的位移量。另外，不足一个脉冲当量的剩余相位差，还可以通过模拟仪表显示。

2. 鉴幅法测量系统

此系统的作用是通过感应同步器将代表位移量的电压幅值转换成数字量。

图6-9为鉴幅法测量系统原理图。通常正弦振荡器产生一个10kHz的正弦信号，经由多抽头的正、余弦变压器和模拟开关组成的数—模转换器产生幅值按 $U_{\mathrm{m}}\sin\varphi$ 和 $U_{\mathrm{m}}\cos\varphi$ 变化

的励磁电压，再经匹配变压器分别加至感应同步器滑尺的正、余弦绕组。若开始时系统处于平衡状态，定尺绕组输出电压为零。当滑尺相对定尺移动时，将产生输出信号，此信号经放大和滤波后送入鉴幅器。当滑尺的移动超过一个脉冲当量的距离时，门电路被打开，时钟脉冲经门电路到可逆计数器进行计数；同时，另一路送到转换计数器控制数—模转换器的模拟开关以接通多抽头正、余弦变压器的相应抽头，改变 $U_m \sin\varphi$ 和 $U_m \cos\varphi$ 使定尺绕组的输出电压小于鉴幅器的门槛电压值，使门电路关闭，计数器电路停止工作。这时可逆计数器的输出即为滑尺移动的距离。

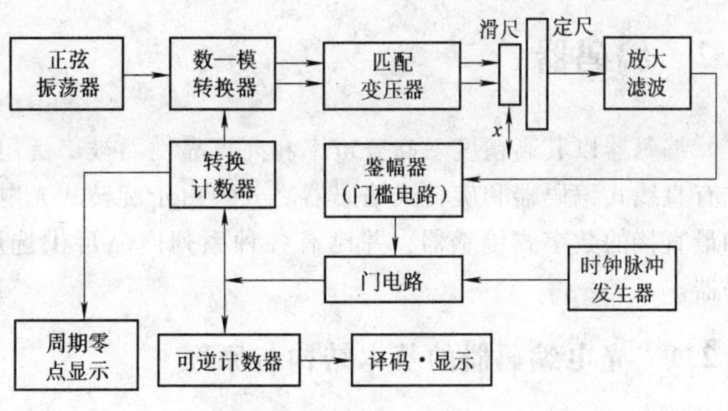

图 6-9 鉴幅法测量系统原理图

由以上讨论可见，鉴相法和鉴幅法测量系统都是一个闭环伺服系统，只是反馈量不同。在使用中，都受最大运动速度的限制，且后者的运动速度及精度都较前者低。

6.1.4 感应同步器的接长使用

目前，标准型直线式感应同步器定尺的长度为250mm。在使用中，滑尺要全部覆盖在定尺上，当测量长度超过150mm时，需要用多块定尺接长使用。定尺接长后全行程的测量误差一般要大于单块定尺的最大误差，这是因为接缝处的误差与每块定尺的误差曲线的不一致性所致。但是，用适当的连接方法可以减小全行程测量误差，使它接近于单块定尺的最大误差。

每一块定尺在出厂时都附有误差曲线。典型的误差曲线如图 6-10a 所示。为了得到最小全程误差，需要对每块定尺的误差曲线进行选配。图 b～图 d 表示不同选配方式所得的不同结果。在图 b 中，虽然衔接处的误差变化很小，但全程误差大。图 c 中全程误差有所改善，但衔接处误差变化太大。图 d 给出了正确的连接方式，它既保证了衔接处的误差变化平滑，全程误差又比较小。

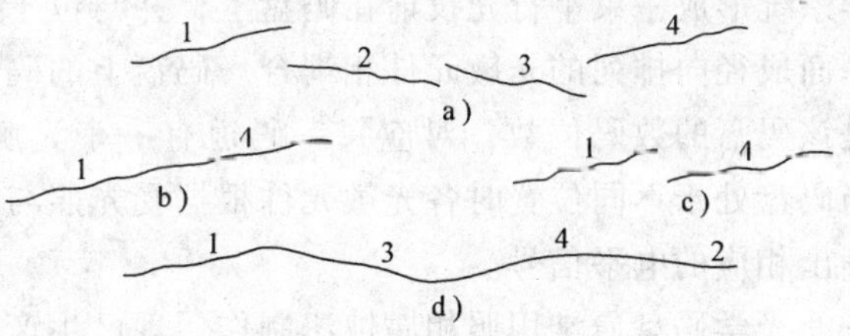

图 6-10 感应同步器定尺接长误差示意图

定尺接长后对性能的另一个影响是输出电动势减弱。这是因为随着定尺长度的增加，电阻增大，有效信号减弱，干扰随之增加所致。它限制了感应同步器测量系统的最大测量范围。实用上，可用串、并联组合接线的方法来改善。

感应同步器可用于大量程的线位移和角位移的静态和动态测量。在数控机床、加工中心及某些专用测试仪器中常用它作为测量元件。与光栅传感器相比，它抗干扰能力强，对环境要求低，机械结构简单，接长方便。目前在测长时误差约为 ±1μm/250mm，测角时误差约为 ±0.5″。

6.2 编码器

编码器以其高精度、高分辨率和高可靠性而被广泛用于各种位移测量。编码器按结构形式有直线式编码器和旋转式编码器之分。由于旋转式光电编码器是用于角位移测量的最有效和最直接的数字式传感器，并已有各种系列产品可供选用，故本节着重讨论旋转式光电编码器。

6.2.1 光电编码器的基本结构与原理

旋转式编码器有两种——增量编码器和绝对编码器。

增量编码器与前三节讨论的几种数字式传感器有类似之处。它的输出是一系列脉冲，需要一个计数系统对脉冲进行累计计数。一般还需有一个基准数据即零位基准才能完成角位移的测量。

严格地说，绝对编码器才是真正的直接数字式传感器，它不需要基准数据，更不需要计数系统。它在任意位置都可给出与位置相对应的固定数字码输出。

目前应用最广的是利用光电转换原理构成的非接触式光电编码器。由于其精度高，可靠性好，性能稳定，体积小和使用方便，在自动测量和自动控制技术中得到了广泛的应用。国内已有 16 位绝对编码器和每转大于 10000 脉冲数输出的小型增量编码器产品，并形成各种系列。

1. 绝对编码器

如图 6-11 所示，光电编码器的码盘通常是一块光学玻璃，码盘与旋转轴相固联。玻璃上刻有透光和不透光的图形。编码器光源产生的光经光学系统形成一束平行光投射在码盘上，并与位于码盘另一面成径向排列的光敏元件相耦合。码盘上的码道数就是该码盘的数码位数，对应每一码道有一个光敏元件。当码盘处于不同位置时各光敏元件根据受光照与否转换输出相应的电平信号。

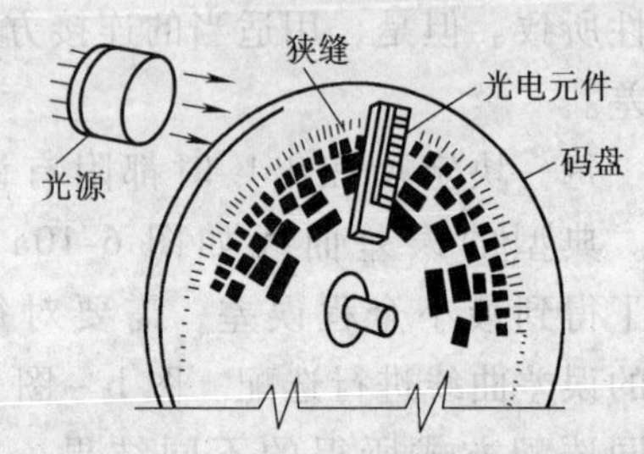

图 6-11 光电绝对编码器结构示意图

光学码盘通常用照相腐蚀法制作。现已生产出径向线宽为 6.7×10^{-8}rad 的码盘，其精度高达 $1/10^8$。

与其他编码器一样，光码盘的精度决定了光电编码器的精度。为此，不仅要求码盘分度精确，而且要求它在阴暗交替处有陡峭的边缘，以便减少逻辑“0”和“1”相互转换时引起的噪声。这要求光学投影精确，并采用材质精细的码盘材料。

目前，光电编码器大多采用格雷码盘，格雷码的两个相邻数的码变化只有一位码是不同的。从格雷码到二进制码的转换可用硬件实现，也可用软件来完成。光源采用发光二极管，光敏元件为硅光电池或光敏晶体管。光敏元件的输出信号经放大及整形电路，得到具有足够高的电平与接近理想方波的信号。为了尽可能减少干扰噪声，通常放大及整形电路都装在编码器的壳体内。此外，由于光敏元件及电路的滞后特性，使输出波形有一定的时间滞后，限制了最大使用转速。

利用光学分解技术可以获得更高的分辨力。图6-12所示为一个具有光学分解器的19位光电编码器。该编码器的码盘具有14（位）内码道和1条专用附加码道。后者的扇形区之形状和光学几何结构稍有改变且与光学分解器的多个光敏元件相配合，使其能产生接近于理想的正、余弦波输出，并通过平均电路进行处理，以消除码盘的机械误差，从而得到更为理想的正弦或余弦波。对应于14位中最低位码道的每一位，光敏元件将产生一个完整的输出周期，如图6-13所示。

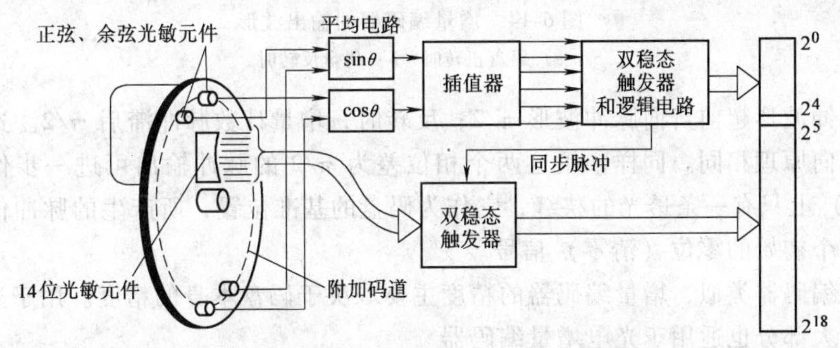

图6-12　具有分解器的19位光电编码器

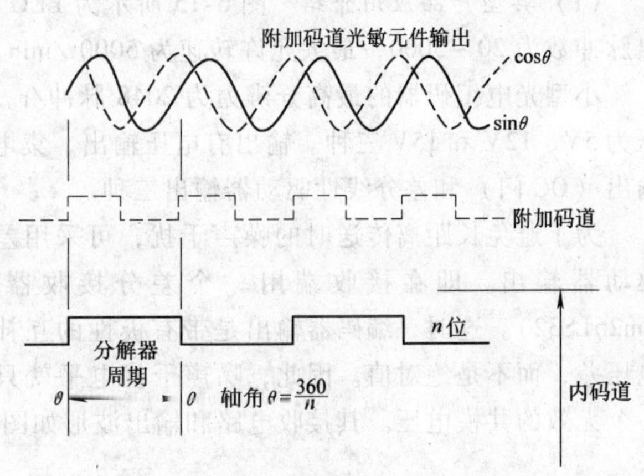

图6-13　附加码道光敏元件输出

插值器将输入的正弦信号和余弦信号接不同的系数加在一起，形成数个相移不同的正弦信号输出。各正弦波信号经过零比较器转换成一系列脉冲，从而细分了光敏元件的输出正弦波信号，于是就产生了附加的最低有效位。如图6-12所示的19位光电编码器的插值器产生16个正弦波形。每两个正弦信号之间的相位差为$\pi/8$，从而在4位二进制编码器的最低有效位间隔内产生32个精确等分点。这相当于附加了5位二进制数的输出，使编码器的分辨率从$1/2^{14}$提高到$1/2^{19}$，优于$1/5\times2^5$，角位移小于3″。

2. 增量编码器

由上述可见，绝对编码器在转轴的任意位置都可给出一个固定的与位置相对应的数字码输出。对于一个具有n位二进制分辨率的编码器，其码盘必须有n条码道。而对于增量编码器，其码盘要比绝对编码器码盘简单得多，一般只需三条码道。这里的码道实际上已不具有绝对码盘码道的意义。

在增量编码器码盘最外圈的码道上均布有相当数量的透光与不透光的扇形区，这是用来产生计数脉冲的增量码道（S_1）。扇形区的多少决定了编码器的分辨率，扇形区越多，分辨率越高。例如，一个每转5000脉冲的增量编码器，其码盘的增量码道上共有5000个透光和不透光扇形区。中间一圈码道上有与外圈码道相同数目的扇形区，但错开半个扇形区，作为辨向码道（S_2）。码盘旋转时，增量码道与辨向码道的输出波形如图6-14所示。在正转时，

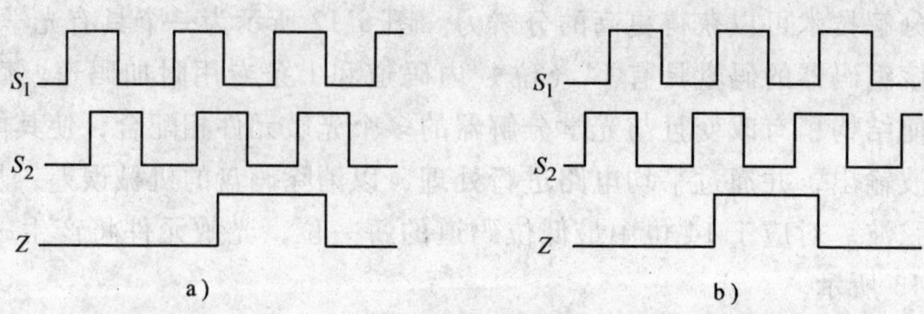

图 6-14 增量编码器的输出波形

a) 码盘正转时 b) 码盘反转时

增量计数脉冲波形超前辨向脉冲波形 π/2；反转时，增量计数脉冲滞后 π/2。这种辨向方法与光栅的辨向原理相同。同样，用这两个相位差为 π/2 的脉冲输出可进一步作细分。第三圈码道（Z）上只有一条透光的狭缝，它作为码盘的基准位置，所产生的脉冲信号将给计数系统提供一个初始的零位（清零）信号。

与绝对编码器类似，增量编码器的精度主要取决于码盘本身的精度。用于光电绝对编码器的技术，大部分也适用于光电增量编码器。

3. 光电增量编码器的应用

（1）*典型产品应用介绍* 图 6-15 所示为 LEC 型小型光电增量编码器的外形图。每转输出脉冲数为 20～5000，最大允许转速为 5000r/min。

小型光电编码器的最高分辨力为 2048 脉冲/r。电源电压为 5V、12V 和 15V 三种。输出有电压输出、集电极开路输出（OC 门）和差分线性驱动器输出三种。

为了避免长距离传送时的噪声干扰，可采用差分线性驱动器输出。即在接收端用一个差分接收器（例如 Am26LS32）。这时，编码器输出是带有极性的互补信号的电压差，而不是绝对值。因此，噪声干扰电平就只能引起一个无效的共模电压。其接收电路和输出波形如图 6-16 所示。

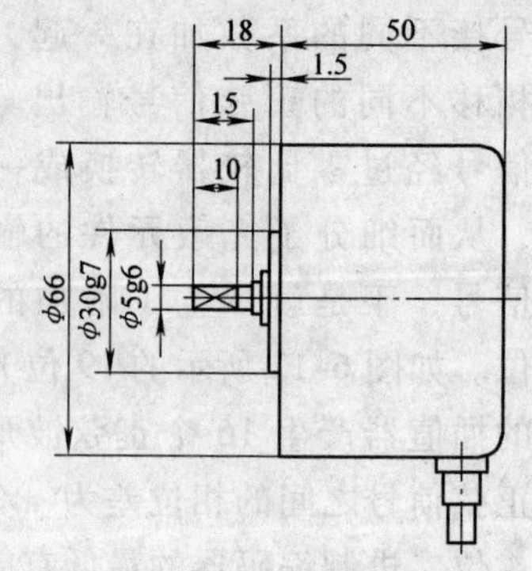

图 6-15 小型光电编码器外形图

（2）*测量转速* 增量编码器除直接用于测量相对角位移外，常用来测量转轴的转速。最简单的方法就是在给定的时间间隔内对编码器的输出脉冲

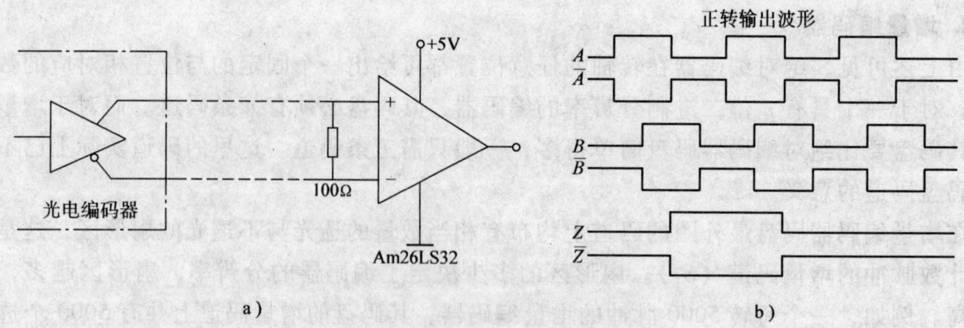

图 6-16 差分接收器电路及线性驱动输出波形

a) 差分接收电路 b) 差分线性驱动输出波形

进行计数，它所测量的是平均转速。例如，一个每转 360 脉冲的编码器当转速为 60r/min 时，若计数时间间隔为 1s，则分辨率达 1/360。若转速为 6000r/min，则分辨率可达 1/36000。因此这种测量方法的分辨率由被测速度而变，其测量精度取决于计数时间间隔。故采样时间应由被测速度范围和所需的分辨率来决定。它不适宜低转速的测量。该法的原理框图如图 6-17a 所示。

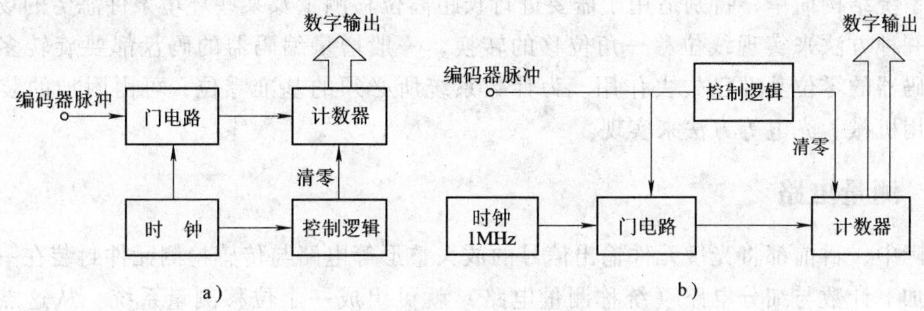

图 6-17　增量编码器直接用于测量转速

a）用编码器测量平均速度　b）用编码器测量瞬时速度的原理框图

测量转速的另一种方法的原理如图 6-17b 所示。在这个系统中，计数器的计数脉冲来自时钟。通常时钟的频率较高，而计数器的选通信号是编码器输出脉冲。例如，时钟频率为 1MHz，对于每转 100 脉冲的编码器，在 100r/min 时码盘每个脉冲周期为 0.006s，可获得 6000 个时钟脉冲的计数，即分辨率为 1/6000。当转速为 6000r/min 时，分辨率降至1/100。可见，转速较高时分辨率较低。但是它可给出某一给定时刻的瞬时转速（严格地说是码盘一个脉冲周期内的平均转速）。在转速不变和时钟频率足够高的情况下，码盘上的扇形区数目越多，反映速度的瞬时变化就越准确。系统的采样时间应由编码器的每转脉冲数和转速决定。该法的缺点是扇形区的间隔不等将带来较大的测量误差，可用平均效应加以改善。

（3）测量线位移　在某些场合，用旋转式光电增量编码器来测量线位移是一种有效的方法。这时，需利用一套机械装置把线位移转换成角位移。测量系统的精度将主要取决于机械装置的精度。

图 6-18a 表示通过丝杠将直线运动转换成旋转运动。例如用一每转 1500 脉冲数的增量

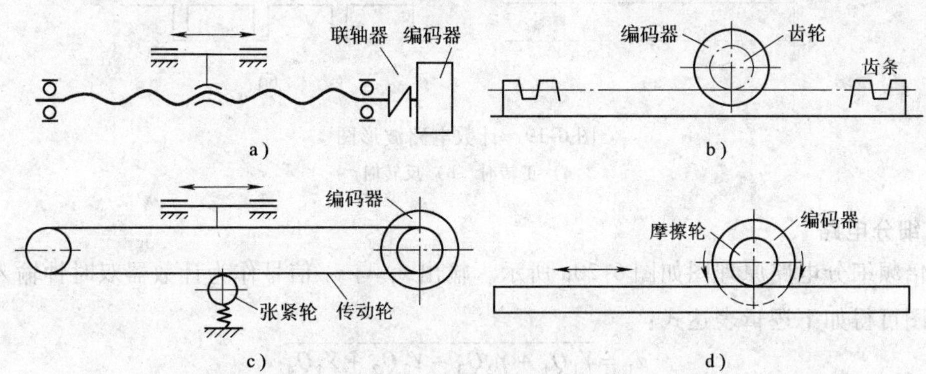

图 6-18　用旋转式增量编码器测量线位移示意图

编码器和一导程为6mm的丝杠，可达到4μm的分辨力。为了提高精度，可采用滚珠丝杠与双螺母消隙机构。

图b是用齿轮齿条来实现直线—旋转运动转换的一种方法。一般说，这种系统的精度较低。

图c和图d分别表示用传动带传动和摩擦传动来实现线位移与角位移之间变换的两种方法。该系统结构简单，特别适用于需要进行长距离位移测量及某些环境条件恶劣的场所。无论用哪一种方法来实现线位移—角位移的转换，一般增量编码器的码盘都要旋转多圈。这时，编码器的零位基准已失去作用。为计数系统所必须的基准零位，可由附加的装置来提供，如用机械、光电等方法来实现。

6.2.2 测量电路

实际中，目前都将光敏元件输出信号的放大整形等电路与传感检测元件封装在一起，所以只要加上计数与细分电路（统称测量电路）就可组成一个位移测量系统。从这点看，这也是编码器的一个突出优点。

1. 计数电路

光电增量编码器的典型输出是两个相位差为π/2的方波信号（S_1 和 S_2）和一个零位脉冲信号（Z），如图6-16b所示。为了能直接进行数字显示，一般都用双时钟信号输入的十进制可逆计数集成电路来构成计数电路。当增量编码器正转时，S_1 信号送至一单稳电路（如74LS221）的负沿触发端，得单稳的输出脉冲 S'_1，此时正值 S_2 为高电平，S'_1 与 S'_2 相“与”并反相，得到加计数脉冲 S_+，如图6-19a所示。S_+ 信号作为计数电路最低位的加计数输入信号，而减计数输入端为高电平。这是因为 S_1 信号被 S_2 封锁，进行减计数，波形如图6-19b所示。单稳电路的脉冲宽度影响计数电路的响应频率。增量编码器零位基准的输出信号可直接加在所有计数器的清零端。

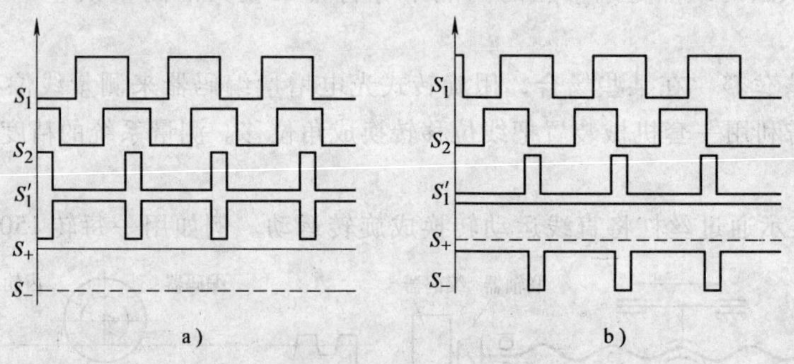

图6-19 计数电路波形图

a）正转时 b）反转时

2. 细分电路

四倍频细分电路原理图如图6-20a所示。输出 x_1 与 x_2 信号作为计数器双时钟输入信号。按电路图可得如下逻辑表达式：

$$x_1 = \overline{Y_1Q_1 + Y_2Q_3 + Y_3Q_2 + Y_4Q_4}$$

$$x_2 = \overline{Y_1Q_4 + Y_2Q_1 + Y_3Q_3 + Y_4Q_2}$$

$$Y_1 = S_1\overline{S_2} \quad Y_2 = S_1 S_2$$
$$Y_3 = \overline{S_1} S_2 \quad Y_4 = \overline{S_1}\ \overline{S_2}$$

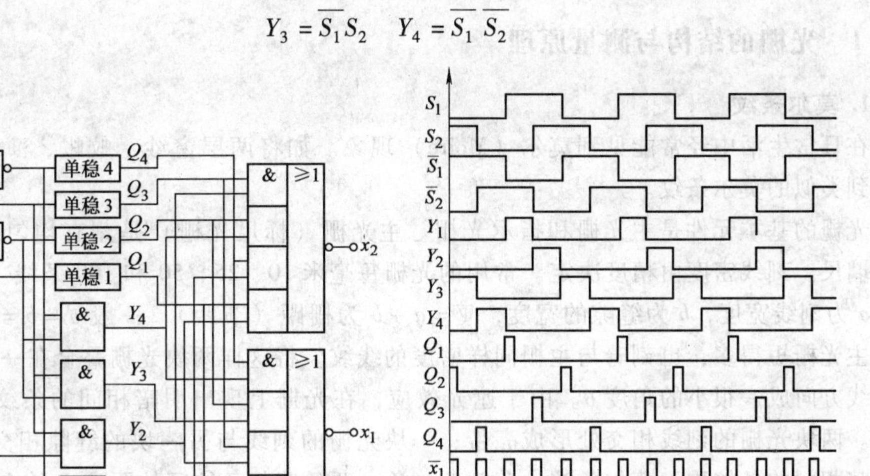

图 6-20　四倍频细分电路原理图

a）电路原理图　b）各点波形（正转时）

Q_1、Q_2、Q_3 和 Q_4 分别与 S_1、$\overline{S}_1$、S_2 和 $\overline{S}_2$ 相对应。当正向转动时，S_1 信号超前 S_2 相位 π/2。电路各点的波形如图 6-20b 所示，与门输出 Y_1、Y_2、Y_3 和 Y_4 的脉冲宽度仅为 S_1 或 S_2 信号脉冲宽度的一半，相位差为 π/2。单稳电路输出 Q_1、Q_2、Q_3 和 Q_4 的脉冲宽度应尽可能窄，至少要小于 S_1 信号最小脉冲宽度的 1/2，但同时要满足与 Y_1、Y_2、Y_3 和 Y_4 相"与"的要求。由图 6-20 可知，在 S_1 信号的一个周期内，得到了四个加计数脉冲输出，这样就实现了四倍频的加计数。由于光栅与光电增量编码器的输出基本相同，上述测量电路同样可用作光栅测量电路。

顺便指出，按照旋转式编码器的工作原理，如把码盘拉直成码尺，就可构成直接进行线位移测量的直线式光电编码器。而且根据码尺的取材不同（透光或反光），它还可分成透光式和反光式两种结构形式。

6.3　光栅

光栅是由很多等节距的透光缝隙和不透光的刻线均匀相间排列构成的光器件。按工作原理，有物理光栅和计量光栅之分，前者的刻线比后者细密。物理光栅主要利用光的衍射现象，通常用于光谱分析和光波长测定等方面；计量光栅主要利用光栅的莫尔条纹现象，它被广泛应用于位移的精密测量与控制中。

按应用需要，计量光栅又有透射光栅和反射光栅之分，而且根据用途不同，可制成用于测量线位移的长光栅和测量角位移的圆光栅。

按光栅的表面结构，又可分为幅值（黑白）光栅和相位（闪耀）光栅两种形式。前者特点是栅线与缝隙是黑白相间的，多用照相复制法进行加工；后者的横断面呈锯齿状，常用刻划法加工。另外，目前还发展了偏振光栅、全息光栅等新型光栅。本书主要讨论黑白透射式计量光栅。

6.3.1 光栅的结构与测量原理

1. 莫尔条纹

在日常生活中经常能见到莫尔（Moire）现象。如将两层窗纱、蚊帐、薄绸叠合，就可以看到类似的莫尔条纹。

光栅的基本元件是主光栅和指示光栅。主光栅（标尺光栅）是刻有均匀线纹的长条形的玻璃尺。刻线密度由精度决定。常用的光栅每毫米 10、25、50 和 100 条线。如图 6-21 所示。a 为刻线宽度，b 为缝隙的宽度，$W=a+b$ 为栅距（节距），一般 $a=b=W/2$。指示光栅较主光栅短得多，也刻着与主栅同样密度的线纹。将这样两块光栅叠合在一起，并使两者沿刻线方向成一很小的角度 θ。由于遮光效应，在光栅上现出明暗相间的条纹，如图 6-21b 所示。两块光栅的刻线相交处形成亮带；一块光栅的刻线与另一块的缝隙相交处形成暗带。这明暗相间的条纹称为莫尔条纹。若改变 θ 角，两条莫尔条纹间的距离 B 随之变化，间距 B 与栅距 W（单位：mm）和夹角 θ（单位：rad）的关系可用下式表示：

$$B=\frac{W}{2\sin\frac{\theta}{2}}\approx\frac{W}{\theta} \tag{6-12}$$

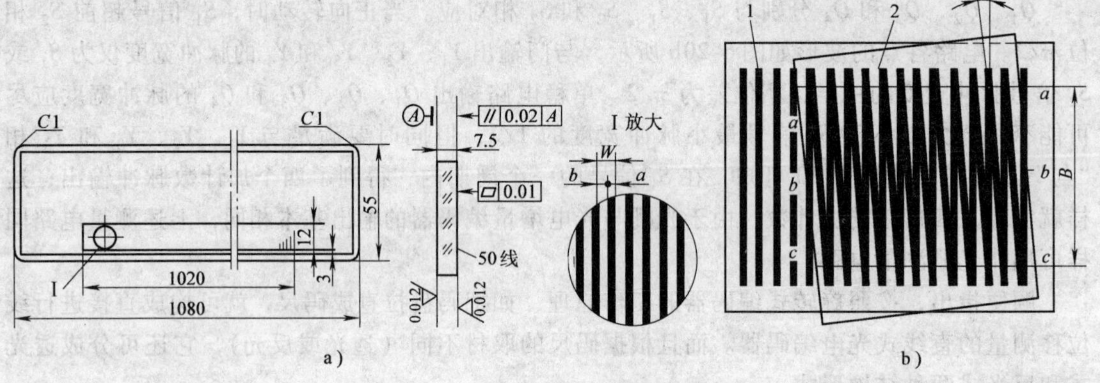

图 6-21 光栅的莫尔条纹

a）光栅 b）莫尔条纹

1—主光栅 2—指示光栅

莫尔条纹与两光栅刻线夹角的平分线保持垂直。当两光栅沿刻线的垂直方向作相对运动时，莫尔条纹沿着夹角 θ 平分线的方向移动，即移动方向随两光栅相对移动方向的改变而改变。光栅每移过一个栅距，莫尔条纹相应移动一个间距。

从式(6-12) 可知，当夹角 θ 很小时，$B\gg W$，即莫尔条纹具有放大作用，读出莫尔条纹的数目比读刻线数便利得多。根据光栅栅距的位移和莫尔条纹位移的对应关系，通过测量莫尔条纹移过的距离，就可以测出小于光栅栅距的微位移量。

由于莫尔条纹是由光栅的大量刻线共同形成的，光电元件接收的光信号是进入指示光栅视场的线纹数的综合平均结果。若某个光栅有局部误差或短周期误差，由于平均效应，其影响将大大减弱，并削弱长周期误差。

此外，由于θ角可以调节，从而可以根据需要来调节条纹宽度，这给实际应用带来了方便。

2. 光电转换

为了进行莫尔条纹读数，在光路系统中除了主光栅与指示光栅外，还必须有光源、聚光镜和光电元件等。图6-22为一透射式光栅传感器的结构图。主光栅与指示光栅之间保持有一定的间隙。光源发出的光通过聚光镜后成为平行光照射光栅，光电元件（如硅光电池）把透过光栅的光转换成电信号。

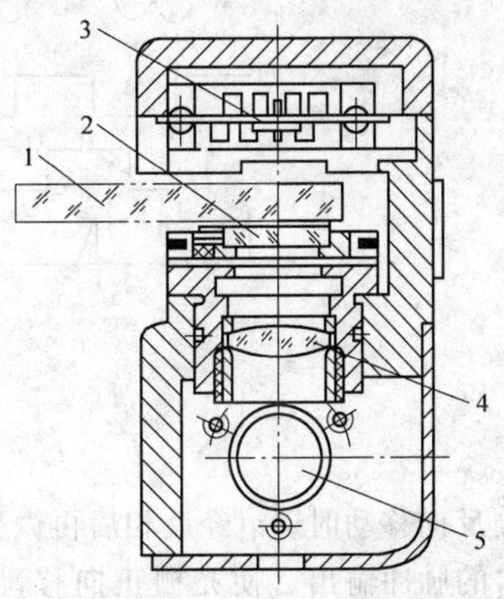

图6-22 透射式光栅传感器结构图

1—主光栅 2—指示光栅 3—硅光电池 4—聚光镜 5—光源

当两块光栅相对移动时，光电元件上的光强随莫尔条纹移动而变化。如图6-23所示，在a位置，两块光栅刻线重叠，透过的光最多，光强最大；在位置c，光被遮去一半，光强减小；在位置d，光被完全遮去而成全黑，光强为零；在位置e，光又重新透过，光强增大。在理想状态时，光强的变化与位移成线性关系。但在实际应用中两光栅之间必须有间隙，透过的光线有一定的发散，达不到最亮和全黑的状态，再加上光栅的几何形状误差，刻线的图形误差及光电元件的参数影响，所以输出波形是一近似的正弦曲线，如图6-23所示。可以采用空间滤波和电子滤波等方法来消除谐波分量，以获得正弦信号。

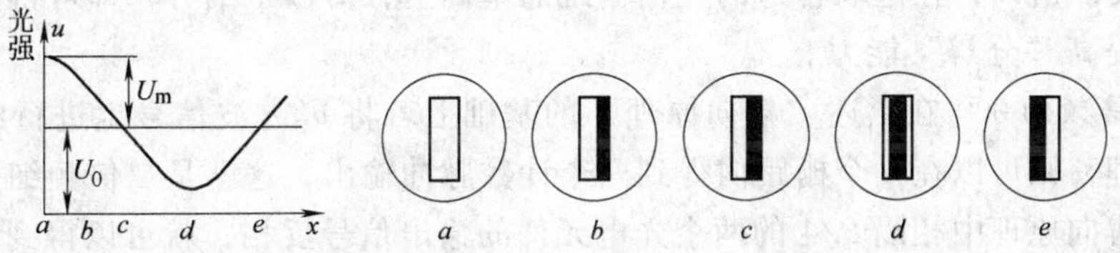

图6-23 光栅位移与光强、输出信号的关系

光电元件的输出电压u（或电流i）由直流分量U_0和幅值为U_m的交流分量叠加而成，即

$$u = U_0 + U_m \sin(2\pi x/W) \tag{6-13}$$

上式表明了光电元件的输出与光栅相对位移x的关系。

6.3.2 数字转换原理

1. 辨向原理

由上分析已知，光栅的位移变成莫尔条纹的移动后，经光电转换就成电信号输出。但在一点观察时，无论主光栅向左或向右移动，莫尔条纹均作明暗交替变化。若只有一条莫尔条纹的信号，则只能用于计数，无法辨别光栅的移动方向。为了能辨向，尚需提供另一路莫尔条纹信号，并使两信号的相位差为$\pi/2$。通常采用在相隔1/4条纹间距的位置上安放两个光电元件来实现，如图6-24所示。正向移动时，输出电压分别为u_1和u_2，经过整形电路得到两个方波信号u_1'和u_2'。u_1'经过微分电路后和u_2'相“与”得到正向移动的加计数脉冲。在光

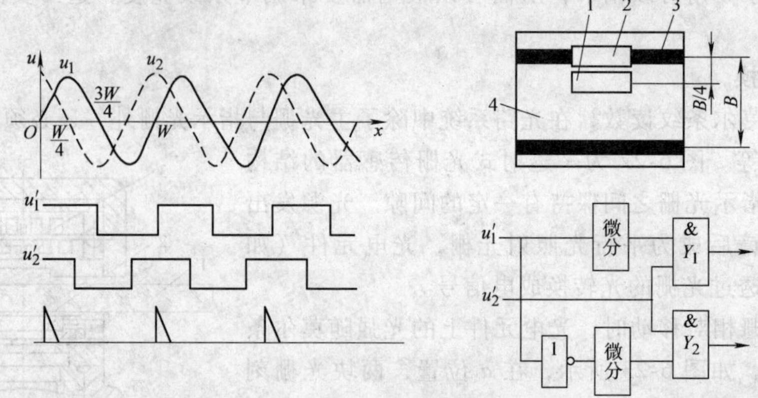

图 6-24 辨向原理

1、2—光电元件 3—莫尔条纹 4—指示光栅

栅反向移动时，u'_1经反相后再微分并和u'_2相“与”，这时输出减计数脉冲。u'_2的电平控制了u'_1的脉冲输出，使光栅正向移动时只有加计数脉冲输出；反向移动时，只有减计数脉冲输出。

2. 电子细分

高精度的测量通常要求长度精确到 1 ~ 0.1μm，若以光栅的栅距作计量单位，则只能计到整数条纹。例如，最小读数值为 0.1μm，则要求每毫米刻一万条线。就目前的工艺水平有相当的难度。所以，在选取合适的光栅栅距的基础上，对栅距细分，即可得到所需要的最小读数值，提高“分辨”能力。

(1) 四倍频细分 在上述“辨向原理”的基础上若将u'_2方波信号也进行细分，再用适当的电路处理，则可以在一个栅距内得到两个计数脉冲输出，这就是二倍频细分。

如果将辨向原理中相隔 $B/4$ 的两个光电元件的输出信号反相，就可以得到 4 个依次相位差为 $\pi/2$ 的信号，即在一个栅距内得到四个计数脉冲信号，实现所谓四倍频细分。

在上述两个光电元件的基础上再增加两个光电元件，每两个光电元件间隔 1/4 条纹间距，同样可实现四倍频细分。这种细分法的缺点是由于光电元件安放困难，细分数不可能高，但它对莫尔条纹信号的波形没有严格要求，电路简单，是一种常用的细分技术。

有关细分电路与信号波形可参考编码器一节。

(2) 电桥细分 在四倍频细分中，可以得到四个相位差为 $\pi/2$ 的输出信号，分别为 $U_m\sin\varphi$、$U_m\cos\varphi$、$-U_m\sin\varphi$ 和 $-U_m\cos\varphi$（其中 $\varphi=2\pi x/W$），如图 6-25 所示。在 $\varphi=0\sim2\pi$ 之间，还可细分成 n 等分（n 为 4 的整数倍）。设 $n=48$，则在 $\varphi=0\sim\pi/2$、$\pi/2\sim\pi$、$\pi\sim3\pi/2$ 及 $3\pi/2\sim2\pi$ 区间都可均分成 12 等分，现通过任一点 i（即电位器编号），例如点 5 作垂线与曲线交于 a_5 及 b_5 两点。这样，若要得到一条通过点 5 的正弦（或余弦）曲线 $u_5=U_m\sin(\varphi-2\pi\times5/48)$，则必须在 a_5 及 b_5 所对应的电压间加一电位器，其

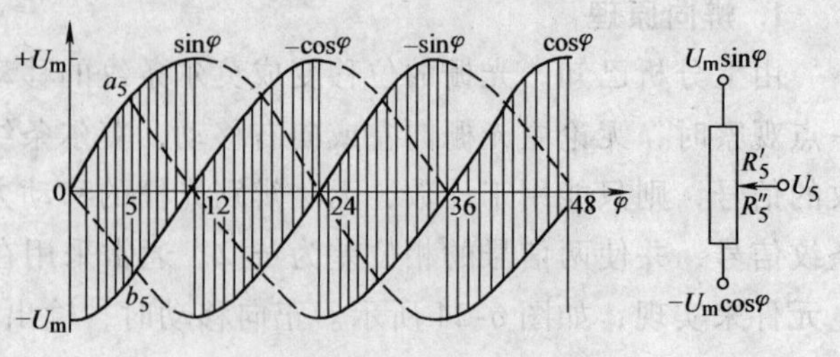

图 6-25 电桥细分原理图

电阻值 R_5'/R_5'' 为

$$\frac{R_5'}{R_5''}=\frac{\overline{a_5 5}}{\overline{b_5 5}}=\left|\frac{U_{\mathrm{m}}\sin\left(\frac{5}{48}\times 360^\circ\right)}{U_{\mathrm{m}}\cos\left(\frac{5}{48}\times 360^\circ\right)}\right|=\left|\tan\left(\frac{5}{48}\times 360^\circ\right)\right| \tag{6-14}$$

图 6-26 给出了 48 点电位器电桥细分电路。第 i 个电位器滑动点两边的电阻值 R_i' 与 R_i'' 之比由下式确定：

$$\frac{R_i'}{R_i''}=\left|\tan\left(\frac{i}{n}2\pi\right)\right| \tag{6-15}$$

由 $\varphi=2\pi i/n$ 时，$u_i=0$ 使过零比较器电平翻转，输出细分信号。

用电桥细分法可以达到较高的精度，细分数一般为 12～60，但对莫尔条纹信号的波形幅值，直流电平及原始信号 $U_{\mathrm{m}}\sin\varphi$ 与 $U_{\mathrm{m}}\cos\varphi$ 的正交性均有严格要求。而且电路较复杂，对电位器、过零比较器等元器件均有较高的要求。

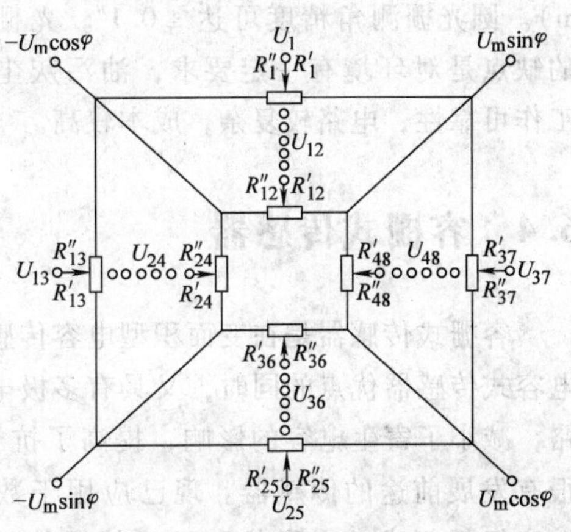

图 6-26　48 点电位器电桥细分电路

另外，采用电平切割法也可实现细分，精度较电桥细分法高。上述几种非调制细分法主要用于细分数小于 100 的场合。若需要更高细分数，可用调制信号细分法和锁相细分法。细分数可达 1000。此外，也可用微处理器构成细分电路，其优点是可根据需要灵活地改变细分数。

使用中，为了克服断电时计数值无法保留、重新供电后测量系统不能正常工作的弊病，可以用机械等方法设置绝对零位点，但精度较低，安装使用均不方便。目前通常采用在光栅的测量范围内设置一个固定的绝对零位参考标志的方法——零位光栅，它使光栅成为一个准绝对测量系统。

最简单的零位光栅刻线是一条宽度与主光栅栅距相等的透光狭缝，即在主光栅和指示光栅某一侧另行刻制一对互相平行的零位光栅刻线，与主光栅用同一光源照明，经光电元件转换后形成绝对零位的输出信号。它近似为一个三角波单脉冲。为使此零位信号与光栅的计数脉冲同步，应使零信号的峰值与主光栅信号的任意一最大值同时出现。当光栅栅距本身很小而又要求很高的绝对零位精度时，如果仍采用一条宽度为主光栅栅距的矩形透光缝隙作零位光栅，则信号的信噪比会很低，以致无法与后继电路相匹配。为解决这一问题，可采用多刻线的零位光栅。

多刻线的零位光栅通常是由一组非等间隔、非等宽度的黑白条纹按一定的规律排列组成的。当一对零位光栅重叠并相对移动时，由于线缝的透光与遮光作用，得到的光通量 Φ 随位移变化而变化，输出曲线如图 6-27 所示。要求零位信号为一尖脉冲，且峰值 S_{m} 越大越好，最大残余信号幅值 S_{cm} 越小越好，而且要以零位为原点左右对称。制作这种零位光栅的工艺较复杂。一种可以单独使用的零位光栅，其刻线为 29 条透光和 28 条不透光的条纹组成，定位精度为 0.1μm。可用作各种长度测量的绝对零位测量装置。

光栅传感器常用于线位移的静态和动态测量。在三坐标测量机等许多几何量计量仪器中常用它作为位移测量传感器。它的优点是量程大，精度高。目前光栅的测量精度可达 $\pm(2.0 \pm 2\times10^{-6}L)\mu m$，其中 L 为被测长度（单位：m）。圆光栅测角精度可达 ±0.1″。光栅传感器的缺点是对环境有一定要求，油污灰尘会影响工作可靠性，电路较复杂，成本较高。

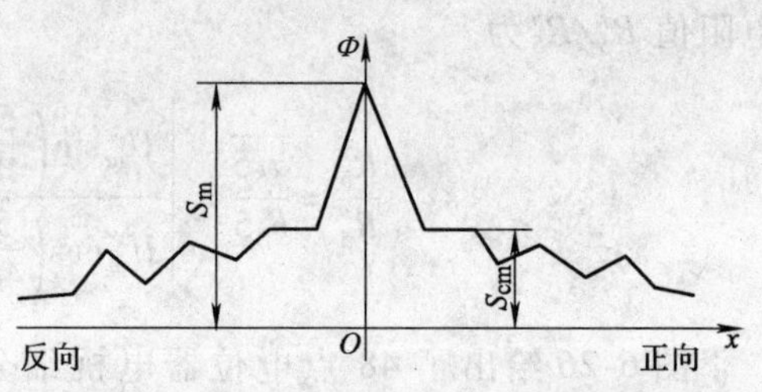

图 6-27 零位光栅典型输出曲线

6.4 容栅式传感器

容栅式传感器是在变面积型电容传感器的基础上发展起来的一种新型传感器。它在具有电容式传感器优点的同时，又具有多极电容带来的平均效应，而且采用闭环反馈式等测量电路，减小了寄生电容的影响，提高了抗干扰能力，提高了测量精度，扩展了量程，是一种很有发展前途的传感器。现已应用于数显卡尺、测长机等数显量具。将电容传感器中的电容极板刻成一定形状和尺寸的栅片，再配以相应的测量电路就构成了容栅测量系统。正是特定的栅状电容极板和独特的测量电路使其超越了传统的电容传感器，适宜进行大位移测量。

6.4.1 容栅传感器的工作原理

长容栅传感器由定尺和动尺组成。在定尺和动尺的相对面上分别印制（或刻划）一系列互相绝缘、等间隔的金属栅状极片。若将定尺和动尺的栅极面相对放置，其间充填电介质，就形成一对对并联连接的电容（即容栅）。根据电场理论并忽略边缘效应，其最大电容量为

$$C_{\max} = n\frac{\varepsilon ab}{\delta} \tag{6-16}$$

式中，n 为动尺栅极片数；ε 为极板间介质的介电常数，$\varepsilon=\varepsilon_0\varepsilon_r$（$\varepsilon_r$为极板间介质的相对介电常数，$\varepsilon_0$为真空的介电常数，$\varepsilon_0=8.854\times10^{-12}\mathrm{F\cdot m^{-1}}$）；$\delta$ 为极板间的距离；a、b 分别为栅极片长度和宽度。

理论上，容栅的最小电容量为0，实际上为 C_0。C_0称为容栅固有电容。当动尺平行于定尺不断移动时，每对电容的相对遮盖长度 a 将由大到小、由小到大周期性变化，电容量值也随之周期性变化。经电路处理后，即可测得线性位移值。

圆容栅传感器由同轴安装的定圆盘和动圆盘组成。在定圆盘和动圆盘的相对面上制成几何尺寸相同、彼此绝缘的辐射状扇形栅极片。其工作原理与长容栅相同，最大电容量为

$$C_{\max} = n\frac{\varepsilon\alpha(r_2^2 - r_1^2)}{2\delta} \tag{6-17}$$

式中，r_1、r_2分别为圆盘上栅极片的内半径和外半径；α 为每条栅极片对应的圆心角。

6.4.2 数字测量原理

1. 调幅式测量原理

调幅式测量系统原理如图 6-28 所示。图中 A、B 为动尺上的两组电极片，P 为定尺上的一片电极片，它们之间构成差动电容器 C_A、C_B。两组电极片各由 4 片小电极片组成，在位置 a 时，一组为小电极片 1 ~ 4，另一组为 5 ~ 8，分别加以同频反相的矩形交变电压 U_{m1}、U_{m2}。U_1、U_2为参考直流电压。当电极片 P 在初始位置（$x=0$），即在 A、B 两组电极片的中间时，测量转换系统输出初始电压 $U_{m0}=(U_1+U_2)/2$。此时，加在 A、B 电极片上的交流电压 U_{m1}和 U_{m2}是同频、等幅、反相的，通过电容耦合，在电极片 P 上产生电荷并保持不变，因而输出电压 U_{m0}不发生变化。当电极片 P 相对于电极片组 A、B 有位移 x 时，电极片 P 上的电荷量发生变化，输出交变电压，经测量转换系统输出 U_m，通过电子开关 S_1、S_2 跟踪改变 U_{m1}、U_{m2}的值，最终使电极片 P 上所产生的电荷变化为 0，则

$$(U_m-U_1)C_A+(U_m-U_2)C_B=0 \tag{6-18}$$

当位移 x 使电极片 P 和 B 的遮盖长度增加，且 $|x|\leqslant L_0/2$ 时，$C_A=C_0(1-2x/L_0)$、$C_B=C_0(1+2x/L_0)$。C_0为初始位置时的电容，L_0为电极片 P 的宽度。由式(6-18) 可得

$$U_m=\frac{1}{2}(U_1+U_2)+\frac{(U_1-U_2)x}{L_0}$$

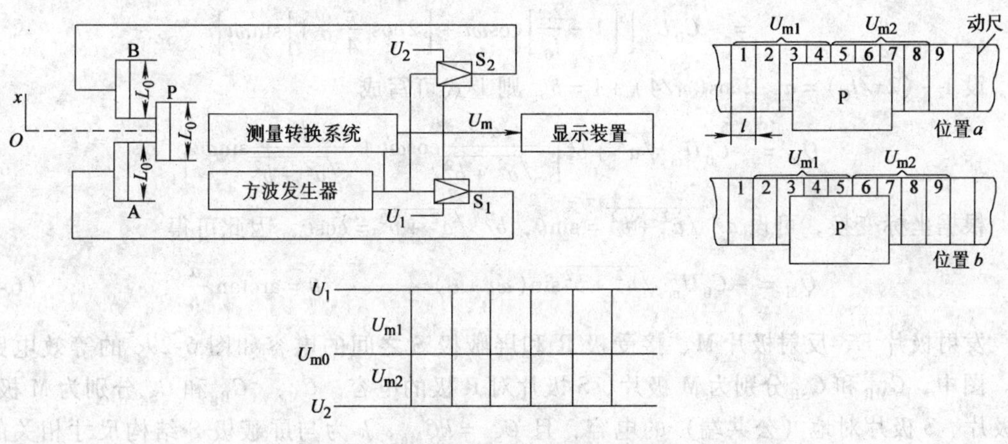

图 6-28 调幅式测量系统原理图

当相对位移$|x|\geqslant l_0$（小电极片间距）时，由控制电路自动改变小电极片组的接线（见图 6-28 位置 b），这时电极片组 A 由小电极片 2 ~ 5 构成，加电压 U_{m1}；电极片组 B 由小电极片 6 ~ 9 构成，加电压 U_{m2}。这样，在电极片 P 相对移动的过程中，能始终保证与不同的小电极片形成差动电容器、输出与位移成线性关系的电压信号。

2. 调相式测量原理

容栅式传感器动尺上的发射电极片 K，每 8 片一组，将 8 个等幅、同频、相位依次相差 π/4 的方波电压 U_1 ~ U_8分别加在极片上。根据谐波分析原理可知，方波由其基波和谐波之和组成，因此仍可用正弦波进行讨论。设动尺相对定尺的初始位置及每个小发射电极片所加的激励电压相位如图 6-29a 所示，且各发射电极片与反射电极片（或称中间电极片）M 全遮盖时的电容均为 C_0。当位移 $x\leqslant l_0$（小发射电极片宽度）时（见图 6-29b），在发射电极

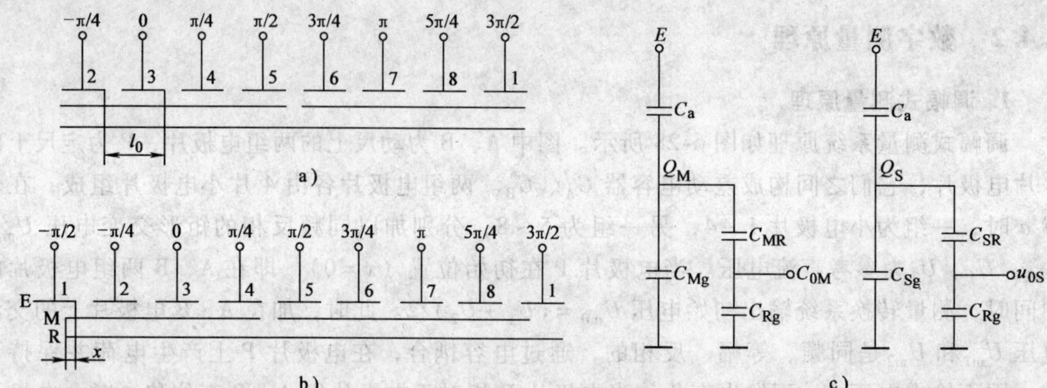

图 6-29 调相式测量系统原理图

a）一级极板初始位置示意图 b）动尺定尺相对位移为 x 时示意图 c）一级极板等效电路

片 M 上的感应电荷为

$$Q_M = -C_0\frac{x}{L_0}U_m\sin\left[\omega t-\frac{\pi}{2}\right]-C_0U_m\sin\left[\omega t-\frac{\pi}{4}\right]-$$

$$C_0U_m\sin\omega t-C_0U_m\sin\left[\omega t+\frac{\pi}{4}\right]-C_0\frac{l_0-x}{l_0}U_m\sin\left[\omega t+\frac{\pi}{2}\right]$$

$$= -C_0U_m\left[\left[1-\frac{2x}{l_0}\right]\cos\omega t+\left[2\cos\frac{\pi}{4}+1\right]\sin\omega t\right]$$

设 $1-(2x/l_0)=a$，$2\cos(\pi/4)+1=b$，则上式可写成

$$Q_M = -C_0U_m\sqrt{a^2+b^2}\left[\frac{a}{\sqrt{a^2+b^2}}\cos\omega t+\frac{b}{\sqrt{a^2+b^2}}\sin\omega t\right]$$

根据坐标变换，可设 $a/\sqrt{a^2+b^2}=\sin\theta$，$b/\sqrt{a^2+b^2}=\cos\theta$，因此可得

$$Q_M = -C_0U_m\sqrt{a^2+b^2}\sin(\omega t+\theta) \qquad \theta=\arctan\frac{a}{b} \tag{6-19}$$

发射极片 E、反射极片 M、接受极 R 和屏蔽极 S 之间的电容如图 6-29c 的等效电路所示。图中，C_{MR}和 C_{SR}分别为 M 极片、S 极片对 R 极的电容；C_{Mg}、C_{Rg}和 C_{Sg}分别为 M 极片、R 极片、S 极片对地（公共端）的电容，且 $C_{Sg}=kC_{Mg}$，k 为与屏蔽极 S 结构尺寸相关的常量。由图 6-29c 可得

$$Q_M = Q_{MR}+Q_{Mg} = Q_{MR}(u_M+u_{0M})+Q_{Mg}u_M$$

$$C_{Rg}u_{0M} = C_{SR}(u_M-u_{0M})$$

$$Q_S = C_{SR}(u_S-u_{0S})+C_{Sg}u_S$$

$$C_{Rg}u_{0S} = C_{SR}(u_S-u_{0S})$$

设 $C_{Mg}=C_{Rg}$，则在接收极 R 上的感生电压 u_R 为：$u_R=u_{0M}-u_{0S}$

因为 $C_{Mg}\gg C_{Rg}$，且 $Q_M=Q_S$，所以

$$u_R = k_0\sin(\omega t+\theta) \qquad \theta=\arctan\frac{1-2x/l_0}{2.4142} \tag{6-20}$$

式中，k_0为感生电压幅值，与供电电压幅值、C_0、C_{Mg}、l_0、x 有关，当 x 较小时近似为一常数；ω 为激励电压的角频率。

由式(6-20) 可知，感生电压 u_R的相位角与被测位移近似呈线性关系。通常采用相位跟踪测量法测出相位角 θ，则可测出位移 x。调相式信号处理具有很强的抗干扰能力，但有理论非线性误差（约为 $0.01l_0$）和高次谐波，影响测量精确度。

目前容栅式传感器的精度最高可达 1μm。分辨率为 0.01mm 时，测量速度可达 1.5m/s，其他可测大位移的传感器在测量速度上很少能达到这个水平。容栅式传感器的结构简单，易于与集成电路制成一体，易进行机械设计。传感器机械部分主要由两组极板组成，结构小巧，使得测量系统的结构简单，成本低廉。由于传感器本身的介质损耗和静电引力都很小的缘故，电路采用大规模的 CMOS 集成电路，使电路能在低功耗下工作。一颗扣式氧化银电池就可使其连续工作一年时间。这对于在通用精密量具上实现数显尤为重要，并使之成为具有很大发展前途的产品。

6.5　磁栅传感器

磁栅传感器是另一种用于测量位移的数字式传感器，由磁尺（或磁盘）、磁头和检测电路组成。磁尺类似于一条录音带，上面记录有一定波长的矩形波或正弦波磁信号。磁头的作用是把磁尺上的信号转换成电信号。此电信号再由检测电路变换和细分后进行计数输出。

6.5.1　磁栅的结构与工作原理

1. 磁栅

磁栅是用不导磁的金属，或是用表面涂覆有一层抗磁材料的钢材做尺基，在尺基的表面上均匀地涂覆一层磁性薄膜，然后用记录磁头在磁性薄膜上记录节距为 W 的正弦波或矩形波，得到如图 6-30 所示的栅状磁化图形。对于长磁栅，可采用激光干涉仪定位录磁。当量程较大或安装面受限制时，可采用带型磁栅，如图 6-31b 所示。带状磁尺是在一条宽约 20mm、厚约 0.2mm 的铜带上镀一层磁性薄膜，然后录制而成的。带状磁尺的录磁与工作均在张紧状态下进行。磁头是在非接触状态下读取信号，能在振动环境下正常工作。为了防止磁尺磨损，可在磁尺表面涂上一层几微米厚的保护层，调节张紧预变形量可在一定程度上补偿带状尺的累积误差与温度误差。

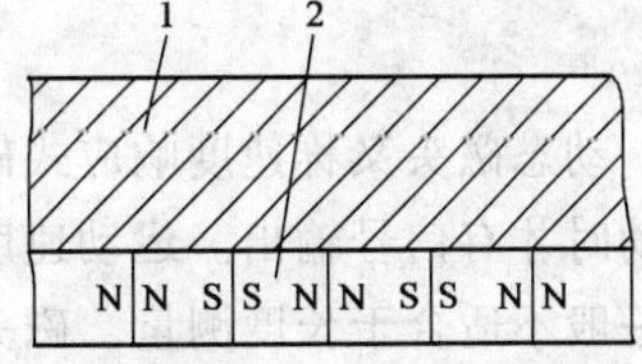

图 6-30　磁栅的剖面

1—非导磁材料基体　2—磁性薄膜

同轴型磁栅是在青铜棒上电镀一层磁性薄膜，然后录制而成。磁头套在磁棒上工作，如图 6-31c 所示，两者之间具有微小的间隙。由于磁棒的工作区被磁头围住，对周围的磁场起了很好的屏蔽作用，增强了它的抗干扰能力。这种磁栅传感器结构特别小巧，可用于结构紧凑的场合或小型测量装置中。

磁栅录制时，要求录磁信号幅度均匀，幅度变化应小于 10%，节距均匀。目前长磁栅常用的磁信号节距一般为 0.05mm 和 0.02mm 两种，圆磁栅的角节距一般为几分至几十分。

2. 磁头

根据读出信号方式不同，磁头可分为动态和静态两种。

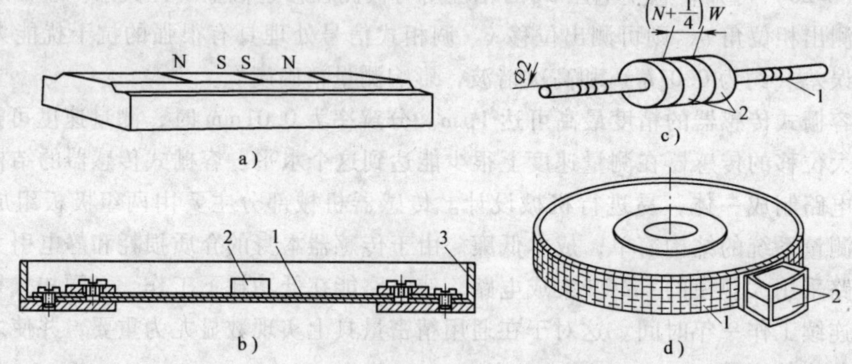

图 6-31　磁栅结构示意图

a) 尺形长磁栅　b) 带型长磁栅　c) 同轴长磁栅　d) 圆磁栅

1—磁尺　2—磁头　3—屏蔽罩

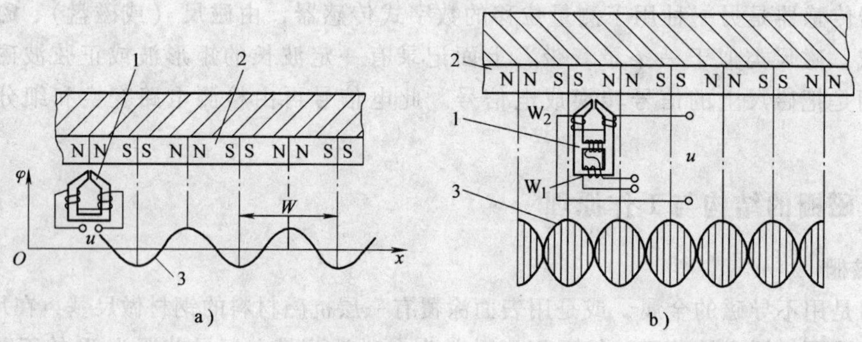

图 6-32　磁头工作原理图

a) 动态　b) 静态

1—磁头　2—磁栅　3—输出信号波形

动态磁头又称速度响应式磁头。它仅有一组输出绕组。只有在磁头与磁栅间有连续相对运动时才有信号输出。运动速度不同，输出信号的大小也不同，静止时就没有信号输出。所以一般不适合于长度测量。磁头的输出为正弦信号，在 N、N 处达正向峰值，在 S、S 处达负向峰值，如图 6-32a 所示。

静态磁头又称磁通响应式磁头。它可用在磁头与磁栅间无相对运动的测量，如图 6-32b 所示。它有两个绕组，一为励磁绕组 W_1，另一为输出绕组 W_2。在励磁绕组上加交变的励磁信号，使截面很小的 H 形铁心中间部分在每个周期内两次被励磁信号产生的磁通所饱和。这时铁心的磁阻很大，磁栅上的信号磁通就不能通过，输出绕组上则无感应电动势。只有在励磁信号每周期两次过零时，铁心不被饱和，磁栅上的信号磁通才能通过输出绕组的铁心而产生感应电动势，其频率为励磁信号频率的两倍，幅值与磁栅的信号磁通大小成比例。输出电压可用下式表达：

$$u = U_m \sin\frac{2\pi x}{W}\sin\omega t \tag{6-21}$$

式中，U_m 为幅值系数；x 为磁头与磁栅的相对位移；W 为磁栅的节距；ω 为励磁信号的两倍频率。

在实际应用时，为了增大输出和提高稳定性，通常将多个磁头以一定的方式串联起来做成一体，称为多间隙静态磁头。图 6-33 所示为多隙磁通响应式磁头的一个典型结构。其励磁绕组 $N_1 = 4 \times 15 \sim 4 \times 20$ 匝，输出绕组 $N_2 = 100 \sim 200$ 匝，线径 $d_1 = d_2 = 0.1\text{mm}$，铁心材料是铁镍合金。

由图 6-33 可见，磁头铁心由 A、B、C、D 四种形状不同的铁镍合金片按 ABCBDBCBA…顺序叠合，每片厚度为 $W/4$。这样 AC 构成第一个分磁头，B 中的铜片起气隙作用，CD 构成第二个分磁头，DC 构成第三个分磁头，CA 构成第四个分磁头等。A、B、C、D 做成不同形状，是为了让它们只有在通过励磁线圈的铁心段时才能形成磁路。这样，才能使它们的铁心磁阻 R_T 受到励磁电流的调制。

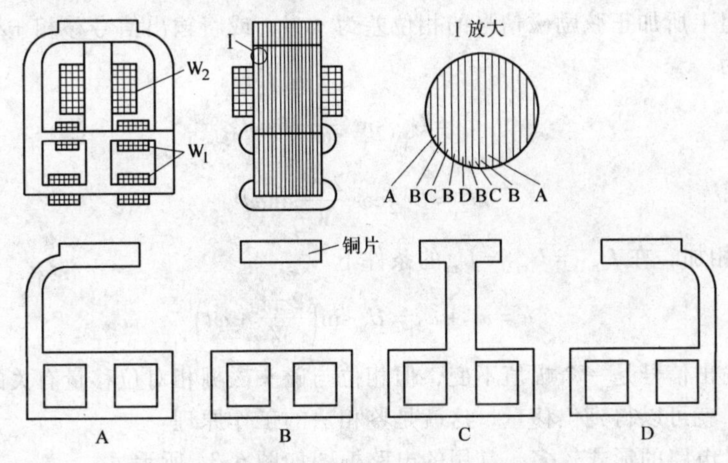

图 6-33　多隙磁通响应式磁头的典型结构

由于 A 与 C、C 与 D 各相距 $W/2$，对于磁栅磁场的基波成分，若 A 片对准 N 极，那么 C 片对准 S 极，D 片对准下一个 N 极，则进入铁心的漏磁通在 C 片的中部是互相加强的，输出线圈套在 C 片中部上，输出感应电动势得到加强。对于磁场的偶次谐波成分，A、C、D 等都对准同名极，铁心中没有磁通通过，这样就消除了偶次谐波的影响。

上述磁头结构能把基波成分叠加起来，因此气隙数 n 越大，输出信号也越大，这是多隙式磁头的特点。但 n 也不能太大，否则不仅会使体积加大，且叠片厚度的加工误差也将加大。因此常取 $n = 30 \sim 50$，同时还应限制叠片厚度的总误差不得超过 $\pm W/10$。

增加输出绕组的匝数 N_2 有利于增大输出信号。但 N_2 越大，外界电磁干扰引起的噪声电压也越大，一般取 N_2 为几百匝，使输出信号达到几十毫伏即可。

多间隙静态磁头其优点在于磁头的输出信号是多个间隙所得信号的平均值，具有平均效应，可提高测量精度。

6.5.2　数字测量原理

在应用中，一般采用两个多间隙静态磁头来读取磁栅上的磁信号，两磁头的间距为 $(n \pm 1/4)W$（n 为正整数），两组磁头励磁信号的相位差为 $\pi/4$。由于输出绕组的信号频率是励磁信号频率的两倍，所以两组磁头输出信号的相位差为 $\pi/2$。

若励磁绕组加上同相的正弦励磁信号，则两组磁头的输出信号为

$$u_1 = U_m \sin\frac{2\pi x}{W}\sin\omega t$$

$$u_2 = U_m \cos\frac{2\pi x}{W}\sin\omega t$$

经检波滤除高频载波后可得

$$u_1' = U_m \sin\frac{2\pi x}{W} \tag{6-22}$$

$$u_2' = U_m \cos\frac{2\pi x}{W} \tag{6-23}$$

u_1'和 u_2'是与位移量 x 成比例的信号，经处理即可得到位移量，这便是所谓鉴幅法。

若励磁绕组上所加正弦励磁信号的相位差为 $\pi/4$，或将输出信号移相 $\pi/2$，则两组磁头的输出信号变为

$$u_1 = U_{m1} \sin\frac{2\pi x}{W}\cos\omega t$$

$$u_2 = U_{m2} \cos\frac{2\pi x}{W}\sin\omega t$$

将 u_1与 u_2相加，在 $U_{m1} = U_{m2} = U_m$的条件下

$$u = u_1 + u_2 = U_m \sin\left(\frac{2\pi x}{W} + \omega t\right) \tag{6-24}$$

上式表明输出信号是一个幅值不变，但相位与磁头磁栅相对位移量有关的信号。读出输出信号的相位，就可以得到位移量，这就是鉴相法的工作原理。

鉴相法测量电路的形式较多，常用的电路框图如图 6-34 所示。

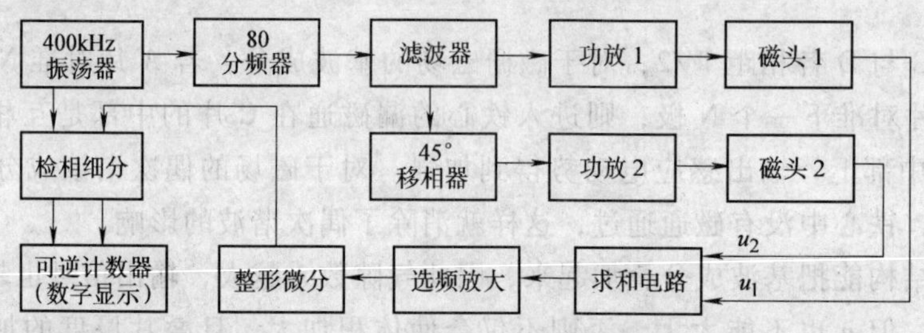

图 6-34　鉴相法测量电路框图

磁栅传感器的优点是成本低廉，安装、调整、使用方便。特别是在油污、粉尘较多的工作环境中使用，具有较好的稳定性。可以广泛用于各类机床作位移测量传感器。其缺点是，当使用不当时易受外界磁场的影响，其精度略低于感应同步器。目前线位移测量误差约为 $\pm(2+5\times10^{-6}L)\mu m$，角位移测量误差约为 $\pm5''$。

6.6　频率式传感器

在前几节介绍的四种测量位移的数字式传感器中，除了绝对编码器能将位移量直接转换成数字量外，其余几种都是将位移量转换成一系列计数脉冲，再由计数系统所计的脉冲个数

来反映被测量的值。本节介绍的数字式传感器，其输出虽然也是一系列脉冲，但与被测量对应的是脉冲的频率。这种能把被测量转换成与之相对应且便于处理的频率输出的传感器，即为频率式传感器。前述用增量编码器作转速测量时，其编码器的输出是与转速成正比的脉冲频率，这实际上就是一种频率式传感器。

由频率式传感器组成的测量系统，一般还应包括在给定时间内对脉冲进行计数的计数器，或是测量脉冲周期的计时器。用脉冲计数器构成的测量系统具有很强的噪声抑制能力。它所测量的值实际上是计数周期内输入信号的平均值。缺点是为了得到所需的分辨率，必须有足够长的计数时间。而对于用计时器构成的测量系统，其性能受噪声及干扰的影响很大。为此，一种经常采用的方法是在系统中引入一高频时钟脉冲，以传感器的输出脉冲来选通至计数器的时钟脉冲，再累计传感器多个周期内的计数值。这样，一方面可提高分辨率，一方面又可减少干扰与噪声的影响。若传感器的输出脉冲频率为f，时钟频率为F_n，取传感器输出频率的n个周期为采样时间，则

$$\text{采样时间}\quad t_s = n/f$$

$$\text{分辨率} = 1/(F_n/f) \tag{6-25}$$

例如某一传感器，其额定频率为5kHz，满量程频率变化为20%，时钟频率为10MHz，采样周期数为40，则由式(6-25) 可得

$$\text{采样时间}\quad t_s = 40/(5\times10^3)\,\text{s} = 8\,\text{ms}$$

$$\text{分辨率} = 1/(0.2F_n/f) = 1/16000$$

目前构成频率式传感器最简单的方法有两种：一种是利用电子振荡器的原理，只要使振荡电路中某个部分随被测量的变化而改变，就可改变振荡器的振荡频率。典型例子如改变LRC振荡电路中的电容、电感或电阻；另一种方法是利用机械振动系统，通过其固有振动频率的变化来反映被测参数的值。本章只介绍后一种。

管、弦、钟、鼓等乐器利用谐振原理奏乐，这早已为人们所熟知，而把振弦、振筒、振梁和振膜等弹性振体的谐振特性成功地用于传感器技术，这却是近几十年的事。弹性振体频率式传感器就是应用振弦、振筒、振梁和振膜等弹性振体的固有振动频率（自振谐振频率）来测量有关参数的。由机械振动学可知，任何弹性振体，可视作一个单自由度强迫振动的二阶系统，只要外力（激振力）克服阻力，就可产生谐振。设弹性振体的质量为m，材料的弹性模量为E、刚度为k，则其初始固有频率f_0为

$$f_0 = h\sqrt{Ek/m} \tag{6-26}$$

式中，h为与量纲有关的常数。

由上式可见，弹性振体的固有频率是其物理特性参数的函数。只要被测量与其中某一物理参数有相应的变化关系，我们就可通过测量振弦、振筒、振梁和振膜等弹性振体固有振动频率来达到测量被测参数的目的。这种传感器的最大优点是性能十分稳定，特别适合在高温、高湿、高压等恶劣环境中使用。

6.6.1　振弦式频率传感器

振弦式频率传感器的工作原理可以用图6-35来说明。传感器的敏感元件是一根被预先拉紧的金属丝弦1。它被置于激振器所产生的磁场里，两端均固定在传感器受力部件3的两个支架2上，且平行于受力部件。当受力部件3受到外载荷后，将产生微小的挠曲，致使支

架 2 产生相对倾角，从而松弛或拉紧了振弦，振弦的内应力发生变化，使振弦的振动频率相应地变化。振弦的自振频率 f_0 取决于它的长度 l、材料密度 ρ 和内应力 σ，可用下式表示：

$$f_0 = \frac{1}{2l}\sqrt{\sigma/\rho} \tag{6-27}$$

由上式可见，对于 l 和 ρ 为定值的振弦，其自振频率 f_0 由内应力 σ 决定。因此，根据振弦的振动频率，可以测量力和位移。

图 6-36 所示为某一振弦式传感器的输出-输入特性。由图可知，为了得到线性的输出，可在该曲线中选取近似直线的一段。当 σ 在 σ_1 至 σ_2 之间变化时，钢弦的振动频率为 1000～2000Hz或更高一些，其非线性误差小于1%。为了使传感器有一定的初始频率，对钢弦要预加一定的初始内应力 σ_0。

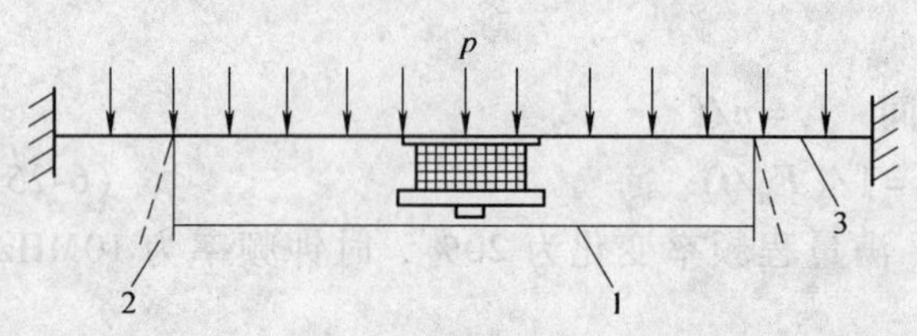

图 6-35 振弦式频率传感器的工作原理

1—金属丝弦 2—支架 3—受力部件

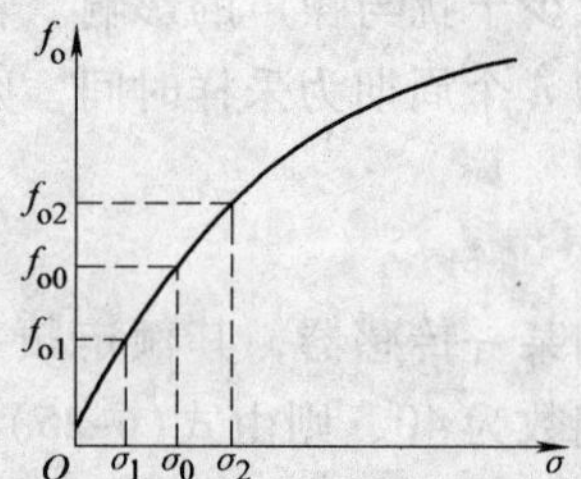

图 6-36 振弦式传感器的输出-输入特性

此传感器也可做成两根弦，按差动方式工作，通过测量两根振弦的频率差来表示内应力。这样可减少传感器的温度误差和非线性误差。此外，也可利用非线性校正技术来获得线性输出。

振弦的激振方式有两种，如图 6-37 所示。图 6-37a 是连续激励方式。此方法采用两个电磁线圈，一个用来连续激励，另一个作为接收（拾振）信号。振弦激振后，拾振线圈 1 产生的感应电动势，经放大后正反馈至激励线圈 2，以维持振弦的连续振动。

图 6-37b 是间断激励方式的框图。当激励线圈通过脉冲电流时，电磁铁将振弦吸住；在激励电流断开时，电磁铁松开振弦，于是振弦发生振动。线圈中产生感应电动势的频率即振弦的固有振动频率。为了克服因空气等阻尼对振弦振动的衰减，必须间隔一定时间激振一次。

图 6-38 所示为差动振弦式力传感器。它在圆形弹性膜片 7 的上下两侧安装了两根长度相等的振弦 1、5，它们被固定在支座 2 上，并在安装时加上一定的预紧力。

没有外力作用时，上、下两根振弦所受的张力相同，振动频率亦相同，两频率信号经混频器 12 混频后的差频信号为零。当有外力垂直作用于柱体 4 时，弹性膜片向下弯曲。上侧振弦 5 的张力减小，振动频率减低；下侧振弦 1 的张力增大，振动频率增高。混频器输出两振弦振动频率之差频信号，其频率随着作用力的增大而增高。

图中两根振弦应相互垂直，这样可以使作用力不垂直时所产生的测量误差减小。因为侧向作用力在压力膜片四周所产生的应力近似均匀，上、下两根振弦所受的张力相同，根据差动工作原理，它们所产生的频率变化被互相抵消。因此，传感器对于侧向作用是不敏感的。

在图 6-38 的基础上，还可利用高强度厚壁空心钢管作受力元件，把 3、6 或更多根振弦均等分布置于管壁的钻孔中，用特殊的夹紧机构把振弦张紧固定，构成多弦式力传感器。

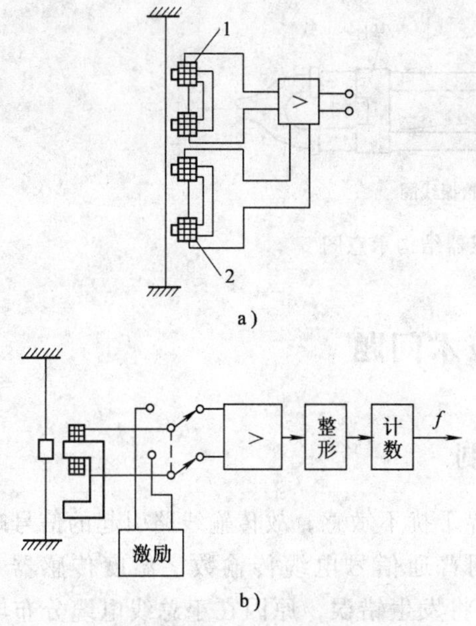

图6-37　激振方式原理框图

a）连续激励方式　b）间断激励方式

1—拾振线圈　2—激励线圈

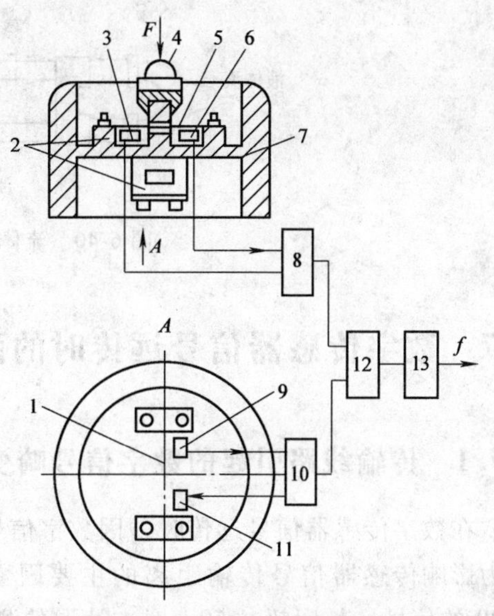

图6-38　振弦式力传感器

1、5—振弦　2—支座　3、11—激励器　4—柱体　6、9—拾振器　7—弹性膜片　8、10—放大/震荡电路　12—混频器　13—滤波整形电路

图6-39所示为振弦式流体压力传感器。振弦的材料为钨丝，其一端垂直固定在受压板上，另一端固定在支架上。当流体进入传感器后，受压板发生微小的挠曲。改变振弦的内应力，使其频率降低。为保证温度变化时的稳定性，对传感器机械结构的线膨胀系数进行了选择，使其在弦长方向的综合膨胀系数与振弦的膨胀系数大致相等。

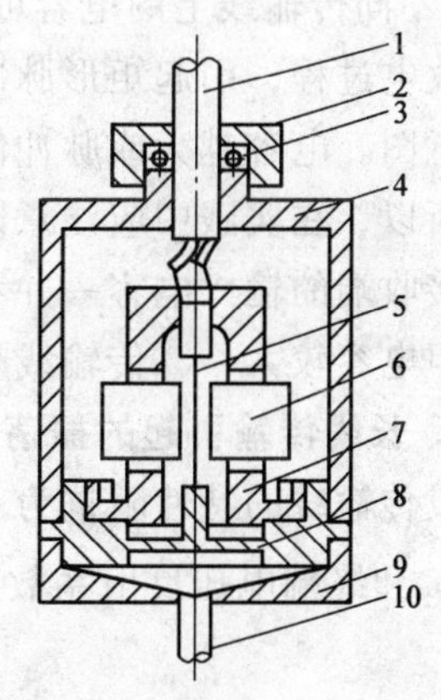

图6-39　振弦式流体压力传感器

1—导线　2—紧线母　3—O型圈　4—外壳　5—振弦　6—磁钢　7—支架　8—受压板　9—底座　10—受力管

6.6.2　振筒式频率传感器

振动管式密度传感器，由两根用低温度系数的镍铁合金制成的长度为l、直径为D的中空薄壁管构成，如图6-40所示。

两根振管里的液体在端部连在一起，并固定到一刚性基座上。基座与外部管路用软管连接，以防止热膨胀和外部管道引起的应力影响振管的振动频率。工作定端之间的振管发生横向振动。当被测介质从振管内流过时，被测介质将随着振动管一起振动，成为振动质量的有效部分，使振动系统的总质量发生变化，从而改变了系统的固有振动频率。通过测量系统的固有振动频率，即可确定被测介质的密度值。采用双管式结构的流体密度传感器可以克服单管式结构振动频率不稳定的缺陷。这是由于两根振管的振动频率相同，振动方向相反，它们对固定基座的作用力是相互抵消的，不会引起基座的振动，从而提高振管振动频率的稳定性。

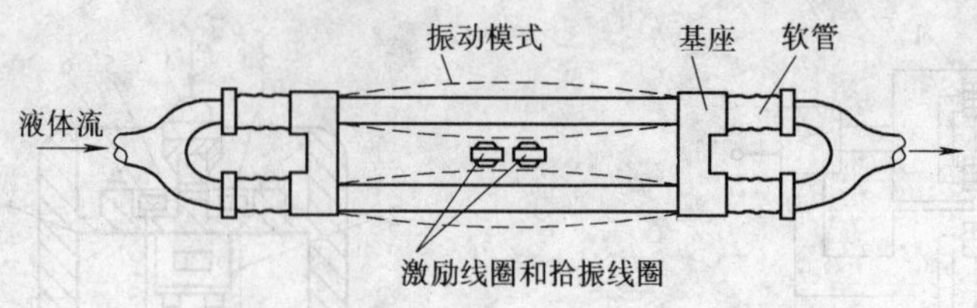

图 6-40 流体密度传感器结构示意图

6.7 数字传感器信号远传时的两个技术问题

6.7.1 传输线路引起的数字信号畸变与抑制

在数字传感器信号远传时，因数字信号对外界干扰不敏感，故传输线路引起的信号畸变成为影响传感器信号传输距离的主要因素。如用普通信号电缆传输数字温度传感器 DS18B20 的信号，长度超过 50m 时，读取的测温数据将发生错误，原因在于总线电缆分布电容引起信号波形畸变。可见，研究传输线路引起的数字信号畸变与抑制技术，对实现数字传感器信号远传是必要的。

1. 传输线上电容引起上升沿和下降沿畸变

传输线上的电容主要包括线间分布电容和信号线对地分布电容（一般后者比前者小得多）。不同传输线上的电容可能相差很大。数字信号通过传输线时，其传输线上的电容会出现充放电过程，引起矩形脉冲的上升沿和下降沿变坏，造成波形畸变，图 6-41 为畸变波形的示意图。电容越大或脉冲信号的频率越高，畸变越严重。

所以，在实践中应注意以下几点：①合理估算畸变的允许程度和电容的允许值，注意将信号接收端的输入电容一并考虑；②不同传输线的电容相差很大，如同轴电缆抗干扰能力最强，但电容较大；③传输线越短，电容越小；④合理布线，可减小电容。

2. 长线传输引起的振荡

设传输线的特性阻抗为 Z_0、信号源的输出阻抗为 R_S、负载阻抗为 R_L，则始端电压反射系数 ρ_S 和终端电压反射系数 ρ_L 分别为

$$\rho_S = (R_S - Z_0)/(R_S + Z_0) \quad (6\text{-}28)$$

$$\rho_L = (R_L - Z_0)/(R_L + Z_0) \quad (6\text{-}29)$$

可见，阻抗不匹配时，反射系数不等于零，即存在反射现象。

研究表明：存在反射时，原始波在阻抗不连续点发生繁殖，原来的一个入射波到后来变成许多杂乱的纹波。由于出现多次反射与透射，若每次反射都滞后一个时间，反射波与原始波叠加起来，就使信号发生严重畸变。

对于数字信号，最常见的畸变是在脉冲的上升沿和下降沿出现过冲或振荡（振铃）现象，图 6-42 为振荡现象示意图。振荡幅度足够大时，就会在负载电路（接收端）的输入端产生非法的电平过渡，使传送的信息出错。在有些情况下，振荡幅度可能超过电压的极限值，造成器件损坏。

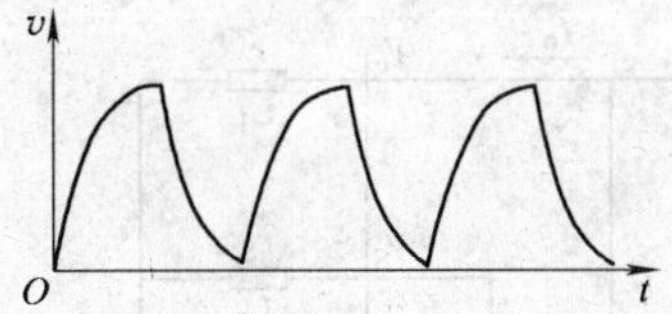

图 6-41　传输线上电容引起的畸变

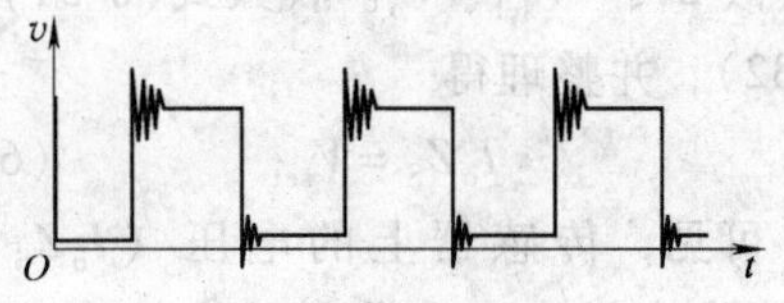

图 6-42　长线传输引起的振荡

畸变的程度主要取决于传输线的传输延迟时间 t_d 和脉冲信号上升时间 t_r。当传输延迟达到 $t_d = t_r/2$ 的程度，即信号的跳变过程在信号传到终端又被反射回始端之前就已结束，则必须在始端及终端进行阻抗匹配。对选定的传输线，可估算出相应的最大匹配长度 l_{max}。长度超过 l_{max}，即作长线处理，应进行阻抗匹配。

传输线的 l_{max} 可由下式估算：

$$l_{max} = t_r v/k \tag{6-30}$$

式(6-30) 中，t_r 为脉冲信号的上升时间 (ns)；v 为电磁波速度，$v = (1.4 \sim 2) \times 108\text{m/s}$；$k$ 为经验常数，$k = 4 \sim 5$。

应当指出，当负载变重、延迟时间变长时，l_{max} 需相应缩短。

常用的阻抗匹配方法有三种：发送端阻抗匹配、终端特性阻抗匹配和终端二极管匹配。每种方法各有特点，可根据具体情况选用。传输数字信号时，通常按传输电缆的长度来选择终端匹配方法。

3. 传输线造成的幅度衰减

导线的阻抗可视为电阻与电感的串联，低频时二者都很小，但二者都随频率的升高而增大，对信号幅度的衰减也随之增大。例如，截面积为 5.5mm² 的铜圆导线直流电阻是 3.3mΩ/m，1MHz 时增加到 30mΩ/m，10MHz 时增加到 90mΩ/m；直径 2mm、长度 1m 的铜圆直导线的电感约为 1μH，1MHz 时的感抗 ($2\pi fL$) 为 6.3Ω，10MHz 时的感抗为 63Ω；数控装置和计算机用的双绞线每米有 50～60 个绞结时，分布电感为 0.73～0.80μH/m。可见，当传输的数字信号频率较高时，传输线造成的信号幅度的衰减不可忽视。

此外，信号串扰引起的附加噪声、过渡引起的毛刺等也会引起数字信号的畸变。

传输线的合理敷设对抑制数字信号畸变也很重要，具体操作可参考相关文献。理论与实践表明，恰当的传输线设计可使传输距离大大增加。如用双绞线带屏蔽电缆取代普通信号电缆，来传输数字温度传感器 DS18B20 的信号，传输距离由 50m 增加到 150m。

6.7.2　远距离供电的稳压方法

采用三线制供电实现对远距离供电的稳压电路如图 6-43 所示。

L_1、L_2 为两根相同的供电导线，且处在相同的环境中，故引线电阻相同，设为 r；L_3 为采样导线，其引线电阻设为 R_S。A_1 接成电压跟随器，起隔离作用。A_2 接成差分输入放大器，据运放"虚断"的概念可知，L_3 中的电流趋于零（故 L_3 可用较细的导线）。可见

$$V_S = I_o(Z_S + r) \tag{6-31}$$

$$V_o = I_o(Z_S + 2r) \tag{6-32}$$

式(6-31)、式(6-32) 中 Z_S 为传感器的等效阻抗。据差分输入放大器的放大规律和给定的电阻值可知，A_2 的输出电压为 $2V_S - V_{set}$。在稳定状态下，A_3 的同相端与反相端电位相

等，故 $2V_S - V_{set} = V_o$。代入式(6-31)、式(6-32)，并整理得

$$I_o Z_S = V_{set} \tag{6-33}$$

可见，传感器上的电压（$I_o Z_S$）由 V_{set} 精确控制，不受供电导线的引线电阻影响。不仅实现了对远距离供电的稳压，而且使供电电压调节方便。若 V_{set} 取自基准电压源，则传感器上的电压稳定度更高。A_1、A_2 和 A_3 一般选用通用运放（如μA741）即可，若 A_2 选用高输入阻抗专用运放，则电路性能更好。这种方法也可用于对其他负载远距离供电的稳压。

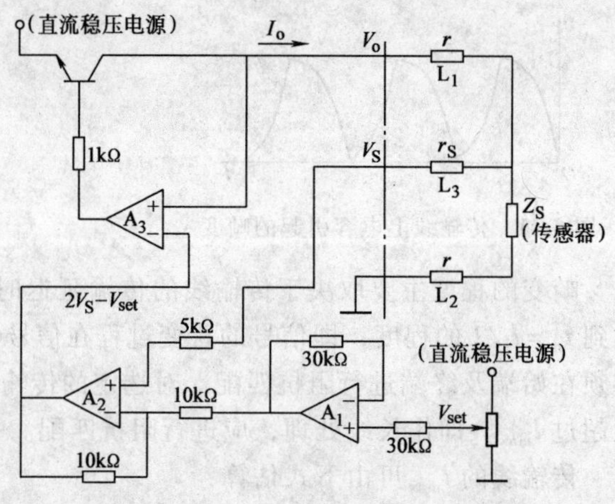

图 6-43 远距离供电时的稳压方法

在测控实践中，传感器信号需要远传的场合较多。在这些场合除了选择数字信号作为远传信号外，也可以选择电流信号等作为远传信号（有些传感器输出不是电流信号，但需要时易于转换成电流信号）。无论远传信号是何种信号形式，都会不同程度地存在前面讨论的两个技术问题。

思 考 题

1. 比较各种“栅”式传感器（感应同步器、光栅、容栅、磁栅等）辨别运动方向的结构，总结出统一的方法。
2. 各种“栅”式传感器细分方法有无统一的思路？
3. 从应用角度看，各种“栅”式传感器各有什么优缺点？
4. 查阅资料，关注“时栅”的提法，用旋转磁场的匀速移动代替几何物体对空间的划分，提出你的观点。
5. “栅”式传感器信息远传存在哪些问题？还有哪些好的解决方法？
6. 本文提出了许多用数字传感器测量零阶量（位置、力等）的方法，当试图测量一阶微分量（速度等）时会带来什么问题？有何改进方法？
7. 数字式传感器的长期稳定性好是其一大优点。查阅资料，关注一下其在大型水利工程安全方面的应用。

第7章　过程参数检测中的常用传感器技术

7.1　概述

7.1.1　过程参数检测的意义

检测是意义更为广泛的测量，包括对被测参数的定性检查和定量测量。定性检查指的是分辨出被测参数所属的范围，以此判别参数合格与否或现象有无等；而定量测量指的是通过与作为单位的标准量进行比较而获得被测参数的量值。

现代化生产过程是高效连续的生产过程，为确保生产安全，保证产品的产量和质量，减少能源消耗，降低成本等，必须对反映生产过程状态、进行情况等的参数，如温度、压力、流量、物位、成分等，进行自动检测和控制。因此过程检测就是对生产过程和运动对象实施自动的定性检查和定量测量的技术，它是实现自动控制的前提和依据。

一个完整的检测过程一般应包括信息提取、信号的放大、转换与传输、信号的显示与记录、信号的分析与处理。本章的重点是从被测参数的角度讨论传感技术与检测方法。

7.1.2　参数检测应考虑的问题

1）正确选定被测参数和检测点。在工业过程检测中，被测参数有时并不是所要求的直接参数，而是需要用间接方法确定一个或几个中间参数。对于一些复杂或特殊的检测过程，还需要选择多个检测参数并进行多次检测。因此在选择被测参数和检测点时，应考虑被测对象的状态和特征，所选参数和检测点应具有典型性和代表性。

2）恰当选取检测方法与传感方式。随着传感技术和信息技术的发展，过程参数的检测，除传统方法外，还有许多新的手段和方法可以使用。但是先进的不一定总是可行的，需要根据检测的条件、特点和要求，恰当选取检测方法，选择或设计合适的传感器。这是正确实现过程参数检测的关键所在。

3）检测系统的引入，不能对被测对象的状态产生干扰。

4）检测系统要具备一定抗机械振动、电磁场、环境温度、腐蚀等各种干扰的能力。

5）检测系统要具有良好的数据传输和处理能力，保证检测信号的信噪比满足要求，做到无延迟、不失真。

6）检测系统的安装维护要方便。

7.1.3　过程检测技术的分类

过程检测技术从不同的角度出发，有不同的分类方法。按传感原理可分为电磁法、光学法、热学法、超声法、微波法等。按敏感元件是否与被测介质接触可分为接触式测量和非接触式测量。按获得检测结果的方法可分为直接测量、间接测量、组合测量。按被测参数类型可分为电量：电压、电流、功率、磁场强度等；机械量：尺寸、形状、位移、速度、加速度、力、质量、重量、振动等；热工量：温度、压力（压差、真空度）、流量（流速、风速）、物位（液位、料位、界面）等；物性和成分量：酸碱度、盐度、浓度、粘度、密度、比重、粒度、纯度、离子浓度、湿度、水份等；状态量：颜色、透明度、磨损量、裂纹、缺陷、泄漏、表面质量（光洁度、白度灰度等）等。

本章将选择部分典型的热工参数检测进行介绍。

7.2 温度检测

7.2.1 温度和温标

1. 温度

温度是国际单位制中七个基本物理量之一。温度用来表征物体的冷热程度，从微观角度，它表征组成该物体的大量分子无规则运动的剧烈程度，即该物体分子平均动能的大小。从宏观角度，温度概念建立在热平衡基础之上，两个温度不同的物体接触，温度必然从高温处向低温处传递，经过足够长时间，最终达到温度相同，即热平衡状态。热平衡理论以及物体的许多物理化学性质与温度相关这一特性，确定了温度的各种检测方法。

2. 温标

温标是为温度测量的准确统一而建立起来的一个标准尺度，它给出了温度量值化的一套规则和方法。温度计在使用前必须先经过分度，或称标定。基准点温度值是以一些物质的相平衡点作为固定点，固定点之间的温度值则是利用一定的函数关系来描述，称为内插函数或内插方程。通常把温度计、固定点和内插方程称为温标三要素。

由于温度概念较为抽象，因此温标建立经历了一个较为漫长的过程。常用温标包括：经验温标、热力学温标、理想气体温标、国际实用温标等。

国际统一的温度标准要传递到各国，各国要按照规定进行国际比对，建立本国的国家温度基准。以此类推，全国各个地区再建立次级标准，并定期由国家基准检定。

测温仪表按准确度可分为基准、工作基准、一等基准、二等基准以及工业用仪表。任何等级的仪表都要定期到上一级计量部门进行鉴定，确保准确可靠。

7.2.2 测温方法分类

温度表征物体分子热运动的剧烈程度，难以直接测量，因此均是根据物体的物理性质随温度变化这一特征进行间接测量。归结起来温度测量方法分为接触式测量和非接触式测量两类。

1. 接触式测量

接触式测量依据的是物体的热平衡原理，优点是直观、可靠、系统结构简单。缺点是时间滞后，对于较小的物体，可能因测温元件引入影响温度场分布而造成测量误差，难以测量运动物体温度，另外，受温度计材质限制一般只适合于中低温测量。

常用的接触式测温仪表有：基于热膨胀原理的膨胀式温度仪表、基于密闭容积内介质随温度升高而压力升高的压力式测温仪表、基于金属导体电阻温度效应的热电阻测温仪表、基于 PN 结电压随温度变化的二极管和集成电路式测温仪表，以及基于热电效应的热电偶测温仪表等。

2. 非接触式测量

非接触式测量是基于物体辐射特性与温度之间的关系设计的。优点是测温范围广、理论上无温度上限限制、测温响应快、测温过程不影响温度场分布、能够测量运动物体温度等。缺点是所测温度与被测物体发射率等本身性质的影响，一般需要对测量结果进行修正。

常用非接触式测温仪表有：辐射温度计、光学高温计、光电高温计、比色温度计等。

随着测量要求的提高和传感技术的发展，在一些特殊领域中，除了传统测温方法，还逐渐开发出一些特殊的或专用的测温技术，如石英温度计、声学温度计、集成温度传感器、光纤测温技术等。

7.2.3　典型测温方法和传感器

1. 金属热电阻测温

(1) *测温原理及特点*　热电阻温度计是利用导体电阻值随温度变化的性质测量温度的。虽然电阻温度特性是导体和半导体所具有的普遍特性，但要用作测温热电阻需要具备以下条件：①尽可能大而且稳定的电阻温度系数；②电阻随温度变化呈单值函数关系，且线性度良好；③电阻率大，以便在同样灵敏度的情况下元件尺寸小；④具有较高的性能价格比。

热电阻的测温范围可以达到 -260 ~ 900℃，对大量的工业用测温来说，热电阻性价比高，中低温区稳定性好、准确度高、灵敏度大、信号易于测量、便于远传。但热电阻体积较大、热惯性大，不适于测量高温物体、体积狭小物体和温度快速变化的物体，另外，抗振动冲击能力差。

(2) *热电阻分类*　热电阻按材料分，有铂、铜、镍、铁、铑铁、铂钴合金等；按精度等级分为标准电阻温度计和工业热电阻；按结构分为线绕型、薄膜型和厚膜型。

金属热电阻主要参数有分度号、标称电阻值、测温范围、允许偏差、电阻比 W（温度为 100℃和 0℃时的电阻值之比）、热响应时间和额定电流等。应用热电阻测温，要根据测量要求和热电阻基本参数进行恰当选择。表 7-1 为几种常用金属热电阻的分度号、测量范围等。

表 7-1　金属热电阻分度号及主要参数

热电阻名称	代号	分度号	0℃时电阻值 R_0/Ω		温度测量范围/℃	电阻比 W	
			标称值	允许误差		标称值	允许误差
铂热电阻	IEC (WZP)	Pt10	10	A 级 ±0.006 B 级 ±0.012	0 ~ 850	1.3850	±0.001
		Pt100	100	A 级 ±0.06 B 级 ±0.12	-200 ~ 850		
铜热电阻	WZC	Cu50	50	±0.05	-50 ~ 150	1.428	±0.002
		Cu100	100	±0.10			
镍热电阻	WZN	Ni100	100	±0.18	-60 ~ 180	1.617	±0.003
		Ni300	300	±0.54			
		Ni500	500	±0.90			

（3）热电阻引线方式　工业用热电阻由感温元件、引线和保护管组成。其中引线是感温元件测量线路连接的引线，通常置于保护管内。热电阻引线对测量结果有较大影响，常用引线方式有两线制、三线制和四线制三种。两线制在感温元件两端各引出一根引线，这种引线简单、便宜，但引线电阻及引线电阻变化会引入附加误差，因此适用于引线不长、测温精度要求不高的场合。三线制在感温元件一端引出一条引线，另一端引出两条引线。这种引线可以较好地消除引线电阻影响，测量精度有所提高，因此是工业用热电阻通常使用的引线方式，在导线长、测温范围窄、导线所处环境温度变化较大的场合，必须使用三线制。四线制是在感温元件两端各引出两根引线，通过其中两根引线构成校正电路，能够完全消除引线电阻的影响。图 7-1 为三种引线方式及其测量电路的示意图。

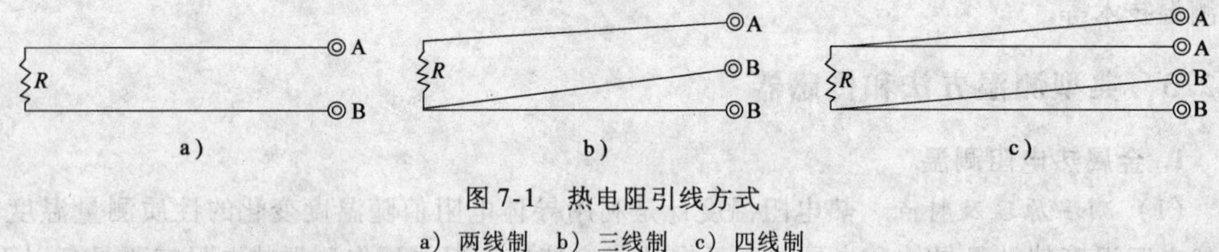

图 7-1　热电阻引线方式

a）两线制　b）三线制　c）四线制

2. 半导体热敏电阻测温

（1）半导体的热电特性及分类　半导体的电阻与温度之间的关系呈指数关系，可表示为

$$R_{\mathrm{T}} = A\mathrm{e}^{B/T} \tag{7-1}$$

式中，A、B 为常数，与半导体的材料、结构有关，量纲分别为电阻和温度。对式(7-1）微分可得热敏电阻温度系数为

$$\alpha = \frac{1}{R_{\mathrm{T}}}\frac{\mathrm{d}R_{\mathrm{T}}}{\mathrm{d}T} = -\frac{B}{T^2} \tag{7-2}$$

由式(7-2）可以看出，电阻温度系数随着温度变化而变化，即灵敏度随着温度的升高而降低，因此限制了热敏电阻只能在低温下使用。根据电阻温度系数可以将热敏电阻分为 NTC 热敏电阻、PTC 热敏电阻、CTR 热敏电阻三类。NTC 热敏电阻适用范围宽，从 0.001 ~ 100K 的超低温到 1300 ~ 2000℃的高温，之间的各温度段都可测量；PTC 测量范围为 -50 ~ 150℃；CTR 测温范围为 0 ~ 150℃。

（2）半导体热敏电阻的特点　热敏电阻灵敏度高，一般是金属热电阻的 10 多倍，电阻值高，通常在千欧以上，引线电阻对测温几乎没有影响，不必使用三线制，响应时间快，可用于动态测量，结构简单，价格便宜，化学稳定性好，可用于恶劣环境。其缺点是电阻温度系数的非线性严重，而且一般仅适用于 350℃以下的温度检测。图 7-2 为常见热敏电阻结构形式。

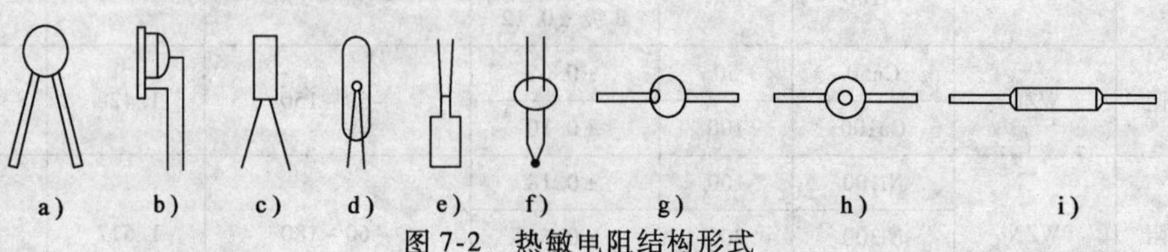

图 7-2　热敏电阻结构形式

a）圆片形　b）薄膜形　c）杆形　d）管形　e）平板形　f）珠形　g）扁圆形　h）垫圈形　i）金属帽引出的杆形

使用半导体热敏电阻应注意：防止过电流使用造成电阻烧坏；开始测量读数的时间常数应大于时间常数5~7倍，以保证读数稳定准确；避免在温度急骤变化的场合使用；注意防水耐寒等。

3. 热电偶测温

(1) 热电偶选型　热电偶是利用金属的热电效应进行温度测量的。热电偶种类有几百种，应用较广的几十种，分为标准化和非标准化两大类。标准化热电偶八种，分度号分别为S、R、B、K、N、T、E、J，前三种由铂和铂铑合金制成，属于贵金属热电偶，其余五种由镍、铬、硅、铜、铝、锰、镁、钴等金属合金制成，属于贱金属热电偶。标准化工业热电偶在使用时按照允差分为三个等级。表7-2、表7-3分别为标准化和非标准化热电偶的主要性能。

表7-2　标准化热电偶的主要性能

名称		铂铑10-铂 铂铑13-铂	铂铑30 -铂铑6	镍铬 -镍硅	镍铬 -康铜	铁-康铜	铜-康铜	镍铬硅 -镍硅
分度号		S,R	B	K	E	J	T	N
稳定性		<1500℃,优 >1500℃,良	<1400℃,优 >1400℃,良	中等	中等	<500℃,良 >500℃,差	-170 ~200℃,优	良
允差/℃	一级	0~1100 ±1 1100~1600 ±[1+0.003(t-1100)]	—	-40~1100 ±1.5或 ±0.4%t	-40~800 ±1.5或 ±0.4%t	-40~750 ±1.5或 ±0.4%t	-40~350 ±1.5或 ±0.4%t	-40~1100 ±1.5或 ±0.4%t
	二级	0~600 ±1.5 600~1600 ±0.25%t	600~1700 ±0.25%t	-40~1300 ±2.5或 ±0.75%t	-40~900 ±2.5或 ±0.75%t	-40~750 ±2.5或 ±0.75%t	-40~750 ±1或 ±0.75%t	-40~1300 ±2.5或 ±0.75%t
	三级	—	600~800 ±4 800~1700 ±0.5%t	-200~40 ±2.5或±1.5%t		—	-200~40 ±1或 ±1.5%t	-200~40 ±2.5或 ±1.5%t
最高使用温度/℃(长期~短期)		ϕ0.5 1300~1600	ϕ0.5 1600~1800	ϕ0.3 700~800 ϕ0.5 800~900 ϕ0.8,1.0 900~1000 ϕ1.2,1.6 1000~1100 ϕ2.0,2.5 1100~1200 ϕ3.2 1200~1300	ϕ0.3,0.5 350~450 ϕ0.8,1.0,1.2 450~550 ϕ1.6,2.0 550~650 ϕ2.5 650~750 ϕ3.2 750~900	ϕ0.3,0.5 300~400 ϕ0.8,1.0,1.2 400~500 ϕ1.6,2.0 500~600 ϕ2.5,ϕ3.2 600~750	ϕ0.2 150~200 ϕ0.3,0.5 200~250 ϕ1.0 250~300 ϕ1.6 350~400	ϕ0.3 700~800 ϕ0.5 800~900 ϕ0.8,1.0 900~1000 ϕ1.2,1.6 1000~1100 ϕ2.0,2.5 1100~1200 ϕ3.2 1200~1300
特点		高温抗氧化性强，稳定性好，适用于中性和氧化性气氛的高温测量	高温抗氧化性强，稳定性好，适用于中性和氧化性气氛的高温测量	贱金属中高温稳定性最好，测温范围宽，价格较同样测温范围的其他热电偶低，高温抗氧化性强适用于中性、氧化性和还原性气氛	贱金属中热电动势率最大，灵敏度最高，抗氧化性强，适用于中性和氧化性气氛	适用于氧化、还原性、中性气氛及真空测温	贱金属中精度最高，在温度不高的场合，适用于氧化性、还原性、中性气氛及真空测温	测温范围宽，高温抗氧化性强，适用于氧化性、中性和还原性气氛

表 7-3 非标准化热电偶的主要性能

名称		材料（正极–负极）	测温上限/℃（长期～短期）	允差/℃	特点	用途
贵金属	铂铑系	铂铑 13–铂铑 1	1450～1600	≤600 ±3.0 >600 ±0.5%t	高温下力学性能和抗玷污性能好，寿命长	测量钴合金熔液温度
		铂铑 20–铂铑 5	1500～1700		高温下机械强度高，抗氧化性强，化学稳定性好，50℃以下热电动势小，参考段不需温度补偿	各种高温测量
		铂铑 40–铂铑 20	1600～1850			
	铱铑系	铱铑 40–铱	1900～2000	≤1000 ±10 >1000 ±1.0%t	测量线性度好，抗氧化性强，适用于真空、惰性气氛	航空、宇航温度测量，实验室内高温测量
		铱铑 60–铱	2000～2100			
难熔金属	钨铼系	钨铼 3–钨铼 25	2000～2800	≤1000 ±10 >1000 ±1.0%t	测量线性度好，热电动势较大且稳定，价格低，适用于干燥氢气、真空和惰性气氛	各种高温测量，高温钢水测量
		钨铼 5–钨铼 20				
		镍铬–金铁	27	–270～0 ±1	低温下热电动势稳定，热电动势率较大	深低温测量
非金属		碳–石墨	2400		热电动势大，熔点高，价格低，但机械强度和复现性差	耐火材料温度测量
		碳化锆–碳化锆	2000			
		二硅化钨–二硅化钼	1700			
贱金属		铁–考铜	600～700		热电动势大，灵敏度高，价格低，但铁易被氧化	石油、化工部门的温度测量
		铁–康铜				
		镍钴–镍铝	800～1000	≤400 ±4 >400 ±1.0%t	300℃时热电动势小，参考端可不必温度补偿	航空发动机排气温度测量
		镍铁–硅考铜	600～900		100℃时热电动势小，参考端可不必温度补偿	飞机火警信号系统
		镍–镍钼	1200		φ10 适用于真空测量，不能用于氧化气氛	

在实际测温时，一般应在了解热电偶基本特性的前提下，根据被测对象、测量气氛、测温范围等正确选择热电偶。

按使用温度考虑：1000℃之内一般选用贱金属热电偶，如 –200～300℃可选用 T 型或 E 型。1300℃之内可选用 N 型或 K 型，1000～1400℃可选用 R、S 型，1400～1800℃可选用 B 型，高于 1800℃就要采用非标准的钨铼系列热电偶。

按环境气氛考虑：当环境气氛有氧化性，温度低于 1300℃时可选用 K 型或 N 型，高于 1300℃时应选用铂铑系列。若环境气氛为真空或有还原性，温度低于 950℃时可选用 J 型，高于 1600℃时应选用钨铼系列。

参考端温度影响除用冷端补偿措施外，也可通过适当选型解决。当温度低于 1000℃时，可选用 K 型热电偶，冷端温度在 0～30℃对测量的影响可忽略不计，温度高于 1000℃选用 B 型热电偶，可忽略冷端温度影响。

热电偶偶丝直径选择影响动态特性和精度。直径大则响应时间长，直径小则使电阻增大，影响与测量电路的阻抗匹配，使精度下降。

(2) *热电偶的冷端处理*　根据热电偶测温原理，热电动势是测量端与参考端温度 t、t_0 的函数差，只有参考端温度恒定，才能得到热电动势与测量端温度之间的关系。实际上我们通常使用的热电偶分度表是以参考端为0℃制作的。但在工业检测现场，参考端温度则难以保持恒定不变，更难以维持在0℃，因此冷端处理是热电偶在实际使用时必须面对的问题。

冷端处理方法可以概括为冷端恒温、冷端温度校正、冷端温度自动补偿、补偿导线。

1）冷端恒温：在条件许可的情况下，通过人为方法创造0℃或 t_0（非0℃）的恒温环境，如保温瓶、恒温槽、恒温箱等，将冷端置于其中。对于恒温的情况，可以再通过温度校正的方法进行校正。

2）冷端温度校正：根据热电效应的中间温度定则可以对冷端恒定在 t_n 的热电动势值进行修正

$$E(t,0)=E(t,t_n)+E(t_n,0) \tag{7-3}$$

式中，$E(t_n,0)$ 即为修正量，可以通过查分度表得出。

但是由于热电特性的非线性，将分度表上由 $E(t,0)$ 查得的温度 t_1 直接加 t_n 作为检测结果是错误的，工业检测中经常使用经验公式校正

$$t=t_1+K(t_n-0) \tag{7-4}$$

式中，t、t_1、t_n 分别为测点实际温度、由 $E(t,t_n)$ 值查分度表得到的温度、冷端恒定温度；K 为经验系数。不同热电偶在不同温度下具有不同的 K 值，可由相关资料给出。

3）冷端温度自动补偿：其基本思想是在热电偶测量电路中加入一个补偿环节，感受冷端温度变化，产生一个补偿电动势，以使仪表检测到的电动势不受冷端温度变化影响。

例如在测量电路中串一个与测量用热电偶A-B热电特性相同的电偶C-D，如图7-3所示。根据中间温度定则，无论补偿电偶正串还是反串，均可将参考端温度变化补偿掉。补偿电偶最好与测量电偶具有相同的热电特性并且价格便宜。

也可在热电偶测量电路中加一个直流不平衡电桥，如图7-4所示。该补偿电桥由直流电源供电，输出端串接在热电偶回路中。桥臂电阻 R_1、R_2、R_3 和限流电阻 R 选用锰铜电阻，阻值受温度影响很小，桥臂电阻 R_t 为铜电阻，阻值随温度升高而增大，将其置于与热电偶冷端同样的温度场中。

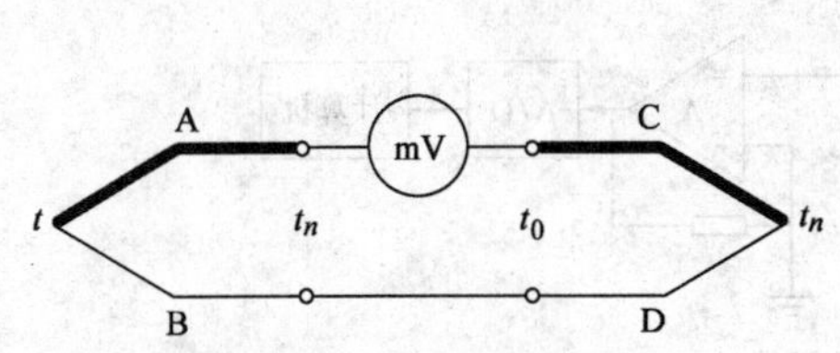

图7-3　串接补偿热电偶回路

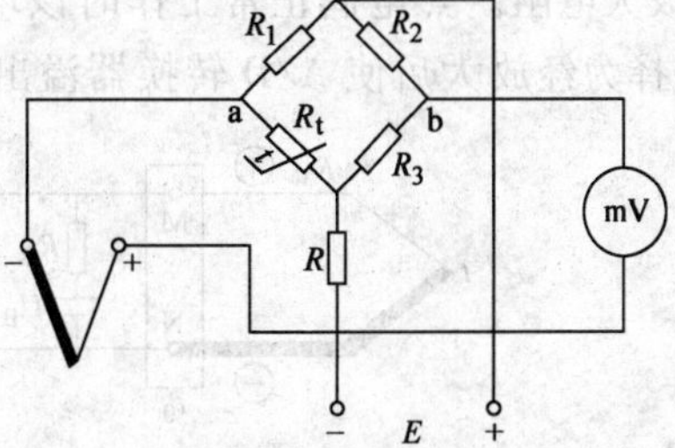

图7-4　带补偿电桥的热电偶测量电路

由于电桥不平衡输出 U_{ab} 随 R_t 变化是非线性的，补偿热电动势 $E(t_n,0)$ 随 t_n 变化也是非线性的，但两者变化情况很难一致，设计时一般要求在两个温度点上符合即可，也可采用使供桥电源 E 随 t_n 变化的方式。

补偿电桥与热电偶应配套使用。同类型补偿电桥外形与内部设计都是一样的，只要配上

合适的限流电阻 R 即可与热电偶相配套，R 决定了补偿量 U_{ab} 的大小。

4）补偿导线：补偿导线是在一定温度范围内与某种热电偶具有相同热电特性的一对带有绝缘层的导线或电缆。恰当选用补偿导线可将热电偶的参考端延伸到远离热源或环境温度相对恒定的地方。为降低成本，补偿导线一般选用贱金属材料。如果热电偶为贵金属材料，称为补偿型（C 型），如果热电偶本身就是贱金属材料，则称为延伸型（X 型）。

补偿导线一般只在较低的温度范围内（通常在 0～100℃之间）与热电偶热电特性一致，因此使用温度必须符合要求，而且各种补偿导线必须与相应型号的热电偶匹配使用，见表 7-4。连接时注意不能将补偿导线极性接反。对于补偿型导线（C 型），还要求与热电偶的两个连接点温度相同。

表 7-4 常用补偿导线与热电偶配用关系

热电偶分度号	补偿导线						
	型号	正极			负极		
		代号	材料	绝缘层颜色	代号	材料	绝缘层颜色
S(铂铑$_{10}$-铂)	SC	SPC	铜	红	SNC	铜镍	绿
K(镍铬-镍硅)	KC	KPC	铜	红	KNC	铜镍	蓝
K(镍铬-镍硅)	KX	KPX	镍铬	红	KNX	铜硅	黑
E(镍铬-铜镍)	EX	EPX	镍铬	红	ENX	铜镍	棕
J(铁-铜镍)	JX	JPX	铁	红	JNX	铜镍	紫
T(铜-铜镍)	TX	TPX	铜	红	TNX	铜镍	白

在需高精度测温场合，处理测量结果时应加上补偿导线的修正值，以保证测量精度。

补偿导线使用方便，是热电偶测量电路中经常采用的方法，也是各种冷短端温度补偿方法中最基本的一种。

（3）热电偶的断偶检查　在热电偶自动测温电路中如果发生断偶现象，输出热电动势为 0，就会得出 $t=t_0$ 的错误结果。为此，检测电路中应增加一个断偶判断的环节。如图 7-5 所示，M—N 为热电偶输出端，经 R_1、R_2、C_F 构成的滤波网络送入量程放大器 A，再经 A/D 转换后将测量结果送计算机处理。此电路中有一个 U_B 和 R_B 构成的断偶判断环节，R_B 为兆欧级大电阻。热电偶正常工作时该环节相当于开路；当发生断偶时，M—N 处电压为 U_B，U_B 选择为经放大后使 A/D 转换器溢出，从而使计算机能够判断出断偶发生。

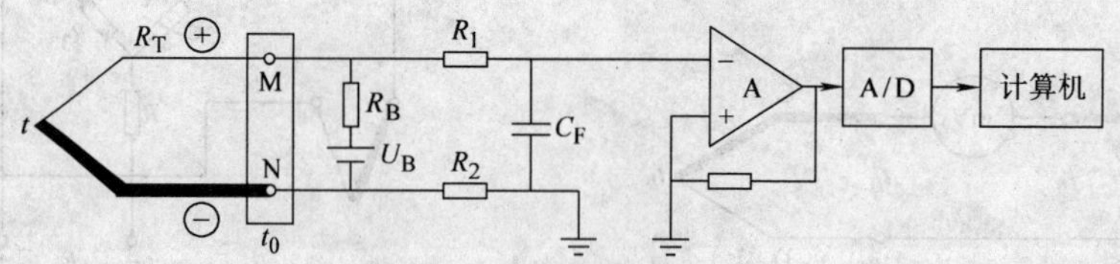

图 7-5 热电偶断偶检查

4. 辐射测温

（1）辐射测温的基本原理　任何物体，只要温度超过热力学温度零度，都会以电磁波的形式向周围辐射能量，称为热辐射。热辐射能量与物体自身性质和温度有关。这种通过接收物体的辐射能量来确定温度的方法称为辐射测温，利用这种原理测温的仪表和传感器通称为辐射式温度计。

热辐射波长涉及紫外、可见光、红外光区。可见光波长范围仅为0.3～0.72μm，红外光波长范围较大，为0.72～1000μm。辐射式温度计的感温元件使用的波长范围一般为0.3～40μm。

根据斯蒂藩—玻耳兹曼定律，若黑体在单位时间单位面积上辐射出的能量为$M_0(T)$，则辐出能量与热力学温度间的关系满足

$$M_0(T)=\sigma T^4 \tag{7-5}$$

式中，σ为玻尔兹曼常数。

黑体的光谱辐射亮度L_0是一个与波长和热力学温度均有关的物理量，式(7-5)用辐射亮度表示，则有

$$L_0(T)=\frac{\sigma}{\pi}T^4 \tag{7-6}$$

理想的绝对黑体在自然界中是不存在的。一般物体的辐射出射度小于绝对黑体。在某一温度T，某物体在全波长范围内的积分辐射出射度$M(T)$与绝对黑体在全波长范围内的积分辐射出射度$M_0(T)$之比称为该物体的全辐射率（或全辐射系数），用$\varepsilon(T)$表示，$0<\varepsilon(T)<1$。类似地，在任一温度T和某个波长λ下，物体在此波长的光谱辐射出射度$M(\lambda,T)$与黑体在此波长的光谱辐射出射度$M_0(\lambda,T)$之比称为光谱（单色）辐射度，用$\varepsilon_\lambda(T)$表示。因此，对于一般物体，光谱辐射亮度与热力学温度的关系为

$$L=\varepsilon(T)\frac{\sigma}{\pi}T^4 \tag{7-7}$$

通过测量物体的辐射亮度就可得到该物体的温度，这就是辐射测量的基本原理。

（2）*光谱辐射式温度计*　光谱辐射式温度计是根据热辐射效应进行测量的。通常由辐射敏感元件、光学系统、测量仪表及辅助装置等几部分组成。

辐射敏感元件分为光电型和热敏型两大类。光电型常用的有光电倍增管、硅光电池、锗光电池等。特点是响应快，但同类元件光电特性曲线一致性不好，互换性差。热敏型常用的有热敏电阻、热电堆等。特点是同类元件热电特性曲线一致性好、灵敏度高、对响应波长无选择，但响应时间常数较大，通常为0.01～1s。

光学系统的作用是聚集被测物的辐射能。其形式有反射型和透射型两类。

测量仪表包括测量电路、显示驱动电路、显示装置等。数字式仪表还包含模数转换电路，自动平衡式仪表需有平衡驱动装置，如小型步进电动机。

辅助装置包括冷却和防尘防护装置。

光谱辐射式温度计是按绝对黑体进行温度分度的，测量非黑体时，仪表示值称为该物体的辐射温度。由于$0<\varepsilon(T)<1$，辐射温度总是低于物体的真实温度。物体的辐射温度T_F与真实温度T之间的关系为

$$T=T_F\sqrt[4]{1/\varepsilon(T)} \tag{7-8}$$

使用光谱辐射式高温计需注意以下几点：

1）距离系数。被测物与感温器之间的距离L与被测物有效直径D之比称为距离系数。为保证感温器全部接收到被测物的辐射能量，被测物大小应受距离系数约束。

2）中间介质。空气对辐射能吸收较少，但水蒸气、CO_2对辐射的吸收能力较强。测量

中应尽量减少中间介质的影响。

3）环境温度。被测物的高温使环境温度升高，影响检测元件的正常工作。一般需要冷却或温度补偿措施。

4）杂光干扰。被测物反射的外界辐射和自身辐射一起投向感温元件，为此应加装屏蔽罩。

与其他类型的高温计相比，辐射温度计是最古老、最简单的一种测量仪器，灵敏度与精度都不太高，因此使用面远不及光学高温计广泛。

（3）光学高温计　光学高温计通过将辐射体在单一波长（通常采用0.66μm）下的亮度与高温计灯泡亮度比较来确定物体温度。光学高温计有三种形式：灯丝隐灭式、恒定亮度式和光电亮度式。

图7-6是灯丝隐灭式高温计工作原理图。调节物镜使被测物的像落在灯泡的灯丝平面上，灯泡温度低时，从目镜中看到被测物像上的暗丝，接通电源并调节可变电阻，使灯泡变亮，当灯丝亮度与被测物亮度相同时，灯丝隐灭在被测物的像中。

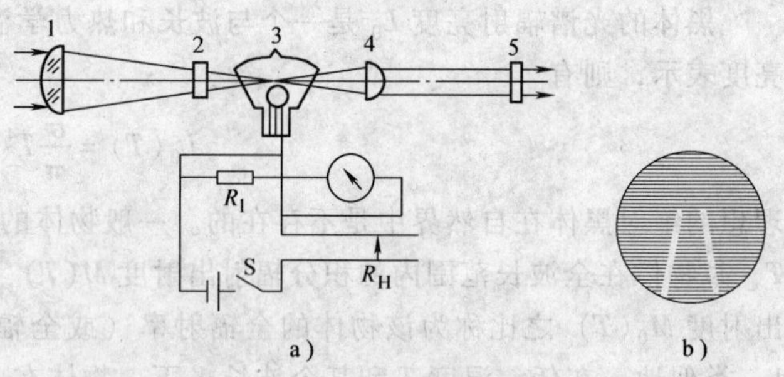

图7-6　灯丝隐灭式高温计工作原理

a）结构原理　b）灯丝隐灭成像

1—物镜　2—灰色吸收玻璃　3—灯泡　4—目镜　5—红色滤光片

光学高温计的示值也是按照黑体分度的，仪表示值称为被测物的亮度温度，根据发射率，可求出真实温度

$$T=\frac{C_2 T_L}{\lambda T_L \ln\varepsilon_\lambda(T)+C_2} \tag{7-9}$$

式中，T_L、T分别为物体的亮度温度、真实温度；$\varepsilon_\lambda(T)$为物体的光谱发射率，$0<\varepsilon_\lambda(T)<1$；$C_2$为普朗克第二辐射常数，$C_2=1.438786\times10^{-2}\mathrm{m\cdot K}$。

使用光学高温计也应注意中间介质、测量距离、环境温度等因素对测量精度的影响。

（4）光电高温计　采用硅光电池作为光敏元件，并将亮度转换成电信号，再经滤波放大显示出物体的亮度温度。与光学高温计相比，光电高温计避免了用人眼感受信号变化，精度与灵敏度较高，使用波长可以不受限制，响应时间短，便于自动测量与控制。

（5）比色高温计　根据维恩位移定律，当温度变化时，黑体能量的光谱分布会发生变化，两个波长λ_1和λ_2的光谱辐出度之比R会不同，R可表示为

$$R=\frac{L_{0\lambda1}}{L_{0\lambda2}}=\left(\frac{\lambda_2}{\lambda_1}\right)^5 \mathrm{e}^{\frac{C_2}{T_B}\left(\frac{1}{\lambda_2}-\frac{1}{\lambda_1}\right)} \tag{7-10}$$

经过整理，有

$$\frac{1}{T}-\frac{1}{T_B}=\frac{\ln\dfrac{\varepsilon_{\lambda1}(T)}{\varepsilon_{\lambda2}(T)}}{C_2\left(\dfrac{1}{\lambda_1}-\dfrac{1}{\lambda_2}\right)} \tag{7-11}$$

式中，T_B、T分别为物体的比色温度、真实温度；$\varepsilon_{\lambda1}(T)$、$\varepsilon_{\lambda2}(T)$为物体在$\lambda_1$、$\lambda_2$时的光谱发射率。通常$\lambda_1$、$\lambda_2$是由高温计制造厂家选定的。对于灰体，$\varepsilon_{\lambda1}(T)=\varepsilon_{\lambda2}(T)$，也有

很多金属 $\varepsilon_{\lambda1}(T)$ 与 $\varepsilon_{\lambda2}(T)$ 近似相等，故这类物体比色温度与真实温度基本一致。

比色高温计准确度通常较高，对环境气氛要求也不高，可适用于烟雾、粉尘等工作环境；但要求被测物表面温度场均匀，还要避免散射杂光的引入，否则容易引起示值误差。

(6) 红外辐射测温　红外线是物体热辐射光谱中位于可见光红光以外的光谱，波长范围大致在 0.75 ~ 1000μm。与各种单色光相比，红外光的热效应是最大的。

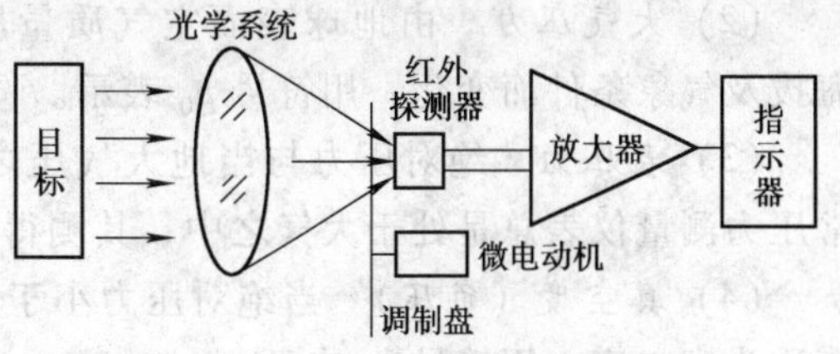

图 7-7　红外辐射测温仪工作原理

红外辐射测温仪的工作波段一般在 0.75 ~ 14μm。通常由光学系统、红外探测器、信号放大器及信号处理、指示器等部分组成，如图 7-7 所示。

光学系统汇聚被测物的红外辐射能量，分投射式和反射式。投射式光学系统部件用红外光学材料制成，且根据测温范围不同选择不同的光学材料；反射式光学系统多采用凹面玻璃反射镜，表面镀金、铝或镍铬等高反射率材料。

红外探测器接收目标辐射并转换为电信号，再经转换处理成为被测物的温度值。可采用光电管、光电池、光敏电阻、热电元件等作为光敏元件，具体选用哪种要根据目标辐射的波段与能量等实际情况确定。

调制器把红外辐射调制成交变辐射，因为系统对交变信号处理比较容易，能取得较高的信噪比。一般是用微电动机带动一个齿轮盘或等距离孔盘，通过齿轮盘或带孔盘旋转，切割入射辐射而使投射到红外传感器上的辐射信号成为交变的。

红外辐射测温的优点是：反应速度快，响应时间一般都在毫秒级甚至微秒级；灵敏度高，物体温度的微小变化就会引起辐射能量较大变化；测温范围广，测量准确度高，可测温度范围可以从零下几十度到零上几千度；适用范围广，几乎适用于所有温度测量场合，尤其适合于较远距离的高速物体、带电体、高温高压等物体的温度测量。

使用红外辐射测温应注意：被测物尺寸应大于测温仪视场，最好大过50%；被测物和测温仪之间避免有水蒸气、粉尘、烟雾等，这类物质对红外线有较强吸收能力；工作环境的温度不应有剧烈变化。

7.3　压力检测

7.3.1　压力的概念和表示方法

压力是工业生产过程中常见和重要的参数之一，在许多热工过程中，压力的检测控制对保证工业过程正常进行、达到高产优质低耗以及安全生产有着至关重要的意义。

1. 压力的概念

工程中所说的压力，是指垂直均匀作用在单位面积上的力，即物理学中所称的压强。因此压力可表示为

$$p = F/S \tag{7-12}$$

式中，p 为压力；F 为垂直作用在受力面上的力；S 为受力面积。

2. 压力的表示方法

（1）*绝对压力* 作用于物体表面上的全部压力称为绝对压力，用符号 p_i 表示。

（2）*大气压力* 由地球表面空气质量所形成的压力，称为大气压力。它随地理纬度、海拔及气象条件而变化，用符号 p_0 表示。

（3）*表压力* 绝对压力与当地大气压之差称表压力，用符号 p_g 表示，$p_g = p_i - p_0$。通常压力测量仪表总是处于大气之中，其测得的压力值均是表压力。

（4）*真空度（负压）* 当绝对压力小于大气压力时，表压力为负值（负压力），其绝对值称为真空度，用符号 p_v 表示，$p_v = |p_g|$ 。

（5）*差压（压差）* 任意两个压力 p_1、p_2 之差称为差压 Δp，$\Delta p = p_1 - p_2$。

除此之外，工程上还有静态压力（不随时间变化或变化缓慢的压力）和动态压力（随时间作快速变化的压力）之分。

3. 压力的计量单位

压力的国际单位为帕斯卡，简称帕，符号为 Pa。根据压力导出公式，1 帕 = 1 牛顿/米^2 或 $1\text{Pa} = 1\text{N/m}^2$。帕单位较小，工程上也常用 kPa（$10^3$Pa）和 MPa（$10^6$Pa）为单位。除国际单位外，工程上也使用其他压力单位，包括工程大气压、物理大气压、巴、毫米水柱、毫米汞柱等。

7.3.2 常用压力检测方法

根据压力检测的工作原理，压力检测的几种基本方法包括：

1. 重力平衡法

利用一定高度的工作液体产生的重力或砝码的重量与被测压力相平衡的原理，将被测压力转换为液柱高度或平衡砝码的重量来测量。典型检测仪表有液柱式压力计和活塞式压力计等。

2. 弹性力平衡法

利用弹性元件受压力作用发生弹性变形而产生的弹性力与被测压力相平衡的原理，将压力转换成位移，通过测量弹性元件变形或位移的大小测出被测压力。此类压力计种类很多，可以测量压力、负压、绝对压力和压差等，而且通常可以变换为电信号，便于远传和实现自动检测，故应用最为广泛。

3. 机械力平衡法

将被测压力转换成力，用外力与之平衡，通过测量平衡时的外力测知被测压力。力平衡式压力计可以达到较高精度，但结构较为复杂。

4. 物性测量法

利用敏感元件在压力的作用下，某些物理特性发生的变化与压力相关的原理进行测量，通常可将被测压力直接转换为各种电量来测量。如压电式、电容式压力传感器等。

7.3.3 常用压力传感器和压力检测仪表

1. 远传式弹性压力计及压力传感器

这类压力计或传感器以弹性元件作为压力的敏感元件，根据受压产生的弹性变形（位移）可测知压力。通过一定的转换机构还可构成就地式或远传式压力计，图 7-8 为远传式弹

压力⟶ 弹性元件 ⟶ 机电转换装置 ⟶ 测量放大装置 ⟶ 显示输出

图 7-8　远传式弹性压力计组成原理框图

性压力计的结构框图。

常用弹性元件有弹簧管（又称波登管）、弹性膜、波纹管等。图 7-9 为各种常用弹性元件示意图。

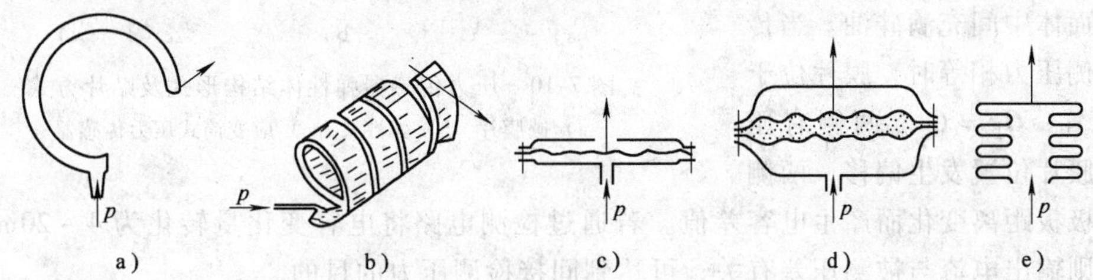

图 7-9　常用弹性元件

a）单圈弹簧管　b）多圈弹簧管　c）膜片　d）膜盒　e）波纹管

弹簧管一端受压时，另一个自由端将产生弹性位移。其结构分单圈式和多圈式两种，如图 a 和 b 所示。多圈位移量大、灵敏度高。多圈式测量范围通常在 0～10MPa，单圈式测量范围通常为 10～60MPa。

弹性膜分膜片和膜盒，如图 c 和 d 所示。膜片四周固定，当一侧受压或两侧有压差时，膜片向压力小的一侧弯曲。将两个膜片焊接在一起，成为膜盒。膜盒可以增大膜中心的位移，提高灵敏度。这类弹性元件多用于真空度、微压、低压检测。

波纹管是表面同心环状皱纹的薄壁筒体。如图 e 所示。主要用于微压、低压检测。

弹性元件的常用材料有铜基合金、铁镍基合金、橡皮等，各适用于不同的测压范围和被测介质，现在半导体硅材料也得到了更多应用。

机电转换装置通常将弹性元件的位移或变形转换成为电信号。常见转换方式有应变电阻式、霍尔式、电感式、差动变压器式等。

(1) *应变式压力传感器*　应变式压力传感器是基于导体和半导体的应变效应。由导体或半导体材料制成的弹性元件在受到压力作用时发生机械变形，其电阻值也将发生变化，根据阻值变化间接测出压力，阻值相对变化与应变有以下关系：

$$\frac{\Delta R}{R}=K\varepsilon \tag{7-13}$$

式中，ε 为材料的应变；K 为材料的电阻应变系数，即单位应变引起的电阻相对变化量，金属材料的 K 值约为 2～6，半导体材料的 K 值可达 60～180。

常用的应变片结构形式为箔式应变片。通常将 1 片或多片（2 片或 4 片）应变片粘贴在弹性元件适当位置上来感受变形，同时将应变片接入电桥桥臂，则电桥输出电压即可反映被测压力大小。为提高检测精度和灵敏度，通常采用两对应变片组成全桥电路，并使相对桥臂的应变片分别受拉和受压。

应变式压力传感器弹性元件的结构形式可根据测量范围进行选择或设计，常见的结构形式有圆膜片、弹性梁、应变筒等，如图 7-10 所示。

(2) *电容式差压传感器*　电容式差压传感器是一组差动电容。电容差动连接有利于提高灵敏度，减小介电常数受温度影响带来的不稳定性。如图 7-11 所示，差动电容的两个定极板为两个尺寸形状相同、内侧镀金属膜的凹面体，动极板为金属圆形膜片，处于两个定极板中间位置，凹面体中间充满硅油。当传感器两侧压力相等时，膜片位于中间位置，$C_1 = C_2$。两侧有压差时，膜片位置发生偏移，两侧电容因极板距离变化而产生电容差值。若通过检测电路将电容变化量转化为 4 ~ 20mA 标准信号，则输出电流与被测压差有关，可达到间接检测压力的目的。

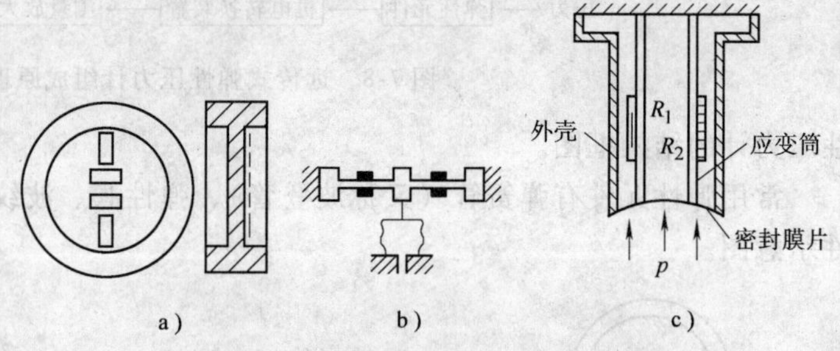

图 7-10 压力传感器弹性体结构形式及贴片方式

a）圆膜片 b）弹性梁 c）应变筒式压力传感器

除变极距型电容式差压传感器外，工业中还有变面积型电容式压力传感器，这里不再详细介绍。

电容式压力传感器精度高，稳定性强，抗震性好，安装使用方便，在工业中应用广泛。

（3）*霍尔式压力传感器* 霍尔式压力传感器是基于半导体霍尔效应。片状霍尔元件与弹簧管自由端相连，置于线性非均匀磁场中，弹簧管另一端受压力作用使得弹簧管产生位移，带动霍尔元件在磁场中运动。若给霍尔元件两端通恒定直流电，则在垂直于磁场和电流的方向上将会产生霍尔电动势，该电动势大小与霍尔元件变形位移量成线性关系。图 7-12 为霍尔式压力传感器结构原理。

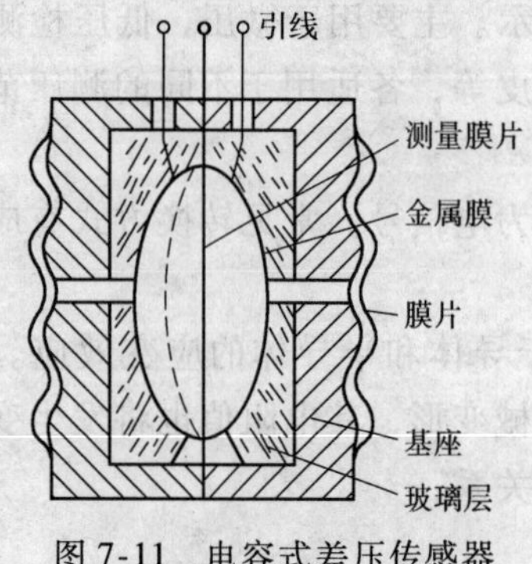

图 7-11 电容式差压传感器

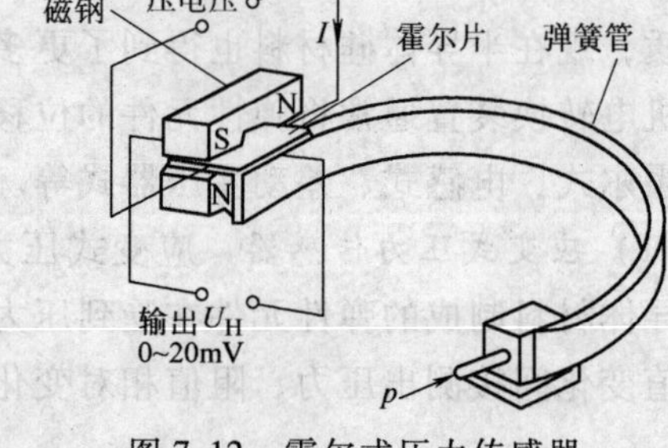

图 7-12 霍尔式压力传感器

这种压力计结构简单、灵敏度高，但对外部磁场敏感、耐震性差。

2. 基于半导体物性的压力传感器

根据半导体材料的某些物理特性因受压力产生变化而将压力变换为电信号进行检测，常见的有压阻式、压电式、光电式、光纤式、超声式等等。

（1）*压阻式压力传感器* 半导体材料受压后电阻率发生变化的效应称为压阻效应。图 7-13a 为硅半导体压阻式传感器结构原理图。压力敏感元件为半导体硅圆片（膜片），通常做成膜盒，一侧接入参考压力，另一侧接受被测压力。膜盒的电阻扩散等效为如图所示，其中 R_1 和 R_3、R_2 和 R_4 分别组成一对，感受相同的应力状态。当两侧压力平衡时，膜盒无变形，$R_1 = R_3 = R_2 = R_4$，当被测压力大于参考压力时，R_1 和 R_3 受拉应力，R_2 和 R_4 受压应力。若将四个电阻值接入测量电桥，一对电阻作为相对桥臂，则电桥会输出一个不平衡电压，图 7-13b 为测量原理。

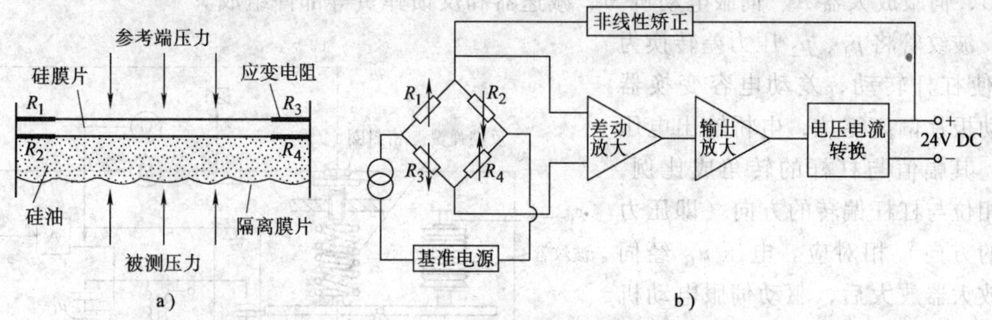

图 7-13　硅半导体压力变送器测量原理
a）硅半导体压力变送器敏感部件原理　b）硅半导体压力变送器测量电路

压阻式压力传感器具有精度高、频响高、测量范围宽、温度稳定性好、抗干扰能力强、安装维修方便等优点，在工业中得到广泛应用。

（2）压电式压力传感器　有些半导体材料沿着某一个方向受力而发生机械变形时，其内部将发生极化现象而在其某些表面上产生电荷。当外力撤除时，又回到不带电状态，这一现象称为压电效应。利用压电材料的压电效应，可以将被测压力转换为电信号进行测量。

图 7-14 为压电式压力传感器结构图。压电元件置于两个弹性膜片之间，受压后将产生电荷。其一侧与膜片接触并接地，另一侧将电荷量引出，通过电荷量放大器或电压量放大器输出与压力值对应的电流或电压。为提高测量灵敏度，使用电荷放大器时可采用多个压电元件并联的方式，使用电压放大器时可采用多个压电元件串联的方式。

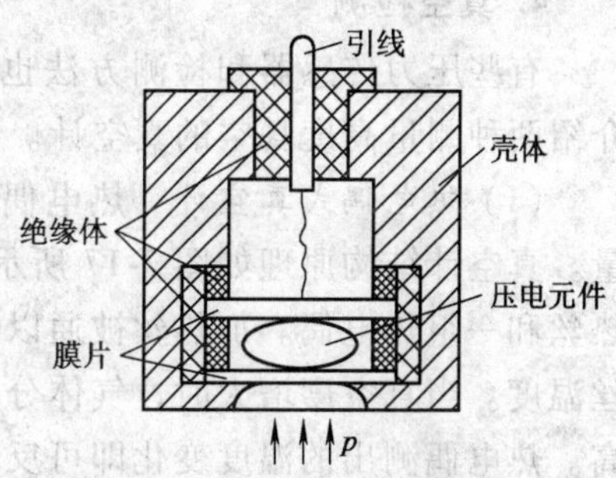

图 7-14　压电式压力传感器结构

常用压电材料有天然的压电晶体（如石英晶体）和压电陶瓷（如钛酸钡）两大类，它们的压电机理并不相同，但都具有较好特性，是较理想的压电材料。

压电式压力传感器体积小，结构简单，工作可靠，测量范围宽，适合于 100MPa 以下的压力测量；测量精度较高，频率响应高，可达 30kHz，常用于动态压力检测。但由于压电元件存在电荷泄漏，不适宜测量缓慢变化的压力和静态压力。

3. 力平衡式压力计

力平衡式压力计利用力平衡原理进行检测，图 7-15 为力平衡式压力计基本组成框图。用于与被测压力相平衡的可以是弹性力或电磁力等。被测压力或压差作用于弹性敏感元件上，被转换成为位移或力，并作用于力平衡系统，使得力平衡系统偏离原有的平衡状态；由偏差检测器输出偏差值送至放大器，经放大并输出为电流或电压信号，并控制反馈力或力矩机构，产生反馈力。当反馈力与作用力平衡

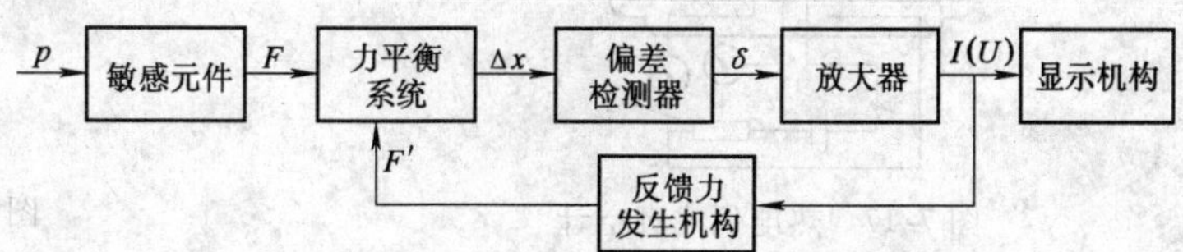

图 7-15　力平衡式压力计组成框图

时，仪表处于新的平衡状态，通过显示机构显示出与被测压力或压差相对应的压力信号。

图 7-16 为一种弹性力平衡式压力检测系统示意图。它由波纹管、杠杆、差动电容变换器 C、伺服放大器 A、伺服电动机 M、减速器和反馈弹簧等部件组成。

波纹管将 p_1、p_2 压力差转换为 F_p 使杠杆转动，差动电容变换器的动极片偏离零位，电桥输出电压 u_C，其幅值与杠杆的转角成比例，而相位与杠杆偏转的方向（即压力差的方向）相对应。电压 u_C 经伺服放大器放大后，驱动伺服电动机转动，经减速器后，一方面带动输出轴转动指示杠杆转角的大小，另一方面使螺栓转动，改变反馈弹簧施加在杠杆上的力 F_{xs}。当 F_p 的力矩与 F_{xs} 的力矩相平衡时，系统重新处于平衡状态。输出轴转角 β 与压力差 Δp 成比例。

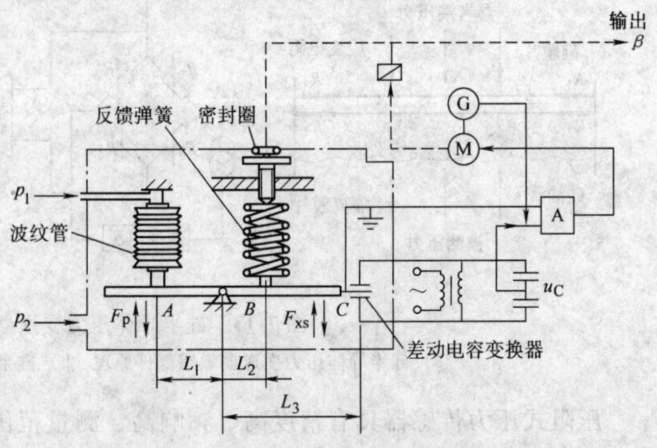

图 7-16 弹性力平衡式压力检测系统

4. 真空检测

有些压力传感器和检测方法也可检测负压，但只能检测粗真空（10^{-3}Pa 以上），下面介绍两种测量高度真空的真空计。

（1）*热电偶式真空计* 热电偶式真空计是利用气体热导率与真空度之间的关系进行测量。真空计结构原理如图 7-17 所示。玻璃壳与被测真空连通，玻璃壳中封装了一组金属加热丝和一组热电偶。加热丝被通以恒定电流，热电偶工作端焊接在加热丝上，用以测量加热丝温度。当真空度增大时，气体分子自由程加大，热导率变小，使加热丝散热减少，温度升高。热电偶测出的温度变化即可反映真空度变化。

热电偶式真空计测量真空度一般不能超过 10^{-2}Pa。

（2）*电离式真空计* 电离式真空计的测量原理是，带电粒子通过稀薄气体时使气体电离，测量离子电流即可知真空度大小。图 7-18 为热阴极式电离真空计的结构原理。真空管与被测真空连通，加热金属丝作为阴极发射电子，加速后形成发射电流 i_e，穿过真空使空

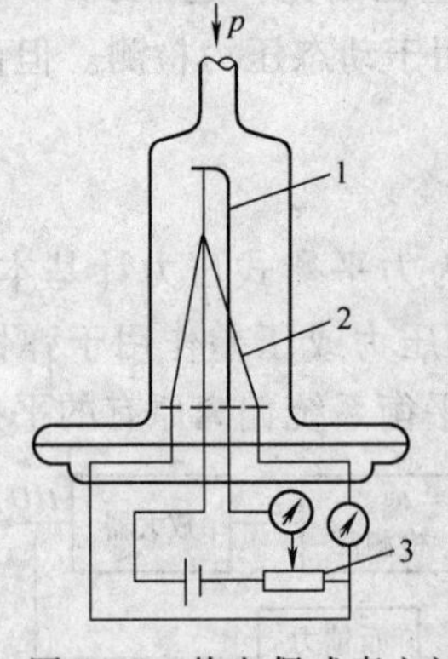

图 7-17 热电偶式真空计

1—热电偶 2—加热丝 3—调节电阻

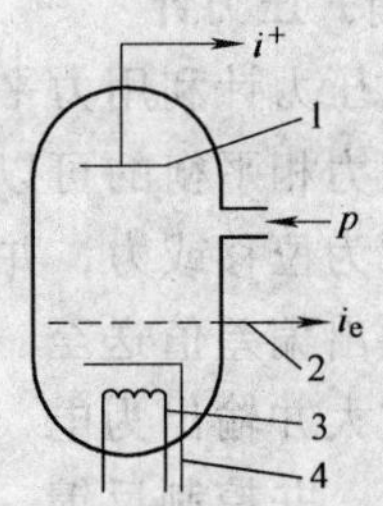

图 7-18 电离式真空计

1—收集极 2—加速极 3—灯丝 4—阴极

气分子电离，收集极处的离子电流 i^+ 与被测真空度相关。

热阴极式真空计在不超过 10^{-6}Pa 的高度真空测量中能够达到较高精度。

7.3.4　压力检测仪表的校准

压力检测仪表的校准是保证测量结果安全可靠的重要环节。

压力检测仪表在出厂前均需经过校准，使之符合精度等级要求。但由于安装运输，在使用前仍需进行校准，同时使用中因部件疲劳、磨损、老化等原因，也必须定期进行校准。校准分为静态校准、动态校准两个方面。

1. 静态校准

静态校准指的是在静态标准条件下（温度（20 ± 5）℃，湿度 ≤80%，大气压力为（1.013 ±0.106）$\times 10^5$Pa，且无振动冲击的环境），采用一定标准等级（其精度需为被校仪表的3~5倍）的校准设备，对仪表重复（不少于3次）进行全量程逐级加载和卸载测试，获得各次校准数据，以确定仪表的静态基本性能指标和精度的过程。

校准方法通常有两种：一种是将被校表与标准表的示值在相同条件下进行比较；另一种是将被校表的示值与标准压力比较。标准表的允许绝对误差应小于被校表的允许绝对误差的1/3~1/5。常用的压力校准仪器有液柱式压力计、活塞式压力计或配有高精度标准表的压力校验泵等。

前一种校准方法方便，在实际校验中应用较多。将被校表示值与标准压力比较的方法主要用于校验0.25级以上的精密压力表，亦可用于校验各种工业用压力表。

2. 动态校准

有些仪表用来测量动态压力，如火箭发动机的燃烧室压力在启动点火后的瞬间，压力变化频率从几赫到数千赫。这时要求压力传感器的频率响应特性要好，它决定了该传感器对动态压力测量的适用范围和测量精度。因此必须进行动态校准，以确定其动态特性参数，如频率响应函数、固有频率、阻尼比等。

根据校准时压力源不同，动态校准分为稳态校准和非稳态校准两类。

稳态校准采用稳态周期性压力作为压力信号源，如机械正弦压力发生器、凸轮控制喷嘴、电磁谐振器等；另一类是非稳态压力信号源，如激波管、闭式爆炸器、快速卸载阀及落锤液压动校装置等。后一类方法结构简单、易于实现。但由于信号频率振幅的限制，仅适用于低压和低频的压力校准中。

激波管是测定压力传感器频率响应特性的最常用的方便而简单的设备，已成为国际计量部门用来校准压力传感器动态性能的标准装置。

激波管校准传感器动态特性的基本原理是：用激波管产生的阶跃压力来激励被校压力传感器，并用适当的设备记录在这一阶跃压力激励下被校传感器所产生的瞬时响应，根据其过渡过程曲线，运用适当的计算方法，求得被校压力传感器的频率响应特性。

7.4　流量检测

在石油、化工、水利等领域的过程检测中，流量是一个重要的参数，在管理、仓储、贸易等行业中，也需要检测和计算物料总量。

7.4.1 流量的概念

流量指流体（气体、液体、粉末或固体颗粒等）单位时间流过管道截面的数量，也称瞬时流量。如果用体积表示流体数量，则称为体积流量，单位为米^3/秒（m^3/s），如果用质量表示，则称为质量流量，单位为千克/秒（kg/s）。在管理，仓储等行业中，更为关心一段时间内的累积流量值，称为累积流量，单位为米^3（m^3）或千克（kg）。

7.4.2 流量计与流量检测方法分类

用于测量流量的器具、仪表通称流量计，通常由一次装置和二次仪表组成。一次装置又称流量传感器，安装于流体导管内部或外部，用于产生与流量有确定关系的信号；二次仪表对检测出的信号进行处理，转换成流量显示信号或输出信号。

由于流体流动状体复杂，介质特性差异大，测量对象广泛，因此流量检测方法和流量计种类较多，常用的检测方法包括：

1. 节流差压法

在流体管路中安装节流元件，根据流动动力学原理，节流元件处将产生压力。根据压力差和流量的关系进行流量测量。常用节流元件包括孔板、喷嘴和文丘里管等。

2. 容积法

让流体流经已标定容积的计量室，流体流动的压力推动测量室内类似齿轮的机构转动，每转一周排出固定体积的流体。用这种方法测量流量的仪表称为容积式流量计，按计量室结构分为椭圆齿轮式、腰轮式（罗茨式）、刮板式、旋转活塞式、圆盘式、膜式煤气表、旋转叶轮式水表等。

3. 阻力法

流体会对管道内的阻力体产生作用力，作用力大小与流量大小有关。常用的流量计有转子流量计、靶式流量计等。

4. 速度法

测出管道内流体的平均流速，乘以管道截面积即可得到流量。根据测量流速的方法不同，可分为涡轮流量计、电磁流量计、涡街流量计、超声流量计、相关流量计等。

流量检测方法及常用流量计性能对比见表 7-5。

7.4.3 典型流量计

1. 容积式流量计

以椭圆齿轮流量计为例说明容积式流量计的工作原理及特点。图 7-19 为椭圆齿轮流量计结构原理，一对相互啮合的椭圆齿轮和与之配合紧密的壳体组成测量室。流体流动的压力产生的力矩会推动齿轮转动，连续不断地将充满在齿轮与壳体之间的固定容积内的流体排出，当椭圆齿轮旋转一周时，将排出 4 个半月形（测量室）体积的流体。假设一个半月测量室的容积为 V，齿轮转数为 n，单位时间

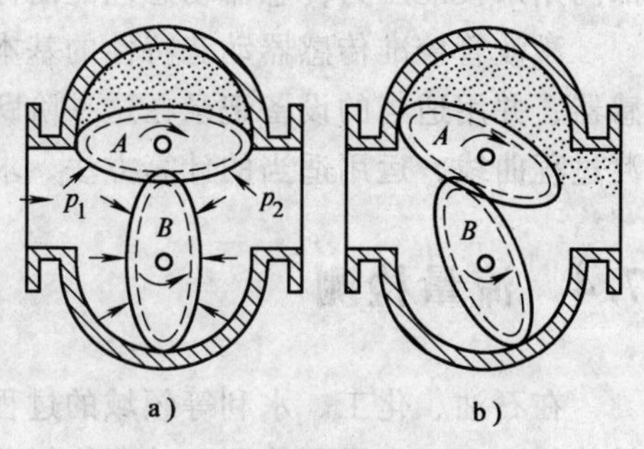

图 7-19 椭圆齿轮结构原理

表 7-5　流量检测方法和常见流量计的性能

测量方法		容积法		节流差压法			阻力法		速度法		
流量计名称		椭圆齿轮流量计	腰轮流量计	孔板式	喷嘴式	文丘里管	金属管转子流量计	靶式流量计	涡轮流量计	涡街流量计	电磁流量计
技术参数	被测介质	液体	液体 气体	液体 气体 蒸汽	液体 气体 蒸汽	液体 气体 蒸汽	液体 气体	液体 气体 蒸汽	液体 气体	液体 气体	导电液体
	测量范围/(m^3/h)	0.005～500	0.4～1000 —	1.5～9000 1.0～100000 —	5～2500 50～2600 —	30～1800 240～8000 —	0.012～100 0.4～3000	0.8～1400 — —	0.04～6000 1.5～200	1～30m/s	0.1～12500
	口径/mm	10～250	15～300	500～1000	50～400	150～400	15～150	15～200 — —	4～500 10～50	150～1000	6～1200
	工作压力/Pa	6.4×10^6	6.4×10^6 —	2×10^7	2×10^7	2.5×10^6	6.4×10^6	6.4×10^6	6.4×10^6	6.4×10^6	1.6×10^6
	工作温度/℃	120	120 —	500	500	500	150	200	120	150	100
	精度(%)	±0.2～±0.5	±0.2～±0.5	±1～±2	±1～±2	±1～±2	±2	±1～±4	±0.5～±1	±1	±1～±1.5
	量程比	10:1	10:1	3:1	3:1	3:1	10:1	3:1	6:1～10:1	30:1～100:1	10:1
	压力损失/Pa	<20000	<20000	<20000	<20000	<5000	3000～6000	<25000	<25000	极小	极小
	最低雷诺数或粘度界限	500cSt	500cSt	$>5\times10^3$ $\sim8\times10^3$	$>2\times10^4$	$>8\times10^4$	>100	>2000	20cSt	—	无限制
	安装要求	装过滤器	装过滤器	装在直管段	装在直管段	装在直管段	垂直安装	装在直管段	有直管段且装过滤器	有直管段且不能倾斜	对直管段要求不高
	体积重量	重	重	小	中等	重	中等	中等	小	小	大
	价格	中等	高	低	较低	中等	中等	较低	中等	中等	高

内体积流量为 q_V，则

$$q_V = 4nV \tag{7-14}$$

齿轮转数可通过机械的或其他的方式测出。

椭圆齿轮流量计适用于高粘度液体的测量。流量计基本误差为 ±0.2% ~ ±0.5%，量程比为 10∶1。椭圆齿轮流量计的测量元件是齿轮啮合传动。容积式流量计的优点是测量精度高，量程比宽，流体粘度变化对测量影响小，安装方便，对流量计前后的直管段的要求不高。但其缺点是制造装配要求高，传动机构复杂，成本较高，对流体清洁度要求高，通常要求上游加装过滤器。

容积式流量计也可测气体流量。主要用于其他流量计的校准及高精度测量的场合。

2. 节流差压式流量计

对不可压缩流体，流体中插入节流件时，根据伯努里方程，在节流件两端产生的差压力 Δp 与流量 q_m 有如下关系：

$$q_m = \alpha D^2 \sqrt{2\rho \Delta p} \tag{7-15}$$

式中，α、D、ρ 分别为流量系数、节流件最小孔径（m）、流体密度（kg/m³）。采用压力或差压检测方法可测出 Δp。

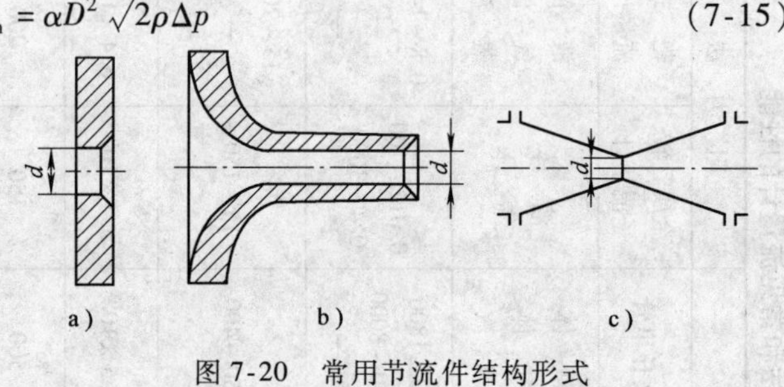

图 7-20 常用节流件结构形式

a) 孔板式 b) 喷嘴 c) 文丘里管

节流件结构形式有孔板、喷嘴和文丘里管，如图 7-20 所示。针对不同流体类型和状态，可采用标准和非标准节流件。使用标准节流件时被测流体需满足以下条件：①是单相的牛顿流体；②在物理学和热力学上均匀；③流经节流件前已达到充分紊流；④其流动是稳定的或随时间缓变的；⑤最大流量与最小流量之比不超过 3∶1。

节流差压式流量计在冶金行业广泛使用，占各类流量计的 80% 以上。

3. 转子流量计

转子流量计又称浮子流量计。

当被测流体自下而上流经锥形管时，在转子上下端面产生差压形成作用于转子的上升力，当与转子的重量平衡时，转子稳定在一个平衡位置上。流量变化时，转子便会移到新的平衡位置，这样平衡位置的高度就代表被测介质流量值的大小。图 7-21 为转子流量计结构示意图。根据伯努里方程可推算出，流量 q_V 与高度 h 之间满足如下关系：

$$q_V = \alpha \pi D_f h \tan\varphi \sqrt{\frac{2V_f(\rho_f - \rho)g}{\rho A_f}} \tag{7-16}$$

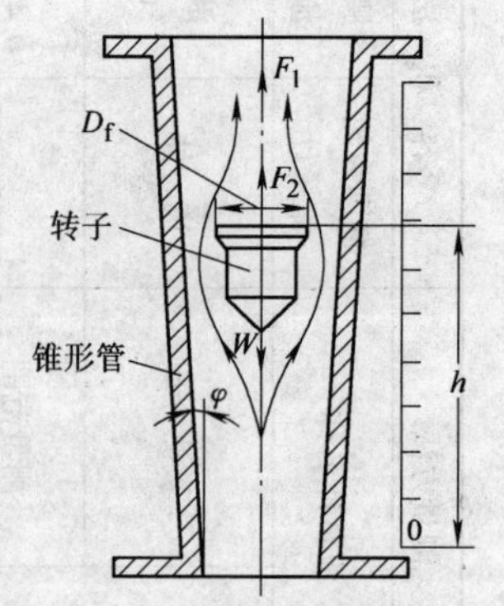

图 7-21 转子流量计结构原理

式中，D_f、V_f、A_f、ρ_f 分别为转子的最大直径、迎流面体积、面积和密度（kg/m³）；α、ρ、g、φ 分别为流量系数、流体密度、重力加速度、锥形管壁与垂直方向的夹角。

一般可认为 α 是雷诺数的函数，每种流量计有相应的界限雷诺数，低于此值 α 不再是常数，q_V 与 h 不呈线性关系，会影响测量精度。因此，转子流量计测量的流体，其雷诺数应大于一定范围。雷诺数 Re 是流体流动中惯性力与粘性力（内摩擦力）比值的度量。

转子流量计按锥形管材料不同，可分为玻璃管转子流量计和金属管转子流量计两大类。

玻璃管转子流量计结构简单，价格低廉，使用方便，耐压低，可制成防腐蚀仪表，多用于透明流体的现场测量。

金属管转子流量计测量时将转子的位移通过测量转换机构进行传递变换，变换后的位移信号可直接用于就地指示，也可将该位移转换为电信号或气信号进行远传及显示。

转子流量计结构简单，灵敏度高，量程比宽（10:1），压力损失小且恒定，对直管段的要求不高，刻度近似线性，价格便宜，使用维护简便，可以测量多种介质的流量，特别适用于中小管径和低雷诺数的中小流量测量。但只适用于垂直管道的流量检测，精度受流体性质和测量环境的影响，精度一般在 1.5 级左右。

4. 靶式流量计

靶式流量计由检测（传感）和转换部分组成，检测部分包括放在管道中心的圆形靶、杠杆、密封膜片，如图 7-22 所示。当流体流过靶时，靶受到流体动压力和靶对流体的节流作用而形成的力 F 的作用。此作用力与流体平均流速 u、密度 ρ 及靶的受力面积 A_B 的关系为

$$F = k\frac{\rho}{2}u^2 A_B \tag{7-17}$$

式中，k 为一比例常数。

通过测量靶所受作用力，可以求出流体流速与流量。

靶式流量计的转换部分按输出信号有电动和气动两种结构形式。测量时通过杠杆机构将靶上所受力引出，按照力矩平衡方式将此力转换为相应的标准电信号或气压信号，由显示仪表显示流量值。

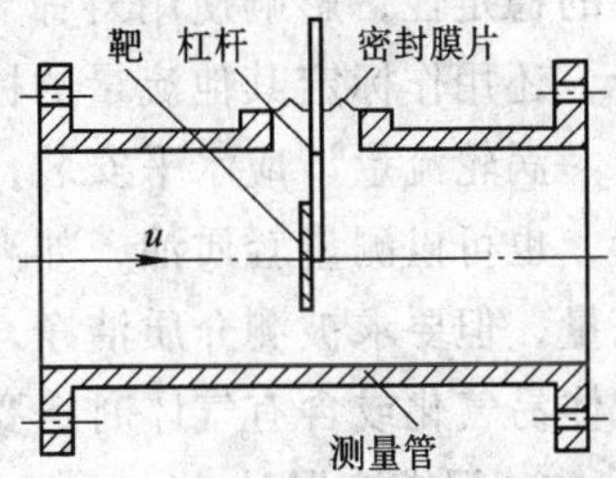

图 7-22　靶式流量计工作原理

靶式流量计适用于测量高粘度、低雷诺数流体的流量测量，如重油、沥青、含固体颗粒的浆液及腐蚀性介质。

靶式流量计结构比较简单，不需安装引压管和其他辅助管件，安装维护方便，压力损失小。

靶式流量计在安装与使用时，为了保证测量准确度，流量计前后应有必要的直管段，且一般应水平安装，若必须安装在垂直管道上时，要注意流体的流动方向应由下向上，安装后必须进行零点调整。

5. 涡轮流量计

涡轮流量计是一种典型的速度式流量计。它具有测量精度高、反应快以及耐压高等特点，因而在工业生产中应用日益广泛。

涡轮流量计的结构如图 7-23 所示，主要由外壳、导流器、轴承、涡轮和磁电转换器组成。涡轮是测量元件，被测流体推动涡轮叶片旋转，在一定范围内，涡轮的转速与流体的平均流速成正比，通过磁电转换装置将涡轮转速变成电脉冲信号，经放大后送给显示记录仪表，即可

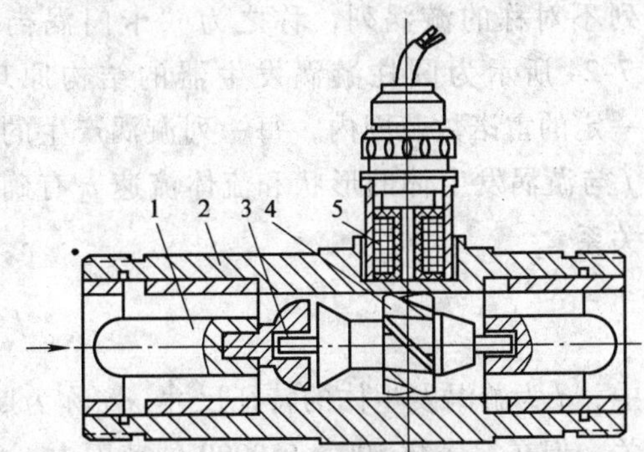

图 7-23　涡轮流量计结构原理

1—导流器　2—外壳　3—轴承　4—涡轮　5—磁电转换器

以推导出被测流体的瞬时流量和累积流量。

涡轮通常由不锈钢材料制成，根据流量计直径大小，其上装有 2～8 片叶片。为了提高对流速变化的响应性，涡轮重量应尽量小。

磁电转换装置由线圈和磁钢组成，安装在流量计壳体上，可分成磁阻式和感应式两种。磁阻式将磁钢放在感应线圈内，涡轮叶片由导磁材料制成。当涡轮叶片旋转通过磁钢下面时，磁路中的磁阻改变，周期性地在线圈中感应出电脉冲信号，其频率就是叶片转过的频率。感应式是在涡轮内腔放置磁钢，涡轮叶片由非导磁材料制成。磁钢随涡轮旋转，在线圈内感应出电脉冲信号。由于磁阻式比较简单、可靠，所以使用较多。除磁电转换方式外，也可用光电元件、霍尔元件等方式进行转换。

为提高抗干扰能力和增大信号传送距离，在磁电转换器内装有前置放大器。

涡轮流量计测量精度高，可达 0.5 级以上，在小范围内可达 ±0.1%，复现性和稳定性均好；量程范围宽，量程比可达（10～20)∶1，刻度线性；耐高压，承受的工作压力可达 16MPa，而压力损失在最大流量时小于 25kPa；对流量变化反应迅速，可测脉动流量，其时间常数一般仅为几到几十毫秒；输出为脉冲信号，抗干扰能力强，信号便于远传及与计算机相连。

涡轮流量计的缺点是制造困难，成本高。由于涡轮高速转动，轴承易损，降低了长期运行的稳定性，影响使用寿命。通常涡轮流量计主要用于测量精度要求高、流量变化快的场合，还用作标定其他流量的标准仪表。

涡轮流量计应水平安装，并保证其前后有一定的直管段。它还可用以测量气体、液体流量，也可以测量轻质油，如汽油、煤油、柴油、低粘度的润滑油以及腐蚀性不强的酸碱溶液流量，但要求被测介质洁净，以减少轴承磨损，一般应在流量计前加装过滤装置。如果被测液体易气化或含有气体时，要在流量计前装消气器。

6. 涡街流量计

漩涡式流量计是 20 世纪 60 年代末期发展起来一种新型流量仪表，80 年代以后逐渐得到广泛应用。涡街流量计属于其中的一种，它是利用流体的卡门漩涡列原理进行测量的。

在均匀流动的流体中，垂直地插入一个具有非流线形截面的柱体，称为漩涡发生体，则在该漩涡发生体两侧会产生旋转方向相反、交替出现的漩涡，并随着流体流动，在下游形成两列不对称的漩涡列，称之为“卡门涡街”。图 7-24 所示为圆柱漩涡发生器的结构原理。在一定的雷诺数范围内，每一列漩涡产生的频率 f 与漩涡发生体的形状和流体流速 u 有确定的关系

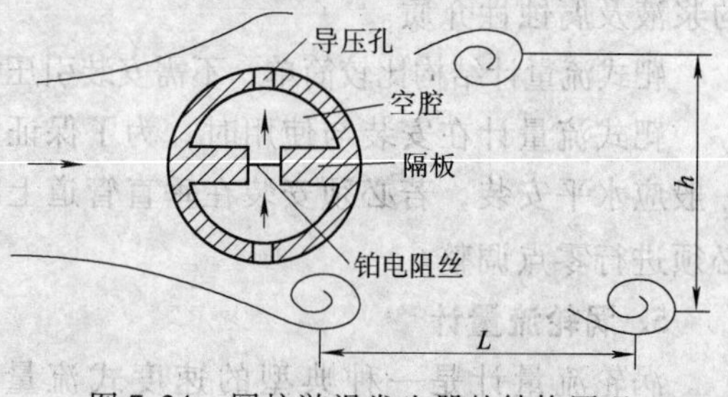

图 7-24 圆柱漩涡发生器的结构原理

$$f = S_t \frac{u}{d} \tag{7-18}$$

式中，d 为漩涡发生体的特征尺寸；S_t 称为斯特罗哈尔数，与漩涡发生体形状及流体雷诺数有关，但在雷诺数 500～150000 的范围内，S_t 值基本不变，工业上测量的流体雷诺数几乎都不超过上述范围，因此漩涡产生的频率仅决定于流体的流速 u 和漩涡发生体的特征尺寸。

当漩涡发生体的形状和尺寸确定后，可以通过测量漩涡产生频率来测量流体的流量。

漩涡频率的检出有多种方式，可以将检测元件放在漩涡发生体内，也可以在下游设置检测器进行检测。图7-24所示采用的检测方法是，中空的圆柱体漩涡发生器两侧开有导压孔与内部空腔相连，孔中装有电流加热的铂电阻丝。两侧漩涡交替经过导流孔，有漩涡的一侧静压增大，流速减小，流体被压进空腔，如此交替使空腔内流体产生脉动流动。脉动流动的流体对电阻产生冷却，使电阻值发生脉动变化，从而产生和漩涡频率一致的脉冲信号，检测此脉冲信号即可测出流量。也可以在空腔内使用压电式或应变式检测元件测出交替变化的压力。

涡街流量计测量精度较高，可达±1%；量程比宽，可达30:1；在管道内无可动部件，使用寿命长，压力损失小，水平或垂直安装均可，安装与维护比较方便，测量几乎不受流体参数变化的影响，对气体、液体和蒸气等介质均适用。由于输出脉冲信号，所以容易实现远传。这种流量计，是一种正在得到广泛应用的流量仪表。

涡街流量计一般适用于大口径或大横截面（相对于漩涡发生器）、紊流流速分布变化小的情况，并要求流量计前后有足够长的直管段。

7. 电磁流量计

电磁流量计利用法拉第电磁感应原理测量导电流体的流量。它由变送器和转换器两部分组成，变送器由一对安装在管道上的电极和一对磁极组成，要使磁力线、电极和管道三者成相互垂直状态，如图7-25所示。变送器将流体流量信息变成感应的电信号，转换器则将信号进行处理转换成标准输出。

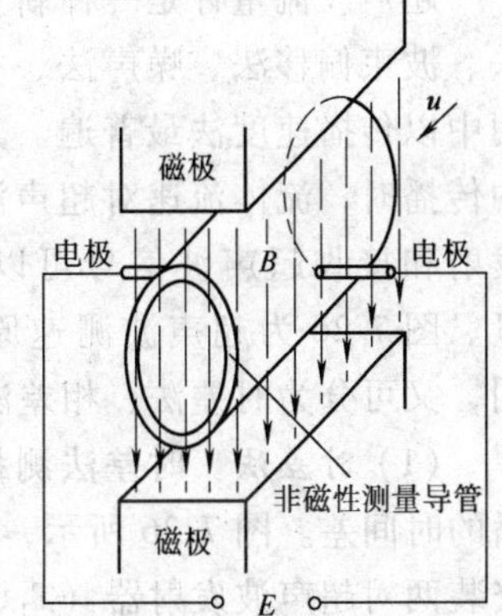

图7-25　电磁流量计结构原理

当导电流体以平均流速 u 在管道内流动时，由于切割磁力线在电极上产生感应电动势 E，E 的大小与磁感应强度 B、管道直径 D 和流速 u 有如下关系：

$$E = BDu \tag{7-19}$$

则流体流量方程为

$$q_V = \frac{1}{4}\pi D^2 u = \frac{\pi D}{4B}E \tag{7-20}$$

该流量方程需满足磁场是均匀分布的恒定磁场、被测流体非磁性、流速轴为对称分布、流体电导率均匀且各向同性等条件。

电磁流量计磁场的励磁方式有直流励磁、正弦交流励磁和低频方波励磁三种方式。

直流励磁方式用永久磁铁或直流电励磁，能产生一个恒定的均匀磁场不易受交流磁场干扰，流体自感现象小，但易使电极极化，导致电动机间电阻增大，故只适用于非电解质液体，如液态金属的流量测量。

正弦交流励磁产生交流磁场，可以克服直流励磁的极化现象，便于信号的放大，但易受电磁干扰。

低频方波励磁兼具直流和交流励磁的优点，既能使感应电动势与平均流速成正比，又能排除极化现象。但检测电路需要经过交流放大、采样保持、直流放大等过程转换为直流输出，使得电路比较复杂。

电磁流量计是工业中测量导电流体常用的流量计，并能够测量含有固体颗粒（例如泥浆）或纤维液体的流量。由于测量导管中无阻力件，压力损失极小，电极和衬里有防腐措施，故可测量适用于含有颗粒、悬浮物等流体（如纸浆、矿浆、煤粉浆）和酸、碱、盐溶液的流量。电磁流量计测量范围大，量程比可达10:1，甚至100:1；流量计适用面广，管径小到1mm，大到2m以上；测量精度为0.5～1.5级；输出与流量呈线性关系，且不受被测介质的物理性质影响；反应迅速，可以测量脉动流量。电磁流量计对直管段要求不高，使用比较方便。

电磁流量计要求被测介质必须是导电的液体，不能用于气体、蒸气及石油制品的流量测量；流速测量下限有一定限度，一般为50cm/s；由于电极装在管道上，工作压力受到限制。此外，电磁流量计结构也比较复杂，成本较高。

电磁流量计的安装地点应尽量避免剧烈振动和交直流强磁场，要求任何时候流体都要充满管道。可以水平安装也可垂直安装，水平安装时两个电极要在同一平面上，垂直安装时流体要自下而上流过仪表，要确保流体、外壳、管道间的良好接地和良好点接触。

8. 超声波流量计

超声波流量计是一种新型流量计。超声波用于流量测量的原理有传播速度法、多普勒法、波束偏移法、噪声法、相关法等多种方法，在工业应用中以传播速度法最普遍。其基本原理是：超声波在流体中传播时，流体流速对超声波传播速度会产生影响，通过发射和接收超声波信号可以测知流体流速，从而求得流量。图7-26为超声波测速原理。根据具体测量参数的不同，又可分为时差法、相差法和频差法。

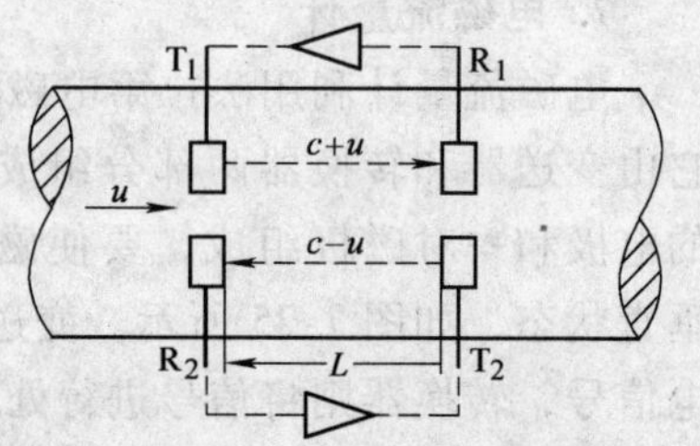

图7-26 超声波测速原理

(1) *时差法* 时差法测量超声波脉冲顺流和逆流时传播的时间差。图7-26所示，在管道上、下游相距 L 处分别安装两对超声波发射器（T_1、T_2）和接收器（R_1、R_2）。设声波在静止流体中的传播速度为 c，流体的流速为 u。当 T_1 按顺流方向、T_2 按逆流方向发射超声波时，接收器 R_1 和 R_2 接收声波所需的时间 t_1、t_2 分别为

$$t_1 = \frac{L}{c+u}$$

$$t_2 = \frac{L}{c-u} \tag{7-21}$$

因 $c \gg u$，可忽略，故时差

$$\Delta t = t_2 - t_1 = \frac{2Lu}{c^2} \tag{7-22}$$

则流体流速

$$u = \frac{c^2}{2L}\Delta t \tag{7-23}$$

在实际的工业测量中，时差 Δt 非常小，若流速测量要达到1%准确度，则时差测量要达到0.01μs的准确度，因此难以实现。

(2) *相差法* 相差法是把上述时间差转换为超声波传播的相位差来测量。设发射器向流体连续发射频率为 f 的正弦波超声波脉冲，则逆流和顺流时两束波的相位差 $\Delta\varphi$ 与前述时间差 Δt 之间的关系为

$$\Delta\varphi = \varphi_2 - \varphi_1 = \omega\Delta t = 2\pi f\Delta t \tag{7-24}$$

则流体的流速

$$u = \frac{c^2}{4\pi fL}\Delta\varphi \tag{7-25}$$

相差法比时差法有了一个 $2\pi f$ 放大系数，对仪器灵敏度的要求不必像时差法那样严格，因此提高了测量精度。

但在时差法和相差法中，流速测量均与声速 c 有关，而声速是温度的函数，当环境温度变化时会影响到测量精度。

(3) *频差法*　频差法是通过测量顺流和逆流时超声脉冲的循环频率差来测量流量的。超声波发射器向被测流体发射超声脉冲，接收器收到声脉冲并将其转换成电信号，经放大后再用此电信号去触发发射电路发射下一个声脉冲。因此任何一个声脉冲都是由前一个接收信号脉冲所触发，脉冲信号在发射体、流体、接收器、放大电路内循环，故称声循环法。脉冲循环周期的倒数称为声循环频率（即重复频率），它与脉冲在流体中的传播时间有关。因此顺流、逆流时的声循环频率 f_1、f_2 分别为

$$f_1 = \frac{1}{t_1} = \frac{c+u}{L} \tag{7-26}$$

$$f_2 = \frac{1}{t_2} = \frac{c-u}{L} \tag{7-27}$$

声脉冲循环频差

$$\Delta f = f_1 - f_2 = \frac{2u}{L} \tag{7-28}$$

流体流速

$$u = \frac{L}{2}\Delta f \tag{7-29}$$

由式(7-29)可知，流体流速和频差成正比，且与声速无关，精度与稳定性都有提高，这是频差法的显著优点。循环频差 Δf 很小，直接测量的误差大，为了提高测量精度，一般需采用倍频技术。

由于顺、逆流两个声循环回路在测循环频率时会相互干扰，工作难以稳定，而且要保持两个声循环回路的特性一致也是非常困难的。因此实际应用频差法测量时，仅用一对换能器按时间交替转换作为接收器和发射器使用。

图7-27是超声换能器在管道上的配置方式，其中Z式为单声道方式，是最常用的方式，装置简单，适用于有足够长的直管段、流速分布为管道轴对称的场合；V式适用于流速不对称的流动流体的测量；当安装距离受到限制时，可采用X式。换能器一般均交替转换作为发射和接收器使用。

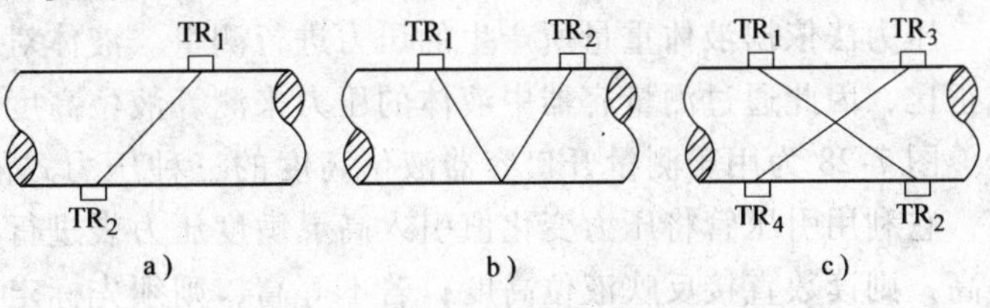

图7-27　换能器在管道上的配置方式

a) Z式　b) V式　c) X式

超声波流量计测量时，超声波换能器可以置于管道外，不与流体直接接触，不破坏流场，没有压力损失，测量范围宽，可用于各种液体的流量测量，包括测量腐蚀性液体、高粘度液体和非导电液体的流量，尤其适于测量大口径管道的水流量或各种水渠、河流、海水的流速和流量，在医学上还用于测量血液流量等。但超声波流量计结构较为复杂，价格昂贵，

一般用在特殊场合或有特殊要求的流量测量。

超声波流量计前需要一定长度的直管段。一般直管段长度在上游侧需要 10D 以上，而在下游侧则需要 5D 左右。

7.5 物位检测

物位包括液位、料位和相界面。液位指各种储液器（油罐、水塔、水箱锅炉、炼钢炉等）、河道、水库中的液面位置；料位指储料容器、堆场、仓库等存储的固体颗粒或粉料的堆积高度，即堆积顶面的位置；相界面指两种密度不同且互不相溶的液体之间或液体与固体之间的分界面位置，包括液—液相界面和液—固相界面。液位检测的难点在于有些情况下液体表面有沸腾或起泡；料位检测要注意一般固体物料在自然堆积时料面是不平的；相界面检测的难点在于界面分界不明显或存在混浊段。

物位检测方法由于被测对象不同，介质状态、特性不同以及检测环境条件不同而多种多样，表 7-6 是工业上各种常用液位、料位检测方法及相应测量仪器的主要性能特点汇总表。

由于液位检测需求最多，技术也相对简单，因此重点介绍常用的液位检测方法和液位计。

7.5.1 液位检测

液位检测方法包括直接测量、压力法测量、浮力法测量、电学法测量、超声波测量、辐射法测量、激光测量、微波测量等多种方法。

1. 直接测量

直接测量利用连通器原理将容器中的液体引入带有标尺的观察管中，通过标尺读出液位高度。这类液位计统称玻璃管式液位计，尽管在实际应用中观察管并不一定都是玻璃。这种测量方法简单直观、安全可靠、价格低廉，在电厂及化工领域的连续生产过程中仍有广泛应用。但它的缺点是不易实现信号远传，被测液体温度压力不能太高，不宜测量粘稠和深色的液体。

2. 压力法

压力法依据液体重量所产生的压力进行测量。液体对容器底面产生的静压力与液位高度成正比，因此通过测量容器中液体的压力来测算液位高度。

图 7-28 为用于测量开口容器液位高度的三种压力式液位计。其中图 a 为压力表式液位计，它利用引压管将压力变化值引入高灵敏度压力表进行测量。压力表安装位置若与容器底等高，则读数直接反映液位高度；若不等高，则须先标定出液位为零时的读数，称为零点迁移量。压力表式液位计使用范围较广，但要求介质洁净，粘度不能太高，以免阻塞引压管。图 b 为法兰式液位变送器，变送器安装在容器底部的法兰上，敏感元件为金属膜盒，经导压管与变送器的测量室相连，导压管内封入沸点高、膨胀系数小的硅油，使被测介质与测量系统隔离。它可以将与液位有关的压力信号变成电信号或气动信号。这种方式检测信号可以远传控制，而且可以检测有腐蚀性、易结晶、粘度大或有色的介质。图 c 为吹气式液位计，通过旋塞阀调节进入液体的压缩空气量，使液体静压与压缩空气压力平衡，此时大约每分钟 150 个左右气泡从液体中逸出。当液位高度变化时，逸出气泡量变化。调节阀门使气泡量恢

表 7-6 工业上常用液位、料位检测方法及相应测量仪器的主要性能特点

测量方法		差压法			浮力法			电学法			声学法 （超声波液位计）			核辐射法	光学法	机械接触式		其他		
仪器名称		压力式液位计	吹气式液位计	差压式液位计	钢带浮子式	杠杆浮球式	浮筒式液位计	电阻式物位计	电容式物位计	电感式物位计	气介式	液介式	固介式	核辐射式物位计	激光式物位计	重锤式	音叉式	磁致伸缩式	称重式	微波式
技术性能	被测介质类型	液位 物料	液位	液位 液-液 相界面	液位	液位 液-液 相界面	液位 液-液 相界面	液位 料位 相界面	液位 料位 相界面	液位	液位 料位	液位 液-液	液位	液位 料位	液位 料位	液位 液-固	液位 料位	液位 液-液	液位 料位	液位 料位
	测量范围 /m	50	16	20	20	2.5	2.5	安装位 置定	50	20	30	10	50	20	20	50	安装位 置定	18	20	60
	误差 （%）	±2	±2	±1	±1.5	±1.5	±1	±10 mm	±2	±0.5	±3	±5 mm	±1	±2	±0.5	±2	±1	±0.05	±0.5	±0.5
	工作压力 /Pa	常压	常压	40×10^6	6.4×10^6	6.4×10^6	32×10^6	1.0×10^6	3.2×10^6	16×10^6	0.8×10^6	0.8×10^6	1.6×10^6	随容 器定	常压	常压	4.0×10^6	随容 器定	常压	1.0×10^6
	工作温度 /℃	200	200	-20 ~ 200	120	150	200	200	-200 ~ 400	-30 ~ 160	200	150	高温	无要求	1500	500	150	-40 ~ 70	常温	150
	对粘性 介质	法兰式 可用	不适用	法兰式 可用	不适用	不适用	不适用	不适用	不适用	适用	不适用	适用	适用	适用	适用	不适用	不适用	适用	适用	适用
	对有泡沫 沸腾介质	适用	适用	适用	不适用	适用	适用	不适用	不适用	不适用	适用	不适用	适用	适用	适用	不适用	不适用	不适用	适用	适用
	与介质接 触状态	接触或 不接触	接触	接触	接触	接触	接触	接触	接触	接触或 不接触	不接触	不接触	接触	不接触	不接触	接触	接触或 不接触	接触	接触	不接触
	可动部件	无	无	无	有	有	有	无	无	无	无	无	无	无	无	有	有	无	有	无
输出方式	操作 条件	远传显 示调节	就地 目视	远传显 示调节	计数 远传	报警 控制	显示记 录调节	报警 控制	指示	报警 控制	显示	显示	显示	需防护 远传 显示	报警 控制	报警 控制	报警 控制	远传显 示控制	报警 控制	记录 调节
	工作 方式	连续 测量	连续 测量	连续 测量	连续 测量	定点 控制	连续 测量	连续 定点	连续 定点	定点 控制	连续 测量	连续 测量	连续 测量	连续 定点	定点 控制	连续 测量	连续 测量	连续 测量	连续 测量	定点 控制

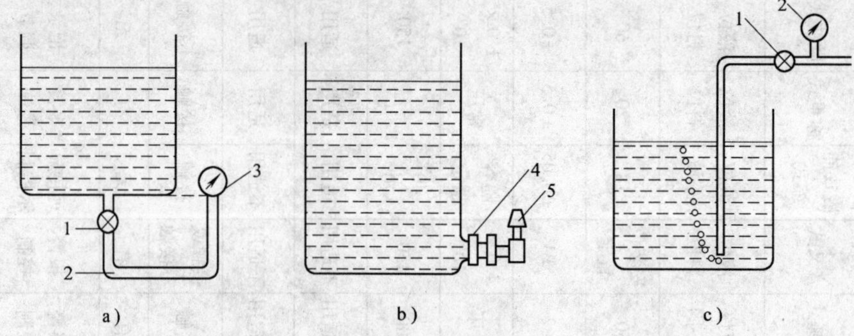

图 7-28　压力式液位计

a）压力式液位计　b）法兰式液位变送器　c）吹气式液位计

1—旋塞阀　2—引压管　3—压力表　4—法兰　5—压力变送器

复原状态，从压力表的调节量即可反映液位变化。这种液位计结构简单，使用方便，可用于测量有悬浮物及高粘度液体。对于密闭容器则要求容器上部有通气孔。它的缺点是需要气源，而且只能适用于静压不高、精度要求不高的场合。

图 7-29 是用于密闭容器测量的差压式液位计，它采用差压式变送器，反映液位高度的压力 p_1 和容器上部的气体压力 p_2 分别引入压力变送器的正压室和负压室，通过测量差压获得液面高度。这种液位计测量信号便于进行远传控制。安装时通常低压引压管中充满隔离液，以防气体凝结成液体，且隔离液密度小于被测液体密度。正压室引压方式应根据液体性质选取，对于粘度大、易沉淀或易结晶的液体应采用法兰式安装。

3. 浮力法

浮力法测液位是依据力平衡原理，使浮子一类的物体平衡时能够浮于液面。当液位高度发生变化时，浮子就会跟随液面上下移动，测出浮子的位移就可知液位变化量。浮子式液位计按浮子形状不同，可分为浮子式、浮筒式等；按机构不同可分为钢带式、杠杆式等。

图 7-30 为浮筒式液位计原理图。平衡时压缩弹簧的弹力与浮筒浮力及重力平衡，即

$$kx = \rho gAH - G \tag{7-30}$$

式中，k、x 分别为弹簧刚度和压缩量；G、A、H 分别为浮筒的重量、截面积和浸入深度；ρ 为被测液体密度。

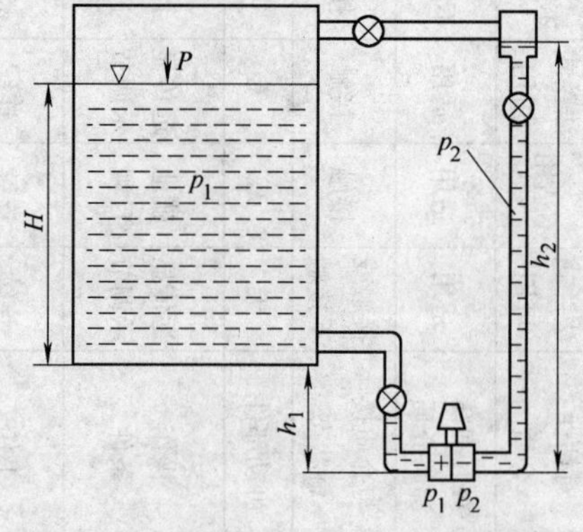

图 7-29　差压式液位计原理

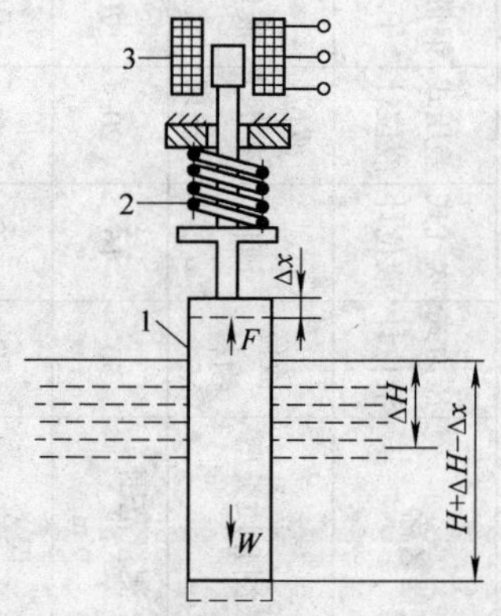

图 7-30　浮筒式液位计原理图

1—浮筒　2—弹簧　3—差动变压器

假设液位升高 ΔH，弹簧被压缩 Δx，则力平衡关系为

$$k(x+\Delta x)=\rho gA(H+\Delta H-\Delta x)-G \tag{7-31}$$

两式相减得

$$\Delta H=[1+k/(\rho gA)]\Delta x \tag{7-32}$$

液位测量可转化为位移量检测，可用变换器（如差动变压器）将其变换成电信号进行测量和远传控制。

4. 电学法

电学法按工作原理不同又分为电阻式、电感式和电容式。电学法测量无摩擦件和可动部件，信号转换、传送方便，便于远传，且输出可转换为统一的电信号，与电动单元组合仪表配合使用，可方便地实现液位的自动检测和自动控制。

(1) 电阻式液位计　电阻式液位计的原理是基于液位变化引起电极间电阻变化，由电阻变化反映液位情况。电阻式液位计既可进行定点液位控制，即在液位到达上限或下限时触发报警，也可进行连续测量。图 7-31 为连续测量电阻式液位计原理图。

液位计的两根电极是由两根材料、截面积相同的具有大电阻率的电阻棒组成，电阻棒两端固定并与容器绝缘。整个传感器电阻为

$$R=\frac{2\rho}{A}(h-H)=\frac{2\rho}{A}h-\frac{2\rho}{A}H \tag{7-33}$$

式中，ρ、A、h 分别为电阻棒的电阻率、截面积和全长；H 为液面高度。电阻的测量可用图中的电桥电路完成。

电阻式液位计的特点是结构和电路简单，测量准确，通过在与测量臂相邻的桥臂中串接温度补偿电阻可以消除温度变化对测量的影响。但其缺点是极棒表面容易生锈、极化、被介质腐蚀等。

(2) 电感式液位计　电感式液位计利用电磁感应现象，液位变化引起线圈电感变化，感应电流也发生变化。电感式液位计既可进行连续测量，也可进行液位定点控制。

图 7-32 为电感式液位控制器的原理图。传感器由不导磁管子、导磁性浮子及线圈组成。管子与被测容器相连通，管子内的导磁性浮子浮在液面上，并跟随液面移动。线圈固定在液位上下限控制点，当浮子随液面移动到控制位置时，引起线圈感应电动势变化，以此信号控制继电器动作，触发上下限报警。

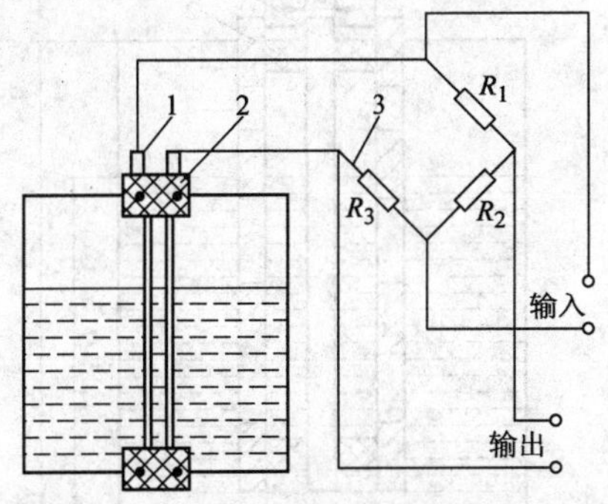

图 7-31　电阻式液位计

1—电阻棒　2—绝缘套　3—测量电桥

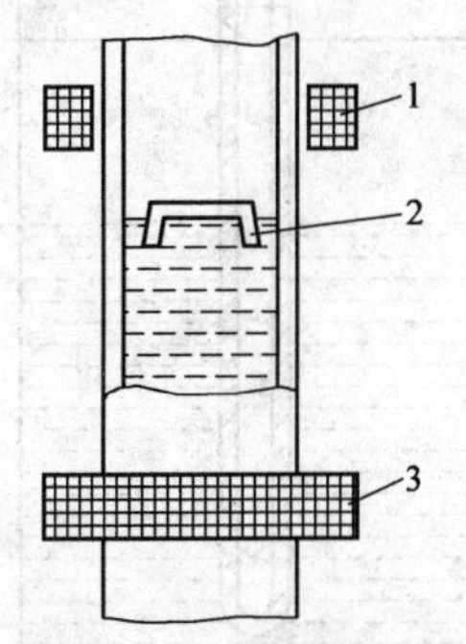

图 7-32　电感式液位控制器

1、3—上下限线圈　2—浮子

电感式液位计的浮子与介质接触，因此不宜于测量易结垢、腐蚀性强的液体及高粘度浆液。

(3) 电容式液位计　电容式液位计利用液位高低变化影响电容器电容量大小的原理进行测量。其结构形式有平极板式、同心圆柱式等。

对于同心圆柱式电容器，其电容量为

$$C=\frac{2\pi\varepsilon L}{\ln(D/d)} \tag{7-34}$$

式中，D、d 分别为外电极内径和内电极外径；ε 为两极板间介质的介电常数；L 为两极板重叠长度。

液位变化引起等效介电常数 ε 变化，从而使电容器的电容量变化，这就是电容式液位计的检测原理。

在具体测量时，电容式液位计的安装形式因被测介质的性质不同而稍有差别。

图 7-33 为测量导电介质的单电极电容液位计，它只用一根电极作为电容器的内电极，外套绝缘层，而导电液体和容器壁构成电容器的外电极。容器内无液体时，内电极与容器壁组成电容器，介电层为绝缘套和空气；液面高度为 H 时，电容等效于无液部分电容和有液部分电容的并联，两部分电容介电层不同，其中有液体部分介电层为绝缘套。总电容表达为

$$C=C_1+C_2=\frac{2\pi\varepsilon H}{\ln(D/d)}+\frac{2\pi\varepsilon_0'(L-H)}{\ln(D_0/d)} \tag{7-35}$$

式中，ε_0'、ε 分别为空气与绝缘套组成的介电层的介电常数和绝缘套的介电常数，空气介电常数非常小，在这里可忽略；d、D、D_0 分别为内电极外径、绝缘套外径和容器的内径；L 为电极与容器的覆盖长度（m）。

相对于液位为零时的电容，液位为 H 时电容变化量为

$$C_x=\frac{2\pi\varepsilon}{\ln(D/d)}H \tag{7-36}$$

图 7-34 为测量非导电介质的同轴双层电极电容式液位计。内电极和与之绝缘的同轴金属套组成电容的两极，外电极上开有流通孔使液体流入极板间。液面高度为 H 时，电容等效于有液体部分和无液体部分两个电容的并联。有液体部分的介电层由液体和绝缘套组成，

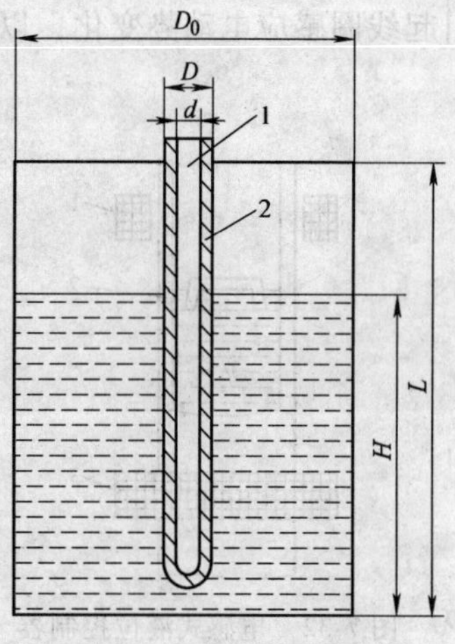

图 7-33　单电极电容液位计

1—内电极　2—外电极

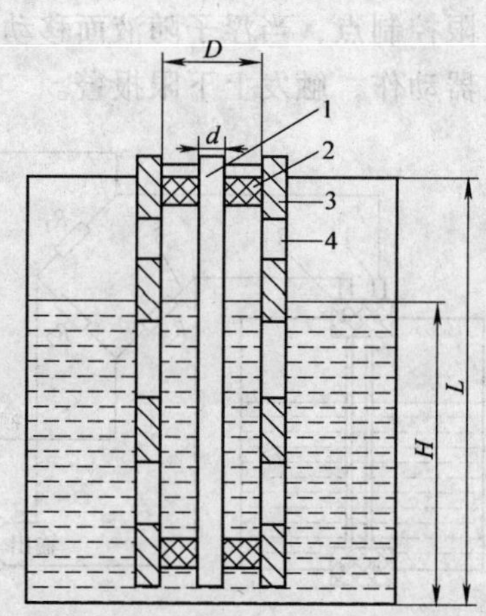

图 7-34　同轴双层电极电容式液位计

1—内电极　2—绝缘套　3—外电极　4—流通孔

设其介电常数为 ε；无液体部分的介电层由空气和绝缘套组成，设其介电常数为 ε_0'，因此总电容为

$$C=\frac{2\pi\varepsilon H}{\ln(D/d)}+\frac{2\pi\varepsilon_0'(L-H)}{\ln(D/d)} \tag{7-37}$$

相对于液位为零时的零点电容 C_0，液位为 H 时电容变化量为

$$C_x=C-C_0=\frac{2\pi(\varepsilon-\varepsilon_0')}{\ln(D/d)}H \tag{7-38}$$

式中，d、D 分别为内电极外径和金属套内径。

因此，只要测出电容变化量，即可推算液位高低。

电容式液位计适用范围非常广泛，对介质本身性质的要求不像其他方法那样严格，对导电介质和非导电介质都能测量，此外还能测量有倾斜晃动及高速运动的容器的液位，既可作液位控制器，也可用于连续测量，因此在液位测量中占有重要地位。

5. 热学法

在冶金行业中常遇到高温熔融金属液位的测量。由于测量条件的特殊性，目前除使用核辐射法外，也常用热学方法进行检测。它利用空气和高温液体的分界面处温度场出现突变的特点，用测量温度的方法间接获得高温金属熔液液位。图 7-35 为热电偶测量高温金属熔液液位原理图。

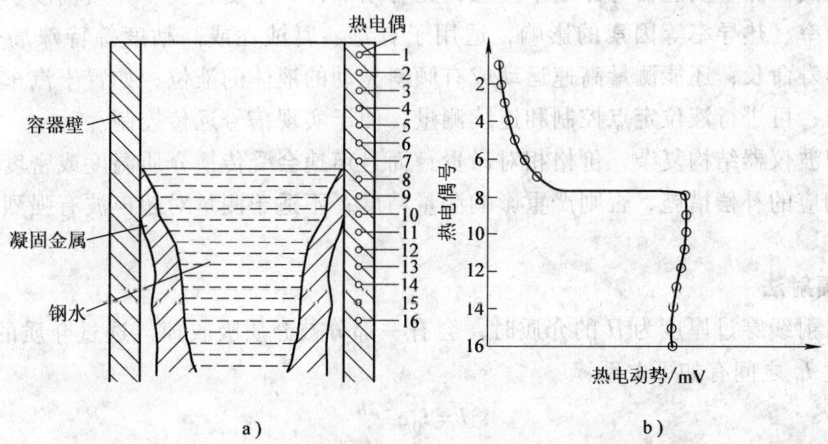

图 7-35　热电偶测高温金属熔液液位原理图
a）温度采集方法　b）温度-电动势分布

从温度-电动势分布曲线上反映出第 7 个和第 8 个测点之间产生了温度突变，因此液面就在第 7 与第 8 测点之间。

热电偶测液位只是一个较为粗略的测量方法，精度一般不高，但工作可靠；在连铸机结晶过程等应用场合中是一种很适用的液位检测控制方法。

6. 超声波法

超声波在由液体传播到空气或由空气传播到液体时，几乎发生全反射。在容器底部或顶部安装超声波发射器和接收器，发射出的超声波在相界面被反射，由接收器接收，测出超声波从发射到接收的时间差，便可测出液位高低。

超声波液位计按传声介质不同，可分为气介式、液介式和固介式三种；按探头的工作方式可分为自发自收的单探头方式和收发分开的双探头方式。相互组合可以得到六种液位计的方案。图 7-36 为单探头超声波液位计示意图，其中图 a 为气介式，图 b 为液介式，图 c 为固介式。

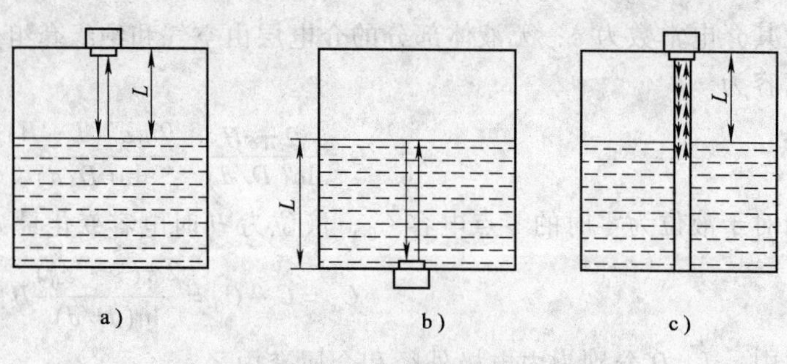

图 7-36 单探头超声波液位计示意图

a）气介式 b）液介式 c）固介式

假设超声波传播距离为 L，波的传播速度为 C，传播时间为 Δt，则

$$L=\frac{1}{2}C\Delta t \tag{7-39}$$

式中，L 是与被测液位相关的量，故测出 Δt 便可知液位。Δt 的测量一般是用接收到的信号触发门电路对振荡器的脉冲进行计数来实现。

实际测量中，如果液面有气泡、悬浮物、波浪或沸腾，则容易引起反射混乱，产生测量误差，此时宜采用固介式液位计。

超声波液位测量换能器与介质不接触，无可动部件，不受光线、介质粘度、湿度、介电常数、电导率、热导率等因素的影响，适用于有毒、腐蚀性或高粘度等特殊场合的液位测量，且仪器寿命长；还能测量高速运动或有倾斜晃动的液体的液位，如置于汽车、飞机、轮船中的液位；可进行液位定点控制和连续测量，便于实现信号远传控制。

但超声波仪器结构复杂，价格相对昂贵；而且声速会受传播介质温度或密度的影响，一般需要有相应的补偿措施，否则严重影响测量精度；不适于测量对超声波有强烈吸收作用的介质。

7. 核辐射法

同位素射线穿过厚度为 H 的介质时，会有一部分被介质吸收掉。透过介质的射线强度 I 与入射强度 I_0 之间有如下关系：

$$I=I_0\mathrm{e}^{-\mu H} \tag{7-40}$$

式中，μ 是吸收系数。

因此测液位可通过测量射线在穿过液体时强度的变化量来实现。

核辐射式液位计由辐射源、接收器和测量仪表组成。

辐射源一般用钴^{60}或铯，放在专门的铅室中，只能允许 γ 射线经铅室的一个小孔或窄缝透出。辐射源安装在被测容器的一侧

接收器与前置放大器装在一起，安装在被测容器另一侧，γ 射线由盖革计数管吸收，每接收到一个 γ 粒子，就输出一个脉冲电流。经过积分电路变成与脉冲数成正比的积分电压，再经电流放大和电桥电路，最终得到与液位相关的电流输出。

图 7-37 为辐射源与接收器均是为固定安装方式的核辐射液位计。其中图 a 为长辐射源和长接收器形式，输出线性度好；图 b 为点辐射源和点接收器形式，输出线性度较差。

辐射式液位计通常用于特殊场合或恶劣环境下不常有人之处的液位测量，如高温、高

压、强腐蚀、剧毒、有爆炸性、易结晶、沸腾状态介质、高温熔融体等的液位测量；既可进行连续测量，也可进行定点发送信号和进行控制；射线不受温度、压力、湿度、电磁场的影响，而且可以穿透各种介质，包括固体，因此能实现完全非接触测量。

但在使用时仍要注意控制剂量，作好防护。

8. 微波法

在电磁波谱中将波长为1～1000mm的电磁波称为微波。利用介质对微波的反射或吸收特性，使得微波检测技术在运动目标检测、含水率检测、物位检测等方面逐渐得到广泛应用。

图7-38为反射式微波液位计原理图，假设微波发射功率为P_i，发射天线和接收天线的增益系数分别为G_i和G_r，微波波长λ，发射天线和接收天线之间距离d，反映液位的参数为H，则吸收功率P_r为

$$P_r = \left(\frac{\lambda}{4\pi}\right)^2 \frac{P_i G_i G_r}{d^2 + 4H^2} \tag{7-41}$$

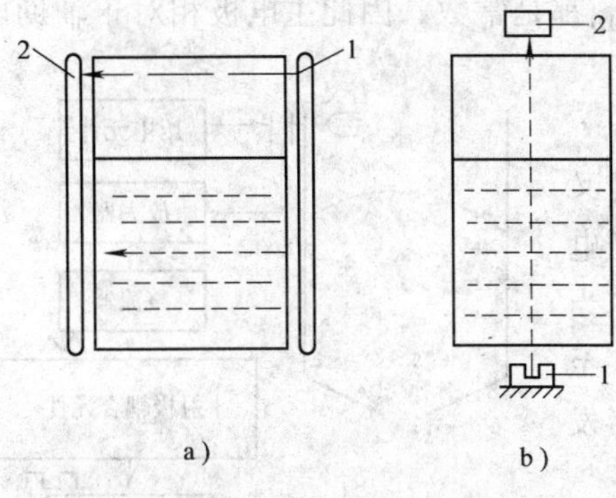

图7-37　固定安装的核辐射式液位计

a）长辐射源长接收器　b）点辐射源点接收器

1—辐射源　2—接收器

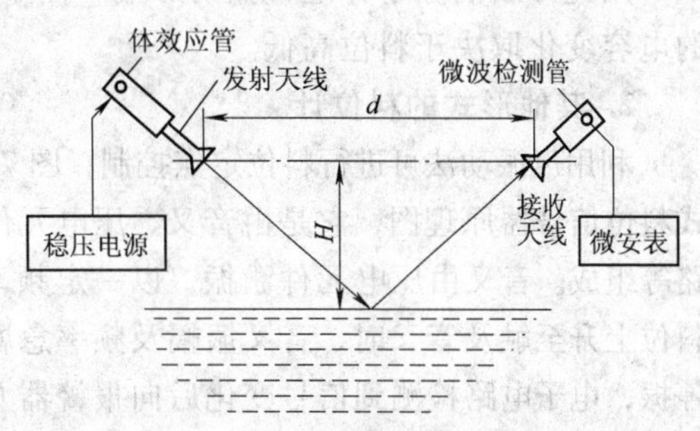

图7-38　反射式微波液位计

故通过测量接收功率即可得知液位高低。微波功率的测量可用热电或热阻等元件，也可用专门的微波检波管（如2DV检波二极管）检波成直流电流。

利用微波反射的原理制作的液位计，可实现连续检测与液位定点控制。

为保证发射与接收天线良好的方向性，一般制作成扇形、角锥形或圆锥喇叭筒形式，张角最佳值在40°～60°之间。还有一种介质天线，方向性更好。

微波具有良好的反射和定向辐射性能，在传输过程中受粉尘、烟雾、火焰及强光的影响小，具有很强的环境适应能力，尤其适用于炼焦、冶金等恶劣环境。水（蒸气）会对微波产生强烈吸收，因此要对测量精度有影响。

7.5.2　料位检测

许多液位检测方法均可类似地用来测量料位或相接面，但是由于固体物料的状态特性与液体有些差别，因此也有一些特殊方法。

在实际应用中，料位检测包括重锤探测法、称重、电磁法、声学法等。

1. 电容式料位计

电容式料位计属于电磁检测方法中应用较为广泛的一种，图 7-39 为电容式料位计的测量原理图。

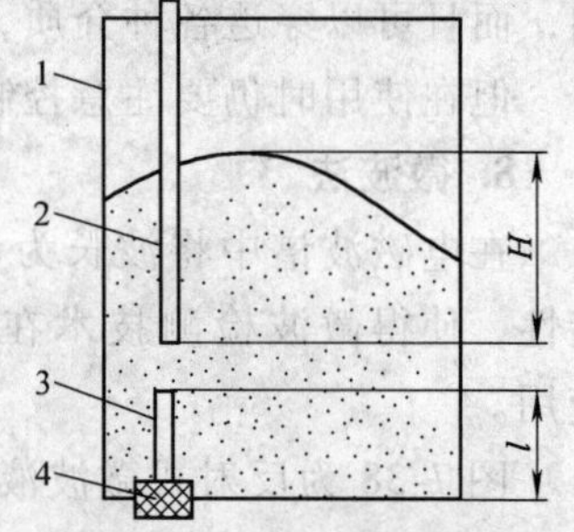

图 7-39 电容式料位计

1—金属容器 2—测量电极

3—辅助电极 4—绝缘套

电容式料位计在测量固体颗粒时，由于固体摩擦力大，容易“滞留”，产生虚假料位，因此一般不使用双层电极，而是只用一根电极。另外，为了消除物料的温度、湿度、密度、杂质等导致介电常数变化而产生的测量误差，通常在容器底部引入一根辅助电极，它与主电极可以同轴也可不同轴。设辅助电极长 L_0，它相对于料位为零时的电容变化量 C_{L0} 为

$$C_{L0} = \frac{2\pi(\varepsilon - \varepsilon_0)}{\ln(D/d)} L_0 \tag{7-42}$$

而主电极的电容变化量为 C_x，式(7-38) 与式(7-42) 相比得

$$\frac{C_x}{C_{L0}} = \frac{H}{L_0} \tag{7-43}$$

用此方法消除了介电常数的影响，由于 L_0 和 C_{L0} 都是常数，因此主电极相对于辅助电极的电容变化取决于料位高低。

2. 其他形式的料位计

利用声振动法可进行料位定点控制，图 7-40 为音叉式料位信号器原理图，它是由音叉、压电元件及电子电路等组成。音叉由压电元件激振，以一定频率振动，当料位上升至触及音叉时，音叉振幅及频率急剧衰减甚至停振，电子电路检测到信号变化后向报警器及控制器发出信号。

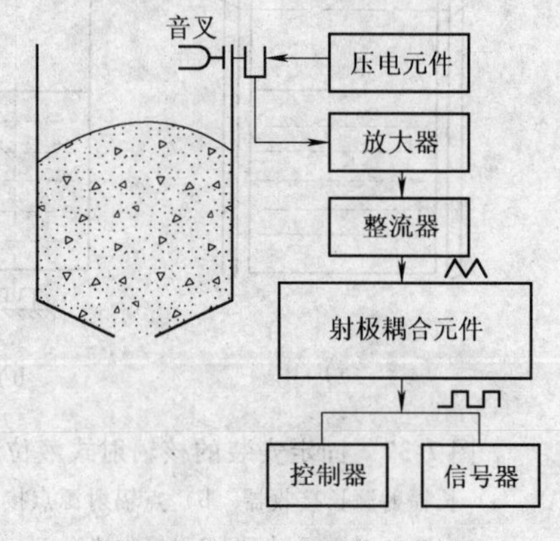

图 7-40 音叉式料位控制器

这种料位控制器灵敏度高，从密度很小的微小粉体到颗粒体一般都能测量，但不适于测量高粘度和有长纤维的物质。

微波也可用来进行料位检测，图 7-41 为一种遮断式微波料位控制器原理图。当料位较低时，定向发射的微波无衰减的直接为接收天线接收，经前置放大器放大到适当的电平后馈送到电子放大器，经检波、放大后，与定电压比较，发出正常工作的信号。当料位升高到遮断微波束时，微波一部分被物料反射回去，一部分被物料吸收。接收器接收到的微波功率急速下降，经放大电路和比较电路给出料位高的信号。

类似地，光学法也可以遮断式工作方式进行料位定点控制。与普通光相比，激光光束散

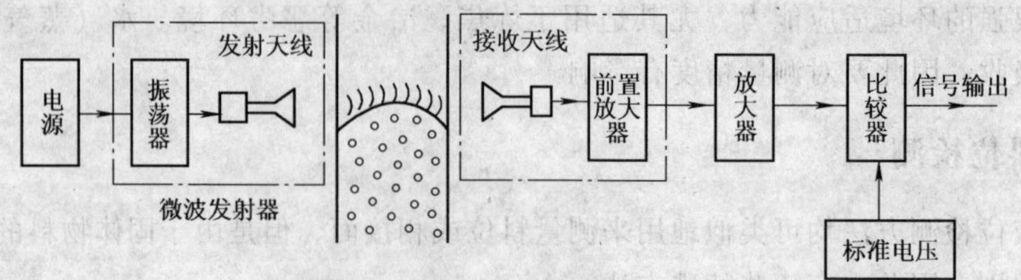

图 7-41 遮断式微波料位控制器

射小，方向性好，定点控制精度高，通常被选用作光源。

7.5.3　相界面检测

相界面的检测包括液—液相界面、液—固相界面的检测。液—液相界面检测与液位检测相似，因此各种液位检测方法及液位计都可用来进行液—液相界面的检测。而液—固相界面的检测与料位检测相似，因此料位检测方法和料位计也同样可用于液—固相界面的检测控制。在具体进行相界面检测时，虽然各种方法和物位计的原理与前面介绍的相同或相似，但仍需根据被测介质物理性质的差别和其他具体测量情况进行分析、选择或设计。

思考题

一、温度测量

1. 温度测量方法分为哪两大类？研究它们各自具有的特点，分别举出几个使用两类测量方法的例子。

2. 除教材介绍的内容之外，试再列出三种接触式测量的温度计及其在工作生活中的应用。

3. 思考调研钢水测温会遇到哪些问题，提出你的解决办法。

4. 总结一下如果选用热电偶测温，工作温度在300~600℃，应考虑哪些问题？试做调研对比。

5. 在各种非接触测温的温度计中，比色温度计通常能够获得更高的精度，为什么？

6. 红外非接触测温会遇到被测物体表面辐射率问题，如何解决？

7. 研究列举与温度相关的物理效应，你认为哪些可以发展为温度传感器？

二、压力测量

1. 研究列举与压力相关的物理效应，你认为哪些可以发展为压力传感器？

2. 为什么在工业中常采用压力变送器和差压变送器力平衡传感器测量压强或压强差？

3. 工业测量中真空度的含义是什么？文中介绍的两种真空计，测量原理有什么相似之处？与常压检测方法有何不同？

4. 力平衡传感器的设计思想提高了传感器的精度和测量范围，但可能存在的不足是什么？

三、流量检测

1. 试举几个日常生活中流量或流速测量的例子，说明所采用的测量方法和流量计工作原理。

2. 你能提出几种水库或河流流量的测量方法？如何解决河道、洋流断面流速分布测量问题？试做调研对比。

3. 为什么超声流量计多采用频差法测量？

4. 根据本教材关于电磁流量计的介绍，试做深入研究，说明为什么交流励磁更常用，以及采用交流励磁如何减小干扰？

5. 查阅资料，了解“相关检测”的概念，以及相关检测在流量检测中的应用。

6. 查阅资料，了解“两相流”、“多项流”的概念及常用检测方法。

7. 查阅资料，提出一种管道煤粉流量测量的方法。

四、物位检测

1. 试举出几个日常生活中液位测量控制的例子。

2. 压力法测量液位通常使用于何种场合？如果被测液体粘稠且有腐蚀性，应如何解决？

3. 用电容式液位计测量液位时，对于导电性液体和非导电性液体，液位计结构和测量方法有何不同？电容式料位计测料位时，辅助电极的作用是什么？

4. 提出几种高炉熔融金属液位测量的方法，试做调研对比。

5. 化工厂中有大量的罐群，罐中装有腐蚀性液体，罐区的空气往往含有酸雾，如何解决罐内液面长期可靠测量问题？查阅资料给出你的设想。

第8章　化学与生物传感器

作为信息变换手段之一的化学传感器，是以化学反应产生的电化学现象及根据化学反应中产生的各种信息（如光效应、热效应、场效应和质量变化）来设计的各种精密而灵敏的探测装置。此类传感器用于检测及测量特定的某种或多种化学物质，因此化学传感器必须具有对待测化学物质的分子结构选择性俘获的功能（接受器功能）和将俘获的化学量有效转换为电信号的功能（转换器功能）。

用固定生物成分或生物体作为敏感元件的传感器称为生物传感器。生物传感器实际上是化学传感器的子系统，但也常冠以其名单独作专题考虑。此类传感器检测及测量的待分析物质也可是纯化学物质（甚至是无机物），尽管其生物组分是目标分析物，关键不同之处在于其识别元件在性质上是生物质。

本章对化学传感器主要介绍离子敏感器件和气敏传感器；对生物传感器将介绍酶、微生物、抗体等传感器。

8.1　化学传感器

化学传感器包括电化学传感器、光化学传感器、质量化学传感器和热化学传感器。

根据转换的电信号种类不同，可将电化学传感器分为电流型化学传感器、电位型化学传感器和电阻型化学传感器。本节只涉及到电位型化学传感器和电阻型化学传感器，在生物传感器一节中有关于光化学传感器、质量化学传感器的介绍。

8.1.1　电位型电化学传感器原理

有三种基本电化学过程适用于构成传感器：

1）电位法：测量零电流下的电池电位。

2）伏安法（电流法）：在电池电位间设置氧化（或还原）电位来测量电池的电流。

3）电导法：用一交流电桥方法来测量电池的电导。

这里只讨论电位法。将一金属条（例如银）置于一含离子的溶液（如银离子）中，沿着金属和溶液的界面会产生电荷分布（如图8-1所示），这就产生了人们所说的电子压力，通常称为电位。此电位不能直接测量取得，需要两个这样的电极与电解质的组合，其中每一个称作半电池，这样一个组合称作电化学电池（如图8-2所示）。两组半电池内部通过一电导桥或膜将电路相连，然后，在两电极外端连接一测量电位的装置（如图8-3所示），该电路可用来测定电池的电动势（emf），其值为两个半电池电极间的电位差。电动势数值大小取决于几个因素：①电极材料；②各个半电池内的溶液性质及浓度；③通过膜（或盐桥）的液体接界电位。

在标准状态，氢气分压为101325Pa，温度为298K（25℃），定义氢的标准电极电位为零（电位 $E^0=0V$），可决定另一电极电位。由于氢电极不方便，常用饱和甘汞电极作参考

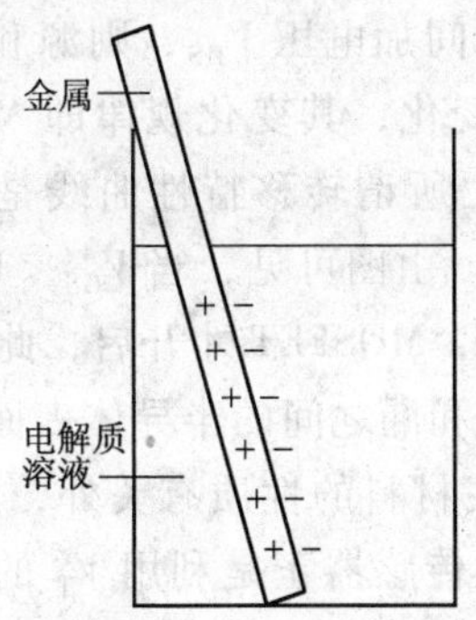

图 8-1 将一金属电极浸在电解液中为一半电池

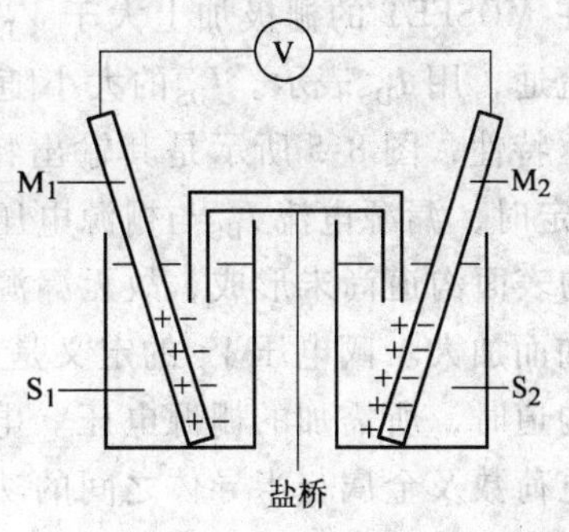

图 8-2 两个半电池电极组合成一完整的电池

电极（电位 $E^0=0.24\text{V}$）。溶液浓度与测量电极电位的关系由能斯特方程确定，基本能斯特方程是从基础热力学方程导出的对数关系式

$$E=E^0+0.06\lg\left(\frac{[O_x]}{[R]}\right) \tag{8-1}$$

式中，E 为测量电极电位（V）；E^0 为参考电极电位（V）；$[O_x]$ 为溶液中氧化性物质浓度（活度）(mol/L)；$[R]$ 为溶液中还原性物质浓度（活度）(mol/L)，金属电极 $[R]=1$。

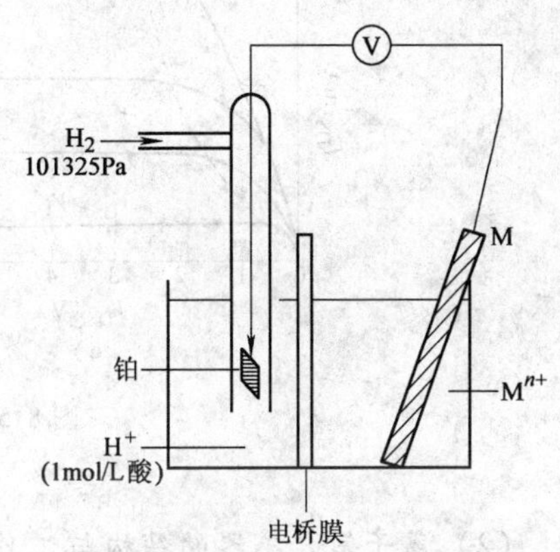

图 8-3 氢电极与其他半电池相连接

8.1.2 离子敏感器件

离子敏感器件是一种对离子具有选择敏感作用的场效应晶体管。它是由离子选择性电极（ISE）与金属-氧化物-半导体场效应晶体管（MOSFET）组合而成，简称 ISFET。ISFET 是用来测量溶液（或体液）中的离子活度的微型固态电化学敏感器件。

1. ISFET 的结构与工作原理

为了介绍离子敏感器件的工作原理，必须对场效应晶体管的结构和特性有个基本了解。

(1) MOSFET 的结构和特性　用半导体工艺制作的金属—氧化物—半导体场效应晶体管的典型结构如图 8-4 所示。它的衬底材料为 P 型硅。用扩散法做两个 N^+ 区，分别称为源（S）和漏（D），在漏源之间的 P 型硅表面，生长一薄层 SiO_2，在 SiO_2 上再蒸发一层金属 Al，称为栅电极，用 G 表示。

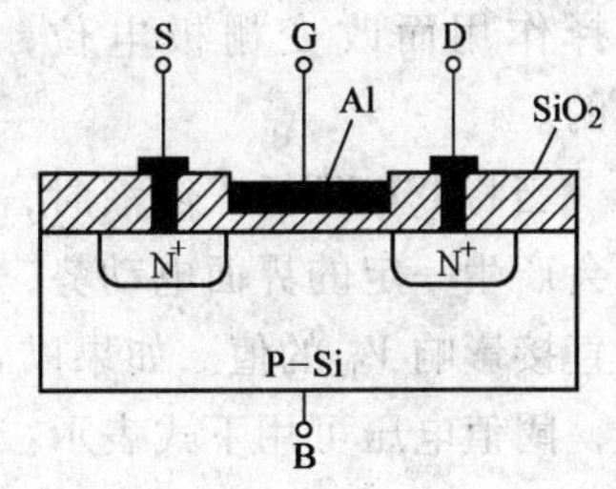

图 8-4 MOSFET

在栅极不加偏压时，栅氧化层下面的硅是 P 型，而源漏是 N 型，故源漏之间不导通。

当栅源之间加正向偏压 V_{GS}，且有 $V_{GS}>V_T$（阈电压）时，则栅氧化层下面的硅就反型，从 P 型变为 N 型。这个 N 型区就将源区和漏区连接起来，起导电通道的作用，称为沟道，此时 MOSFET 就进入工作状态，这种类型称为 N 沟道增强型 MOSFET，我们的讨论以此为例。

在 MOSFET 的栅极加上大于 V_T 的正偏压后，源漏之间加电压 V_{DS}，则源和漏之间就有电流流通，用 I_{DS}表示。I_{DS}的大小随 V_{GS}和 V_{DS}的大小而变化，其变化规律即 MOSFET 的电流电压特性，图 8-5 所示是其输出特性和转移特性曲线。所谓转移特性曲线是指漏源电压 V_{DS}一定时，漏源电流 I_{DS}与栅源电压 V_{GS}之间的关系曲线。由图可见，当 $V_{GS} < V_T$ 时，MOSFET 的表面沟道尚未形成，故无漏源电流；当 $V_{DS} > V_T$ 时，MOSFET 才开启，此时 I_{SD}随 V_{GS}的增加而加大。阈电压 V_T 的定义是当 $V_{DS}=0$ 时，要使源和漏之间的半导体表面刚开始形成导电沟道时，所需加的栅源电压。电压的大小除了与衬底材料的性质有关外，还与 SiO_2 层中的电荷数及金属与半导体之间的功函数差有关，离子敏传感器正是利用 V_T 的这一特性来进行工作的。

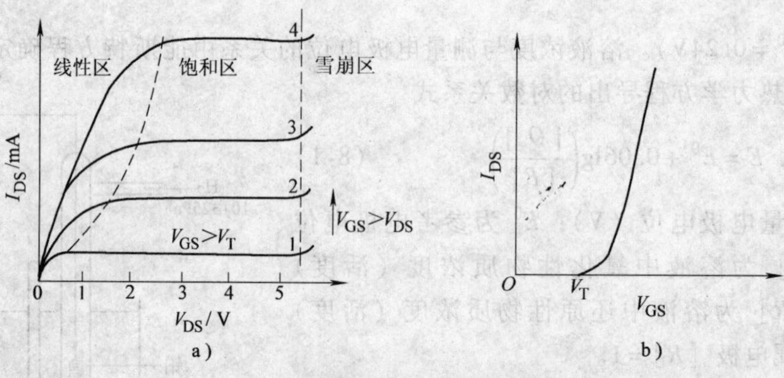

图 8-5 N 沟增强型 MOSFET 特性

a）输出特性 b）转移特性

（2）*离子敏传感器的结构与工作原理* 前面我们已经简要介绍了 MOSFET 的结构和特征，如果将普通的 MOSFET 的金属栅去掉，让绝缘体氧化层直接与溶液相接触，或者将栅极用铂膜作引出线，并在铂膜上涂覆一层离子敏感膜，就构成了一只 ISFET，如图 8-6 所示。

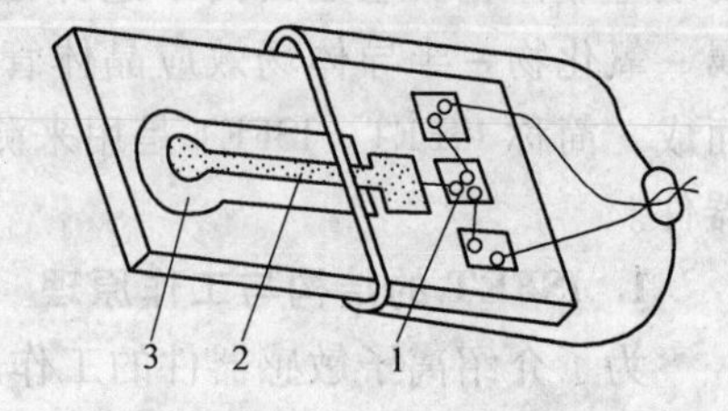

图 8-6 敏感膜涂覆在 MOSFET 栅极上的 ISFET 示意图

1—MOSFET 2—铂膜 3—敏感膜

MOS 场效应晶体管是利用金属栅上所加电压大小来控制漏源电流的；ISFET 则是利用其对溶液中离子有选择作用而改变栅极电位，以此来控制漏源电流变化的。

当将 ISFET 插入溶液时，被测溶液与敏感膜接触处就会产生一定的界面电动势，其大小决定于溶液中被测离子的活度，这一界面电动势的大小将直接影响 V_T 的值。如果以 a_i 表示响应离子的活度，则当被测溶液中的干扰离子影响极小时，阈值电压可用下式表示：

$$V_T = C + S\lg a_i \tag{8-2}$$

式中的 C、S 对一定的器件溶液而言，在固定参考电极电位时是常数，因此ISFET的阈值电压与被测溶液中的离子活度的对数成线性关系。根据场效应晶体管的工作原理，漏源电流的大小又与 V_T 的值有关。因此，ISFET 的漏源电流将随溶液中离子活度的变化而变化。在一定条件下，I_{DS}与 a_i 的对数呈线性关系，于是就可以从中确定离子的活度。

关于 ISFET 的敏感膜对溶液中离子活度的响应机理，许多学者曾提出过各种理论解释，目前尚在发展之中。下面我们以无机绝缘栅的 ISFET 为例，简述其工作机理。

无机绝缘栅 ISFET 是将普通 MOSFET 的金属栅去掉，使无机绝缘栅 SiO_2 兼作敏感膜直接与溶液接触，这种栅对溶液中的 H^+ 离子将产生响应。若在 SiO_2 上再淀积一层无机物 S_3N_4 或 Al_2O_3，则除了对 H^+ 响应外，对 N^+ 也有响应。

根据电化学观点，敏感膜与溶液界面可分如下两种情况：

1）非极性界面：这种界面至少可让一种带电粒子通过，界面产生电动势的大小取决于电子或离子的交换作用。可以认为，在 H^+—ISFET 的表面存在着 Si—OH、Al—OH 等羟基（中性基因），当 H^+—ISFET 浸渍于电解质溶液时，在其界面处将会产生水化胶层，并存在如下平衡：

$$\left.\begin{array}{l} M-OH \rightleftharpoons MO^- + H^+ \\ M-OH + H^+ \rightleftharpoons MOH_2^+ \end{array}\right\}$$

表面离解的 MO^- 基团和电解质溶液中一侧的水合阳离子之间形成双电层。MO^- 基团的电荷密度随溶液中 H^+ 离子浓度而变化，H^+ 浓度越大，则界面电动势变化也越大。其电荷分布的大致情况如图 8-7 所示，它说明了溶液中 H^+ 离子浓度将对界面电动势产生影响，从而改变阈电压 V_T 的值。

2）极性界面：这种界面不允许带电粒子通过或传递极缓慢，此时界面电动势的情况取决于带电粒子的表面吸附或偶极子的定向排列作用。当 ISFET 插入溶液时，表面由于吸附离子而使电荷增加，从而加大了电动势。其电荷分布大致情况如图 8-8 所示，图中虚线代表由于吸附而增加的电荷密度。

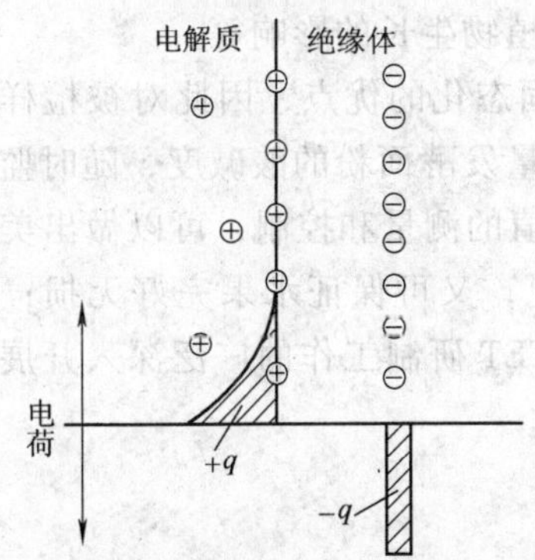

图 8-7 ISFET 非极性界面电荷分布示意图

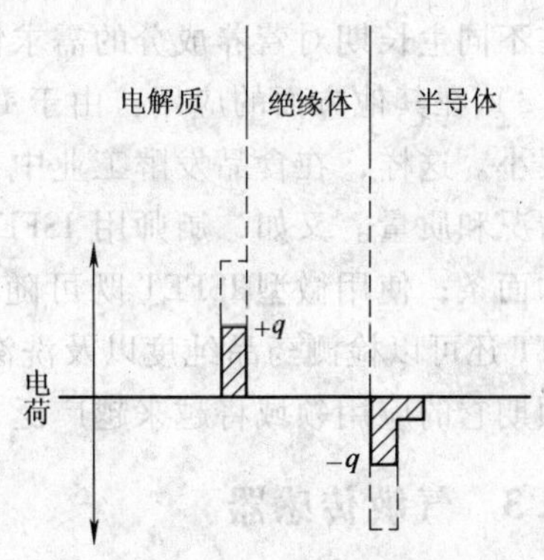

图 8-8 ISFET 极性界面电荷分布示意图

2. ISFET 的特点和应用

（1）ISFET 的特点　根据以上介绍的 ISFET 的结构和工作原理可知，它具有以下特点：

1）ISFET 具有 MOSFET 输入阻抗高、输出阻抗低的特点，因此器件本身就能完成由高阻抗到低阻抗的变换，同时具有展宽频带和对信号进行放大的作用，这将使测量仪器大为简化。

2）ISFET 是全固态化结构，因此具有体积小，重量轻，机械强度大等特点，特别适合于生物体内和高压条件下的测量使用。

3）由于利用了成熟的半导体微细加工工艺技术，并将敏感材料直接附着于半导体器件上，因此，敏感膜可以做得很薄，一般可小于 100nm。这可使 ISFET 的水化时间很短，从而使离子活度的响应速度很快，响应时间可小于1s。

4）由于ISFET是利用半导体集成电路工艺制造的，这对实现集成化和多种离子多功能化十分有利，易于将信息转换部分和信号放大检出部分与敏感器件集成在一块芯片上，实现整个系统的智能化、小型化和全固态化。

5）由ISFET的结构特点可见，离子敏感材料与场效应晶体管的源漏之间是互相绝缘的，是依靠敏感膜与绝缘体界面电位的变化来控制沟道中源漏电流变化的。因此，无需考虑离子敏感材料导电性问题，这就可在包括绝缘材料在内的广泛材料领域中找到更多更好的离子敏感材料。

（2）*ISFET的应用* ISFET可以用来测量离子敏感电极（ISE）所不能测量的生物体中的微小区域和微量离子，因此，它在生物医学领域中具有很强的生命力。此外，在环境保护、化工自控、矿山、土壤水文以及家庭生活等各个方面都有其应用，有关这方面的例子简单介绍如下：

1）对生物体液中无机离子的检测：临床医学和生理学的主要检查对象是人或动物的体液，其中包括血液、脑髓液、脊髓液、汗液和尿液等。体液中某种无机离子的微量变化都与身体某个器官的病变有关，因此，利用ISFET迅速而准确地检测出体液中某种离子的变化，就可以为正确诊断、治疗及抢救提供可靠的依据。

2）在环境保护中的应用：ISFET也广泛应用在大气污染的监测中。监测大气污染的内容很多，譬如通过检测雨水成分中各种离子的浓度，可以监测大气污染的情况及查明污染的原因；另外，用ISFET对江河湖海中鱼类及其他动物血液中有关离子的检测，可以确定水域污染的情况及其对生物体的影响；用ISFET对植物不同生长期体内离子的检测，可以研究植物在不同生长期对营养成分的需求情况，以及土壤污染对植物生长的影响等。

3）在其他方面的应用：由于ISFET具有小型化、全固态化的优点，因此对被检样品影响很小。这样，在食品发酵工业中，可以用ISFET直接测量发酵面粉的酸碱度，随时监视发酵情况和质量。又如，厨师用ISFET通过对煮面面汤pH值的测量和控制，可以做出美味可口的面条；使用微型ISFET既可随时检测水果的酸甜情况，又可保证水果完好无损；应用ISFET还可以检测药品纯度以及洗涤剂的浓度。随着对ISFET研制工作的广泛深入开展，可以预期它的应用领域将越来越广泛，地位也将越来越重要。

8.1.3 气敏传感器

早在20世纪30年代就已发现氧化亚铜的电导率随水蒸气的吸附而发生改变，其后又发现其他许多金属氧化物也都具有气敏效应。20世纪60年代研制成功了SnO_2气敏元件，从此进入了实用阶段。这些金属氧化物都是利用陶瓷工艺制成的具有半导体特性的材料，因此称之谓半导体陶瓷（简称半导瓷）。由于半导瓷与半导体单晶相比，具有工艺简单、制作方便、价格低廉等优点，因此已用它制作了多种具有实用价值的敏感元件，例如各种电阻型的气敏器件，其敏感材料多是SnO_2。此外，由于钯对氢的敏感性，目前已发展了其他非电阻型的气敏器件，例如钯栅MOSFET等。本节主要讨论用SnO_2制作的三种电阻型气敏器件，适当介绍其他气敏器件。

1. 气敏半导体材料的导电机理

气敏半导体材料SnO_2是N型半导体，它的导电机理可以用吸附效应来解释。图8-9a为烧结体N型半导瓷的模型，它是多晶体，晶粒内部电阻较低，晶粒间界有较高的电阻，图中分别以空白部分和黑点表示。导电通路的等效电路如图8-9（b）所示，图中R_n为颈部等效电阻，R_b为晶粒的等效体电阻，R_s为晶粒的等效表面电阻。其中R_b的阻值较低，它不受吸附气体影响，R_s和R_n则受吸附气体所控制，且$R_n > R_b$，$R_s > R_b$。由于R_s被R_b所短路，因而图b可简化为图c所示的只由颈部等效电阻R_n串联而成的等效电路。由此可见，半导瓷气敏电阻的阻值将随吸附气体的数量和种类而改变。

这类半导瓷气敏电阻工作时通常都需要加热，器件在加热到稳定状态的情况下，当有气体吸附时，吸附分子首先在表面自由地扩散，失去其功能。其间一部分分子蒸发，一部分分子就固定在吸附处。此时，如果材料的功函数小于吸附分子的电子亲和力，则吸附，分子将从材料夺取电子而变成负离子吸附；如果材料的功函数大于吸附分子的离解能，吸附分子将向材料释放电子而成为正离子吸附。O_2和NO_x倾向于负离子吸附，称为氧化型气体；H_2、CO、碳氧化合物和酒类倾向于正离子吸附，称为还原型气体。当氧化型气体吸附到N型半导体上时，将使载流子减少，从而使材料的电阻率增大，器件阻值变大。还原型气体吸附到N型半导体上时，将使载流子增多，材料电阻率下降。图8-10为气体吸附到N型半导体上时所产生的器件阻值变化情况，根据这一特性，就可以从阻值变化的情况得知吸附气体的种类和浓度。

SnO_2气敏半导瓷对许多可燃性气体，如氢、一氧化碳、甲烷、乙醇、丙酮等都有较高的灵敏度；掺加Pd（钯石棉，$PdCl_2$）、Mo（钼粉、钼酸）、Ga等杂质的SnO_2元件可在常温下工作，对烟雾的灵敏度有明显的增加，可供制造常温工作的烟雾报警器。

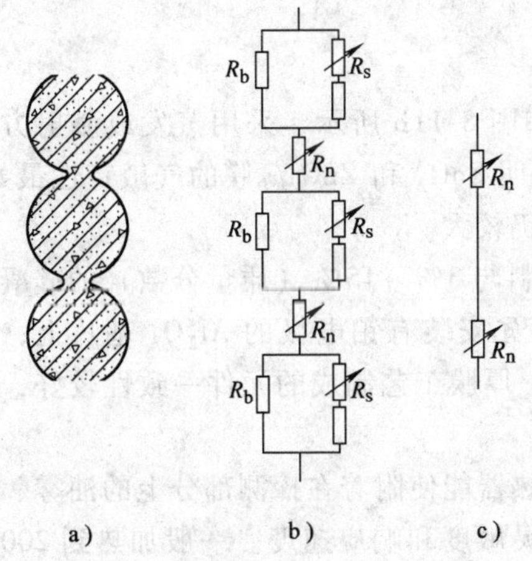

图8-9　气敏半导瓷吸附效应模型

a）烧结体模型　b）、c）等效电路

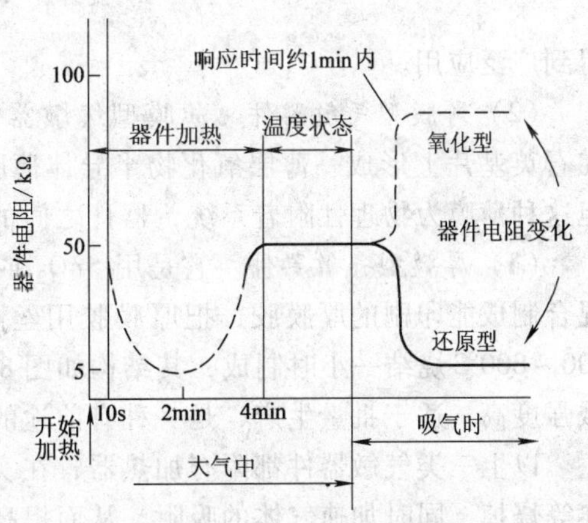

图8-10　N型半导体吸附气体时的器件阻值变化

2. 电阻型气敏器件

目前使用较广泛的是电阻型气敏器件，按其结构又可分为烧结型、薄膜型和厚膜型三种，下面分别予以介绍。

（1）烧结型气敏器件　这类器件以半导瓷SnO_2为基体材料（其粒度在1μm以下），添加不同杂质，采用传统制陶方法烧结。烧结时埋入加热线和测量电极，制成管芯，最后将加热丝和测量电极焊在管座上，加特制外壳构成器件。烧结型器件的结构如图8-11a所示。

烧结型器件的一致性较差，机械强度也不高，但它价格便宜，工作寿命长，因此目前仍

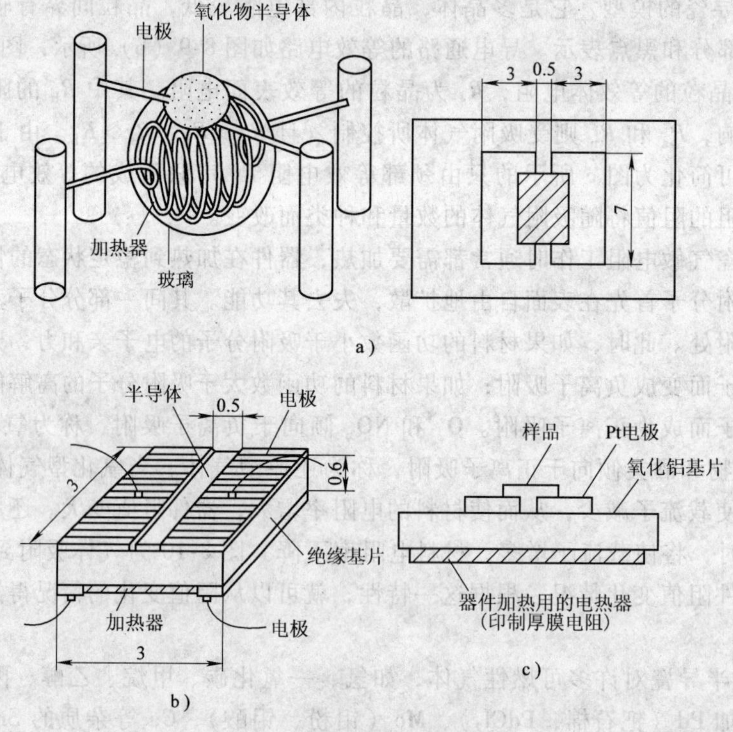

图 8-11 电阻型气敏器件结构

a) 烧结型 b) 薄膜型 c) 厚膜型

得到广泛应用。

(2) *薄膜型气敏器件* 薄膜型气敏器件的结构如图 8-11b 所示，采用蒸发或溅射方法在石英基片上形成一薄层氧化物半导体薄膜。实测表明 SnO_2 和 ZnO 薄膜的气敏特性最好，但这种薄膜为物理性附着系统，器件之间的性能差异仍较大。

(3) *厚膜型气敏器件* 它是用 SnO_2 或 ZnO 等材料与 3% ~15%（质量分数）的硅凝胶混合制成能印刷的厚膜胶，把厚膜胶用丝网印制到事先安装有铂电极的 Al_2O_3 基片上，以 400 ~800℃烧结一小时制成，其结构如图 8-11c 所示。厚膜工艺制成的元件一致性较好，机械强度高，适于批量生产，是一种有前途的器件。

以上三类气敏器件都附有加热器，在实用时，加热器能使附着在探测部分上的油雾、尘埃等烧掉，同时加速气体的吸附，从而提高了器件的灵敏度和响应速度。一般加热到 200 ~400℃，具体温度视掺杂质不同而异。这些气敏器件的优点是：工艺简单、价格便宜、使用方便、对气体浓度变化时的响应快，即使在低浓度（3000mg/kg）下，灵敏度也很高。其缺点在于：稳定性差，老化较快，气体识别能力不强，各器件之间的特性差异大等。为了扬长避短，目前正开展各项研究，以提高其气体识别能力及稳定性。

各种可燃性气体的浓度与 SnO_2 半导瓷气敏器件的电阻变化率的关系如图 8-12 所示。对各种气体的相对灵敏度，可通过不同的烧结条件和添加增感剂进行调整。一般说，烧结型 SnO_2 气敏器件在低浓度下灵敏度高，而高浓度下趋于稳定值，这一特点非常适宜检测低浓度微量气体，因此，这种器件常用来检查可燃性气体的泄漏、定限报警等。目前，检测液化石油气、管道煤气、NH_3 等气体泄漏传感器已付诸实际应用。但是，由于选择性比较差，在应用时还应充分考虑共存的其他气体的影响，同时，其价格也应降到用户能接受的程度。

SnO_2 气敏器件易受环境温湿度的影响，图 8-13 给出了温湿度综合特性曲线。由于环境温湿度对气敏器件的特性有影响，在使用时要加温湿度补偿，或选用温湿度性能好的气敏器件。

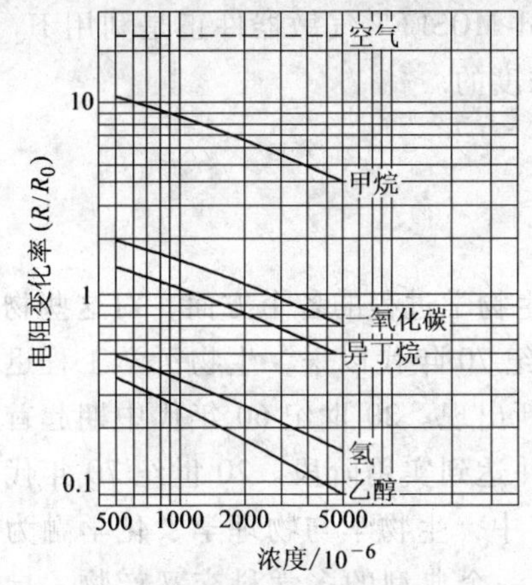

图 8-12　各种可燃气体的浓度与气敏器件电阻变化率的关系

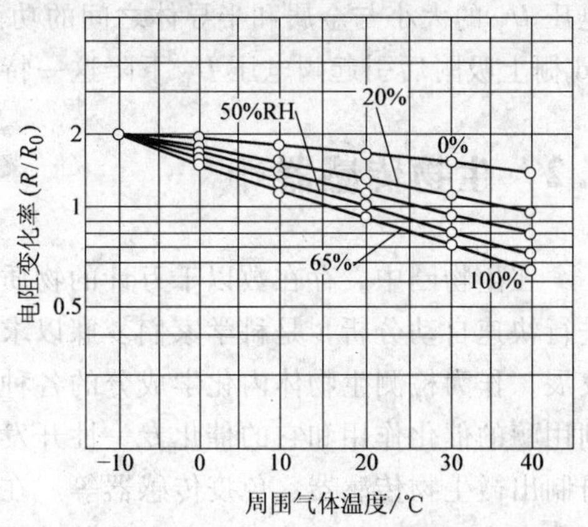

图 8-13　SnO_2 气敏器件温湿度特性

除了电阻型气敏器件以外，目前已发展了多种利用其他物理特性的气敏器件。譬如用硅单晶制成的对氢气敏感的钯栅 MOS 场效应晶体管、Pd－Si、MIS 二极管和 Pd-MOS 二极管等，这是气敏器件发展中值得注意的动向。

3. 非电阻型气敏器件

非电阻型气敏器件是利用 MOS 二极管的电容－电压特性（C-U 特性）的变化，和 MOS 场效应晶体管（MOSFET）的阈值电压的变化等物理特性做成的半导体气敏器件。这类器件可应用目前成熟的集成电路工艺来制造，其重复性和稳定性大为改善，性能价格比得以提高，并使器件的集成化和智能化成为可能。

（1）MOS 二极管气敏器件　MOS 二极管的结构和等效电路如图 8-14 所示。在 P 型半导体硅芯片上，采用热氧化工艺生长一层厚度为 50～100nm 左右的 SiO_2 层，然后再在其上蒸发一层金属薄膜，作为栅电极。SiO_2 层电容 C_{ax} 是固定不变的，Si-SiO_2 界面的电容 C_s 是外加电压的函数。所以总电容 C 是栅偏压的函数，其函数关系称为该 MOS 管的 C-U 特性。由于 Pd 在吸附 H_2 以后，会使它的功函数降低，这将引起 MOS 管的 C-U 特性向负偏压方向平移，如图 8-15 所示，据此可测定 H_2 的浓度。

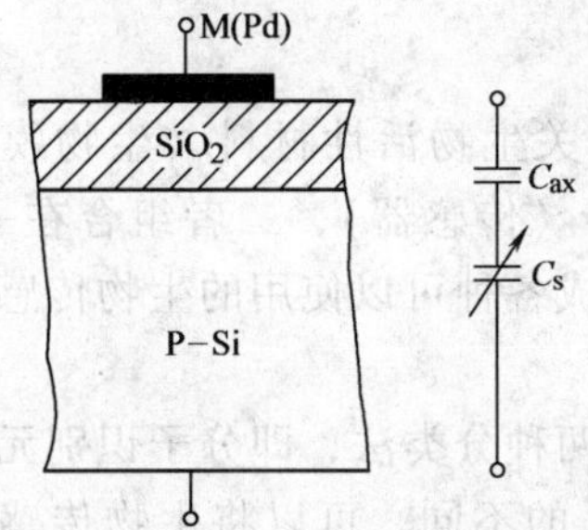

图 8-14　MOS 结构和等效电路

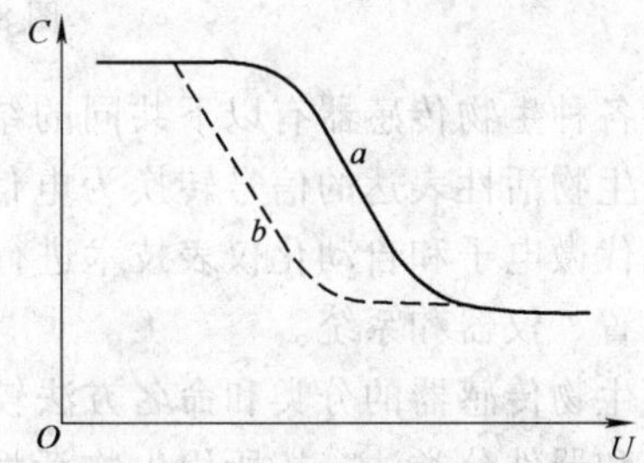

图 8-15　MOS 结构的 C-U 特性

a—吸附 H_2 前　b—吸附 H_2 后

（2）Pd-MOSFET 气敏器件　关于 MOSFET 的结构和主要特性已在 8.1.2 节作了介绍，Pd-MOSFET 与普通 MOSFET 的主要区别在于用钯（Pd）薄膜取代铝（Al）膜作为栅极。因为 Pd 对 H_2 的吸附能力极强，而 H_2 在 Pd 上的吸附将导致 Pd 的功函数降低。如前所述，阈电压 U_T 的大小与金属和半导体之间的功函数差有关，Pd-MOSFET 气敏器件正是利用 H_2 在 Pd 栅上吸附后引起阈电压 U_T 下降这一特性来检测 H_2 浓度的。

8.2　生物传感器

在生物圈中，存在数以千万计的物质，它们影响着生物学过程的各个方面，对这些物质进行快速自动分析，是科学家们梦寐以求的目标。20 世纪 70 年代以来，生物医学工程迅猛发展，作为检测生物体内化学成分的各种生物传感器不断出现。20 世纪 60 年代中期起首先利用酶的催化作用和它的催化专一性开发了酶传感器，并达到实用阶段。20 世纪 70 年代又研制出微生物传感器、免疫传感器等。在过去的 20 多年中，生物学与物理学、化学融为一体，产生了新一代的装置——生物传感器（Biosensor），一个典型的多学科交叉产物，导致了分析生物学技术的一场革命。目前，生物传感器的概念得到公认，作为传感器的一个分枝，它从化学传感器中独立出来。

生物传感器是利用各种生物或生物物质做成的，用以检测与识别生物体内的化学成分的传感器。生物或生物物质是指酶、微生物、抗体等，生物传感器的传感原理如图 8-16 所示。待测物质经扩散作用进入固定生物敏感膜层，经分子识别发生生物学反应（物理、化学变化），产生的物理、化学信息继而被相应的化学或物理换能器转变成可定量、可传输、可处理的电信号，再经二次仪表放大并输出，便可知道待测物浓度。根据生物反应的奇异和多样性，从理论上讲可以制造出测定所有生物物质的多种多样的生物传感器。这类生物传感器是在无试剂条件下工作的（缓冲液除外），比各种传统的生物学和化学分析法操作简便、快速、准确，可连续测量、分析、联机操作、直接显示与读出测试结果。

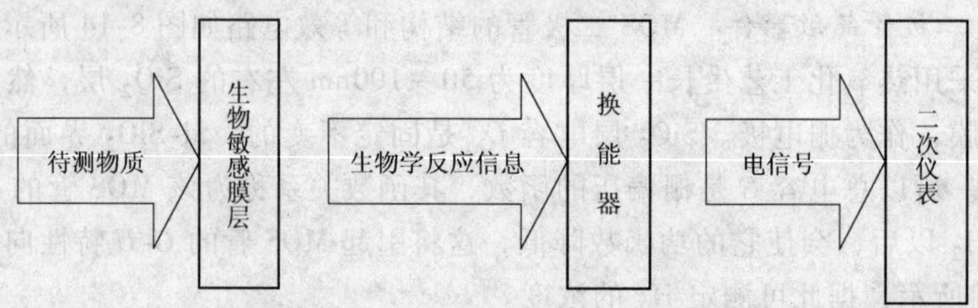

图 8-16　生物传感器传感原理

各种生物传感器有以下共同的结构：包括一种或数种相关生物活性材料（生物膜）及能把生物活性表达的信号转换为电信号的物理或化学换能器（传感器），二者组合在一起，用现代微电子和自动化仪表技术进行生物信号的再加工，构成各种可以使用的生物传感器分析装置、仪器和系统。

生物传感器的分类和命名方法较多且不尽统一，主要有两种分类法，即分子识别元件分类法和器件分类法。按所用生物活性物质（分子识别元件）的不同，可以将生物传感器分为五大类 ，即酶传感器（Enzyme Sensor）、微生物传感器（Microbial Sensor）、免疫传感器（Immunol Sensor）、组织传感器（Tissue Sensor）和细胞传感器（Organelle Sensor）；按器件分类是依据所用变换器器件不同对生物传感器进行分类，即生物电极（Bioelectrode）、半导体生物传感器（Semiconduct Biosensor）、光生物传感器（Optical Biosensor）、热生物传感器（Calorimetric Biosensor）、压电晶体生物传感器（Piezo-electric Biosensor）。关于个别生物传感器的命名，一般采用“功能+构成特征”的方法，如葡萄糖氧化酶电极、谷氨酸脱氢酶电极、BOD微生物电极、葡萄糖酶光纤传感器等，如图8-17所示。

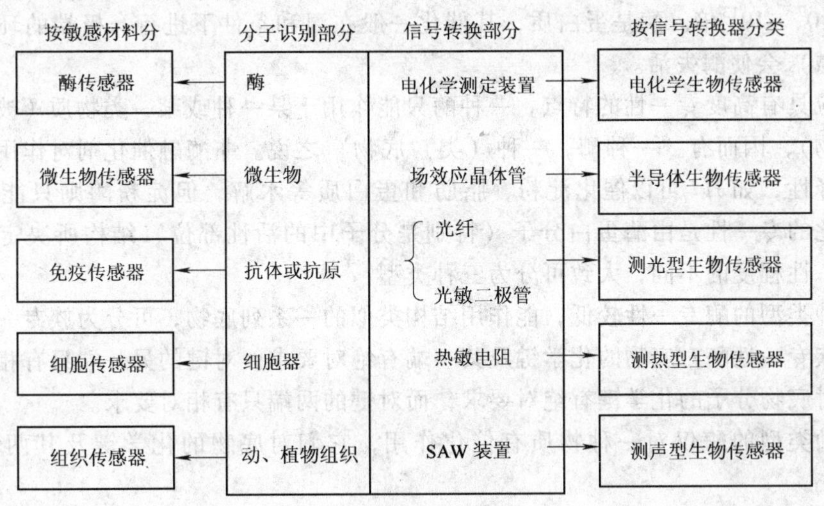

图8-17　生物传感器的分类

生物传感器的基本原理就是利用生物反应，而生物反应实际上包括了生理生化、新陈代谢、遗传变异等一切形式的生命活动。生物传感器的任务是如何将生物反应与传感器技术恰当地结合起来。当前，将生物工程技术与半导体技术、电子技术结合起来，利用生物体的奇特功能，制造出类似于生物感觉器官的各种传感器，这将是国内外传感器技术研究的一个新的研究课题，是传感器技术的新发展，具有很重要的现实意义。本章将介绍一些具有代表性的生物传感器。

8.2.1　酶传感器

酶传感器是问世最早、成熟度最高的一类生物传感器。它是利用酶的催化作用，在常温常压下将糖类、醇类、有机酸、氨基酸等生物分子氧化或分解，然后通过换能器将反应过程中化学物质的变化转变为电信号记录下来，进而推出相应的生物分子浓度。因此，酶传感器是间接型传感器，它不是直接测定待测物质，而是通过对反应有关物质的浓度测定来推断底物的浓度。

1. 酶反应

酶是生物体内产生并具有催化活性的一类蛋白质，此类蛋白质表现出特异的催化功能，因此，酶被称为生物催化剂。酶在生命活动中起着极为重要的作用，它们参加新陈代谢过程中的所有生化反应，并以极高的速度和明显的方向性维持生命的代谢活动，包括生长、发育、繁殖与运动。酶与一般催化剂相同，在相对浓度较低时，仅能影响化学反应的速度，而不改变反应的平衡点，反应前后其组成与质量均不发生明显改变。酶催化的化学形式主要包括共价催化和酸碱催化。在共价催化中，酶与底物形成反应活性很高的共价中间物，这个中间物很容易变成转变态，故反应的活化能大大降低，底物可以越过较低的“能阈”形成产物。酸碱催化广义地指质子供体及质子受体的催化，发生在细胞内的许多反应都是酸碱催化的。例如将水加到碳基上、酯类的水解、各种分子重排以及许多取代反应等。酶催化效率高，每分钟每个酶分子能转换 $10^3 \sim 10^6$ 个底物分子，以分子比为基础，其催化效率是其他催化剂的 $10^7 \sim 10^{13}$ 倍。酶是蛋白质，其催化一般在温和条件下进行，极端的环境条件（如高温、酸碱）会使酶失活。

酶反应具有高度专一性的特点，一种酶只能作用于某一种或某一类物质（被酶作用的物质称为底物），因而有“一种酶，一种（类）底物”之说。非酶融催化剂对作用物没有如此严格的选择性，如 H^+ 可以催化淀粉、脂肪和蛋白质等水解，但淀粉酶则只能催化淀粉水解。酶催化的专一性是由酶蛋白分子（特别是分子中的活性部位）结构所决定的，根据酶对底物专一性程度的不同，大致可分为三种类型：

第一种类型的酶专一性较低，能作用结构类似的一系列底物，可分为族专一性和键专一性两种。族专一性酶对底物的化学键及其一端有绝对要求，对键的另一端只有相对要求；键专一性酶对底物分子的化学键有绝对要求，而对键的两端只有相对要求。

第二种类型的酶仅对一种物质有催化作用，它们对底物的化学键及其两端均有绝对要求。

第三种类型的酶具有立体专一性，这类酶不仅要求底物有一定的化学结构，而且要有一定的立体结构。

2. 酶传感器

酶传感器是由酶敏感膜和电化学器件构成的，利用酶的特性可以制造出高灵敏度、选择性好的传感器。应该指出，酶传感器中酶敏感膜使用的酶是将各种微生物通过复杂工序精炼出来的，因此，其造价很高，性能也不太稳定。酶的催化反应可用下式表示：

$$S \frac{E}{T} \rightarrow \sum_{i=1}^{n} P_i$$

式中，S 为底物（被酶催化的物质）；E 为酶；T 为反应温度（℃）；P_i 为第 i 个产物。

酶的催化作用是在一定的条件下使底物分解，故酶的催化作用实际上是加速底物的分解速度。

按输出信号的不同，酶传感器有两种形式：一是电流型酶传感器，根据与酶催化反应有关物质的电极反应所得到的电流，来确定反应物的浓度，通常都用氧电极、H_2O_2 电极等；二是电位型酶传感器，通过电化学传感器件测量敏感膜电位来确定与催化反应有关的各种物质浓度，电位型一般用 NH_2^- 电极、CO_2 电极、H_2 电极等，即以离子作为检测方式，表 8-1 给出了酶传感器的种类。

下面以葡萄糖酶传感器为例说明其工作原理与检测工程。葡萄糖酶传感器的敏感膜是葡萄糖氧化酶，它固定在聚乙烯酰胺凝胶上，其电化学器件为 Pt 阳电极和 Pb 阴电极，中间溶液为强碱溶液，并在阳电极表面覆盖一层透氧气的聚四氟乙烯膜，形成封闭式氧电极（如图 8-18 所示）。它避免了电极与被测液直接相接触，防止了电极毒化。如电极 Pt 为开放式，它浸入蛋白质的介质中，蛋白质会沉淀在电极的表面，从而减小电极的有效面积，使电流下降，从而使传感器受到毒化。

表 8-1 酶传感器的种类

	检测方式	被测物质	酶	检出物质
电流型	氧检测方式	葡萄糖	葡萄糖氧化酶	O_2
		过氧化氢	过氧化氢酶	O_2
		尿酸	尿酸氧化酶	O_2
		胆固醇	胆固醇氧化酶	O_2
	过氧化氢检测方式	葡萄糖	葡萄糖氧化酶	H_2O_2
		L-氨基酸	L-氨基酸氧化酶	H_2O_2
电位型	离子检测方式	尿素	尿素酸	NH_4^-
		L-氨基	L-氨基酸氧化酶	NH_4^-
		D-氨基酸	D-氨基酸氧化酶	NH_4^-
		天门冬酰胺	天门冬酰胺酶	NH_4^-
		L-酪氨酸	酪氨酸脱羧酶	CO_2
		L-谷氨酸	谷氨酸脱氧酶	NH_4^-
		青霉素	青霉素酶	H^+

实际应用时，葡萄糖酶传感器安放在被测葡萄糖溶液中。由于酶的催化作用会产生过氧化氢（H_2O_2），其反应式为

$$葡萄糖 + HO_2 + O_2 \rightarrow 葡萄糖酸 + H_2O_2$$

反应过程中，以葡萄糖氧化酶（GOD）作为催化剂。在上式中，葡萄糖氧化时产生 H_2O_2，它们通过选择性透气膜，在 Pt 电极上氧化，产生阳极电流，葡萄糖含量与电流成正比，这样，就测量出了葡萄糖溶液的浓度。例如，在 Pt 阳极上加 0.6V 的电压，则 H_2O_2 在 Pt 电极上产生的氧化电流是

$$H_2O_2 \rightarrow O_2 + 2H^+ + 2e$$

式中，e 为所形成电流的电子。

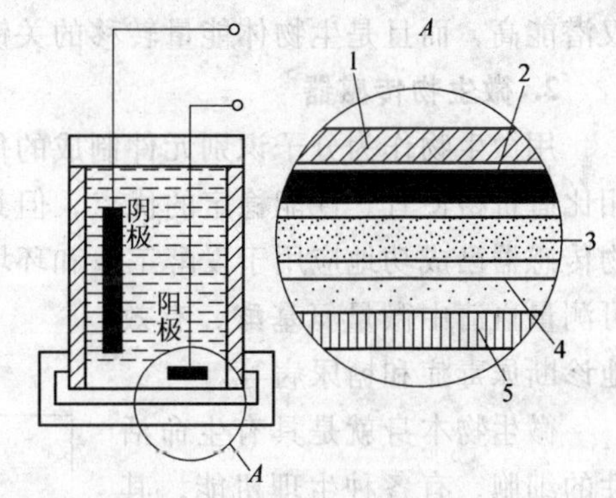

图 8-18 葡萄糖酶传感器

1—Pt 阳极 2—聚四氟乙烯膜 3—固相酶膜 4—半透膜多孔层 5—半透膜致密层

8.2.2 微生物传感器

微生物传感器是由固定化的微生物细胞与电化学装置结合而形成的生物传感器。

1. 微生物反应

(1) *微生物反应的特点* 微生物反应过程是利用生长微生物进行生物化学反应的过程，即微生物反应是将微生物作为生物催化剂进行的反应，酶在微生物反应中起最基本的催化作用。微生物反应与酶反应有几个共同点：同属生化反应，都在温和条件下进行；凡是酶能催化的反应，微生物也可以催化，催化速度接近，反应动力学模式近似。

微生物反应在下述方面又有其特殊性：微生物细胞的膜系统为酶反应提供了天然的适宜环境，细胞可以在相当长的时间内保持一定的催化活性，在多底物反应时，微生物显然比单纯酶更适宜作催化剂，细胞本身能提供酶反应所需的各种辅酶和辅基。利用微生物作生物敏感膜的缺点有：微生物反应通常伴随自身生长，不容易建立分析标准；细胞是多酶系统，许

多代谢途径并存，难以排除不必要的反应；环境条件变化会引起微生物生理状态的复杂化，不适当的操作会导致代谢转换现象，出现不期望有的反应。

（2）微生物反应的类型

1）同化与异化：根据微生物代谢流向可以分为同化作用和异化作用。

在微生物反应过程中，细胞与环境不断地进行物质和能量的交换，其方向和速度受各种因素的调节，以适应体内外环境的变化。细胞将底物摄入并通过一系列生化反应转变成自身的组成物质，并储存能量，称为同化作用或组成代谢（Assimilation）；反之，细胞将自身的组成物质分解以释放能量或排出体外，称为异化作用或分解代谢（Dissimilation）。

2）自养与异养：根据微生物对营养的要求，微生物反应又可分为自养性与异养性。自养微生物以 CO_2 作为主要碳源，无机氮化物作为氮源，通过细菌的光合作用或化能合成作用获得能量。异养微生物以有机物作碳源，无机物或有机物作为氮源，通过氧化有机物获得能量。绝大多数微生物种类都属于异养型。

3）好气性与厌气性：根据微生物反应对氧的需求与否可以分为好氧反应和厌氧反应。微生物反应生长过程中需要氧气的称为好氧反应；微生物反应生长过程中不需要氧气，而需要 CO_2 的称为厌氧反应。也称二者为好气性与厌气性。

4）细胞能量的产生与转移：微生物反应所产生的能量大部分转移为高能化合物。所谓高能化合物是指转移势能高的基团的化合物，其中以 ATP（三磷酸腺苷）最为重要，它不仅潜能高，而且是生物体能量转移的关键物质，直接参与各种代谢反应的能量转移。

2. 微生物传感器

用微生物作为分子识别元件制成的传感器称为微生物传感器。微生物传感器与酶传感器相比有价格便宜、性能稳定的优点，但其响应时间较长（数分钟），选择性较差。目前微生物传感器已成功地应用于发酵工业和环境检测中，例如测定江水及废水污染程度，在医学中可测量血清中微量氨基酸，有效地诊断尿毒症和糖尿病等。

微生物本身就是具有生命活性的细胞，有各种生理机能，其主要机能是呼吸机能（O_2 的消耗）和新陈代谢机能（物质的合成与分解），还有菌体内的复合酶、能量再生系统等。因此在不损坏微生物机能情况下，可将微生物用固定化技术固定在载体上就可制作出微生物敏感膜，而采用的载体一般是多孔醋酸纤维膜和胶原膜。微生物传感器从工作原理上可分为两种类型，即呼吸机能型和代谢机能型。微生物传感器结构如图 8-19 所示。

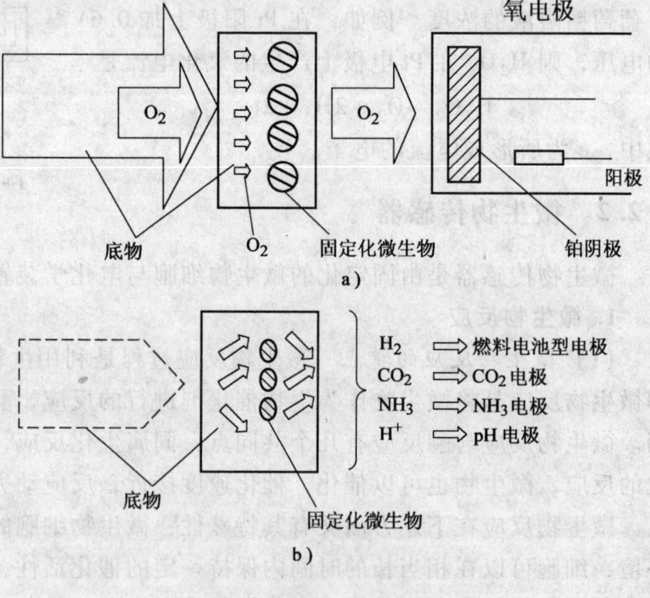

图 8-19 微生物传感器结构

a）呼吸机能型 b）代谢机能型

（1）呼吸机能型微生物传感器 微生物呼吸机能存在好气性和厌气性两种。其中好气性微生物需要有氧气，因此可通过测量氧气来控制呼吸机能，并了解其生理状态；而厌气性微生物相反，它不需要氧气，氧气存在会妨碍微生物生长，而可以通过测量碳酸气消耗及其他生成物来探知生理状态。由此可知，呼吸机能型微生物传感器是由微生物固定化膜和 O_2 电极（或 CO_2 电极）组成。在应用氧电极时，把微生物放在纤维性蛋白质中固化处理，然后把固化膜附着在封闭式氧极的透氧膜上。图 8-20 是生物化学耗氧量传感器 BOD（Biological Oxygen Demand），图中把这种呼吸机能型微生物传感器放入含有有机化合物的被测溶液中，于是有机物向微生物膜扩散，而被微生物摄取（称为资化）。由于微生物呼吸量与有机物资化前后不同，可通过测量 O_2 电极转变为扩散电流值，从而间接测定有机物浓度。BOD 生物传感器使用的微生物可以是丝孢酵母，菌体吸附在多孔膜上，室温下干燥后保存待用。测量系统包括：带有夹套的流通池（直径 1.7cm，高 0.6cm，体积 1.4ml，生物传感器探头安装在流通池内）、蠕动泵、自动采样器和记录仪。

图 8-21 为这种传感器的响应曲线，曲线稳定电流值表示传感器放入待测溶解氧饱和状态缓冲溶液中（磷酸盐缓冲液）微生物的吸收水平。当溶液加入葡萄糖或谷氨酸等营养膜后，电流迅速下降，并达到新的稳定电流值，这说明微生物在资化葡萄糖等营养源时呼吸机能增加，即氧的消耗量增加。导致向 O_2 电极扩散氧气量减少，使电流值下降，直到被测溶液向固化微生物膜扩散的氧量与微生物呼吸消耗的氧量之间达到平衡时，便得到相应的稳定电流值。由此可见，这个稳定值与未添加营养时的电流稳定值之差与样品中有机物浓度成正比。

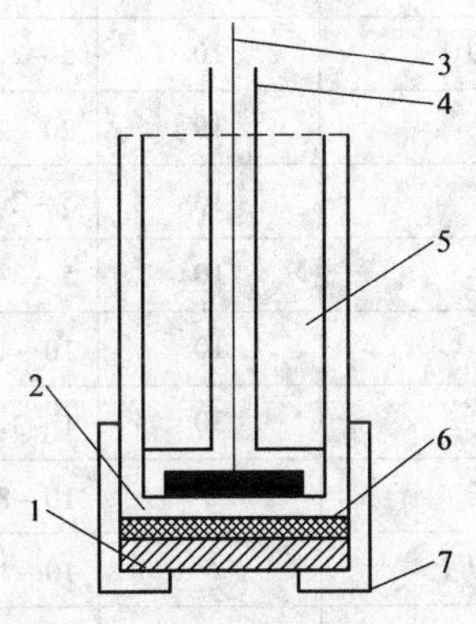

图 8-20 生物化学耗氧量传感器

1—微生物固定化膜 2—电解液 3—阴极（Au）
4—阳极（Pb） 5—O_2 电极 6—透氧膜 7—护套

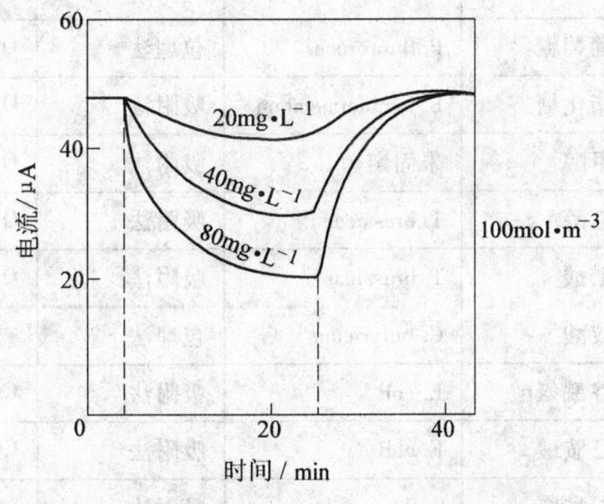

图 8-21 生物化学耗氧传感器响应曲线

（2）代谢机能型微生物传感器 代谢机能型微生物传感器的基本原理是微生物使有机物资化而产生各种代谢生成物。这些代谢生成物中，含有遇电极产生电化学反应的物质（即电极活性物质），因此，微生物传感器的微生物敏感膜与离子选择性电极（或燃料电池型电极）相结合就构成了代谢机能型微生物传感器。图 8-22 为甲酸传感器结构示意图。将产生氢的酪酸梭状芽菌固定在低温胶冻膜上，并把它装在燃料电池 Pt 电极上，Pt 电极、Ag_2O_2 电极、电解液（$100mol/m^3$ 磷酸缓冲液）以及液体连接面组成传感器。当传感器浸入含有甲酸的溶液时，甲酸通过聚四氟乙烯膜向酪酸梭状芽菌扩散，被资化后产生 H_2，而 H_2 又穿过

Pt电极表面上的聚四氟乙烯膜与Pt电极产生氧化反应而产生电流，此电流与微生物所产生的H_2含量成正比，而H_2量又与待测甲酸浓度有关，因此传感器能测定发酵溶液中的甲酸浓度。

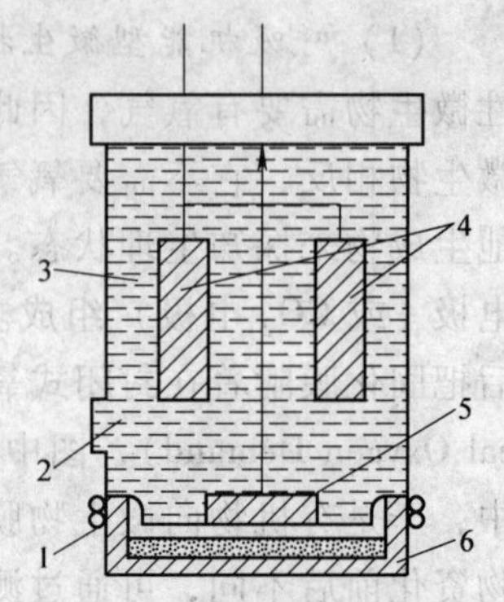

图 8-22 甲酸传感器结构

1—圆环 2—液体连接面 3—电解液 4—Ag_2O_2电极（阴极） 5—Pt电极（阳极） 6—聚四氟乙烯膜

表8-2列出了一些常用微生物传感器的主要性能。

8.2.3 免疫传感器

1. 免疫学反应

所谓“免疫”，顾名思义即免除瘟疫。用现代的观点来讲，生物体具有一种“生理防御、自身稳定与免疫监视”的功能叫“免疫”。免疫是生物体的一种生理功能，生物体依靠这种功能识别“自己”和“非己”成分，从而破坏和排斥进入生物体的抗原物质，或生物体本身所产生的损伤细胞和肿瘤细胞等，以维持生物体的健康。与测定抗原抗体反应有关的传感器称为免疫传感器。抗原抗体结合前后可导致多种信号的改变，如在重量、光学、热学、电化学等方面。

表 8-2 常用微生物传感器的主要性能

传感器	微生物	固定方法	电化学器件	稳定性/天	响应时间/min	测量范围/(mg·L^{-1})
葡萄糖	P. fluoreseens	包埋法	O_2 电极	14以上	10	$5 \sim 2\times10$
脂化糖	B. lactofermemtem	吸附法	O_2 电极	20	10	$20 \sim 2\times10^2$
甲醇	未固定菌	吸附法	O_2 电极	30	10	$5 \sim 2\times10$
乙醇	T. brassicae	吸附法	O_2 电极	30	10	$5 \sim 3\times10$
醋酸	T. brassicae	吸附法	O_2 电极	20	10	$10 \sim 10^2$
蚁酸	C. butyricum	包埋法	燃料电池	30	30	$1 \sim 3\times10^2$
谷酰氨酸	E. coli	吸附法	CO_2 电极	20	5	$10 \sim 8\times10^2$
己胺酸	E. coli	吸附法	CO_2 电极	14以上	5	$10 \sim 10^2$
谷酰胺	S. flara	吸附法	氨气电极	14以上	5	$20 \sim 10^2$
精氨酸	S. faecium	吸附法	氨气电极	20	1	$10 \sim 170$
天门冬酰胺	B. cadavaris	吸附法	氨气电极	10	5	$5\times10^{-9} \sim 90$
胺	硝化菌	吸附法	O_2 电极	20	5	$5 \sim 45$
制霉菌素	S. cerrvisiae	吸附法	O_2 电极		60	$1 \sim 8\times10^2$
烃酸	L. arabinosus	包埋法	pH 电极	30	60	$10^{-2} \sim 5$
维生素 B_1	L. fermenti		燃料电池	60	360	$10^{-3} \sim 10^{-2}$
头孢霉菌素	C. freumdil	包埋法	pH 电池	7以上	10	$10^{-2} \sim 5\times10^2$
BOD	T. cmaneum	包埋法	O_2 电极	30	10	$5 \sim 3\times10$
菌数			燃料电池	60	15	$10^6 \sim 10^{11}$(个/mL)

（1）抗原与抗体 所谓抗原，就是能够刺激动物体产生免疫反应的物质。从广义的生物学观点看，凡是引起免疫反应性能的物质，都可称为抗原。抗原有两种功能：刺激机体产生免疫应答反应和与相应免疫反应产物发生异性结合反应。前一种性能称为免疫原性，后一种性能称为反应原性。通常，根据来源的不同，抗原又可以分为如下几种：

1）天然抗原：来源于微生物和动植物，包括细菌、病毒、血细胞、花粉、可溶性抗原毒素、类毒素、血清蛋白、蛋白质、糖蛋白、脂蛋白等。

2）人工抗原：经化学或其他方法变性的天然抗原，如碘化蛋白、偶氮蛋白和半抗原结合蛋白。

3）合成抗原：合成抗原是化学合成的多肽分子。

所谓抗体，就是由抗原刺激机体产生的特异性免疫功能的球蛋白，又称免疫球蛋白。免疫球蛋白都是由一至几个单体组成，每个单体有两条相同的分子量较大的重链和两条相同分子量较小的轻链组成，链与链之间通过非共价链连接。

（2）抗原的理性性状

1）物理性状：完全抗原的分子量较大，通常在一万以上，分子量越大，其表面积相应扩大，接触免疫系统细胞的机会增多，因而免疫原性也就增强。抗原均具有一定的分子构型，或为直线型或为立体构型。一般认为环状构型比直线排列的分子免疫性强，聚合态分子比单体分子的分子免疫性强。

2）化学组成：自然界中绝大多数抗原都是蛋白质，即可以是纯蛋白也可以是结合蛋白。后者包括脂蛋白、核蛋白、糖蛋白等，此外还有血清蛋白、微生物蛋白、植物蛋白和酶类。近年来证明核酸也有抗原性。

（3）抗原-抗体反应 抗原-抗体结合时将发生凝聚、沉淀、溶解反应和促进吞噬抗原颗粒的作用。

抗原与抗体的特异性结合点位于 Eabl 链及 H 链的高变区，又称抗体活性中心，其构型取决于抗原决定簇的空间位置，两者可形成互补性构型。在溶液中，抗原和抗体两个分子的表面电荷与介质中离子形成双层离子云，内层和外层之间的电荷密度差形成静中位和分子间引力。由于这种引力仅在近距离上发生作用，抗原与抗体分子结合时对位应十分准确：一是结合部位的形状要互补于抗原的形状；二是抗体活性中心带有与抗原决定簇相反的电荷。

抗原与抗体结合尽管是稳固的，但也是可逆的。某些酶能促使逆反应，抗原抗体复合物解离时，都保持自己本来的特性。

2. 免疫传感器

免疫传感器是生物传感器领域中发展较快的分支，它除具有生物传感器的普遍特点外，还因其高特异性、高选择性、测定准确度高、重复性好、反应速度快等优点，用于大量样品分析和筛选。利用抗体能识别抗原并与抗原结合的功能而制成的生物传感器称为免疫传感器，免疫传感器的基本原理是免疫反应。把免疫传感器的敏感膜与酶免疫分析法结合起来进行超微量测量，它是利用酶为标识剂的化学放大。化学放大就是指微量酶（E）使少量基质（S）生成多量生成物（P）。当酶是被测物时，一个 E 应相对许多 P，测量 P 对 E 来说就是化学放大，根据这种原理制成的传感器称为酶免疫传感器。目前正在研究的诊断癌症用的传感器把 01—甲胎蛋白（AFP）作为癌诊断指标，它将 AFP 的抗体固定在膜上组成酶免疫传感器，可检测 10^{-9}gAFP，这是一种非放射性超微量测量方法。

电位式免疫传感器是利用固定化抗体（或抗原）膜与相应的抗原（或抗体）的特异反应，此反应的结果使生物敏感膜的电位发生变化。图 8-23 为这种免疫传感器的结构原理图，图中 2、3 两室间有固定化抗原膜，而 1、3 两室之间没有固定化抗原膜。在 1、2 室内注入 0.9% 的生理盐水，当在 3 室内倒入食盐水时，1、2 室内电极间无电位差。若 3 室内注入含有抗体的盐水时，由于抗体和固定化抗原膜上的抗原相结合，使膜表面吸附了特异的抗体，而抗体是有电荷的蛋白质，从而使抗原固定化膜带电状态发生变化，因此 1、2 室内的电极间有电位差产生。

压电免疫传感器（Piezoelectric Immunosensor）是因免疫反应发生而导致质量改变并通过压电晶体而感知的传感器。通常是将抗体或抗原分子固定于压电晶体（如石英晶体）表面，当其与底物分子发生识别反应时将引起晶体表面质量的改变，根据晶体振荡相应频率的改变，可以灵敏地监测底物分子的浓度。

图 8-24 为一种质量改变型压电免疫传感器，采用石英晶体微量天平（ Quartz Crystal Microbalance ，QCM）技术。石英微量称重是应用质量敏感压电谐振器进行测量的一种方法。石英微量天平是自激振荡器型测量装置，这类装置可以把石英压电谐振器表面连接质量的变化转换成自激振荡器输出频率的变化。石英微量天平的主要优点是灵敏度高，可达到 2.5MHz/mg，质量敏感谐振器的分辨力可以达到 10^{-11}g，这比其他类型的性能好的微量天平高三个数量级。采用石英微量称重法可以测量许多参数：薄膜厚度、湿度、混合气体的成分、压力、温度、微量杂质的浓度、耐腐蚀性、耐氧化性、溶解度、蒸汽压、物质的各种物理化学参数等等，可以在很宽的温度范围内工作，从热力学温度零度到 500℃。微量天平的关键部件是 AT——切型热稳定谐振器，也有采用表面声波器件（Surface Acoustic Wave，SAW）技术，可以用于检验微量多硝基爆炸物、化学战剂和毒品。

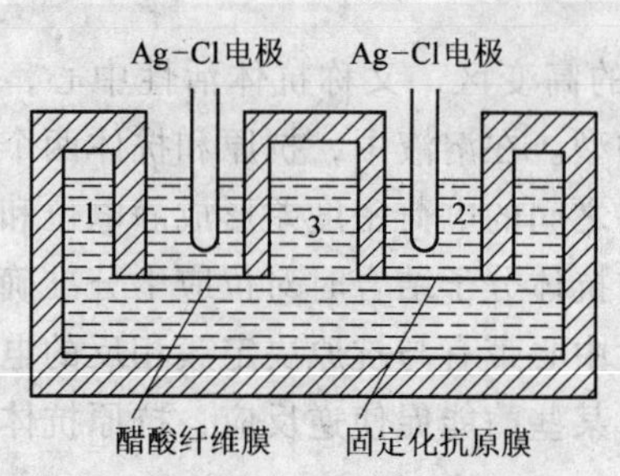

图 8-23 电位式免疫传感器结构原理

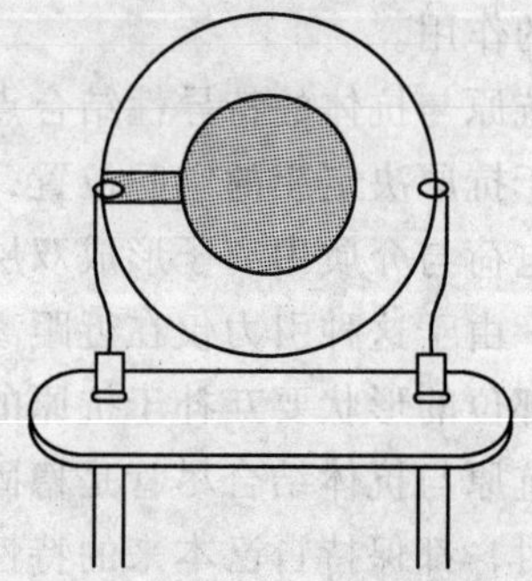

图 8-24 一种质量改变型压电免疫传感器

8.2.4 生物组织传感器

生物组织传感器是以活的动植物组织细胞切片作为分子识别元件，并与相应的变换元件构成的，生物组织传感器有很多特点：

1）生物组织含有丰富的酶类，这些酶类在适宜的自然环境中，可以得到相当稳定的酶活性，许多组织传感器工作寿命比相应的酶传感器寿命长得多。

2）在所需要的酶难以提纯时，直接利用生物组织可以得到足够高的酶活性。

3）组织识别元件制作简便，一般不需要采用固定化技术。

组织传感器制作的关键是选择所需要酶活性较高的动、植物的器官组织。表8-3列出了几种组织传感器的构成。

表8-3　几种组织传感器的构成

底　物	生物催化材料	基础电极
腺脊	鼠小肠黏膜细胞	NH_3 电极
5-AMP	兔肌肉、兔肌肉丙酮粉	NH_3 电极
谷酰胺	猪肾细胞、猪肾细胞线粒体	NH_3 电极
鸟嘌呤	兔肝	NH_3 电极
酪氨酸	甜菜	O_2 电极
胱氨酸	黄瓜叶	NH_3 电极
谷氨酸	南瓜	CO_2 电极
多巴胺	香蕉肉	O_2 电极
丙酮酸	玉米仁	CO_2 电极
尿素	刀豆浆	NH_3 电极
过氧化氢	牛肝	O_2 电极
L-抗坏血酸	南瓜或黄瓜中的果皮	O_2 电极

组织传感器又分为植物组织传感器和动物组织传感器，但其实用中还有一些问题，如选择性差、动植物材料不易保存等。

8.2.5　光生物传感器

光生物传感器是一种选择性地识别分子信息、引发光学变化且把光学变化转换为电信号输出的传感器。光生物传感器具有灵敏度高、不需要参比传感器、光传播信号不受外界电磁干扰等特点。光生物传感器主要包括生物光极和表面等离子体共振生物传感器。

1. 生物光极

生物光极是将生物敏感膜固定在光导纤维或光敏二极管上制成的，根据不同反应原理和器件可制成各种生物光极，化学发光属于自然荧光。近年来亦被用于研制生物光极，其优点是无需激发光源。

酶光敏二极管是一种新型的光生物传感器，它由催化发光反应的酶和光敏二极管（或晶体管）半导体器件构成，如图8-25所示。在硅光敏二极管的表面透镜上涂上一层过氧化酶膜，即构成了检测过氧化氢（H_2O_2）的酶光敏二极管。当二极管表面接触到过氧化氢时，由于过氧化氢酶的催化作用，加速发光反应，产生的光子照射至硅光敏二极管的PN结点，改变了二极管的导通状态。即将发光效应转换成光敏二极管的光电流，从而检测出过氧化氢及其浓度大小。

2. 表面等离子体共振

表面等离子体共振即SPR（Surface Plasma Resonance）生物传感器，它主要由光波导耦合器件、金属膜、生物分子膜等组成，其结构如图8-26所示。

用光纤作为光波导耦合元件的SPR生物传感器是将一段光纤中的一部分外包层剥去，在光纤芯上沉积一层高反射率金属膜，入射光线在光纤芯与光纤包层的界面上发生全反射，

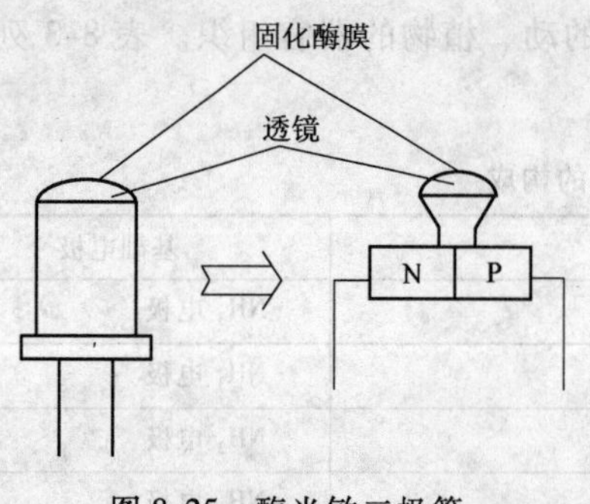

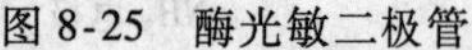

图 8-25 酶光敏二极管

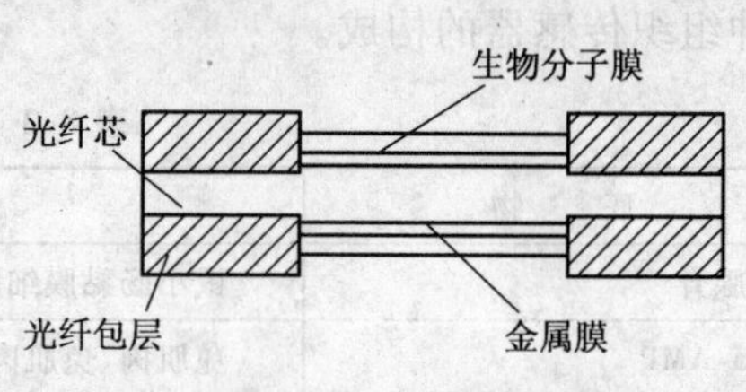

图 8-26 SPR 生物传感器的结构

渗透过界面的渐逝波（见光纤传感器相关章节）将在金属膜与生物分子膜的界面产生 SPR，SPR 对吸附在金属膜表面的基质（生物分子膜）的折射率变化非常敏感，从而引起等离子共振角（入射角）的改变。固定入射光角度，改变入射光波长，在光纤的出口端检测输出光强度与波长分布的关系，可进行被测物的定量分析。

SPR 生物传感器具有非破坏性、高灵敏度和实时在线检测等优点，近年来得到广泛的研究与应用。

3. 光纤渐逝波荧光

光纤渐逝波荧光探测的基本原理是：利用激光在光纤探针中全反射传播时产生的渐逝波去激发光纤探针表面标记于生物物质上的荧光染料，在渐逝波作用范围内通过特异性反应检测被测物质的种类和浓度。图 8-27 为全光纤结构的渐逝波生物传感器示意图。脉冲激光激发出荧光，荧光返回到光敏器件。光功率耦合器把脉冲激光的一半功率耦合到光纤探针，并把返回荧光耦合到光敏器件。布喇格（Bragg）滤波器过滤出敏感光谱。

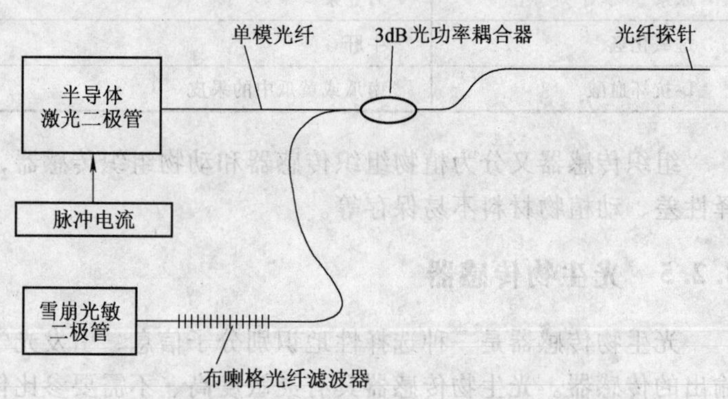

图 8-27 全光纤结构的渐逝波生物传感器示意图

思 考 题

1. 找出化学传感器、物理传感器和生物传感器的区别。
2. 电化学传感器有哪几种形式？描述其原理。
3. 对于应用电化学、光学、压电、热等转换机理的化学生物传感器本章做了哪些描述，还可以做哪些补充？
4. 应用表面吸附的作用，再通过哪些物理效应把化学量、生物量转换成便于测量的量？人们是如何实现选择性转换的？
5. 对生物传感器分别按照其感受器中所采用的生命物质分类，按照传感器器件检测的原理分类，按照生物敏感物质相互作用的类型分类，进行归纳举例。
6. 回顾场效应晶体管（FET）的工作原理，比较其在化学和生物传感器技术中的应用机理的异同。
7. 查阅相关资料，描绘出一种血糖测量传感器原理与结构。
8. 查阅相关资料，描绘出一种应用生物发光传感原理检测微量三硝基甲苯 TNT 的传感器原理与结构。

第9章　智能传感器

9.1　智能传感器概述

智能传感器（Intelligent Sensor 或 Smart Sensor）最初是由美国宇航局1978年开发出来的产品。宇宙飞船上需要大量的传感器不断向地面发送温度、位置、速度和姿态等数据信息，用一台大型计算机很难同时处理如此庞杂的数据，要不丢失数据，并降低成本，必须有能实现传感器与计算机一体化的灵巧传感器。智能传感器是指具有信息检测、信息处理、信息记忆、逻辑思维和判断功能的传感器。它不仅具有传统传感器的各种功能，而且还具有数据处理、故障诊断、非线性处理、自校正、自调整以及人机通信等多种功能。它是微电子技术、微型电子计算机技术与检测技术相结合的产物。

早期的智能传感器是将传感器的输出信号经处理和转化后由接口送到微处理机部分进行运算处理。20世纪80年代智能传感器主要以微处理器为核心，把传感器信号调理电路、微电子计算机存储器及接口电路集成到一块芯片上，使传感器具有一定的人工智能。20世纪90年代智能化测量技术有了进一步的提高，使传感器实现了微型化、结构一体化、阵列化、数字化，使用方便和操作简单，具有自诊断功能、记忆与信息处理功能、数据存储功能、多参量测量功能、联网通信功能、逻辑思维以及判断功能。

智能化传感器是传感器技术未来发展的主要方向。在今后的发展中，智能化传感器无疑将会进一步扩展到化学、电磁、光学和核物理等研究领域。

9.2　智能传感器的构成、功能与特点

智能传感器是由传感器和微处理器相结合而构成的，它充分利用微处理器的计算和存储能力，对传感器的数据进行处理，并对它的内部行为进行调节。图9-1是智能传感器的原理框图，它主要包括传感器、信号调理电路和微处理器。

微处理器是智能传感器的核心，它不但可以对传感器测量数据进行计算、存储、处理，还可以通过反馈回路对传感器进行调节。由于微处理器充分发挥各种软件的功能，可以完成硬件难以完成的任务，从而能有效地降低制造难度，提高传感器性能，降低成本。智能传感器的信号感知器件往往有主传感器和辅助传感器两种。以智能压力传感器为例，主传感器是压力传感器，测量被测压力参数，辅助传感器是温度传感器和环境压力传感器。温度传感器检测主传感器工作时，由于环境温度变化或被测介质温度变化而使其压力敏感元件温度发生变化，以便根据其温度变化修正和补偿由于温度变化对测量带来的误差。环境压力传感器则测量工作环境大气压变化，以修正其影响。微机硬件系统对传感器输出的微弱信号进行放大、处理、存储和与计算机通信。

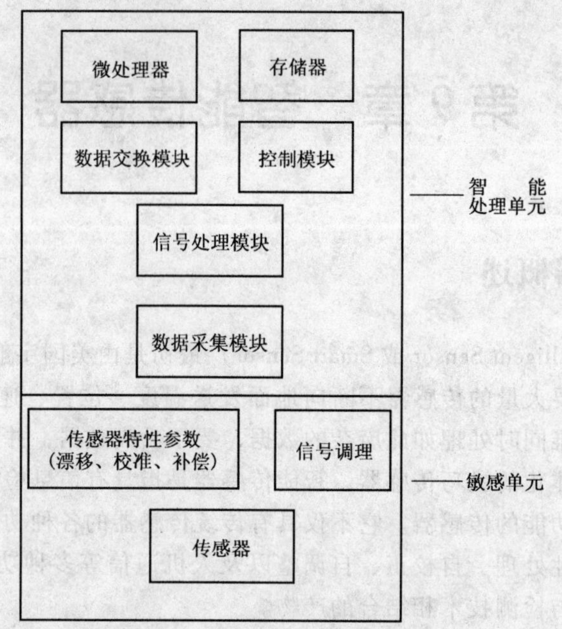

图 9-1 智能传感器原理框图

9.2.1 智能传感器的实现结构

1. 非集成化实现

非集成化智能传感器是将传统的经典传感器（采用非集成化工艺制作的传感器，仅具有获取信号的功能）、信号调理电路、带数字总线接口的微处理器组合为一整体而构成的一个智能传感器系统。其框图如图 9-2 所示。

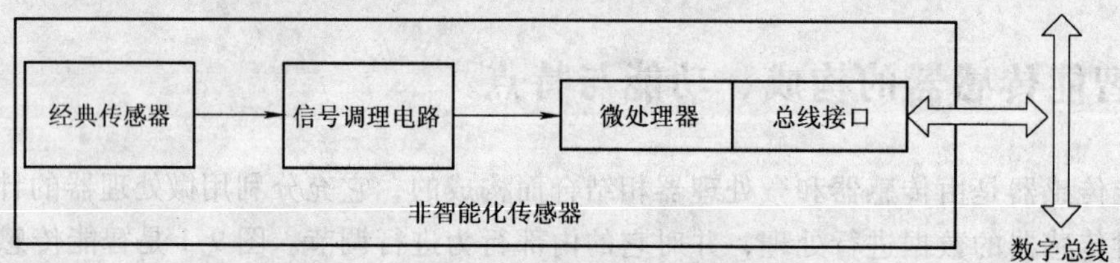

图 9-2 非集成化智能传感器框图

信号调理电路用来调理传感器的输出信号，即将传感器输出信号进行放大并转换为数字信号后输入微处理器，再由微处理器通过数字总线接口挂接在现场数字总线上，这是一种实现智能传感器系统的最快途径与方式。例如美国罗斯蒙特公司、SMART 公司生产的电容式智能压力（差）变送器系列产品，就是在原有传统式非集成化电容式变送器基础上附加一块带数字总线接口的微处理器插板后组装而成。同时，开发配备可进行通信、控制、自校正、自补偿、自诊断等智能化软件，从而形成智能传感器。

2. 集成化实现

这种智能化传感器系统是采用微机械加工技术和大规模集成电路工艺技术，利用硅作为基本材料来制作敏感元件、信号调理电路、微处理器单元，并把它们集成在一块芯片上而构成，故又可称为集成智能传感器（Integrated Smart/Intelligent Sensor），其外形如图 9-3 所示。敏感元件构成阵列后，配合相应图像处理软件，可以实现图形成像且构成多维图像传感器。这时的智能传感器就达到了它的最高级形式。

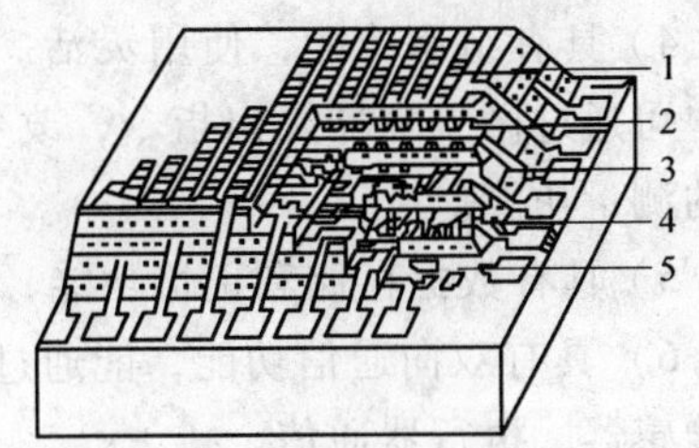

图 9-3 集成智能传感器结构

1—光电变换部分 2—传送部分 3—存储部分 4—算术运算部分 5—电源驱动部分

3. 混合实现

混合实现就是根据需要与可能，将系统各个集成化环节，如敏感单元、信号调理电路、微处理器单元、数字总线接口，以不同的组合方式集成在两块或三块芯片上，并装在一个外壳里，如图 9-4 所示。集成化敏感单元包括弹性敏感元件及变换器；信号调理电路包括多路开关、放大器、基准、模/数转换器（ADC）等。

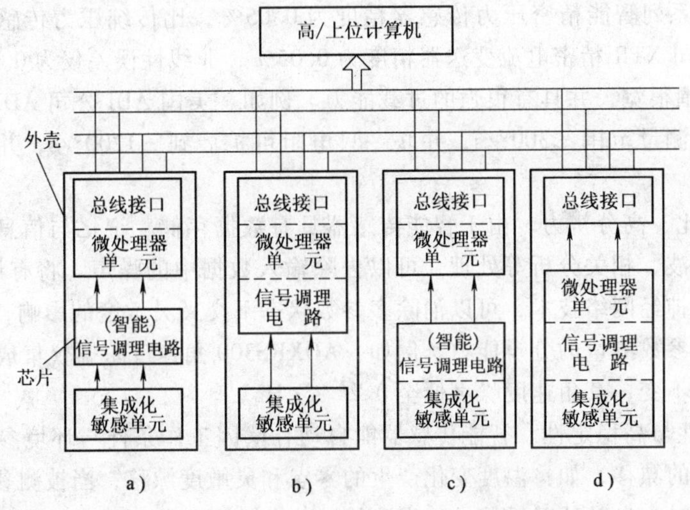

图 9-4 在一个封装中可能的混合集成实现方式

微处理器单元包括数字存储器（EEPROM、ROM、RAM）、I/O 接口、微处理器、数/模转换器（DAC）等。图 9-4a 中，三块集成化芯片封装在一个外壳里；图 9-4b、c、d 中，两块集成化芯片封装在一个外壳里。图 9-4a、c 中的智能信号调理电路，具有部分智能化功能，如自校零、自动进行温度补偿，这是因为这种电路带有零点校正电路和温度补偿电路才获得了这种简单的智能化功能。

9.2.2 智能传感器的功能与特点

智能传感器具有以下功能：

1）具有自动调零、自校准、自标定功能。智能传感器不仅能够自动检测各种被测参数，还能进行自动调零、自动调平衡、自动校准，某些智能传感器还能自动完成标定工作。

2）具有逻辑判断和信息处理能力，能对被测量进行信号调理和信号处理（对信号进行预处理、线性化，或对温度、静压力等参数进行自动补偿等）。

3）具有自诊断功能。智能传感器通过自检软件，能对传感器和系统的工作状态进行定期或不定期的检测，诊断出故障的原因和位置并做出必要的响应。

4）具有组态功能，使用灵活。在智能传感器系统中可设置多种模块化的硬件和软件，用户可通过微处理器发出指令，改变智能传感器的硬件模块和软件模块的组合状态，完成不同的测量功能。

5）具有数据存储和记忆功能，能随时存取检测数据。

6）具有双向通信功能，能通过各种标准总线接口、无线协议等直接与微型计算机及其他传感器、执行器通信。

与传统传感器相比，智能传感器具有以下特点：

1）精度高。由于智能传感器具有信息处理的功能，因此通过软件不仅可以修正各种确定性系统误差，如：通过自动校零去除零点；与标准参考基准实时对比以自动进行整体系统标定；对整体系统的非线性等系统误差进行自动校正；通过对采集的大量数据的统计处理以消除偶然误差的影响等。这样，保证了智能传感器的高精度。例如，美国霍尼韦尔（Honeywell）公司 PPT 系列智能精密压力传感器精度为 0.05%，比传统压力传感器提高一个数量级；美国 BB 公司 XTR 精密电流变送器精度为 0.05%，非线性误差仅为 0.003%。

2）测量范围很宽，并具有很强的过载能力。例如，美国 ADI 公司 ADXRS300 角速度陀螺仪集成传感器测量范围 ±300°/s，并联一只电阻可扩展到 ±1200°/s，并可承受 1000g 加速度。

3）高信噪比、高分辨力。由于智能传感器具有数据存储、记忆与信息处理功能，通过软件进行数字滤波、相关分析等处理，可以去除输入数据中的噪声，将有用信号提取出来；通过数据融合、神经网络技术，可以消除多参数状态下交叉灵敏度的影响，从而保证在多参数状态下对特定参数测量的分辨能力。例如，ADXRS300 角速度陀螺仪集成传感器能在噪声环境下保证精度不变，其角速度噪声低至 $0.2°/s \cdot Hz^{-1}$。

4）高可靠性与高稳定性。智能传感器能自动补偿因工作条件与环境参数发生变化后所引起的系统特性的漂移，如：温度变化产生的零点和灵敏度漂移；当被测参数变化后能自动改换量程；能实时、自动地对系统进行自我检验，分析、判断所采集的数据的合理性，并给出异常情况的应急处理（报警或故障提示）。

5）自适应性强智能传感器具有判断、分析与处理功能。它能根据系统工作情况决策各部分的供电情况和与上位计算机的数据传输速率，使系统工作在最优低功耗状态和传输效率优化的状态。例如，US0012 是一种基于数字信号处理器和模糊逻辑技术的智能化超声波干扰探测器集成电路，它对温度环境等自然条件有自适应能力。

6）性价比高。智能传感器所具有的上述高性能，不是像传统传感器技术用追求传感器本身的完善、对传感器的各个环节进行精心设计与调试、进行“手工艺品”式的精雕细琢来获得的，而是通过与微处理器、微型计算机相结合，采用廉价的集成电路工艺和芯片以及强大的软件来实现的，因此，其性价比高。

7）超小型化、微型化。随着微电子技术的迅速推广，智能传感器正朝着小和轻的方向发展，以满足航空、航天及国防需求，同时也为一般工业和民用设备的小型化、便携发展创造了条件，汽车电子技术的发展便是一例。智能微尘（Smart Micro Dust）是一种具有电脑功能的超微型传感器。从肉眼看来，它和一颗沙粒没有多大区别，但内部却包含了从信息采集、信息处理到信息发送所必需的全部部件。

8）低功耗。降低功耗对智能传感器具有重要的意义。这不仅可简化系统电源及散热电路的设计，延长智能传感器的使用寿命，还为进一步提高智能传感器芯片的集成度创造了有利条件。智能传感器普遍采用大规模或超大规模 CMOS 电路，使传感器的耗电量大为降低，有的可用叠层电池甚至钮扣电池供电。暂时不进行测量时，还可用待机模式将智能传感器的功耗降至更低。

9.3 智能传感器的实现途径

智能传感器的“智能”主要体现在强大的信息处理功能上。在技术上有以下一些途径来实现。在先进的传感器中至少综合了其中两种趋势，往往同时体现了几种趋势。

(1) 采用新的检测原理和结构实现信息处理的智能化　采用新的检测原理，通过微机械精细加工工艺设计新型结构，使之能真实地反映被测对象的完整信息，这也是传感器智能化的重要技术途径之一。例如多振动智能传感器，就是利用这种方式实现传感器智能化的。工程中的振动常是多种振动模式的综合效应，常用频谱分析方法分析解析振动。由于传感器在不同频率下灵敏度不同，所以势必造成分析上的失真。采用微机械加工技术，可在硅片上制作出极其精细的沟、槽、孔、膜、悬臂梁、共振腔等，构成性能优异的微型多振动传感器。目前，已能在 2mm × 4mm 的硅片上制成 50 条振动板、谐振频率为 4 ~ 14kHz 的多振动智能传感器。

(2) 应用人工智能材料实现信息处理的智能化　利用人工智能材料的自适应、自诊断、自修复、自完善、自调节和自学习特性，制造智能传感器。人工智能材料能感知环境条件变化（普通传感器的功能）、自我判断（处理器功能）及发出指令和自我采取行动（执行器功能），因此，利用人工智能材料就能实现智能传感器所要求的对环境检测和反馈信息调节与转换的功能。人工智能材料种类繁多，例如半导体陶瓷、记忆合金、氧化物薄膜等。按电子结构和化学键分为金属、陶瓷、聚合物和复合材料等几大类；按功能特性又分为半导体、压电体、铁弹体、铁磁体、铁电体、导电体、光导体、电光体和电致流变体等；按形状分为块材、薄膜和芯片智能材料。

(3) 集成化　集成智能传感器是利用集成电路工艺和微机械技术将传感器敏感元件与功能强大的电子电路集成在一个芯片上（或二次集成在同一外壳内），通常具有信号提取、信号处理、逻辑判断、双向通信等功能。与经典的传感器相比，集成化使得智能传感器具有体积小、成本低、功耗小、速度快、可靠性高、精度高以及功能强大等优点。

(4) 软件化　传感器与微处理器相结合的智能传感器，利用计算机软件编程的优势，实现对测量数据的信息处理功能主要包括以下两方面：

1) 运用软件计算实现非线性校正、自补偿、自校准等，提高传感器的精度、重复性等。用软件实现信号滤波，如快速傅里叶变换、短时傅里叶变换、小波变换等技术，简化硬件、提高信噪比、改善传感器动态特性。

2) 运用人工智能、神经网络、模糊理论等，使传感器具有更高智能即分析、判断、自学习的功能。

(5) 多传感器信息融合技术　单个传感器在某一采样时刻只能获取一组数据，由于数据量少，经过处理得到的信息只能用来描述环境的局部特征，且存在着交叉敏感度的问题。多传感器系统通过多个传感器获得更多种类和数量的传感数据，经过处理得到多种信息能够对环境进行更加全面和准确的描述。

(6) 网络化 独立的智能传感器，虽然能够做到快速准确地检测环境信息，但随着测量和控制范围的不断扩大，单节点、被动的信息获取方式已经不能满足人们对分布式测控的要求，智能传感器与通信网络技术相结合，形成网络化智能传感器。网络化智能传感器使传感器由单一功能、单一检测向多功能和多点检测发展；从被动检测向主动进行信息处理方向发展；从就地测量向远距离实时在线测控发展。传感器可以就近接入网络，传感器与测控设备间无需点对点连接，大大简化了连接线路，节省投资，也方便了系统的维护和扩充。

9.3.1 集成化

智能传感器的集成化有两种途径。

一是利用微电子电路制作技术和微型计算机接口技术将传感器信号调理单元集成在同一个芯片上。这种集成化传感器信号调理电路又可分为两种类型：传感器信号调理器和传感器信号处理系统。

(1) 传感器信号调理器 传感器信号调理器是将信号的 A/D 转换器、温度补偿及自动校正电路集成在一起，输出模拟量或数字量。例如菲利普公司生产的 UZZ9000 型单片角度传感器信号调理器，配上 KMZ41 型磁阻式角度传感器后即可精确地测量角度。

UZZ9000 型电压输出式角度传感器信号调理器如图 9-5 所示。

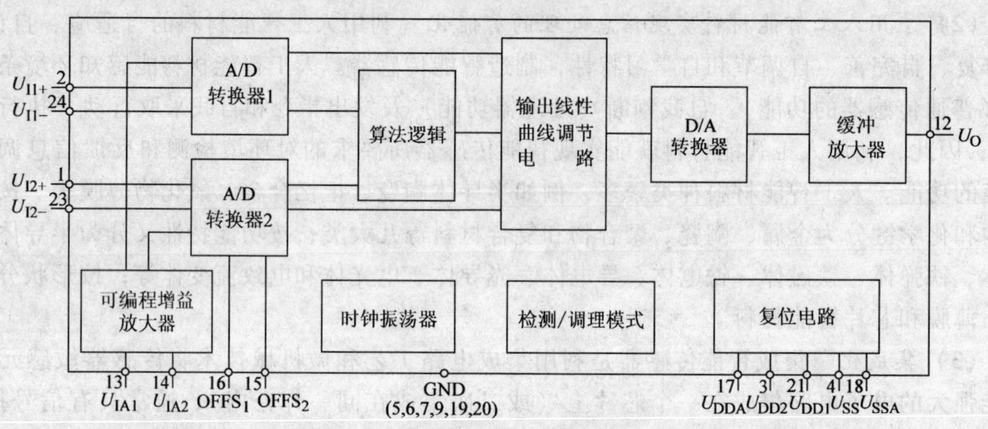

图 9-5 UZZ9000 型的内部框图

UZZ9000 型的输出电压与被测角度信号成正比，测量角度的范围是 0 ~ 360°，其测量范围和输出零点均可从外部调节。UZZ9000 能将两个有相位差的正弦信号（一个视为正弦信号 U_{I1}，另一个可视为余弦信号 U_{I2}）转换成线性输出信号。利用 UZZ9000 可完成模/数转换、线性化及数/模转换等功能。上述信号直接取自两个用来测量角度的磁阻传感器。

(2) 传感器信号处理系统 该系统在芯片中集成了微处理器（μP）或数字信号处理器（DSP），并且带串行总线接口。与传感器信号调理器相比，传感器信号处理系统则以数字电路为主，其性能比传感器信号调理器更先进，使用更灵活。例如美国德州仪器公司（TI）生产的 TSS400—S2（带 MCU）、美国美信（MAXIM）公司生产的 MAX1460（带 DSP）（如图 9-6 所示）。

二是利用集成电路制作技术和微机械加工技术将多个功能相同、功能相近或功能不同的

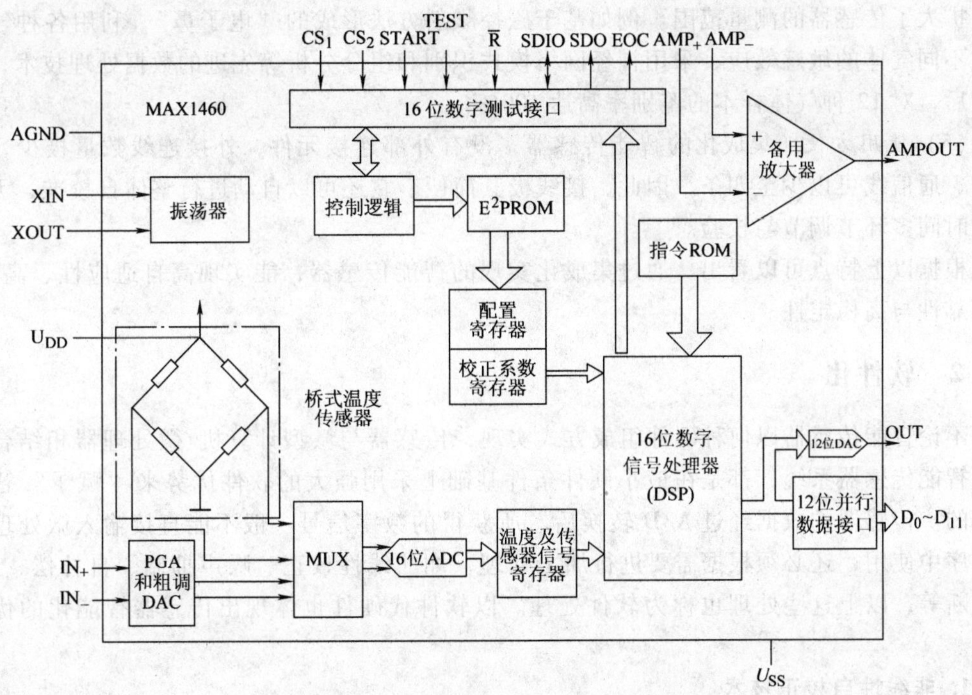

图9-6 MAX1460传感器信号处理系统内部框图

单个传感器件集成为一维线型传感器或二维面型（阵列）传感器。

现代传感器技术以硅材料为基础，采用微机械加工技术和大规模集成电路工艺实现传感器系统的集成化，使得智能传感器具有以下特点：

(1) 微型化 以硅及其他新型材料为基础，采用微机械加工技术和大规模集成电路工艺，使得传感器的体积已经达到了微米级。一种微型的血液流量传感器，其尺寸为1mm×5mm，可以放在注射针头内送进血管，测量血液流动情况。

(2) 精度高 比起分体结构，结构一体化后的传感器迟滞、重复性指标将大大改善，时间漂移大大减小，精度提高。后续的信号调理电路与敏感元件一体化后可以大大减小由引线长度带来的寄生变量的影响，这对电容式传感器更有特别重要的意义。

(3) 多功能 将多个不同功能的敏感元件集成制作在一个芯片上，使传感器能测量不同性质的参数，实现综合检测。例如美国霍尼韦尔公司20世纪80年代初期生产的ST—3000型智能压力（差）和温度变送器，就是在一块硅片上制作感受压力、压差及温度三个参量的具有三种功能（可测压力、压差、温度）的敏感元件结构的传感器，不仅增加了传感器的功能，而且可以通过数据融合技术消除交叉灵敏度的影响，提高传感器的稳定性与精度。

(4) 阵列化 将多个功能相同的敏感元件集成在一个芯片上，可以用来测量线状、面状甚至体状的分布信息。例如，丰田中央研究所半导体实验室用微机械加工技术制作的集成化应变计式阵触觉传感器，在8mm×8mm的硅片上制作了1024个（32×32）敏感触点（桥），基片四周作了信号处理电路，其元件总数约16000个。

将多个结构相近、功能相近的敏感元件集成制作在同一芯片上，在保证测量精度的同时，扩大了传感器的测量范围。例如基于磁控溅射方法形成的“电子鼻”，利用各种气敏元件对不同气体的敏感效应，采用神经网络模式识别和组分分析等先进的数据处理技术，经过学习后，对 12 种气体样本的鉴别率高达 100%。

(5) 使用方便　集成化的智能传感器，没有外部连接元件，外接连线数量极少，包括电源、通信线可以少至四条，因此，接线极其简便。它还可以自动进行整体自校准，无需用户长时间多环节调节与校验。

根据以上特点可以看出，通过集成化实现的智能传感器，能实现高自适应性、高精度、高可靠性与高稳定性。

9.3.2　软件化

不论智能传感器以何种硬件组成方式实现，传感器与微型计算机/微处理器相结合所实现的智能传感器系统，都是在最小硬件条件基础上采用强大的软件优势来“赋予”智能化功能的。传感器的数据经过 A/D 转换后，所获得的数字信号一般不能直接输入微处理器应用程序中使用，还必须根据需要进行加工处理，如非线性校正、噪声抑制、自补偿、自检、自诊断等，以上这些处理也称为软件处理。以软件代硬件也体现出传感器智能化的优越性所在。

1. 非线性自校正技术

测量系统的线性度（非线性误差）是影响系统精度的重要指标之一。产生非线性的原因，一方面是由于传感器本身的非线性，另一方面非电量转换过程中也会出现非线性。经典传感器技术主要是从传感器本身的设计和电路环节设计非线性校正器。而智能传感器系统的非线性自动校正技术是通过软件来实现的。

它并不介意系统前端的传感器及其调理电路至 A/D 转换器的输入-输出特性有多么严重的非线性，也不需要再对改善测量系统中的每一个测量环节的非线性特性而耗费精力，只要求它们的输入-输出特性具有重复性。如图 9-7 所示，它能够自动按照图所示的反非线性特性进行特性转换，输出系统的被测输入值。输出与输入 x 呈理想直线关系。也就是说智能传感器系统能够进行非线性的自动校正，只要前端传感器及其调理电路的输入-输出特性（$x-u$）具有重复性。

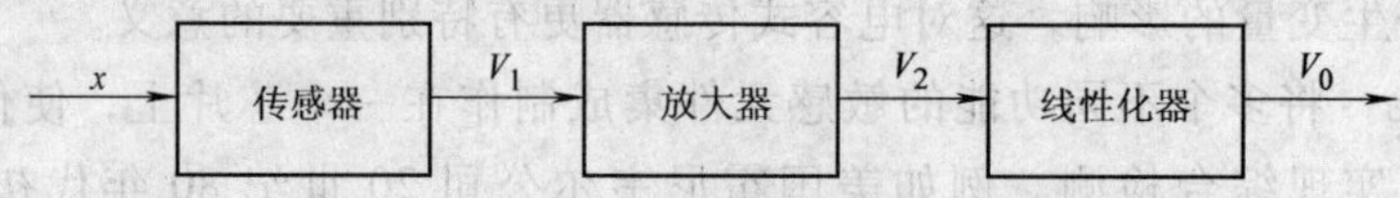

图 9-7　开环式非线性补偿仪表框图

设图中传感器输入-输出关系的表达式为 $V_1=f_1(x)$，线性放大器的表达式为 $V_2=a+KV_1$，要求整台仪器的输入-输出特性为 $V_0=Sx+b$（式中 K、a、S、b 都为常数），则线性化器的输入-输出关系式为

$$V_2=a+Kf_1\left(\frac{V_0-b}{S}\right)$$

从而有

$$V_0=Sf_1^{-1}(V_2-a/k)+b$$

可见，若校正环节具有和传感器非线性特性成反函数的输出特性，则可以实现对传感器输出非线性的校正，如图 9-8 所示。

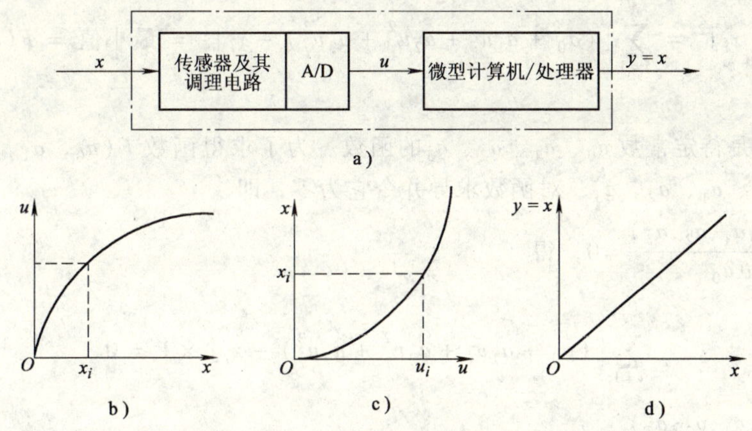

图9-8 智能传感器系统

a）智能传感器系统框图 b）输入(x)—输出(u)特性 c）反非线性特性 u—x

d）智能传感器系统的输入(x)—输出(y)特性

下面介绍非线性自校正的三种实现方法：计算法、查表法、插值法。

(1) 计算法 计算法就是利用软件编制一段反非线性特性关系表达式的计算程序。当被测参数经过采样、滤波后，直接进入计算程序进行计算，从而得到线性化处理的输出参数，因此，在掌握传感器输入—输出特性$f(x)$的情况下，利用编制好的反非线性特性函数，就能快速准确地实现传感器的线性输出。

而在实际工程中，被测参数和输出电压常常是一组测定的数据，这时，需要根据实际情况，用曲线来拟合传感器的输入-输出特性。如果近似表达式为线性的，则可采用理论直线法、端点线法、端点平移法、最小二乘法等来拟合；对于非线性曲线，利用传感器的标定数据，根据最小二乘原理，可以获得非线性特性的拟合函数。反过来，改变拟合过程中的变量关系，则可以取得反非线性特性曲线的拟合函数。关于多项式拟合曲线的参数确定，可以采用最小二乘法，也可以采用神经网络逼近等方法。

利用最小二乘法求取反非线性曲线的n阶多项式表达式的具体步骤如下：

1）列出逼近反非线性曲线的多项式方程。

① 对传感器及其调理电路进行静态标定，得校准曲线。标定点的数据为

$$\left.\begin{array}{l}\text{输入 } x_i: x_1,\ x_2,\ x_3,\ \cdots,\ x_N \\ \text{输出 } u_i: u_1,\ u_2,\ u_3,\ \cdots,\ u_N\end{array}\right\} N\text{ 为标定点个数，} i=1\sim N$$

② 假设反非线性特性拟合方程为

$$x_i(u_i)=a_0+a_1u_i+a_2u_i^2+a_3u_i^3+\cdots+a_nu_i^n \tag{9-1}$$

n的数值由所要求的精度来定。若$n=3$，则

$$x_i(u_i)=a_0+a_1u_i+a_2u_i^2+a_3u_i^3 \tag{9-2}$$

式中，a_0、a_1、a_2、a_3为待定常数。

③ 求解待定常数a_0、a_1、a_2、a_3的函数。根据最小二乘法原则来确定待定常数a_0、a_1、a_2、a_3的基本思想是：由多项式(9-2)确定的各个$x_i(u_i)$值，与各个点的标定值x_r之方均差应最小，即

$$\sum_{i=1}^{N}[x_i(u_i) - x_i]^2 = \sum_{i=1}^{N}[(a_0 + a_1u_i + a_2u_i^2 + a_3u_i^3) - x_i]^2 = \text{最小值} = F(a_0,a_1,a_2,a_3) \tag{9-3}$$

式(9-3) 是待定常数 a_0、a_1、a_2、a_3的函数。为了求得函数 $F(a_0, a_1, a_2, a_3)$ 最小值时的常数 a_0、a_1、a_2、a_3，对函数求导并令它为零，即

令$\dfrac{\partial F(a_0,a_1,a_2,a_3)}{\partial a_0}=0$，得

$$\sum_{i=1}^{N}[(a_0 + a_1u_i + a_2u_i^2 + a_3u_i^3) - x_i] \times 1 = 0$$

令$\dfrac{\partial F(a_0,a_1,a_2,a_3)}{\partial a_1}=0$，得

$$\sum_{i=1}^{N}[(a_0 + a_1u_i + a_2u_i^2 + a_3u_i^3) - x_i]u_i = 0$$

令$\dfrac{\partial F(a_0,a_1,a_2,a_3)}{\partial a_2}=0$，得

$$\sum_{i=1}^{N}[(a_0 + a_1u_i + a_2u_i^2 + a_3u_i^3) - x_i]u_i^2 = 0$$

令$\dfrac{\partial F(a_0,a_1,a_2,a_3)}{\partial a_3}=0$，得

$$\sum_{i=1}^{N}[(a_0 + a_1u_i + a_2u_i^2 + a_3u_i^3) - x_i]u_i^3 = 0$$

经整理后得矩阵方程

$$\left.\begin{aligned} a_0N + a_1H + a_2I + a_3J = D \\ a_0H + a_1I + a_2J + a_3K = E \\ a_0I + a_1J + a_2K + a_3L = F \\ a_0J + a_1K + a_2L + a_3M = G \end{aligned}\right\}$$

式中，N 为试验标定点个数；

$$H = \sum_{i=1}^{N}u_i；I = \sum_{i=1}^{N}u_i^2；J = \sum_{i=1}^{N}u_i^3；K = \sum_{i=1}^{N}u_i^4；L = \sum_{i=1}^{N}u_i^6；$$

$$M = \sum_{i=1}^{N}u_i^5；D = \sum_{i=1}^{N}x_i；E = \sum_{i=1}^{N}x_iu_i；F = \sum_{i=1}^{N}x_iu_i^2；G = \sum_{i=1}^{N}x_iu_i^3$$

求解该方程，得到待定系数 $a_0 \sim a_3$。

2）将所求的待定常数 $a_0 \sim a_3$ 存入内存。

将已知的反非线性特性拟合方程（9-2）写成下列形式：

$$x(u) = a_0 + a_1u + a_2u^2 + a_3u^3 = a_0 + [a_1 + (a_2 + a_3u)u]u \tag{9-4}$$

为了求取对应电压为 u 的输入被测值 x，每次只需将采样值 u 代入式(9-4) 中即可。

利用最小二乘法对反非线性曲线进行拟合时，可能存在矩阵病态无解的问题，而函数链神经网络法能克服这个缺点。

下面介绍利用神经网络方法求解反非线性曲线系数的基本思路。

采用函数链神经网络法求拟合多项式的系数 a_0、a_1、a_2、a_3的思路为：

如图 9-9 所示的一函数链神经网络，图中 w_j（$j=0$，1，…，n，$n=3$）为网络的连接权值，连接权值的个数与反非线性多项式的级数相同，即 $j=n$。假设神经网络的神经元是线性的，函数链神经网络的输入值为

$$1, u_1, u_2^2, u_3^3$$

u_i为静态标定实验中获得的标定点输出值。函数链神经网络的输出值为

$$x_i^{\mathrm{est}}(k) = \sum_{j=0}^{3} u_i^j w_j(k)$$

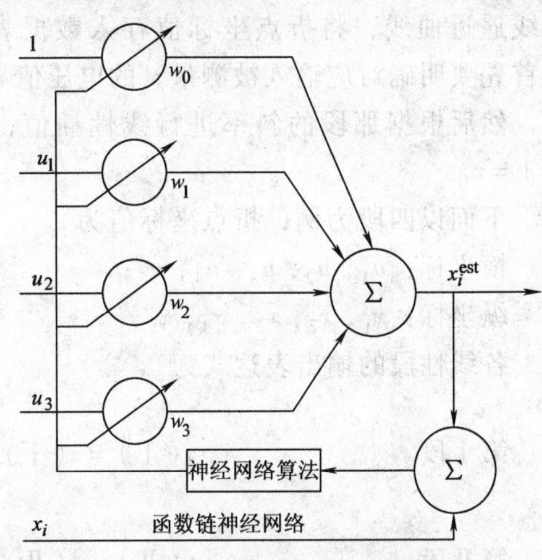

图 9-9 函数链神经网络

式中，x_i^{est}为输出估计值。将 x_i^{est}估计值与标定值 x_i进行比较，经神经网络学习算法不断调整权值 w_j（$j=0$，1，…，n，$n=3$），直至估计误差［$e_i(k)$］的方均值足够小。

估计误差为：$e_i(k) = x_i - x_i^{\mathrm{est}}(k)$

权值调节式为：$w_j(k+1) = w_j(k) + \eta_i e_i(k) u_i^j$

式中，$x_i^{\mathrm{est}}(k)$ 为第 k 步神经网络输出估计值；x_i为第 i 个标定点输入值，也是神经网络的第 i 个期望输出值；$e_i(k)$ 为估计误差，第 k 步神经网络输出估计值与期望输出值之差；$w_i(k)$ 为第 k 步时，第 j 个连接权值；η_j为学习因子，它的选择影响到迭代的稳定性和收敛速度。当权值调节趋于稳定时，所得权值为

$$w_j: w_0, w_1, w_2, w_3$$

即为多项式待定常数 $a_0 \sim a_3$，即

$$a_0 = w_0, a_1 = w_1, a_2 = w_2, a_3 = w_3$$

权值的初始值为一随机数。如果设定得合理，则学习过程时间短，w_0与 w_1一般为同一数量级；w_2比 w_1至少低一个数量级；w_3比 w_2低更多的数量级。所以低数量级依非线性特性的非线性程度的不同而不同。

将学习完毕后的神经网络和原来的传感器系统相串联，就构成可以进行非线性自校正的智能传感器系统，如图 9-10 所示。

（2）查表法　查表法是将传感器的输出电压由小到大按顺序计算出该电压所对应的被测参数，将输出电压与被测参数的对应关系等分为若干点，将对应关系编写成表格，存入存储器。

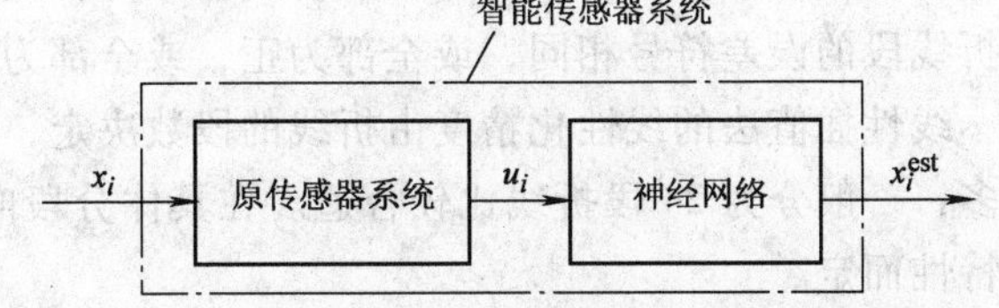

图 9-10 利用神经网络进行非线性校正的智能传感器系统

这样，传感器每输出一个电压值，就从存储器中取出一个对应的被测参数值。

（3）插值法　实际使用时，可以把计算法和查表法结合起来，形成插值法。它是根据精度要求对反非线性曲线（如图 9-11 所示）进行分段，用若干段折线逼近曲线，将折点坐标值存入数据表中，测量时首先要明确对应输入被测量 x 的电压值 u 是在哪一段，然后根据那段的斜率进行线性插值，即得输出值 $y=x$。

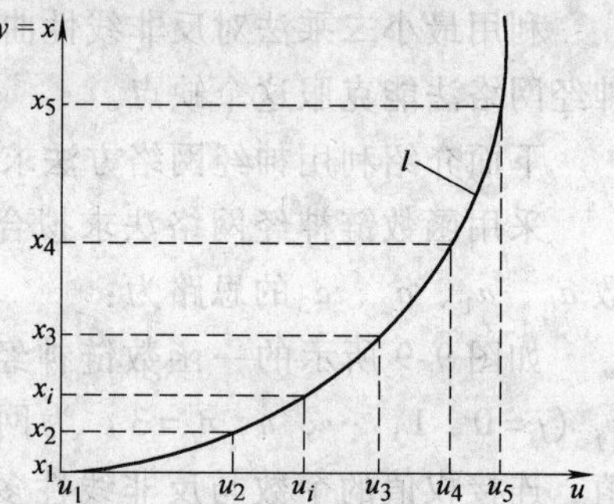

图 9-11　反非线性的折线逼近

下面以四段为例，折点坐标值为

横坐标：u_1，u_2，u_3，u_4，u_5；

纵坐标：x_1，x_2，x_3，x_4，x_5；

各线性段的输出表达式为

第Ⅰ段 $$y(\text{Ⅰ})=x(\text{Ⅰ})=x_1+\frac{x_2-x_1}{u_2-u_1}(u-u_1)$$

第Ⅱ段 $$y(\text{Ⅱ})=x(\text{Ⅱ})=x_2+\frac{x_3-x_2}{u_3-u_2}(u-u_2)$$

第Ⅲ段 $$y(\text{Ⅲ})=x(\text{Ⅲ})=x_3+\frac{x_4-x_3}{u_4-u_3}(u-u_3)$$

第Ⅳ段 $$y(\text{Ⅳ})=x(\text{Ⅳ})=x_4+\frac{x_5-x_4}{u_5-u_4}(u-u_4)$$

输出 $y=x$ 表达式的通式为

$$y=x=x_k+\frac{x_{k+1}-x_k}{u_{k+1}-u_k}(u-u_k)$$

式中，k 为折点的序数，四条折线有五个折点，$k=1$，2，3，4，5。

由电压值 u 求取被测量 x 的程序框图如图 9-12 所示。

折线与折点的确定有两种方法：Δ 近似法与截线近似法，如图 9-13 所示。不论哪种方法所确定的折线段与折点坐标值与所要逼近的曲线之间存在误差 Δ，按照精度要求，各点误差 Δ_i 都不得超过允许的最大误差界 Δ_m，即 $\Delta_i \leqslant \Delta_m$。

1）Δ 近似法：折点处误差最大，折点在 $\pm\Delta_m$ 误差界上。折线与逼近的曲线之间的误差最大值为 Δ_m，且有正有负。

2）截线近似法：折点在曲线上且误差最小。这是利用标定值作为折点的坐标值。折线与被逼近的缺陷之间的最大误差在折线段中部，应该控制该误差值不大于允许的误差界 Δ_m，各折线段的误差符号相同，或全部为正，或全部为负。

线性插值法的线性化精度由折线的段数决定，分段数越多，精度越高，但数表占内存就越多，一般分为 24 段折线比较合适。在具体分段时，可以等分也可以不等分，根据传感器的特性而定。

当传感器的输入和输出之间的特性曲线的斜率变化较大，采用线性插值不能满足精度要

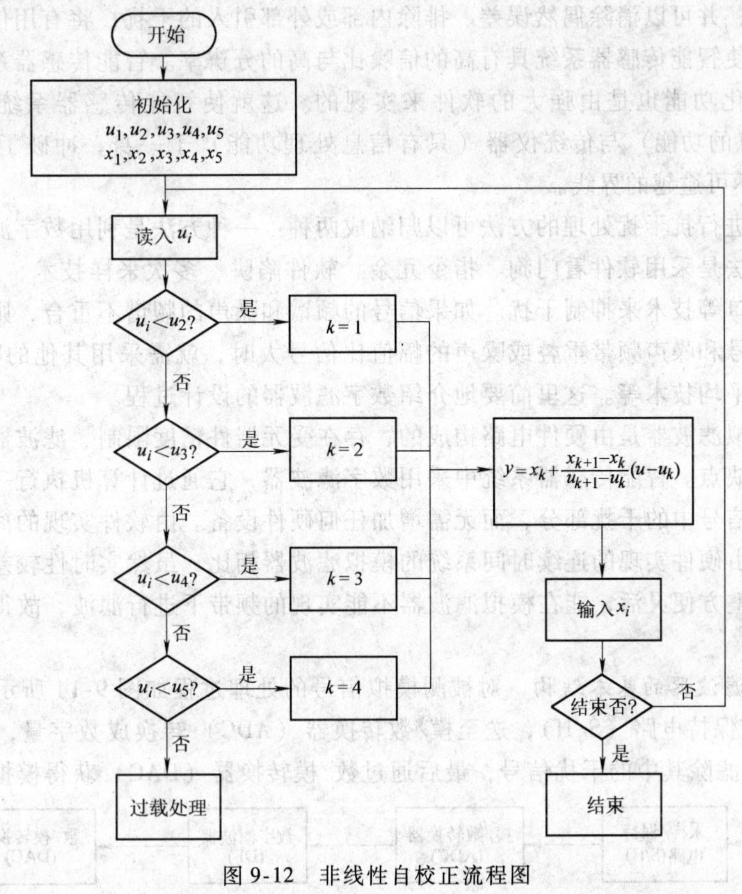

图 9-12　非线性自校正流程图

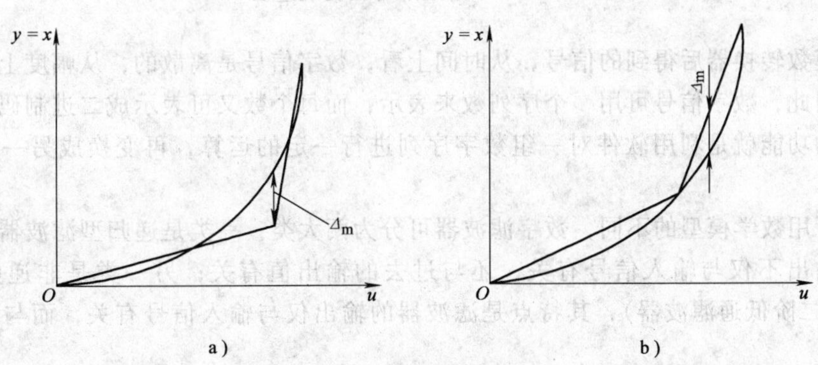

图 9-13　曲线的折线逼近

a) Δ 近似法　b) 截线近似法

求时，可采用二次曲线插值法。就是利用抛物线代替原来的曲线，以提高精度。

2. 软件抗干扰技术

被测信号在进入测量系统之前与之后都受到各种干扰与噪声的侵扰。排除干扰与噪声把有用信息从混杂有噪声的信号中提取出来，这是测量系统或仪器的主要功能。智能传感器系统具有数据存储、记忆与信息处理功能。通过智能化软件可以进行数字滤波、相关分析、统计平均处理等，并可以消除偶然误差、排除内部或外部引入的干扰，将有用信号从噪声中提取出来，从而使智能传感器系统具有高的信噪比与高的分辨率。智能传感器系统所具有的抑制噪声的智能化功能也是由强大的软件来实现的。这就使智能传感器系统集经典传感器（具有获取信息的功能）与传统仪器（只有信息处理功能）于一身，冲破了“传感器”与“仪器”之间不可逾越的界线。

利用软件进行抗干扰处理的方法可以归纳成两种：一种方法是利用数字滤波器来滤除干扰，另一种方法是采用软件看门狗、指令冗余、软件陷阱、多次采样技术、延时防止抖动、定时刷新输出口等技术来抑制干扰。如果信号的频谱和噪声的频谱不重合，则可用滤波器消除噪声；当信号和噪声频带重叠或噪声的幅值比信号大时，就需采用其他的噪声抑制方法，如相关技术、平均技术等。这里简要地介绍数字滤波器的设计过程。

传统的模拟滤波器是由硬件电路构成的，存在受元器件精度限制、滤波器变通性差、器件体积庞大等缺点。智能传感器系统中采用数字滤波器，它通过计算机执行一段相应的程序来滤除夹杂在信号中的干扰部分，而无需增加任何硬件设备。由软件实现的离散时间系统的数字滤波器和由硬件实现的连续时间系统的模拟滤波器相比，虽然实时性较差，但稳定性和重复性好，调整方便灵活，能在模拟滤波器不能实现的频带下进行滤波，故得到越来越广泛的应用。

（1）数字滤波器的基本结构　对被测模拟信号的处理过程如图9-14所示。被测模拟量首先经过采样/保持电路（S/H），送至模/数转换器（ADC）转换成数字量，然后通过数字滤波器（DF）滤除其中的干扰信号，最后通过数/模转换器（DAC）获得模拟量输出。

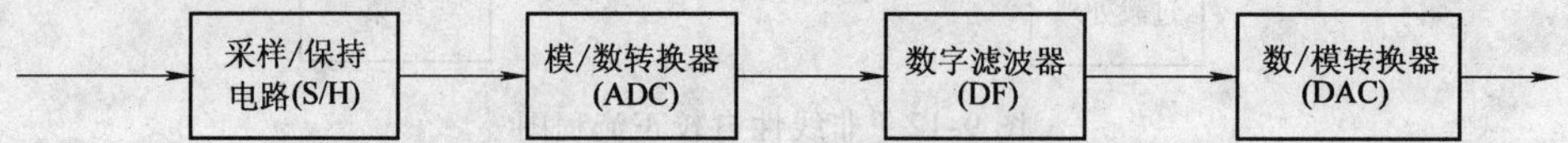

图9-14　模拟信号的处理过程

经过模数转换器后得到的信号，从时间上看，数字信号是离散的，从幅度上看，它又是量化的。因此，数字信号可用一个序列数来表示，而每个数又可表示成二进制码的形式。数字滤波器的功能就是利用软件对一组数字序列进行一定的运算，再变换成另一组输出数字序列。

根据所用数学模型的不同，数字滤波器可分为两大类：一类是递归型滤波器，其特点是滤波器的输出不仅与输入信号有关，还与过去的输出值有关；另一类是非递归型滤波器（如一阶、二阶低通滤波器），其特点是滤波器的输出仅与输入信号有关，而与过去输出值无关。

设数字滤波器的输入信号为$X(n)$，输出信号为$Y(n)$，则输入序列和输出序列之间的关系可用差分方程表示为

$$Y(n) = \sum_{K=0}^{N} b_K X(n-K) + \sum_{K=1}^{N} a_K Y(n-K)$$

式中，输入信号$X(n)$可以是模拟信号经过采样和ADC转换后得到的数字序列，也可以是计算机的输出信号；a_K、b_K均为系数。

上述差分方程组成的数字滤波器，称为递归型数字滤波器，其输出不仅与输入有关，还与过去的输出有关。

若差分方程中的系数 a_K 均取 0，则得到

$$Y(n) = \sum_{K=0}^{N} b_K X(n-K)$$

式中表示，输出值仅与输入有关，而与过去的输出无关，这类滤波器即为非递归型滤波器。系数 a_K、b_K 选择不同，可设计成低通、高通、带通或带阻式数字滤波器。

（2）数字滤波器的设计

1）设计步骤。设计数字滤波器时，一般可按以下步骤来进行：

- 首先，根据干扰信号的特征来选择合适的数字滤波器；
- 建立其典型的差分方程数学模型，并对差分方程进行 Z 变换，写出其 Z 传递函数；
- 根据有用信号和干扰信号的频率特征，来确定系统所期望的通频带；
- 根据 Z 传递函数，确定其幅频特性和相频特性，再对 Z 进行反变换，求出滤波器的线性离散方程；
- 按照线性差分方程来编制相应的软件，最终实现数字滤波器的功能。所设计的数字滤波器特性，可用 MATLAB 软件进行仿真。

2）数字滤波器的软件设计：在测控系统中，由于各种参数的干扰成分不同，因而滤除这些干扰成分的方式也不同。数字滤波器方法有多种，可根据具体情况加以选用。

① 程序判断滤波器（即限幅滤波法）：测控系统在工业现场进行采样时，由于许多强干扰的存在，会引起输入信号的大幅度跳变，造成计算机系统的误操作。在这种情况下，可设置相邻采样数据差的门限值，如超过该门限值，则作为噪声信号舍去，否则将本次采样值作为有用信号保留。

② 中位值滤波法：中位值滤波法就是对某一被测参数连续采样 N 次（N 一般取奇数），然后把 N 次采样值按大小排列，取中位值作为本次采样值。中位值滤波器能有效地克服因偶然因素而引起的波动干扰。对于温度、液位等缓慢变化的被测参数，采用此法能收到良好的滤波效果，但对快速变化的参数一般不宜采用。

③ 算术平均滤波法：算术平均滤波法就是连续取 N 个值进行采样，然后求出算术平均值。该方法适用于对随机干扰信号进行滤波，这时信号会在某一数值范围内波动。当 N 值较大时，用此方法得到的信号平滑度高，但灵敏度低；当 N 值较小时，信号平滑度低，但灵敏度高。因此，应视具体情况选取 N 值，这样既能节省时间，又能取得较好的滤波效果。

④ 递推平均滤波法：递推平均滤波法是一种只需测量一次就能得到当前算术平均值的方法。对于测量速度较慢或要求数据计算速度较快的实时控制系统，此方法更为适用。递推平均滤波法是把 N 个测量数据看成一个队列，队列的长度为 N，每进行一次新的测量，就把测量结果放入队尾，去掉原来队首的一个数据，这样在队列中始终有 N 个最新的数据。计算滤波值时，只要把队列中的 N 个数据进行平均，即可得到新的结果。

递推平均滤波法对周期性干扰具有良好的抑制作用，其平滑度高，灵敏度低，但对偶尔出现的脉冲干扰的抑制作用差，不易消除由脉冲干扰而引起的采样值偏差。因此，它不适用于脉冲干扰比较严重的场合，而适用于高频振荡系统。通过观察在不同 N 值下递推平均的输出响应来选取 N 值，以便既少占用时间，又达到最佳滤波效果。对于测控系统，N 一般取 1～4。

⑤ 防脉冲干扰平均滤波法：在脉冲干扰严重的场合，若采用一般的平均滤波法，干扰

就会被“平均”到结果中去，故平均值法不易消除由于脉冲干扰而引起的误差。为此，可先去掉 N 个数据中最大值和最小值，然后计算（$N-2$）个数据的算术平均值。为提高测量速率，一般取 $N=4$。

⑥ 一阶滞后滤波法：一阶滞后滤波算法对周期性干扰具有良好的抑制作用，适用于对波动频率较高的参数进行滤波。其不足是会使相位滞后，灵敏度降低。

一阶滞后滤波算法为

$$Y(n)=(1-\alpha)X(n)+\alpha Y(n-1)$$

式中，$X(n)$ 是本次采样值；$Y(n)$、$Y(n-1)$ 是本次、上次滤波输出值；α 值与采样参数和干扰的成分有关，令滤波时间常数为 T_f，采样周期为 T，则 $\alpha=T_f/(T+T_f)$，α 也可由实验确定，只要使被测信号不产生明显的失真即可。

3. 自补偿技术

传感器的自补偿技术主要是为了消除因工作条件、环境参数发生变化后引起系统特性的漂移，如温度变化引起的零点漂移、灵敏度温度漂移等。另外一个重要目的是改善传感器系统的动态特性，使其频率响应特性向更高或更低频段扩展。

通过自补偿技术可改善传感器系统的动态性能，使其频率响应向更高或更低频段扩展。在不能进行完善的实时自校准的情况下，可采用补偿法消除因工作条件、环境参数发生变化后引起系统特性的漂移，如零点漂移、灵敏度温度漂移等。自补偿与信息融合技术有一定程度的交叠，信息融合有更深更广的内涵。

（1）温度补偿　温度是传感器系统最主要的干扰量，在经典传感器中主要采用结构对称（机械结构对称、电路结构对称）来消除其影响，在智能传感器的初级形式中，也有采用硬件电路来实现补偿的，但补偿效果不能满足实际测量的要求。在传感器与微处理器/微型计算机相结合的智能传感器系统中，则是采用监测补偿法，它是通过对干扰量的监测再由软件来实现补偿的。

一般情况下，对应不同的工作温度，传感器有不同的输入(Y)-输出(U)特性。如果能够确定工作温度为 T 时相应的 Y-U 特性，并按反非线性特性读取被测量 Y，就能从原理上消除温度引入的误差。但通过标定实验只能在有限数量的几个温度值条件下标定输入-输出特性，而在前可知输入(Y) 与输出(U) 之间通常存在非线性，可以利用分段插值线性插值法确定在工作温度范围内非标定条件下任一温度 T 状态的输入(Y)-输出(U) 特性。具体步骤如下：

1）进行标定实验，获得不同温度下的实验数据。

设在不同温度 T_i（$i=1$，2，…，k）下测得下列数值：

$$T_1,T_2,\cdots,T_k$$

$$y_{10},y_{11},y_{1m},y_{k0},y_{k1},\cdots,y_{km}$$

$$u_{10},u_{11},u_{1m},u_{k0},u_{k1},\cdots,u_{km}$$

式中，y_{ij}为温度 T_i 时第 j 次输入传感器的被测物理量；u_{ij}为温度 T_i 时第 j 次测得的传感器输出电压。

2）确定不同温度下的输入输出拟合多项式系数，获得拟合曲线。

将不同工作温度 T 下获得的输入-输出特性用一维多项式方程表示为

$$y_1 = a_{10} + a_{11}U + \cdots + a_{1n}U^{n_1}$$
$$y_2 = a_{20} + a_{21}U + \cdots + a_{2n}U^{n_2}$$
$$y_k = a_{k0} + a_{k1}U + \cdots + a_{kn}U^{n_k}$$

通常，$n_1 = n_2 = \cdots = n_k = n$。

利用标定实验数据即可得到各温度下传感器静态输入输出特性的拟合多项式的系数 a_i。值得注意的是，这些系数 a_i 是随温度 T 而变化的，且变化的规律通常不是线性的，此时可以用曲线拟合的方法，也可以用分段插值的方法确定。

3）分段插值，求取非标定温度下的输出值。

将 a_0、a_1、…、a_k 和以上多项式的计算程序写入内存，按照图 9-15 所示流程进行温度补偿，即由输入的 T 和 u 查找和计算 y 值，采用的是分段性插值法，只要 k 足够大，其误差就足够小。

（2）频率补偿　传感器的动态特性可以用低阶（一阶、二阶）方程来表示。其本身都有一定的固定带宽和固有频率。当信号的频率高而传感器的工作带宽不能满足测量允许误差的要求时，则希望扩展系统的频带，以改善系统的动态性能。与数字滤波相同，动态补偿既可以通过硬件电路实时补偿，也可以通过软件进行补偿，智能传感器系统具有强大的软件优势，能够补偿原有系统动态性能的不足。通常，已知传感器动态特性时，常采用数字滤波器与频域校正法，在未知传感器动态特性时，则可以采用神经网络方法进行补偿。

1）数字滤波器：数字滤波法的补偿思想是给现有的传感器系统（设系统传递函数为 $H(s)$）附加一个校正环节（$H_c(s)$），

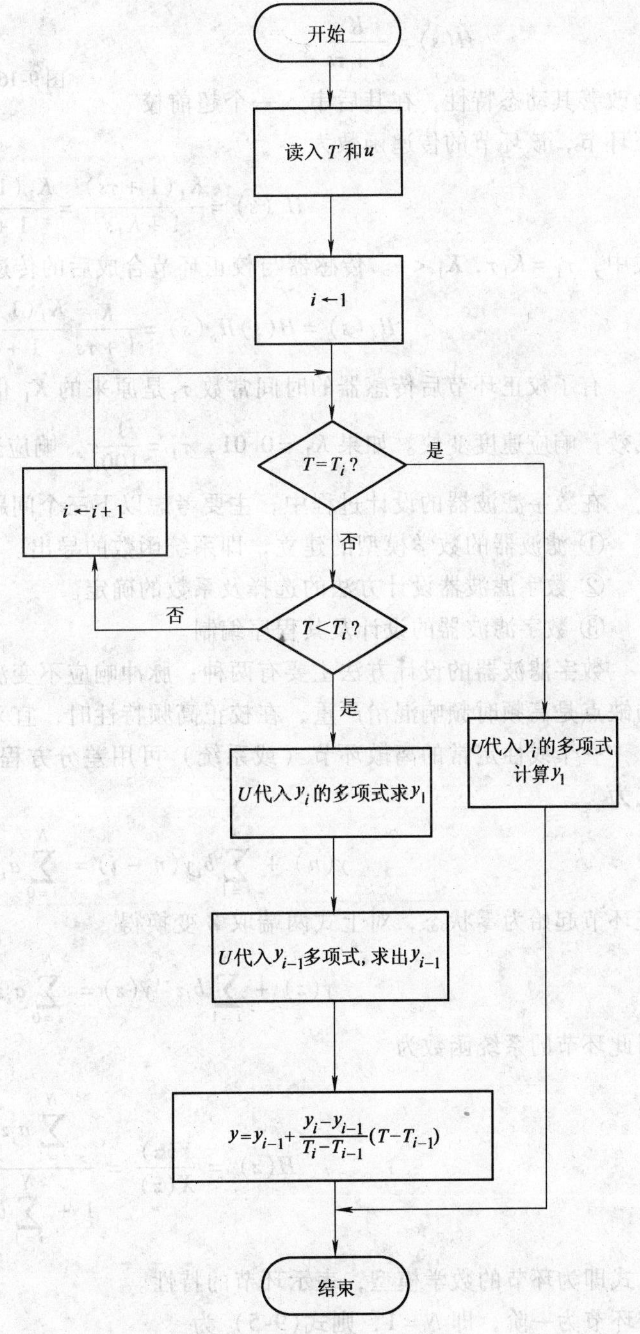

图 9-15　温度补偿流程图

如图 9-16 所示，使得系统总传递函数 $H_1(s)$ 满足动态性能的要求。这个附加的串联环节由软件编程设计的滤波器来实现。

动态补偿滤波器的设计方法比较简单，首先令动态补偿滤波器的零点与传感器传递函数的极点相同，即令其抵消传感器传递函数的极点。

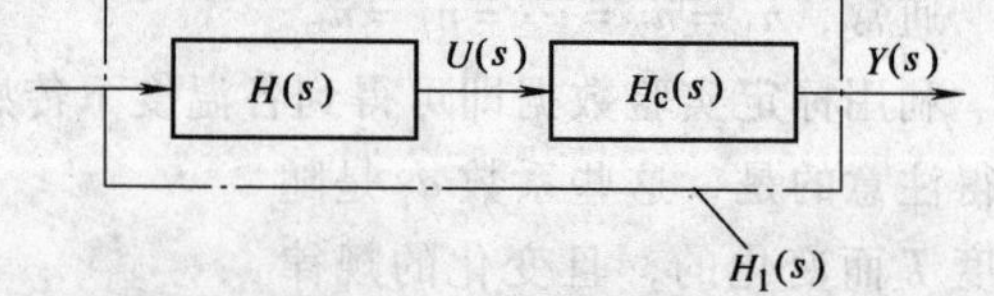

图 9-16 传感器动态补偿数字滤波器示意图

设某传感器（一阶环节）的传递函数为

$$H(s)=\frac{K}{1+\tau s}$$

为改善其动态特性，在其后串入一个超前校正环节，该环节的传递函数为

$$H_c(s)=\frac{K_1(1+\tau s)}{1+K_1 s}=\frac{K_1(1+\tau s)}{1+\tau_1 s}$$

式中，$\tau_1=K_1\tau$，$K_1<1$。传感器与校正环节合成后的传递函数为

$$H_1(s)=H(s)H_c(s)=\frac{K}{1+\tau s}\frac{K_1(1+\tau s)}{1+\tau_1 s}=\frac{KK_1}{1+\tau_1 s}$$

有了校正环节后传感器的时间常数 τ_1 是原来的 K_1 倍，由于设计 $K_1<1$，因而时间常数见效，响应速度变快。如果 $K_1=0.01$，$\tau_1=\frac{1}{100}\tau$，响应速度将变快 100 倍。

在数字滤波器的设计过程中，主要考虑以下三个问题：

① 滤波器的数学模型的建立，即系统函数的导出。

② 数字滤波器设计方法的选择及系数的确定。

③ 数字滤波器的设计及其程序编制。

数字滤波器的设计方法主要有两种：脉冲响应不变法和双线性变换法。脉冲响应不变法的缺点是高频时频响混淆严重，在校正高频特性时，宜采用双线性变换法。

一个线性定常的离散环节（或系统）可用差分方程来表示。对于 N 阶环节，其一般形式为

$$y(n)+\sum_{i=1}^{N}b_i y(n-i)=\sum_{i=0}^{N}a_i x(n-i) \tag{9-5}$$

若环节起始为零状态，对上式两端取 Z 变换得

$$y(z)+\sum_{i=1}^{N}b_i z^{-i}y(z)=\sum_{i=0}^{N}a_i z^{-i}X(z)$$

因此环节的系统函数为

$$H(z)=\frac{Y(z)}{X(z)}=\frac{\sum_{i=1}^{N}a_i z^{-i}}{1+\sum_{i=1}^{N}b_i z^{-i}}$$

上式即为环节的数学模型，表示环节的特性。

若环节为一阶，即 $N=1$，则式(9-5) 为

$$y(n)+b_1 y(n-1)=a_0 x(n)+a_1 x(n-1)$$

令环节输入为 y，输出为 y_c，则上式应写成

$$y_c(n) + b_1 y_c(n-1) = a_0 y(n) + a_1 y(n-1)$$

系统函数为

$$H(z) = \frac{Y_c(z)}{Y(z)} = \frac{a_0 + a_1 z^{-1}}{1 + b_1 z^{-1}}$$

由前面的讨论已知：若对一阶环节 $H(s) = \frac{K}{1+\tau s}$ 实现校正，模拟校正环节的传递函数应为 $H_c(s) = \frac{K_1(1+\tau s)}{1+K_1 s} = \frac{K_1(1+\tau s)}{1+\tau_1 s}$。对 $H_c(s)$ 作归一化处理，令截止频率处的值为1，即在 s 前乘以 $\frac{1}{K_1\tau}$，即得 $H_c(s_1) = \frac{K_1 + s_1}{1 + s_1}$。

对上式进行双线性变换，即令

$$s_1 = C\frac{1-z^{-1}}{1+z^{-1}}$$

可实现模拟域（s 域）到数字域（z 域）的变换，得到数字校正滤波器的系统函数为

$$H(z) = \frac{a_0 + a_1 z^{-1}}{1 + b_1 z^{-1}}$$

式中，$a_0 = (K_1 + C)/(1+C)$；$a_1 = (K_1 - C)/(1+C)$；$b_1 = (1-C)/(1+C)$。

常数 C 的引入是用于克服双线性变换可能引起的相频非线性畸变，它由下式确定：

$$C = \omega \operatorname{ctan}\frac{\Omega T}{2}$$

式中，ω 为模拟域频率；Ω 为数字域频率；T 为采样周期。频率的选取一般采用的原则是：使模拟和数字两个滤波器的截止频率相等。对应模拟滤波器归一化频率 $\omega_1 = 1$，在数字域 $\Omega = \frac{1}{K_1\tau}$，于是

$$C = \operatorname{ctan}\frac{T}{2K_1\tau}$$

系数 a_0、a_1、b_1 确定之后，引入辅助 Z 变换 $U(z)$，有

$$H(z) = \frac{Y_c(z)}{U(z)}\frac{U(z)}{Y(z)} = (a_0 + a_1 z^{-1})\frac{1}{1 + b_1 z^{-1}}$$

因此，数字校正滤波器时域输出序列和输入序列的关系式可写为

$$\begin{cases} y_c(n) = a_0 u(n) + a_1 u(n-1) \\ u(n) = y(n) - b_1 u(n-1) \end{cases}$$

采用上述运算结构，其结构流图如图9-17所示。

动态补偿滤波器有其缺点：第一，必须确定传感器的动态数学模型。由于确定数学模型时，会作一些简化和假设，这样所设计的数字滤波器的补偿效果必然受到限制；第二，一般方法设计出的滤波器不适用于非最小相位系统；第三，滤波器的阶次较高，难以适应在线实时测量的需要。

2）频域校正法：频域校正法与数字滤波一样，都是在已知系统传递函数时进行的。它

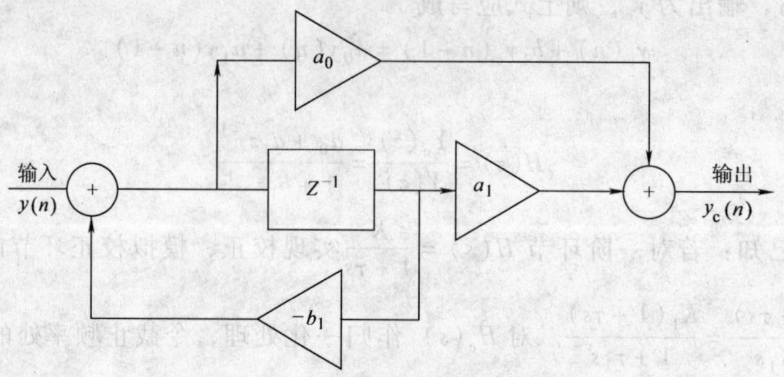

图 9-17 数字校正滤波器结构流图

的基本过程如图 9-18 所示。

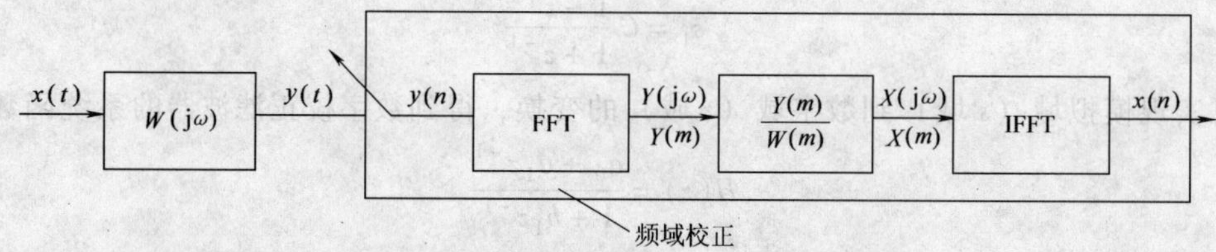

图 9-18 系统动态特性频域校正法过程示意图

$x(t)$ 是测试系统输入的真值，$y(t)$ 是传感器系统的输出，和数字滤波相区别的是，它对传感器输出信号先通过快速傅里叶变换（FFT）变化到频域进行处理，把畸变的 $y(t)$ 转换为被输入信号 $x(t)$ 的频谱 $X(m)$，再通过傅里叶反变化（IFFT）转换到原函数的离散时间序列 $x(n)$，从而使输出信号接近被测信号的真值 $x(t)$，于是便消除了误差。

3）神经网络补偿：为了减少设计动态补偿滤波器对传感器动态模型的依赖，并且所设计的滤波器可应用于最小相位系统和非最小相位系统。为此，对滤波器的设计问题进行如下描述：求滤波器 $H(z)$，使 $J=\sum[Y(i)-Y_{\mathrm{m}}(i)]$ 最小。式中，$Y(i)$ 与 $Y_{\mathrm{m}}(i)$ 分别为所设计的滤波器 $H(z)$ 的实际输出和期望输出，这样就将设计滤波器的问题转化为了求最优解的问题。

设滤波器 $H(z)$ 以被校传感器对某一信号的输出序列作为输入 $\{X_i\}$，传感器对该信号的期望作为滤波器的输出 $\{Y_i\}$，构成一个输入输出模式，每个模式的连接权用 ω 表示。输入输出关系可表示成矩阵形式：

$$\boldsymbol{X\omega}=\boldsymbol{Y}$$

神经网络的学习算法如下：

$$Y_i(k)=\sum x_i^n\omega_n(k)$$

$$e_i(k)=y_{\mathrm{m}}(k)-Y_i(k)$$

权值调整：

$$\omega_n(k+1)=\omega_n(k)+\alpha e_i(k)x_i^n$$

式中，$Y_i(k)$、y_{m}、$e_i(k)$ 及 $\omega_n(k)$ 分别为第 i 个输入模式时滤波器 $H(z)$ 的实际输出和期望输出、误差及第 k 步的第 n 个连接权；α 为学习因子。通过训练神经网络，即可获得滤波器函数表达式。

4. 自检技术

自检是智能传感器自动开始或人为触发开始执行的自我检验过程。自检的内容分为硬件自检和软件自检。硬件自检是指对系统中硬设备功能的检查，主要是对 CPU、存储器和外围设备的检验；软件自检则是对系统中 ROM 或磁盘所存放的软件的检验。无论是硬件自检还是软件自检，都是由 CPU 依靠自检软件来实现的。通过对系统软硬件故障的检测，能大大提高系统的可靠性。

智能传感器的自检过程一般按照如下方法进行：

1）检测零点漂移：输入切换接地以检测零点漂移，其漂移值可存储，用于零点补偿；偏大的零点失调提示系统可能发生故障，应向主控计算机报警。

2）A/D 自检：对内部标准参考电压进行 A/D 转换，以进行 A/D 转换器的自检及检测增益漂移。

3）D/A 自检：通过 D/A 产生斜坡信号，再由 A/D 返读，则可实现 D/A 的自检及对模拟部件、D/A 及 A/D 的线性度的检测。

4）差动放大器电路的自检可通过以下四部完成：

① 差动输入两端切入零伏电压。

② 差动输入一端切入零伏电压，另一端输入一参考电压。

③ 差动两输入端交换连接。

④ 加入同一参考电压给两输入端。

通过以上四步可检测差分电路的增益及共模抑制比。若通过 D/A 加入斜坡信号，则可检测其线性度。

5）ROM 自检：检查的方法较多，常采用“校验和”来进行检查。在将程序写入 ROM 之后，保留一个地址单元写入“检验字”，检验字的内容选择要求该检验字的每一位选择 0 或 1 的依据是能够使得该 ROM 单元中所有的相应单元的位应具有奇数个 1，以确保新的 ROM 单元值和检验字的校验和全为 1。所以，对 ROM 校验返回时，若校验和不全为 1，就去执行显示 ROM 有故障的程序，否则，ROM 自检通过。

6）RAM 自检：在 RAM 中尚未存入信息的情况下，常用的反复法是首先将一段伪随机码写入存储单元，而后在从各单元中读出并与原先写入的已知代码比较，以判断 RAM 是否能够正常写入和读出。

在 RAM 中已经存入数据的情况下，为了不破坏 RAM 中原有的内容，常用“异或”法来自检。即先从被检查的 RAM 单元中读出数据，存入寄存器，将其求反后与原单元内容做“异或”运算，若所得结果全是 1，则表明该单元工作正常，反之，则说明该单元工作异常。

7）基本敏感元件的自动测试：这一步更加困难且与现场工作条件密切相关。若能在不影响被测对象的条件下，产生一已知物理变量，则可通过定周期标定来实现自检。若传感器读数明显偏离预期值，则可直接检出故障状态。

9.3.3 多传感器信息融合

通常传感器都存在交叉灵敏度，表现在传感器的输出值不单单决定于一个参量，当其他参量变化时也要发生变化。如：一个压力（差）传感器，当压力（差）参量恒定而温度或静压参量变化时，其输出值也发生改变，那么这个压力（差）传感器就存在对温度或对静压参量的交叉灵敏度。这样，传感器在单个使用时，就存在性能不稳定的问题。另外，单个传感器瞬时获得的信息量有限，而多传感器融合技术具有无可比拟的优势。例如，人用单眼和双眼分别去观察同一个物体，二者在大脑神经中枢所形成的影像就不同，后者更具有立体感和距离感。这是因为用双眼观察物体时尽管两眼的视角不同，所得到的影像也不同，但经过神经中枢融合后会形成一幅新的影像，这是人脑的一种高级融合技术。

多传感器信息融合技术就是通过对多个参数的监测，在一定准则下进行分析、综合、支配和使用，通过它们之间的协调和性能互补的优势，克服单个传感器的不确定性和局限性，提高整个传感器系统的有效性能，获得对被测对象的一致性解释与描述，进而实现相应的决策与估计，使系统获得比它的各组成部分更充分的信息。信息融合的三个核心方面，即：①信息融合是在几个层次上完成对多源信息的处理过程，其中各个层次都表示不同级别的信息抽象；②信息融合处理包括探测、互联、相关、估计以及信息组合；③信息融合包括较低层次上的状态和身份估计，以及较高层次上的整个战术态势估计。

与单传感器系统相比，运用多传感器信息融合技术在解决探测、跟踪和目标识别等问题方面，能够增强系统生存能力，提高整个系统的可靠性和鲁棒性，增强数据的可信度，并提高精度，扩展整个系统的时间、空间覆盖率，增强系统的实时性和信息利用率等。

1. 多传感器信息类型及其融合方法

多传感器感知系统采集到的信息是多种多样的，为使这些信息能得以统一协调的利用，有必要对信息进行分类。采集的信息间的关系大致可分为三类，如图 9-19 所示。针对不同类型的信息，采用不同的融合方法。

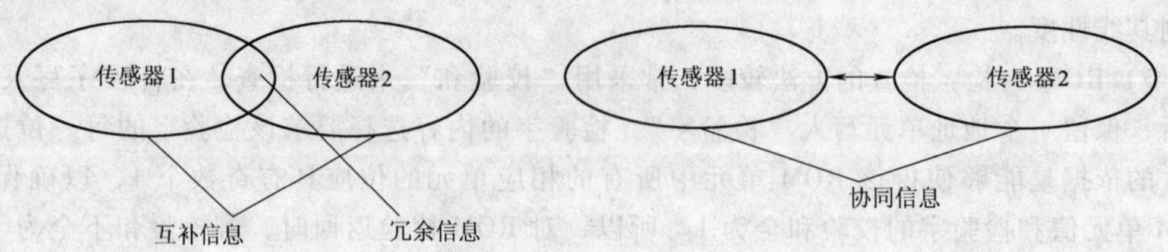

图 9-19　多传感器获取信息间关系分类示意图

（1）冗余信息　冗余信息是指由一组传感器（或一个传感器多次观测）获得的关于同一环境特征的信息。如在对监测对象进行检测时，可在同一区域或多个区域中放置多个传感器，这些传感器的输出信息就是关于检测对象的冗余信息。融合冗余信息的优越性在于：

1）每个单独的冗余信息具有不同可信度，融合后的信息可以降低不确定性，提高对监测对象特征描述的精度。

2）由于每个传感器的噪声是不相关的，融合后的信息在总体上可明显抑制噪声。

3）在传感器失效或出错时，冗余信息的融合还可以提高检测的可靠性。

在对冗余信息的处理中，有两个问题需加以注意：一是可能会出现传感器冲突的现象，即用于检测对象中同一特征的传感器可能会获得矛盾的信息；其二是观测数据的一致性检验问题，即必须确定用于检测同一对象特征的多个不同传感器的信息确实是描述该同一特征的。有些算法提出了解决上述两个问题的方法，例如利用模糊逻辑和神经网络的方法来处理不确定信息可以获得较令人满意的结果。

(2) 互补信息　在有些情况下，信息的获取受到传感器结构、时间、空间范围等诸多因素的限制，故单独的传感器很难获得对象的全局信息，这时往往采用多个不同（或互补）的传感器进行测量。另外，用不同的传感器有时可获得对象的不同特征。互补信息就是两个或多个独立的传感器所提供的、从不同侧面描述同一对象或环境的、彼此间又不相互重复的多个信息。互补信息的融合可以给出关于对象和环境的更全面、更完整的描述，有时可以使多传感器系统感知到那些每个单一传感器无法获得的对象和环境特征。如果将这些被感知到的特征看作特征空间的特征向量，则每个传感器只能提供特征空间的一个子空间，而互补信息则提供了另外的独立的特征向量。这样，特征空间的维数增加使多传感器系统的精度也随之提高。例如在矿井环境监测过程中，将温度传感器、湿度传感器、氧气传感器及风速传感器等组合起来，就可以得到煤矿井下环境的气候状况；将一氧化碳传感器、二氧化碳传感器、煤尘及瓦斯传感器等传感器组合起来，就可以监测矿井自然发火状况、煤尘、瓦斯含量等安全信息。

(3) 协同信息　协同信息是指在多传感器系统中，传感器获得的相互依赖或相互配合的信息。例如，在监测煤矿井下是否发生煤炭自然发火时，可利用一氧化碳传感器、烟雾传感器、温度传感器等的配合来获得井下自然发火的可靠信息。这类信息的融合被广泛地应用于物体识别和空间识别。在智能仪表系统中，多传感器系统获得的信息除进行上述三种融合之外，还采用了复合信息融合，即先进行局部融合，包括一级融合和二级融合，再进行全局融合。

2. 多传感器信息融合过程

信息融合过程主要包括多传感器（信息获取）、数据预处理、数据融合中心（特征提取、融合计算）和结果输出等环节，其过程如图 9-20 所示。由于被测对象多半为具有不同特征的非电量，如压力、温度色彩和速度等，因此首先要将它们转换成电信号，然后经过 A/D 转换将它们转换为计算机处理的数字量。数字化后的电信号由于环境等随机因素的影响，不可避免地存在一些干扰和噪声信号，通过预处理滤除数据采集过程中的干扰和噪声，以便得到有用信号。预处理后的有用信号经过特征提取，并对某一个特征量进行数据融合计算，最后输出融合结果。

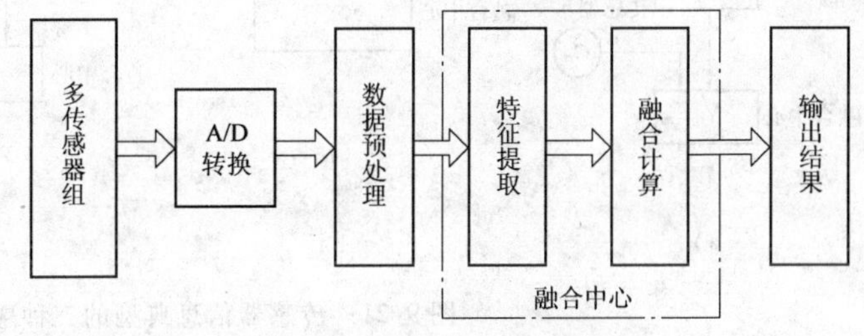

图 9-20　多传感器信息融合过程

(1) 信号的获取　多传感器信号获取的方法很多，可根据具体情况采取不同的传感器获取被测对象的信号。图形景物信息的获取一般可利用电视摄像系统或电荷耦合器件（CCD），将外界的图形景物信息进入电视摄像系统或电荷耦合器件变化的光通量转换成变化的电信号，再经 A/D 转换后进入计算机系统。工程信号的获取一般采用工程上的专用传感器，将非电量信号或电信号转换成 A/D 转换器或计算机 I/O 口能接收的电信号，在计算机进行处理。

(2) 信号预处理　在信号获取过程中，一方面由于各种客观因素的影响，在检测到的信号中常常混有噪声。另一方面，经过 A/D 转换后的离散时间信号除含有原来的噪声外，又增加了 A/D 转换器的量化噪声。因此，在对多传感器信号融合处理前，有必要对传感器输出信号进行预处理，以尽可能地去除这些噪声，提高信号的信噪比。信号预处理的方法主要有去均值、滤波、消除趋势项、野点剔除等。

（3）*特征提取* 对来自传感器的原始信息进行特征提取，特征可以是被测对象的各种物理量。

（4）*融合计算* 数据融合计算方法较多，主要有数据相关技术、状态估计和目标识别技术等。

3. 多传感器信息融合结构

（1）*传感器的布置* 传感器融合结构中最重要的问题是如何布置传感器，基本上有三种类型：串行拓扑、并行拓扑以及混合拓扑，如图 9-21 所示。C_1，…，C_n 表示 n 个传感器，S_1，…，S_n 表示来自各个传感器信息融合中心的数据，Y_1，…，Y_n 表示融合中心。图 9-21a所示串行融合方式时，当前传感器要接收前一级传感器的输出结果，每个传感器既有接收信息的功能，又有局部信息融合功能。各个传感器的处理同前一级传感器的输出形式有很大的关系。最后一个传感器综合了所有前级传感器输出的信息得到的输出作为串行融合系统的结论。

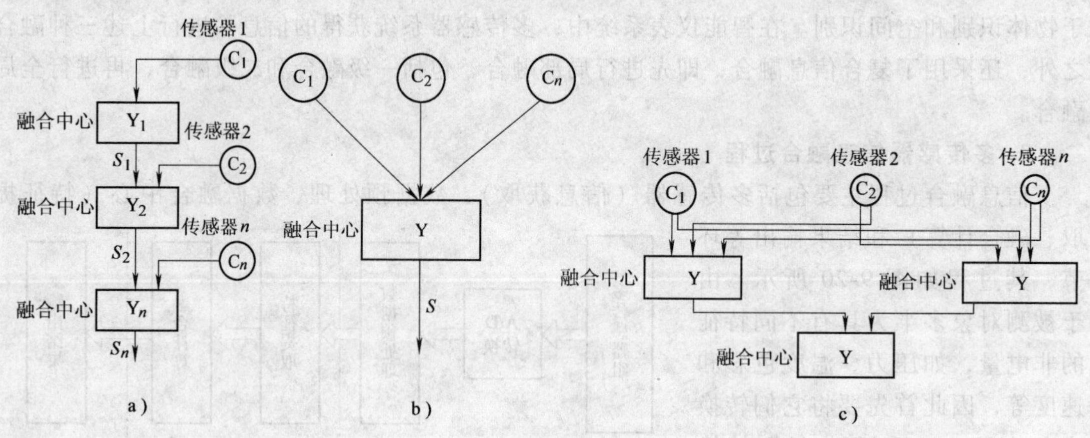

图 9-21 传感器信息典型的三种融合方式

a）串联形式 b）并联形式 c）混合形式

信息融合串联结构的优点是具有很好的性能及融合效果，但它的缺点在于对线路的故障非常敏感。

并行融合时（如图 9-21b 所示），各个传感器直接将各自的输出信息传输到传感器融合中心，传感器之间没有影响，融合中心对各信息按适当方法综合处理后，输出最终结果。

混合型数据融合（如图 9-21c 所示）是串联和并联形式的结合。既可先串后并，也可先并后串。其输入信息与并联型一样，存在着多样形式，其运算可由并联型和串联型的综合得到。

（2）*按融合层次的结构划分* 在多传感器数据融合系统中，各种传感器的数据可以具有不同的特征，可能是实时的或非实时的、模糊的或确定的、互相支持的或互补的，也可能是互相矛盾或竞争的。多传感器数据具有更复杂的形式，而且可以在不同的信息层次上出现。多传感器信息融合根据信息表征的层次分为三类：数据层融合、特征层融合、决策层融合。

不同层次的数据融合采用的数据融合方法也不相同，如图 9-22 所示。

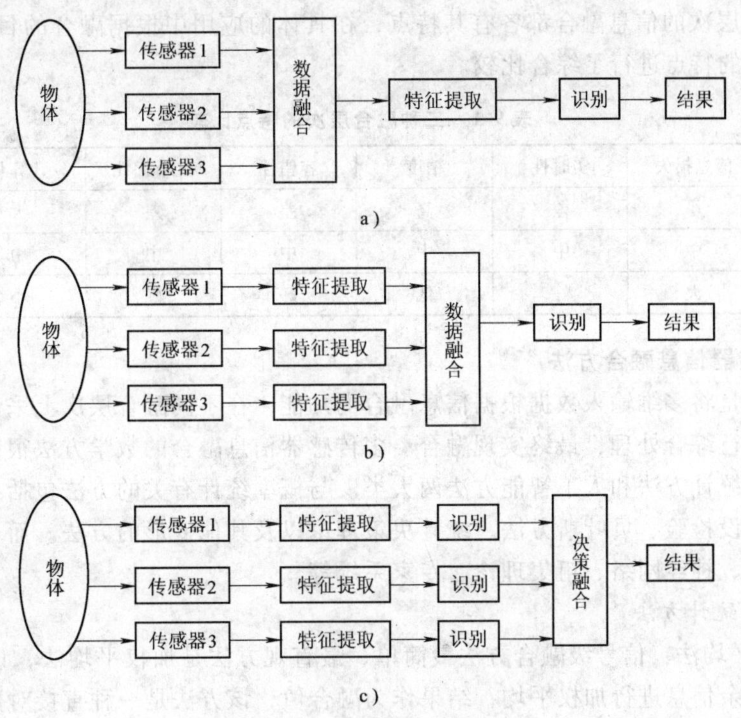

图 9-22　典型的信息融合层次

a）数据层融合　b）特征层融合　c）决策层融合

1）数据层融合：在数据层融合中，首先将全部传感器的观测数据进行融合，然后从融合的数据中提取特征向量，并进行判断识别。这要求传感器是同类的，例如：传感器测量同一物理现象如两个视觉图像或两个超声波传感器；相反，如果传感器不是同类的，它们必须在特征层或决策层融合。数据层融合能提供最精确的结果并需要很大的通信带宽，一般适用于小规模的融合系统。

数据层融合的主要方法有线性加权法、Brovery 变换、小波变换融合算法等。

2）特征层融合：在特征层融合中，从观测数据中提取许多特征矢量后，把它们连接成单个特征向量，再对其进行识别。例如，通过摄像头获取的数据是图像数据，则特征就是从图像像素信息中抽象提取的线型、边缘、纹理等。这一结构的优点是冗余度高、计算负荷分配合理、信道压力轻，但由于各传感器进行了局部信息处理，阻断了原始信息间的交流，导致部分信息的丢失。

特征层数据融合方法主要有 Dempster-Shafer 推理法、贝叶斯估计法、表决法以及神经网络法等。

3）决策层融合：决策层数据融合是在最高级进行的信息融合，直接针对具体决策目标。在决策层融合中，每一个传感器首先根据本身的单源数据做出决策，分别建立对同一目标的初步判决和结论，然后对这些决策进行相关处理和融合，从而获得最终的决策，在上述三种结构中，精确性是最差的，但需要的带宽最小。

目前，决策层数据融合方法主要有贝叶斯估计法、神经网络、模糊集理论、可靠性理论等。

上述三个层次的信息融合都各有其特点，在具体的应用中根据融合的目的和条件选用。表 9-1 对它们的特点进行了综合比较。

表 9-1　三种融合层次的特点比较

融合层次	信息损失	实时性	精度	容错性	抗干扰性	计算量	融合水平
数据层	小	差	高	差	差	大	低
特征层	中	中	中	中	中	中	中
决策层	大	好	低	好	好	小	高

4. 多传感器信息融合方法

融合处理是将多维输入数据根据信息融合的功能，在不同融合层次上采用不同的数学方法，对数据进行综合处理，最终实现融合。多传感器信息融合的数学方法很多，常用的方法可概括为概率统计方法和人工智能方法两大类。与概率统计有关的方法包括：估计理论、卡尔曼滤波、假设检验、贝叶斯方法、统计决策理论以及其他变形的方法。而人工智能类则有模糊逻辑理论、神经网络、粗集理论、专家系统等。

(1) 概率统计方法

1）加权平均法：信号级融合方法最简单、最直观方法是加权平均法，该方法将一组传感器提供的冗余信息进行加权平均，结果作为融合值，该方法是一种直接对数据源进行操作的方法。

2）卡尔曼滤波法：卡尔曼滤波器是线性最小均方误差估计器。它根据前一个估计值和最近一个观测数据来估计信号的当前值，用状态方程和递推方法进行估计，其解以估计值（通常是以状态变量的估计值）的形式给出。

① 集中式结构：设系统的状态为 $\boldsymbol{X}(k)$，传感器观测量为 $\boldsymbol{Z}(k)$。不失一般性，动力学方程和观测方程可写为

$$\boldsymbol{X}(k+1)=\boldsymbol{F}(k)\boldsymbol{X}(k)+\boldsymbol{G}(k)\boldsymbol{W}(k) \tag{9-6}$$
$$\boldsymbol{Z}(k)=\boldsymbol{H}(k)\boldsymbol{X}(k)+\boldsymbol{V}(k)$$

式中，$\boldsymbol{F}(k)$ 为状态矩阵；$\boldsymbol{G}(k)$ 为噪声矩阵；$\boldsymbol{H}(k)$ 为观测矩阵；$\boldsymbol{W}(k)$ 为输入噪声模型；$\boldsymbol{V}(k)$ 为观测噪声模型，满足条件

$$E[\boldsymbol{W}(k)]=0,\ E[\boldsymbol{W}(k)\boldsymbol{W}^{\mathrm{T}}(j)]=\boldsymbol{Q}(k)\delta_{kj},\ E[\boldsymbol{V}(k)]=0$$
$$E[\boldsymbol{V}(k)\boldsymbol{V}^{\mathrm{T}}(j)]=\boldsymbol{R}(k)\delta_{kj},\ E[\boldsymbol{W}(k)\boldsymbol{V}^{\mathrm{T}}(j)]=0$$

设 $\hat{\boldsymbol{X}}(k\mid j)$ 是基于延续到 j 时刻的观测量对 k 时刻状态的估计值；$\boldsymbol{P}(k\mid j)$ 为状态的估计协方差，则卡尔曼滤波给出的系统状态递归算法为

• 预测

$$\hat{\boldsymbol{X}}(k\mid k-1)=\boldsymbol{F}(k-1)\hat{\boldsymbol{X}}(k-1\mid k-1)$$
$$\boldsymbol{P}(k\mid k-1)=\boldsymbol{F}(k-1)\boldsymbol{P}(k-1\mid k-1)\boldsymbol{F}^{\mathrm{T}}(k-1)+\boldsymbol{G}(k)\boldsymbol{Q}(k)\boldsymbol{G}^{\mathrm{T}}(k)$$
$$\hat{\boldsymbol{Z}}(k\mid k-1)=\boldsymbol{H}(k-1)\hat{\boldsymbol{X}}(k\mid k-1)$$

• 更新

$$\hat{\boldsymbol{X}}(k\mid k)=\hat{\boldsymbol{X}}(k\mid k-1)+\boldsymbol{W}(k)[\boldsymbol{Z}(k)-\hat{\boldsymbol{Z}}(k\mid k-1)]$$

$$P^{-1}(k|k)=H^{\mathrm{T}}(k)R^{-1}(k)H(k)+P^{-1}(k|k-1)$$
$$W(k)=P(k|k)H^{\mathrm{T}}(k)R^{-1}(k)$$

在系统融合中心采用集中卡尔曼滤波融合技术，可以得到系统的全局状态估计信息。在集中式结构中，各传感器信息的流向是自低层次融合中心单方向流动，各传感器之间缺乏必要的联系。

② 分散式结构：分散融合的结构，它没有中央处理单元，每个传感器都要求做出全局估计，为了简化算法，作以下三点假设。

a. 传感器分散网络结构中的每一个融合节点都和其他节点直接相连。

b. 节点的通信在一个周期内同时进行。

c. 所有节点使用同样的状态空间。

设系统的动力学方程仍为式(9-6)，观测方程由 m 个单传感器观测方程组成，则第 i 个节点的局部卡尔曼估计方程为

• 预测

$$\hat{X}_i(k|k-1)=F(k-1)\hat{X}_i(k-1|k-1)$$
$$P_i(k|k-1)=F(k-1)P_i(k-1|k-1)F^{\mathrm{T}}(k-1)+G(k)Q(k)G^{\mathrm{T}}(k)$$
$$\hat{Z}_i(k|k-1)=H_i(k-1)\hat{X}_i(k|k-1)$$

• 更新

$$\hat{X}_i(k|k)=\hat{X}(k|k-1)+W_i(k)[Z_i(k)-Z_i(k|k-1)]$$
$$P_i^{-1}(k|k)=H_i^{\mathrm{T}}(k)R_i^{-1}(k)H_i(k)+P^{-1}(k|k-1)$$
$$W_i(k)=P_i(k|k)H_i^{\mathrm{T}}(k)R_i^{-1}(k)$$

当每个节点得到自己的局部估计后，就与其他相连的节点进行通信，接受其他节点传递来的信息后进行同化处理。同化包括状态同化和方差同化，经推导可得第 i 个节点的状态同化方程为

$$\hat{X}(k|k)=P(k|k)\Big[P^{-1}(k|k-1)\hat{X}(k|k-1)+\sum_{i=1}^{m}P_i^{-1}(k|k)\hat{X}_i(k|k)-P^{-1}(k|k-1)\hat{X}(k|k-1)\Big]$$

从而，在每个节点都可以得到全局的状态估计和方差估计。

由 n 个节点组成的分散融合结构网络中，任一个节点都可以作为全局估计，某一个节点的失效不会显著地影响系统正常工作，其他 $n-1$ 个节点仍可以对全局做出估计，有效地提高了系统的鲁棒性。尽管每个节点都具有较大的通信量，但是其通信量都没有集中式融合中心的通信量大，且由于其采取并行处理，所以解决了通信瓶颈问题。通过分散融合各传感器之间互通信息，加强了联系，尽管通信费较高，但是系统的鲁棒性和容错性得到了提高。

③ 分级融合结构：分级融合结构有两种形式：无反馈的分级结构和有反馈的分级结构。分级结构采取的是由低层向高层逐层融合的思想。设系统的动力学方程和观测方程同式(9-6)，设有下标的表示低层的信息，没有下标的表示高层的信息。

无反馈时：

$$P^{-1}(k|k)=\sum_{i=1}^{m}\left[P_i^{-1}(k|k)-P_i^{-1}(k|k-1)\right]+P^{-1}(k|k-1)$$

$$X(k|k)=P(k|k)[P^{-1}(k|k-1)\hat{X}(k|k-1)+\sum_{i=1}^{m}P_i^{-1}(k|k)\hat{X}_i(k|k)]-$$
$$P_i^{-1}(k|k-1)\hat{X}_i(k|k-1)$$

有反馈时：

$$P^{-1}(k|k)=\sum_{i=1}^{m}P_i^{-1}(k|k)-(m-1)P^{-1}(k|k-1)$$

$$X(k|k)=P(k|k)[\sum_{i=1}^{m}P_i^{-1}(k|k)\hat{X}_i(k|k)+(m-1)P^{-1}(k|k-1)\hat{X}(k|k-1)]$$

从上面公式中可以看到：信息从低层向高层逐层流动，无反馈时，层间传感器属于单向联系，高层信息不参与低层处理；有反馈时，层间传感器是双向联系，不仅低层融合信息向高层传递，高层信息也参与低层节点处理，各传感器之间是一种层间的有限联系。

卡尔曼滤波主要用于融合低层次实时动态多传感器冗余数据。该方法用测量模型的统计特性递推，决定统计意义下的最优融合和数据估计。如果系统具有线性动力学模型，且系统与传感器的误差符合高斯白噪声模型，则卡尔曼滤波将为融合数据提供唯一统计意义下的最优估计。卡尔曼滤波的递推特性使系统处理不需要大量的数据存储和计算。但是，采用单一的卡尔曼滤波器对多传感器组合系统进行数据统计时，存在实时性差、受子系统故障影响可靠性降低等问题。

3）贝叶斯估计法：贝叶斯估计法属于统计融合算法。该方法根据观测空间的先验知识，从而实现对观测空间里目标的识别。

设概率事件 A、$B\in F$，F 为事件域，则在事件 B 发生的条件下，事件 A 发生的条件概率 $P(A|B)$ 为

$$P(A|B)=\frac{P(AB)}{P(B)}$$

这里 $P(B)$ 为事件 B 发生的概率，假定为正值；$P(AB)$ 为事件 A 和 B 同时发生的概率。在贝叶斯推理中，在给定证据 A 的情况下，假设事件 B_i 发生的概率表示如下：

$$P(B_i|A)=\frac{P(AB_i)}{P(A)} \tag{9-7}$$

若 B_1、B_2、…、B_n的并集为整个事件空间，则对任一 $A\in F$，若 $P(A)>0$，有

$$P(B_i|A)=\frac{P(A|B_i)P(B_i)}{\sum_{j=1}^{n}P(A|B_j)P(B_j)} \tag{9-8}$$

式中，$P(B_i)$ 为根据已有数据分析所得事件 B_i 发生的先验概率，有 $\sum_{i=1}^{n}P(B_i)=1$；$P(B_i|A)$ 为给定证据 A 的情况下，事件 B_i 发生的后验概率；$P(A|B_i)$ 为假设事件 B_i 的似然函数。

此即为贝叶斯推理公式。

基于贝叶斯公式的信息融合过程，假设有 n 个传感器用于获取未知目标的参数数据，每一个传感器基于传感器观测和特定的传感器分类算法提供一个关于目标身份的说明（关于目标身份的一个假设）。设 O_1、O_2，…，O_m为所有可能的 m 个目标，D_i表示第 i 个传感器

关于目标身份的说明。O_1、O_2，…，O_m实际上构成了观测空间的互不相容的穷举假设。则由式(9-7) 和式(9-8) 得

$$\sum_{i=1}^{n} P(O_i) = 1$$

$$P(O_i \mid D_j) = \frac{P(D_j \mid O_i)P(O_i)}{\sum_{j=1}^{n} P(D_j \mid O_j)P(O_j)} \quad (i=1,2,\cdots,n; j=1,2,\cdots,m)$$

当贝叶斯用于身份信息的融合时，可以采用图9-23所示的处理过程。

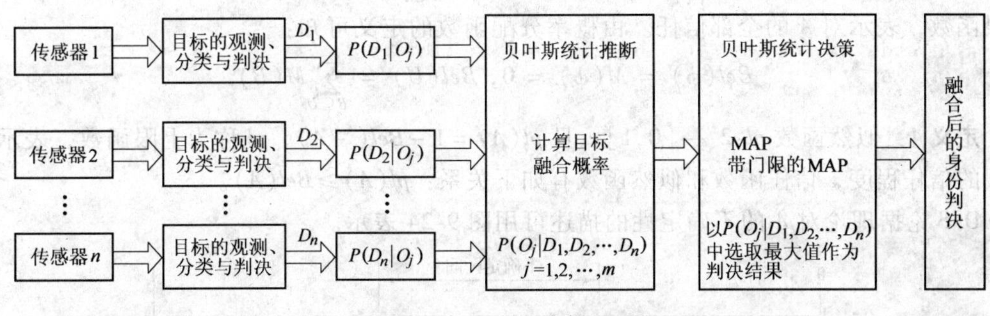

图9-23　贝叶斯融合过程

贝叶斯融合身份信息识别算法的主要步骤如下。

① 将每个传感器关于目标的观测转化为目标身份的分类与说明，即D_1，D_2，…，D_n。

② 计算每个传感器关于目标身份说明或判定的不确定性，即$P(D_j \mid O_i)$（$j=1$，2，…，m；$i=1$，2，…，n）

③ 计算目标身份的融合概率

$$P(O_j \mid D_1,D_2,\cdots,D_n) = \frac{P(D_1,D_2,\cdots,D_n \mid O_j)P(O_j)}{P(D_1,D_2,\cdots,D_n)}$$

如果D_1，D_2，…，D_n相互独立，则

$$P(O_j \mid D_1,D_2,\cdots,D_n) = P(D_1 \mid O_j)P(D_2 \mid O_j)\cdots P(D_n \mid O_j)$$

与经典的概率推理相比，当出现某一证据时，贝叶斯推理能给出确定的假设事件在此论据发生的条件下发生的概率，而经典的概率推理能给出的只是在发生某一假设时间的条件下，某一观测能够对某一目标或事件有贡献的概率；贝叶斯公式能够嵌入一些先验知识，如假设事件的似然函数等；当没有经验数据可以利用时，可以用主观概率来代替假设事件的先验概率和似然函数。因此，运用贝叶斯推理中的条件概率公式来进行推理，能得到较为满意的效果，解决了经典概率推理遇到的一些难题，但预先定义的先验函数和似然函数增加了一定的复杂性。

4）Dempster-Shafer（D-S）证据推理方法：D-S证据推理是贝叶斯推理的扩充，贝叶斯方法要求给出先验概率和条件概率，要求所有的概率都是独立的，且不能区分不确定和不知道。而D-S证据理论既能处理随机性所导致的不确定性，又能处理模糊性所导致的不确定性，它可以不需要先验概率和条件概率支持，依靠证据的积累，不断减小假设集，区分不知道和不确定。它采用信任函数而不是概率作为度量，通过对事件的概率加以约束以建立信任函数而不必说明精确的难以获得的概率，当约束限制为严格的概率时，它就进而成为概

率论。

• D-S 的基本概念

定义 1：设 U 表示 X 所有可能取值的一个论域集合，且所有在 U 内的元素间是互不相容的，则称 U 为 X 的识别框架，则函数 m：$2^U \to [0, 1]$ 在满足条件：$m(\phi) = 0$、$\sum_{A \subset U} m(A) = 1$ 时，称 $m(A)$ 为 A 的基本概率赋值。

定义 2：若识别框架 U 的一子集为 A，具有 $m(A) > 0$，则称 A 为信任函数 Bel 的焦元。

定义 3：信任函数 Bel：$2^U \to [0,1]$，且 $Bel = \sum_{B \leqslant A} M(B)$ 对所有的 $A \subseteq U$，Bel 函数也称为下限函数，表示对 A 的全部信任。由概率分配函数的定义可知：

$$Bel(\phi) = M(\phi) = 0,\ Bel(U) = \sum_{B \subseteq U} M(B)$$

定义 4：似然函数 pl:$2^U \to [0,1]$，且 $pl(A) = 1 - Bel(-A)$，pl 称为上限函数，表示对 A 非假的信任程度，信任函数和似然函数有如下关系：$pl(A) \geqslant Bel(A)$。

D-S 论据理论对 A 的不确定性的描述可用图 9-24 表示。

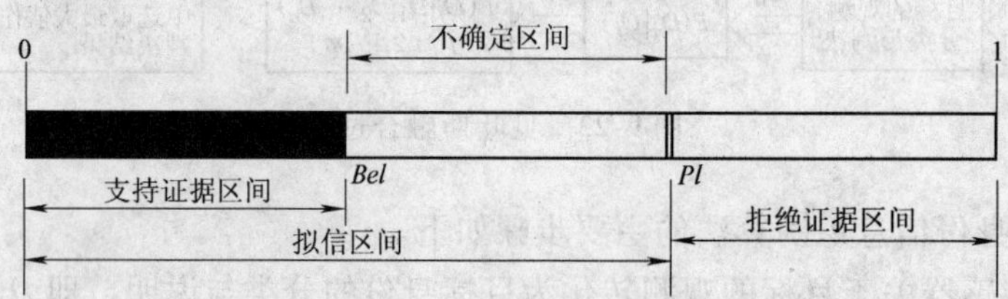

图 9-24 D-S 论据理论对信息不确定性描述

• D-S 论据的组合规则

D-S 理论的组合规则提供了组合 2 个论据的规则。设 m_1 和 m_2 是 2^U 上的两个相互独立的基本概率赋值，则组合后的基本概率赋值 $m = m_1 \oplus m_2$

设 Bel_1 和 Bel_2 是同一识别框架 U 上的两个信任函数，m_1 和 m_2 分别是其对应的基本概率赋值，焦元分别为 A_1，…，A_k 和 B_1，…，B_k，又设

$$K = \sum_{A_i \cap B_j = \phi} m_1(A_i) m_2(B_j) < 1$$

则

$$m(C) = \begin{cases} \dfrac{\sum_{A_i \cap B_j = C} m_1(A_i) m_2(B_j)}{1 - K} & \forall C \subset U, C \neq \phi \\ 0 & C = \phi \end{cases}$$

若 $K \neq 1$，则 m 确定一个基本概率赋值；若 $K = 1$，则认为 m_1 和 m_2 矛盾，不能对基本概率赋值进行组合。对于多个论证的组合，可采用此组合规则对证据进行两两组合。

运用论据决策理论进行多传感器融合的一般过程是：

① 分别计算各传感器的基本可信数、信度函数和似然函数。

② 利用 Dempster 组合规则，求得所有传感器联合作用下的基本可信数、信度函数和似然函数。

③ 在一定决策规则下，选择具有最大支持度的目标。

上述过程可以如图 9-25 表示，先由 n 个传感器分别给出 m 个决策目标集的信度，经

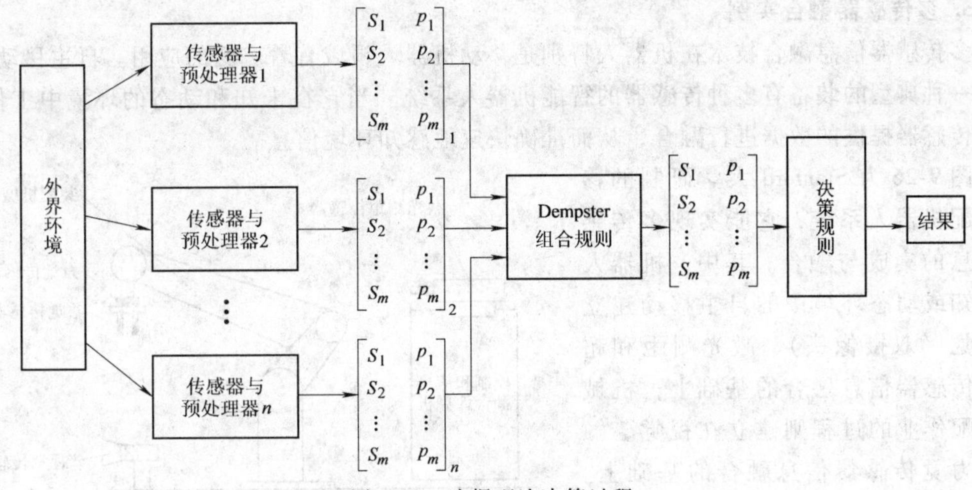

图 9-25 论据理论决策过程

Dempster 组合规则合成一致的对 m 个决策目标集的信度，最后，对各可能决策利用某一决策选择原则得到结果。

(2) 人工智能类方法

1) 模糊逻辑推理：模糊逻辑是多值逻辑，通过指定一个 0 到 1 之间的实数表示真实度，相当于隐含算子的前提，允许将多个传感器信息融合过程中的不确定性直接表示在推理过程中。如果采用某种系统化的方法对融合过程中的不确定性进行推理建模，则可以产生一致性模糊推理。与概率统计方法相比，逻辑推理存在许多优点，它在一定程度上克服了概率论所面临的问题，对信息的表示和处理更加接近人类的思维方式，一般比较适合于在高层次上的应用（如决策），但是逻辑推理本身还不够成熟和系统化。此外，由于逻辑推理对信息的描述存在很大的主观因素，所以信息的表示和处理缺乏客观性。

2) 人工神经网络法：神经网络具有很强的容错性以及自学习、自组织及自适应能力，能够模拟复杂的非线性映射。神经网络的这些特性和强大的非线性处理能力，恰好满足了多传感器数据融合技术处理的要求。在多传感器系统中，各信息源所提供的环境信息都具有一定程度的不确定性，对这些不确定信息的融合过程实际上是一个不确定性推理过程。神经网络根据当前系统所接受的样本相似性确定分类标准，这种确定方法主要表现在网络的权值分布上，同时，可以采用神经网络特定的学习算法来获取知识，得到不确定性推理机制。利用神经网络的信号处理能力和自动推理功能，即实现了多传感器数据融合。

常用的数据融合方法及特性如表 9-2 所示。通常使用的方法依具体的应用而定，并且由于各种方法之间的互补性，实际上常将两种或两种以上的方法组合进行多传感器数据融合。

表 9-2 常用的数据融合方法比较

融合方法	运行环境	信息类型	信息表示	不确定性	融合技术	适用范围
加权平均	动态	冗余	原始读数		加权平均	低层数据融合
卡尔曼滤波	动态	冗余	概率分布	高斯噪声	系统模型滤波	低层数据融合
贝叶斯估计	静态	冗余	概率分布	高斯噪声	贝叶斯估计	高层数据融合
证据推理	静态	冗余互补	命题		逻辑推理	高层数据融合
模糊推理	静态	冗余互补	命题	隶属度	逻辑推理	高层数据融合
神经网络	动/静态	冗余互补	神经元输入	学习误差	神经元网络	低/高层

5. 多传感器融合实例

多传感器信息融合技术在机器人特别是移动机器人领域有着广泛的应用。自主移动机器人是一种典型的装备有多种传感器的智能机器人系统。当它在未知和动态的环境中工作时，将多传感器提供的数据进行融合，从而准确快速地感知环境信息。

图 9-26 为 Stanford 大学研制的移动装配机器人系统，它能实现多传感器信息的集成与融合。其中，机器人在未知或动态环境中的自主移动建立在视觉（双摄像头）、激光测距和超声波传感器信息融合的基础上；机械手装配作业的过程则建立在视觉、触觉和力觉传感器信息融合的基础上。该机器人采用的信息融合为并行结构。

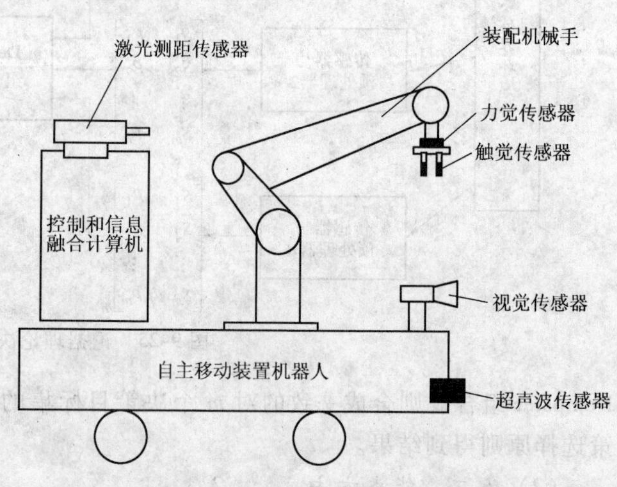

图 9-26 多传感器信息融合自主移动装配机器人系统

在机器人自主移动过程中，用多传感器信息建立未卜先知环境的模型，该模型为三维环境模型。它采用分层表示，最低层环境特征（如环境中物体的长度、宽度、高度、距离等）与传感器提供的数据一致；高层是抽象的和符号表示的环境特征（如道路、障碍物、目标等的分类表示）。其中，视觉传感器提取的环境特征是最主要的信息，视觉信息还用于引导激光测距传感器和超声波传感器对准被测物体。激光测距传感器在较远距离上获得物体较精确的位置，而超声波传感器用于检测近距离物体。以上三种传感器分别得到环境中统一对象在不同条件下的近似三维表示。当将三者在不同时刻测量的距离数据融合时，每个传感器的坐标框架首先变换到共同的坐标框架中，然后采用以下三种不同的方法得到机器人位置的精确估计：参照机器人本身位置的相对位置定位法；目标运动轨迹记录法；参照环境静坐标的绝对位置定位法。每一种扩展的卡尔曼滤波确定二维物体相对于机器人的准确位置和物体的表面结构形状，并完成对物体的识别。不同传感器产生的信息在经过融合后得到的结果，还用于选择恰当的冗余传感器测量物体，以减少信息计算量以及进一步提高实时性和准确性。

在机器人装备作业过程中，信息融合则是建立在视觉、触觉、力觉传感器基础上的。装配过程表示为由每一步决策确定的一系列阶段。整个过程的每一步决策由传感器信息融合来实现。其中视觉传感器用于识别具有规则几何形状的零件以及零件的定位，即用摄像头识别二维零件并判定位置；力觉传感器检测机械手末端与环境的接触情况以及接触力的大小，从而提供在接触时物体的准确位置；视觉与主动触觉相结合用于识别缺少识别特征的物体，如无规则几何形状的零件。此外，力觉传感器还用于提供高精度轴孔匹配、零件传送和取放中的信息。上述各种传感器信息通过一定的信息融合算法（主要是 D-S 论据推理法）提供装配作业过程中的决策信息。

9.3.4 网络化

将传感器与网络紧密联系在一起成为网络传感器，能够通过各类集成化的微型传感器协作地实时监测、感知和采集各种环境或监测对象的信息，通过嵌入式系统对信息进行处理，并通过随机自组织通信网络以多跳中继方式将所感知信息传送到用户终端，从而组成高精度、功能强大的测控网络。

网络化智能传感技术融合了通信技术和计算机技术，使传感器具备自检、自校、自诊断及网络通信功能，从而实现信息的“采集”、“传输”和处理，真正成为统一协调的一种新型智能传感器。

网络化智能传感器一般由信号采集单元、数据处理单元和网络接口单元组成。这三个单元可以是采用不同芯片构成合成式的，也可能是单片式结构，其基本结构如图9-27所示。

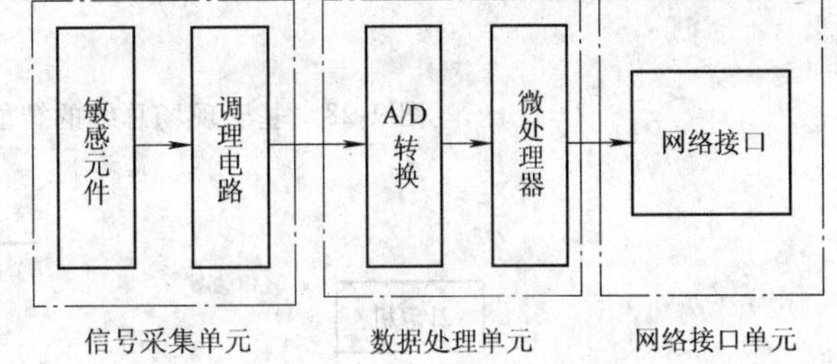

图9-27 网络化智能传感器的基本结构

信号经过采集、调理、A/D转换成数字量后，再送给微处理器进行数据处理，最后将测量结果传输给网络，以便实现各个传感器节点之间、传感器与执行器之间、传感器与系统之间的数据交换及资源共享，在更换传感器时无须进行标定和校准，做到“即插即用（Plug & Play）”

将所有的传感器连接在一个公共的网络上。网络的选择可以是传感器总线、现场总线，也可以是企业内部的Ethernet，也可以直接是Internet。为保证所有的传感器节点和控制节点能够实现即插即用，必须保证网络中所有的节点能够满足共同的协议。无论是硬件还是软件都必须满足一定的要求，只要符合协议标准的节点都能够接入系统。

网络化智能传感器研究的关键技术是网络接口技术。网络化传感器必须符合某种网络协议，使现场测控数据能直接进入网络。由于目前工业现场存在多种网络标准，因此也随之发展起来了多种网络化智能传感器，具有各自不同的网络接口单元类型。目前主要有基于现场总线的智能传感器和基于以太网协议的智能传感器两大类。

1. 基于现场总线的智能传感器

现场总线技术是一种集计算机技术、通信技术、集成电路技术及智能传感技术于一身的控制技术，按照国际电工委员会IEC 61158的标准定义：“安装在制造和过程区域的现场装置与控制室内的自动控制装置之间的数字式、串行、多点通信的数据总线称为现场总线”。一般认为“现场总线是一种全数字化、双向、多站的通信系统，是用于工业控制的计算机系统工业总线”。

现场总线技术是在仪表智能化和全数字控制系统的需求下产生的。现场总线是连接智能化现场设备和控制室之间全数字式、开放式和双向的通信网络，基于现场总线的智能传感器如图9-28所示。

现场总线技术自20世纪80年代产生以来，一直受到人们的极大关注。进入90年代以后，现场总线控制系统一度成为人们研究的热点，各种各样的现场总线产品不断涌现。图9-29描述了一个通用分布式测控系统框架，它是目前比较常见的现场总线系统的结构图。

以现场总线技术为基础，以微处理器为核心的传感器与变送器的融合体构成的现场总线智能传感器与一般智能传感器相比，具有一些突出的功能：数字化信号取代了4～20mA模拟信号传输，增强了信号的抗干扰能力；采用统一的网络化协议，实现了执行器与传感器之

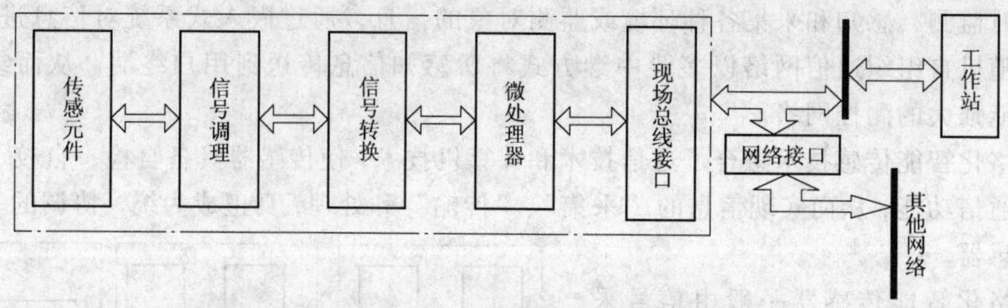

图 9-28 基于现场总线的智能传感器技术简图

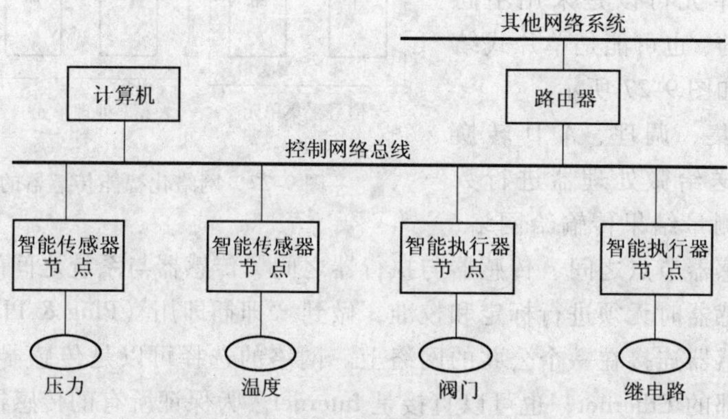

图 9-29 通用分布式测控系统

间的信息对等交换；能对系统进行校验、组态、测试，从而改善了系统的可靠性。

但基于现场总线的智能传感器只实现了某种现场总线通信协议，还未实现真正意义上的网络通信协议。基于现场总线的智能传感器技术在应用过程中也存在诸多问题，比如目前的总线国际标准共有 12 种之多，且最具影响力的也有 5 种之多（FF、Profitbus、HART、CAN 和 LonWorks）。由于各种标准采用的通信协议不统一，所以存在着智能传感器的兼容和互换性问题，影响了总线式智能传感器的应用。

2. 基于 IEEE1451 标准的网络化智能传感器

为了给传感器配备一个通用的软硬件接口，使其方便地接入各种现场总线以及 Internet/Intranet，从 1993 年开始，美国国家标准技术研究所和 IEEE 仪器与测量协会的传感技术委员会联合组织了智能传感器通用通信接口标准的制定，即 IEEE 1451 的智能变送器标准接口。针对变送器工业各个领域的要求，多个工作组先后建立并开发接口标准的不同部分。

IEEE 1451 标准可以分为针对软件和硬件的接口两大部分。软件接口部分定义了一套使智能变送器顺利接入不同测控网络的软件接口规范，同时通过定义通用的功能、通信协议及电子数据表格式，以达到加强 IEEE 1451 族系列标准之间的互操作性。软件接口部分主要由 IEEE 1451. 1 和 IEEE. 0 组成；硬件接口部分是由 IEEE 1451. x（x 代表 2 ~ 6）组成，主要是针对智能传感器的具体应用而提出的，详见表 9-3。

IEEE 1451. 1 标准采用通用的 A/D 或 D/A 转换装置作为传感器的 I/O 接口，将所用传感器的模拟信号转换成标准规定格式的数据，连同一个小存储器——传感器电子数据表（TEDS）与标准规定的处理器目标模型——网络适配器（NCAP）连接，使数据可按网络规

表 9-3　IEEE 1451 智能变送器系列标准体系

代　号	名称与描述	状　态
IEEE 1451.0	智能变送器接口标准	建议标准
IEEE 1451.1—1999	网络应用处理器信息模型	颁布标准
IEEE 1451.2—1997	变送器与微处理器通信协议与 TEDS 格式	颁布标准(修订中)
IEEE 1451.3—2003	分布式多点系统数字通信与 TEDS 格式	颁布标准
IEEE 1451.4—2004	混合模式通信协议与 TEDS 格式	颁布标准
IEEE 1451.5	无线通信协议与 TEDS 格式	研讨中
IEEE 1451.6	CANopen 协议变送器网络接口	开发中

定的协议登录网络。这是一个开放的标准，它的目标不是开发另外一种控制网络，而是在控制网络与传感器之间定义一个标准接口，使传感器的选择与控制网络的选择分开，从而使用户可根据自己的需要选择不同厂家生产的智能传感器而不受限制，实现真正意义上的即插即用。

IEEE1451.2 标准主要定义接口逻辑和 TEDS 格式，同时，还提供了一个连接智能变送器接口（STIM）和 NCAP 的 10 线标准接口——变送器独立接口（TTI）。TTI 主要用于定义 STIM 和 NCAP 之间点点连线及同步时钟的短距离接口，使传感器制造商能把一个传感器应用到多种网络与应用中。符合 IEEE 1451.2 标准的网络传感器的典型体系结构如图 9-30 所示。

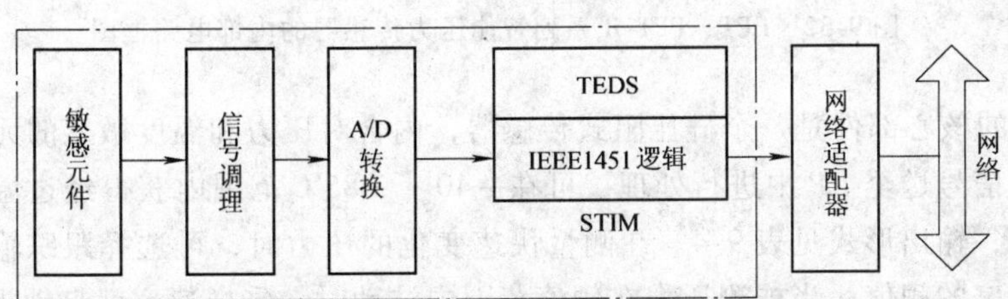

图 9-30　基于 IEEE 1451.2 标准的网络传感器结构

9.4　典型智能传感器简介

美国 Honeywell 公司推出的精密智能压力传感器有 PPT 型和 PPT-R 型两种系列，其中 PPT 系列适用于干性气体，PPT-R 系列带有不锈钢隔膜，适用于对腐蚀性介质的测量。PPT 系列传感器将压敏电阻传感器、A/D 转换器、微处理器、存储器（RAM，E^2PROM）和接口电路集于一身，不仅达到了高性能指标，还极大地方便了用户。这些产品可广泛用于工业、环境监测、自动控制、医疗设备等领域。

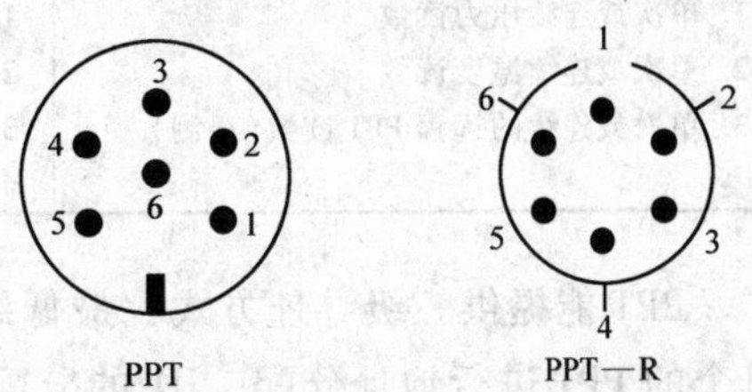

图 9-31　PPT 与 PPT-R 系列智能压力传感器接口（顶视图）

1. 引脚功能

PPT 系列传感器的引脚排列如图 9-31 所示。

脚 1：RS-232 发送（TD）；

脚 2：RS-232 接收（RD）；

脚 3：机壳接地；

脚 4：电源和信号公共地；

脚 5：DC 电源；

脚 6：模拟输出。

2. 工作原理

PPT、PPT－R 系列智能压力传感器的内部电路框图如图 9-32 所示，主要包括八部分：①压力传感器；②温度传感器；③16 位 A/D 转换器；④微处理器（μP）和随机存取存储器（RAM）；⑤电擦写只读存储器（E^2PROM）；⑥RS-232（RS-485）串行接口；⑦12 位 D/A 转换器（DAC）；⑧电压调节器。

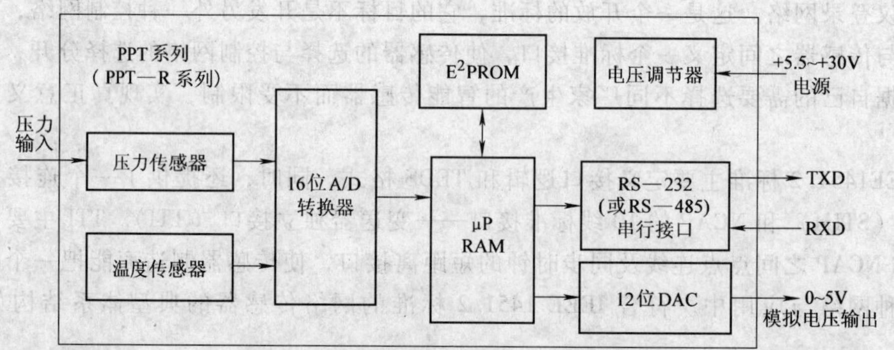

图 9-32　PPT、PPT-R 系列智能压力传感器的内部电路框图

PPT 单元的核心部件是一个硅压阻式传感器，内含对压力和温度敏感的元件。代表温度和压力的数字信号送至 μP 中进行处理，可在 －40 ~ ＋85℃ 范围内获得经过温度补偿和压力校准后的输出，输出形式见表 9-4。在测量快速变化的压力时，可选择跟踪输入模式，预先设定好采样速率的阈值，当被测压力在阈值范围内波动时，采样速率就自动提高。一旦压力趋于稳定，又恢复正常采样速率。PPT 还具有空闲计数功能，在测量稳定或缓慢变化的压力时，可自动跳过 255 个中间读数，延长两次输出的时间间隔。此外，它还可设定成仅当压力超过规定值时才输出或者等主机查询时才输出的工作模式。为适应不同环境，提高 PPT 的抗干扰能力，A/D 转化器的积分时间可在 8ms ~ 10s 范围内设定。

表 9-4　PPT 单元的输出形式

数　字　输　入	模　拟　输　入
1. 单次或连续压力读数	1. 单次压力的模拟输出电压
2. 单次或连续温度读数	2. 跟踪输入模式下的模拟输出电压
3. 单次或连续的远程 PPT 读数（遥测）	3. 用户设定的模拟输出电压
	4. 对远程 PPT 进行控制的模拟输出电压（遥控）

PPT 能提供三级寻址方式：最低级寻址方式是设备识别号 ID，该地址级别允许对任何单个的 PPT 进行地址分配，ID 的分配范围是 01 ~ 89。00 为空地址，专用于未指定地址的 PPT。因此，一台主机最多可以配 89 个 PPT。若某只 PPT 未被分配 ID 地址（或 ID 未被存入 E^2P ROM 中），上电后就分配为空地址；第二级寻址方式为组地址，地址范围是 90 ~ 98，

共 9 组。通过 ID 指令，每个 PPT 都可以分配到一个组地址，允许主机将指令传给具有相同组地址的几个 PPT。组地址的默认值为 90；最高级寻址方式为全局地址，该地址为 99。主机通过串行口可连接 9 组总共 89 个 PPT。

3. 主要特点

PPT 系列精密智能压力传感器的主要特点有以下几个方面：

（1）可组态的传感器　PPT 系列传感器具有优异的重复性和稳定性；其压力信号可由单片机设置为数字输出模式，也可以设置为模拟输出模式。这些特点使得 PPT 系列传感器可作为一个高精度的标准模拟装置而不需要连接数字通信线路；作为一个用户可组态的模拟传感器，用户可通过 RS-232 总线给 PPT 组态，然后在现场作为模拟传感器使用；而作为一个智能型且具有地址的数字输出传感器，它可进行双向通信；该压力传感器可单独工作，也可作为传感器网络上的一点。

（2）标准的模拟压力传感器　在许多应用中，PPT 系列传感器可直接作为一个标准的模拟传感器。它只需加上 5.5 ~ 30V 的电压和压力源即可。由于其内部压力敏感器件的重复性非常好，并可利用单片机进行数字补偿，因而可获得很高的稳定性和精度。在 -40 ~ +85℃ 的温度范围内，PPT 系列传感器具有 0.05% FS 的典型精度。

（3）用户可组态的模拟传感器　利用 RS-232 串口总线，用户可通过 PC 发布指令来改变 PPT 系列传感器的任何一个参数。所有组态的变化均可存放在传感器内部的 EEPROM 中，并可由用户任意设计或取消。同时可以通过几条简单的指令来根据各种不同的需要对模拟输出进行修改，如进行最大和最小模拟输出电压的调节以及压力量程的压缩等。

（4）带有地址的智能传感器　在数字串口通信模式下工作时，PPT 系列传感器具有更多的方法解决压力测量中的问题。但应注意：由于压力信号首先需要经过数字化处理，所以数字输出模式的组态可能会影响到模拟输出的模式。

（5）压力单位可选择　除基本单位 psi（每平方英寸承受的压力）外，PPT 系列传感器具有 12 种压力单位可供选择，其中包括大气压、巴、厘米汞柱、英尺水柱、英尺汞柱、英寸水柱、kg/cm^2、kPa、毫巴、毫米汞柱、MPa、米汞柱等。另外，它还预设有一个用户自定义单位，因此，用户不必为单位换算进行额外的浮点运算。

（6）采样速率可调　PPT 系列传感器可对每次测量的压力信号进行积分，积分时间可在 8ms ~ 12s 之间选择。这样可以提高数字控制系统在不同环境条件下的适应性和抗干扰能力。

（7）跟踪输入变化　有时用户需要在压力发生快速变化时使采样速率随之加速，因此，该 PPT 可以设定 2 倍加速。用户可设置一个阈值，当压力在阈值范围内波动时，采样速率自动加速，当压力在一个新的水平上稳定下来后，采样速率又恢复原样。

（8）降低压力读数速率　当压力缓慢变化或者不变时，用户可以降低输出读数速率。这样 PPT 系列传感器可以跳过 255 个读数而使两次输出时间相隔 51min，这种功能称为空闲计数功能。PPT 系列传感器还可以设置为只有在压力变化时（超过设定阈值）才输出或只有当上位机查询时才输出等其他工作模式。

（9）PPT 通过 RS-232 总线联网　一台 PC 最多可挂接 89 个 PPT 传感器，每个 PPT 传感器具有一个独立的地址。利用这种网络模式，用户可以和一个传感器、一组传感器或网络上所有的传感器通信。

（10）外部控制模拟输出　PPT 传感器的模拟输出电压可由上位机通过 RS-232 串口控制，在这种模式下，PPT 传感器通过数字口输出压力数据，同时，上位机也可对 PPT 压力传感器的 D/A 输出以及与测量压力无关的模拟电压进行控制。

思 考 题

1. 什么是智能传感器？与传统传感器相比其突出特点有哪些？
2. 简述智能传感器的主要形式和结构。
3. 智能传感器的软件实现方法有哪些？
4. 为什么要对传感器进行频率补偿？利用软件方法进行频率补偿的途径有哪些？
5. 智能传感器的硬件实现方法有哪些？
6. 智能传感器的软件实现和硬件实现相比各有何优势？
7. 多传感器信息融合的作用是什么？简述几种典型的多传感器信息融合算法。
8. 智能传感器网络化的意义何在？网络化智能传感器在硬件结构上和传统传感器的显著区别是什么？
9. 试论述一种智能传感器的工作原理和结构。
10. 试叙述一种智能传感器的应用案例。

参考文献

[1] 贾伯年．传感器技术［M］．2版．南京：东南大学出版社，2000.
[2] 强锡富．传感器［M］．2版．北京：机械工业出版社，2000.
[3] 王君，凌振宝．传感器原理及检测技术［M］．长春：吉林大学出版社，2003.
[4] 王化祥，张淑英．传感器原理及应用［M］．天津：天津大学出版社，2003.
[5] 倪星元，张志华．传感器敏感功能材料及应用［M］．北京：化学工业出版社，2005.
[6] 陈明，范东远，李岁劳．声表面波传感器［M］．西安：西北工业大学出版社，1997.
[7] 张福学．压电铁电应用285例［M］．北京：国防工业出版社，1987.
[8] 刘贵民．无损检测技术［M］．北京：国防工业出版社，2006.
[9] 李大明．磁场的测量［M］．北京：机械工业出版社，1993.
[10] 陈士衡．近代电磁测量［M］．北京：中国计量出版社，1991.
[11] 陈笃行．磁测量基础［M］．北京：机械工业出版社，1985.
[12] 王德芳，叶妙元．磁测量［M］．北京：机械工业出版社，1990.
[13] 张瑜，等．微波技术及应用［M］．西安：西安电子科技大学出版社，2006.
[14] 李标荣，张绪礼．电子传感器［M］．北京：国防工业出版社，2004.
[15] 周学松．地下目标无损探测技术［M］．北京：国防工业出版社，2005.
[16] 倪宏伟，等．地雷探测技术［M］．北京：国防工业出版社，2003.
[17] 卢文科，朱长纯，方建安．霍尔原件与电子检测应用电路［M］．北京：中国电力出版社，2005.
[18] 松井邦彦．传感器应用技巧141例［M］．梁瑞林，译．北京：科学出版社．2006.
[19] 张直中．微波成像技术［M］．北京：科学出版社，1990.
[20] 俞天林，刘仁厚．神奇的微波［M］．北京：科学普及出版社，1987.
[21] 赵负图．现代传感器集成电路（图像及磁传感器电路）［M］．北京：人民邮电出版社，2004.
[22] 沙占友．中外集成传感器实用手册［M］．北京：电子工业出版社，2005.
[23] 中国电子学会，敏感技术分会．传感器与执行器大全2003-2004年卷：传感器·执行器·变送器［M］．北京：机械工业出版社，2005.
[24] 张松春，竺子芳，赵秀芬，等．电子控制设备抗干扰技术及其应用［M］．2版．北京：机械工业出版社，1995.
[25] 王习文，齐欣，宋玉泉．容栅传感器及其发展前景［J］．吉林大学学报，2003，33（2）.
[26] 徐科军．容栅传感器的研究与应用［M］．北京：清华大学出版社，1995.
[27] 许春向，等．生物传感器及其应用［M］．北京：科学出版社，1993.
[28] 埃金斯．化学传感器与生物传感器［M］．罗瑞贤，陈亮寰，陈霭璠，译．北京：化学工业出版社，2005.
[29] 张先恩．生物传感器［M］．北京：化学工业出版社，2006.
[30] 姚守拙．化学与生物传感［M］．北京：科学出版社，2006.
[31] 徐甲强，张全法，范福玲．传感器技术：下册［M］，哈尔滨：哈尔滨工业大学出版社，2004.
[32] 王军，苏剑波，席裕庚．多传感器融合综述［J］．数据采集与处理，2004，19（1）.
[33] 龚瑞昆，李奇平．改善传感器特性的软件处理方法［J］．成都电子机械高等专科学校学报，2001.
[34] 刘君华．智能传感器系统［M］．西安：西安电子科技大学出版社，1999.
[35] 沙占友．智能传感器系统设计与应用［M］．北京：电子工业出版社，2004.
[36] 刘国汉，韩根亮，张建华．网络化智能传感器［J］．甘肃科技，2003，19（9）：46-47.

[37] 边绿良. 磁敏传感器及其应用 [J]. 电子材料与电子技术，2004 (2)：14-21.

[38] 陈林，等. 超导量子干涉仪发展和应用现状 [J]. 低温物理学报，2005，27 (5)：657-661.

[39] 丁红胜，等. 高温超导量子干涉器在无损检测中的应用研究 [J]. 测试技术学报，2004，18 (4)：311-315.

[40] MPMS SQUID VSM. Quantum Design corportation. http：//www. qdusa. com.

[41] James Lenz and Alan S. Edelstein. Magnetic Sensors and Their Applications [J]. IEEE Sensors Journal, 2006, 6 (3)：631-649.

[42] Michal Vopálenský, Pavel Ripka, Anton'1n Platil. Precise magnetic sensors [J]. Sensors and Actuators, 2003, 106：38-42.

[43] Andrea Bernieri, Giovanni Betta, Guglielmo Rubinacci, Fabio Villone. A Measurement System Based on Magnetic Sensors for Nondestructive Testing [J]. IEEE Transactions on Instrumentation and Measurement, 2000, 49 (2)：455-459.

[44] Yong-Ho Lee, etc. A Multichannel SQUID Magnetometer System Based on Double Relaxation Oscillation SQUIDs [J]. IEEE Transactions on Applied Superconductivity, 2003, 13 (2)：755-758.

[45] 南京新捷中旭微电子有限公司. ZPXXX 型零功耗磁敏传感器. http：//www. zhongxu. com.

[46] Hydro probeII microwave sensor. hydronix corporation. http：//www. hydronix. com.

[47] Hydro-Mix VI microwave sensor. hydronix corporation. http：//www. hydronix. com.

[48] Hydro-probe Orbiter sensor. hydronix corporation. http：//www. hydronix. com.

[49] *CargoRadar*® 伯根雷达液位计. http：//www. icbergan. com. cn.

[50] 东方晨景科技有限公司. 磁通门计. http：//www. eastchanging. com.

[51] GSM-19T 质子旋进磁力仪. 北京天一指航通讯技术有限公司. http：//www. firstnav. com.

[52] 北京天一指航通讯技术有限公司. G858 便携式铯光泵质子磁力仪. http：//www. firstnav. com.